U0151687

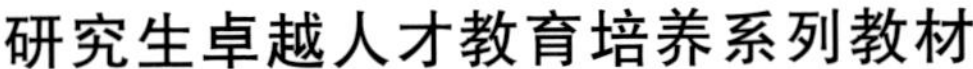

研究生卓越人才教育培养系列教材

现代数字通信理论与技术

郑　杰　高宝建　编著

西北大学出版社
·西安·

图书在版编目(CIP)数据

现代数字通信理论与技术 / 郑杰，高宝建编著. —
西安：西北大学出版社，2023.11
ISBN 978-7-5604-5281-4

Ⅰ. ①现… Ⅱ. ①郑… ②高… Ⅲ. ①数字通信—通
信理论—高等学校—教材 Ⅳ. ①TN914.3

中国国家版本馆 CIP 数据核字(2023)第 236632 号

现代数字通信理论与技术

XIANDAI SHUZI TONGXIN LILUN YU JISHU

郑　杰　高宝建　编著

出版发行　西北大学出版社

(西北大学校内　邮编：710069　电话：029-88302621　88303593)

http: //nwupress.nwu.edu.cn　E-mail: xdpress@nwu.edu.cn

经　销　全国新华书店
印　刷　西安博睿印刷有限公司
开　本　787 毫米×1092 毫米　1/16
印　张　28.5

版　次　2023 年 11 月第 1 版
印　次　2023 年 11 月第 1 次印刷
字　数　564 千字

书　号　ISBN 978-7-5604-5281-4
定　价　89.00 元

本版图书如有印装质量问题，请拨打 029-88302966 予以调换。

前　言

本书编撰的初衷是满足综合性大学对通信原理学科的广泛需求，并考虑到电子通信专业学校对专业性的高要求，如何在综合大学和专业大学之间找到平衡，是本书编撰的主要挑战。本书不仅考虑了学科的广度，同时也保证了深度。

本书的另一特色是从通信系统框架的角度展开。学习的过程很像从一本厚重的书逐渐精简至一张纸，这张纸便是通信系统的框图，也可以被视为通信的"藏宝图"。由于通信原理涉及的知识点繁多，各章节之间的关系可能并不直观。但通过这张"藏宝图"，读者可以对照每个章节明确自己的学习目的，使学习更有针对性，提高学习效率。

此外，本书在第一章通过讲述历史、人物和生动的比喻，引导读者进入通信领域，使其更容易地感受到这个学科的魅力和技术的有趣演变。

简而言之，本书的核心学习理念是："通过通信系统框图（藏宝图），深入探索通信原理。"

本书的前五章深入探讨了通信系统框图的关键内容，但对于加密和解密等安全主题则选择性略过。前五章作为基础内容，特地为综合性大学、高等职业院校以及电子通信专业院校编写，期望作为他们的基础内容教材。其中本书第 5 章信道编码和信源译码内容与信息论的不同在于偏重于技术的应用，对于专门开设信息论与编码课程的专业院校可以进行选择性的讲授。对于通信网络的内容，教育者应根据学生的需求适度引入。而第 1 章也可作为通信原理导论，若深入探讨，可拓展为 6—8 学时的短期课程。

第 6 章至第 8 章的内容更适合专业性较强的大学，或学时充裕的综合性大学。第 9 章则从实际系统设计角度出发，与第 1 章相互呼应：前者描绘了理论上的通信系统框图，而后者讨论了实际应用中的通信系统框图，此处我们也试图强调"顶天立地"和"理论联系实践"的科研理念。第 10 章至第 12 章专注于通信网络内容，对于深入了解通信原理的应用和拓展颇为重要。本书的组织结构如下图所示。

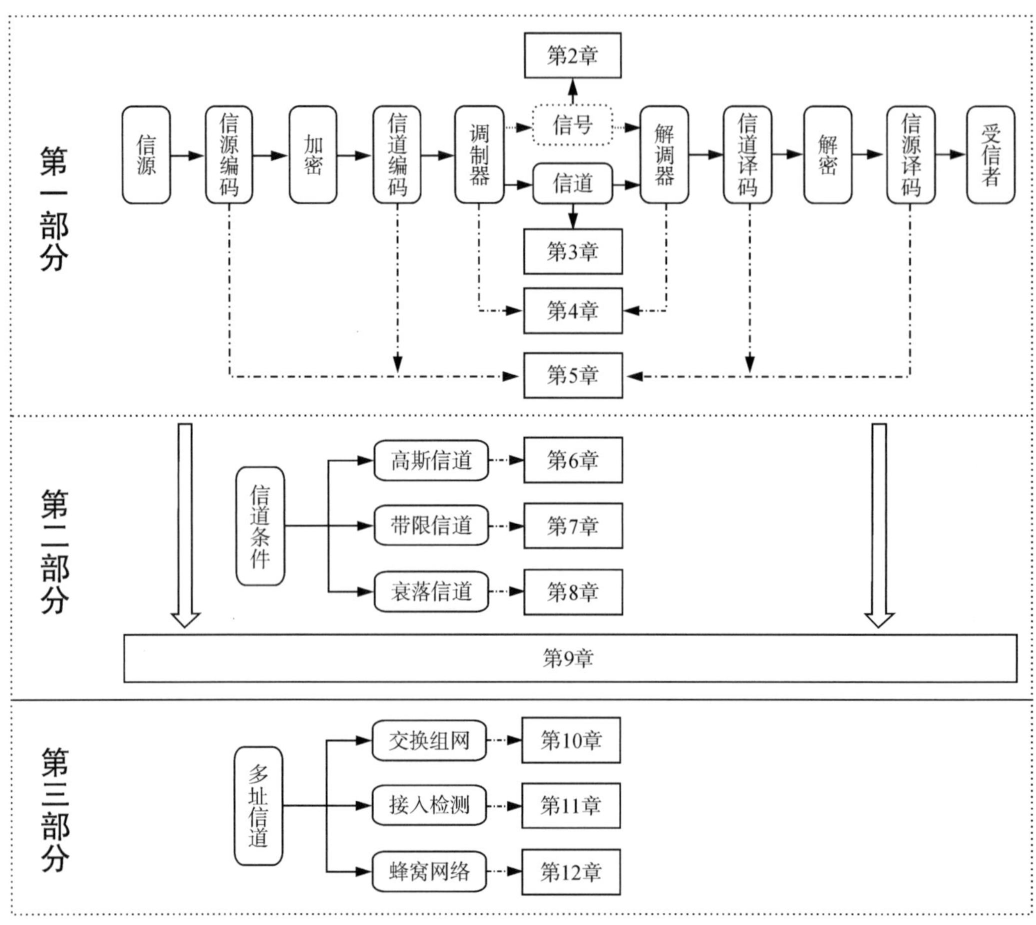

此书亦可作为研究生教材。鉴于不同学校研究生的基础各异，每章内容均从浅入深构建，允许灵活选择性地教授和学习。同时，为了支持自学，本书特意使每个内容的介绍尽量简明易懂。

本书的作者郑杰完成书稿约40万字，高宝建老师完成约17万字。本书编写过程中得到西北大学出版社陈新刚老师的关心和帮助，西北大学信息科学与技术学院的研究生孙明杰、姬云利、曾伟哲、王倩、姚杏林、王天赐、吕姗姗、贾琼琼同学认真仔细地校对了文稿，在此向他们表示衷心的感谢。

最后，衷心感谢西北大学研究生院和出版社为本书出版提供的支持。

由于作者水平有限，疏漏在所难免，敬请读者批评指正。

目　录

第1章　绪　论

在国际电信联盟(ITU)世界电信发展报告中，提出了通信技术在21世纪的目标是实现任何地方、任何时候、任何人(anywhere、anytime、anyone)的通信，21世纪的目标应该是实现处处、时时、人人(everywhere、all－the－time、everyone)的通信。归结起来就是通信技术的“5W”通信要求及发展目标，即任何人(whoever)可在任何时候(whenever)任何地方(wherever)与任何人(whomever)进行任何形式(whatever)的通信。

无线通信技术就是利用声、光、电、磁、红外等传输媒质，通过无线的方式传输信息的技术。无线通信技术相对于有线通信具有广泛的适用性、方便的使用方式以及长距离传输能力，可以有效地支撑通信技术“5W”目标的实现，因此得到了快速发展。

移动通信技术经历了四代发展，目前已经进入第五代技术即5G。5G作为4G全方位平滑演进，其核心是4G的LTE技术。LTE(Long Term Evolution，长期演进)是由3GPP(The 3rd Generation Partnership Project，第三代合作伙伴计划)组织制定的UMTS(Universal Mobile Telecommunications System，通用移动通信系统)技术标准的长期演进，于2004年12月在3GPP多伦多TSG RAN♯26会议上正式立项并启动。LTE系统引入了OFDM(Orthogonal Frequency Division Multiplexing，正交频分复用)和MIMO(Multi－Input & Multi－Output，多输入多输出)等关键传输技术，显著提高了频谱效率和数据传输速率(20M带宽2×2 MIMO在64QAM情况下，理论下行最大传输速率为201Mbps，除去信令开销后大概为140Mbps，但根据实际组网以及终端能力限制，一般认为下行峰值速率为100Mbps，上行为50Mbps)，并支持多种带宽分配(1.4MHz，3MHz，5MHz，10MHz，15MHz和20MHz等)，且支持全球主流2G/3G频段和一些新增频段，因而频谱分配更加灵活，系统容量和覆盖也显著提升。LTE系统网络架构更加扁平化、简单化，减少了网络节点和系统复杂度，从而减小了系统时延，也降低了网络部署和维护成本。LTE系统支持与其他3GPP系统互操作。LTE系统有两种制式：FDD－LTE和TDD－LTE，即频分双工 LTE 系统和时分双工 LTE 系统。二者技术的主要区别在于空中接口的物理层上(帧结构、时分设计、同步等)。FDD－LTE 系统空口上下行传输采用一对对称的频段接收和发送数据,而 TDD－LTE 系统上下行则使用相同的频段在不同的时隙上传输。相对于 FDD 双工方式,TDD 有着较高的频谱利用率。其显著特点就是在保持和发展移动性的前提下,有效提高了信息传输速率,由几十千比特每秒提高到几十兆比特每秒。在此基础上,5G 增加大规模 MIMO、毫米波、智能天线、小基站等关键技术。

无线局域网技术的发展包含 WLAN 和 WiMAX。WiMAX(Worldwide Interoperability for Microwave Access),即全球微波互联接入。WiMAX 也叫无线城域网或 802.16。WiMAX 是一项宽带无线接入技术,能提供面向互联网的高速连接,数据传输距离最远可达 50km。WiMAX 还具有 QoS 保障、传输速率高和业务丰富多样等优点。WiMAX 的技术起点较高,采用了代表通信技术发展方向的 OFDM/OFDMA、AAS、MIMO 等先进技术。随着技术标准的发展,WiMAX 逐步实现宽带业务的移动化,而 3G、4G 则实现移动业务的宽带化,两种网络的融合程度会越来越高。WiMAX 是一种为企业和家庭用户提供“最后一公里”的宽带无线连接方案。当时对 3G 构成威胁,使 WiMAX 在一段时间备受业界关注。该技术以 IEEE 802.16 的系列宽频无线标准为基础。一如当年对提升 WLAN 802.11 使用率有功的 Wi-Fi 联盟,WiMAX 也成立了论坛,将提高大众对宽频潜力的认识,让 WiMAX 技术成为业界使用 IEEE 802.16 系列宽频无线设备的标准,其显著特点就是在保持和发展宽带化的前提下,有效提高了移动性。随着 5G 技术的应用,WiMAX 在全球的地位和应用受到了影响,但它仍然在特定场景下具有其独特的优势。WLAN,即 Wi-Fi 技术从 IEEE 802.11 到 IEEE 802.11ax(Wi-Fi6),支持更高的数据速率,设备同时连接和更好的网络性能。IEEE802.11be(Wi-Fi7)的脚步越来越近,预计完整的标准版本到 2024 年底正式分布,Wi-Fi7 支持数据速率相当于 Wi-Fi6 的 3 倍。目前,移动通信、宽带接入和卫星互联网逐步走向融合,实现移动宽带化和宽带移动化,为任何形式(whatever)的通信创造条件。在无线通信技术的发展过程中,码分多址技术(CDMA)、空分多址技术(SDMA)、正交频分复用技术(OFDM)、时空编码技术(Space Time Coding)、多输入多输出技术(MIMO)以及低密度奇偶校验码(LDPC)等新的通信技术得到快速的发展和应用。

1.1　人类历史也是一部通信历史

一部生物进化史就是一部生物不断获得移动性的历史，一部人类史也是一部人类不断摆脱物理世界的束缚从而获得信息自由的历史。当人类的世界从物理世界不断迁移到信息世界时，人类的世界也就不断地进入一种“失重”状态，看似无比丰饶和自由，但其实是被裹挟的不由自主，因此学会在“重”与“失重”之间寻找到黄金平衡点是人类在这个极度自由时代要面临的巨大挑战。

1.1.1　生物的移动性

从微生物到植物再到动物，每种生物都在追求自己的移动性。

如图 1-1 所示，微生物：能够在临睡前发送信息给其他小伙伴，让它们远离“新药”。植物：虽然自己不能动，但可以借助风、水、引力和动物来传播自己的种子，提高繁殖效率。动物：每种动物都可以移动，但移动的效率并不一样。蜗牛和乌龟这类移动效率极低的动物需要带着自己的“房子”移动，而走兽的移动效率不如飞禽。飞禽中移动效率最高的当数秃鹫。由于它们自己不捕食只能慢慢等待，因此必须节约能量，利用热气滑翔，高效省力。但对物理移动性的追求主要是为了获取信息，因此当提高了信息传递效率时也就变相地提高了自己的移动性。比如大象通过象脚接收和传递水源、食物等信息，而人类虽然通过自行车等交通工具提高了物理移动的效率，但信息移动的效率还不够高，当互联网出

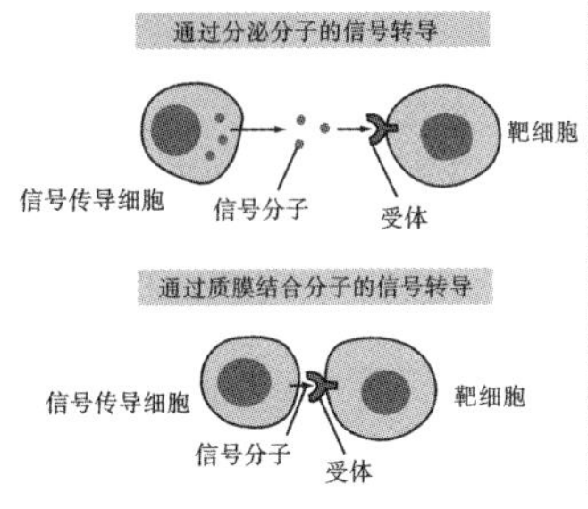

图 1-1　微生物、植物、动物

现后才算极大地提高了人类的自由度。

1.1.2 人类的通信史

人类的物理移动多数是为了信息传递。当信息必须依靠物理位移来传递时,只会出现马拉松式的悲剧。如图 1-2 所示,当人们学会将信息传递和物理位移分开时,信息传递效率就可以极大提高,比如长城的烽火台。

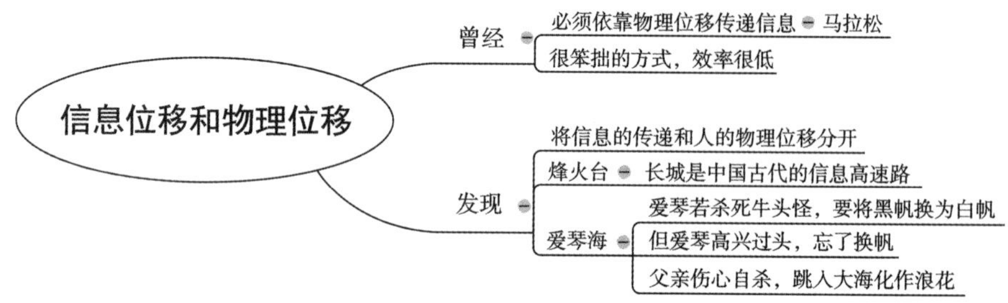

图 1-2　信息位移和物理位移

但我们对物理世界无可奈何,可以将其信息化,通过处理信息,解决实际物理世界问题。人类的进化史也是一部不断信息化的历史。现在,当人类不断地把物理世界信息化,人类的世界也就从单纯的物理世界走向了物理世界和信息世界并存的双层世界,我们可以用通信的手段代替交通的手段,通过对信息世界的操作来实现对物理世界的控制,如使用遥控器、无人驾驶等。

什么是通信? 通信一般指信息的传递,是由一地向另一地进行信息的传输与交换,其目的是传输消息。人类最早的通信,物理位移和信息位移是一体的,但是整部通信史就是如何尽可能地让信息的移动超越物理的限制,而实现信息的自由传输。愿景:通信技术的“5W”通信要求及发展目标,即任何人(whoever)可在任何时候(whenever)任何地方(wherever)与任何人(whomever)进行任何形式(whatever)的通信。现代通信基本要求:信息化。现代通信追求目标:高速,高效。

1.2　通信系统的基本概念

1.2.1　通信系统的基本功能框架

信息是以信号形式来表示和传输的，信号则是承载信息的形式。当承载信息的信号中的参数随着信息的变化只在有限个值上变化时，我们将这样的信号称为数字信号，否则称为模拟信号。用来传输数字信号的无线通信系统称为无线数字通信系统，例如移动通信系统等就是数字通信系统，而调频广播等属于模拟通信系统。无线数字通信系统的一般组成如图 1-3 所示。

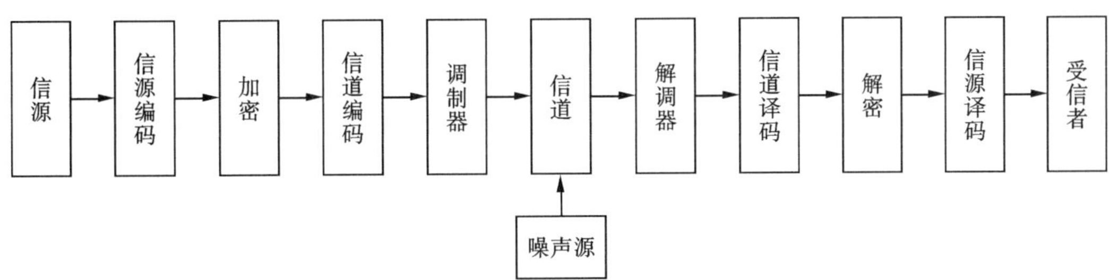

图 1-3　无线数字通信系统的一般组成

1. 信源编码与译码

无线通信的主要目的就是传递信息。信息有很多表现形式，例如，语音、图像、视频、温度、湿度、浓度、速度、姿态等。信息的获取主要依靠传感器，但是传感器获取的信息存在大量的冗余信息，如果直接传输，就会浪费大量的频带资源，所以需要对其进行加工处理，这些处理包括信号处理中的滤波、放大以及数字化等，信源编码是其中最重要的环节。

信源编码的目的就是要剔除信源中的冗余信息，提高通信系统的频带利用率，其理论基础就是香农信息论。主要包括无失真信源编码和限失真信源编码两种。典型的霍夫曼编码、游程编码以及算术编码属于无失真编码，标量量化和矢量量化编码、变换编码等属于限失真编码。其译码过程是编码的逆过程。

信源编码小结

(1)信源：把原始信息变换成原始电信号。

(2)信源编码：

①实现模拟信号的数字化传输，即完成 A/D 变化。

②提高信号传输的有效性，即在保证一定传输质量的情况下，用尽可能少的数字脉冲来表示信源产生的信息，通过数据压缩技术减少码元数量和降低码元速度。

2. 加密与解密

在商业通信、个人通信以及军事通信的过程中，信息的安全至关重要，信息的泄露可能会造成不可估量的损失。信息的加密过程就是对信息进行某种变换，使得非法接收者不能正确获取信息，而合法用户因为拥有密钥，可以正确地解密，从而获取正确的信息，实现对信息的保密传输。

加密过程主要依靠密码算法。传统的密码算法包括分组密码和流密码，这些都属于对称密码，典型的有 DES(Data Encryption Standard，数据加密标准算法)和 AES(Advanced Encryption Standard，高级加密标准混淆)算法。现代信息安全技术又提出很多新的概念。例如非对称密码，就是加密密钥和解密密钥不同，典型的包括 RSA 公钥算法和椭圆曲线密码算法等。DES 设计使用分组密码设计的两个原则：混淆和扩散。DES 目的是抗击敌手对密码系统的统计分析，是一种使用密钥加密的块算法。AES 高级加密标准是使密文的统计特性与密钥的取值之间的关系尽可能复杂化，以使密钥和明文以及密文之间的依赖性对密码分析者来说是无法利用的。扩散的作用就是将每一篇明文的影响尽可能迅速地作用到较多的输出密文位中，以便在大量的密文中消除明文的统计结构，并且使每一位密钥的影响尽可能迅速地扩展到较多的密文位中，以防对密钥进行逐段破译。

安全认证的目的就是如何保证收发信息的双方不能反悔，为此产生了很多认证算法。密码算法的安全性就像矛和盾的关系一样，有了好的安全算法，必然就有人试图攻击它，所以该领域始终是一个广受人们关注的领域。

3. 信道编译码

在无线通信中，信息是在无线开放的空间中传输，会受到各种各样的干扰，例如同频干扰、多径干扰、多普勒频移、各种衰落以及时钟和频率同步误差等。这些干扰会严重影响信息的可靠传输，造成或多或少的误码。信道编码就是为了解决这一问题而提出的，是无线通信系统的重要组成。

信道编码的过程和信源编码的过程相反，通过适当增加一些冗余，在信息比特之间建立起一种关系，从而实现纠错和检错的目的，在牺牲一定的频带资源的基础上提高信息传输的可靠性。信道编码在使用的过程中，其纠错能力一定要和系统的误码率相适应，否则当系统的误码率超过了信道编码的纠错能力，将会出现越纠越错的情况。

信道编码主要包括分组码、BCH 码以及卷积码等，这些码的共同特点就是编码比较容易，但是译码比较困难。随着无线通信朝着宽带化的方向发展，信息接入速率已经达到几十兆比特每秒至百兆比特每秒，这就要求译码速度很快地纠错编码，为此人们又提出了新的编码方法：Turbo 码和 LDPC 码，以及近年来广泛关注的 Polar 码。

信道编码与信源编码的区别：信源为了少传没有用的“废话”，多传些有用的“中心思想”，于是通过信源编码去掉了信源的一些没有用的冗余信息，信源编码后，信源精简成了信源的“摘要”。与信源编码不同的是，信道编码比较叛逆，似乎要反其道而行之，信源编码是去掉废话、消除冗余，而信道编码则是增加冗余。区别如图 1-4 所示。

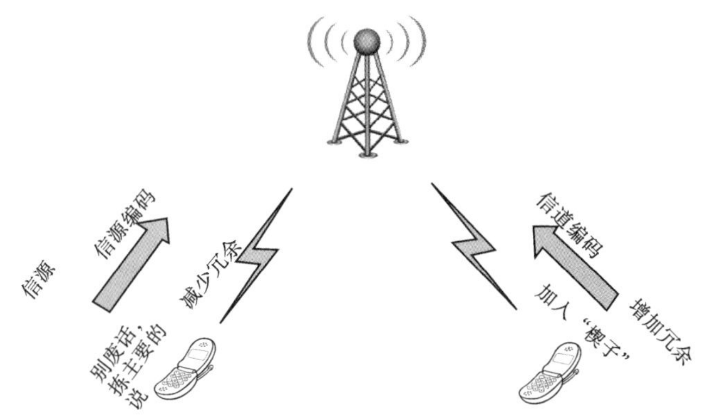

图 1-4　信源编码与信道编码

自动请求重传要求：如果接收的码元是正确的就要发送一个成功的确认应答 ACK；如果接收端发现接收的信号错误的时候，就要发送端发一个 NACK 的发送失败确认应答，请求发送端重传该码元，直到正确接收为止。

4. 调制与解调

由于基带信息频率低，含有较丰富的直流分量，直接传输面临两大难题：一是天线尺寸和信号频率成反比，所以就需要很大的天线，现实中很难实现；二是本身传输衰减大，不能远距离传输，所以就需要调制技术。

所谓调制就是频谱搬移，将低频基带频谱搬移到以载波频率为中心的高频频谱，具体过程就是让载波的幅度、相位或者频率随着基带信号的变化而变化，具体实现常常采用乘法器完成，所以就有了相位调制、频率调制以及幅度调制之分。如果基带信号为二进制数据，称为比特，其调制称为二进制数字调制，例如 ASK、PSK 以及 FSK 等；如果基带信号为多进制数据，称为码元，其调制称为多进制调制或者高级调制，例如 QPSK、MQAM 等。这两种调制称为数字调制，所得信号称为数字信号，传输该信号的系统称为数字通信系统。如果基带信号在一个给定区间连续变化的信号，其调制称为模拟调制，例如 AM、FM 以及 PM 等，所得到的信号称为模拟信号，传输该信号的通信系统称为模拟通信系统。

近年来，调制技术得到了快速发展，出现了一些新的调制方式，例如纠错编码和调制相结合的调制技术。该方式在不损失纠错能力的情况下可以有效补偿纠错编码带来的频带资源损失。从广义的角度看，多载波调制、CDMA 调制、正交频分复用调制(OFDM)等，都可以看作调制。这些调制方式有效地提高了系统的频带利用率，提高了系统的抗干扰能力。

总的来说，调制技术不仅可以提高通信系统的频带利用率，在某些情况下，还可以提高系统的可靠性。

解调过程是调制的逆过程，就是从已调信号中恢复原始的基带信号。解调过程比调制过程复杂，需要载波同步，需要保持信号大小的恒定。目前主要的解调方法有相干解调和非相干解调。相干解调的解调效果好，但是需要同步的载波参与；非相干解调的解调效果差，但是不需要载波参与，比较简单，容易实现。

数字通信替代了模拟通信，数字调制提高系统频带利用率和抗干扰能力。值得注意的是，5G 中大规模天线中采用了模数混合预编码。数字调制和模拟调制的比较如表 1-1 所示。

表 1-1 数字调制和模拟调制的比较

	优 点	缺 点
数字调制	抗干扰能力强；易于加密，保密性强；便于计算机对数字信息进行处理；便于集成化	需要较宽的频带，进行模/数转换时会带来量化误差，要求的技术和设备复杂
模拟调制	直观且容易实现	保密性差，抗干扰能力差

5. 发射与接收

一般情况下，调制过程所采用的频率称为中频，一般比基带信号的频率高几十倍。发射频率常常称为射频，其频率比中频高几十倍甚至更高，可以根据需要和相关条件进行选择。发射机主要包括上变频器，其功能就是将中频频谱搬移更高频率的射频频谱；功率放大器，其功能就是对信号进行功率放大，使其可以传输更远距离；天线和馈线系统，其主要功能就是使发射的电磁波信号尽可能多地辐射到空间，并使其具有一定的方向性。

任何无线通信系统都必须独占一定的射频带宽，这样才能保证不受其他无线通信系统的同频干扰。随着大量的无线通信系统的应用，例如卫星通信、移动通信、测控导航、无线电视等，不同的系统都要占据不同的频段，这样一来，无线频谱就越来越少，目前频谱已经成为稀缺资源。为了扩展频谱，人们已经将频段扩展到毫米波甚至更高频段，但是随着频率的升高，传输衰落将进一步加大，成本大幅上升，所以频带利用率就成为设计通信系统的一个重要指标。

发射机功能框图如图1-5所示，设计最主要的指标是传输距离，就是在设计无线通信系统时，首先要考虑无线信号的传输距离能不能满足系统设计的要求。传输距离主要和发射功率、发射天线增益、接收天线增益以及接收机灵敏度等有关，具体可以通过如下Friis公式计算。

$$P_R(d)=\frac{P_T G_T G_R \lambda^2}{(4\pi)^2 d^2}$$

其中，$P_R(d)$ 为接收功率；P_T 为发送功率；G_T 为发射机天线增益；G_R 为接收机天线增益；d 为发射机和接收机之间的距离，单位为米；λ 为波长，单位为米。

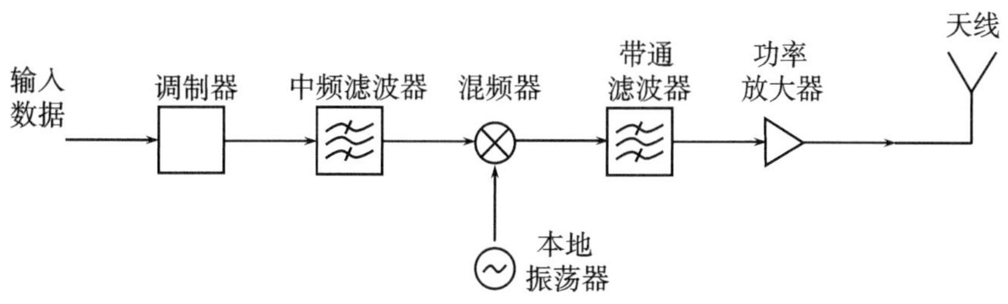

图1-5　发射机功能框图

通过Friis公式可以解决无线通信链路很多设计和计算问题。例如，当已知通信距离和接收功率以及天线增益时，可以计算系统所需要的发射功率；可以依据实际需要，配置天线增益以及发射功率；可以选择射频频率等。

接收机功能框图如图1-6所示，主要包括接收天线、低噪声放大器、下变频器、自动增益控制(Automatic Gain Control，AGC)以及各种同步等，其实现过程比发射机复杂得多。其中，AGC的功能就是使通过无线传输后幅度忽高忽低的信号保持较为恒定的幅度；载波同步就是要消除多普勒频移以及收发双方本振的频率差。对于数字通信系统来说，为了实现各种解码和译码，码同步、帧同步等也是必不可少的。

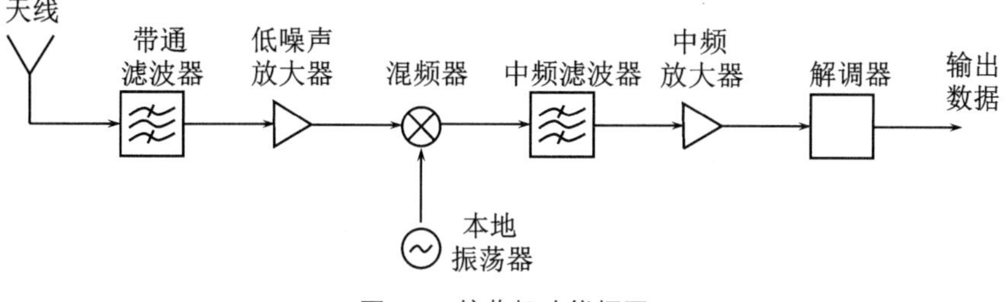

图1-6　接收机功能框图

6. 信道

无线通信的信道就是发射天线和接收天线之间开放的自由空间。这个空间中包括空气、尘埃、雨水、雾气等，还有树木、楼房以及土地、河流等，它们可以对电磁波产生吸收、反射、散射等，从而引起电磁信号的衰落、畸变等。从理想的角度，人们将这些干扰归纳为三种形式，即高斯信道(Gaussian channel)、瑞利衰落信道(Rayleigh fading channel)以及莱斯衰落信道(Rice fading channel)。高斯信道就是指信道中的噪声服从高斯分布，实际上是整个系统热噪声的一种等效，或者信道参数不变的情况。瑞利衰落信道是一种无线电信号传播环境的统计模型，这种模型假设信号通过无线信道之后，其信号幅度是随机的，从发射机到接收机之间不存在直射信号的情况，并且其包络服从瑞利分布，这一信道模型能够描述由电离层和对流层反射的短波信道，以及建筑物密集的城市环境。如果发射机和接收机之间除了经反射、折射、散射等到达的信号外，还有从发射机直接到达接收机的信号，其总信号的强度服从莱斯分布，故称为莱斯衰落，这样的信道称为莱斯衰落信道。然而，实际的信道远比这些复杂。

(1)没有噪声的理想王国——奈奎斯特定理

对于一个带宽为 W 赫兹的理想信道，其最大码元(信号)速率为 $2W$ 波特。不同抽样信号的频谱如图 1-7 所示，这一限制是由于存在码间干扰。如果被传输的信号包含了 M 个状态值(信号的状态数是 M)，那么 W 赫兹信道所能承载的最大数据传输速率(信道容量)是：

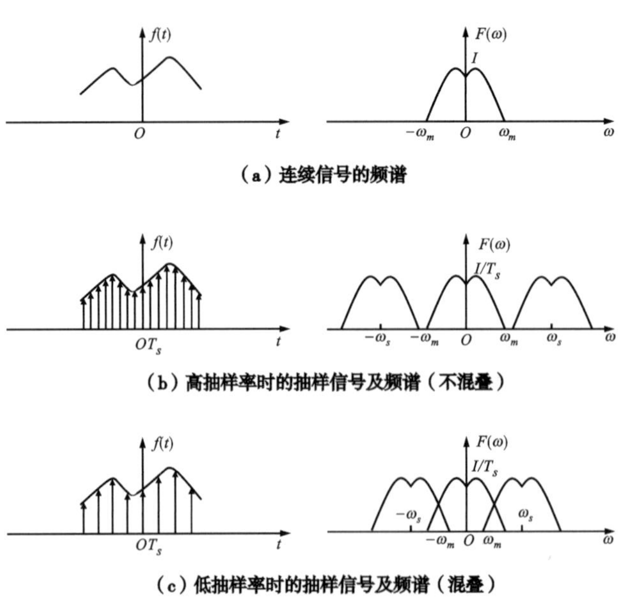

图 1-7　不同抽样信号的频谱

$$C=2\times W\times \mathrm{Log}_2 M(\mathrm{bps})$$

在没有噪声的情况下，数据率的限制仅仅来自信号的带宽。那么奈奎斯特带宽就可以如下描述：如果带宽为 B，那么可被传输的最大信号速率就是 $2B$；反过来说如果信号传输速率为 $2B$，那么频宽为 B 的带宽就完全能够达到此信号的传输速率。

(2)有噪声的真实世界——香农定理

由于各种干扰的存在，限制了信息的传输速率，描述这种限制大小的指标就是信道容量。信道容量就是在满足一定的误码率要求的情况下，给定信道的最高信息传输速率。香农利用概率统计的方法于 1949 年给出了高斯信道情况下的著名信道容量公式如下：

$$C=W\log_2\left(1+\frac{S}{N}\right)$$

其中，C 为信道容量，单位为比特/秒；W 为信道带宽，单位为 Hz；S 为信号平均功率；N 为噪声功率；$\frac{S}{N}$称为信噪比。

信道容量公式反映信道容量、带宽以及信噪比三者之间的关系。当信道容量不变时，容易看出带宽和信噪比之间成反比例关系，也就是说通过增加带宽可以换取信噪比的降低，即抗干扰能力的提升。这就是扩频通信的理论基础。

1.2.2　数字通信系统的主要质量指标

通信系统主要性能指标可以表现为多种性能指标。有效性：传输信息的速度，传输一定信息所占资源带宽和时间，提高资源利用率、传输速率、信道利用率；可靠性：通信传输质量，准确无误，降低误码率；适应性：使用的环境条件；经济性：系统的成本；标准性：符合国际标准；其他指标有维修性、工艺性、保密性。

从信息传输的角度看，有效性和可靠性是矛盾的主要方面。模拟通信系统的性能指标，有效性度量：系统的频带利用率；可靠性指标：接收端最终输出信噪比。数字通信系统的性能指标，有效性度量：传输速率和频带利用率；可靠性指标：传输速率可分为码元传输速率和信息传输速率两种。

1. 有效性

通信的有效性是指信息的传输速度，即通信系统中信息传输的快慢问题。信息的传输快慢与其占用的带宽成正比，所以衡量通信系统有效性的重要指标为系统的频带利用率 η。

$$\eta=\frac{\text{码元传输速率}}{\text{信道频带宽度}}(\mathrm{B/Hz})$$

$$\eta=\frac{\text{信息传输速率}}{\text{信道频带宽度}}(\mathrm{b \cdot s^{-1}/Hz})$$

上式中第一个式子为多进制传输即以码元为单位传输时的频带利用率公式，就是单位带宽情况下波特率，单位为每赫兹的波特率；第二个式子为二进制传输即以比特为单位传输时的频带利用率公式，就是单位带宽情况下每秒可传输比特的多少，单位为每秒每赫兹传输的比特数。

频带利用率也就是通信系统的有效性，是通信系统设计的一个重要技术指标。例如，在前述的数字通信系统组成中，信源编码剔除了大量的冗余信息，相当于提高了频带利用率；多进制调制（QAM、QPSK、OFDM 等）相对于二进制调制，可有效提高频带利用率；各种复用技术（TDMA、FDMA、CDMA 等）也是提高频带利用率的有效方法。由于无线频谱资源越来越少，所以在无线通信中，提高频带利用率是其以后发展的一个重要趋势，例如最新的无线通信技术 OFDM 和 MIMO 等。

2. 可靠性

误码率：在传输过程中错误接收的码元数与传输的总码元数之比。

$$Pe=\lim_{N\to\infty}\frac{\text{错误码元数 } n}{\text{传输的总码数 } N}$$

误信率（误比特率）：在传输过程中错误接收的比特数与传输的总比特数之比。

$$P_b=\lim_{N_b\to\infty}\frac{\text{错误比特数 } n_b}{\text{传输的总比特 } N_b}$$

可靠性是指信息传输的质量，即通信系统中信息传输的好坏问题。通信可靠性和系统的信噪比以及误码率密切相关。在模拟通信中，达到一定的信噪比，才可以保证通信的可靠性，例如 AM、PM 以及 FM 等模拟无线通信要求信噪比达到 26dB 以上，无线电视系统要求达到 40～60 dB 以上。在数字通信中，话音通信的误码率要在 10^{-3} 以下，数据通信的误码率要在 10^{-5} 以下，才能满足基本可靠性要求。综合考虑信噪比和误码率，衡量通信系统可靠性的重要指标是功率利用率 η_p。

$$\eta_p=1-\frac{\text{误码率}}{\text{信噪比(平均功率)}}$$

也就是说，在系统噪声功率相同且发送功率相同的情况下，哪个系统的误码率低，则哪个系统的功率利用率高，系统可靠性高。

在通信系统中，信道编码是提高可靠性的重要途径。不同调制方式的可靠性不同，例如大家熟悉的数字调制 ASK、FSK 和 PSK 在相同信噪比的情况下，误码率不同。不同星座映射方式在平均功率相同情况下星座点的最小距离不同，从而使其功率利用率不同。

可靠性和有效性是一对相互矛盾的技术指标。可靠性的提高常常以降低有效性为代价，反之亦然。例如：信道编码技术提高了可靠性，但是它却增加了冗余信息，降低了有效性；扩频通信技术有效提高了信息传输的可靠性，但是以增加带宽为代价。所以在实际的系统设计中，对这两项技术指标要折中处理，或者依据实际通信的需要有所偏重。例如，在保证一定可靠性指标的条件下，尽可能地提高信息的传输速率；或者在满足一定有效性的条件下，尽可能地提高信息的传输质量。

3. 安全性

安全性是指通信系统是否具有安全通信能力及安全水平的高低。安全性是衡量一个通信系统好坏的重要指标，尤其是军事通信系统。随着通信技术的快速发展，目前商业通信、个人通信以及军事通信等都得到了广泛应用，电子商务、电子交易、网上支付等也得到了广泛应用，同时通信技术走向了宽带化和融合化，出现了移动互联网技术等，这就使个人隐私、商业机密以及军事秘密很容易在通信过程出现泄露。通信系统的安全性越来越重要，也面临着严重的挑战。

在通信系统宽带化和融合化的前提下，如何很好地解决通信系统的安全性，目前还没有一个公认好的解决方案，所以通信安全是目前一个非常重要的研究领域。在传统的安全方法之外，人们开始关注物理层安全、可信计算以及软件安全方法。

4. 其他指标

适应性是指通信系统适应环境的能力。标准性是指元器件、接口以及协议等是否符合国家标准或者国际标准，是否具有较好的互换性。标准化是通信系统大规模商业化应用的重要前提，是降低成本的重要手段。经济性是指通信系统的成本是否低廉。好的技术方案，如果成本太高，也会被淘汰。经济性有时也和系统是否容易升级换代有关，实际的通信系统常常要在技术性能和成本之间进行折中。维修性是指对通信系统进行维修是否简单方便。工艺性是指系统的各种工艺要求。

1.2.3　信息的度量

1.2.3.1　自信息和互信息

自信息：一个事件（消息）本身所包含的信息量，它是由事件的不确定性决定的。比如抛掷一枚硬币的结果是正面这个消息所包含的信息量。

互信息:一个事件所给出关于另一个事件的信息量。比如今天下雨所给出关于明天下雨的信息量。

平均自信息(信息熵):事件集(用随机变量表示)所包含的平均信息量,它表示信源的平均不确定性。比如抛掷一枚硬币的试验所包含的信息量。

平均互信息:一个事件集所给出关于另一个事件集的平均信息量。比如今天的天气所给出关于明天的天气的信息量。

随机事件的自信息量定义为该事件发生概率的对数的负值。设事件 x_i 的概率为 $p(x_i)$,则它的自信息定义为 $I(x_i)\overset{def}{=}-\log p(x_i)=\log\dfrac{1}{p(x_i)}$。$I(x_i)$代表两种含义:当事件发生以前,等于事件发生的不确定性的大小;当事件发生以后,表示事件所含有或所能提供的信息量。

自信息量的单位,常取对数的底为 2,信息量的单位为比特(bit,binary unit)。当 $p(x_i)=1/2$ 时,$I(x_i)=1$ 比特,即概率等于 1/2 的事件具有 1 比特的自信息量。

若取自然对数(对数以 e 为底),自信息量的单位为奈特(nat,natural unit)。1 奈特$=\log_2 e$ 比特$=1.443$ 比特。

工程上用以 10 为底较方便。若以 10 为对数底,则自信息量的单位为哈特莱(Hartley)。1 哈特莱$=\log_2 10$ 比特$=3.322$ 比特。

如果取以 r 为底的对数($r>1$),则 $I(x_i)=-\log_r p(x_i)$进制单位,r 进制单位$=\log_2 r$ 比特。

例　对于二元离散信源,出现 0、1 的概率分别为 $P(0)=p$,$P(1)=1-p$,则该信源熵为

$$H_2(x)=-\sum_{i=1}^{n}P(x_i)\log P(x_i)=-[p\log_2(1-p)]$$

只有当 $p=1/2$ 时,$H_2(x)$取值最大 $H_2(x)=1$;当 $p=1$ 或 $p=0$ 时,$H_2(x)$取值最小。即当一个二元信源只能发出全 0 或全 1 时,其消息序列不包含任何信息。反之,当等概率发出 0、1 时信息量最大。

对于 N 个符号:$p=1/N$ 时,信源的熵最大 $H_N(x)=\log_2 N$。

例　天气预报,有两个信源 X_1,X_2,其中 a_1 表示晴天,a_2 表示雨天。

$$\begin{bmatrix}X_1\\p(x)\end{bmatrix}=\begin{bmatrix}a_1, & a_2\\1/4, & 3/4\end{bmatrix}\quad\begin{bmatrix}X_2\\p(x)\end{bmatrix}=\begin{bmatrix}a_1, & a_2\\1/2, & 1/2\end{bmatrix}$$

则
$$H(X_1)=\frac{1}{4}\log 4+\frac{3}{4}\log\frac{4}{3}=0.809$$
$$H(X_2)=\frac{1}{2}\log 2+\frac{1}{2}\log 2=1$$

说明第二个信源的平均不确定性更大一些。

一个事件 y_j 所给出关于另一个事件 x_i 的信息定义为互信息，用 $I(x_i;y_j)$表示。

$$I(x_i;y_j)\overset{def}{=}I(x_i)-I(x_i|y_j)=\log\frac{p(x_i|y_j)}{p(x_i)}$$

互信息 $I(x_i;y_j)$是已知事件 y_j 后所消除的关于事件 x_i 的不确定性，它等于事件 x_i 本身的不确定性 $I(x_i)$减去已知事件 y_j 后，仍然存在的不确定性 $I(x_i|y_j)$。

互信息的引出，使信息得到了定量的表示，是信息论发展的一个里程碑。

1.2.3.2 平均自信息

平均自信息（信息熵）的概念：自信息量是信源发出某一具体消息所含有的信息量，发出的消息不同，所含有的信息量也不同。因此自信息量不能用来表征整个信源的不确定度，可以通过定义平均自信息量来表征整个信源的不确定度。平均自信息量又称为信息熵、信源熵，简称熵。

因为信源具有不确定性，所以我们把信源用随机变量来表示，用随机变量的概率分布来描述信源的不确定性。通常把一个随机变量所有可能的取值和这些取值对应的概率$[X,P(X)]$称为它的概率空间。

随机变量 X 的每一个可能取值的自信息 $I(x_i)$的统计平均值定义为随机变量 X 的平均自信息量：

$$H(x)=E[I(x_i)]=-\sum_{i=1}^{q}p(x_i)\log p(x_i)$$

这里 q 为所有 X 可能取值的个数。

熵的单位也与所取的对数底有关，根据所取的对数底不同，可以是比特/符号、奈特/符号、哈特莱/符号，或者是 r 进制单位/符号。通常用比特/符号为单位。

一般情况下，信息熵并不等于收信者平均获得的信息量，收信者不能全部消除信源的平均不确定性，获得的信息量将小于信息熵。

例 一布袋内放 100 个球，其中 80 个球是红色的，20 个球是白色的。随便摸出一个球，猜测是什么颜色，那么其概率空间为

$$\begin{pmatrix} X \\ P(X) \end{pmatrix} = \begin{bmatrix} a_1 & a_2 \\ 0.8 & 0.2 \end{bmatrix}$$

如果被告知摸出的是红球，那么获得的信息量为

$$I(a_1) = -\log p(a_1) = -\log 0.8 = 0.32\text{(比特)}$$

如被告知摸出来的是白球，所获得的信息量应为

$$I(a_2) = -\log p(a_2) = -\log 0.2 = 2.32\text{(比特)}$$

平均摸取一次所能获得的信息量为

$$H(X) = p(a_1)I(a_1) + p(a_2)I(a_2) = 0.72\text{(比特/符号)}$$

熵是从整个集合的统计特性来考虑的，它从平均意义上来表征信源的总体特征。在信源输出后，信息熵 $H(X)$ 表示每个消息提供的平均信息量；在信源输出前，信息熵 $H(X)$ 表示信源的平均不确定性；信息熵 $H(X)$ 表征了变量 X 的随机性。

例如，有两信源 X、Y，其概率空间分别为

$$\begin{pmatrix} X \\ P(x) \end{pmatrix} = \begin{bmatrix} a_1 & a_2 \\ 0.99 & 0.01 \end{bmatrix} \begin{pmatrix} Y \\ P(y) \end{pmatrix} = \begin{bmatrix} a_1 & a_2 \\ 0.5 & 0.5 \end{bmatrix}$$

计算其熵，得：$H(X)=0.08$(bit/符号)，$H(Y)=1$(bit/符号)。

$H(Y)>H(X)$，因此信源 Y 比信源 X 的平均不确定性要大。

例　设甲地的天气预报为晴(占 4/8)，阴(占 2/8)，大雨(占 1/8)，小雨(占 1/8)。又设乙地的天气预报为晴（占 7/8)，小雨(占 1/8)。试求两地天气预报各自提供的平均信息量。若甲地天气预报为两极端情况，一种是晴出现概率为 1 而其余为 0。另一种是晴、阴、小雨、大雨出现的概率都相等，为 1/4。试求这两种极端情况所提供的平均信息量。又试求乙地出现这两种极端情况所提供的平均信息量。

$$\begin{bmatrix} X \\ P(x) \end{bmatrix} = \begin{bmatrix} \text{晴} & \text{阴} & \text{大雨} & \text{小雨} \\ 1/2 & 1/4 & 1/8 & 1/8 \end{bmatrix} \begin{bmatrix} Y \\ P(y) \end{bmatrix} = \begin{bmatrix} \text{晴} & \text{小雨} \\ 7/8 & 1/8 \end{bmatrix}$$

解　甲地天气预报构成的信源空间为

$$\begin{bmatrix} X \\ P(x) \end{bmatrix} = \begin{bmatrix} \text{晴} & \text{阴} & \text{大雨} & \text{小雨} \\ 1/2 & 1/4 & 1/8 & 1/8 \end{bmatrix}$$

则其提供的平均信息量即信源的信息熵：

$$\begin{aligned} H(X) &= -\sum_{i=1}^{4} P(a_i)\log P(a_i) \\ &= -\frac{1}{2}\log\frac{1}{2} - \frac{1}{4}\log\frac{1}{4} - \frac{1}{8}\log\frac{1}{8} - \frac{1}{8}\log\frac{1}{8} = 1.75\text{(bit/符号)} \end{aligned}$$

乙地天气预报的信源空间为

$$\begin{bmatrix} Y \\ P(y) \end{bmatrix} = \begin{bmatrix} \text{晴} & \text{小雨} \\ 7/8 & 1/8 \end{bmatrix}$$

$$H(Y) = -\frac{7}{8}\log\frac{7}{8} - \frac{1}{8}\log\frac{1}{8} = -\log\frac{1}{8} - \frac{7}{8}\log 7 = 0.544(\text{bit/符号})$$

结论:甲地天气预报提供的平均信息量大于乙地,因为乙地比甲地的平均不确定性小。

甲地极端情况:极端情况 1,晴天概率=1

$$\begin{bmatrix} X \\ P(x) \end{bmatrix} = \begin{bmatrix} \text{晴} & \text{阴} & \text{大雨} & \text{小雨} \\ 1 & 0 & 0 & 0 \end{bmatrix}$$

$$H(X) = -1 \cdot \log 1 - 0 \cdot \log 0 - 0 \cdot \log 0 - 0 \cdot \log 0$$

$\because \lim\limits_{\varepsilon \to 0} \varepsilon \log \varepsilon = 0$　$\therefore H(X) = 0(\text{bit/符号})$

极端情况 2:各种天气等概率分布

$$\begin{bmatrix} X \\ P(x) \end{bmatrix} = \begin{bmatrix} \text{晴} & \text{阴} & \text{大雨} & \text{小雨} \\ 1/4 & 1/4 & 1/4 & 1/4 \end{bmatrix}$$

$$H(X) = -\frac{1}{4} \cdot \log\frac{1}{4} - \frac{1}{4} \cdot \log\frac{1}{4} - \frac{1}{4} \cdot \log\frac{1}{4} - \frac{1}{4} \cdot \log\frac{1}{4} = 2(\text{bit/符号})。$$

结论:等概率分布时信源的不确定性最大,所以信息熵(平均信息量)最大。

1.2.3.3　平均互信息

平均互信息的概念:为了从整体上表示从一个随机变量 Y 所给出关于另一个随机变量 X 的信息量,我们定义互信息 $I(x_i;y_j)$在 XY 的联合概率空间中的统计平均值为随机变量 X 和 Y 间的平均互信息,则平均互信息表达式如下:

$$\begin{aligned} I(X;Y) &= \sum_{i=1}^{n}\sum_{j=1}^{m} p(x_i y_j) I(x_i;y_j) = \sum_{i=1}^{n}\sum_{j=1}^{m} p(x_i y_j) \log\frac{p(x_i \mid y_j)}{p(x_i)} \\ &= \sum_{i=1}^{n}\sum_{j=1}^{m} p(x_i y_j) \log\frac{1}{p(x_i)} - \sum_{i=1}^{n}\sum_{j=1}^{m} p(x_i y_j) \log\frac{1}{p(x_i \mid y_j)} \\ &= H(X) - H(X \mid Y) \end{aligned}$$

非负性: $I(X;Y) \geqslant 0$,平均互信息是非负的,说明给定随机变量 Y 后,一般来说总能消除一部分关于 X 的不确定性。

互易性(对称性):$I(X;Y) = I(Y;X)$,对称性表示 Y 从 X 中获得关于的信息量等于 X 从 Y 中获得关于的信息量。

平均互信息和各类熵的关系:

$$
\begin{aligned}
I(X;Y) &= H(X) - H(X|Y) \\
&= H(Y) - H(Y|X) \\
&= H(X) + H(Y) - H(XY)
\end{aligned}
$$

当 X,Y 统计独立时，$I(X;Y)=0$。

极值性：$I(X;Y) \leqslant H(X)$，$I(X;Y) \leqslant H(Y)$。

极值性说明从一个事件提取关于另一个事件的信息量，至多只能是另一个事件的平均自信息量那么多，不会超过另一事件本身所含的信息量。

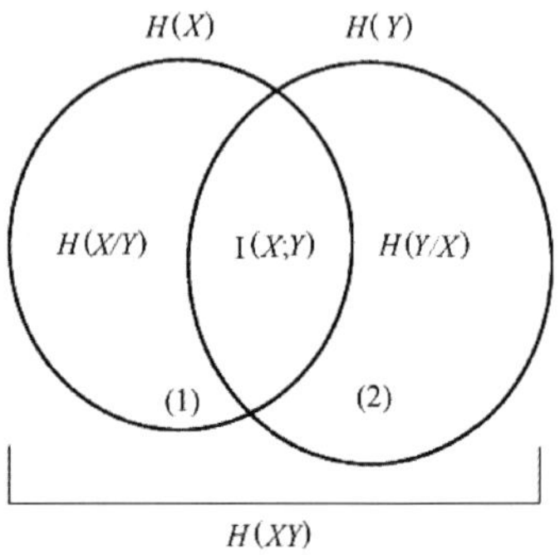

图 1-8　联合熵

图 1-8 中两圆外轮廓表示联合熵 $H(XY)$，圆(1)表示 $H(X)$，圆(2)表示 $H(Y)$，则

$H(XY)=H(X)+H(Y/X)=H(Y)+H(X/Y)$

$H(X) \geqslant H(X/Y)$，$H(Y) \geqslant H(Y/X)$

$I(X;Y)=H(X)-H(X/Y)=H(Y)-H(Y/X)=H(X)+H(Y)-H(XY)$

$H(XY) \leqslant H(X)+H(Y)$

$$I(X;Y)=0$$

如果 X 与 Y 互相独立，则 $H(XY)=H(X)+H(Y)$，

$$H(X)=H(X/Y),\ H(Y)=H(Y/X)。$$

1.3　通信网络的基本概念

我们知道任意两个节点(终端或用户)之间通过一个给定的信道进行信息传输的过程，我们可以通过适当的信源编码方式来表示信源和降低信源的信息速率。通过适当的信道编码来消除或减轻信道错误的影响，通过适当的调制方式来运载信息，以适应信道的特征。

通信原理与通信网的区别：一个通信系统包括发送终端、接收终端和传输媒介，点对点通信是最简单的通信系统，如图 1-9 所示。要实现多个用户终端之间的通信，就需要使用通信网络，如图 1-10 所示。

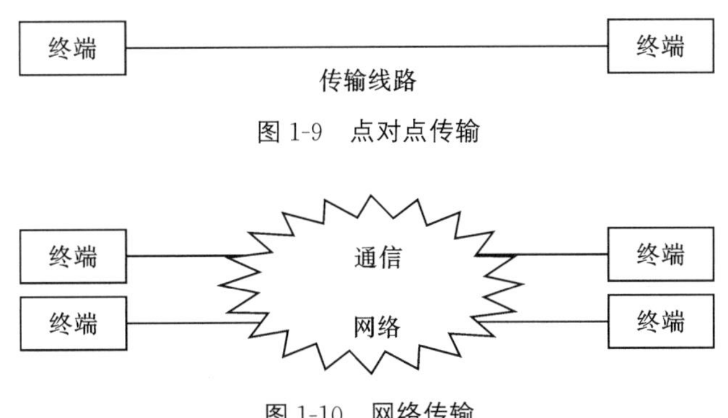

图 1-9　点对点传输

图 1-10　网络传输

通信网络的基本问题：如果在任意两个用户之间都建立一条物理传输通道，就可以解决我们之间相互通信的问题。假定有 N 个用户数，共需要 N×(N－L) 条物理传输通道，如图 1-11 所示。缺点：成本昂贵，且极难扩展，每条物理传输通道的利用率极低。

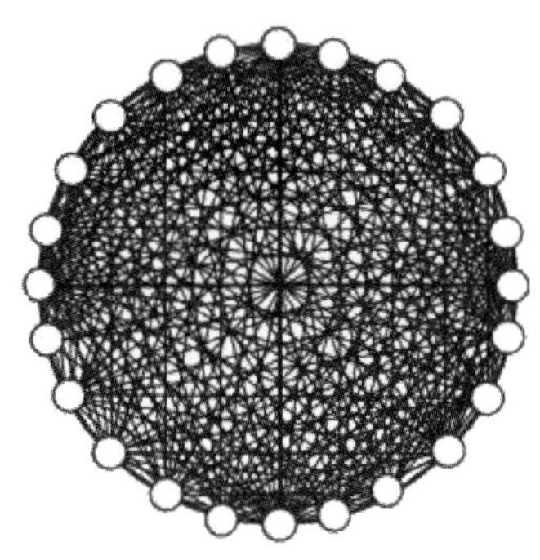

图 1-11　通信网络基本问题

通信网络的基本问题：如何以尽可能低的成本有效地解决处于任何地理位置的任意两个用户之间的即时信息传递问题？

通信网络的基本构成如图 1-12 所示。

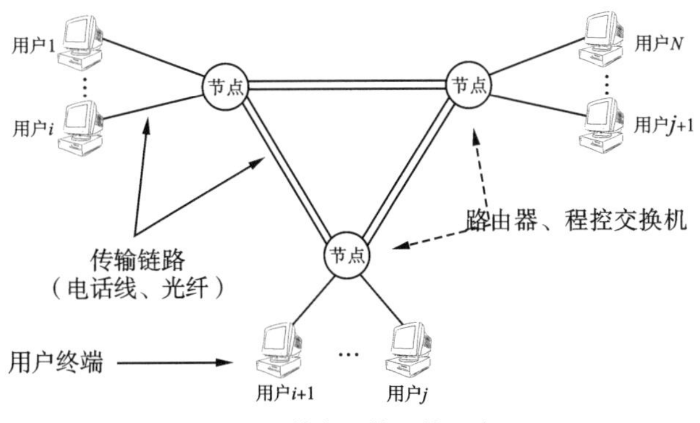

图 1-12　基本通信网络示意图

数据传输链路，在物理传输媒介上利用一定的传输标准形成的传输规定速率（或格式）的数据比特通道。接入链路，用户到网络节点（路由器或交换机）之间的链路，如无线链路、以太网等。网络链路，网络节点（路由器或交换机）到网络节点（路由器或交换机）之间的链路，如同步数字系统 SDH、光波分复用 WDM 等。

1.3.1　通信网络的基本功能框架

通信系统通常要满足多个用户间相互通信要求，但是由于成本的限制，不可能对任意的两个用户之间都架设专用通信线路。通信网就是为了满足多个用户的通信需求而发展起来的。通信网一般由接入部分、交换（或者路由）节点、中继节点等组成。通信网的一般组成框图如图 1-13 所示。

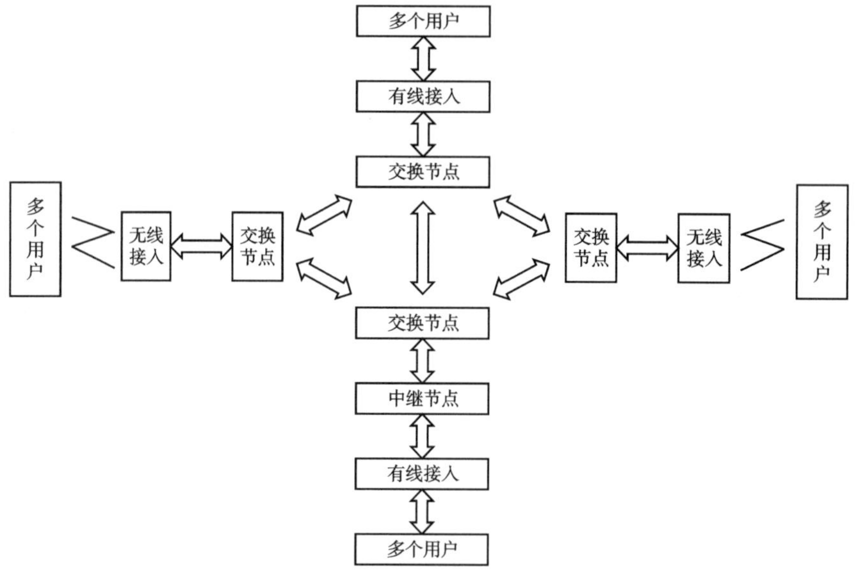

图 1-13　通信网的一般组成框图

1. 无线接入

无线接入就是通过无线的方式接入网络，例如移动通信系统的手机接入以及 Wi-Fi 的接入等；而有线接入就是通过有线的方式接入网络，例如 PSTN 系统的固定电话接入。当多个用户要同时接入网络时，网络将会面临谁先谁后，谁接入时间长、谁接入时间短，以及以什么标准进行选择的问题等，否则就会出现严重的冲突，使大家都不能正常接入。解决这个问题的方法就是接入协议。著名的无线接入协议有 Aloha 协议、IEEE802.11b（Wi-Fi 接入协议）、CSMA/CA（载波监听多路访问/冲突防止）协议等，还有诸如时分方式等。

2. 交换（路由）

交换机（switch）是一种在通信系统中完成信息交换功能的设备。交换机的主要功能包括物理编址、网络拓扑结构、错误校验、帧序列以及流控。目前交换机还具备了一些新的功能，如对 VLAN（虚拟局域网）的支持、对链路汇聚的支持，甚至有的还具有防火墙的功能,主要包括电路交换、分组交换、ATM交换以及光交换等。

传统交换机从网桥发展而来,属于OSI第二层即数据链路层设备。它根据MAC地址寻址,通过站表选择路由,站表的建立和维护由交换机自动进行。路由器属于OSI第三层即网络层设备,它根据IP地址进行寻址,通过路由表路由协议产生。交换机最大的好处是快速,由于交换机只需识别帧中MAC地址,直接根据MAC地址产生选择转发端口算法简单,便于专用集成电路实现,因此转发速度极高。

3. 通信协议

通信网络要正常工作,必须有完整的协议体系。通信协议(communications protocol)是指双方实体完成通信或服务所必须遵循的规则和约定。通信协议具有层次性、可靠性和有效性。

通信协议的可靠性也就是稳妥性,就是要求协议不能产生不正确的结果;有效性就是活动性,也就是协议能够永远不停地产生结果,但不能产生死循环。通信协议一般可以定义数据单元使用的格式,信息单元应该包含信息与含义、连接方式、信息发送和接收的时序、用户接入的方式和次序等,从而确保网络的正常接入、正常交换以及数据顺利地传送。

给定传输链路,可否进行有效通信?步骤一:线路要接通(拨号、专线/热线);步骤二:双方有交换信息的设备,并且愿意通信;步骤三:互相要确认对方的身份;步骤四:双方要有互懂的语言;步骤五:双方要有交流的规则;步骤六:双方要有合适的结束通信的方式。

通信协议的重要性:如果两支红军部队同时攻击蓝军,则红军胜;否则蓝军胜。两支红军之间通信的唯一手段就是信使(通信员),但信使必须通过蓝军阵地。任一信使都有可能被蓝军抓获,导致信息丢失,这相当于通信链路不可靠。红军为了取胜,他们想要两支部队同时进攻。但每一支部队必须得到对方也想进攻的确认后才会进行,否则任一方都不愿意进攻。下面我们来看,能否设计一种协议确保双方同时进入进攻状态?不难看出,如此往复下去将引起无穷多次信息的交换,也不可能使双方同时进入进攻的状态。这个问题出现的关键是:每一方很难相信自己是正确的,它要求双方的信息都必须严格正确。如果我们把前面严格确认的条件放松,即要求同时进攻的概率很高,这样上面的问题就可以解决。解决的方法是:如果红军一方要在某个时间发起进攻,它就同时派出多个信使,并确信对方会以很大的概率获得该信息,而对方确信请求进攻方会发起进攻。这样取胜的可能性很大。

上述例子说明了通信协议(规则)的重要性,完善的通信协议应当保证通信的终端能高效地向用户提供所需的服务。不同的通信功能需要不同的通信协议,如IEEE 802.3、IP、TCP、HTTP,一个完整的通信(信息)系统需要一组通信协议。通信协议通常可通过完善的协议体系来描述。为了描述协议体系，这里首先给出分层的概念。

假设我们讨论的是第 n 层，那么一个节点中第 n 层对等模块与对方节点中第 n 层对等模块通过第 n－1 层进行通信时，有两个非常重要的方面。第一方面是：需要有一个分布式算法（或称为协议）来供两个对等层相互交换消息，以便为高层提供所需的功能和业务。第二方面是第 n 层和第 n－1 层之间的接口（API），该接口对于实际系统的设计和标准化非常重要。

国际标准化组织（ISO）将协议体系结构模型分为七个层次：应用层、表示层、会话层、运输层、网络层、数据链路控制层和物理层，并将它作为开发协议标准的框架。该模型被称为开放系统互连（OSI）参考模型，如图 1-14 所示。

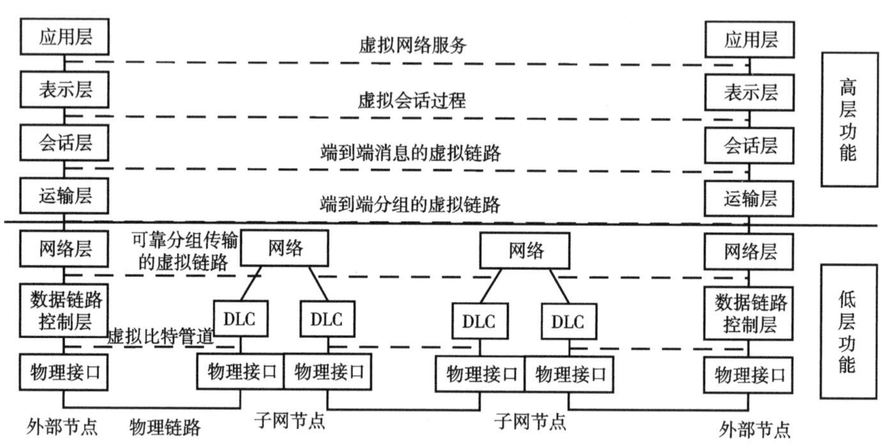

图 1-14　OSI 参考模型

第一层：物理层（physical layer）

在由物理信道连接的任一对节点之间，提供一个传送比特流（比特序列）的虚拟比特管道。在发送端它将从高层接收的比特流变成适合于物理信道传输的信号，在接收端再将该信号恢复成所传输的比特流。物理信道包括双绞线、同轴电缆、光缆、无线电信道等。

第二层：数据链路控制层（datalink layer）

物理层提供的仅仅是原始的数字比特流传送服务，它并不进行差错保护。而数据链路控制层负责数据块（帧）的传送，并进行必要的同步控制、差错控制和流量控制。由于有了第二层的服务，它的上层可以认为链路上的传输是无差错的。

第三层：网络层（network layer）

网络层的基本功能是把网络中的节点和数据链路有效地组织起来，为终端系统提供透明的传输通路（路径）。网络层通常分为两个子层：网内子层和网际子层。

网内子层解决子网内分组的路由、寻址和传输问题。网际子层解决分组跨越不同子网的路由选择、寻址和传输问题。它还包括不同子网之间速率匹配、流量控制、不同长度分组的适配、连接的建立、保持和终止等问题。

第四层:运输层(transport layer)

运输层可以看成用户和网络之间的"联络员"。它利用低三层所提供的网络服务向高层提供可靠的端到端的透明数据传送。它根据发端和终端的地址定义一个跨过多个网络的逻辑连接(而不是第三层所处理的物理连接),并完成端到端(而不是第二层所处理的一段数据链路)的差错纠正和流量控制功能。它使得两个终端系统之间传送的数据单元无差错,无丢失或重复,无次序颠倒。

第五层:会话层(sessionlayer)

会话层负责控制两个系统的表示层(第六层)实体之间的对话。它的基本功能是向两个表示层实体提供建立和使用连接的方法,而这种表示层之间的连接就叫作"话"(session)。

第六层:表示层(presentation layer)

表示层负责定义信息的表示方法,并向应用程序和终端处理程序提供一系列的数据转换服务,以使两个系统用共同的语言来进行通信。表示层的典型服务有数据翻译(信息编码、加密和字符集的翻译)、格式化(数据格式的修改及文本压缩)和语法选择(语法的定义及不同语言之间的翻译)等。

第七层:应用层(application layer)。

应用层是最高的一层,直接向用户(即应用进程 AP)提供服务,它为用户进入 OSI 环境提供了一个窗口。应用层包含管理功能,同时也提供一些公共的应用程序,如文件传送、作业传送和控制、事务处理、网络管理等。

TCP/IP(Transmission Control Protocol/Internet Protocol)协议族是在美国国防远景研究规划局 (DARPA)所资助的实验性分组交换网络 ARPARNET 上研究开发成功的。

TCP/IP 协议族的通信任务组织成五个相对独立的层次:应用层、运输层、网络层、网络接入层、物理层(它没有 OSI 七层模型中的表示层和会话层)。如图 1-15 所示。

TCP/IP 协议族重点强调应用层、运输层和网络层,而对网络接入层只要求能够使用某种协议来传送网络层的分组。

网络接入层的主要功能是解决与硬件相关的功能,向网络层提供标准接口。从网络的角度来讲,它解决在一个网络中的两个端之间传送数据的问题,以及一个端系统(计算

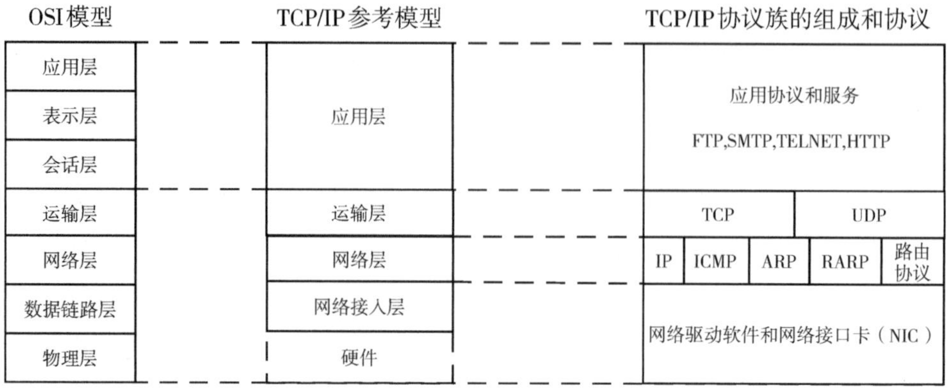

OSI模型	TCP/IP参考模型	TCP/IP协议族的组成和协议
应用层	应用层	应用协议和服务 FTP,SMTP,TELNET,HTTP
表示层		
会话层		
运输层	运输层	TCP　UDP
网络层	网络层	IP　ICMP　ARP　RARP　路由协议
数据链路层	网络接入层	网络驱动软件和网络接口卡（NIC）
物理层	硬件	

图 1-15　TCP/IP 协议

机）和它连接的网络之间的数据交换。

如果两台设备连在两个不同的网络上，要使数据穿过多个互联的网络正确地传输，这是网络层要完成的功能。该层采用的协议称为互联网协议（IP），它提供跨越多个网络的选路功能和中继功能。IP 解决了网络互联问题，但它是一个不可靠的传输协议。在传输过程中可能会出现 IP 报文错误、丢失和乱序等问题。

1.3.2　通信网络的主要质量指标

通信网的质量指标依据不同的分类，具有不同的偏重，无线通信网、个人通信网就特别关注接通率、掉线率、故障时间以及带宽等。但是随着通信技术的快速发展，各种通信技术走向融合，例如新一代的无线通信网的支撑网已经走向 IP 化，同时就广义而言，计算机通信网、互联网也属于通信网的范畴，所以下面重点关注计算机网络的质量指标。

1. 带宽

计算机网络中的带宽概念和通信中的略有不同，其带宽是指网络的最高信息传输速率，单位是 bit/s。一般情况下，常用的带宽单位是千比每秒，即 kb/s（10^3 b/s）；兆比每秒，即 Mb/s（10^6 b/s）；吉比每秒，即 Gb/s（10^9 b/s）；太比每秒，即 Tb/s（10^{12} b/s）。注意：在计算机存储系统中，$1K=2^{10}=1024$，$M=2^{20}$，$G=2^{30}$，$T=2^{40}$。要注意这种区别，但是其本质是一样的。在通信网络中，和其对应的是接入速率，一般认为，当最大接入速率不低于 2Mbps 时，通信系统被认为是宽带通信系统，否则为窄带通信系统。

高带宽是网络发展的重要目标，也是人们的重要需求。新兴业务对移动、电信以及联通等运营商提供的服务带宽需求越来越大。在时间轴上信号的宽度随带宽增大而变窄，如图 1-16 所示。

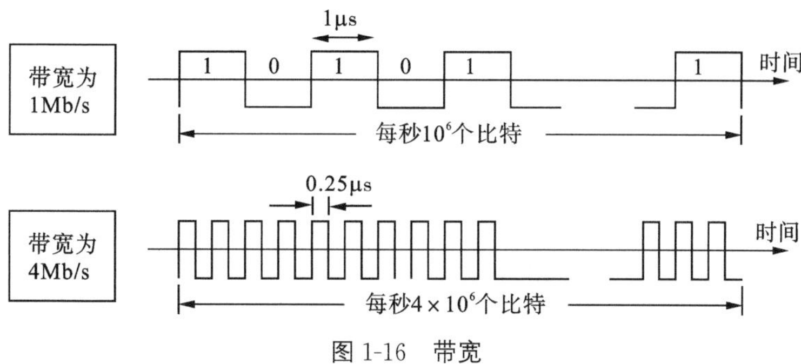

图 1-16 带宽

吞吐量(throughput)表示在单位时间内通过某个网络(或信道、接口)的数据量。经常用于对现实世界中网络的一种测量,以便知道实际上到底有多少数据量能够通过网络。吞吐量受网络的带宽或网络的额定速率的限制。

2. 网络延时

网络延时指一个数据包从用户的计算机发送到网站服务器,然后再立即从网站服务器返回用户计算机的来回时间。通常使用网络管理工具 PING(Packet Internet Grope)来测量网络延时。由于互联网络的复杂性、网络流量的动态变化和网络路由的动态选择,网络延时随时都在不停地变化,这种变化称为抖动。网络延时的抖动越小,那么网络的质量就越好。网络延迟主要包括发送延迟、传播延迟和处理延迟。

交换机延时(Latency)是指从交换机接收到数据包到开始向目的端口复制数据包之间的时间间隔。有许多因素会影响延时大小,比如转发技术等。采用直通转发技术的交换机有固定的延时,因为直通式交换机不管数据包的整体大小,而只根据目的地址来决定转发方向,所以它的延时是固定的,取决于交换机解读数据包前 6 个字节中目的地址的解读速率。采用存储转发技术的交换机由于必须接收完整的数据包才开始转发数据包,所以它的延时与数据包大小有关。数据包大,则延时大;数据包小,则延时小。

在互联网上,典型的网络延时为几十到几百毫秒。影响网络延时的主要因素是路由的跳数(因为每次路由转发都需要时间,因此路由跳数越多,网络延时越大)和网络的流量(网络流量越大,交换机和路由器排队的时间就越长,网络延时也就越大)。

抖动是服务质量里面常用的一个概念,其意思是指分组延迟的变化程度。如果网络发生拥塞,排队延迟将影响端到端的延迟,并导致通过同一连接传输的分组延迟各不相同,而抖动,就是用来描述这样一种延迟变化的程度。因此,抖动对于实时性的传输将会是一个重要参数,比如 VOIP,视频等。利用缓冲区可以一定程度地抑制抖动。

时延(delay 或 latency) 是指数据从网络一端传送到另一端所需的时间，也称延迟。网络中的时延包括发送时延、传播时延、处理时延、排队时延。

发送时延：发送数据时，数据块从结点进入到传输媒体所需要的时间，即从发送数据帧的第一个比特算起，到该帧的最后一个比特发送完毕所需的时间。

$$发送时延=\frac{数据块长度(比特)}{信道带宽(比特/秒)}$$

传播时延：电磁波在信道中需要传播一定的距离而花费的时间。

$$传播时延=\frac{信道长度(米)}{信号在信道上的传播速率(米/秒)}$$

发送时延主要和数据包长度及网络带宽有关；传播时延和传输媒质有关，一般情况下，开放空间的电信号传输速度为 3×10^5 km/s，铜缆中的电信号传输速度为 2.3×10^5 km/s，光纤的传播速度为 2×10^5 km/s。

处理时延：交换结点为存储转发而进行一些必要的处理所花费的时间。

排队时延：结点缓存队列中分组排队所经历的时延。排队时延的长短往往取决于网络中当时的通信量。

数据经历的总时延就是发送时延、传播时延、处理时延和排队时延之和：总时延 ＝ 发送时延＋传播时延＋处理时延＋排队时延。注意：在总时延中，究竟是哪一种时延占主导地位，需要具体问题具体分析。四种时延所产生的地方如图 1-17 所示，从结点 A 向结点 B 发送数据。

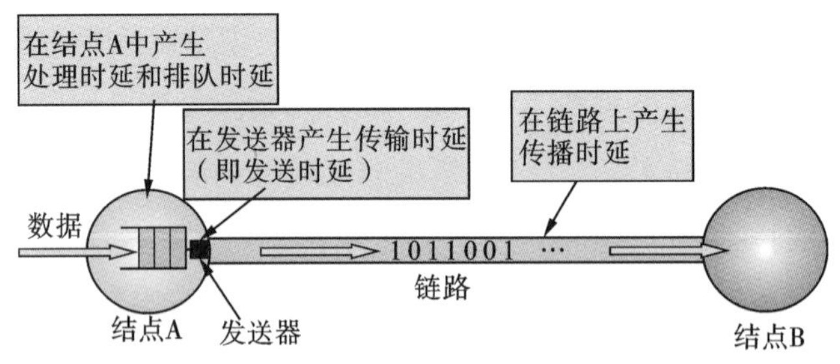

图 1-17　四种时延

3. 丢包率

网络中数据的传输是以发送和接收数据包的形式传输的，理想状态下是发送了多少数据包就能接收到多少数据包，但是由于信号衰减、网络质量等诸多因素的影响，并不会出现理想状态的结果，就是不会发多少数据包就能接收到多少。网络丢包率是指测试中所丢失数据包数量占所发送数据包的比率，通常在吞吐量范围内测试。

丢包率主要与网络的流量，准确地说与从用户计算机到网站服务器之间每段路由的网络拥塞程度有关。由于交换机和路由器的处理能力有限，当网络流量过高来不及处理时就将一部分数据包丢弃造成丢包。由于TCP/IP网络能够自动实现重发，这样发生丢包后不断重发，将造成更大量的丢包，因此，网络拥塞发生后经常会发生丢包率越来越高的现象，和马路上的交通堵塞十分相似。

4. 吞吐量

吞吐量是指在没有帧丢失的情况下，网络设备能够接收并转发的最大数据速率。吞吐量的大小主要由网络设备的内外网口硬件及程序算法的效率决定，尤其是程序算法，对于像防火墙系统这样需要进行大量运算的设备来说，算法的低效率会使通信量大打折扣。因此，大多数防火墙虽号称100M防火墙，由于其算法依靠软件实现，通信量远远没有达到100M，实际只有10—20M。纯硬件防火墙由于采用硬件进行运算，因此吞吐量可以接近线速，达到90—95M，是真正的100M防火墙。

吞吐量和报文转发率是关系网络设备应用的主要指标，一般采用FDT（Full Duplex Throughput）来衡量，指64字节数据包的全双工吞吐量。该指标既包括吞吐量指标，也涵盖了报文转发率指标。

吞吐量和带宽很容易搞混，两者的单位都是Mbps。先让我们来看两者对应的英语，吞吐量是throughput，带宽是Max net bit rate。当我们讨论通信链路的带宽时，一般是指链路上每秒所能传送的比特数，它取决于链路时钟速率，又称为网速。我们可以说以太网的带宽是10Mbps，但是，我们需要区分链路上的可用带宽（带宽）与实际链路中每秒所能传送的比特数（吞吐量）。这样，因为现实受各种低效率因素的影响，所以由一段带宽为10Mbps的链路连接的一对节点可能只达到2Mbps的吞吐量。

5. QoS（Quality of Service）

中文名为“服务质量”。它是指网络提供更高优先服务的一种能力，包括专用带宽、抖动控制和延迟（用于实时和交互式流量情形）、丢包率的改进以及不同WAN、LAN和MAN技术下的指定网络流量等，同时确保为每种流量提供的优先权不会阻碍其他流量的进程。

网络资源总是有限的，只要存在抢夺网络资源的情况，就会出现服务质量的要求。服务质量是相对网络业务而言的，在保证某类业务的服务质量的同时，可能就是在损害其他业务的服务质量。例如，在网络总带宽固定的情况下，如果某类业务占用的带宽越多，那么其他业务能使用的带宽就越少，可能会影响其他业务的使用。因此，网络管理者需要根据各种业务的特点来对网络资源进行合理规划和分配，从而使网络资源得到高效利用。

QoS 分类举例，3GPP 主要针对移动网络，它将 QoS 类别分为四大类：Conversational—会话、Streaming—流业务、Interactive—交互式、Background—背景式。分类的主要依据是业务对时延的敏感度。Conversational 对时延非常敏感，依次递减。Background 对时延最不敏感。Conversational 和 Streaming 主要用于实时流量业务，区别只在于对时延的容许程度。Interactive 和 Background 主要用于传统的 IP 应用，两者都定义了一定的误码率要求，区别在于前者更多用于交互式场合，而后者主要用于后台业务。

思考题

1. 利用 MATLAB 画出 C/W 与 E_b/N_0 之间的关系曲线，并对其含义进行分析。

2. 通信网络的基本框图和原理是什么？通信网络的性能指标有哪些？

3. 对比 OSI、TCP/IP、802.11 协议栈模型之间的不同和相同点。

4. 简述移动通信的发展过程及采用不同技术体制的原因。

5. 数字通信技术的发展趋势是什么？

习题

1. 通信是什么？何谓现代通信？

2. 通信系统的基本框图及原理是什么？通信系统性能指标有哪些？

3. 利用信号与系统的原理详细解释无线通信中和网络中带宽概念的异同。

4. 在通信系统的框图中，哪些模块有利于提高通信的有效性？哪些模块有利于提高通信的可靠性？

5. 模拟信号和数字信号的特点分别是什么？

6. 数字通信系统的构成模型中信道编码源编码和信源解码的作用是什么？

7. 数字通信的特点有哪些？

8. 为什么说数字通信的抗干扰性强、无噪声积累？

9. 设有 4 个符号，其中前 3 个符号的出现概率分别为 1/4，1/8，1/8，且各符号的出现是相互独立的。试计算该符号集的平均信息量。

10. 设某信源的输出由 128 个不同的符号组成，其中 16 个出现的概率为 1/32，其余 112 个的出现概率为 1/224。信源每秒发出 1000 个符号，且每个符号彼此独立。试计算该信源的平均信息速率。

11. 设二进制数字传输系统每隔 0.4ms 发送一个码元。试求：

(1)该系统的信息速率；

(2)若改为传送十六进制信号码元,发送码元间隔不变,则系统的信息速率变为多少(设各码元独立等概率出现)?

12. 某信源符号集由A,B,C,D和E组成,设每一符号独立出现,其出现概率分别为1/4,1/8,1/8,3/16和5/16。若每秒传输1000个符号,试求:

(1)该信源符号的平均信息量;

(2)1h内传送的平均信息量,其中h表示小时;

(3)若信源等概率发送每个符号,求1h传送的信息量。

13. 设某四进制数字传输系统的信息速率为2400b/s,接收端在0.5h内共收到216个错误码元,试计算该系统的误码率P。

14. 设数字信元时间长度为1μs,如采用四电平传输,求信息传输速率及符号速率;若传输过程中2秒误1个比特,求误码率。

15. 假设数字通信系统的频带宽度为1024kHz,可传输2048kbit/s的比特率,试问其频带利用率为多少bit/s/Hz?

第2章 信号波形与信号空间理论基础

2.1 信号的表示及特征

2.1.1 能量信号与功率信号

信号在数学上可以用一个时间函数表示。确知信号(deterministic signal)是指其取值在任何时间都是确定的和可预知的信号,通常可以用数学公式表示它在任何时间的取值。例如,振幅、频率和相位都是确定的一段正弦波,它就是一个确知信号。按照是否具有周期重复性,确知信号可以分为周期信号(periodic signal)和非周期信号(non periodic signal)。在数学上,若一个信号 $s(t)$ 满足下述条件:

$$s(t)=s(t+T_0),\quad -\infty<t<\infty$$

式中 $T_0>0$,为一常数,则称此信号为周期信号,否则为非周期信号,并将满足上式的最小 T_0 称为此信号的周期,将 $\frac{1}{T_0}$ 称为基频 f_0。一个无限长的正弦波,例如 $s(t)=8\sin(5t+1)$,$-\infty<t<\infty$,就属于周期信号,其周期 $T_0=\frac{2\pi}{5}$,一个矩形脉冲就是非周期信号。

按照能量是否有限区分,信号可以分为能量信号(energy signal)和功率信号(power signal)两类。在通信理论中,通常把信号功率定义为电流在单位电阻(1Ω)上消耗的功率,即归一化(normalized)功率 P。因此,功率就等于电流或电压的平方:

$$P=\frac{V^2}{R}=I^2R=V^2=I^2\,(\mathrm{W})$$

式中，V 为电压(V)；I 为电流(A)。

所以，可以认为，信号电流 I 或电压 V 的平方都等于功率。后面我们一般化为用 S 代表信号的电流或电压来计算信号功率。若信号电压和电流的值随时间变化，则 S 可以改写为时间 t 的函数 $s(t)$。故 $s(t)$代表信号电压或电流的时间波形。这时，信号能量 E 应当是信号瞬时功率的积分：

$$E = \int_{-\infty}^{\infty} s^2(t)\mathrm{d}t$$

其中，E 的单位是焦耳(J)。

若信号的能量是一个正的有限值，即

$$0 < E = \int_{-\infty}^{\infty} s^2(t)\mathrm{d}t < \infty$$

则称此信号为能量信号。例如，第 1 章中提到的数字信号的一个码元就是一个能量信号。现在，我们将信号的平均功率 P 定义为

$$P = \lim_{T \to \infty} \frac{1}{T} \int_{-T/2}^{T/2} s^2(t)\mathrm{d}t$$

由上式看出，能量信号的平均功率 P 为零，因为上式表示若信号的能量有限，则在被趋于无穷大的时间 T 去除后，所得平均功率趋近于零。

在实际的通信系统中，信号都具有有限的功率、有限的持续时间，因而具有有限的能量。但是，若信号的持续时间非常长，例如广播信号，则可以近似认为它具有无限长的持续时间。此时，认为由该式定义的信号平均功率是一个有限的正值，但是其能量近似等于无穷大。我们把这种信号称为功率信号。

上面的分析表明，信号可以分成两类：①能量信号，其能量等于一个有限正值，但平均功率为零；②功率信号，其平均功率等于一个有限正值，但能量为无穷大。顺便提醒，能量信号和功率信号的分类对于非确知信号也适用。

2.1.2　复信号及负频率

信号处理中为什么用复信号？实信号，信号是信息的载体，实际的信号总是实信号。但在实际处理中采用复信号，因为从有效信息的利用角度来看，实信号的频谱是共轭对称的，如，实信号 $s(t)$频谱：

$$S(f) = \int_{-\infty}^{+\infty} S(t)\mathrm{e}^{-j2\pi ft}\mathrm{d}t$$

$$S^*(f)=\int_{-\infty}^{+\infty} S(t)\mathrm{e}^{j2\pi ft}\,\mathrm{d}t=S(-f)$$

为什么实信号会有负的频谱？频率 f 的原始定义是每秒出现的次数，可用以衡量机械运动、电信号乃至任何事件重复出现的频度。

连续信号的正负频率，连续余弦信号的频率成分：化为指数形式

$$\cos\Omega_0 t=\frac{1}{2}(\mathrm{e}^{j\Omega_0 t}+\mathrm{e}^{-j\Omega_0 t})$$

因此它由正负两个频率成分组成。对正弦信号

$$j\cdot\sin\Omega_0 t=\frac{1}{2}(\mathrm{e}^{j\Omega_0 t}+\mathrm{e}^{-j\Omega_0 t})$$

也可做类似的分析，也由正负两个频率成分组成。下面我们分析其中正负频率的意义，当用频率描述圆周运动时(即进入了二维信号平面)，产生了“角频率 ω”的概念，从机械旋转运动出发。实数信号由正负频率复向量合成。

复信号的特性与只研究实信号 $\sin(\omega t)$或 $\cos(\omega t)$是两个不同的层次。前者是反映信号在空间的全面特性，如图 2-1 所示。后者只研究了信号在一个平面($x-t$ 或 $y-t$ 组成的平面)上投影的特性。这就必然要丢掉一些重要的信息，以至于 $x=\sin(\omega t)$与 $\sin(-\omega t)$在 $x-t$ 平面中的波形没有任何差别。

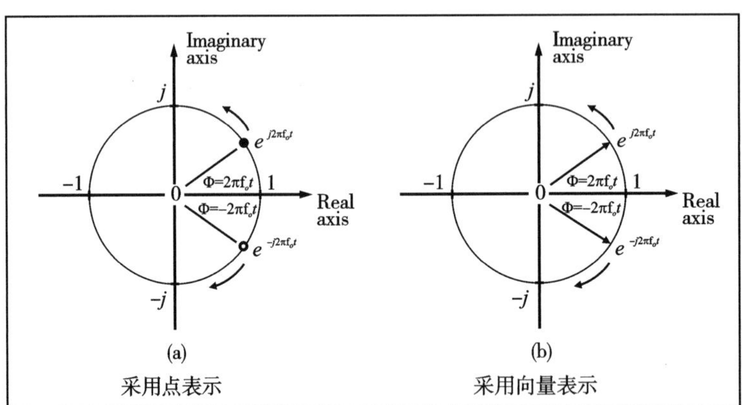

图 2-1　二维信号表示

正负频率在复平面上定义。根据欧拉公式，$\mathrm{e}^{i\varphi}$ 对应平面单位圆上的一个点。如果我们把 $\mathrm{e}^{i\varphi}$ 变为 $\mathrm{e}^{i2\pi f_0 t}$，随着 t 的增加，该复数在平面上按逆时针旋转。如果是 $\mathrm{e}^{i2\pi f_0 t}$，则随着 t 的增加，该复数在平面上按顺时针旋转。如图 2-1 所示。

如果定义 $\mathrm{e}^{i2\pi f_0 t}$，即逆时针为正频率，那么 $\mathrm{e}^{i2\pi f_0 t}$ 为负频率，至此我们就给正负频率一个明确的定义了。

随着时间，$e^{i2\pi f_0 t}$ 逆时针旋转。在实平面和虚平面的投影，可以看成余弦和正弦。复频率域下 $\sin(x)$ 及 $\cos(x)$ 如图 2-2 所示。

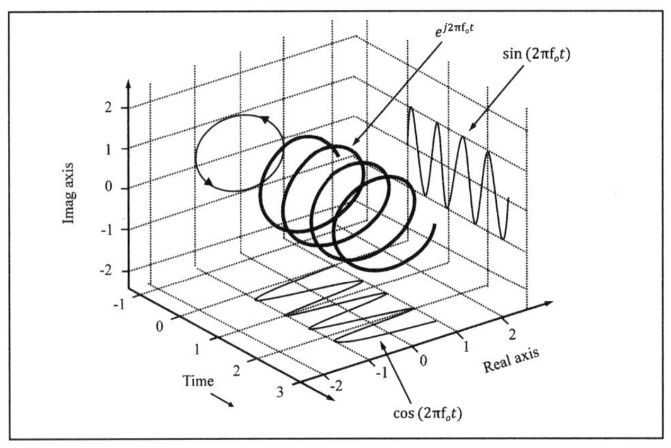

图 2-2　正负频率在复平面上定义

用 $e^{j\omega t}$ 或 $\sin(\omega t)$ 或 $\cos(\omega t)$ 作为核来做傅立叶变换所得的结果也是前者全面，后者片面。对实信号做傅立叶变换时，如果用指数 $e^{j\omega t}$ 为核，将得到双边频谱如图 2-3 所示。以角频率为 Ω 的余弦信号为例，它具有位于 ±Ω 两处的、幅度各为 0.5、相角为零的频率特性。它的几何关系可以用图 2-4 表示。两个长度为 0.5 的向量，分别以 ±Ω 等速转动，它们的合成向量就是沿实轴方向的余弦向量。而沿虚轴方向的信号为零。

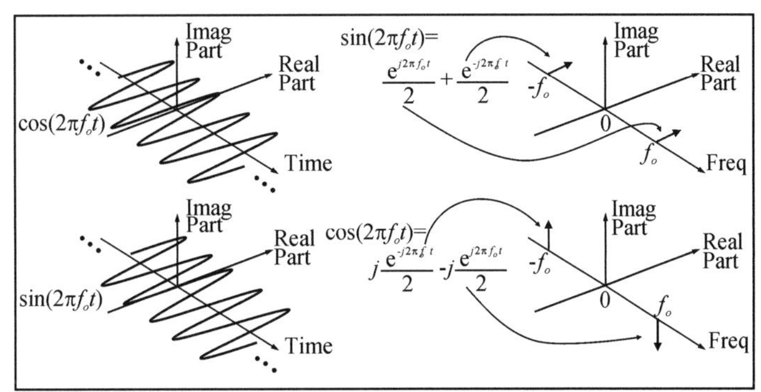

图 2-3　复频率域下 $\sin(x)$ 及 $\cos(x)$ 表示

可见必须有负频率的向量存在，才可能构成纯粹的实信号。

$j\sin(2\pi ft)$ 逆时针旋转 90 度，即得到 $j\sin(2\pi ft)$。欧拉公式 $e^{j2\pi ft}=\cos(2\pi ft)+j\sin(2\pi ft)$ 有其明确的几何意义（物理意义）。

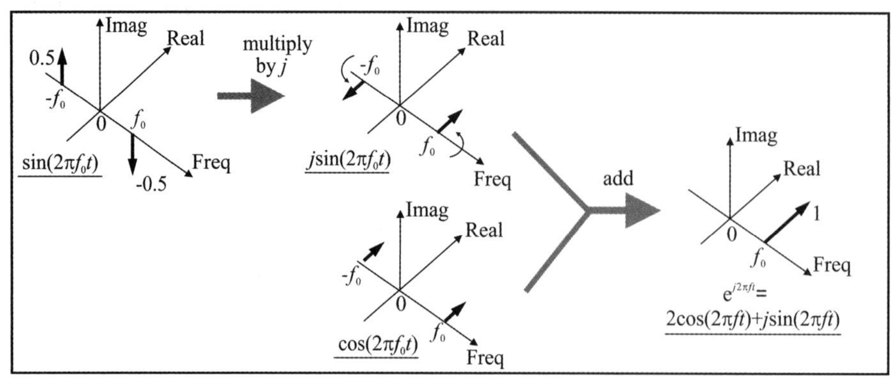

图 2-4　合成向量表示

2.1.3　解析信号与基带信号

在通信中，载有信息的发射信号和由信道引入的扰动都可以用随机过程描述。接收端只知道这些信号的某些统计特性，而不明确信号本身，接收机的任务就是根据接收信号的观测值，并利用这些已知的统计特性，对信息进行估计。通信信号通常为随机过程（信息数据）对确定性信号（载波、脉冲）调制后的随机过程。

信号处理中为什么用复信号？在通信信号处理中，常采用复信号，这主要基于两方面原因：

①实信号具有共轭对称的频谱，从信息的角度来看，其负谱部分是冗余的，将实信号的负谱部分去掉，只保留正谱部分，信号占用的宽带减少一半，有利于无线通信（称为单边带通信）。只保留正谱部分的信号，其频谱不存在共轭对称性，所对应的时域信号应为复信号。

例如：$\cos\omega_c t \leftrightarrow \pi[\delta(\omega-\omega_c)+\delta(\omega+\omega_c)]$，$F^{-1}[\pi\delta(\omega-\omega_c)]=\frac{1}{2}e^{j\omega_c t}$

②通信，一般有载波，调制和解调；在接收后要把调制信号从载波里提取出来。通常的做法是将载频变频到零（通称零中频）。下变频相当于将载频下移，下移到较低的中频，其目的是方便选择信号和放大解调。但是现代通信信号有各种调制方式，为便于处理，需要将频带内信号的谱结构原封不动地下移到零中频（统称为基带信号），很显然，将接收的信号直接变到零中频是不行的，因为实信号存在共轭对称的双边谱，随着载频下移，两部分谱就会发生混叠，从而无法提取基带信号。所以要将接收信号表示为复信号。

在数字通信系统中，实际传输的是实信号，而信号处理既可以在实数域进行，也可以在复数域进行，实数域信号处理直观、简单，但硬件实现时存储资源占用多，效率低，而在复数域执行信号处理时，硬件实现运算简单，复杂度低，效率高，即在对数字通信信号处理时，通常以复信号为处理对象。为此，需要对接收信号做预处理，构造复信号。

复信号必须用实部和虚部两路信号来表示，两路信号传输会带来麻烦，实际信号的传输总是用实信号，而在信号处理中则用复信号。

由给定的实信号构建复信号，即构造虚拟/解析信号

$$s(t)=a(t)\cos(\varphi(t))\begin{cases} z(t)=s(t)+jx(t) \\ z(t)=a(t)e^{j\varphi(t)}\begin{cases} a(t)=\sqrt{s^2(t)+x^2(t)} \text{幅度} \\ \varphi(t)=\arctan\dfrac{x(t)}{s(t)} \text{相位} \end{cases} \end{cases}$$

$a(t)\geqslant|s(t)|$代表$a(t)$的曲线，“包着”代表$|s(t)|$的曲线，故常将其称作包络如图 2-5 所示。

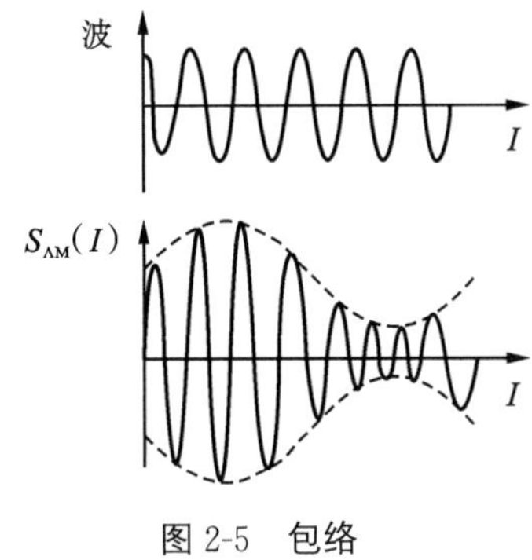

图 2-5　包络

2.1.3.1　解析信号

表示复信号$z(t)$的最简单方法是用所给定的实信号。

设复信号为$z(t)=a(t)e^{j\varphi(t)}$，将原实信号$s(t)=a(t)\cos(\varphi(t))$做其实部，并另外构造一个“虚拟信号”$x(t)$做其虚部，即：

$$z(t)=s(t)+jx(t) \qquad z(t)=a(t)e^{j\varphi(t)}$$

$$a(t)=\sqrt{s^2(t)+x^2(t)} \qquad \varphi(t)=\arctan\frac{x(t)}{s(t)}$$

显然，$a(t)\geqslant|s(t)|$即$a(t)$的曲线包着$|s(t)|$的曲线，称作包络。下面我们构造$x(t)$，使得$z(t)$既不丢失$s(t)$的信息，又具有单边谱。

由于$z(f)=s(f)+jx(f)$，我们要使得$z(f)=\begin{cases} 2s(f) & f>0 \\ s(f) & f=0 \\ 0 & f<0 \end{cases}$（既不丢失$s(t)$的信息，又具有单边谱）。

频域求解$x(f)$，由于复信号$z(t)$有单边谱，而实信号$s(t)$具有共轭对称谱，所以很自然要求虚拟信号$x(t)$应该具有共轭反对称谱。

如图 2-6 所示，取 $H(f)=\begin{cases}-j & f>0\\ 0 & f=0\\ j & f<0\end{cases}$　且令 $x(f)=s(f)\cdot H(f)$

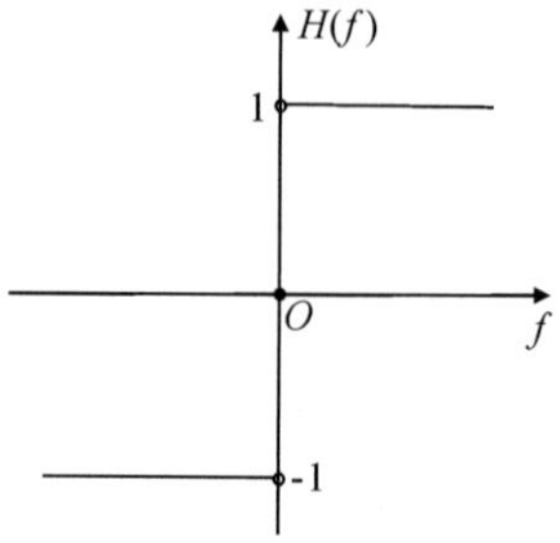

则容易算出：$z(f)=s(f)+jx(f)$

$$=\begin{cases}s(f)+js(f)(-j)=2s(f) & f>0\\ s(f) & f=0\\ s(f)+js(f)(j)+0 & f<0\end{cases}$$

图 2-6　奇对称的阶跃式传递函数

由于 $H(f)=-j\,\mathrm{sgn}(f)\leftrightarrow h(t)=\dfrac{1}{\pi t}$　$\mathrm{sgn}(f)=\begin{cases}1, & f>0\\ 0, & f=0\\ -1, & f<0\end{cases}$ 从而有

$$z(t)=s(t)+js(t)*h(t)=s(t)+j\hat{s}(t)$$

将 $h(t)=\dfrac{1}{\pi t}$ 的系统定义为 Hilbert(希尔伯特)变换器，或者 Hilbert 滤波器。则其传递函数为 $H(f)=-j\,\mathrm{sgn}(f)$，冲击响应为 $h(t)=\dfrac{1}{\pi t}$，且容易知它是个全通系统 $|H(f)|=1$，幅频如图 2-7 所示，相频如图 2-8 所示。

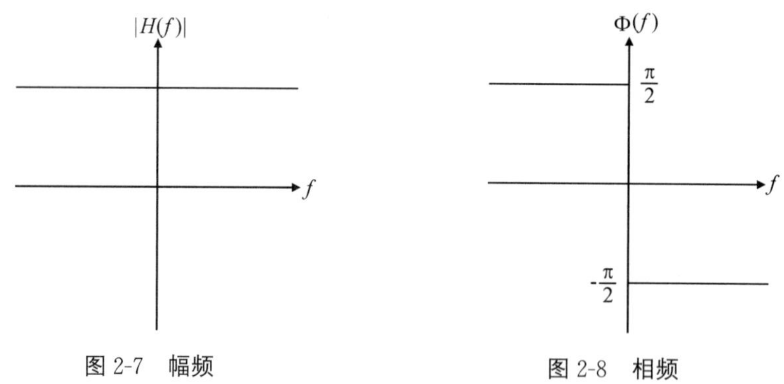

图 2-7　幅频　　　　图 2-8　相频

定义　(解析信号)与实信号 $s(t)$ 对应的解析信号(analytic singal)$S_A(t)$ 定义为 $S_A(t)=A[S(t)]$，其中 $A[s(t)]=s(t)+jH[s(t)]$ 是构成解析信号的算子，且 $\tilde{s}(t)=jH[s(t)]$ 是 $s(t)$ 的 Hilbert 变换。

复信号：只有单边频谱的信号。

性质 1： 信号 $s(t)$ 通过 Hilbert 变换器后，信号频谱的幅度不发生变化。

证明　显然，因为变换器是全通滤波器，对信号频谱的幅值没有任何影响，引起频谱变化的只是其相位。

性质 2: $s(t)=-H[\hat{s}(t)]$

证明　由于 $s_A(t)=s(t)+j\hat{s}(t)$ 是 $s(t)$ 的解析信号，所以 $z(t)=js_A(t)=-\hat{s}(t)+js(t)$ 也是 $s(t)$ 的解析信号，这意味着 $s(t)$ 是 $-\hat{s}(t)$ Hilbert 的变换，故性质 2 成立。

性质 3: $s(t)=-H^2[s(t)]$

证明　此性质可由性质 2 直接得到。

性质 4: 若 $x(t)$、$x_1(t)$、$x_2(t)$ 的 Hilbert 变换分别为 $\hat{x}(t)$、$\hat{x}_1(t)$、$\hat{x}_2(t)$，且 $x(t)=x_1(t)*x_2(t)$，则 $\hat{x}(t)=\hat{x}_1(t)*x_2(t)=x_1(t)*\hat{x}_2(t)$。

证明　由解析信号的定义易知

$$\hat{x}(t)=x(t)*\frac{1}{\pi t}=[x_1(t)*x_2(t)]*\frac{1}{\pi t}=[x_1(t)*\frac{1}{\pi t}]*x_2(t)=\hat{x}_1(t)*x_2(t)$$

同理可证：$\hat{x}(t)=x_1(t)*\hat{x}_2(t)$

$$\left.\begin{array}{l} x(t)\xrightarrow{H}\hat{x}(t) \\ x_1(t)\rightarrow\hat{x}_1(t) \\ x_2(t)\rightarrow\hat{x}_2(t) \end{array}\right\}\Rightarrow \text{若 } x(t)=x_1(t)*x_2(t) \text{ 则 } \hat{x}(t)=\hat{x}_1(t)*x_2(t)=\hat{x}_2(t)*x_1(t)$$

结论： Hilbert 变换器是幅频特性为 1 的全通滤波器。信号 $x(t)$ 通过 Hilbert 变换器后，其负频率成分做 $+90°$ 相移，而正频率成分做 $-90°$ 相移。由 Hilbert 变换构成的解析信号，只含有正频率成分，且是原信号正频率分量的 2 倍。

例　已知一实的窄带信号 $s(t)=a(t)\cos(2\pi f_0 t+\varphi(t))$，试给出其解析信号。

解　$S(t)=a(t)\cos[2\pi f_0 t+\varphi(t)]=\frac{1}{2}a(t)[e^{j[2\pi f_0 t+\varphi(t)]}+e^{-j[2\pi f_0 t+\varphi(t)]}]$，容易看出，其正、负频带分量明显分开，负分量容易被滤除，由解析信号的构造过程易知，只要删除负频分量，保留正频分量且幅度加倍即可，得其解析信号为

$$S_A(t)=a(t)e^{j\varphi(t)}e^{j2\pi f_0 t}$$

例　设 $x(t)=A\cos(2\pi f_0 t)$，求其 Hilbert 变换及解析信号。

解　$\sin x$ 与 $\cos x$ 的傅立叶变换，根据欧拉公式和傅立叶变换的频移特性，

$$\text{令 } \Omega_0=2\pi f_0\left\{\begin{aligned} &\because X(j\Omega)=\frac{A}{2}[\delta(\Omega+\Omega_0)+\delta(\Omega-\Omega_0)] \\ &\therefore \hat{X}(j\Omega)=\frac{A}{2}[j\delta(\Omega+\Omega_0)-j\delta(\Omega-\Omega_0)] \\ &\qquad\qquad=j\frac{A}{2}[\delta(\Omega+\Omega_0)-\delta(\Omega-\Omega_0)] \end{aligned}\right.$$

$\cos\omega_0 t=\frac{1}{2}(e^{j\omega_0 t}+e^{-j\omega_0 t})\sin\omega_0 t=\frac{1}{2j}(e^{j\omega_0 t}-e^{-j\omega_0 t})$

$FT[\cos\omega_0 t]=\omega[\delta(\omega+\omega_0)-\delta(\omega-\omega_0)]$

$\therefore x(t)$的 Hilbert 变换为 $\hat{x}(t)=A\sin(2\pi f_0 t)$

又$\because Z(j\Omega)=X(j\Omega)+j\hat{X}(j\Omega)=A\delta(\Omega-\Omega_0)$

$\therefore$解析函数为：$z(t)=Ae^{j2\pi f_0 t}$

可以证明，若 $x(t)=A\sin(2\pi f_0 t)$

则其 Hilbert 变换 $\hat{x}(t)=-A\cos(2\pi f_0 t)$

$FT[\sin\omega_0 t]=j\pi[\delta(\omega+\omega_0)-\delta(\omega-\omega_0)]$

实信号 $S_A(t)$的解析信号有以下两种不同的形式：

(1)$S_A(t)$的频谱满足：

$S_A(f)=2U(f)S(f)=\begin{cases}2S(f) & f>0\\ S(f) & f=0\\ 0 & f<0\end{cases}$ $S(t)$称为第一类解析信号，对于确定性信号(对功率谱不感兴趣，而对频谱感兴趣)的复基带表示往往使用第一类解析信号如图 2-9 所示。

(2)$S_A(t)$的功率谱满足：

$P_{SA}(f)=2U(f)P_S(f)=\begin{cases}2P_S(f) & f>0\\ P_S(f) & f=0\\ 0 & f<0\end{cases}$ 称为第二类解析信号如图 2-9 所示，对于随机信号，则主要对功率谱感兴趣，所以往往使用第二类解析信号构造随机信号的复基带表示。

同时可以证明，同一个信号不可能同时满足上面两个式子。

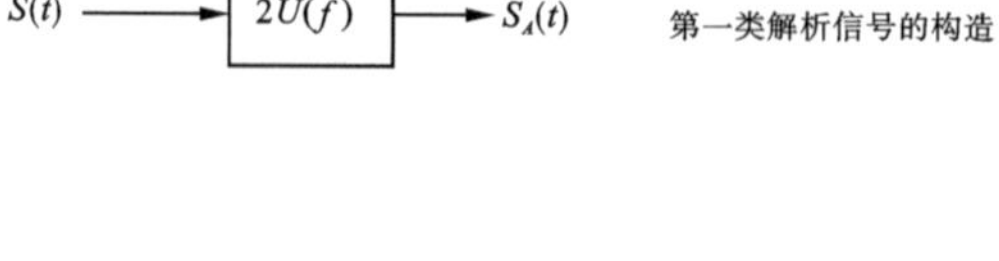

图 2-9　两类解析信号的构造

2.1.3.2　基带信号

如上例中的解析信号 $S_A(t)=a(t)e^{j\varphi(t)}e^{j2\pi f_0 t}$，式中 $e^{j2\pi f_0 t}$ 为复数，它作为信息的载体，而不含有用的信息。上式两边同乘以 $e^{-j2\pi f_0 t}$，即可将载波频率下移 f_0，变成零载频，得到一新信号为 $S_B(t)=a(t)e^{j\varphi(t)}$。这种零载频的信号称为基带信号（baseband signal）或称零中频信号。

从以上讨论可知，做复信号处理后，原信号变成单边谱。后面再做任意的变频处理，也只是载波频率的搬移，包络信息则保持不变。与复信号不同，实信号不能将载频下移很低，否则会发生正负谱混叠使包络失真。

容易看出解析信号与基带信号存在以下关系：

$$S_A(t)=S_B(t)e^{j2\pi f_0 t}$$

表明：基带信号 $S_B(t)$ 就是解析信号 $S_A(t)$ 的复包络，它和 $S_A(t)$ 一样是复信号。

但是要注意：基带信号 $S_B(t)$ 的中频为零，它既有正频分量，又有负频分量，但是由于它是复信号，其频谱不具有共轭对称性质，因此若对基带信号剔除负频分量，就会造成有用信息的损失。

在应用中，解析信号和基带信号都可以用来分析问题，但常用的还是基带信号。这是因为基带信号不含载波，使用起来更方便；同时由于 Hilbert 滤波器实现困难而难以得到准确的解析信号即从实信号到解析信号比较困难，所以解析信号只用于数学分析，实信号到基带信号却并不困难，所以基带信号更常用。

基带信号有两种表示形式：

极坐标表示：$S_B(t)=a(t)e^{j\varphi(t)}$，其中 $a(t)$ 表示长度，$\varphi(t)$ 表示幅角。

直角坐标表示：$S_B(t)=a(t)\cos[\varphi(t)]+ja(t)\sin[\varphi(t)]=S_{BI}(t)+jS_{BQ}(t)$，其中 $S_{BI}(t)$ 表示基带信号的同相分量，$S_{BQ}(t)$ 表示基带信号的正交分量。

2.1.4　周期信号的相关函数

自相关函数表明一个信号与该信号延时后的相似程度。

能量信号 $R(\tau)=\int_{-\infty}^{\infty} f(t)f(t+\tau)\mathrm{d}t$

功率信号 $R(\tau)=\lim\limits_{t\to\infty}\frac{1}{T}\int_{-\infty}^{\infty} f(t)f(t+\tau)\mathrm{d}t$

性质：

(1)实函数的自相关函数是实偶函数，即$R(-\tau)=R(\tau)$。

证　$$R(\tau)=\int_{-\infty}^{\infty} f(t)f(t+\tau)\mathrm{d}t \xlongequal{x=t+\tau} \int_{-\infty}^{\infty} f(x)f(x-\tau)\mathrm{d}x=R(-\tau)$$

(2)信号的自相关函数与其能量谱密度/功率谱密度构成傅氏变换与反变换的关系。

证　$$\begin{aligned}F\{R(\tau)\}&=\int_{-\infty}^{\infty}\left[\int_{-\infty}^{\infty} f(t)f(t+\tau)\mathrm{d}t\right]\mathrm{e}^{-j\omega t}\mathrm{d}\tau\\&=\int_{-\infty}^{\infty} f(t)\left[\int_{-\infty}^{\infty} f(t+\tau)\mathrm{e}^{-j\omega t}\mathrm{d}\tau\right]\mathrm{d}t\\&=\int_{-\infty}^{\infty} F(\omega)f(t)\mathrm{e}^{-j\omega t}\mathrm{d}t=F(\omega)F^{*}(\omega)\\&=|F(\omega)|^{2}=E(\omega)\end{aligned}$$

同理，$F\{R(\tau)\}=W(\omega)$。

(3)信号的自相关函数在原点的值等于信号的能量/功率。

$$R(0)=\int_{-\infty}^{\infty} f^{2}(t)\mathrm{d}t=E$$

$$R(0)=\lim_{T\to\infty}\frac{1}{T}\int_{-T/2}^{T/2} f^{2}(t)\mathrm{d}t=P$$

(4)自相关函数的最大值出现在原点，即$R(\tau)\leqslant R(0)$。

例　求周期信号$f(t)$的自相关函数

解　$$\begin{aligned}R(\tau)&=\frac{1}{T_0}\int_{-T_0/2}^{T_0/2} f(t)f(t+\tau)\mathrm{d}t\\&=\frac{1}{T_0}\int_{-T_0/2}^{T_0/2} f(t)\sum_{k=-\infty}^{\infty} C_k\mathrm{e}^{j2k\pi(t+\tau)/T_0}\mathrm{d}t\\&=\sum_{k=-\infty}^{\infty} C_k\mathrm{e}^{j2k\pi\tau/T_0}\left[\frac{1}{T_0}\int_{-T_0/2}^{T_0/2} f(t)\mathrm{e}^{j2k\pi t/T_0}\mathrm{d}t\right]\\&=\sum_{k=-\infty}^{\infty} C_k C_k{}^{*}\mathrm{e}^{j2k\pi\tau/T_0}\\&=\sum_{k=-\infty}^{\infty} |C_k|^{2}\mathrm{e}^{j2k\pi\tau/T_0}\end{aligned}$$

在大量的信号处理应用问题中，常常不是只使用一个信号，而是需要使用一个信号集合，并且希望集合内的各个信号具有下面两个性质中的一个或两个：

(1)集合内的每个信号容易与它本身的时间移位形式相区别。

(2)集合内的每个信号容易与集合内的其他各个信号(或它们的时间移位形式)相区别。

在探测系统、雷达系统和扩频通信系统中，第一个性质是重要的。在多目标探测和多用户检测中，第二个性质显得更加重要。在码分多址通信中，则同时要求第一和第二个性质。

上述应用中使用的信号通常还要求是周期信号，这主要是为了简化系统的实现。那么，两个周期信号 $x(t)$ 和 $y(t)$ 怎样才是可识别或容易识别呢？最常用也是最有效的可识别测度就是信号间的均方差。当且仅当它们之间的均方差大时，我们就说两个信号是容易识别的。

$$r=\frac{1}{T}\int_{0}^{T}[y(t)-x(t)]^{2}\mathrm{d}t=\frac{1}{T}\left[\int_{0}^{T}(y^{2}(t)+x^{2}(t))\mathrm{d}t-2\int_{0}^{T}x(t)y(t)\mathrm{d}t\right]$$

容易看出，要使 r 最大，必须使 $\int_{0}^{T}x(t)y(t)\mathrm{d}t$ 最小。

取 $r=\int_{0}^{T}x(t)y(t)\mathrm{d}t=\langle x,y\rangle$

当且仅当 $|r|$ 很小时，我们就说 $y(t)$ 容易和 $x(t)$ 及 $-x(t)$ 相区别。对于具有相关接收机或匹配滤波器的通信和雷达系统而言，r 表示的是滤波器输出信号与其输入信号的匹配程度。

在多址通信系统中，信号 $x(t)$ 和 $y(t)$ 可能代表分配给两个不同用户的特征信号，此参数 r 就是两个信号之间的串音干扰的测度。

上述性质(1)要求的是 $x(t)$ 和 $x(t+\tau)$ 在所有 $\tau\in(0,T)$ 的可识别性。性质(2)要求的是 $x(t)$ 和 $y(t+\tau)$ 在所有 $\tau\in(0,T)$ 的可识别性。因此可识别性测度分别采用自相关函数：

$$r_{x,x}(\tau)=\int_{0}^{T}x(t)x^{*}(t-\tau)\mathrm{d}t \quad \text{（复信号的情况）}$$

和互相关函数：

$$r_{x,y}(\tau)=\int_{0}^{T}x(t)y^{*}(t-\tau)\mathrm{d}t$$

周期信号可以用基本时限信号序列 $\{\varphi(t-nT_c)\}$，$n=0,1\cdots\cdots$，写成

$$x(t)=\sum_{n=-\infty}^{\infty}x_n\varphi(t-nT_c)$$

$\varphi(t)$ 为基本脉冲波形，T_c 为该脉冲的时间间隔。若 $x(t)=x(t+T)$，则 T 必须是 T_c 的倍数，序列 $\{x_n\}$ 必须是周期序列，其周期为 $N=\frac{T}{T_c}$，假设 $x(t)$，$y(t)$ 是上面所说的周期信号，且 $y(t)=\sum_{n=-\infty}^{\infty}y_n\varphi(t-nT_c)$，则有 $r=\int_{0}^{T}x(t)y(t)\mathrm{d}t=\int_{0}^{T_c}\varphi^{2}(t)\mathrm{d}t\sum_{n=0}^{N-1}x_ny_n=$

$\lambda \sum_{n=0}^{N-1} x_n y_n$，若 $\varphi(t)=P_{T_c}(t)$，是从 $t=0$ 开始宽度为 T_c，幅值为 1 的矩形脉冲，则 $\lambda=T_c$。

与连续信号 $x(t)$ 和 $y(t)$ 的识别测度相类似，我们定义两个离散序列的可识别测度，即：

$x=\{x_0, x_1, \cdots x_{N-1}\}$，$y=\{y_0, y_1, \cdots y_{N-1}\}$　$r_{x,y}(\tau)=\lambda \sum_{n=0}^{N-1} x_n y_{n+\tau}$。从这一考虑出发，习惯将离散序列 $\{x_n\}$ 的周期自相关函数定义为

$$\theta_{x,x}(k)=\sum_{n=0}^{N-1} x_n x_{n+k}$$

将离散 $\{x_n\}$，$\{y_n\}$ 的周期互相关函数定义为

$$\theta_{x,y}(k)=\sum_{n=0}^{N-1} x_n y_{n+k}$$

2.2　信号空间理论

2.2.1　信号集合

信号是带有信息的某种物理量，这些物理量的变化包含着信息。而且信号可以是随时间变化和随空间变化的物理量。在数学上，信号可以用一个或几个独立变量的函数表示，也可以用图形等表示。例如，我们常见的正弦型信号是随时间变化的信号，而电视信号则是一种具有两个空间变量和一个时间变量的信号。信号还可用多维空间变量和一个时间变量来表示。

根据信号时间函数的性质，从不同的研究角度出发，可将信号大致分为下列类型：确定信号与随机信号，连续时间信号与离散时间信号，实信号与复信号，周期信号与非周期信号，能量信号与功率信号等。图 2-10 显示出了四种可能的连续时间和离散时间实信号。

随机信号的数据不能用精确的数学关系式描述，因为这种现象的每次观察都是不一样的。例如，雷达和通信信号在传输过程中接收到的有用信号总是伴随通过各种途径混入的噪声，而接收机输出端的噪声是随机的，如图 2-10 所示。在这种场合，即使是在同样条件下进行观察测试，每次观察的结果都是各不相同的，呈现出随机性和不可预测性。例

如，由记录仪在第一台接收机输出端所得的记录如图 2-10(a)所示。但在“同样的”条件下工作的第二台“同样的”接收机，第二次所进行的相同测量的记录，与前一台所做记录可能不同，如图 2-10(b)所示。直至取自“同样的”条件下工作的“第 n 台同样的”接收机第 n 次输出端的热噪声记录，如图 2-10(d)所示。

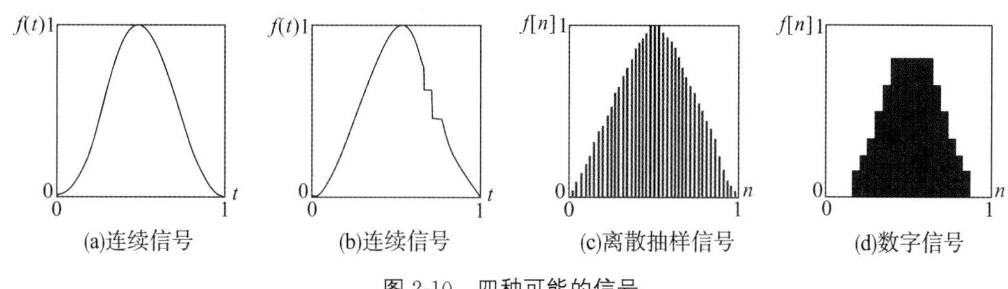

图 2-10　四种可能的信号

表示随机现象的单个时间历程，称为样本函数(在有限时间区间上观察时，称为样本记录)。随机现象可能产生的全部样本函数(或称为全部单元个数)的集合，称为随机过程。可见，随机过程 $X(x_k,t)$ 实际上既是时间 t 的函数，也是随机试验结果的函数。它有四种不同情况下的意义(参见图 2-11)：

(1)一个时间函数族内都是变量，全部样本函数(或称全部单元个数)的集合，即随机

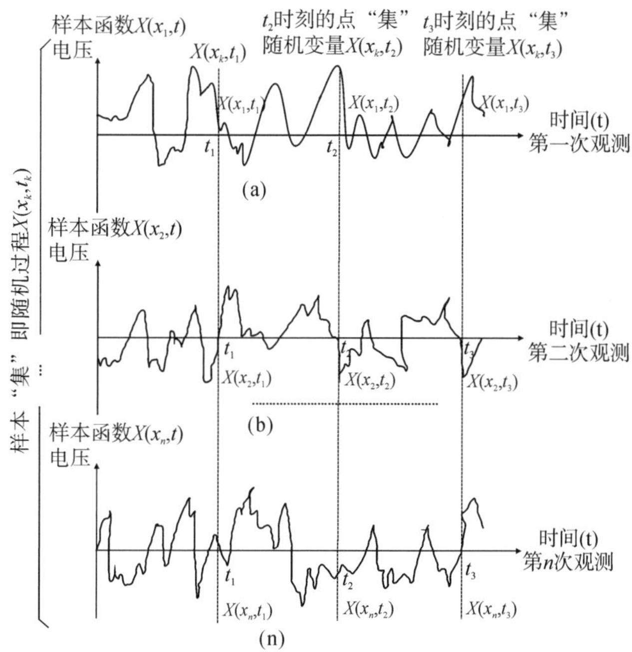

图 2-11　取自相同条件下 n 台“同样的”接收机输出端的热噪声记录

过程；

(2)一个确定的时间函数(t 是变量，x_k 固定)，即样本函数(或称集的单元个数)；

(3)一个随机变量(t 固定，x_k 是变量)，也称样本函数集的点集合；

(4)一个确定值固定(t 固定，x_k 也固定)。

从集合论可知，一个信号可看作是信号空间中一个单一的实体或点，信号集可定义为具有某种共同性质的信号(或元素)集合。直观地讲，一个信号集就是一些同性质信号的总和。记为 $S=\{x,P\}$，即所有 x 构成的集使 P 为真，P 表示定义信号集合的共同性质，或写成 $P\Rightarrow x\in S$，表示 P 为真，隐含了 x 属于 S。一个集的定义性质 P 产生出所有可能信号的一个子集 S。如果这种性质有充分的约束，那么子集 S 相比于未约束的集来说更加容易处理些。当然，如果性质所加约束过严，那么子集将把非常多感兴趣的信号排除在外。信号集集本身用它的性质 P 来描述，这种性质是属于该信号集的每个元素所必备的。P 的选择理所当然应按处理的问题而定。下面给出一些信号分析问题中常遇到的信号集(合)。

(1)正弦信号集，正弦信号集记为

$$S_c(E)=\{x;x(t)=\mathrm{Re}\{\exp[\alpha+j(2\pi ft+\theta)]\};-\infty<t<\infty,\alpha,\theta,f\in R\}$$

或

$$S_c(E)=\left\{x;\frac{\mathrm{d}^2x(t)}{\mathrm{d}t^2}+\lambda^2x(t)=0;-\infty<t<\infty,\lambda\in R\right\}$$

式中，R 表示实数集。

(2)周期信号集，周期信号集记为

$$S_R(T_r)=\{x;x(t+T_r)=x(t),-\infty<t<\infty\}$$

式中，T_r 表示信号周期。

(3)能量有限信号集，能量有限信号集记为

$$S_E(K)=\left\{x;\int_{-\infty}^{\infty}x(t)\mathrm{d}t\leqslant K\right\}$$

式中，K 为正实数，表示信号能量。

(4)持续期有线信号集，持续期有线信号集记为

$$S_D(T)=\{x;x(t)=0,|t|>T\}$$

式中，T 表示给定的信号持续期。

(5)带宽有限信号集，带宽有限信号集记为

$$S_B(f)=\left\{x;\int_{-\infty}^{\infty}x(t)\mathrm{e}^{-j2\pi ft}\mathrm{d}t=X(f)=0,\ |\ f\ |>B\right\}$$

式中，B 表示给定$\int_{t_1}^{t_2}\varphi_i(t)\varphi_j^*(t)\mathrm{d}t=\begin{cases}0 & i\neq j\\ 1 & i=j\end{cases}$的信号带宽。

(6)复函数集和正交函数集

若复函数集$\{\varphi_i(t)\}$，$i=1,2,3,\cdots,n$；在区间(t_1,t_2)上满足

$$\int_{t_1}^{t_2}\varphi_i(t)\varphi_j^*(t)\mathrm{d}t=\begin{cases}0 & i\neq j\\ K_i & i=j\end{cases}$$

则称此函数集为正交函数集。式中 $\varphi_j^*(t)$为函数 $\varphi_j(t)$的共轭复函数。

若在正交函数集$\{\varphi_1(t),\varphi_2(t),\cdots,\varphi_n(t)\}$ 之外，不存在函数 $\psi(t)\left(0<\int_{t_1}^{t_2}\psi^2(t)\mathrm{d}t<\infty\right)$满足等式

$$\int_{t_1}^{t_2}\psi(t)\varphi_i(t)\mathrm{d}t=0\quad(i=1,2,\cdots,n)$$

则此函数集称为完备正交函数集。也就是说，若能找到一个函数 $\psi(t)$，使上式成立，则就说明 $\psi(t)$与函数集$\{\psi_i(t)\}$的每个函数都正交，因此它本身应属于此数集。显然，此时不包含 $\psi(t)$的集是不完备的。

由比较抽象的信号集到数值的映射有着特殊意义，因为对信号做的任何物理测量都是想获得一个特定的数值。泛函是指一个量或一个因变数，它的值依赖于一个或多个函数。泛函的定义域是其类函数组成的一个集合。在我们的使用中，域通常是原始意义下的函数的集(由一个数值到另一个数值集的映射，如时间函数、频率函数等)。为了避免混淆起见，称函数集合到数值集的映射为泛函(Functiona1)，可以理解为“对函数求函数”。一般泛函的值域是实数集 R，但是，只要我们把复数看成一对“有序实数”，我们就可以把泛函的映射值域推广到复数集合 C。

2.2.2　信号空间

度量空间(也称距离空间，在集合上定义距离)是希尔伯特空间和信号空间的基本概念，可用于空间中的信号能量与差异性的描述。“信号空间”就是由信号(实波形、码序列、多电平脉冲序列等)构成的希氏空间(或线性空间)，它们之间的关系可以表示如图 2-12。

度量空间也称距离空间，下面从熟悉的距离开始定义度量空间。

空间，我们都很熟悉，我们就生活在三维空间里面。数学里面的空间，就是三维空间在概念上的自然拓展，因此线性空间里面的所有概念，都能够在三维空间里面找到我们所熟悉的对应概念。

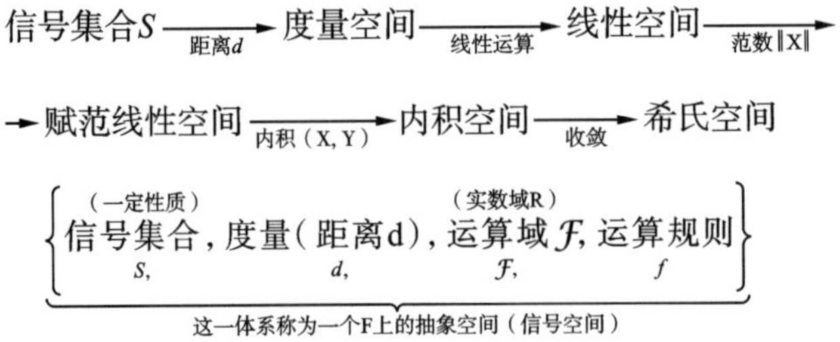

信号集合 S —距离 d→ 度量空间 —线性运算→ 线性空间 —范数 $\|X\|$→

→ 赋范线性空间 —内积 (X, Y)→ 内积空间 —收敛→ 希氏空间

{ 信号集合（一定性质）S，度量（距离 d）d，运算域 $\mathcal{F}$（实数域R）$\mathcal{F}$，运算规则 f }

这一体系称为一个F上的抽象空间（信号空间）

图 2-12　信号空间

N 维线性空间是一个集合，其中的每一个元素都是一个 N 维的矢量，表示为 $m=(x_1,x_1,\cdots,x_v)$。注意符号的运用，我们把矢量用加粗的小写英文字母来表示。矢量当中的每一个元素，如果是实数，就是实空间；如果是复数，就是复空间。在本书后续部分，都假设空间为复空间，实空间是复空间的一个特例。

线性空间当中的元素，也称作一个点。

要把一个集合叫作空间，还需要有特殊的性质，即对加法和数乘封闭。对加法和数乘封闭的意思是，如果 x_i、α_2 是空间里面的两个元素，而 α 是一个标量，可以是实数，也可以是复数；那么 x_1+2 和 $\alpha \cdot ai$ 也应该是这个空间里面的元素，不能跑到空间外面去。

三维空间当中的一个立方体是一个集合，但不是一个空间，因为立方体内的一个点的坐标乘以 10，就可能跑到立方体的外面，也就是说这个集合对数乘不封闭。对加法和数乘的封闭性，要求空间不能有边界。但是没有边界，并不意味着一定是无限的。在编码领域我们就会接触到定义在有限域上的线性空间。

类似于三维空间当中距离的概念，在一个 N 维的线性空间上，也可以定义距离。对于线性空间当中的两个点 $x=(x_1,x_2,\cdots,x_N)$，$y=(y_1,y_2,\cdots,y_N)$，类似于三维空间，你可能很容易就想到它们之间的距离应该为

$$\mathrm{d}(x,y)=\sqrt{\sum_{n=1}^{N}|x_n-y_n|^2}$$

我们把它叫作欧几里得距离，把定义了这样距离的线性空间叫作欧几里得空间。数学家们把我们熟悉的这一距离概念加以推广，提出了更加具有普遍意义的度量概念。

在数学分析中，当实数集 R 中点列 $\{x_n\}$ 的极限为 x 时，用 $|x_n-x|$ 来表示 x_n 与 x 的接近程度。实际上，$|x_n-x|$ 可表示为数轴上 x_n 与 x 这两点间的距离，那么 R 中点列 $\{x_n\}$ 收敛于 x 也就是指 x_n 与 x 之间的距离随着 $n\to\infty$ 而趋于 0，即 $\lim\limits_{n\to\infty}\mathrm{d}(x_n,x)=0$。

于是设想在一般的点集 X 中如果也有“距离”，则在点集 X 中也可借这一距离来定义极限，那么究竟什么是距离呢？

度量空间(距离空间):把距离概念抽象化,对某些一般的集合引进点和点之间的距离,使之成为距离空间,这将是深入研究极限过程的一个有效步骤。泛函分析中的度量空间(距离空间):泛函分析中要处理的度量空间,是带有某些代数结构的度量空间。例如赋范线性空间,就是一种带有线性结构的度量空间。

2.2.3　信号波形

数字调制就是将一个有限长的比特流编码作为几种可能发送的信号之一。接收机译码接收到的信号,与一组可能的发送信号进行比较,找到"最近"的那个作为译码结果。关于"信号距离",必然会涉及一个距离度量的问题,因此我们需要一个度量来反映信号之间的距离,一般使用欧氏距离,用星座图表示,即为相邻星座点的间距。将信号映射到一组基函数上,得到了发送信号与其向量的一一对应关系。因此,可以在有限维的向量空间分析信号。信号类比矢量,能量——范数;相关性——夹角;正交函数展开——正交性;正交分解能量不变性——范数不变性。

信号空间中,一阶范数表示信号作用的强度(大小),二阶范数的平方表示信号的能量(信号空间的距离描述信号在物理世界的能量)。

柯西-施瓦茨不等式 $|\langle x,y\rangle|^2\leqslant\langle x,x\rangle\langle y,y\rangle$(左内积,右范数/能量)。

不等式可解释信号内积空间与信号能量受限的对应关系。对 L 空间或 I 空间,任两元素内积有可能为无穷(无穷维,无穷处都有值,积分就是无穷),因此不能构成内积空间。能量受限信号空间其范数为有限值,根据该不等式可得到内积为有限值,所以能构成内积空间(相当于引入范数的约束)。

帕塞瓦尔方程:$\int_{t_2}^{t_1} f^2(t)\mathrm{d}t=\sum_{r=1}^{\infty} c_r^2 K_r$。此时均误差为0(完备正交函数应满足的约束,称为帕塞瓦尔定理)。

物理角度理解帕塞瓦尔定理,信号含有的功率恒等于此信号在完备正交函集中各分量功率总和,能量守衡。数学角度理解,定理体现了矢量空间信号正交变换的范数不变性(内积不变性,C 为归一化完备正交函数系数的矢量)。

广义傅立叶级数展开:对某一函数,可利用其在完备正交函数集中各分量的线性组合来表示(必须遵循帕塞瓦尔定理的规律,保持能量不变或范数不变)。

用相关研究随机信号统计特性。数学本质:相关系数是信号矢量空间内积与范数特征的具体表现。物理本质:相关与信号能量特征密切相关。

能量谱密度、功率谱密度与频谱的关系：频谱分为幅度谱和相位谱，是对每个频率分量幅度、相位(时间)的准确规定，需要对应确定的时间信号；能量谱密度和功率谱密度分别针对的是能量有限信号和功率有限信号，从能量/功率的角度看待信号，其注重每个频率分量的能量/功率(桥梁——帕塞瓦尔定理)，保留了频谱的幅度信息，丢失了相位信息，并不关心其具体的相位(时间)，用于描述随机信号(随机信号用统计特性来描述)。

信号几何表示的基本前提就是基的概念，信号维度为 M 维，信号空间为 N 维。

任意一组定义在$[0,T)$上的 M 个有限能量的实信号 $S=\{s_1(t),\cdots,s_M(t)\}$，可以表示为 N 个实正交基函数$\{\varphi_1(t),\cdots,\varphi_N(t)\}$的线性组合：

$$s_i(t)=\sum_{j=1}^{N}s_{ij}\varphi_j(t),\quad 0\leqslant t<T$$

信号维度为 M 维，信号空间为 N 维，其中，s_{ij} 与为信号 $s_i(t)$ 在基函数 $\varphi_j(t)$ 上的投影值，$s_{ij}=\int_0^{\mathrm{T}}s_i(t)\varphi_j(t)\mathrm{d}t$。

如果一组实信号 S 中的每个实信号 $m_i(t)$线性无关则 $N\geqslant M$，否则，$N<M$。基函数的个数等于 S 中线性无关的信号个数。线性相关：其中一个信号可由其他信号的线性组合得到。

带宽为 B 的带限信号$s_i(t)$，考虑 T 的持续时间，Niquest 速率为 $2B$，因此采样点为 $2B\cdot T$，正交基/基函数的个数至少为 $2B\cdot T$，模拟信号 $s_i(t)$从无限维降到 $2B\cdot T$ 维。将 $s_i(t)$在基函数中的系数写成向量的形式，记为$s_i=[s_{i1},\cdots,s_M]^T\in R^N$，其中 s_i 称为对应于信号 $s_i(t)$的信号星座点。所有的信号星座点$\{s_1,\cdots,s_M\}$构成信号星座图，将信号 $s_i(t)$用其对应的星座点 s_i 表示，即为信号空间表示如图 2-13 所示。

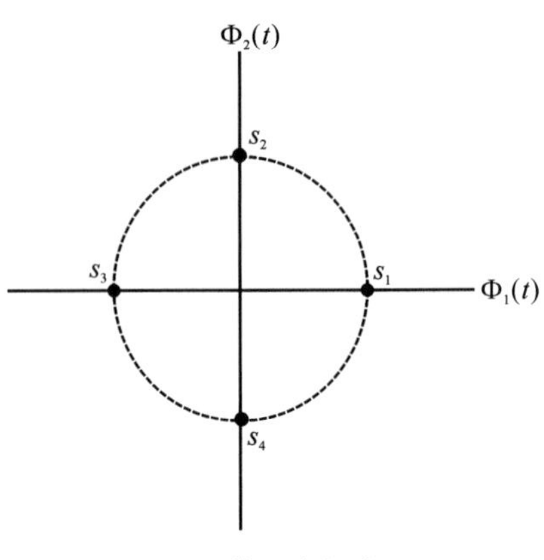

图 2-13　信号空间表示

有了信号空间表示，可以将分析无限维的函数 $s_i(t)$转化为分析有限维的向量 s_i。

要通过信号空间表示分析信号，需要定义向量空间 R^N 中的向量性质：

(1)R^N 向量空间中的向量长度

2 范数表示向量长度

$$\|s_i\|_2\triangleq\sqrt{\sum_{j=1}^{N}s_{ij}^2}$$

(2)两个信号星座点之间的距离

两个向量之间的欧氏距离也可以用 2—范数计算得到

$$\| s_i - s_k \| = \sqrt{\sum\nolimits_{j=1}^{N}(s_{ij} - s_{kj})^2} = \sqrt{\int_0^{T}(s_i(t) - s_k(t))^2 \mathrm{d}t}$$

(3)在时间间隔$[0,T]$上的两个实信号的内积

$$\langle s_i(t), s_k(t)\rangle = \int_0^{T} s_i(t) s_k(t) \mathrm{d}t$$

(4)两个星座点之间的内积

$$\langle s_i, s_k\rangle = s_i s_k^{\mathrm{T}} = \int_0^{T} s_i(t) s_k(t) \mathrm{d}t = \langle s_i(t), s_k(t)\rangle$$

在数字基带信号分析中,信号的信号空间(或矢量)表示法是一种很有效和有用的工具。本节将讨论这一重要的分析方法,并证明任何信号集均可等效为一个矢量集,证明信号具有矢量的基本性质,研究求一个信号集的等效矢量集的方法,并介绍一个波形集的信号空间表示法(或信号星座图)的概念。

2.2.3.1　矢量空间概念

在 n 维空间中,矢量 v 可用它的 n 个分量 $v_1, v_2, \cdots, v_n$ 表示。令 v 表示一个列矢量,即 $v = [v_1, v_2, \cdots, v_n]^{\mathrm{T}}$,$A_t$ 表示矩阵 A 的转置。两个 n 维矢量 $v_1 = [v_{11}, v_{12}, \cdots, v_{1n}]^{\mathrm{T}}$ 和 $v_2 = [v_{21}, v_{22}, \cdots, v_{2n}]^{\mathrm{T}}$ 的内积定义为

$$\langle v_1, v_2\rangle = v_1 \cdot v_2 = \sum_{i=1}^{n} v_{1i} v_{2i}^{*} = v_2^{H} v_1$$

式中 A^H 标记矩阵 A 的厄米特转置,即先对矩阵转置再共轭其元素。由两个量的内积的定义,可得

$$\langle v_1, v_2\rangle = \langle v_2, v_1\rangle^{*}$$

因此,

$$\langle v_1, v_2\rangle + \langle v_2, v_1\rangle = 2\mathrm{Re}[\langle v_1, v_2\rangle]$$

矢量也可以表示成正交单位矢量或标准正交基 $e_i(1 \leqslant i \leqslant n)$的线性组合,即

$$v = \sum_{i=1}^{n} v_i e_i$$

式中,按照定义,单位矢量的长度为 1,而 v_i 是矢量 v_i 在单位矢量 e_i 上的投影,如果$\langle v_1, v_2\rangle = 0$,则矢量 v_1 与 v_2 相互正交。更为一般的情况是,一组 m 个矢量集 v_k,$1 \leqslant k \leqslant m$,如果对所有 $1 \leqslant i$ 且 $i \neq j$,有$\langle v_i, v_j\rangle = 0$,则这组矢量是相互正交的。

矢量的范数记为 $\| v \|$,且定义为

$$\| v \| = (\langle v, v \rangle)^{1/2} = \sqrt{\sum_{i=1}^{n} | v_i |^2}$$

这在 n 维空间中就是矢量的长度。如果一组 m 个矢量相互正交且每个矢量具有单位范数，则称这组矢量为标准(归一化)正交。如果一组 m 个矢量集中没有一个矢量能表示成其余矢量的线性组合，则称这组矢量是线性独立的。任何两个 n 维矢量 v_1 与 v_2 满足三角不等式

$$\| v_1 + v_2 \| \leqslant \| v_1 \| + \| v_2 \|$$

如果 v_1 和 v_2 方向相同，亦即 $v_1 = av_2$，其中 a 为正的实标量，则上式子为等式。柯西一施茨 (Cauchy－Schwartz)不等式为

$$| \langle v_1, v_2 \rangle | \leqslant \| v_1 \| \cdot \| v_2 \|$$

亦即 $v_1 = av_2$，其中 a 为正的实标量

如果对复标量 a，有 $v_1 = av_2$，则等号成立。两个矢量之和的范数平方可表示为

$$\| v_1 + v_2 \|^2 = \| v_1 \|^2 + \| v_2 \|^2 + 2\mathrm{Re}[\langle v_1, v_2 \rangle]$$

如果 v_1 与 v_2 相互正交，则$\langle v_1, v_2 \rangle = 0$，因此

$$\| v_1 + v_2 \|^2 = \| v_1 \|^2 + \| v_2 \|^2$$

这是两个正交 n 维矢量的勾股定理关系式。由矩阵代数可知，在 n 维矢量空间中线性变换是矩阵变换，其形式为 $v' = Av$。式中矩阵 A 将矢量 v 变换成某矢量 v'，在 $v' = \lambda v$ 的特定情况下，即

$$Av = \lambda v$$

式中，λ 是某标量，矢量 v 称为该变换的特征矢量，而 λ 是相应的特征值。

最后，我们回顾格拉姆一施密特 (Gram－Schmidt)正交化过程，它将一组 n 维矢量 v_i $(1 \leqslant i \leqslant m)$，构成一组标准正交矢量。第一步，从这组矢量中任意选择一个矢量，如 v_1，对它的长度归一化，可得到第一个矢量，即

$$u_1 = \frac{v_1}{\| v_1 \|}$$

第二步，选择 v_2 先减去在 u_1 上的投影，可得

$$u'_2 = v_2 - (\langle v_2, u_1 \rangle) u_1$$

再将矢量 u'_2 归一化成单位长度，可得

$$u_2 = \frac{u'_2}{\| u'_2 \|}$$

继续这个过程，再选择 v_3 并减去 v_3 在 u_1 和 u_2 上的投影，从而可得

$$u'_3=v_3-(\langle v_3,u_1\rangle)u_1-(\langle v_3,u_2\rangle)u_2$$

然后，标准正交化 u_3 为

$$u_3=\frac{u'_3}{\|u'_3\|}$$

这一过程继续下去，可构成一组 N 个标准正交矢量，其中 $N\leqslant\min(m,n)$。

2.2.3.2　信号空间概念

正如矢量的情况，也可导出一个类似的方法处理一组信号。两个一般的复信号 $x_1(t)$ 和 $x_2(t)$ 的内积记为 $\langle x_1(t),x_2(t)\rangle$ 且定义为

$$\langle x_1(t),x_2(t)\rangle=\left(\int_{-\infty}^{\infty}|x(t)|^2\mathrm{d}t\right)^{1/2}=\sqrt{\varepsilon_x}$$

式中，ε_x 为 $x(t)$ 的能量。一个有 m 个信号的信号集，如果它们是相互正交的且其范数均为 1，则该信号集是标准正交的。如果没有一个信号能表示成其余信号的线性组合，则该信号集是线性独立的。两个信号的三角不等式为

$$\|x_1(t)+x_2(t)\|\leqslant\|x_1(t)\|+\|x_2(t)\|$$

其柯西—施茨(Cauchy—Schwartz)不等式为

$$|\langle x_1(t)+x_2(t)\rangle|\leqslant\|x_1(t)\|+\|x_2(t)\|=\sqrt{\varepsilon_{x1}\varepsilon_{x2}}$$

或等效为

$$\left|\int_{-\infty}^{\infty}x_1(t)x_2^*(t)\mathrm{d}t\right|\leqslant\left|\int_{-\infty}^{\infty}|x_1(t)|^2\mathrm{d}t\right|^{1/2}\left|\int_{-\infty}^{\infty}|x_2(t)|^2\mathrm{d}t\right|^{1/2}$$

当 $x_2(t)=a_1x_1(t)$，a_1 为任意复数时，该式为等式。

2.2.3.3　信号的正交展开

本节将导出一个信号波形的矢量表示法，还证明信号波形与它的矢量表示之间的等价性。

假定 $s(t)$ 是一个确定性的实信号，且具有有限能量

$$\varepsilon_x=\int_{-\infty}^{\infty}|s(t)|^2\mathrm{d}t$$

并且假定存在一个标准正交函数集 $\{\varphi_n(t),n=1,2\cdots,K\}$

$$\langle\varphi_n(t),\varphi_m(t)\rangle=\int_{-\infty}^{\infty}|s(t)|^2\mathrm{d}t=\begin{cases}1, & m=n\\0, & m\neq n\end{cases}$$

可以用这些函数的加权线性组合来近似信号 $s(t)$，即

$$\hat{s}(t)=\sum_{k=1}^{K}s_k\varphi_k(t)$$

式中，$\{s_k, 1\leqslant k\leqslant K\}$近似式中的系数，引起的近似误差为

$$e(t)=s(t)-\hat{s}(t)$$

选择系数$\{s_k\}$以使误差的能量最小化，因此

$$\varepsilon_e=\int_{-\infty}^{\infty}|s(t)-\hat{s}(t)|^2\mathrm{d}t$$

$$\varepsilon_e=\int_{-\infty}^{\infty}|s(t)-\hat{s}(t)|^2\mathrm{d}t=\int_{-\infty}^{\infty}\left|s(t)-\sum_{k=1}^{K}s_k\varphi_k(t)\right|^2\mathrm{d}t=0$$

级数展开式中最佳系数可以通过对每一个系数$\{s_k\}$的微分，并令一阶导数为零的方法求得。另一种方法是利用估计理论中众所周知的基于均方误差准则的结论，简单地说，当误差正交于级数展开式中的每一个函数时，可以获得相对于$\{s_k\}$的ε_e的最小值，因此

$$\int_{-\infty}^{\infty}\left[s(t)-\sum_{k=1}^{K}s_k\varphi_k(t)\right]\varphi_n^*(t)\mathrm{d}t=0,\quad n=1,2,\cdots,K$$

由于函数$\{\varphi_n(t)\}$是标准正交的，上式可简化为

$$s_n=\langle s(t),\varphi_n(t)\rangle=\int_{-\infty}^{\infty}s(t)\varphi_n^*(t)\mathrm{d}t,\quad n=1,2,\cdots,K$$

因此，用信号$s(t)$投影到$\{\varphi_n(t)\}$的每个函数上的方法可得到系数。结果为$\hat{s}(t)$是$s(t)$在函数$\{\varphi_n(t)\}$中所架构的K维信号空间上的投影，所以它正交于误差信号$e(t)=s(t)-\hat{s}(t)$，即$\langle e(t),\hat{s}(t)\rangle=0$。最小均方近似误差为

$$\begin{aligned}\varepsilon_{\min}&=\int_{-\infty}^{\infty}e(t)s^*(t)\mathrm{d}t\\&=\int_{-\infty}^{\infty}|s(t)|^2\mathrm{d}t-\int_{-\infty}^{\infty}\sum_{k=1}^{K}s_k\varphi_k(t)s^*(t)\mathrm{d}t\\&=\varepsilon_e-\sum_{k=1}^{K}|s_k|^2\end{aligned}$$

在$\varepsilon_{\min}=0$的条件下，可以将$s(t)$表示为

$$s(t)=\sum_{k=1}^{K}s_k\varphi_k(t)$$

式中，$s(t)$与其级数展开式的相等性，在近似误差具有零能量时才成立。

当每一个有限能量信号用的级数展开且$\varepsilon_{\min}=0$时，标准正交函数集$\{\varphi_n(t)\}$称为完备的。

三角傅立叶级数：有限能量信号$s(t)$在区间$0\leqslant t\leqslant T$外处处为零且在区间内具有有限个不连续点，其周期展开式可以用傅立叶级数表示为

$$s(t)=\sum_{k=0}^{\infty}\left(a_k\cos\frac{2\pi kt}{T}+b_k\sin\frac{2\pi kt}{T}\right)$$

式中，使误差最小化的系数$\{a_k,b_k\}$为

$$a_0=\frac{1}{T}\int_0^{\mathrm{T}}s(t)$$

$$a_k=\frac{2}{T}\int_0^{\mathrm{T}}s(t)\cos\frac{2\pi kt}{T}\mathrm{d}t,\quad k=1,2,3,\cdots$$

$$b_k=\frac{2}{T}\int_0^{\mathrm{T}}s(t)\sin\frac{2\pi kt}{T}\mathrm{d}t,\quad k=1,2,3,\cdots$$

对于周期信号在区间$[0,T]$上的展开式，函数集$\{\sqrt{1/T},\sqrt{2/T}\cos 2\pi kt/T,\sqrt{2/T}\sin 2\pi kt/T\}$是完备的，因此该级数展开式导致零均方误差。

例　指数傅立叶级数：一般有限能量信号$s(t)$（实或复的）在区间$0\leqslant t\leqslant T$外处处为零且在区间内具有有限个不连续点，其周期展开式可以用指数傅立叶级数表示为

$$s(t)=\sum_{n=-\infty}^{\infty}x_n\mathrm{e}^{j2\pi\frac{n}{T}t}$$

式中，使均方误差最小化的系数$\{x_n\}$为

$$\{x_n\}=\sum_{n=-\infty}^{\infty}x_n\mathrm{e}^{j2\pi\frac{n}{T}t}\ \frac{1}{T}\int_{-\infty}^{\infty}x(t)\mathrm{e}^{j2\pi\frac{n}{T}t}\mathrm{d}t$$

对于周期信号在区间$[0,T]$上的展开式，函数集$\{\sqrt{1/T}\,\mathrm{e}^{j2\pi\frac{n}{T}t}\}$是完备的，因此该级数展开式导致零均方误差。

2.2.3.4　格拉姆—施密特(Gram—Schmidt)过程

假设有一个能量有限的信号波形集$\{s_m(t),m=1,2,\cdots,M\}$，希望构建一个标准正交波形集。格拉姆—施密特正交化过程允许构建这样一个集，该过程如2.2.1节所述，从第一个信号波形$s_1(t)$开始，假定它具有能量。第一个标准正交波形可简便地构建为

$$\varphi_1(t)=\frac{s_1(t)}{\sqrt{\varepsilon_1}}$$

因此，$\varphi_1(t)$就是归一化成单位能量的$s_1(t)$。第二个波形可以$s_2(t)$来构架。首先计算$s_2(t)$在$\varphi_1(t)$上的投影，即

$$c_{21}=\langle s_2(t),\varphi_1(t)\rangle=\int_{-\infty}^{\infty}s_2(t)\varphi_1^*(t)\mathrm{d}t$$

然后，从$s_2(t)$中减去$c_{21}\varphi_1(t)$，可得

$$\gamma_2(t)=s_2(t)-c_{21}\varphi_1(t)$$

这个波形正交于 $\varphi_1(t)$，但它不具有单位能量。若以 ε_2 表示 $\gamma_2(t)$ 的能量

$$\varepsilon_2=\int_{-\infty}^{\infty}\gamma_2^2(t)\mathrm{d}t$$

则正交于 $\varphi_1(t)$ 的归一化波形为

$$\varphi_2(t)=\frac{\gamma_2(t)}{\sqrt{\varepsilon_2}}$$

一般情况下第 k 个函数的正交化导致

$$\varphi_k(t)=\frac{\gamma_k(t)}{\sqrt{\varepsilon_k}}$$

式中

$$\gamma_k(t)=s_k(t)-\sum_{i=1}^{k-1}c_{ki}\varphi_i(t)$$

$$c_{ki}=\langle s_k(t),\varphi_i(t)\rangle=\int_{-\infty}^{\infty}\gamma_k^2(t)\mathrm{d}t,\quad i=1,2,\cdots,k-1$$

$$\varepsilon_k=\int_{-\infty}^{\infty}\gamma_k^2(t)\mathrm{d}t$$

因此，正交化过程继续进行下去，直到所有 M 个信号波形 $\{s_i(t)\}$ 处理完毕，且 $N\leqslant M$ 个标准正交波形构架完成。如果所有信号波形是线性独立的，即没有一个信号波形是其他信号波形的线性组合，那么信号空间维数 N 等于 M。

将格拉姆—施密特过程应用于图 2-14(a)中的四个波形集。波形(t)的能量 $\varepsilon_1=2$，所以

$$\varphi_1(t)=\sqrt{\frac{1}{2}}s_1(t)$$

观察到 $c_{12}=0$，因此 $s_2(t)$ 和 $\varphi_1(t)$ 是正交的。所以 $\varphi_2(t)=s_2(t)/\sqrt{\varepsilon_2}=\sqrt{1/2}\,s_2(t)$。为了得到 $\varphi_3(t)$，计算 c_{31} 和 c_{32}，其中 $c_{31}=\sqrt{2}$，$c_{32}=0$。因此

$$\gamma_3(t)=s_3(t)-\sqrt{2}\varphi_i(t)=\begin{cases}-1 & 2\leqslant t\leqslant 3\\ 0 & 其他\end{cases}$$

由于 $\gamma_3(t)$ 具有单位能量，因此 $\varphi_3(t)=\gamma_3(t)$。在求解 $\varphi_4(t)$ 时，得到 $c_{41}=-\sqrt{2}$，$c_{42}=0$ 及 $c_{43}=1$，因此

$$\gamma_3(t)=s_4(t)+\sqrt{2}\varphi_1(t)-\varphi_3(t)=0$$

从而 $s_4(t)$ 是 $\varphi_1(t)$ 和 $\varphi_3(t)$ 的线性组合，因此 $\varphi_4(t)=0$。图 2-14(b)说明了这三个标准正交函数。

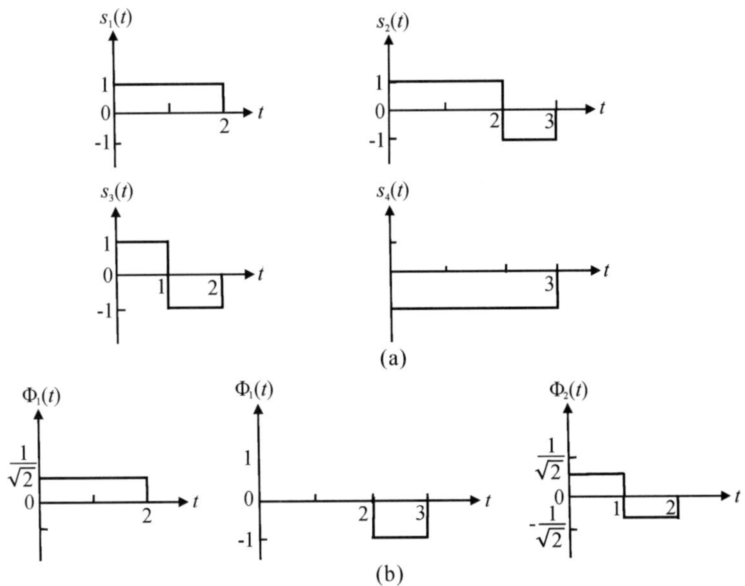

图 2-14　信号$\{s_m(t),m=1,2,\cdots,M\}$的格拉姆一施密特正交化及相应的标准正交基

一旦构建起标准正交波形集$\{\varphi_n(t)\}$，就能将 M 个信号 $\{s_n(t)\}$ 表示成$\{\varphi_n(t)\}$的线性组合，可写为

$$s_m(t)=\sum_{n=1}^{N}s_{mn}\varphi_n(t),\quad m=1,2,\cdots,M$$

每一个信号可以表示成矢量

$$s_m=[s_{m1},s_{m2},\cdots,s_{mN}]^t$$

或者等效地表示成 N 维(一般为复数)信号空间的一个点，其坐标为$\{s_{mn},n=1,2,\cdots,N\}$。

因此，一组 M 个信号集$\{s_m(t)\}_{m=1}^{M}$ 可用 $N(N\leqslant M)$为信号空间的一组 M 个矢量来表示，相应的矢量集称为$\{s_m(t)\}_{m=1}^{M}$ 的信号空间表示或星座图。如果原信号是实的，则矢量空间表示是在 R^N 中；如果原信号是负的，则矢量空间表示是在 R^N 中。图 2-15 说明了由信号得到等效矢量的过程(信号映射成矢量)及其逆过程(矢量映射成信号)。

由基$\{\varphi_n(t)\}$的正交性得到

$$\varepsilon_m=\int_{-\infty}^{\infty}|s_m(t)|^2\mathrm{d}t=\sum_{n=1}^{N}|s_{mn}|^2=\|s_m\|^2$$

第 k 个信号的能量也就是矢量长度的平方，或等价于 N 维空间中原点到信号点的欧氏距离的平方。因此，任何信号都可以用几何方式表示成由标准正交函数$\{\varphi_n(t)\}$构建的信号空间中的一个点。由基的正交性还得到

$$\langle s_k(t),s_1(t)\rangle=\langle s_k,s_t\rangle$$

这表明两个信号的内积等于其相应矢量的内积。

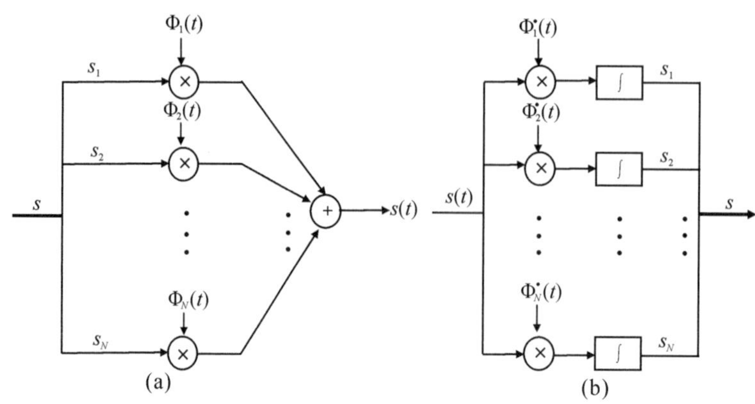

图 2-15　矢量映射成信号(a)和信号映射成矢量(b)

利用图 2-15(b)中的标准正交函数集来获得图 2-15(a)中所示的四个信号的矢量表示。由于信号空间的维数 $N=3$，每一个信号可由三个分量描述，信号 $s_1(t)$ 由矢量 $s_1=(\sqrt{2},0,0)^t$ 表征。类似地，信号 $s_2(t)$，$s_3(t)$ 和 $s_4(t)$ 可分别由 $s_2=(0,\sqrt{2},0)^t$ 及 $s_3=(\sqrt{2},0,1)^t$ 及 $s_4=(-\sqrt{2},0,1)^t$ 来表征。如图 2-15 所示，其长度为 $\|s_1\|=\sqrt{2}$，$\|s_2\|=\sqrt{2}$，$\|s_3\|=\sqrt{3}$，$\|s_4\|=\sqrt{3}$，相应的信号能量为 $\varepsilon_k=\|s_k\|^2$，$k=1,2,3,4$。

我们已经证明了 M 个有限能量信号波形集 $\{s_m(t)\}$ 可以表示成维数 $N<M$ 的标准正交函数的加权线性组合。通过对 $\{s_m(t)\}$ 应用格拉姆—施密特正交化过程可获得函数 $\{\varphi_n(t)\}$。然而，应该强调的是，由格拉姆—施密特过程获得的函数 $\{\varphi_n(t)\}$ 不是唯一的。如果我们改变信号 $\{s_m(t)\}$ 的正交化处理的顺序，标准正交波形将不同，且相应信号 $\{s_m(t)\}$ 的矢量表示将取决于标准正交函数 $\{\varphi_n(t)\}$ 的选择。然而，矢量 $\{s_m\}$ 仍保持它们的几何形状并且它们的长度和内积不随标准正交函数 $\{\varphi_n(t)\}$ 的选择而变，如图 2-16 所示。

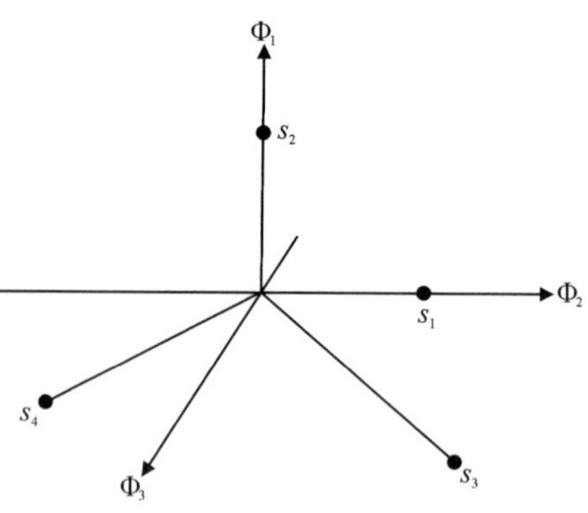

图 2-16　在三维空间中四个信号矢量表示成点

对图 2-17(a)中的四个信号可选用的另一种标准正交函数集，如图 2-17(a)所示。利用这些函数展开 $\{s_n(t)\}$，可得到相应的矢量 $s_1=(1,1,0)^t$、$s_2=(1,-1,0)^t$、$s_3=(1,1,-1)^t$ 及 $s_4=(-1,-1,-1)^t$，如图 2-17(b)所示。注意，矢量的长度与由标准正交函数 $\{\varphi_n(t)\}$ 得到的长度是相同的。

对图 2-17(a)中的四个信号可选用的另一种标准正交函数集及其相应的信号点带通和低通标准正交基。

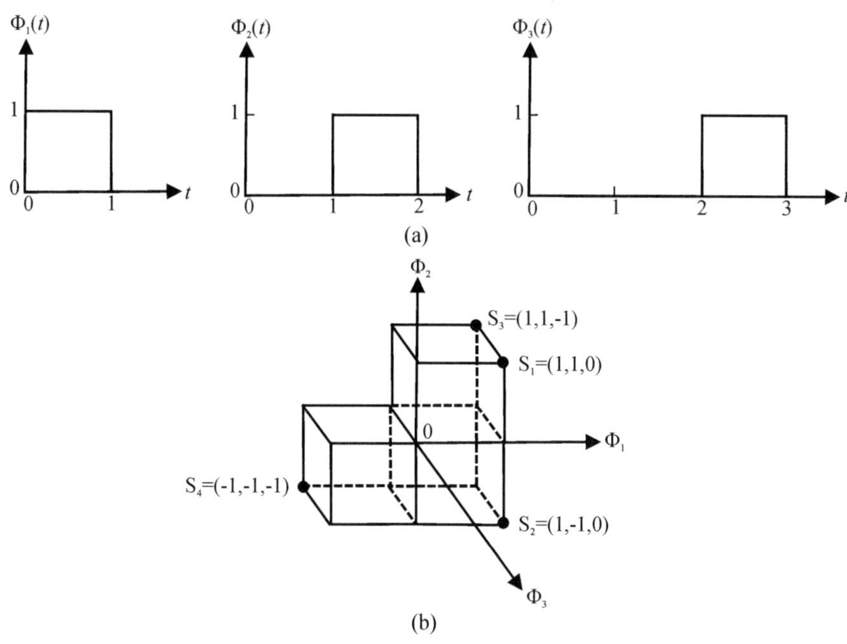

图 2-17　(a)四个信号标准正交函数集　(b)四个矢量相应的矢量

上述的正交展开式是对实信号波形导出的。对复信号波形的推导过程类似。考虑以下情况，即信号波形是带通型的且为

$$s_m(t)=\mathrm{Re}[s_{ml}(t)\mathrm{e}^{j2\pi f_0 t}],\quad m=1,2,\cdots,M$$

式中，$\{s_{ml}(t)\}$表示等效低通信号。由 2.1.1 节可知，如果两个等效低通信号是正交的，则相应的带通信号也是正交的。因此，如果$\{\varphi_n(t),n=1,\cdots,N\}$构成低通信号集$\{s_m(t),m=1,\cdots,M\}$的标准正交基，则集$\{\varphi_n(t),n=1,\cdots,N\}$是标准信号集。

因为有

$$s_{ml}(t)=\mathrm{Re}\sum_{n=1}^{M}S_{\min}\varphi_{nl}(t),\quad m=1,2,\cdots,M$$

式中，

$$s_{\min}(t)=\langle s_{ml}(t),\varphi_{nl}(t)\rangle,\quad m=1,2,\cdots,M,n=1,\cdots,N$$

由以上两式可得

$$s_m(t)=\mathrm{Re}\left[\left(\sum_{n=1}^{N}s_{\min}\varphi_{nl}(t)\right)\mathrm{e}^{j2\pi f_0 t}\right],\quad m=1,2,\cdots,M$$

或

$$s_m(t)=\mathrm{Re}\left[\left(\sum_{n=1}^{N}s_{\min}\varphi_{nl}(t)\right)\right]\cos 2\pi f_0 t - Im\left[\sum_{n=1}^{N}s_{\min}\varphi_{nl}(t)\right]\sin 2\pi f_0 t,\quad m=1,2,\cdots,M$$

当标准信号集$\{\varphi_n(t),n=1,\cdots,N\}$构成表示$\{s_m(t),m=1,\cdots,M\}$的 N 维复基时，则集$\{\varphi_n(t),\tilde{\varphi}_n(t),n=1,\cdots,N\}$，其中

$$\varphi_n(t)=\sqrt{2}\,\mathrm{Re}[\varphi_{nl}(t)\mathrm{e}^{j2\pi f_0 t}]=\sqrt{2}\,\varphi_{nl}(t)\cos 2\pi f_0 t-\sqrt{2}\,\varphi_{nq}(t)\sin 2\pi f_0 t$$

$$\tilde{\varphi}_n(t)=-\sqrt{2}\,Im\,[\varphi_{nl}(t)\mathrm{e}^{j2\pi f_0 t}]=-\sqrt{2}\,\varphi_{ni}(t)\cos 2\pi f_0 t-\sqrt{2}\,\varphi_{nq}(t)\sin 2\pi f_0 t$$

构成表示 M 维的标准正交基

$$s_m(t)=\mathrm{Re}[s_{ml}(t)\mathrm{e}^{j2\pi f_0 t}],\quad m=1,\cdots,M$$

在有些情况下，确定的基集中不是所有的基函数都是必要的，只要其中的子集就足够展开带通信号。

$$\varphi(t)=-\hat{\varphi}(t)$$

式中，$\hat{\varphi}(t)$表示 $\varphi(t)$的希尔伯特变换。

进一步可得

$$\begin{aligned}s_m(t)&=\mathrm{Re}\left[\sum_{n=1}^{N}(s_{mln}\varphi_{nl}(t))\,\mathrm{e}^{j2\pi f_0 t}\right]\\&=\sum_{n=1}^{N}\mathrm{Re}\left[(s_{mln}\varphi_{nl}(t))\,\mathrm{e}^{j2\pi f_0 t}\right]\\&=\sum_{n=1}^{N}\left[\frac{s_{mln}^{(r)}}{\sqrt{2}}\varphi_n(t)+\frac{s_{mln}^{(i)}}{\sqrt{2}}\tilde{\varphi}_n(t)\right]\end{aligned}$$

式中，假定 $s_{mln}=s_{mln}^{(r)}+js_{mln}^{(i)}$，表明带通信号如何用其等效低通展开式的基来展开。一般，低通信号可以用 N 维复矢量表示，其相应的带通信号可以用 $2N$ 维实矢量表示。如果复矢量

$$s_{ml}=(s_{ml1},s_{ml2},\cdots,s_{mls})^t$$

是用低通基$\{\varphi_{nl}(t),n=1,\cdots,N\}$表示低通信号 $s_m(t)$的矢量，矢量

$$s_m=\left(\frac{s_{ml1}^{(r)}}{\sqrt{2}},\frac{s_{ml2}^{(r)}}{\sqrt{2}},\cdots,\frac{s_{mlN}^{(r)}}{\sqrt{2}},\frac{s_{ml1}^{(i)}}{\sqrt{2}},\frac{s_{ml2}^{(i)}}{\sqrt{2}},\cdots,\frac{s_{mlN}^{(i)}}{\sqrt{2}}\right)^t$$

是表示带通信号

$$s_m(t)=\mathrm{Re}[s_{ml}\mathrm{e}^{j2\pi f_0 t}]$$

的矢量，其中带通基$\{\varphi_n(t),\tilde{\varphi}_n(t),n=1,\cdots,N\}$。

假设 M 个带通信号定义为

$$s_m(t)=\mathrm{Re}[A_m g(t)\mathrm{e}^{j2\pi f_0 t}]$$

式中，A_m 是任意复数，$g(t)$表示能量为 ε_g 的实低通信号，则等效低通信号为

$$s_{ml}(t)=A_m g(t)$$

因此，由

$$\varphi(t)=\frac{g(t)}{\sqrt{\varepsilon_g}}$$

定义的单位能量信号 $\varphi(t)$对展开所有 $s_{ml}(t)$是充分的，有

$$s_{ml}(t)=A_m\sqrt{\varepsilon_g}\varphi_t$$

因此，对应每个 $s_{ml}(t)$有一个复标度 $A_m\sqrt{\varepsilon_g}=(A_m^{(r)}+jA_m^{(j)})\sqrt{\varepsilon_g}$，即低通信号构成复维度(或等效两个实维度)。进一步可得

$$\varphi(t)=\sqrt{\frac{2}{\varepsilon_g}}g(t)\cos2\pi f_0 t$$

$$\tilde{\varphi}(t)=\sqrt{\frac{2}{\varepsilon_g}}g(t)\cos2\pi f_0 t$$

可用于带通信号展开式的基。用该基可得

$$\begin{aligned}s_m(t)&=A_m^{(r)}\sqrt{\frac{\varepsilon_g}{2}}\varphi(t)+A_m^{(i)}\sqrt{\frac{\varepsilon_g}{2}}\tilde{\varphi}(t)\\&=A_m^{(r)}g(t)\cos2\pi f_0 t-A_m^{(i)}g(t)\sin2\pi f_0 t\end{aligned}$$

注意，在所有 A_m 是实的特殊情况下，用 $\varphi(t)$表示带通信号足够了，不必用 $\tilde{\varphi}(t)$。

思考题

1. 能量信号和功率信号的定义和特点。
2. 什么是复信号？什么是负频率？
3. 解析信号与基带信号的区别。
4. 基带信号与射频信号的区别是什么？
5. 周期信号与非周期信号的区别是什么，以及对应的处理手段和方法有哪些？
6. 自相关函数有什么特点以及相关的应用？

习题

1. 试判断下列信号是周期信号还是非周期信号，能量信号还是功率信号：

(1)$s_1(t)=e^{-t}u(t)$

(2)$s_2(t)=\sin(6\pi t)+2\cos(10\pi t)$

(3)$s_3(t)=\mathrm{e}^{-2t}$

2. 试证明以下希尔伯特变换的性质：

(a)若，则 $\hat{x}(t)=-\hat{x}(-t)$；

(b)若，则 $\hat{x}(t)=-\hat{x}(-t)$；

(c)若，则 $\hat{x}(t)=\sin\omega_0 t$；

(d)若，则 $\hat{x}(t)=-\cos\omega_0 t$；

(e)$\hat{x}(t)=-x(t)$；

(f) $\int_{-\infty}^{\infty} x^2(t)\mathrm{d}t=\int_{-\infty}^{\infty}\hat{x}^2(t)\mathrm{d}t$

(g) $\int_{-\infty}^{\infty} x^2(t)\hat{x}^2 t)\mathrm{d}t=0$

3. 已知实的窄带信号 $s(t)=a(t)\cos(2\pi f_e t+l(t))$，试给出其 Hibert 变换及解析信号。

4. 写出以下信号集合的数学表达式：(1)对称信号集合；(2)矩形信号集合；(3)有界(Bounded)信号集合。

5. 证明函数空间的子集 $M=\{x;x(0)=0\}$ 本身是个线性空间。

6. 试证明 $f(x)=\|x\|$ 是个连续泛函。

7. 证明对 $\|x\|^2=(x,x)$ 的内积空间，平行四边形等式成立，即

$$\|x+y\|^2+\|x-y\|^2=2\|x\|^2+2\|y\|^2$$

8. 若(V,d)为一距离空间，设

$$\tilde{d}(x,y)=\frac{d(x,y)}{1+d(x,y)}x,y\in V$$

试证明$(V,)$为距离空间。

9. 证明所有 n 阶多项式 $c_0+c_1t+\cdots c_nt^n,c_0,c_1,\cdots,c_n\in F$ 的全体构成线性空间。

10. 判定下列集合对指定运算是否成为实数域上的线性空间：

(1)定义在$[0,1]$上的所有 n 次实系数多项式的集合，对多项式加法及数与多项式的乘法；

(2)微分方程 $y'''+3y''+3y'+y=a$ 的全体解，对函数的加法及数与函数的乘法；

(3)所有 n 阶可逆矩阵，对矩阵的加法及数与矩阵的乘法；

(4)所有 $m\times n$ 实矩阵，对矩阵的加法及数与矩阵的乘法；

(5)所有 $m\times n$ 复矩阵，对矩阵的加法及数与矩阵的乘法。

11. 一个 8 电平 PAM 信号被定义为

$$s_i(t)=A_i\,\mathrm{rect}\left(\frac{t}{T}-\frac{1}{2}\right)$$

其中,$A_i=\pm1,\pm3,\pm5,\pm7$。把$\{s_i(t)\}_{i=1}^{8}$的信号星座表示出来。

12. 在图 2-18 中,给出了 4 个信号 $s_1(t)$,$s_2(t)$,$s_3(t)$和 $s_4(t)$的波形。

(a)利用 Gram—Schmidt 正交化方法,求出这组信号的标准正交基;

(b)构造出相应的信号空间图。

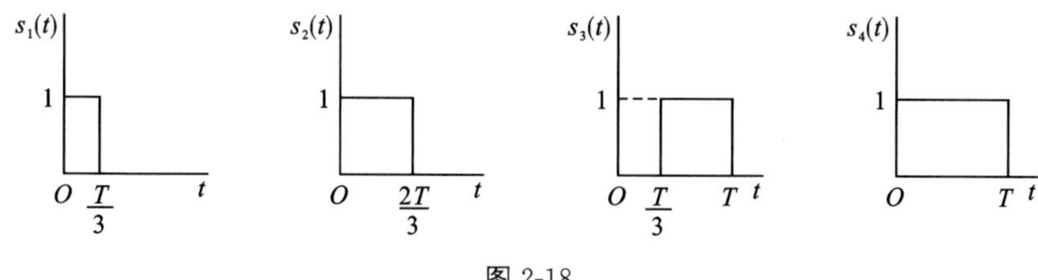

图 2-18

13. (a)利用 Gram—Schmidt 正交化方法,求出图 2-19 中所示的 $s_1(t)$,$s_2(t)$和 $s_3(t)$的标准正交基函数;

(b)利用(a)中求出的基函数把每个信号表示出来。

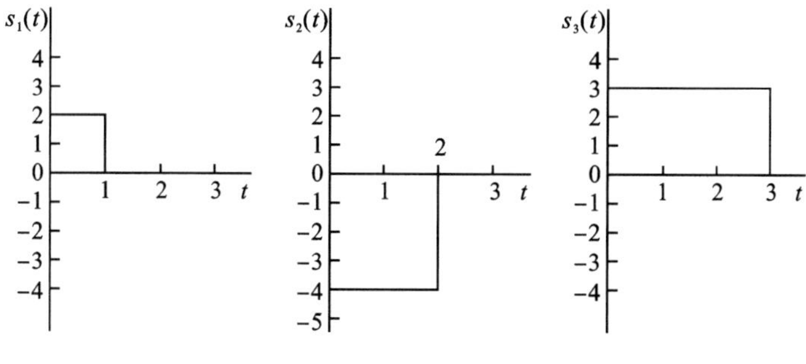

图 2-19

第3章　通信信道

3.1　信道

3.1.1　引言

研究任何通信系统首先要研究信道传播特性。通俗地说，信道是指以传输媒质为基础的信号通路，信道的作用是传输信号，它提供通路让信号通过，同时又给信号加以限制和损害。信道根据不同的传输媒介和信道参数可以有如下的分类：

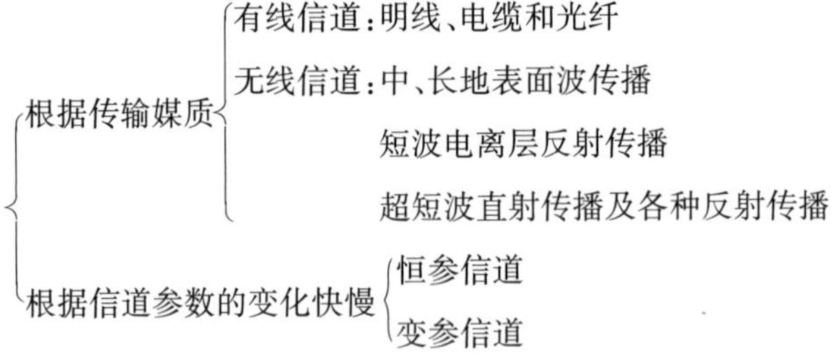

本章首先根据通信系统框图分析信道的数学模型：调制信道和编码信道。此外，无线移动通信信道是一种电波传播环境很复杂的无线信道，电波在不同的地形地貌和移动速度的环境条件下传播。本章进一步分析无线移动通信信道中信号的场强、概率分布及功率谱密度、多径传播与快衰落、阴影衰落、时延扩展与相关带宽，以及信道的衰落特性，包括平坦衰落和频率选择性衰落、衰落率与电平通过率、电平交叉率、平均衰落周期与长期衰落、衰落持续时间，以及衰落信道的数学模型。

3.1.2 信道的数学模型

广义信道按照它包括的功能,可以分为调制信道和编码信道。信道的一般组成如图 3-1 所示。所谓调制信道是指图 3-1 中从调制器的输出端到解调器的输入端所包含的发转换装置、媒质和收转换装置三部分。当研究调制与解调问题时,我们所关心的是调制器输出的信号形式、解调器输入端信号与噪声的最终特性,而并不关心信号的中间变换过程。因此,定义调制信道对于研究调制与解调问题是方便和恰当的。在数字通信系统中,如果研究编码与译码问题时采用编码信道,会使问题的分析更容易。

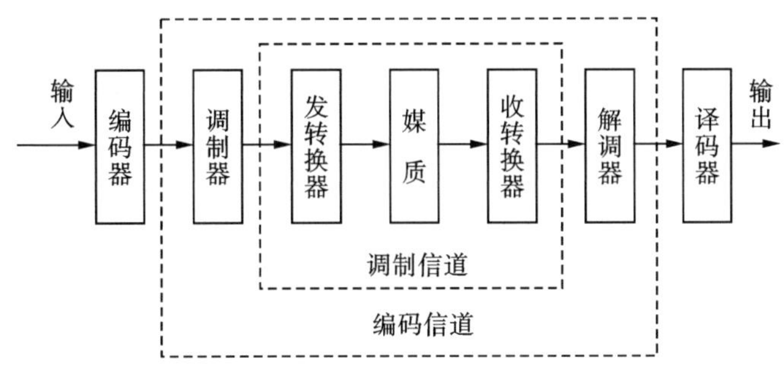

图 3-1　调制信道和编码信道

同理,在数字通信系统中,如果研究编码与译码问题时采用编码信道,会使问题的分析更容易。所谓编码信道是指图 3-1 中编码器输出端到译码器输入端的部分,即编码信道包括调制器、调制信道和解调器。调制信道和编码信道是通信系统中常用的两种广义信道,根据研究的对象和关心的问题不同,还可以定义其他形式的广义信道。

信道的数学模型用来表征实际物理信道的特性,它对通信系统的分析和设计是十分方便的。下面我们简要描述调制信道和编码信道这两种广义信道的数学模型。

3.1.2.1　调制信道模型

调制信道是为研究调制与解调问题所建立的一种广义信道,它所关心的是调制信道输入信号形式和已调信号通过调制信道后的最终结果,对于调制信道内部的变换过程并不关心。

因此,调制信道可以用具有一定输入、输出关系的方框来表示。通过对调制信道进行大量的分析研究,发现它具有如下共性:有一对(或多对)输入端和一对(或多对)输出端;绝大多数的信道都是线性的,即满足线性叠加原理;信号通过信道具有一定的延迟时间而且它还会受到(固定的或时变的)损耗;即使没有信号输入,在信道的输出端仍可能有一定的功率输出(噪声)。

根据以上几条性质,调制信道可以用一个二端口(或多端口)线性时变网络来表示,这个网络便称为调制信道模型,如图 3-2 所示。

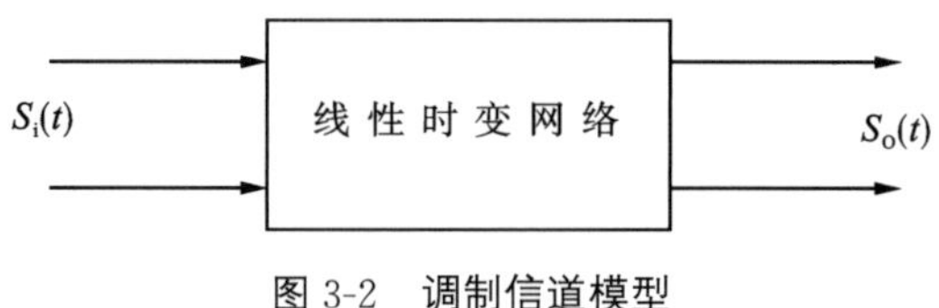

图 3-2　调制信道模型

对于二对端的信道模型,其输出与输入的关系为

$$e_o(t)=f[e_i(t)]+n(t)$$

式中,$e_i(t)$为输入的已调信号;$e_o(t)$为信道总输出波形;$n(t)$为加性噪声,$n(t)$与 $s_i(t)$相互独立,无依赖关系;$f[e_i(t)]$表示已调信号通过网络所发生的(时变)线形变换。现在,我们假定能把 $f[e_i(t)]$写为 $k(t)e_i(t)$,其中,$k(t)$依赖于网络的特性,$k(t)$乘 $e_i(t)$反映网络特性对 $e_i(t)$的作用。$k(t)$的存在,对 $e_i(t)$来说是一种干扰,通常称其为乘性干扰。$e_0(t)$于是可表示为

$$e_o(t)=k(t)e_i(t)+n(t)$$

上式即为二对端信道的数学模型。

由以上分析可知,信道对信号的影响可归结为两点:一是乘性干扰 $k(t)$,二是加性干扰 $n(t)$。

对于信号来说,如果我们了解 $k(t)$与 $n(t)$的特性,就能知道信道对信号的具体影响。

通常信道特性 $k(t)$是一个复杂的函数,它可能包括各种线性失真、非线性失真、交调失真、衰落等。同时由于信道的迟延特性和损耗特性随时间做随机变化,故 $k(t)$往往只能用随机过程来描述。

在我们实际使用的物理信道中,根据信道传输函数 $k(t)$时变特性的不同可以分为两大类:一类是 $k(t)$基本不随时间变化,即信道对信号的影响是固定的或变化极为缓慢的,这类信道称为恒定参量信道,简称恒参信道;另一类信道是传输函数 $k(t)$随时间随机变化,这类信道称为随机参量信道,简称随参信道。

3.1.2.2　编码信道模型

编码信道包括调制信道、调制器和解调器,与调制信道模型有明显的不同,是一种数字信道或离散信道。编码信道输入是离散的时间信号,输出也是离散的时间信号,对信号

的影响则是将输入数字序列变成另一种输出数字序列。由于信道噪声或其他因素的影响，将导致输出数字序列发生错误，因此输入、输出数字序列之间的关系可以用一组转移概率来表征。

二进制数字传输系统的一种简单的编码信道模型如图 3-3 所示。图中 $P(0)$ 和 $P(1)$ 分别是发送“0”符号和“1”符号的先验概率，$P(0/0)$ 与 $P(1/1)$ 是正确转移概率，而 $P(1/0)$ 与 $P(0/1)$ 是错误转移概率。信道噪声越大将导致输出数字序列发生错误越多，错误转移概率 $P(1/0)$ 与 $P(0/1)$ 也就越大；反之，错误转移概率 $P(1/0)$ 与 $P(0/1)$ 就越小。输出的总错误概率为

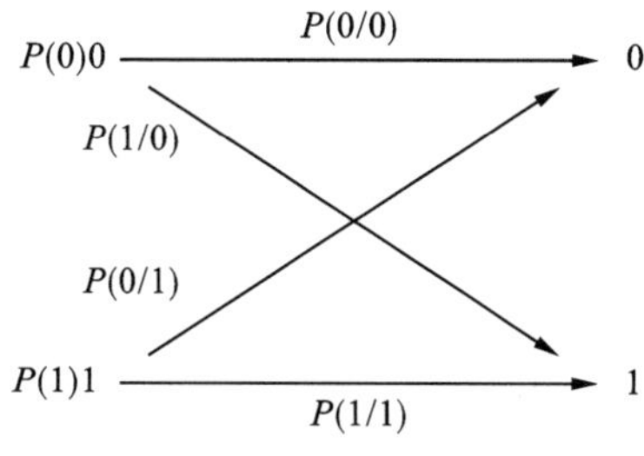

图 3-3　二进制编码信道模型

$$P_e = P(0)P(1/0) + P(1)P(0/1)$$

在图 3-3 所示的编码信道模型中，由于信道噪声或其他因素影响导致输出数字序列发生错误是统计独立的，因此这种信道是无记忆编码信道。根据无记忆编码信道的性质可以得到

$$P(0/0) = 1 - P(1/0)$$
$$P(1/1) = 1 - P(0/1)$$

转移概率完全由编码信道的特性所决定。一个特定的编码信道，有确定的转移概率。

由无记忆二进制编码信道模型，容易推出无记忆多进制的模型。图 3-4 给出一个无记忆四进制编码信道模型。

如果编码信道是有记忆的，即信道噪声或其他因素影响导致输出数字序列发生错误是不独立的，则编码信道模型要比图 3-2 或图 3-3 所示的模型复杂得多，信道转移概率表示式也将变得很复杂。

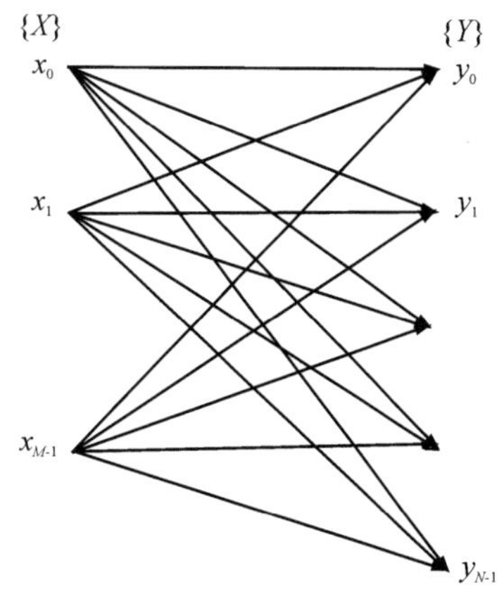

图 3-4　多进制无记忆编码信道模型

3.1.3　信道的容量

信道对于信息率的容纳并不是无限制的，它不仅与物理信道本身的特性有关，还与信道输入信号的统计特性有关，它有一个极限值，即信道容量。信道容量是有关信道的一个很重要的物理量，主要研究在信道中传输的每个符号所携带的信息量。从信息论的观点来看，各种信道可以概括为两大类，即离散信道和连续信道。所谓离散信道就是输入与输

出信号都是取值离散的时间函数；而连续信道是指输入和输出信号都是取值连续的。前者就是广义信道中的编码信道，其信道模型用转移概率来表示；后者则是调制信道，其信道模型用时变线性网络来表示。下面我们分别讨论这两种信道的信道容量。

3.1.3.1　离散信道容量

设离散信道模型如图 3-5 所示。图 3-5(a)是无噪声信道。在图 3-5 中，$P(x_i)$表示发送符号 x_i 的概率，$P(y_i)$表示收到符号 y_i 的概率，$P(y_i/x_i)$或$P(x_i/y_i)$是转移概率，其中 $i=1,2,3,\cdots,n$，$j=1,2,\cdots,m$。由于信道无噪声如图 3-5(a)，故它的输入与输出一一对应，即 $P(x_i)$与$P(y_i)$相同。图 3-5(b)是有噪声信道。在这种信道中，输入、输出之间不存在一一对应关系。当输入一个 x_1 时，则输出可能为 y_1 也可能是 y_2 或 y_m。可见，输出与输入之间成为随机对应的关系。不过，它们之间具有一定的统计关联，并且这种随机对应的统计关系就反映在信道的条件(或转移)概率上。因此，可以用信道的条件概率来合理地描述信道干扰和信道的统计特性。于是，在有噪声的信道中，不难得到发送符号为 x_i 而收到的符号为 y_i 时所获得的信息址，它等于发送符号前对 x_i 的不确定度减去收到符号 y_i 后对 x_i 的不确定程度，即

$$[\text{发送 } x_i \text{ 收到 } y_i \text{ 时所获得的信息量}]=-\log_2 P(x_i)+\log_2 P(x_i/y_j)$$

式中 $P(x_i)$为未发送符号前 x_i 出现的概率；$P(x_i/y_i)$为收到 y_i 而发送为 x_i 的条件概率。

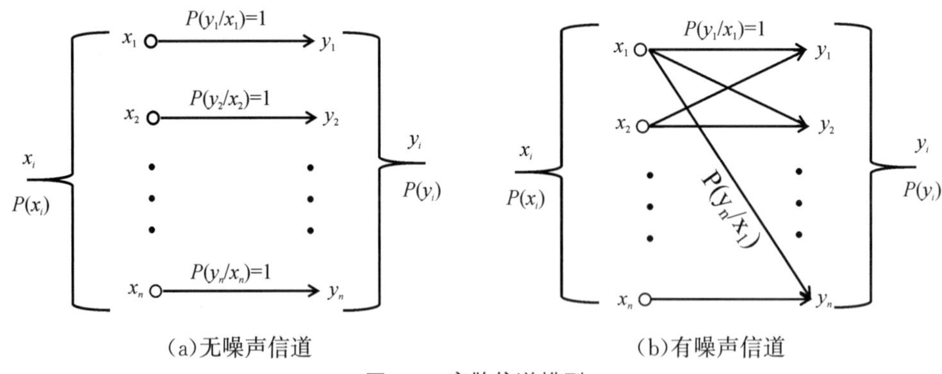

图 3-5　离散信道模型

对 x_i 和 y_j 取统计平均，即对所有发送为 x_i 而收到为 y_j 取平均，则

$$\text{平均信息量 / 符号}=-\sum_{i=1}^{n}P(x_i)\log_2 P(x_i)-\left[-\sum_{j=1}^{m}P(y_j)\sum_{i=1}^{n}P(x_i/y_j)\log_2 P(x_i/y_j)\right]$$
$$=H(x)-H(x/y)$$

式中，$H(x)$为表示发送的每个符号的平均信息量；$H(x/y)$为表示发送符号在有噪声的信道中传输平均丢失的信息量，或当输出符号已知时输入符号的平均信息量。

为了表明信道传输信息的能力，我们引用信息传输速率的概念。所谓信息传输速率是指信道在单位时间内所传输的平均信息量，并用 R 表示，即

$$R=H_i(x)-H_i(x/y)$$

式中，$H_i(x)$为单位时间内信息源发出的平均信息量，或称信息源的信息速率；$H_i(x/y)$为单位时间内对发送 x 而收到 y 的条件平均信息量。

设单位时间传送的符号数为 r，则

$$H_i(x)=rH(x)$$

$$H_i(x/y)=rH(x/y)$$

于是得到

$$R=r[H(x)-H(x/y)]$$

该式表示有噪声信道中信息传输速率等于每秒钟内信息源发送的信息量与由信道不确定性而引起丢失的那部分信息量之差。

显然，在无噪声时，信道不存在不确定性，即 $H(x/y)=0$。这时，信道传输信息的速率等于信息源的信息速率，即

$$R=rH(x)$$

如果噪声很大时，$H(x/y)\to H(x)$则信道传输信息的速率为 $R\to 0$。

例　设信息源由符号 0 和 1 组成，顺次选择两符号构成所有可能的消息。如果消息传输速率是每秒 1000 符号两符号出现概率相等。在传输中，弱干扰引起的差错是：平均每 100 符号中有一个符号不正确，信道模型如图 3-6 所示。试问这次时传输信息的速率是多少？

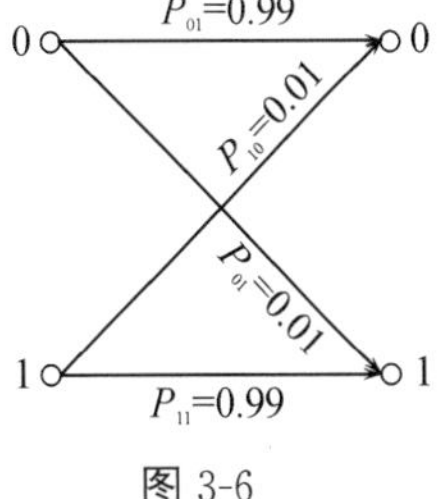

图 3-6

由于信息源的平均信息量为

$$H(x)=-\left(\frac{1}{2}\log_2\frac{1}{2}+\frac{1}{2}\log_2\frac{1}{2}\right)=1(\text{bit/符号})$$

则信息源发送信息的速率为

$$H_t(x)=rH(x)=1000\text{bit/s}$$

在干扰下，信道输出端收到符号 0 而实发送符号也是 0 的概率为 0.99，实发送符号是 1 的概率为 0.01。同样信道输出端收到符号 1，而实发送符号也是 1 的概率为 0.99，实发送符号是 0 的概率为 0.01，即它们有相同的条件平均信息量

$$H(x/y)=-(0.99\log_2 0.99+0.01\log_2 0.01)=0.081(\text{bit/符号})$$

由于信道不可靠性在单位时间内丢失的信息量为

$$H_t(x/y)=rH(x/y)=81(\text{bit/符号})$$

故信道传输信息的速率为

$$R=H_t(x)-H_t(x/y)=919(\text{bit/s})$$

例　上例中，在强干扰的条件下，假设无论发送什么符号(0 或 1)，其输出端出现符号 0 或 1 的概率都相同(即等于 1/2)。试求该信道传输信息的速率。

按题意得条件平均信息量为

$$H(x/y)=-\left(\frac{1}{2}\log_2\frac{1}{2}+\frac{1}{2}\log_2\frac{1}{2}\right)=1(\text{bit/符号})$$

而每秒钟内由于信道的不可靠性而引起丢失的信息量为

$$H_t(x/y)=rH(x/y)=1000(\text{bit/s})$$

故信道传输信息的速率为

$$R=H_t(x)-H_t(x/y)=0$$

由以上定义的信道传输信息的速率 R 可以看出，它与单位时间传送的符号数目 r、信息源的概率分布以及信道干扰的概率分布有关。然而，对于某个给定的信道来说，干扰的概率分布应当认为是确定的。如果单位时间传送的符号数目 r 一定，则信道传送信息的速率仅与信息源的概率分布有关。信息源的概率分布不同，信道传输信息的速率也不同。一个信道的传输能力当然应该以这个信道最大可能传输信息的速率来量度。因此，我们得到信道容量的定义如下。

对于一切可能的信息源概率分布来说，信道传输信息的速率 R 的最大值称为信道容量，记之为 C，即

$$C=\max R\approx\max[H_i(x)-H_i(x/y)]$$

式中，max 表示对所有可能的输入概率分布来说的最大值。

3.1.3.2　连续信道的信道容量

假设信道的带宽为 B(Hz)，信道输出的信号功率为 S(W)，输出加性高斯白声功率为 N(W)，则可以证明该信道的信道容量为

$$C=B\log_2\left(1+\frac{S}{N}\right)\quad(\text{bit/s})$$

上式就是信息论中具有重要意义的香农(Shannon)公式，它表明了当信号与作用在信道上的起伏噪声的平均功率给定时，在具有一定频带宽度 B 的信道上，理论上单位时间内

可能传输信息量的极限数值。同时,该式还是扩展频谱技术的理论基础。

由于噪声功率 N 与信道带宽 B 有关,故若噪声单边功率谱密度为 n_0,则噪声功率 N 将等于 n_0B。因此,香农公式的另一形式为

$$C=B\log_2\left(1+\frac{S}{n_0B}\right)$$

由上式可见,一个连续信道的信道容量受“三要素”——B、n_0、S 的限制。只要这三要素确定,则信道容量也就随之确定。

现在我们来讨论信道容量 C 与“三要素”之间的关系。当 $n_0=0$ 或 $S\approx\infty$时,信道容量 $C\approx\infty$。这是因为 $n_0=0$ 意味着信道无噪声,而 $S\approx\infty$意味着发送功率达到无穷大,所以信道容量为无穷大。显然,这在任何实际系统中都是无法实现的。不过,这个关系提示我们:若要使信道容量加大,则通过减小 n_0 或增大 S 在理论上是可行的。那么,如果增大带宽 B,能否使 $C\rightarrow\infty$呢? 可以证明,这是不可能的。因为

$$C=\frac{S}{n_0}\cdot\frac{n_0B}{S}\log_2\left(1+\frac{S}{n_0B}\right)$$

于是,当 $B\rightarrow\infty$时,则上式变为

$$\lim_{B\rightarrow\infty}C=\lim_{B\rightarrow\infty}\left[\frac{n_0B}{S}\log_2\left(1+\frac{S}{n_0B}\right)\right]\left(\frac{S}{n_0}\right)$$

利用关系式

$$\lim_{x\rightarrow0}\frac{1}{x}\log_2(1+x)=\log_2 e\approx1.44$$

进一步得到

$$\lim_{B\rightarrow\infty}C=\frac{S}{n_0}\log_2 e\approx1.44\frac{S}{n_0}$$

上式表明,保持 S/n_0 一定,即使信道带宽 $B\rightarrow\infty$,信道容量 C 也是有限的,这是因为信道带宽 $B\rightarrow\infty$时,噪声功率 N 也趋于无穷大。

但是当带宽趋于无穷大时,是不是信噪比就可以降低到零? 答案是否定的。这因为可以表示为下式

$$\frac{C}{W}=\log_2\left(1+\frac{CE_b}{WN_0}\right)$$

$$\frac{E_b}{N_0}=\frac{2^{\frac{C}{W}}-1}{\frac{C}{W}}$$

$$\lim_{\frac{C}{W}\to 0}\frac{E_b}{N_0}=\lim_{\frac{C}{W}\to 0}\frac{2^{\frac{C}{W}}-1}{\frac{C}{W}}=\ln 2=-1.6\text{dB}$$

其中，E_b 为每个信息比特需要的传输能量，N_0 为噪声的单边功率谱密度，$\frac{E_b}{N_0}$ 为单个比特的信噪比。即使当带宽 W 趋于无穷时，正确接收或者解调信息所需的信噪比也不会为零，而是 -1.6dB。也就是说，即使在带宽为无穷时，正确接收信息所需信噪比下限为 -1.6dB；或者说这是带宽无限的高斯白噪声信道达到信道容量所需的最低比特信噪比，是通信系统传输能力的极限，这就是著名的香农限。目前我们实际应用的通信系统都无法达到这个限，而且差距比较大，为了逼近这个限，人们在不断地探索，研究新的信道编码技术，例如 Turbo 码和 LDPC 码在理想情况下可以做到 $-0.5\sim-0.8$dB。

当带宽不变且 $\frac{S}{N}\ll 1$ 时，容易得到下式：

$$\frac{C}{B}=1.44\frac{S}{N}$$

其中 $\frac{C}{B}$ 称为系统的频带利用率，就是单位带宽的最大信息传输速率。上式表明系统的频带利用率与信噪比成正比例，比例因子为 1.44。

以上即为无线数字通信系统的基本组成和各部分的基本功能。无线通信系统可以按照传输内容、传输距离、带宽、频带、移动性等不同方法进行分类，例如多媒体通信、卫星通信、短波通信、移动通信、宽带通信等。无线通信主要有三种工作方式，即双工（可以双向传输信息）、半双工（可以分别实现双向传输但不能同时进行）和单工（只能单向传输信息）。但是不管什么形式和什么方式的无线数字通信系统，其基本组成都是相同的。

从图 3-7 可以看到通信系统的发展历史，纵坐标表示频谱效率，横坐标表示带宽，通信系统的发展可以看成从横坐标和纵坐标两个维度去发展，纵坐标提高点到点的频谱效率，信道编码从线性分组码到 LPDC 码、Turbe 码以及极化码，代表信道编码的发展；横坐标增加信道的传输带宽，比如从 GSM 信道带宽 180kHz 到 WCDMA 的 5MHz 到 B3G 的 20MHz 到 5G 的 160MHz 以及 1GHz 带宽，代表宽带化以及毫米波和太赫兹频段的发展。此外，香农容量到达一定的极限后，网络的密集化也是一个比较大的发展趋势。

通常，把实现了上述极限信息速率的通信系统称为理想通信系统。但是，香农定理只证明了理想系统的“存在性”，却没有指出这种通信系统的实现方法。因此，理想系统通常只能作为实际系统的理论界限。另外，上述讨论都是在信道噪声为高斯白噪声的前提下

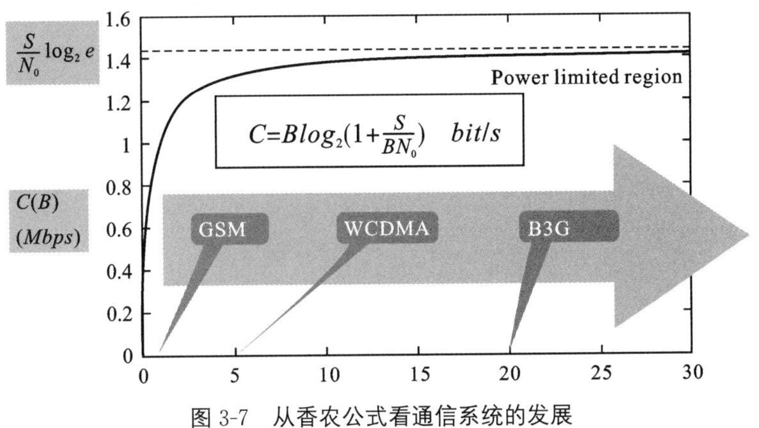

图 3-7　从香农公式看通信系统的发展

进行的，对于其他类型的噪声，香农公式需要加以修正。

关于香农公式的讨论

$$C=BT\log(1+\frac{S}{\sigma_n^2})=BT\log(1+\frac{S}{N_0B})\approx\frac{ST}{N_0}\log e\quad(B\to\infty)$$

$$C_T=B\log(1+\frac{S}{\sigma_n^2})=B\log(1+\frac{S}{N_0B})\approx\frac{S}{N_0}\log e\quad(B\to\infty)$$

以上是香农公式的两种形式，这里可看出有关信道的统计特征 C 和实际物理量带宽 B、持续时间 T 以及输入信噪比都联系在一起。这无疑给我们的实际应用带来了很大的指导作用。下面我们一一分析。

①C_T 与 B 成正比。带宽越宽，信道所允许传输的信息就越多；但当 $B\to\infty$时，则 C 本身将不再提高了，非常接近一常量。可见仅靠采用扩展带宽的方法来提高信道容量，达到一定程度后就行不通了，其原因：$B\uparrow\Rightarrow\sigma_n^2=N_0B\uparrow\Rightarrow\frac{S}{N_0B}\downarrow$。$C$ 还要受到噪声功率的约束。

②如果带宽给定，容量正比与信噪比 S/σ_n^2，即，$\frac{S}{\sigma_n^2}\uparrow\Rightarrow C_T\uparrow$。

③当输入信噪比远远地小于 1 时，则 C_T 不为零。这说明此刻信道仍具有传输信息的能力，即对于弱信号而言，也同样有通信的可能性。比如人类可以从火星以外的空间收回飞船发出的信息。

④在信道容量 C 保持不变的条件下，信道带宽 B，传输时间 T 和输入信噪比 S/σ_n^2 之间，可以互相补偿(互换)。

(i)三个物理量中当信噪比 S/σ_n^2 不变，则 $B\uparrow\to T\downarrow$，反之 $T\uparrow\to B\downarrow$。这说明扩展

带宽可以缩短传输时间，而延长时间就可以降低带宽要求。

(ii)如果传输时间 T 保持不变，则 $(S/\sigma_n^2)\uparrow\rightarrow B\downarrow$，反之 $B\uparrow\rightarrow(S/\sigma_n^2)\downarrow$。即在同样的时间内，如果扩展带宽，就可以降低对信道信噪比的要求；而当压缩带宽时，则意味着必须提高信噪比。显然对于干扰严重的信道，在保证同样的传信率要求下，则需要比较宽的信道传输。

实际上，这也反映出在信息传输过程中的一对矛盾：

$$\text{有效性 efficiency}: \eta \overset{\text{def}}{=} \frac{I_T(X_i Y)}{C_T}$$

$$\text{可靠性 reliable}: P_e\downarrow \Rightarrow \frac{S}{N_0 B}\uparrow$$

在实际工程中我们也经常利用这三者的互换关系来达到不同的目的。比如收音机的调频波段 FM，带宽 B 比调幅波段 AM 要宽得多，所以抗干扰性好，适合于收听音乐节目，但其传输效率低。又比如为了能在窄带电缆中传输电视节目(因条件所限)，我们采用增加传输时间 T 来压缩电视信号的带宽。方法是先把电视信号快速录制到录像带上，然后再慢放录像带，使得输出频带降低至能使窄带电缆传输的速率，最后在接收端采用慢录快放的方式恢复原来的电视图像。而像一般的可视电话都不可能得到实时的动态图像，而是动画效果。还有海军潜水艇上的通信手段，往往是一种突发式的通信机制(δ 模式)，就是要在极短的时间内将大量的信息发送出去，可想而知其收发电台的带宽要求非同寻常。

⑤在加性信道的条件下，白色高斯噪声是危害最大的干扰噪声。因此对于那些不是白色高斯噪声信道来说，其信道容量一定要大于香农公式所给出的结果。

例　若市话网中的输出信噪比大于 6dB，此电话线的信道容量为多少？

$$\because 6\text{dB}=10\lg\frac{P_{w0}}{\sigma_n^2}\Rightarrow 0.6\Rightarrow \lg\frac{P_{w0}}{\sigma_n^2}=\frac{\log_2\dfrac{P_{w0}}{\sigma_n^2}}{\log_2 10}$$

$$\therefore \log_2\frac{P_{w0}}{\sigma_n^2}=0.6\times\log_2 10\approx 1.99\quad \text{bits}$$

$$\text{Then}\quad C_T=B\log\frac{P_{w0}}{\sigma_n^2}=(3400-300)\times 1.99\approx 6000\quad \text{bits/sec}$$

在 $R\geqslant 7.2$kbit/sec 的速率下，G_3 传真机根本不可能在当时的市话网中应用。(因为 $R>C_T$)

目前我们市话网的信噪比 $\frac{P}{\sigma_n^2}\geqslant 26$dB，所以电话线上传输速率大大增强。

如果使用 ISDN 方式，线路速率可达 144kbit/sec。

此例告诉我们违反常规的工程设计，就应该在计划实施之前制止，而不是计划实施之后。所以类似信息论这样的理论工作在可行性分析中能发挥出它的巨大作用。

下面我们将应用上述概念来计算传输电视图像信号时所需的带宽。

例　电视图像可以大致认为由 300000 个小像元组成。对于一般要求的对比度，每一像元大约取 10 个可辨别的亮度电平(例如对应黑色、深灰色、浅灰色、白色等)。现假设对于任何像元，10 个亮度电平是等概率地出现的，每秒发送 30 帧图像；此外，为了满意地重现图像，要求信噪比 S/N 为 1000(即 30dB)。在这种条件下，我们来计算传输上述信号所需的带宽。

首先计算每一像元所含的信息量。因为每一像元能以等概率取 10 个亮度电平，所以每个像元的信息量为 $\log_2 10=3.32$bit。每帧图像的信息量为 $300000\times 3.32=996000$bit；又因为每秒有 30 帧，所以每秒内传送的信息量为 $996000\times 30=29.9\times 10^6$bit。显然，这就是需要传送的信息速率。为了传输这个信号，信道容量 C 至少必须等于 29.9×10^6bit/s。因为已知 $S/N=1000$，因此，将 C、S/N 代入香农公式，可得所需信道的传输带宽为

$$B=\frac{C}{\log_2(1+S/N)}\approx\frac{29.9\times 10^6}{\log_2 1000}=3.02\times 10^6(\text{Hz})$$

可见，所求带宽 B 约为 3MHz。

3.2　无线移动通信信道

直射波可以看作视距传输或者直射(自由空间模型)。自由空间表示在理想的、均匀的、各向同性的介质中传播，电波传播不发生反射、折射、绕射、散射和吸收现象，只存在电磁波能量扩散而引起的传播损耗。模型适用范围：接收机和发射机之间是完全无阻隔的视距路径 LOS。

若接收信号功率为 P_R，发射功率为 P_T，对半径 d 的球面上单位面积功率 $S=P_T/4\pi d^2$，接收电波功率密度 $S=\dfrac{P_T}{4\pi d^2}G_T(\text{W/m}^2)$，其中 G_T 是发射天线增益，各向同性天线有效接口口径(面积)$A_R=\dfrac{\lambda^2}{4\pi}$。接收天线处的功率 $P_R=\left(\dfrac{\lambda}{4\pi d}\right)^2 P_T G_T G_R(\text{W})$，其中 G_R 是接收天

线增益。上述式中 λ 为工作波长，G_T，G_R 表示发射天线和接收天线增益，d 为发射天线和接收天线之间的距离。

对于各向同性天线有效接收口径（面积），从能量的角度定义天线的有效接收面积，用以表示接收天线吸收到来电磁波的能力。定义：接收天线与某方向的来波极化一致时天线的匹配接收功率与来波能流密度之比，定义为该接收天线在这个方向上的有效接收面积 $A_e=\dfrac{P_{re}(\theta,\varphi)}{S_{CD}}$。

自由空间的直射传播损耗，自由空间的传播损耗 L 定义为

$$L=\frac{P_t}{P_r}$$

当 $G_t=G_r=1$ 时，自由空间的传播损耗可写作

$$L=\left(\frac{4\pi d}{\lambda}\right)^2$$

若以分贝表示，则有

$$L(\mathrm{dB})=32.45+20\lg f+20\lg d$$

式中，f 为工作频率，单位符号 MHz；d 为接收和发射天线之间的距离，单位符号 km。电波的自由空间传播损耗是与距离的平方成正比的。

自由空间的传播损耗只与工作频率和传播距离有关，与距离平方成正比，与频率平方成正比，频率或距离增大一倍，L 将增加 6dB。

根据自由空间传播损耗的规律，可以使用下述公式来计算传播损耗：

$$L=20\log_{10}(f)+20\log_{10}(d)-147.55$$

其中，L 为传播损耗（单位：dB），f 为工作频率（单位：赫兹），d 为传播距离（单位：米）。

根据自由空间传播损耗的特性，当工作频率为 900M（900 兆赫兹），传播距离为 1km 时，传播损耗将达到 91.53dB；当工作频率为 2G（2G 移动通信系统的频率范围），传播距离为 1km 时，传播损耗将达到 98.47dB；当工作频率为 900M（900 兆赫兹），传播距离为 10km 时，传播损耗将达到 118.47dB。

移动无线信道的衰落特性可以总结如下图 3-8。多径衰落：在数十波长范围内，接收信号场强快速变化。阴影衰落：在数百波长区间内，短区间中值出现缓慢变动特征。自由空间传播损耗：在公里范围内，长区间中值随距离变化而变化。

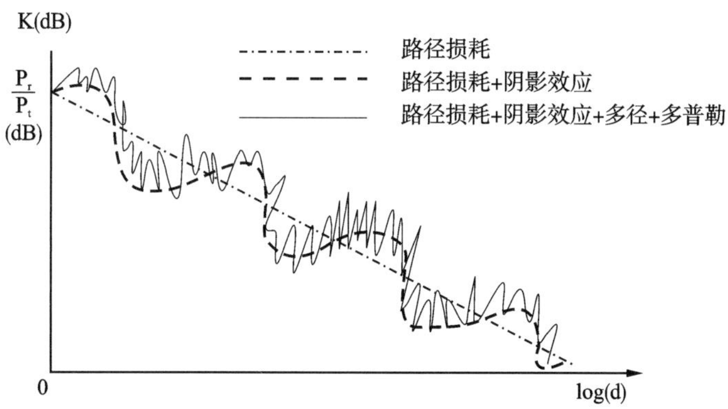

图 3-8　移动无线信道的衰落特性图

移动无线信道及其特性从简单到复杂的模型如图 3-9 所示：

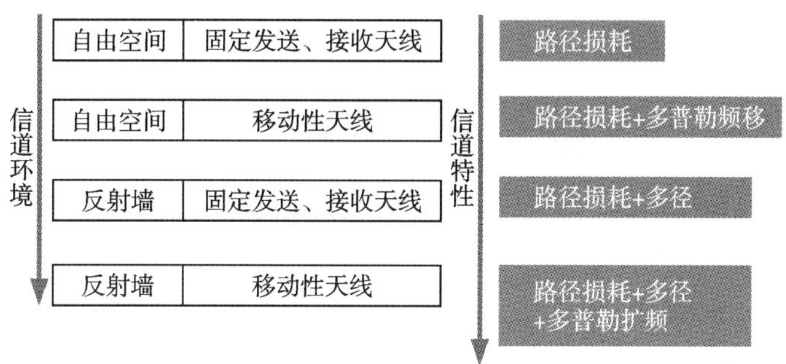

图 3-9　移动无线信道及其特性模型

大尺度衰落主要与小区划分等问题相关。小尺度衰落与通信系统的可靠性和有效性设计更相关，因此也更受关注。

直射场景如图 3-10 所示，$E_r(f,t,u)=\dfrac{\alpha(\theta,\psi,f)\cos 2\pi f(t-r/c)}{r}$，$u=(\theta,\psi,f)$，位置：水平和垂直角度。

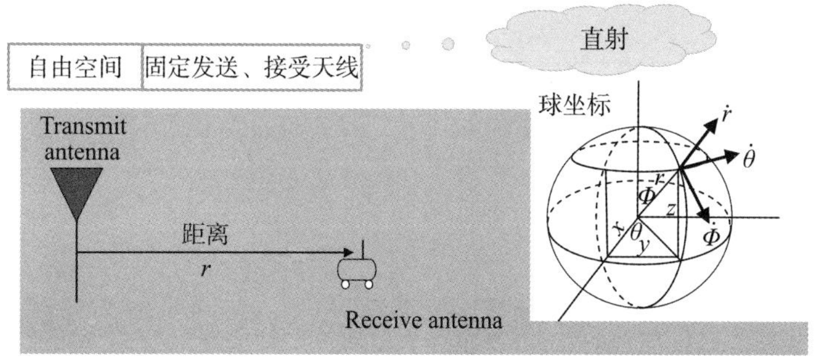

图 3-10　直射

Er 为电场强度，$\alpha(\theta,\psi,f)$表示在方向和频率 f 上的辐射特征，$\cos 2\pi f(t-r/c)$为发射信号，其中 r 为时延；$E_r(f,t,u)=\dfrac{\alpha(\theta,\psi,f)\cos 2\pi f(t-r/c)}{r}$式子中，分母部分 r 为路径损耗。

电场强度随 r^{-1} 减少，功率随 r^{-2} 减少。

直射加移动场景如图 3-11 所示，

$$
\begin{aligned}
E_r(f,t,(r_0+vt,\theta,\psi)) &= \frac{\alpha_s(\theta,\psi,f)\cos 2\pi f(t-r_0/c-vt/c)}{r_0+vt} \\
&= \frac{\alpha(\theta,\psi,f)\cos 2\pi f[(1-v/c)t-r_0/c]}{r_0+vt}
\end{aligned}
$$

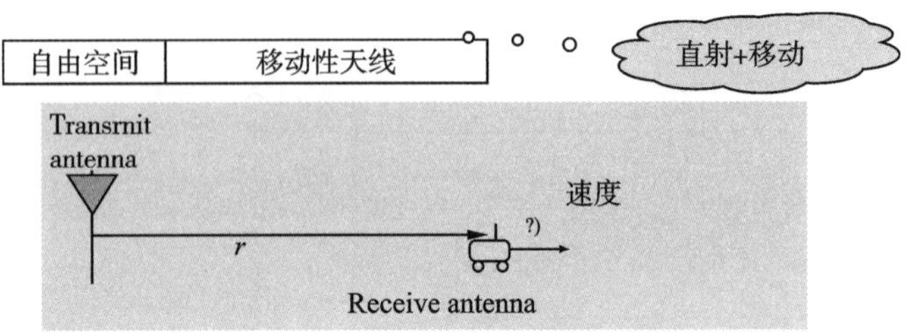

图 3-11　直射＋移动

其中(r_0+vt,θ,ψ)为位置，$(1-v/c)$为多普勒频移，r_0+vt 为路径损耗。

直射加反射场景如图 3-12 所示，$E_r(f,t)=\dfrac{\alpha\cos 2\pi f(t-r/c)}{r}-\dfrac{\alpha\cos 2\pi f(t-(2d-r)/c)}{2d-r}$，

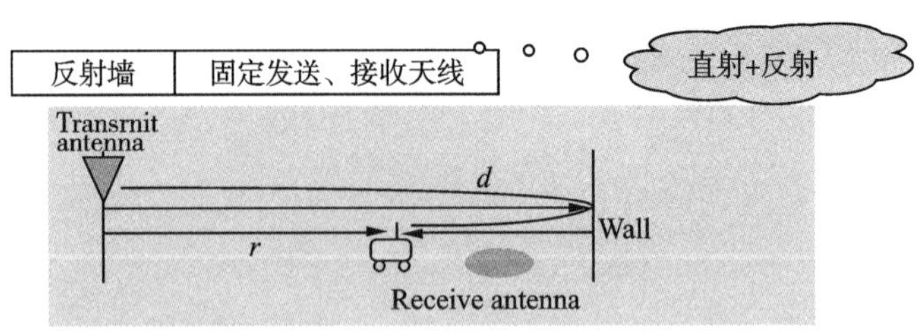

图 3-12　直射＋反射

两项中间“－”表示多径即反射路径的影响，$2d-r$ 为路径损耗

波的相位差 $\Delta\theta=\left(\dfrac{2\pi f(2d-r)}{c}+\pi\right)-\left(\dfrac{2\pi fr}{c}\right)=\dfrac{4\pi f}{c}(d-r)+\pi$

波峰波谷的距离相关距离 $\Delta x_c=\dfrac{\lambda}{4}$　$c=\lambda f$

时延扩展 $T_d=\dfrac{2d-r}{c}-\dfrac{r}{c}$，也称时延差

相关带宽 $1/T_d$

$$f(t-r_0/c-vt/c)=f(1-v/c)t-fr_0/c$$

直射加反射加移动的场景如图 3-13 所示，

$$E_r(f,t)=\frac{\alpha\cos2\pi f[(1-v/c)t-r_0/c)]}{r_0+vt}-\frac{\alpha\cos2\pi f[(1+v/c)t+(r_0-2d)/c]}{2d-r_0-vt}$$

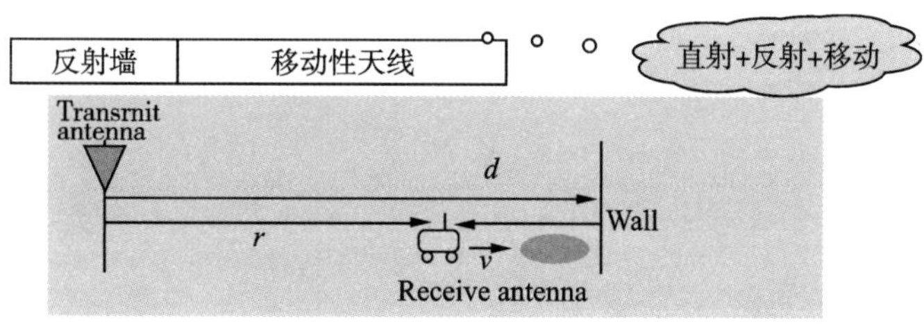

图 3-13　直射＋反射＋移动

两项中间“－”表示多径即反射路径的影响，$2d-r_0-vt$ 为路径损耗。

$$r(t)=r_0+vt$$

多普勒频移 1

$$D_1:=-fv/c$$

多普勒频移 2

$$D_2:=+fv/c$$

多普勒频谱扩展

$$D_3:=D_2-D_1$$

多普勒绕射：当直射路径上存在各种障碍物，围绕阻挡体也产生波的弯曲，无线电信号可以传播到阻挡物后面。

惠更斯－菲涅尔原理：波在传播过程中，行进中的波前（面）上的每一点，都可作为产生次级波的点源，这些次级波组合起来形成传播方向上新的波前（面）。

绕射由次级波的传播进入阴影区而形成。阴影区绕射波场强为围绕阻挡物所有次级波的矢量和。在 P 点处的次级波前中，只有夹角为 θ 的次级波前能到达接收点 R，每个点均有其对应的 θ 角，θ 的变化决定了到达 R 辐射能量的大小，若经由 P 点的间接路径比经由 P 点的直接路径 d 长 $\lambda/2$，信号抵消。菲涅尔区如图 3-14 所示。

从发射点到接收点次级波路径长度比总的视距路径长度大 $n\lambda/2$ 的连续区域，接收点信号的合成时，n 为奇数时，两信号抵消，n 为偶数时，两信号叠加，菲涅尔区同心半径为

$$r_n=\sqrt{\frac{n\lambda d_1d_2}{d_1+d_2}}$$

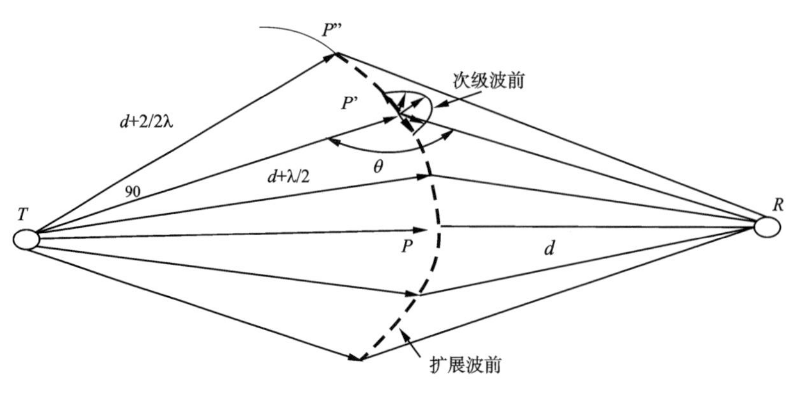

图 3-14　菲涅尔区图

第一菲涅尔区(r_1)，在接收点处第一菲涅尔区的场强是全部场强的一半，r_1 是第一菲涅尔区在 P 点横截面的半径。

绕射损耗，在实际情况下，电波的直射路径上存在各种障碍物，由障碍物引起的附加损耗可用菲涅尔余隙 x 测量，障碍物顶点到直射线的距离，规定阻挡时余隙为负，无阻挡时余隙为正。

$x/r_1>0.5$ 时，附加损耗为 0dB；$X<0$ 时，损耗急剧增加；$X=0$ 时，TR 射线从障碍物顶点擦过，损耗为 6dB；在选择天线高度时，根据地形尽可能使服务区内各处的菲涅尔区余隙 $x/r_1>0.5$ 如图 3-15 所示。

$$r_1=\sqrt{\frac{\lambda d_1 d_2}{d_1+d_2}}=12.9\text{m}$$

例　设如图 3-15 所示的传播路径中，菲涅尔余隙 $x=-25\text{m}$，$d_1=0.5\text{km}$，$d_2=1\text{km}$，

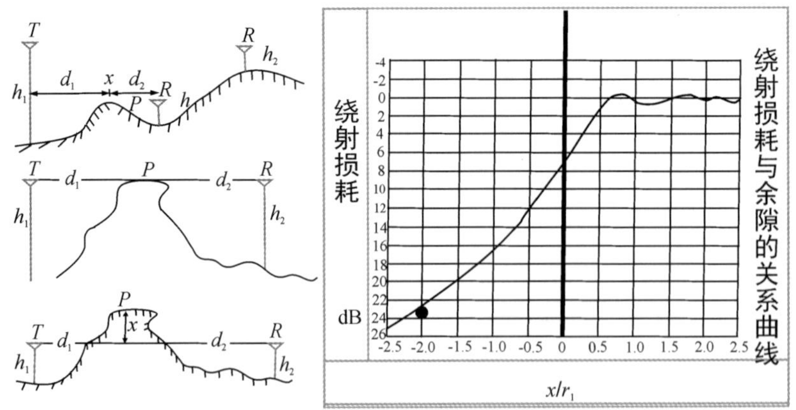

图 3-15　绕射损耗与余隙的关系曲线图

工作频率为900MHz。试求出电波传播损耗。

解　　$[L]_{dB}=32.45+20\log f(\text{MHz})+20\log d(\text{km})$

先求出自由空间传播损耗 $[L]_1=32.45+20\log900+20\log(1.5)=95.1\text{dB}$

第一菲涅耳区半径为 $r_1=\sqrt{\dfrac{\lambda d_1 d_2}{d_1+d_2}}=12.9\text{m}$，由上页图查附加绕射损耗($x/r_1=-2$)为23dB，所以电波传播损耗 $[L]=L_1+23\text{dB}=118.1\text{dB}$。

散射，产生于粗糙表面、小物体或其他不规则物体，如树叶、灯柱等。反射一般产生于光滑表面。表面光滑度的判定，表面平整度的参数高度 $h_c=\dfrac{\lambda}{8\sin\theta_i}$，其中 θ 为入射角。平面上最大的突起高度当 $h<h_c$ 时，表面光滑；当 $h>h_c$ 时，表面粗糙。散射损耗系数 $\rho_s=\exp\left[-8\left(\dfrac{\pi\sigma_h\sin\theta_i}{\lambda}\right)^2\right]$，$h$ 为表面高度的标准差，反射系数 $R=R\rho_s$。

3.3　阴影衰落传播的基本特性

阴影衰落是长期衰落(大尺度衰落)，是移动无线通信信道传播环境中的地形起伏、建筑物及其他障碍物对电波传播路径的阻挡而形成的电磁场阴影效应。

阴影衰落的信号电平起伏是相对缓慢的，又称为慢衰落，其特点是衰落与无线电传播地形和地物的分布、高度有关，图3-16表示了阴影衰落。

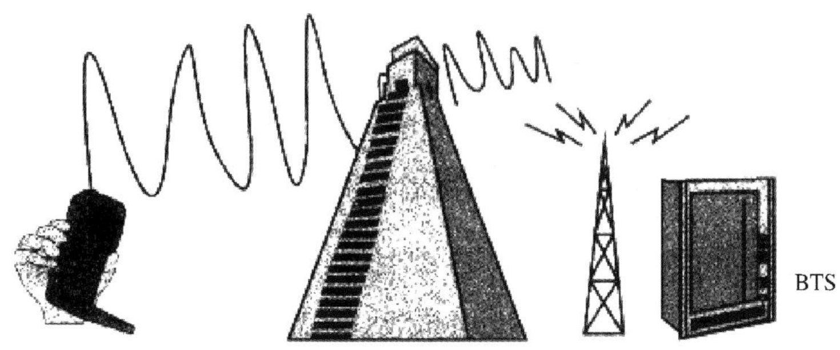

图3-16　阴影衰落

阴影衰落一般表示为电波传播距离 r 的 m 次幂与表示阴影损耗的正态对数分量的乘积。移动用户和基站之间的距离为 r 时，传播路径损耗和阴影衰落可以表示为

$$l(r,\zeta)=r^{m}\times 10^{\zeta/10}$$

式中,ζ 是由于阴影产生的对数损耗(单位符号:dB),服从零平均和标准偏差 σdB 的对数正态分布。当用 dB 表示时,上式变为

$$10\lg l(r,\zeta)=10m\lg r+\zeta$$

阴影衰落的特点属于大尺度衰落,衰落的信号电平起伏是相对缓慢的,衰落与无线电传播地形和地物的分布、高度有关。

3.4 多径衰落的基本特性

移动无线信道是弥散信道。电波通过移动无线信道后,信号在时域上或在频域上都会产生弥散,本来分开的波形在时间上或在频谱上会产生交叠,使信号产生衰落失真。

(1)多径效应在时域上引起信号的时延扩展,使得接收信号的信号分量展宽,相应地在频域上规定了相关带宽性能。当信号带宽大于相关带宽时就会发生频率选择性衰落。

(2)多普勒效应在频域上引起频谱扩展,使得接收信号产生多普勒频展,相应地在时域上规定了相关时间。多普勒效应产生的衰落是时间选择性衰落。

在多径传播信道中,假设:①有 N 个多径信道,它们彼此相互独立且没有一个信道的信号占支配地位;没有直射波信号,仅有许多反射波信号,接收到的信号包络的衰落变化服从瑞利分布。②但是,当接收到较强的直射波信号且它占有支配地位时,接收信号包络的衰落变化服从莱斯(Rician)分布。在多径移动信道中,多径效应引起时间上的时延扩展,多普勒效应引起多普勒频展。

3.4.1 反射与多径信号

1. 反射

入射波与反射波的比值称为反射系数(R)。图 3-17 表示出了电波的反射。

$$R=\frac{\sin\theta-z}{\sin\theta+z}$$

式中 $z=\frac{\sqrt{\varepsilon_0-\cos^2\theta}}{\varepsilon_0}$(垂直极化),$z=\varepsilon_0-\cos^2\theta$(水平极化),而 $\varepsilon_0=\varepsilon-j60\sigma\lambda$。

其中，ε 为介电常数；σ 为电导率；λ 为波长。

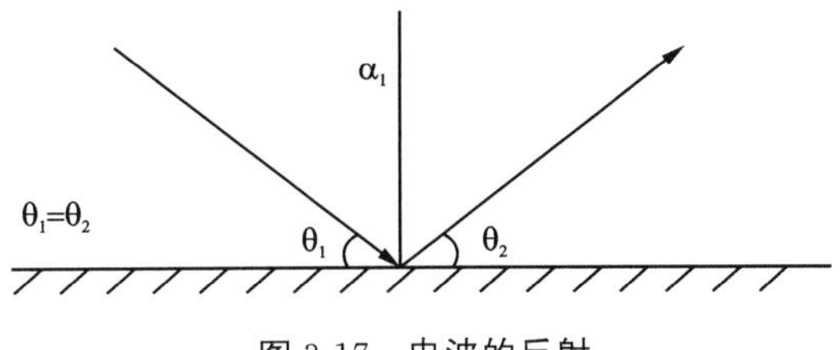

图 3-17　电波的反射

对于地面反射，当工作频率高于 150MHz($\lambda<2$m)时，可以算出 R_v(垂直极化反射系数)$=R_h$(水平极化反射系数)$=-1$。

2. 两径传播模型

图 3-18 表示有一条直射波和一条反射波路径的两径传播模型。

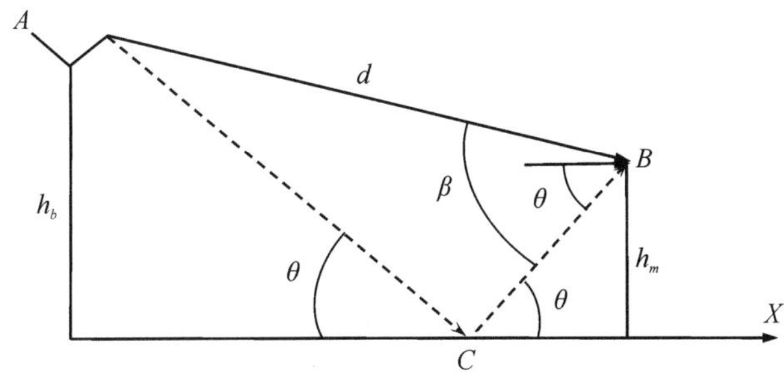

图 3-18　两径传播模型

图 3-18 中，A 表示发射天线；B 表示接收天线；h_b 和 h_m 分别表示发射天线和接收天线离地面的高度；AB 表示直射波路径；ACB 表示反射波路径。在接收天线 B 处的接收信号功率表示为

$$P_r=P_t\left[\frac{\lambda}{4\pi d}\right]^2 G_r G_t\left|1+R\mathrm{e}^{\Delta\varphi}+(1-R)A\mathrm{e}^{\Delta\varphi}+\cdots\right|^2$$

式中，在绝对值符号内，第一项代表直射波；第二项代表地面反射波；第三项代表地表面波；省略号代表感应场和地面二次效应。在大多数场合，地表面波的影响可以忽略，则上式可以简化为

$$P_r=P_t\left[\frac{\lambda}{4\pi d}\right]^2 G_r G_t\left|1+R\mathrm{e}^{\Delta\varphi}\right|^2$$

式中，P_r 和 P_t 分别为接收功率和发射功率；G_t 和 G_r 分别为基站和移动台的天线增益；R 为地面反射系数，可由式求出；D 为收发天线距离；λ 为波长；$\Delta\varphi$ 为两条路径的相位差，

$$\Delta\varphi=\frac{2\pi\Delta l}{\lambda}$$

$$\Delta l=(AC+CB)-AB$$

考虑 N 个路径时，接收信号功率

$$P_r=P_t\left[\frac{\lambda}{4\pi d}\right]^2 G_r G_t\left|1+\sum_{i=1}^{N-1}R_i e^{j\Delta\varphi_i}\right|^2$$

当多径数目很大时，就无法用式准确计算出接收信号的功率，而必须用统计的方法计算。

移动通信中的多普勒效应。多普勒效应是由于接收的移动信号高速运动而引起传播频率扩散，而其扩散程度与用户运动速度成正比。多普勒效应由于传输过程中移动台和发射台(基站)之间存在相对运动，每一个多径波都经历了明显的频移过程，移动引起的接收机信号频移称为多普勒频移。

多普勒效应的一些规律，多普勒效应是指随着移动物体与基站距离的远近，合成频率会在中心频率上下偏移的现象：(1)当移动物体和基站越来越近时，频率增加，波长变短，频偏减小，频偏的变化增大；(2)当移动物体和基站越来越远时，频率降低，波长变长，频偏增大，频偏的变化减小；高速移动的用户频繁改变与基站之间的距离，频移现象非常严重，运动速度越快影响越大。

多普勒效应在移动通信中的影响，多普勒效应显著，进而影响无线通信质量(载干比)主要是与频偏的变化程度呈非线性关系，也就是说频偏的变化越大对无线质量的影响越大，所以当列车高速通过基站的过程中，经过与基站垂直距离最近的点时多普勒效应最显著。多普勒效应广泛存在，普通低速度情况下效应不明显，但当列车速度超过 200km/s 的临界速度时，多普勒效应愈显突出。高速运行状态下用户通话时会产生一定的频移，使相同信号强度情况下用户通话质量恶化(Rxquality 下降)从而引发话音断续、掉话等。

多普勒频移，发射机与接收机之间存在相对运动，路程差造成的接收信号相位变化，使接收机接收到的信号频率与发射机发出的信号频率之间产生一个差值。

由路程差造成的接收信号相位变化值为

$$\Delta\varphi=\frac{2\pi f\Delta l}{c}=\frac{2\pi\Delta l}{\lambda}=\frac{2\pi v\Delta t}{\lambda}\cos\theta$$

由此可得频率变化值，即多普勒频移 f_d 为

$$f_d=\frac{1}{2\pi}\cdot\frac{\Delta\varphi}{\Delta t}=\frac{v}{\lambda}\cdot\cos\theta$$

最大多普勒(Doppler)频移

$$f_m=\frac{v}{\lambda}$$

多普勒频移 f_d 与移动台运动方向、速度以及无线电波入射方向之间的夹角有关。若移动台朝向入射波方向运动，则多普勒频移为正(接收信号频率上升)。反之，若移动台背向入射波方向运动，多普勒频移为负(接收信号频率下降)。信号经过不同方向传播，其多径分量造成接收机信号的多普勒扩散，因而增加了信号带宽。

解决多普勒频移的一般方法：低频段的GSM系统：可以增加保护带宽，克服多普勒频移引起的误码率问题。优点是实现简单，而且不增加传输时间，但是频谱的利用率低，而且在频分多路数较大时多个滤波器的实现使系统复杂化。高频段的3G系统：一般解决方法是在接收端估计出频偏值，再用均衡或同步的方法进行补偿。但是在多普勒扩展(同时存在多个频偏)的情况下不能达到很好的效果。所以目前的通用解决办法是分集复用技术，相同的合并和不同的复用。

当移动体在 x 轴上以速度 v 移动时引起多普勒(Doppler)频率漂移。用一个平面波表示稳定扩散事件，假定平面是平面场，此时，多普勒效应引起的多普勒频移可表示为

$$f_d=\frac{v}{\lambda}\cos\alpha$$

式中，v 为移动速度；λ 为波长；α 为入射波与移动台移动方向之间的夹角；$\frac{v}{\lambda}=f_m$ 为最大多普勒频移。

当第 n 个入射波的入射角是 α_n 时，

$$w_n=\beta v\cos\alpha_n=2\pi\frac{v}{\lambda}\cos\alpha_n$$

设发射信号是垂直极化，并且只考虑垂直波时，场强

$$E_z=E_0\sum_{n=1}^{N}C_n\cos(\omega_c t+\theta_n)$$

式中，ω_c 为载波频率；$E_0\cdot C_n$ 为第 n 个入射波(实部)幅度；$\theta_n=\omega_n t+\varphi_n$，其中 ω_n 为多普勒频率漂移，φ_n 为随机相位(0～2π均匀分布)。

根据中心极限理论，当 N 很大时，近似为高斯随机过程，E_z 可以表示为

$$E_z=T_c(t)\cos\omega_c t-T_s(t)\sin\omega_c t$$

式中

$$T_c(t)=E_0\sum_{n=1}^{N}C_n\cos(\omega_n t+\varphi_n)$$

$$T_s(t)=E_0\sum_{n=1}^{N}C_n\sin(\omega_n t+\varphi_n)$$

且 $T_c(t)$、$T_s(t)$ 是高斯随机过程，T_c、T_s 为随机变量。对应固定时间 t，T_c、T_s 有零

平均和等方差

$$\langle T_c^2\rangle=\langle T_s^2\rangle=\frac{E_s^2}{2}\langle|E_z|^2\rangle$$

其中$\langle|E_z|^2\rangle$是关于α_n、φ_n的总体平均，C_n、T_s、T_c是不相关的，$\langle T_s\cdot T_c\rangle=0$。

一个单频信号通过移动无线信道后，衰落信号的包络发生随机变化，其相位也会发生随机变化。

移动台的运动造成接收信号产生多普勒频移。在多径传播环境中，对于接收机来说，有不同时延的反射路径。例如时延τ和时延$\tau+\Delta\tau$的两条路径会有相同的入射角，它们之间不仅相互产生时延扩展，而且产生相同的多普勒频移。多普勒效应的结果是通过移动无线信道后单频信号的频谱扩展为$f_c\pm f_d$，相当于单频信号通过移动多径无线信道后成为随机调频信号(即相位发生随机变化)。如果接收到多条有不同入射角的多径信号，多普勒频移成为多普勒扩展频谱，称作多径衰落信号的随机调频。

令多普勒频移宽度为f_m，其相关时间$T_{dc}=\dfrac{1}{f_m}$，它表征时变信道影响信号衰落的衰落节拍，信道随着这个时间节拍在时域上对信号有不同的选择性。我们把这种衰落称为时间选择性衰落，这种衰落对数字信号的误码性能有明显的影响。

3.4.2　描述多径信道的主要参数

由于多径环境和移动台运动等因素，移动信道对传输信号在时间、频率和角度上造成了色散，通常用功率在时间、频率及角度上的分布来描述这种色散如图 3-19 所示。

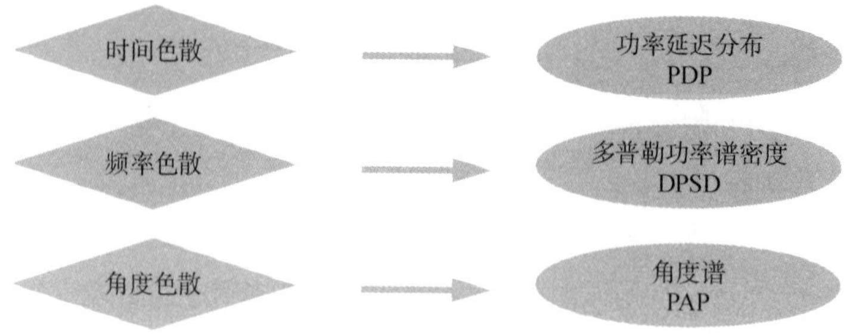

图 3-19　多径信道的主要参数

1. 时间色散

时间色散由多径传播引起，发射端发送一个窄脉冲时，由于多径传播，发射信号沿各个路径到达接收天线的时间不一样，接收信号由多个时延信号叠加，产生时延扩展如图 3-20 所示。

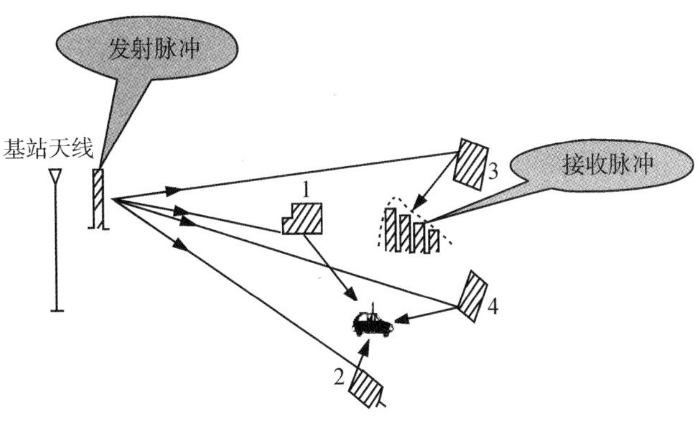

图 3-20　时间色散

描述时间色散的重要参数：平均时延 $\bar{\tau}$，r_{ms} 时延扩展 σ_τ，最大时延扩展(x dB)。

功率延迟分布(PDP，powerdelayprofile)，由不同时延的信号分量具有的平均功率所构成，在市区环境中近似为指数分布 $P(\tau)=\frac{1}{T}e^{\frac{-\tau}{T}}$ T 是常数，为多径时延的平均值如图 3-21 所示。

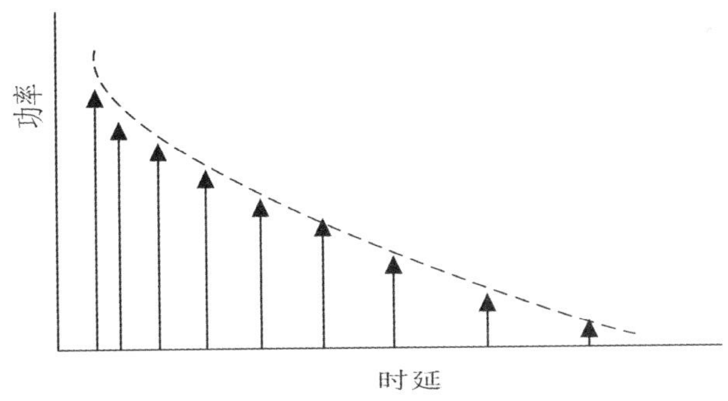

图 3-21　时延功率关系

平均时延(一阶矩)，a_k 幅度，平方为功率，τ_k 时间，$\bar{\tau}=\frac{\sum_k a_k^2\tau_k}{\sum_k a_k^2}=\frac{\sum_k P(\tau_k)\tau_k}{\sum_k P(\tau_k)}$。

r_{ms} 时延扩展，均方根，散布程度

$$\sigma^2=\sqrt{E(\tau^2)}-(\bar{\tau})^2$$

$$E(\tau^2)=\frac{\sum\limits_k a_k^2\tau_k}{\sum\limits_k a_k^2}=\frac{\sum\limits_k P(\tau_k)\tau_k}{\sum\limits_k P(\tau_k)}$$

其中归一化的最大延时扩展 T_m，归一化平均延时 $\bar{\tau}$，归一化 rms 时延扩展 σ_t。

最大附加时延扩展（X dB），多径能量从初值衰落到低于最大能量（X dB）处的时延，即定义了高于某特定门限的多径分量的时间范围。考虑一个问题，信号中不同频率分量通过多径衰落信道后所受到的衰落是否相同？

相关带宽指一特定频率范围，在该范围内，两个频率分量有很强的幅度相关性，即所有频率分量几乎具有相同的增益及线性相位。从时延扩展角度说明相关带宽：两径情况和多径情况。

在多径传播条件下，接收信号会产生时延扩展。发送端发送一个窄脉冲信号，其通过多条长度不同的传播路径。而传播路径又随移动台的变化而变化，所以发射信号沿各个路径到达接收天线的时间就不一样。这样，接收到的信号由许多不同时延的脉冲组成，各脉冲可能是离散的，也可能是连成一片的。

时延扩展定义为最大传输时延和最小传输时延的差值，即最后一个可分辨的时延信号与第一个时延信号到达时间的差值，实际上就是脉冲展宽的时间。图 3-22 示出了典型的对最强路径信号功率的归一化时延谱。图中，描述多径时延谱的参数有：

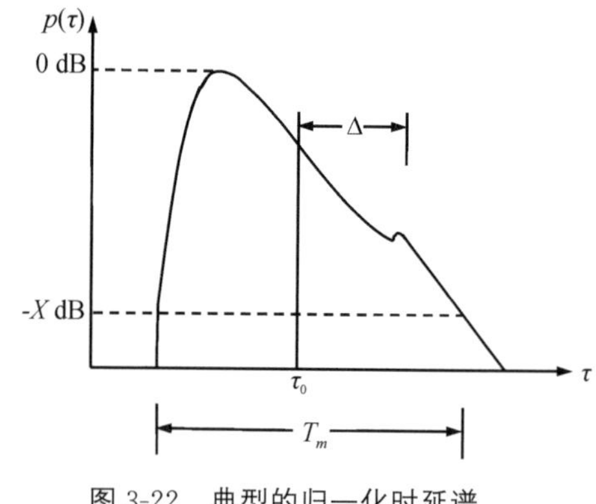

图 3-22　典型的归一化时延谱

（1）$p(\tau)$ 为归一化时延信号的包络，近似为指数曲线。

$$p(\tau)=\frac{1}{\Delta}\mathrm{e}^{-\frac{\tau}{\Delta}}\quad \tau\geqslant 0$$

（2）T_m 为最大时延扩展，归一化时延信号包络 $p(\tau)=-X$ dB 时所对应的时延差值。

（3）τ_a 为归一化时延谱曲线的数学期望（平均延时）。

$$\tau_a=\int_0^\infty \tau p(\tau)\mathrm{d}\tau$$

（4）Δ 为归一化时延谱曲线的均方值时延扩展。

$$\Delta^2=\int_0^\infty (\tau-\tau_a)^2 p(\tau)\mathrm{d}\tau$$

均方值时延扩展 Δ 是对多径信道时延特性的统计描述，其含义表示时延谱扩展的程度。Δ值越小时，时延扩展就越轻微；反之，时延扩展就越严重，表征时延扩展对平均延时 τ_a 的偏离程度如图 3-22 所示。

在数字传输中，由于时延扩展，接收信号中一个码元的波形会扩展到其他码元周期中，引起码间串扰。为了避免码间串扰，应使码元周期大于多径引起的时延扩展。不同环境下，平均时延扩展是不一样的。

2. 频率色散

与时延扩展有关的另一个重要概念是相关带宽。

当信号通过移动信道时会引起多径衰落，因而我们自然会考虑，信号中不同频率分量通过多径衰落信道后所受到的衰落是否相同。首先考虑图 3-23 所示的两条路径信道模型情况。

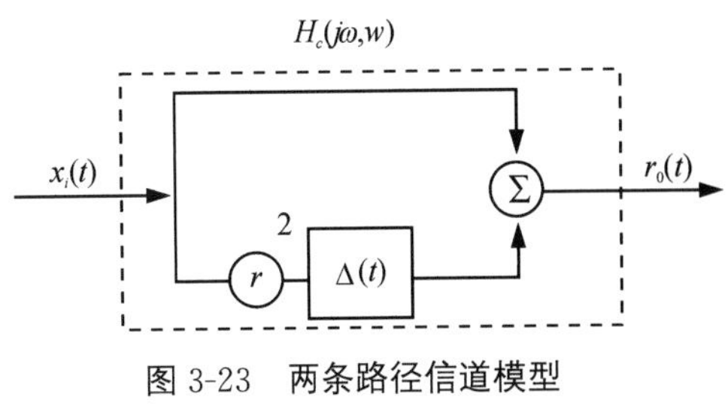

图 3-23　两条路径信道模型

第一条路径信号为 $S_i(t)$，第二条路径信号为 $rS_i(t)e^{j\omega\Delta(t)}$，其中 r 为比例常数。接收信号为：

$$S_o(t)=S_i(t)(1+re^{j\omega\Delta(t)})$$

两路径信道的等效网络传递函数为

$$H_c(j\omega,t)=\frac{S_o(t)}{S_i(t)}=1+re^{j\omega\Delta(t)}$$

信道的幅频特性

$$A(\omega,t)=|1+r\cos\omega\Delta(t)+jr\sin\omega\Delta(t)|$$

所以，当(n 为整数)时，两条路径信号同相叠加，信号出现峰点。而当 $\omega\Delta(t)=(2n+1)\pi$ 时，两条路径信号反相相减，信号出现谷点。幅频特性如 3-24 所示。

由图 3-24 可见，相邻两个谷点的相位差 $\Delta\varphi=\Delta\omega\times\Delta(t)=2\pi$，则 $\Delta\omega=\dfrac{2\pi}{\Delta(t)}$ 或 $B_c=\dfrac{\Delta\omega}{2\pi}=\dfrac{1}{\Delta(t)}$，即两相邻场强为最小值的频率间隔是与多径时延 $\Delta(t)$ 成反比的。实际上，移动信道中的传播路径通常是多条的，且由于移动台处于运动状态，因而相对时延差 $\Delta(t)$ 也是随时间而变化的。

多径情况，两径时延 $\Delta(t)$ 转变为 rms 时延扩展 $\sigma_\tau(t)$；$\sigma_\tau(t)$ 是随时间变化的；合成信号振幅的谷点和峰点的位置也随时间变化，很难准确分析，可利用 $J_0(x)$ 如下式

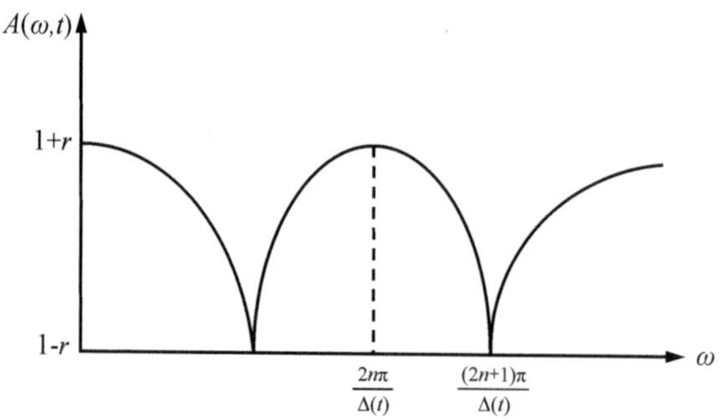

图 3-24　通过两条路径信道的接收信号幅频特性

$$J_0(x)=\frac{1}{\pi}\int_0^{\pi}e^{jx\cos\theta}\mathrm{d}\theta, J_0(x) \text{ 零阶贝塞尔函数}$$

通常考虑信号包络的相关性来确定相关带宽，根据包络的相关系数

$$\rho_r(\Delta f,\tau)\approx\frac{J_0^2(2\pi f_m\tau)}{1+(2\pi\Delta f)^2\sigma_\tau^2}$$

令 $\rho_r(\Delta f)=0.5$ 来测度相关带宽，得 $B_c=\dfrac{1}{2\pi\sigma_\tau}$。

在移动无线信道中存在两类扩展：多径效应在时间域产生 τ 时延；多普勒效应在频率域产生多普勒频移 f_m 如图 3-25 所示。用数学模型推导时延扩展和多普勒频移与相关带宽的关系，得到包络的相关系数为

$$\rho_e(s,\tau)=\zeta^2=\frac{J_0^2(\omega_m\tau)}{1+s^2\Delta^2}$$

式中，$J_0(\cdot)$表示零阶贝塞尔函数；s 表示两个频率的间隔；Δ 为时延扩展。

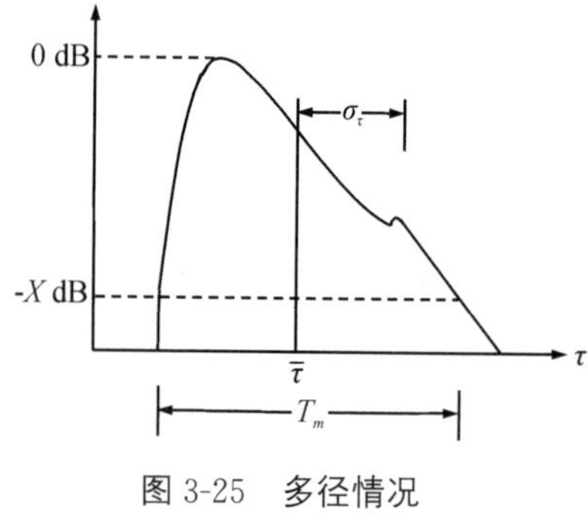

图 3-25　多径情况

从式中可见，当频率间隔增加时，包络的相关性降低。通常，根据包络的相关系数 $\rho_e(s,\tau)=0.5$ 来测度相关带宽。例如，令 $\tau=0, s\Delta=1$，得到 $\rho_e(s,\tau)=0.5$，相关带宽

$$\Delta f=\frac{1}{2\pi\Delta}$$

根据衰落与频率的关系可将衰落分为两种，一种是频率选择性衰落；另一种是非频率选择性衰落（又称为平坦衰落）。频率选择性衰落是指传输信道对信号不同的频率成分有不同的随机响应，信号中不同频率分量衰落不一致，引起信号波形失真。非频率选择性衰落是指信号经过传输信道后，各频率分量的衰落是相关的具有一致性，衰落波形不失真。

是否发生频率选择性衰落或非频率选择性衰落要由信道和信号两方面来决定。对于移动信道来说，存在一个固有的相关带宽，当信号的带宽小于相关带宽时，发生非频率选择性衰落；当信号的带宽大于相关带宽时，发生频率选择性衰落。对于数字移动通信来说，当码元速率较低信号带宽远小于信道相关带宽时，信号通过信道传输后各频率分量的变化具有一致性，衰落为非频率选择性衰落，信号的波形不失真；反之，当码元速率较高信号带宽大于信道相关带宽时，信号通过信道传输后各频率分量的变化是不一致性的，衰落为频率选择性衰落，引起波形失真造成码间干扰。

如表 3-1 分类根据频率与衰落关系分类，频率选择性衰落传输信道对信号不同的频率成分有不同的随机响应，信号中不同频率分量衰落不一致。非频率选择性衰落（平坦衰落）信号经过信道后，各频率分量衰落是相关的，具有一致性。

表 3-1　频率与衰落的关系分类表

	不同频率分量的衰落	信号波形
频率选择性衰落	不一致	失真
非频率选择性衰落 （平坦衰落）	相关的 一致的	不失真

判定方法，由信道和信号特性两方面决定，对于移动信道，存在一个固有的相关带宽如图 3-26 所示。

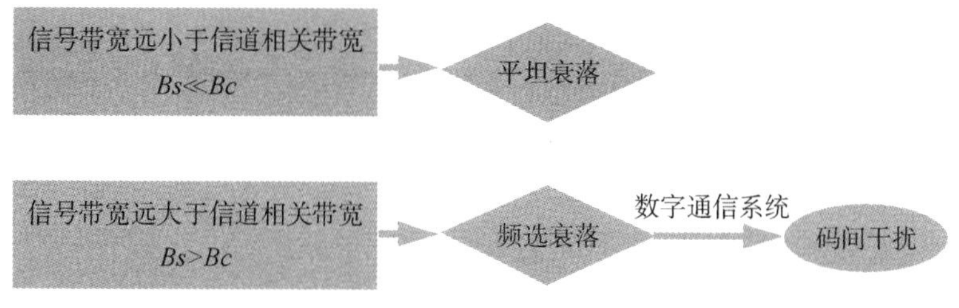

图 3-26　判断衰落类型

当信号带宽远小于信道相关带宽 $Bs \ll Bc$ 时，为平坦衰落；

当信号带宽大于信道相关带宽（$Bs > Bc$）时，经过频选衰落、数字通信系统的码间干扰；

相关带宽表征的是衰落信号中两个频率分量基本相关的频率间隔实际上是对移动信道传输具有一定带宽信号能力的统计度量；

当信号带宽远小于信道相关带宽 $Bs \ll Bc$ 时，为平坦衰落。

例　计算图 3-27 所给出的多径分布的平均附加时延、rms 时延扩展。设信道相关带宽取 50%，则该系统在不使用均衡器的条件下对 AMPS 或 GSM 业务是否合适？

解　所给信号的平均附加时延为

$$\bar{\tau}=\frac{\sum_{k=0}^{5}P(\tau_k)\times\tau_k}{\sum_{k=0}^{5}P(\tau_k)}=\frac{0.01\times0+0.1\times1+0.1\times2+1\times5}{0.01+0.1+0.1+1}=4.38\mu s$$

rms 均方根时延扩展

$$\sigma_\tau=\sqrt{E(\tau^2)-(\bar{\tau})^2}=\sqrt{21.07-(4.38)^2}=1.37\mu s$$

$$E(\tau^2)=\left(\sum_k P(\tau_k)\tau_k^2\right)/\left(\sum_k P(\tau_k)\right)=21.07\mu s$$

相关带宽 $B_c=\dfrac{1}{2\pi\sigma_\tau}=116\text{KHz}$。

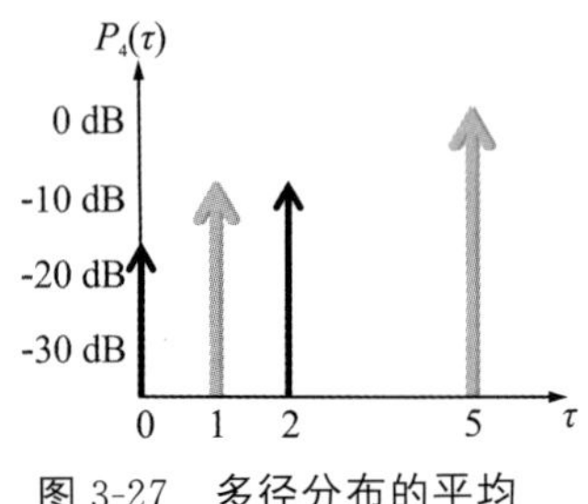

图 3-27　多径分布的平均附加时延

AMPS 系统信号带宽是 30KHZ，不需要均衡。GSM 系数带宽 200KHZ，需均衡频率色散物体移动播引起。用多普勒扩展来描述的，而相关时间是与多普勒扩展相对应的参数，描述信道时变特性。多普勒扩展(功率谱)，接收信号的功率谱扩展，典型多普勒扩展(适用于室外传播信道)

$$S(f)=\frac{P_{av}}{\pi\sqrt{f_m^2-(f-f_c)^2}}\quad |f-f_c|<f_m$$

其中 P_{av} 表示所有到达电波的平均功率

由图 3-28 可见，由于多普勒效应，接收信号的功率谱展宽到 f_c-f_m 和 f_c+f_m 范围，多普勒扩展 $B_D=2f_m$ 是功率谱展宽的测量值。

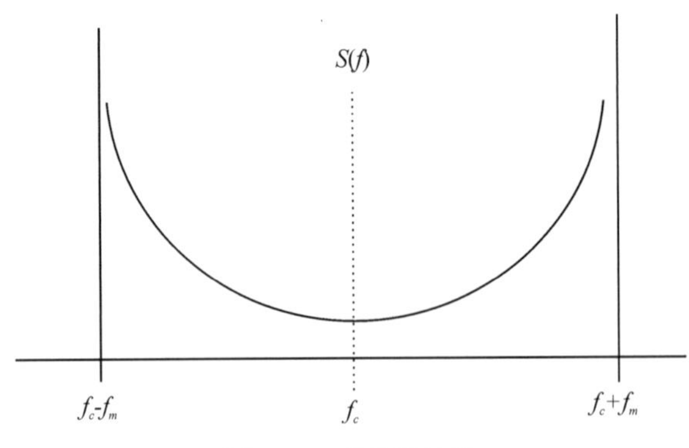

图 3-28　多普勒扩展

频率色散，就是发出的信号因传输时引起的时延，造成各频点幅度值的衰落。时间色散，是指到达接收机的直射信号和其他多径信号由于空间传输的时间差异而带来的彼此干扰问题。假若发射机发送了一个“1”，由于多径效应，接收机先收到“1”这个数据，又收到“0”这个数据，接收机困惑了，不知道究竟是“0”还是“1”了。

信号与移动台之间的夹角 a，$f_D=f_m\cos\alpha$，$f_m=\frac{v}{\lambda}$，α 服从 0－2π 的均匀分布，由于多径来自各个方向，则角度 α 到 $\alpha+\mathrm{d}\alpha$ 之间到达电波功率为$\frac{P_{av}}{2\pi}\times|\mathrm{d}\alpha|$，来自角度 α 和 $-\alpha$ 的电波引起相同的多普勒频移，信号频率为 $f=f_c+f_D=f_c+f_m\cos\alpha\Rightarrow\cos\alpha=\frac{f-f_c}{f_m}$，$\frac{\mathrm{d}f}{\mathrm{d}\alpha}=-f_m\sin\alpha$。则角度 α 到 $\alpha+\mathrm{d}\alpha$ 时。信号的频率从 f 变化到 $f+\mathrm{d}f$，解冻后信号功率为

$$S_{PSD}|\mathrm{d}f|=2\times\frac{P_{av}}{2\pi}\times|\mathrm{d}\alpha|\Rightarrow S_{PSD}=\frac{P_{av}}{\pi}\times\frac{|\mathrm{d}\alpha|}{|\mathrm{d}f|}$$

$$S_{PSD}(f)=\frac{P_{av}}{\pi f_m\sqrt{1-(\frac{f-f_c}{f_m})^2}}=\frac{P_{av}}{\pi\sqrt{f_m^2-(f-f_c)^2}},|f-f_c|<f_m$$

其中，P_{av} 是所有到达电波的平均功率，$S_{PSD}|\mathrm{d}f|$多普勒扩展 $B_D=2f_m$ 是功率谱展宽的测量值。

如图 3-29，移动引起信道时变性，

$$E_r(f,t)=\frac{\alpha\cos2\pi f[(1-v/c)t-r_0/c]}{r_0+vt}-\frac{\alpha\cos2\pi f[(1+v/c)t+(r_0-2d)/c]}{2d-r_0-vt}$$

$$E_r(f,r)\approx\frac{2\alpha\sin2\pi f\left[\frac{vt}{c}+\frac{(r_0-d)}{c}\right]\sin2\pi f\left[t-\frac{d}{c}\right]}{r_0+vt}$$

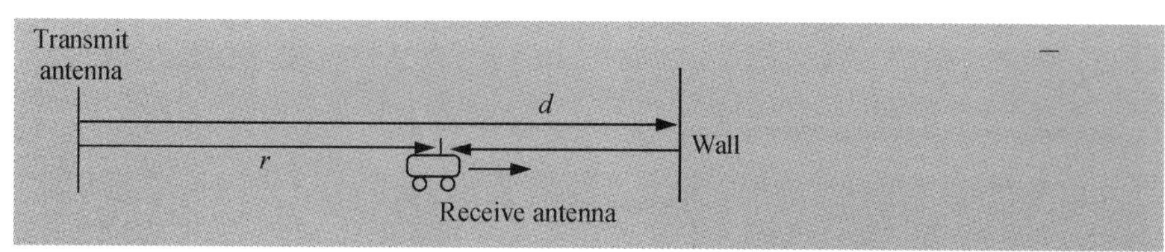

图 3-29　移动引起的信道时变性

波形时变如图 3-30 所示，相关时间是信道冲激响应维持不变(一定相关度)的时间间隔的统计平均值。从多普勒扩展角度时间相关函数与多普勒功率谱之间是傅立叶变换关系 $R(\Delta\tau)\leftrightarrow S(f)$多普勒扩展的倒数就是对信道相关时间的度量，即 $T_c\approx\frac{1}{f_m}$。从包络相关性角度通常将信号包络相关度为 0.5 时的时间间隔定义为相关时间，包络相关系数 $\rho_r(\Delta f,\tau)\approx\frac{J_0^2(2\pi f_m\tau)}{1+(2\pi\Delta f)^2\sigma_\tau^2}$，$J_0(x)=\frac{1}{\pi}\int_0^\pi \mathrm{e}^{jx\cos\theta}\mathrm{d}\theta$。令 $\Delta f=0$，$\rho_r(0,\tau)\approx J_0^2(2\pi f_m\tau)=0.5$

推出 $T_c \approx \dfrac{9}{16\pi f_m}$。

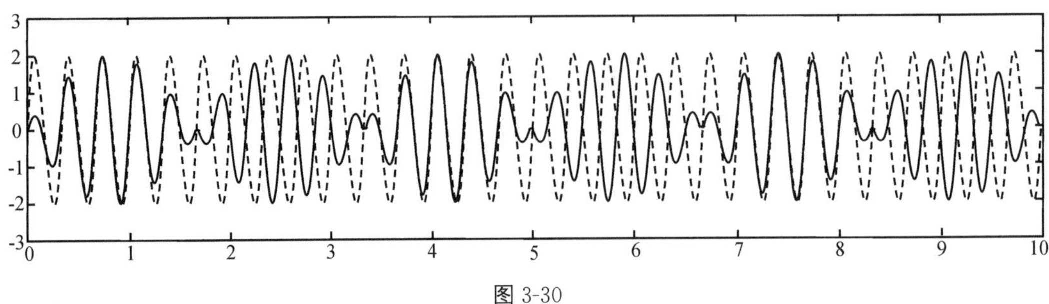

图 3-30

现代数字通信中，常规定相关时间为几何平均作为经验关系 $T_c \approx \dfrac{9}{16\pi f_m} = \dfrac{0.423}{f_m}$。

时间选择性衰落，由多普勒效应引起的，并且发生在传输波形的特定时间段上。当信道时变时，信道具有时间选择性衰落，发送信号在传输过程中，信道特性发生了变化，信号尾端的信道特性与前端的不一样，造成信号失真如图 3-31 所示。

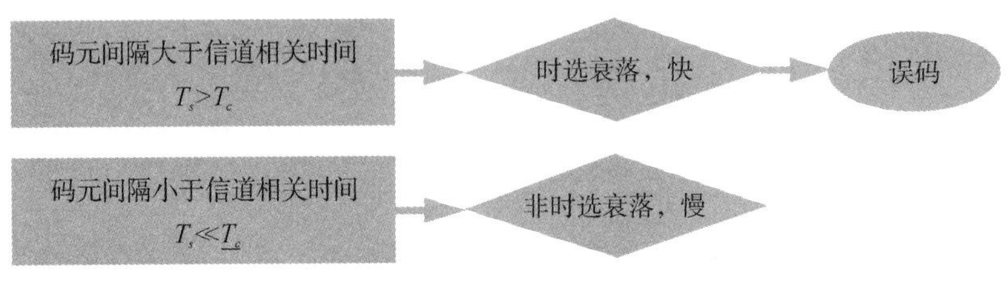

图 3-31　时选衰落

当码元间隔大于信道相关时间 $Ts > Tc$ 时，时选衰落快的时候，会导致误码。

当码元间隔小于信道相关时间 $Ts \ll Tc$ 时，非时选衰落慢。

要保证信号经过信道不会在时间轴上产生失真，就必须保证传输符号速率远大于相关时间的倒数。

例　当移动台速度为 60km/h，载频为 900MHz，则多普勒扩展和相关时间是多少，若要保证数字信号经过信道后不会产生时间选择性衰落，必须保证传输的符号速率满足什么条件？（相关时间按包络相关度为 0.5 计算）

解　$T_c \approx \dfrac{9}{16\pi f_m} = \dfrac{9}{16\pi \dfrac{vf_c}{c}} = \dfrac{9}{16\pi \dfrac{vf_c}{c}} = \dfrac{9}{16\pi \dfrac{60/3.6 \times 9 \times 10^8}{3 \times 10^8}} = 3.6\text{ms}$

T_c 为相关时间，$f_m = \dfrac{v}{\lambda}$ 为最大多普勒(Doppler)频移

$$T_s \ll T_c \quad R_s = \frac{1}{T_s} \gg \frac{1}{T_c} = 278\ \text{符号/s}$$

3. 角度色散

角度色散参数和相关距离有关，由于移动台和基站周围的散射环境不同，使得多天线系统中不同位置的天线经历的衰落不同，产生了角度色散，即空间选择性衰落。角度扩展：角度功率谱信号功率谱密度在角度上的分布，一般为均匀分布、截短高斯分布和截短拉普拉斯分布和余弦偶指数分布。

角度扩展 Δ 等于角度功率谱的均方根值

$$\Delta = \sqrt{\frac{\int_0^{\infty}(\theta-\bar{\theta})^2 P(\theta)\mathrm{d}\theta}{\int_0^{\infty}P(\theta)\mathrm{d}\theta}} \quad \text{其中} \ \bar{\theta} = \frac{\int_0^{\infty}P(\theta)\mathrm{d}\theta}{\int_0^{\infty}P(\theta)\mathrm{d}\theta}$$

描述了功率谱在空间上的色散程度，角度扩展在[0,360]度之间分布，角度扩展 Δ 越大，表明散射环境越强，信号在空间的色散度越高，如图 3-32 所示。

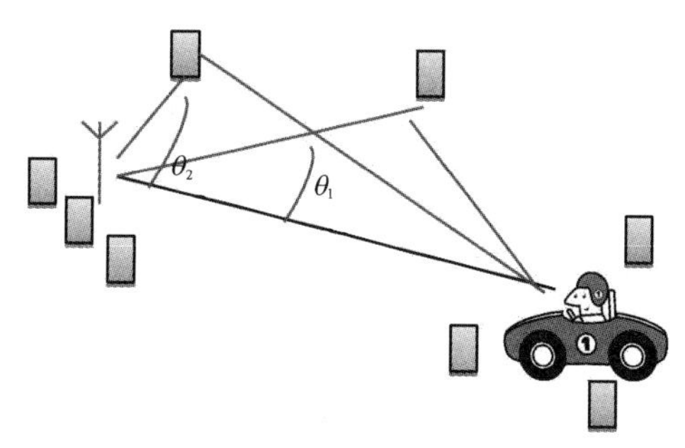

图 3-32　角度色散

相关距离 D_δ，信道冲激响应不变或维持一定相关度的空间距离的统计平均值，在相关距离内，信号经历的衰落具有很大的相关性。当定义为信号包络相关度为 0.5 的空间间隔时，相关距离 $D_\delta \propto \frac{\lambda}{\Delta\cos\beta}$。

相关距离除了与角度扩展有关外，还与来波到达角有关，为了保证相邻两根天线经历的衰落不相关，在弱散射下（Δ 较小）的天线间隔要比在强散射下的天线间隔要大一些。

空间选择性衰落：由角度色散引起，如图 3-33 所示。

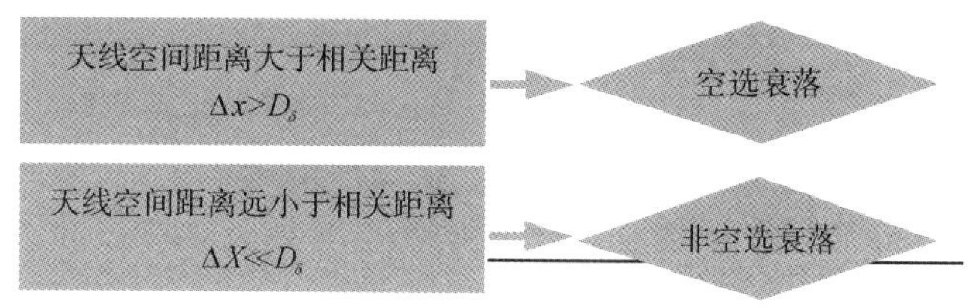

图 3-33　空间选择性衰落

三种选择性衰落，如图 3-34 所示。

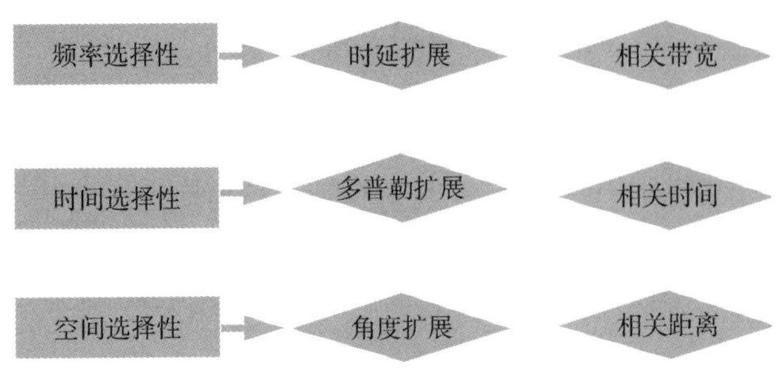

图 3-34　三种选择性衰落

多径衰落信道的分类如表 3-2,无线信道中的时间色散和频率色散可能产生 4 种衰落效应,信号特性与信道特性的相互关系决定了不同发送信号会经历不同类型的衰落。

表 3-2　多径衰落信道的分类

依据	分类
时间色散	频率选择性衰落信道
	平坦衰落信道
频率色散	快衰落信道(时选)
	慢衰落信道(非时选)
是否考虑角度色散(空间选择性)	标量信道(时,频)
	矢量信道(时、频,空)

快衰落信道和慢衰落信道如表 3-3。

表 3-3　快衰落信道和慢衰落信道对比表

	快衰落(时间选择性)	慢衰落(非时选)
原因	冲激响应变化快于传送信号码元的变化	冲激响应变化慢于传送信号码元的变化
条件	$T_s > T_c$　　$B_s < B_D$	$T_s \ll T_c$　　$B_s \gg B_D$

T_c 为信道相关时间,B_D 为多普勒扩展,T_s 为信号周期,是信号带宽 B_s 倒数。

平坦衰落和频率选择性衰落如表 3-4。

表 3-4　频率选择性衰落和平坦衰落对比表

	频率选择性衰落	平坦衰落
原因	信道具有恒定增益和相位的带宽范围小于发送信号带宽→时间色散→码间干扰	信道具有恒定增益和相位的带宽范围大于发送信号带宽
频谱特性	不同频率获得不同增益	发送信号频谱特性在接收端保持不变
条件	$B_s > B_c$　　$T_s < \sigma_\tau$	$B_s \ll B_c$　　$T_s > \sigma_\tau$

σ_τ 是信道的时延扩展，B_c 为相关带宽。

3.4.3　瑞利衰落分布和莱斯衰落分布

在移动通信中，散射体的运动和移动台的运动对接收信号的影响是一致的。如果移动台与附近的散射体始终保持静止，则所接收到的信号包络保持不变；如果二者存在相对运动，则接收信号包络有起伏变化。由于地物（如建筑物和其他障碍物）的反射作用，接收信号场强矢量合成的结果形成驻波分布，即在不同地点的信号场强不同。当移动台在驻波场中运动时，接收场强出现快速、大幅度的周期性变化，这种变化称为多径快衰落，也称作小区间瞬时值变动。不同分布主要讨论多径接收信号的包络统计特性，接收信号的包络根据不同的无线环境服从不同的分配。典型分布如图 3-35 所示。

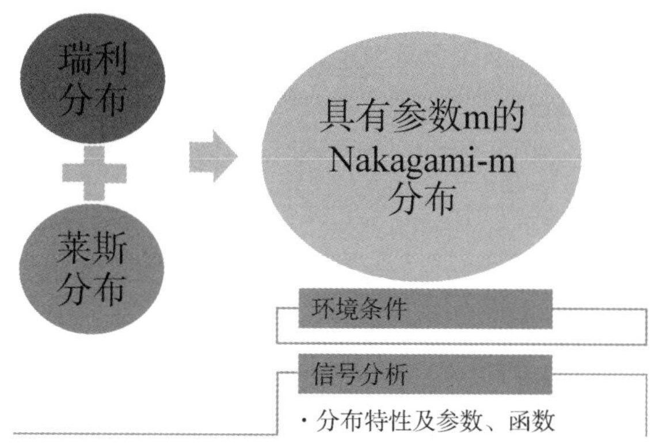

图 3-35　瑞利衰落分布和莱斯衰落分布

1. 瑞利衰落分布

假设条件发射机和接收机之间没有直射波路径，存在大量反射波，到达接收天线的方向角随机，相位随机且 0～2π 均匀分布，各反射波的幅度和相位都统计独立。信号分析：移动台收到传播路径长度为 n 的信号可表示为

$$s(t)=a_n\cos(\omega_c t+2\pi f_d t+\varphi_n)$$

$\varphi_n=\dfrac{2\pi}{\lambda}n$ 相位的变化：$\varphi_n=2\pi f\cdot\Delta t=2\pi f\cdot\dfrac{n}{c}=2\pi f\cdot\dfrac{n}{\lambda f}=\dfrac{2\pi}{\lambda}n$

$$S_r(t)=\sum_{i=1}^{N}a_i\cos(\omega_c t+\theta_i)=T_c(t)\cos\omega_c t-T_s(t)\sin\omega_c t$$

$$\theta_i=2\pi\frac{\nu}{\lambda}\cos\alpha_i t+\varphi_i$$

其中 $T_c(t)=\sum_{i=1}^{N}a_i\cos(\theta_i)$，$T_s(t)=\sum_{i=1}^{N}a_i\sin(\theta_i)$。

T_c，T_s 联合概率密度函数

$$p(T_s,T_c)=p(T_s)p(T_c)=\frac{1}{2\pi\sigma^2}\mathrm{e}^{-\frac{T_s{}^2+T_c{}^2}{2\sigma^2}}$$

接收信号的幅度 r 和相位 θ 分布，如图 3-36 所示。

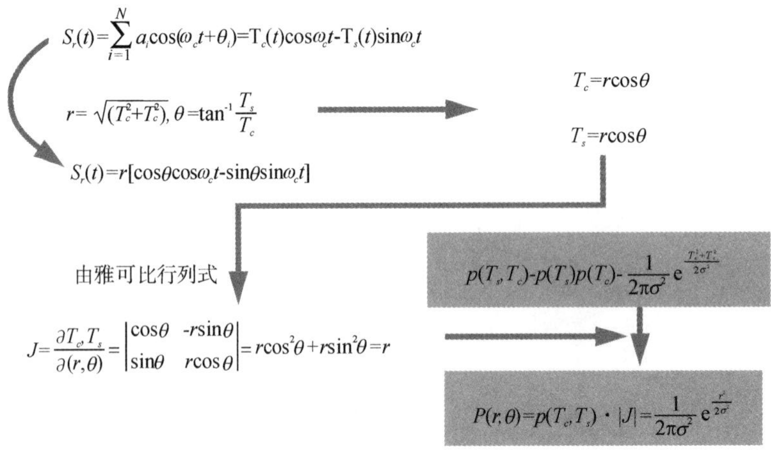

图 3-36　接收信号的幅度 r 和相位 θ 分布

T_c，T_s 相互正交的同频分量；当 N 很大时，高斯随机过程；统计独立；零均值，等方差 σ^2，不相关；

$$p(r,\theta)=p(T_c,T_s)\cdot|J|=\frac{r}{2\pi\delta^2}\mathrm{e}^{-\frac{r^2}{2\sigma^2}}$$

对 θ 积分得到幅度的概率分布

$$p(r)=\frac{1}{2\pi\sigma^2}\int_0^{2\pi}r\mathrm{e}^{-\frac{r^2}{2\sigma^2}}\mathrm{d}\theta=\frac{r}{\sigma^2}\mathrm{e}^{-\frac{r^2}{2\sigma^2}}$$

对 r 积分得到相位的概率分布

$$p(\theta)=\frac{1}{2\pi\sigma^2}\int_0^{\infty}r\mathrm{e}^{-\frac{r^2}{2\sigma^2}}\mathrm{d}r=\frac{1}{2\pi}$$

可见，包络 r 服从瑞利分布，θ 在 $0\sim2\pi$ 内服从均匀分布。

接收信号包络的一些统计特性

$$p(r)=\frac{r}{\sigma^2}\mathrm{e}^{-\frac{r^2}{2\sigma^2}}$$

不超过某一特定值 R 接收信号的包络概率分布(累积分布函数)

$$F_r(R)=P_r(r\leqslant R)=\int_0^R p(r)\mathrm{d}r=1-\exp(-\frac{R^2}{2\sigma^2})$$

平均值(一阶矩)为

$$r_{mean}=E[r]=\int_0^\infty rp(r)\mathrm{d}r=\sigma\sqrt{\frac{\pi}{2}}=1.2533\sigma$$

均方值(二阶矩):表示信号包络的功率

$$E[r^2]=\int_0^\infty r^2p(r)\mathrm{d}r=2\sigma^2$$

方差为 σ_r^2:信号包络的交流功率

$$\sigma_r^2=E[r^2]-E^2[r]=\int_0^\infty r^2p(r)\mathrm{d}r-\frac{\sigma^2\pi}{2}=\sigma^2(2-\frac{\pi}{2})=0.4292\sigma^2$$

满足 $P(r\leqslant r_m)=0.5$ 的 r_m 值称为信号包络样本区间的中值

$$\frac{1}{2}=\int_0^{r_{\text{median}}}p(r)\mathrm{d}r\quad r_{\text{median}=}\ 1.177\sigma$$

在障碍物均匀的城市街道或森林中,在接收信号中没有视距传播的直达波时,信号包络起伏近似于瑞利分布,故多径快衰落又称为瑞利衰落。因此在移动无线信道中,常用瑞利分布来描述平坦衰落信号或独立多径分量接收包络统计时变特性。

T_c 和 T_s 是高斯过程,因此,其概率密度公式为

$$p(x)=\frac{1}{\sqrt{2\pi\sigma^2}}\mathrm{e}^{\frac{x^2}{2\sigma^2}}$$

式中,$\sigma^2=\dfrac{E_0^2}{2}$为信号的平均功率;$x=T_c$ 或 T_s。

E_z 的包络为

$$r=\sqrt{T_s^2+T_c^2}$$

而$\theta=\arctan\dfrac{T_s}{T_c}$。

由于 T_s 和 T_c 是统计独立的,则 T_s 和 T_c 的联合概率密度为

$$p(T_s,T_c)=p(T_s)p(T_c)=\frac{1}{2\pi\sigma^2}\mathrm{e}^{\frac{T_S^2+T_C^2}{2\sigma^2}}$$

把 $p(T_s,T_c)$变为$p(r,\theta)$,则

$$p(r,\theta)=\frac{1}{2\pi\sigma^2}\mathrm{e}^{\frac{r^2}{2\sigma^2}}$$

从而，角度的分布为

$$p(\theta)=\int_0^{\infty}\frac{1}{2\pi\sigma^2}\cdot \mathrm{e}^{-\frac{r^2}{2\sigma^2}}\mathrm{d}r=\frac{1}{2\pi}$$

其中 θ 在 $0\sim2\pi$ 内均匀分布。信号包络的分布密度为

$$\left.\begin{array}{ll} p(r)=\dfrac{r}{\sigma^2}\mathrm{e}^{-\frac{r^2}{2\sigma^2}} & 0\leqslant r\leqslant\infty \\ p(r)=0 & r<0 \end{array}\right\}$$

信号包络服从瑞利分布。其中 σ 是包络检波之前所接收电压信号的均方根值；r 是幅度。

不超过某一特定值 R 的接收信号包络概率分布（PDF）由下式给出：

$$P(R)=P_r(r\leqslant R)=\int_0^R p(r)\mathrm{d}r=1-\mathrm{e}^{-\frac{R^2}{2\sigma^2}}$$

瑞利分布的均值 r_{mean} 及方差 σ_r^2 分别为

$$r_{\mathrm{mean}}=E[r]=\int_0^R rp(r)\mathrm{d}r=\sigma\sqrt{\frac{\pi}{2}}=1.2533\sigma$$

$$\sigma_r^2=E[r^2]-E^2[r]=\int_0^R r^2\mathrm{d}r-\frac{\sigma^2}{2}=\sigma^2(2-\frac{\pi}{2})=0.4292\sigma^2$$

满足 $P(r\leqslant r_m)=0.5$ 的 r_m 值称为信号包络样本区间的中值，由式可以求出 $r_m=1.777\sigma$。

2. 莱斯衰落分布

直射系统中，接收信号中有视距直达波信号，视距信号成为主接收信号分量，同时还有不同角度随机到达的多径分量，非直射系统中，源自某一个散射体路径的信号功率特别强。

概率密度函数

$$p(r)=\frac{r}{\sigma^2}\mathrm{e}^{-\frac{(r^2+A^2)}{2\sigma^2}}I_0\left(\frac{A^2}{\sigma^2}\right)(A\geqslant0,r\geqslant0)$$

式中，A 是主信号的峰值；$I_0(\cdot)$是 0 阶第一类修正贝塞尔函数。

莱斯因子，主信号功率与多径分量方差之比 $K=\dfrac{A^2}{2\sigma^2}$完全决定了莱斯分布，当 $A\to0$，$K\to0$ 莱斯分布变为瑞利分布，强直射波的存在使得接收信号包络从瑞利变为莱斯，当主信号进一步增强$\dfrac{A}{2\sigma^2}\gg1$，莱斯分布趋近高斯分布，莱斯分布适用于一条路径明显强于其

他路径的情况，并不一定就是直射径如图 3-37 所示。

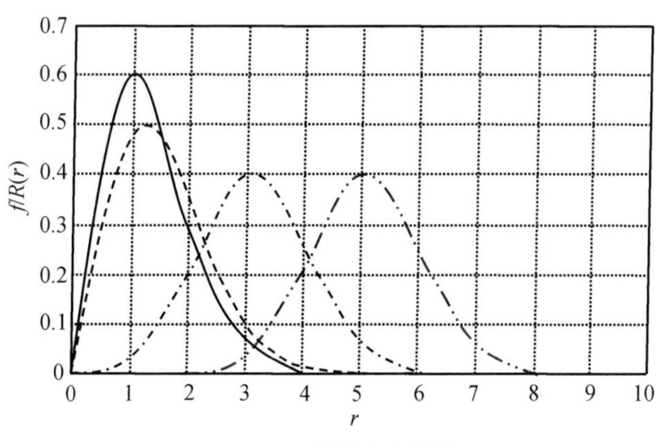

图 3-37　莱斯分布因子

Nakagami－m 分布，由 Nakagami 在 20 世纪 60 年代提出的，通过基于现场测试的实验方法，用曲线拟合得到近似分布的经验公式。概率密度函数 $P(r)=\dfrac{2m^m r^{2m-1}}{\Gamma(m)\Omega^m}\exp\left(-\dfrac{mr^2}{\Omega}\right)$，$m=\dfrac{E(r^2)}{\mathrm{var}(r^2)}\geqslant\dfrac{1}{2}$。伽马函数 $\Gamma(m)=\int_0^\infty x^{m-1}\mathrm{e}^{-x}\,\mathrm{d}x$，$\Omega$ 表示平均功率，形状因子 m 表示衰落的严重程度，参数 m 取不同值时对应不同分布，更具广泛性。当 $m=1$ 时，成为瑞利分布，当 m 较大时，接近高斯分布。研究表明 Nakagami－m 分布对于无线信道的描述有很好的适应性。

当接收信号中有视距传播的直达波信号时，视距信号成为主接收信号分量，同时还有不同角度随机到达的多径分量叠加在这个主信号分量上，这时的接收信号就呈现为莱斯(Rician)分布，甚至高斯分布。但当主信号减弱达到与其他多径信号分量的功率一样，即没有视距信号时，混合信号的包络又服从瑞利分布。所以，在接收信号中没有主导分量时，莱斯分布就转变为瑞利分布。

莱斯分布的概率密度表示

$$\left.\begin{array}{ll} p(r)=\dfrac{r}{\sigma^2}\mathrm{e}^{-\frac{r^2+A^2}{2\sigma}}I_0\left(\dfrac{A^2}{\sigma^2}\right) & A\geqslant 0, r\geqslant 0 \\ p(r)=0 & r<0 \end{array}\right\}$$

式中，A 是主信号的峰值；r 是衰落信号的包络；σ 为 r 的方差；$I_0(\cdot)$是 0 阶第一类修正贝塞尔函数。贝塞尔分布常用参数 K 来描述 $K=\dfrac{A^2}{2\sigma^2}$，定义为主信号的功率与多径分量方差之比，用 dB 表示为

$$K(\mathrm{dB})=10\lg\frac{A^2}{2\sigma^2}$$

K 值是莱斯因子，完全决定了莱斯的分布。当 $A\to 0$，$A\to 0$，$K\to -\infty$dB，莱斯分布变为瑞利分布。

很显然，强直射波的存在使得接收信号包络从瑞利分布变为莱斯分布，当直射波进一步增强（$\frac{A}{2\sigma^2}\gg 1$），莱斯分布将向高斯分布趋近。图 3-38 表示莱斯分布的概率密度函数。

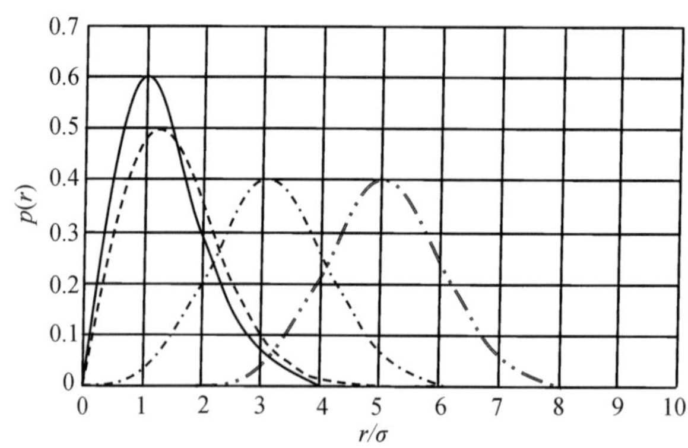

图 3-38　莱斯分布的概率密度函数

注意：莱斯分布适用于一条路径明显强于其他多路径的情况，但并不意味着这条路径就是直射路径。在非直射系统中，如果源自某一个散射体路径的信号功率特别强，信号的衰落也会服从莱斯分布。

3.4.4　衰落特性

通常用衰落率、电平交叉率、平均衰落周期，以及衰落持续时间等特征量来描述信道的衰落特性。

1. 衰落率和衰落深度

（1）衰落率。

衰落率是指信号包络在单位时间内以正斜率通过中值电平的次数。简单地说，衰落率就是信号包络衰落的速率。衰落率与发射频率、移动台行进速度和方向，以及多径传播的路径数有关。测试结果表明，当移动台行进方向朝着或背着电波传播方向时，衰落最快。频率越高，速度越快，则平均衰落率的值越大。

平均衰落率

$$A=\frac{v}{\lambda/2}=1.85\times 10^{-2}vf$$

式中，v 为运动速度，单位符号：km/h；f 为频率，单位符号：MHz；A 为平均衰落，单位符号：Hz。

(2)衰落深度。

衰落深度，即信号的有效值与该次衰落的信号最小值的差值。

2. 电平通过率和衰落持续时间

(1)电平通过率。

电平通过率，定义信号包络单位时间内以正斜率通过某一规定电平值 R 的平均次数，描述衰落次数的统计规律。

衰落信道的实测结果发现，衰落率是与衰落深度有关的。实际上深度衰落发生的次数较少，而浅度衰落发生得相当频繁。电平通过率定量描述这一特征。衰落率只是电平通过率的一个特例，即规定的电平值为信号包络的中值。

电平通过率

$$N(R)=\int_0^{\infty}\dot{r}p(R,\dot{r})\,\mathrm{d}\dot{r}$$

式中，$\dot{r}$ 为信号包络；对时间的导函数；$p(R,\dot{r})$ 为 R 和 $\dot{r}$ 的联合概率密度函数。

图 3-40 中 R 为规定电平，在时间 T 内以正斜率通过 R 电平的次数为 4，所以电平通过率为 $4/T$。由于电平通过率是随机变量，通常用平均电平通过率来描述。对于瑞利分布可以得到：

$$N(R)=\sqrt{2\pi}f_m\rho\mathrm{e}^{-\rho^2}$$

式中，f_m 为最大多普勒频率；因为信号的平均功率 $E(r^2)=\int_0^{\infty}r^2p(r)\mathrm{d}r=2\sigma^2$，$R_{rms}=\sqrt{2}\sigma$ 为信号有效值。

(2)衰落持续时间。

平均衰落持续时间，定义信号包络低于某个给定电平值的概率与该电平所对应的电平通过率之比，由于衰落是随机发生的，所以只能给出平均衰落持续时间为

$$\tau_R=\frac{P(r\leqslant R)}{N_R}$$

对于瑞利衰落可以得出平均衰落持续时间为

$$\tau_R=\frac{1}{\sqrt{2\pi}f_m\rho}(\mathrm{e}^{\rho^2}-1)$$

电平通过率描述了衰落次数的统计规律，那么，信号包络衰落到某一电平之下的持续时间是多少，也是一个很有意义的问题。当接收信号电平低于接收机门限电平时，就可能

造成语音中断或误比特率突然增大,了解接收信号包络低于某个门限的持续时间的统计规律,就可以判定语音受影响的程度,以及在数字通信中是否会发生突发性错误和突发性错误的长度。在图 3-39 中时间 T 内的衰落持续时间为 $t_1+t_2+t_3+t_4$,则平均衰落持续时间为

$$\tau_R=\sum_{i=1}^{4}\frac{t_i}{N}=\frac{t_1+t_2+t_3+t_4}{4}$$

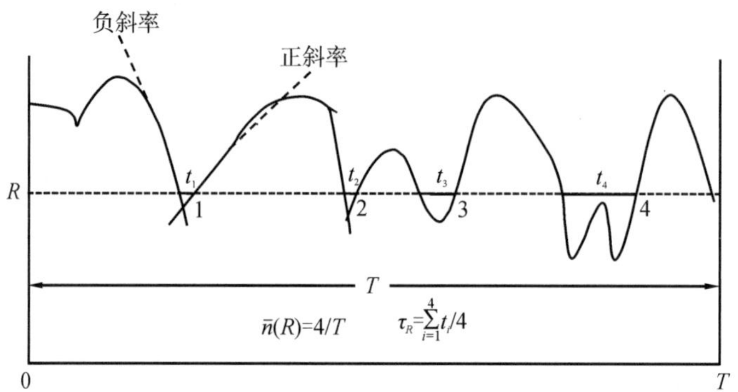

图 3-39　电平通过率和平均衰落持续时间

思考题

1. 信道的分类有几种,并分别说明其特点。
2. 调制信道和编码信道的特点和应用。
3. 无线信道的传播特性有哪些?
4. 大尺度衰落和小尺度衰落的区别和联系是什么?
5. 多径效应是什么?
6. 如何对抗多径效应,以及相应的技术手段有哪些?
7. 什么是快衰落和慢衰落?
8. 简要说明电波传播预测的模型的构成和由来。
9. 什么是恒参信道和随参信道?
10. 什么是加性干扰和乘性干扰?

习题

1. 香农公式是什么,并分别解释相关变量的含义?
2. 香农公式中,带宽的变化与信噪比变化的关系是什么,并说明原因。
3. 描述多径信道的主要参数有哪些?

4. 多普勒效应的产生原因及表达式。

5. 接收信号的包络根据不同的无线环境服从哪几种分布？它们之间的关系。

6. 根据时间色散的多径信道分类。

7. 根据频率色散的多径信道的分类。

8. 若载波 f_0=800MHz，移动台速度 v=60km/h，求最大多普勒频移？

9. 某个信息源由 A、B、C 和 D 等4个符号组成。设每个符号独立出现，其出现概率分别为1/4、1/4、3/16、5/16，经过信道传输后，每个符号正确接收的概率为1021/1024，错为其他符号的条件概率 $P(x_i/y_i)$ 均为1/1024，试求出该信道的容量 C 等于多少比特/符号。

10. 若上例中的4个符号分别用二进制码组00、01、10、11表示，每个二进制码元用宽度为0.5ms的脉冲传输，试求出该信道的容量 C 等于多少比特/秒。

11. 设一幅黑白数字相片有400万个像素，每个像素有16个亮度等级。若用3kHz带宽的信道传输，且信号噪声功率比等于20dB，试问需要传输多少时间？

12. 设发射天线增益 G_T 为100，接收天线增益 G_R 为10，传播距离等于50km，电磁波频率为1800MHz，若允许最小接收功率等于4000pW，试求所需最小发射功率 P_T[注：1pW=10^{-12}W]。

13. 一幅黑白图像含有 4×10^5 个像素，每个像素有12个等概率出现的亮度等级。

(1)试求每幅黑白图像的平均信息量；

(2)若每秒传输24幅黑白图像，其信息速率为多少？

(3)在(2)的条件下，且输入信道的信噪比为30dB，试计算传输黑白图像所需要的信道最小带宽。

14. 欲在具有3000Hz通频带的语音信道中以120kb/s的速率传输信息。当功率信噪比为11.76dB时，是否可能达到无差错传输？若不可能，提出可能的改进方案。

第4章　数字调制与解调技术

4.1　模拟调制到数字调制

4.1.1　模拟调制

调制在通信系统中具有重要作用。通过调制，不仅可以进行频谱搬移，把调制信号的频谱移到所希望的位置上，从而将调制信号转换成适合于信道传输或便于信道多路复用的已调信号，而且它对系统的传输有效性和传输可靠性有着很大的影响。调制方式往往决定了一个通信系统的性能。

本章重点将放在近些年来发展较快的数字调制上。然而，考虑到模拟调制方式是其他调制的基础，故本章将首先讨论模拟调制系统的原理及其抗噪声性能。

最常用和最重要的模拟调制方式是用正弦波作为载波的幅度调制和角度调制。常见的调幅(AM)、双边带(DSB)、残留边带(VSB)和单边带(SSB)等调制就是幅度调制的几个典型实例，而频率调制(FM)就是角度调制中被广泛采用的一种。载波调制(Carrier Modulation)：将载波变换为一个载有信息的已调信号。解调(De－Modulation)接收端从已调信号中恢复基带信号。

模拟调制
- 幅度调制（线性调制）（AM）
  - 常规双边带调幅（StandardAmplitudeModulation）
  - 抑制载波双边带调幅（Double－SideBandDSB）
  - 单边带调幅（single－SideBand. SSB）
  - 残留边带调幅（Vestigial－SideBandVSB）
- 频率调制 FM、相位调制 PM：角度调制（非线性调制）

通常，调制可以分为模拟（连续）调制和数字调制两种方式。在模拟调制中，调制信号的取值是连续的；而数字调制中的调制信号的取值则为离散的。目前常见的模—数变换可以看成是一种用脉冲串作为载波的数字调制，它又称为脉冲编码调制。

4.1.2　幅度调制的原理

幅度调制是正弦型载波的幅度随调制信号作线性变化的过程。设正弦型载波为

$$s(t)=A\cos(\omega_c t+\varphi_0)$$

式中 ω_c——载波角频率；φ_0——载波的初始相位；A——载波的幅度。

那么，幅度调制信号（已调信号）一般可表示成

$$S_m(t)=Am(t)\cos(\omega_c t+\varphi_0)$$

式中 $m(t)$——基带调制信号。

设调制信号 $m(t)$的频谱为 $M(\omega)$，则已调信号的 $S_m(t)$频谱 $S_m(\omega)$即

$$S_m(\omega)=F[S_m(t)]=\frac{A}{2}[M(\omega-\omega_c)+M(\omega+\omega_c)]$$

由以上表示式可见，幅度已调信号在波形上，它的幅度随基带信号变化而呈正比地变化。在频谱结构上，它的频谱完全是基带信号频谱结构在频域内的简单搬移（精确到常数因子）。由于这种搬移是线性的，因此，幅度调制通常又称为线性调制。但应注意，这里的“线性”并不意味已调信号与调制信号之间符合线性变换关系。事实上，任何调制过程都是一种非线性的变换过程。

由上式还可以看出线性调制信号的一般产生方法。线性调制器的一般模型如图 4-1 所示。它由一个相乘器和一个冲激响应为 $h(t)$的带通滤波器组成。该模型输出信号的时域和频域表示式为

$$\begin{aligned}s_m(t)&=\int_{-m}^{m}h(\tau)m(t-\tau)\cos(\omega_c t-\omega_c\tau)\mathrm{d}\tau\\&=\cos\omega_c t\int_{-m}^{m}h(\tau)m(t-\tau)\cos\omega_c\tau\mathrm{d}\tau+\sin\omega_c t\int_{-m}^{m}h(\tau)m(t-\tau)\sin\omega_c\tau\mathrm{d}\tau\end{aligned}$$

$$S_m(\omega)=0.5[M(\omega-\omega_c)+M(\omega+\omega_c)]H(\omega)，这里 H(\omega)\Leftrightarrow h(t)$$

上述模型之所以称为调制器的一般模型，是因为在该模型中，适当选择带通滤波器的冲激响应 $h(t)$ 便可以得到各种幅度调制信号。例如，双边带信号、振幅调制信号、单边带信号及残留边带信号等。

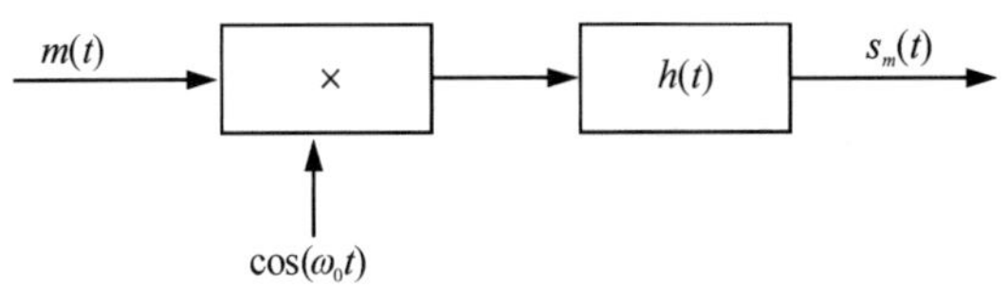

图 4-1　线性调制器的一般模型

1. 双边带(DSB)信号

在上图中，如果输入的基带信号没有直流分量，且 $h(t)$ 是理想带通滤波器，则得到的输出信号便是无载波分量的双边带调制信号，或称双边带抑制载波（DSB－SC）调制信号，简称 DSB 信号。这时的 DSB 信号实质上就是 $m(t)$ 与载波 $s(t)$ 的相乘，即 $s_m(t)=m(t)\cos\omega_c t$，其波形和频谱如图 4-2 所示。

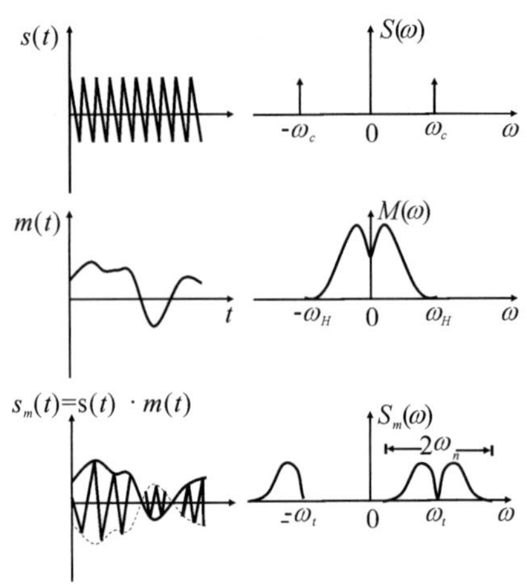

图 4-2　DSB 信号的波形及频谱

2. 调幅(AM)信号

如果输入基带信号 $m(t)$ 带直流分量，则它可以表示为 m_0 与 $m'(t)$ 之和，其中 m_0 是 $m(t)$ 的直流分量，$m'(t)$ 是表示消息变化的交流分量，且假设 $h(t)$ 也是理想带通滤波器的冲激响应，则得到的输出信号便是有载波分量的双边带信号。在这种信号中，如果满足 $m_0>|m'(t)|_{\max}$，则该信号为调幅（AM）信号，其时域和频域表示式分别为：

$$S_m(t)=m(t)\cos\omega_c t=[m_0+m'(t)]\cos\omega_c t=m_0\cos\omega_c t+m'(t)\cos\omega_c t$$

其中，$m_0\cos\omega_c t$ 表示载波项；而 $m'(t)\cos\omega_c t$ 表示 DSB 信号项。

$$S_m(\omega)=\pi m_0[\delta(\omega-\omega_c)+\delta(\omega+\omega_c)]+\frac{1}{2}[M'(\omega-\omega_c)+M'(\omega+\omega_c)]$$

上式中 $M'(\omega)\Leftrightarrow m'(t)$。

3. 单边带(SSB)信号

双边带调制信号包含有两个边带，即上、下边带由于这两个边带包含的信息相同，因而从信息传输的角度来考虑，传输一个边带就够了。所谓单边带调制就是只产生一个边带的调制方式。

利用上图所示的调制器一般模型，同样可以产生单边带信号。这时，只需将带通滤波器设计成如图 4-4 所示的传输特性。下图将产生下边带信号，相应的频谱如下图 4-4 所示。图中 $M(\omega)$ 是调制信号 $m(t)$ 的频谱。

下面我们来推导单边带信号的时域表示式。SSB 信号的时域表示式一般需要借助希尔伯特(Hilbert)变换来表述。现在以形成下边带的单边带调制为例，来说明单边带信号的产生过程。

由下图可见，下边带的 SSB 信号可以由一个 DSB 信号通过图 4-3 所示的理想低通滤波器获得。若令此单边带信号的频谱为 $S_{SSB}(\omega)$，则

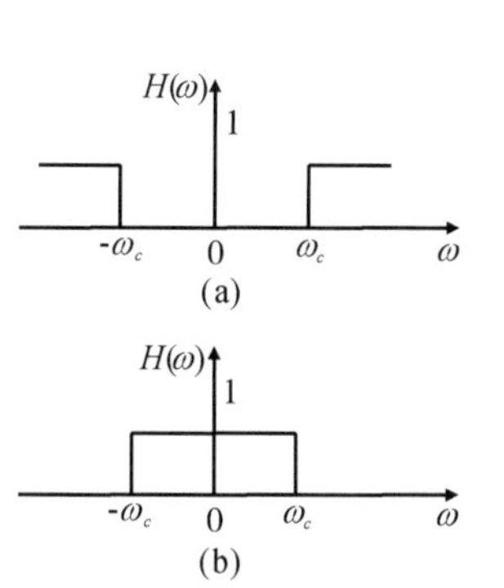

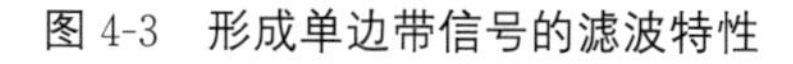

图 4-3　形成单边带信号的滤波特性

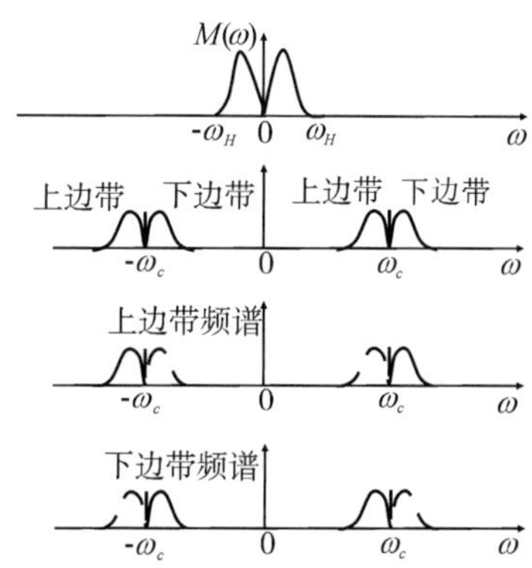

图 4-4　单边带信号的频谱

$$S_{SSB}(\omega)=\frac{1}{2}[M(\omega-\omega_c)+M(\omega+\omega_c)]H(\omega)$$

其中

$$H(\omega)=\frac{1}{2}[\operatorname{sgn}(\omega+\omega_c)-\operatorname{sgn}(\omega-\omega_c)]$$

可得如图 4-4 单边带信号的频谱：

$$S_{SSB}(\omega)=\frac{1}{4}[M(\omega+\omega_c)+M(\omega-\omega_c)]+\frac{1}{4}[M(\omega+\omega_c)\mathrm{sgn}(\omega+\omega_c)-M(\omega-\omega_c)\mathrm{sgn}(\omega-\omega_c)]$$

由于$\frac{1}{4}[M(\omega+\omega_c)+M(\omega-\omega_c)]\Leftrightarrow\frac{1}{2}m(t)\cos\omega_c t$ 和

$$\frac{1}{4}[M(\omega+\omega_c)\mathrm{sgn}(\omega+\omega_c)-M(\omega-\omega_c)\mathrm{sgn}(\omega-\omega_c)]\Leftrightarrow\frac{1}{2}\hat{m}(t)\sin\omega_c t$$

式中 $\hat{m}(t)$是 $m(t)$的希尔伯特变换。故可得下边带 SSB 信号的时域表示式为

$$s_m(t)=\frac{1}{2}m(t)\cos\omega_c t+\frac{1}{2}\hat{m}(t)\sin\omega_c t$$

同理，可得上边带 SSB 信号的时域表示式为

$$s_m(t)=\frac{1}{2}m(t)\cos\omega_c t-\frac{1}{2}\hat{m}(t)\sin\omega_c t$$

4. 残留边带(VSB)信号

残留边带调制是介于双边带与单边带之间的一种线性调制。它既克服了双边带调制信号占用频带宽的缺点，又解决了单边带信号实现上的难题。在这种调制方式中，不是将一个边带完全抑制，而是部分抑制，使其仍残留一小部分。由于残留边带调制也是线性调制，因此它同样可用上图所示的调制器来产生。不过，这时图中滤波器的单位冲激响应 $h(t)$应按残留边带调制的要求来进行设计，显然，这个滤波器不需要十分的滤波特性，因而它比单边带滤波器容易制作。

现在我们来确定残留边带滤波器的特性，假设 $H(\omega)$的残留边带滤波器的传输特性。根据上图所示的线性调制器的一般模型、可以得到残留边带号的频域表示式。

$$S_m(\omega)=\frac{1}{2}[M(\omega+\omega_c)+M(\omega-\omega_c)]H(\omega)$$

为了确定上式中残留边带滤波器传输特性 $H(\omega)$应满足的条件，让我们分析下接收端是如何从该信号中来恢复原基带信号的，假设采用同步解调法进行解调，其组成方框图如图 4-5 所示。

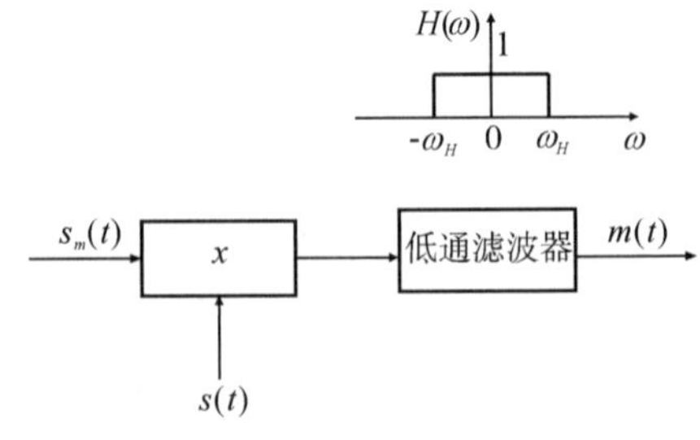

图 4-5　同步解调法组成方框图

这时，图中相乘器的输出信号应为残留边带信号 $s_m(t)$与同步载波 $s(t)$的乘积，根据卷积定理，该乘积信号的频谱应等于 $s_m(t)$和 $s(t)$相应频谱的卷积即

$$\frac{1}{2\pi}[S_m(\omega)*S(\omega)]$$

这里，假设同步载波 $s(t)=\cos\omega_c t$，故其频谱为

$$S(\omega)=\pi[\delta(\omega+\omega_c)+\delta(\omega-\omega_c)]$$

将它代入卷积关系式中，可得

$$\frac{1}{2\pi}[S_m(\omega)*S(\omega)]=\frac{1}{2}[S_m(\omega+\omega_c)+S_m(\omega-\omega_c)]$$

将上式中分别以$(\omega+\omega_c)$和$(\omega-\omega_c)$代入后可得

$$\begin{cases}S_m(\omega+\omega_c)=\frac{1}{2}[M(\omega+2\omega_c)+M(\omega)]H(\omega+\omega_c)\\ S_m(\omega-\omega_c)=\frac{1}{2}[M(\omega)+M(\omega-2\omega_c)]H(\omega-\omega_c)\end{cases}$$

可得

$$\frac{1}{2\pi}[S_m(\omega)*S(\omega)]=\frac{1}{4}\left\{[M(\omega+2\omega_c)+M(\omega)]H(\omega+\omega_c)+\frac{1}{4}[M(\omega)+M(\omega-2\omega_c)]H(\omega-\omega_c)\right\}$$

式中，$M(\omega+2\omega_c)$及 $M(\omega-2\omega_c)$即是 $M(\omega)$搬移到$\pm2\omega_c$ 处的频谱，它可以由解调器中的低通滤波器滤除。于是，低通滤波器的输出频谱 $S_0(\omega)$为

$$S_0(\omega)=\frac{1}{4}M(\omega)[H(\omega+\omega_c)+H(\omega-\omega_c)]$$

显然，为了准确地获得 $M(\omega)$，上式中的 $H(\cdot)$必须满足

$$H(\omega+\omega_c)+H(\omega-\omega_c)=c$$

式中，c 是常数。

因为，当$|\omega|>\omega_H$ 时，有 $M(\omega)=0$，所以，只需在$|\omega|<\omega_H$ 内得到满足，即只要求

$$H(\omega+\omega_c)+H(\omega-\omega_c)=c,\quad |\omega|<\omega_H$$

式中 ω_H—基带信号的截止角频率。

上式就是确定残留边带滤波器传输特性 $H(\omega)$时所必须遵循的条件。下面就来进一步分析该条件究竟说明什么概念。

假设残留边带滤波器的传输特性 $H(\omega)$如图 4-6(a)所示。显见，它是一个低通滤波器。这个滤波器将使上边带小部分残留，而使下边带绝大部分通过。我们所关心的问题是这种滤波器的截止特性。由于 $H(\omega-\omega_c)$和 $H(\omega+\omega_c)$分别是 $H(\omega)$从原点搬移到 ω_c 和$-\omega_c$ 处的，见图 4-6(b)和(c)，故 $H(\omega+\omega_c)+H(\omega-\omega_c)$应如图 4-6 所示。

由该图可以看出，若要求在$|\omega|<\omega_H$ 内保持 $H(\omega+\omega_c)+H(\omega-\omega_c)$为常数，则必须使 $H(\omega-\omega_c)$和 $H(\omega+\omega_c)$在 $\omega=0$ 处具有互补对称的截止特性。显然，满足这种要求的截止特性曲线并不是唯一的，而是有无穷多个。由此我们得到如下重要概念：只要残留边

带波器的截止特性在载频处具有互补对称特性，那么，采用同步解调法解调残留边带信号就能够准确地恢复所需的基带信号。

上述概念表明：残留边带波器的截止特性具有很大的选择自由度。但必须注意，有选择自由度并不意味着对“程度”就没有什么制约了。很明显，如果滤波器截止特性非常，那么，所得到的残留边带信号便接近单边带信号滤波器将难以制作；如果滤波器截止特性的程度变差，则残留部分自然就增多，残留边带信号所占据的带宽也越宽，甚至越来越接近双边带信号。可见，残留边带信号的带宽与滤波器的实现之间存在矛盾，在实际中需要适当处理。

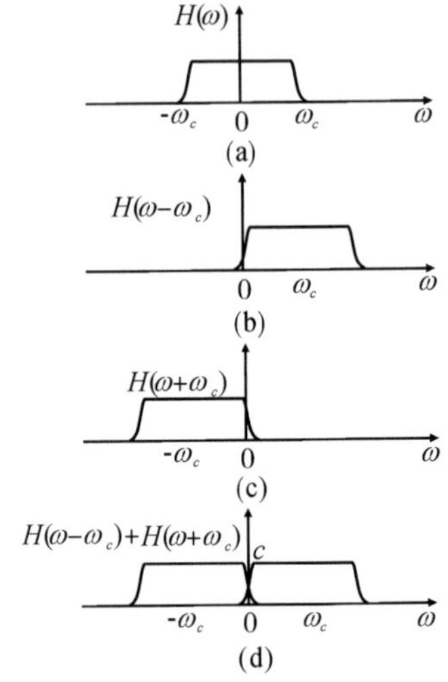

图 4-6 残留边带滤波器的几何解释

顺便指出，以上分析是以图 4-6 为例进行的。实际中，如果用带通（或高通）滤波器来代替上图中的低通滤波器，同样可以实现残留边带调制。

下面介绍解调技术，主要相干解调和包络检波。

1. 解调

相干解调器如图 4-7 所示。

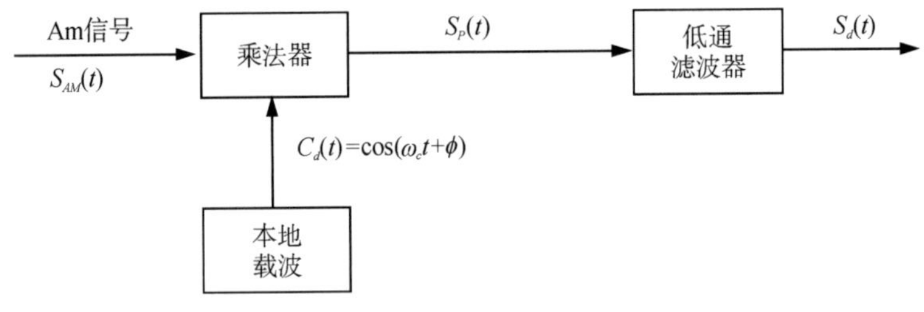

图 4-7 相干解调器

2. 相位相 Phase－coherent/同步（Synchronous）

（1）相位差

乘法器的输入是 $S_{AM}(t)=[A_0+f(t)]\cos(\omega_c t+\theta_c)$； $C_d(t)=\cos(\omega_c t+\varphi)$

乘法器的输出

$$S_p(t)=S_{AM}(t)C_d(t)=[A_0+f(t)]\cos(\omega_c t+\theta_c)\cos(\omega_c t+\varphi)$$
$$=[A_0+f(t)][\cos(\theta_c-\varphi)+\cos(2\omega_c t+\theta_c+\varphi)]/2$$

用低通滤波器滤除 $2\omega_c$ 的分量：$S_d(t)=\{[A_0+f(t)]\cos(\theta_c-\varphi)\}/2$

（2）频率差

本地载波 $C_d(t)=\cos(\omega_c t+\Delta\omega t+\theta_c)$，输出 $S_d(t)=\{[A_0+f(t)]\cos\Delta\omega t\}/2$

3. 锁相环技术

非相干解调中包络检波(Envelope Detection)的功能实现和波形变化如图 4-8 所示。

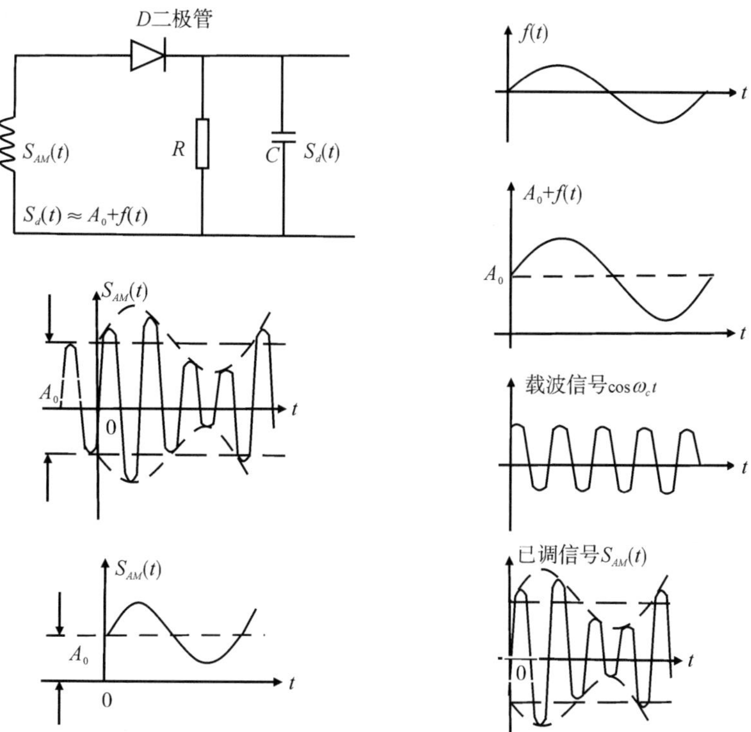

图 4-8　常规双边带调幅波形

为防止过调制现象的出现，必须满足 $A_0+f(t)\geqslant 0$，即，$|f(t)|_{\max}\leqslant A_0$，如图 4-9 所示。

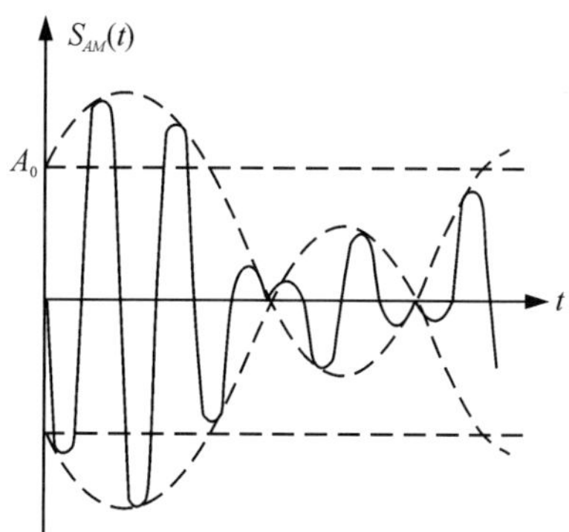

图 4-9　$|f(t)|_{\max}\leqslant A_0$ 调制现象波形

4.1.3　脉冲数字调制

脉冲调制主要指时间上离散的脉冲序列作为载波。主要参数主要指幅度、宽度和位置。

脉冲模拟调制:用模拟基带信号控制脉冲序列的参数变化传送信号样本值。

脉冲数字调制:用脉冲码组表示调制信号采样值。

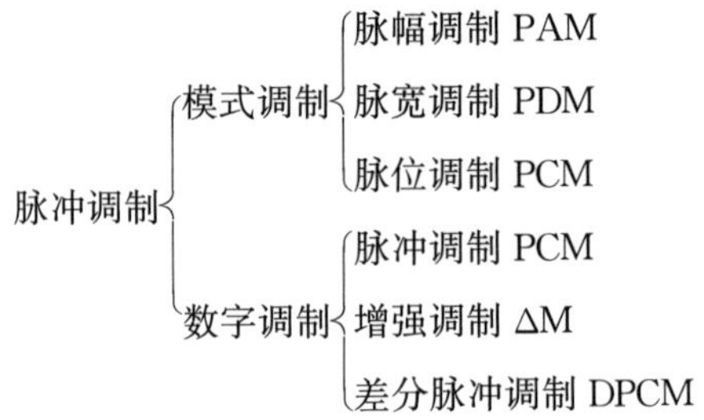

4.1.4　PCM 的基本原理

脉冲调制:将模拟调制信号的采样值变换为脉冲码组。

抽样:将模拟信号转换为时间离散的样本脉冲序列。

量化:将离散时间连续幅度的抽样信号转换成为离散时间离散幅度的数字信号。

编码:用一定位数的脉冲码组表示量化采样值。

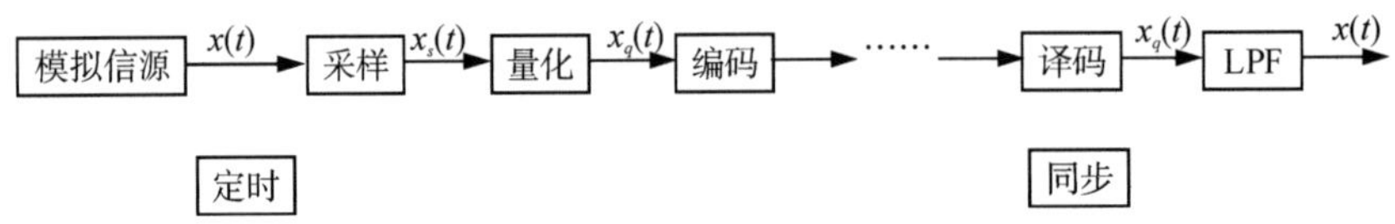

图 4-10　PCM 系统原理框图

码元:脉冲码组的每个脉冲。

码速率 $f_b=\dfrac{1}{T_b}$其中 T_b 为码元间隔。

码长 n:码组中包含的码元个数。

系统的抗噪声性能:信号与量化噪声的功率比

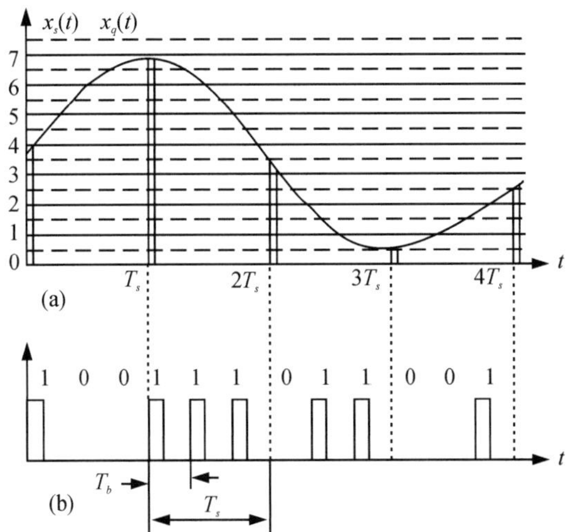

(a)信号的抽样值和量化抽样值　　(b)二进制 PCM 信号(单极性码)

图 4-11　PCM 信号

以前讨论的调制技术是采用连续振荡波形(正弦型信号)作为载波的,然而,正弦型信号并非是唯一的载波形式。在时间上离散的脉冲串,同样可以作为载波,这时的调制是用基带信号去改变脉冲的某些参数而达到的,人们常把这种调制称为脉冲调制。通常,按基带信号改变脉冲参数(幅度宽度时间位置)的不同,把脉冲制又分为脉调制(PAM)、脉宽调制(PDM)和脉位调制(PPM)等,其调制波形如图 4-12 所示。限于篇幅这里仅介绍脉幅调制,因为它是脉冲编码调制的基础。

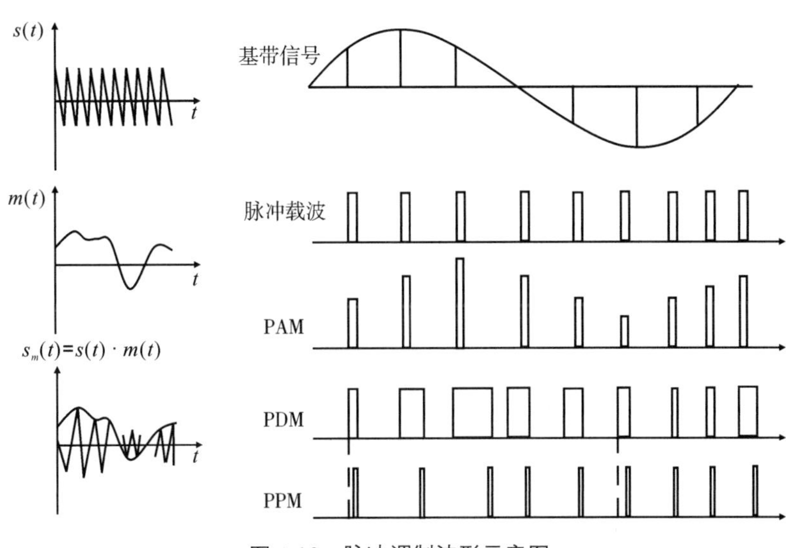

图 4-12　脉冲调制波形示意图

所谓脉冲振幅调制，即是脉冲载波的幅度随基带信号变化的一种调制方式。如果脉冲载波是由冲激脉冲组成的，则前面所说的抽样定理，就是脉冲振幅调制的原理。

但是，实际上真正的冲激脉冲串并不能付之实现，而通常只能采用窄脉冲串来实现。因而，研究窄脉冲作为脉冲载波的 PAM 方式将具有实际意义。

设基带信号的波形及频谱如图 4-13(a)所示，而脉冲载波以 $S(t)$表示，它是由脉宽为 τ 秒，重复围期为 T 秒的矩形脉冲串组成，其中 T 是按抽样定理确定的，即有 $T=1/2f_H$ 秒。脉冲载波的波形及频谱示意图 4-13(b)。因为已抽样信号是 $m(t)$与 $s(t)$的乘积，所以，已抽样的信号波形及频谱即可求得。已抽样信号的频谱可表示成：

$$M_s(\omega)=\frac{1}{2\pi}[M(\omega)*S(\omega)]=\frac{A\tau}{T}\sum_{n=-\infty}^{\infty}Sa(n\tau\omega_H)M(\omega-2n\omega_H)$$

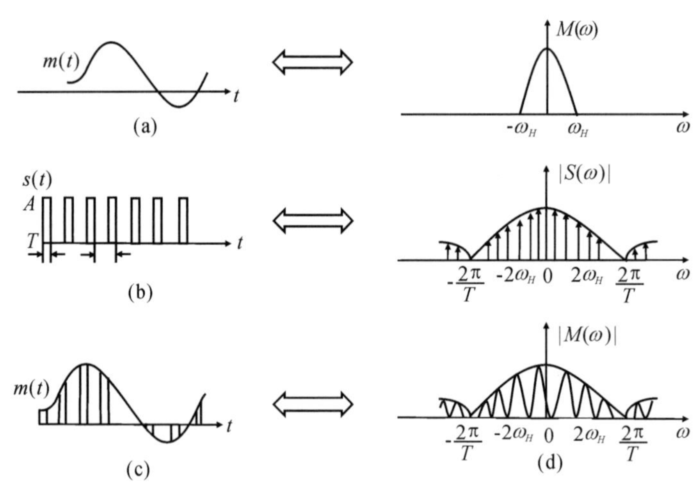

图 4-13　矩形脉冲为载波的 PAM 波形及频谱

由上式看出，采用矩形窄脉冲抽样的频谱与采用冲激脉冲抽样（理想抽样）的频谱很类似，区别仅在于其包络按 $Sa(x)$函数逐渐衰减。显然，采用低通波器就可以从 $M_s(\omega)$中滤出（解调）原频谱 $M(\omega)$。这表明，如上图所示的脉冲振幅调制及其解调过程与理想抽样时程一样。

在 PAM 方式中，除了上面所说的形式外，还有别的形式，我们看到，上面讨论的已抽样信号 $m_s(t)$的脉冲“顶部”是随 $m(t)$变化的，即在顶部保持 $m(t)$变化的规律，这是一种“曲顶”的脉冲调幅；另外一种是“平顶”的脉冲调幅。通常，把曲顶的抽样方法称为自然抽样，而把平顶的抽样称为瞬时抽样或平顶抽样。下面我们来讨论平顶抽样的 PAM 方式。

平顶抽样所得到的已抽样信号如图 4-14(a)所示，这里每一抽样脉冲的幅度正比于瞬时抽样值,但其形状都相同。已抽样信号在原理上可按图 4-14(b)来形成。图中,首先将 $m(t)$与 $\delta_r(t)$相乘,形成理想抽样信号,然后让它通过一个脉冲形成电路,其输出即为所需的平顶抽样信号 $m_H(t)$。

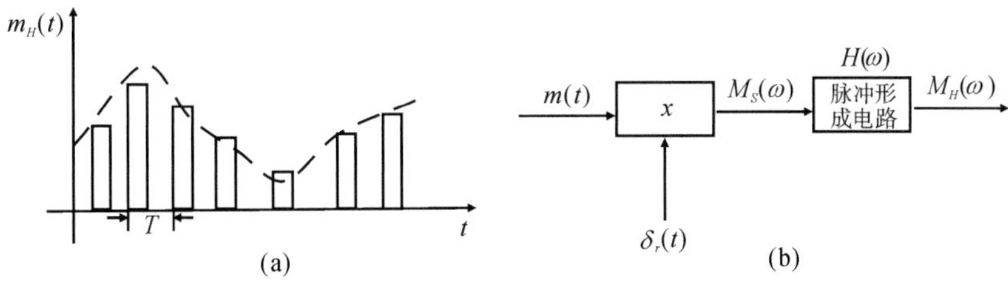

图 4-14　平顶抽样信号及其产生原理

设脉冲形成电路的传输特性为 $H(\omega)$,其输出信号频谱 $M_H(\omega)$应为

$$M_H(\omega)=M_s(\omega)H(\omega)$$

利用上式的结果,上式变为

$$H_H(\omega)=\frac{1}{T}H(\omega)\sum_{n=-\infty}^{\infty}M(\omega-2n\omega_H)=\frac{1}{T}\sum_{n=-\infty}^{\infty}H(\omega)M(\omega-2n\omega_H)$$

由上式看出,平顶抽样的 PAM 信号的频谱 $M_H(\omega)$是由 $H(\omega)$加权后的周期性重复的频谱 $H(\omega)$所组成,因此,采用低通滤波器不能直接从 $M_H(\omega)$中滤出所需基带信号,因为这时 $H(\omega)$不是常系数,而是 ω 的函数。

为了从已抽样信号中恢复原基带信号 $m(t)$,可以采用图 4-15 所示的解调原理方框图。从上式看出,不能直接使用低通滤波器滤出所需信号是因为 $M(\omega)$受到了 $H(\omega)$的加权。如果我们在接收端低通滤波之前用特性为 $1/H(\omega)$的网络加以修正,则低通滤波器输入信号的频谱变成:$M_s(\omega)=\dfrac{1}{H(\omega)}M_H(\omega)=\dfrac{1}{T}\sum\limits_{n=-\infty}^{\infty}M(\omega-2n\omega_H)$

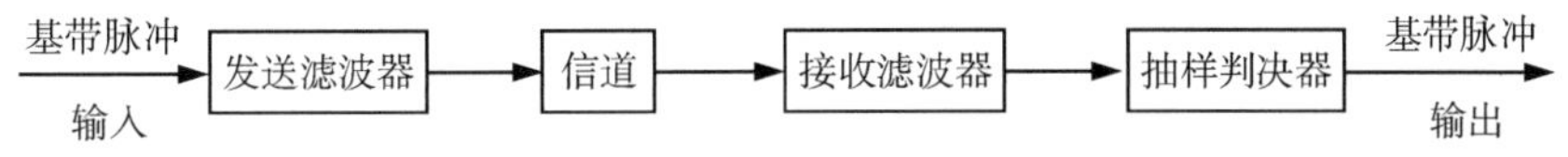

图 4-15　平顶抽样时 PAM 信号的解调原理方框图

故通过低通滤波器便能无失真地恢复 $M(\omega)$。最后指出,在实际中,平顶抽样的 PAM 信号常常采用抽样保持电路来实现,得到的脉冲为矩形脉冲。原理上,这里只要能够反映瞬时抽样值的任意脉冲形式都是可以被采用的。

4.1.5　数字基带传输

基带传输主要是指直接使用电缆等载体传输基带信号，而频带传输是指经过射频调制，将基带信号的频谱搬移到某一载波上所形成的频带信号进行传输。基带传输中主要研究：1）信号传输中的符号间干扰及基带传输系统的设计；2）误码率的计算；3）时域均衡原理及其实现。

距离上直接传输 PCM 信号，这种不使用载波调制解调装置而直接传送基带信号的系统，我们称它为基带传输系统，它的基本结构如图 4-16 所示。该结构由信道信号形成器、信道、接收滤波器以及抽样判决器组成。这里信道信号形成器用来产生适合于信道传输的基带信号，信道可以是允许基带信号通过的媒质（例如能够通过从直流至高频的有线线路等）；接收滤波器用来接收信号和尽可能排除信道噪声和其他干扰；抽样判决器则是在噪声背景下用来判定与再生基带信号。

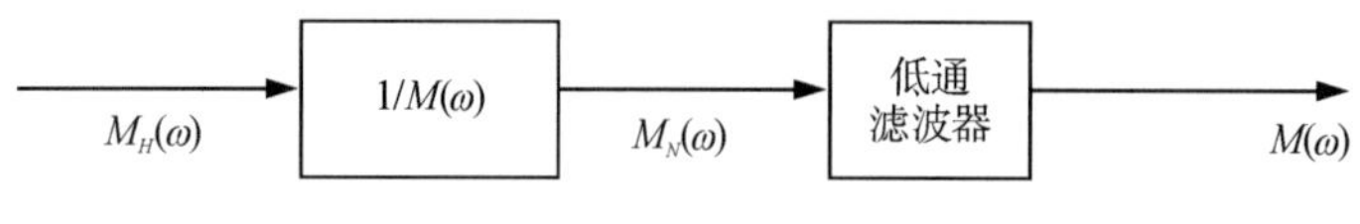

图 4-16　基带传输系统的基本结构

4.1.5.1　数字基带信号的码型

为了分析消息在数字基带传输系统的传输过程，先分析数字基带信号及其频谱特性是必要的。码型变换：数字信息的电脉冲表示过程。数字基带信号（以下简称为基带信号）的类型是举不胜举的。现以由矩形脉冲组成的基带信号为例，最基本的基带信号码波形包含单极性不归零码、双极性不归零码、单极性归零码、差分码（传号/空号）、数字双相码、传号反转码。

1. 单极性码形

设消息代码由二进制符号 0、1 组成，则单极性码波形的基带信号可用下图表征。这里基带信号的 0 电位及正电位分别与二进制符号 0 及 1 一一对应如图 4-17(a)所示。容易看出，这种信号在一个码元时间内，不是有电压（或电流），就是无电压（或电流），电脉冲之间无间隔，极性单一。该波形经常在近距离传输时（比如在印制板内或相近印制板之间传输时）被采用。

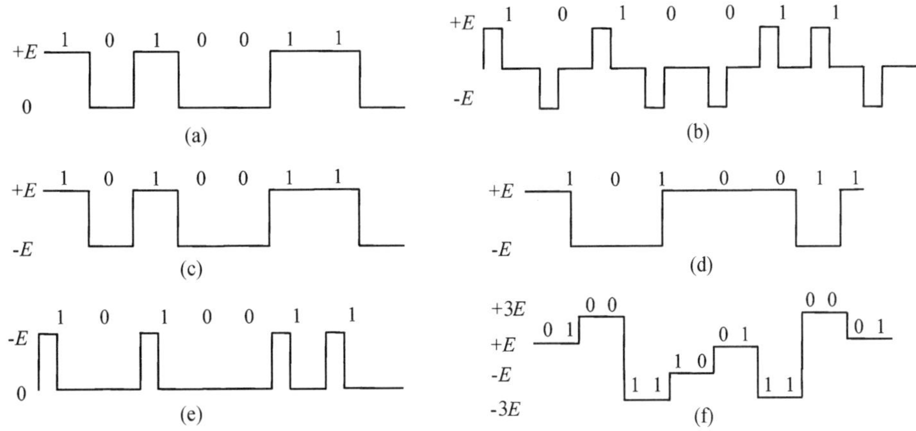

图 4-17　几种最基本的基带信号波形

2. 双极性码波形

双极性波形就是二进制符号 0、1 分别与正、负电位对应的波形如图 4-17(b)所示。它的电脉冲之间也无间隔,但由于是双极性波形,故当 0、1 符号等可能出现时,它将无直流成分。该波形常在 CCITT 的 V 系列接口标准或 RS—232C 接口标准中使用。

3. 单极性归零码形

单极性归零码波形是指它的有电脉冲宽度比码元宽度窄,每个脉冲都回到零电位如图 4-17(c)所示。该波形常在近距离内实行波形变换时使用。

4. 双极性归零码波形

它是双极性波形的归零形式,此时对应每一符号都有零电位的间隙产生,即相邻脉冲之间必定留有零电位的间隔,如图 4-17(d)所示。

5. 差分码波形

这是一种把信息符号 0 和 1 反映在相邻码元的相对变化的波,比如,若以相邻码元的电位改变表示符号 1,而以电位不改变表示符号 0。当然,上述规定也可以反过来。由图 4-17(e)可见,这种码波形在形式上与单极性码或双极性码波形相同,但它代表的信息符号与码元本身电位或极性无关,而仅与相邻码元的电位变化有关。差分波形也称相对码波形,而相应地称前面的单极性或双极性波形为绝对码波形。差分码波形常在相位调制系统的码变换器中使用。

6. 多元码波形(多电平码波形)

上述各种信号都是一个二进制符号对应一个脉冲码元实际上还存在多于一个二进制符号对应一个脉冲码元的情形。这种波形统称为多元码波形或多电平码波形。例如若令两个二进制符号 00 对应+3E,01 对应+E,10 对应-E,11 对应-3E,则所得波形为 4 元码波形或 4 电平码波形如图 4-17(f)所示。由于这种波形的一个脉冲可以代表多个二进制符号故在高数据速率传输系统中采用这种信号形式是适宜的。

实际上,组成基带信号的单个码元波形并非一定是矩形的。根据实际的需要,还可有多种多样的波形形式,比如升余弦脉冲、高斯形脉冲、半余弦脉冲等等。这说明信息符号并不是与唯一的基带波形相对应。令 $g_1(t)$ 对应二进制符号的"0",$g_2(t)$ 对应于"1",码元的间隔为 T_s,则基带信号可表示成

$$s(t)=\sum_{n=-\infty}^{\infty}a_n g(t-nT_s)$$

式中 a_n——第 n 个信息符号所对应的电平值(0、1 或-1、1 等);

$$g(t-nT_s)=\begin{cases}g_1(t-nT_s)(\text{出现符号“0”时})\\ g_2(t-nT_s)(\text{出现符号“1”时})\end{cases}$$

由于 a_n 是信息符号所对应的电平值,它是一个随机量。因此,通常在实际中遇到的基带信号都是一个随机的脉冲系列。

4.1.5.2　基带传输的常用码型

若一个变换器把数字基带信号变换成适合于基带信道传输的基带信号,则称此变换器为数字基带调制器;相反,把信道基带信号变换成原始数字基带信号的变换器,称之为基带解调器。以上两者,合称为"基带调解器"。商业上早已用此名称,且在我国国家标准局发布的文献中,已采用该名称。基带调解器设计中的首要问题就是本节要讨论的码型选择问题。

前面说过,基带信号是信息的一种电波表示形式。在实际的基带传输系统中,并不是所有的基带电波形都能在信道中传输。例如含有丰富直流和低频成分的基带信号就不适宜在信道中传输,因为它有可能造成信号严重畸变。前面介绍的单极性基带波形就是一个典型例子。再例如,一般基带传输系统都从接收到的基带信号流中提取收定时信号,而收定时信号却又依赖于代码的码型,如果代码出现长时间的连"0"符号,则基带信号可能会长时间地出现 0 电位,而使收定时恢复系统难以保证收定时信号的准确性。实际的基带传输系统还可能提出其他要求,从而导致对基带信号也存在各种可能的要求。然而,归纳起来,对传输用的基带信号的主要要求有两点:(1)对各种代码的要求期望将原始信息符号编制成适合于传输用的码型;(2)对所选码型的电波形要求,期望电波形适宜于在信道中传输。前一问题称为传输码型的选择;后一问题称为基带脉冲的选择。这是两个既

有独立性又有互相联系的问题，也是基带传输原理中重要的两个问题。本节讨论前一问题，基带脉冲选择问题将在下面几节中讨论。

传输码(通常称为线路码)的结构将取决于实际信道系统的工作条件，在较为复杂一些的基带传输系统中，传输码的结构应具有下列主要特性：

(1)能从其相应的基带信号中获取定时信息；

(2)相应的基带信号无直流成分和只有很小的低频成分；

(3)不受信源统计特性的影响，即能适应于信源的变化；

(4)尽可能地提高传输码型的传输效率；

(5)具有内在的检错能力，等等。

满足或部分满足以上特性的传输码型种类繁多，这里准备介绍目前常见的几种。

1. AMI 码

AMI 码的全称是传号交替反转码如图 4-18 所示，这是一种将消息代码 0(空号)和 1(传号)按如下规则进行编码的码：代码的 0 仍变换为传输码的 0，把代码中的 1 交替地变换为传输码的+1，−1，+1，−1……例如：

消息代码：1 0 0 1 1 0 0 0 1 1 1

AMI 码：+1 0 0 − 1 + 1 0 0 0 − 1 + 1 − 1 …

由于 AMI 码的传号交替反转，故由它决定的基带信号将出现正负脉冲交替，而 0 电位保持不变的规律，由此看出这种基带信号无直流成分，且只有很小的低频成分，因而它特别适宜在不允许这些成分通过的信道中传输。

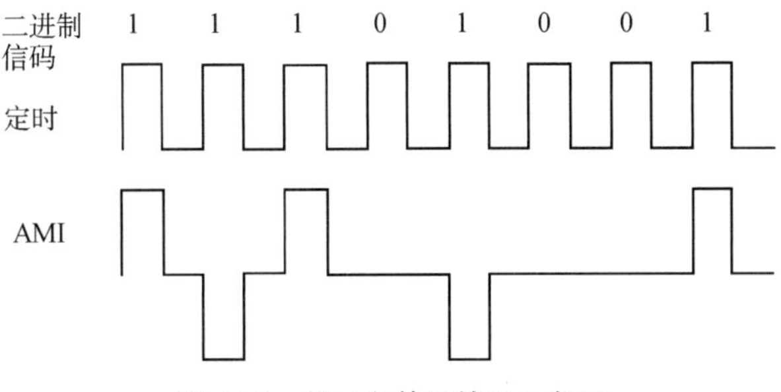

图 4-18　传号交替反转码示意图

由 AMI 码的编码规则看出，它已从一个二进制符号序列变成了一个三进制符号序列，即是一个二进制符号变换成一个三进制符号，我们把一个二进制符号变换成一个三进制符号所构成的码称为 IB/IT 码。

AMI 码除有上述特点外，还有编译码电路简单及便于观察误码等优点。它是一种基本的线路码，在高密度信息流的数据传输中得到广泛采用。但是，AMI 码有一个重要缺点，即当它用来获取定时信息时，由于它可能出现长的连 0 串，而会造成提取定时信号的困难。

2. HDB_3 码

为了保持 AMI 码的优点而克服其缺点，人们提出广许多种类的改进 AMI 码、HDB_3 码就是其中有代表性的码。

HDB_3 码的全称是三阶高密度双极性码，它的编码原理是这样的：先把消息代码变换成 AMI 码然后去检查 AMI 码的连 0 串情况当没有 4 个或 4 个以上连 0 串时，则这时的 AMI 码就是 HDB_3 码；当出现 4 个或 4 个以上 0 串时，则将每个 0 小段的第 4 个 0 变换成与其前一非 0 符号（＋1 或－1）同极性的符号，显然这样做可能破坏"极性交替反转"的规律。因此引入破坏符号，用 V 符号表示（即＋1 记为＋V）为使附加 V 符号后的序列不破坏"极性交替反转"造成的直流特性，还必须保证相邻 V 符号也应极性交替。这一点，当相邻 V 符号之间有奇数个非 0 符号时，则是能得到保证的；当有偶数个非 0 符号时，则就得不到保证。这时再将该小段的第 1 个 0 变换成＋B 或－B，B 符号的极性与前一非 0 符号的相反并让后面的非 0 符号从 V 符号开始再交替变化，例如图 4-19 所示：

代码：	1000	0	1000	0	1	1	000	0	1	1
AMI码：	-1000	0	+1000	0	-1	+1	000	0	-1	+1
HDB_3码	-1000	-V	+1000	+V	-1	+1	-B00	-V	+1	-1

图 4-19　HDB_3 码编码规则

虽然 HDB_3 码的编码规则比较复杂，但译码却比较简单。从上述原理看出每一个破坏符号 V 总是与前一非 0 符号同极性（包括 B 在内）。这就是说从收到的符号序列中可以容易地找到破坏点 V，于是也断定 V 符号及其前面的 3 个符号必是连 0 符号从而恢复 4 个连 0 码再将所有－1 变成＋1 后便得到原消息代码。HDB_3 码的特点是明显的，它除了保持 AMI 码的优点外还增加了使连 0 串减少到至多 3 个的优点，而不管信息源的统计特性如何。这对于定时信号的恢复是十分有利的，HDB_3 码是 CCITT 推荐使用的码型之一。

4.2　数字调制基本理论

4.2.1　数字调制的分类

连续波数字调制是以正弦信号(可以是高频正弦信号,也可以是低频正弦信号)为载波,调制信号为数字信号的调制方式。数字信号的载波传输,就是指以正弦信号为载波传输或运载数字信息的信息传输方式。数字信号可以看成是模拟信号的特殊情况,在这种意义上可以把连续波数字调制看成是连续波模拟调制的特殊情况。数字调制的类型主要有:

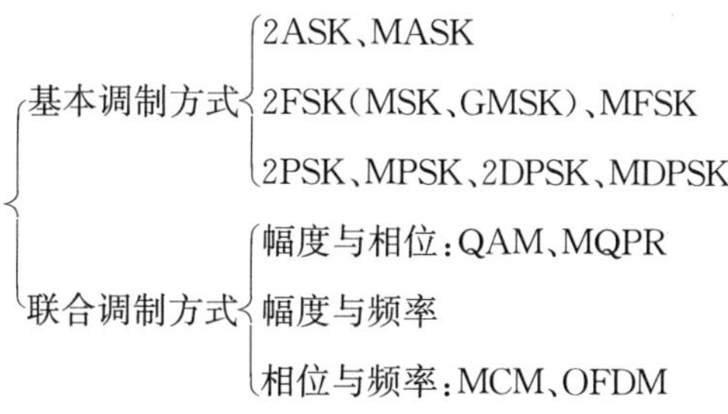

数字调制方式主要有三种基本数字调制方式如图 4-20 所示。

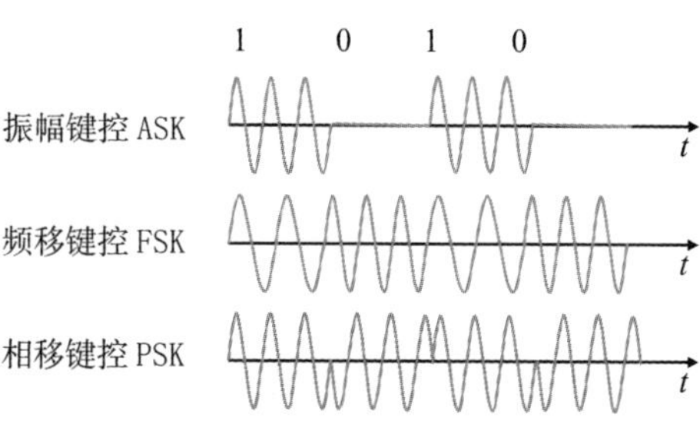

图 4-20　三种基本数字调制方式示意图

数字调制与模拟调制的比较如表 4-1 所示。

表 4-1　数字调制与模拟调制的比较

	数字调制	模拟调制
载波	正弦信号	正弦信号
调制信号	数字基带信号	模拟信号
幅度调制方式	ASK	AM
频率调制方式	FSK	FM
相位调制方式	PSK	PM
调制性能	误码率	信噪比

1. 二进制振幅键控(2ASK)

2ASK 原理:(1)2ASK 信号的码元“1”和“0”分别用两个不同的振幅 A 和 0 表示,(2)2ASK 信号的频率和初始相位保持不变,如图 4-21 所示。

2ASK 信号的时域表达式

$$s_{2ASK}=\begin{cases}x(t)\cos(\omega_0 t+\theta) & 发送“1”时\\ 0 & 发送“0”时\end{cases}$$

$x(t)$是单极性二进制数字基带信号。2ASK 信号带宽是 $2f_b$,f_b 是码元重复频率。此调制系统的频带利用率为 1bit/(s. Hz)。通常称为通断键控(OOK)。

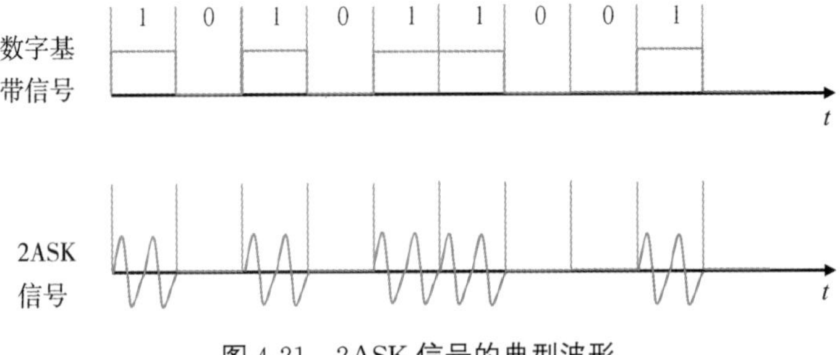

图 4-21　2ASK 信号的典型波形

2ASK 信号的调制:直接法如图 4-22 所示和键控法如图 4-23 所示。

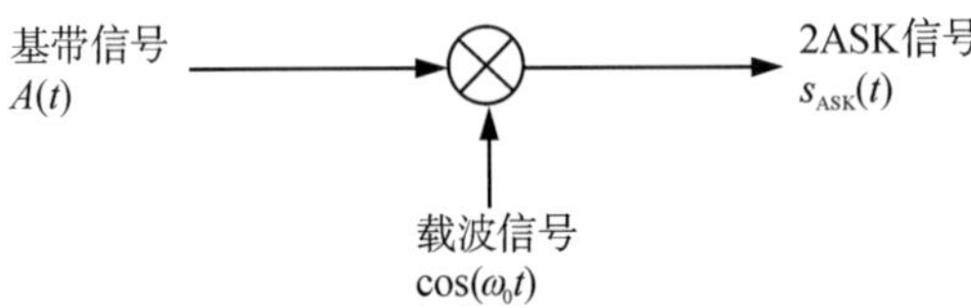

图 4-22　2ASK 信号的调制相乘法

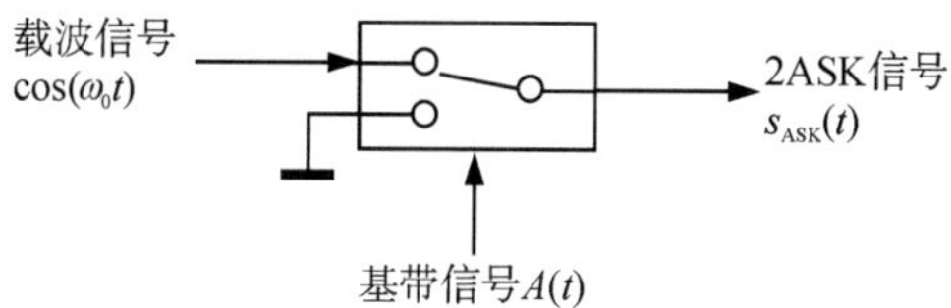

图 4-23　2ASK 信号的调制开关法

二进制振幅键控(2ASK)的解调，2ASK 信号的非相干解调中的包络检波如图 4-24 所示。

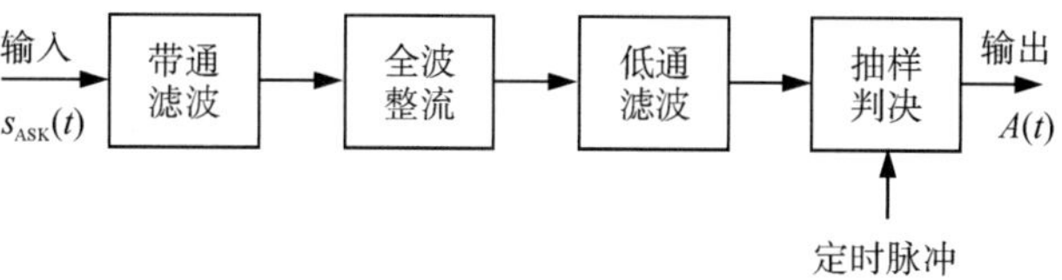

图 4-24　包络检波

接收信号首先经过一个二级管，利用二级管的单向导通特性获取信号的上半部，再经过一个低通滤波器滤掉高频部分，就解调出了基带信号。

二进制振幅键控(2ASK)如图 4-25 所示。

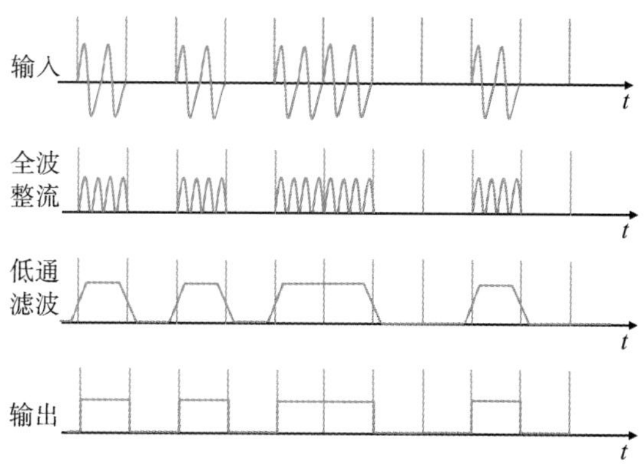

图 4-25　包络检波器各点的波形

2ASK 信号的相干解调如图 4-26 所示。

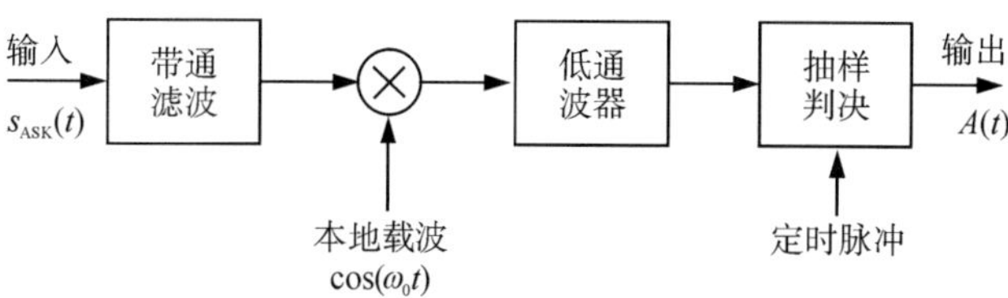

图 4-26　2ASK 信号的相干解调

载波恢复：$s(t)\cos^2 w_c t = s(t)\cdot\dfrac{\cos 2w_c t+1}{2}=\dfrac{1}{2}s(t)+\dfrac{1}{2}s(t)\cos 2w_c t$，如图 4-27 所示，然后相干解调各点的波形如图 4-28 所示。

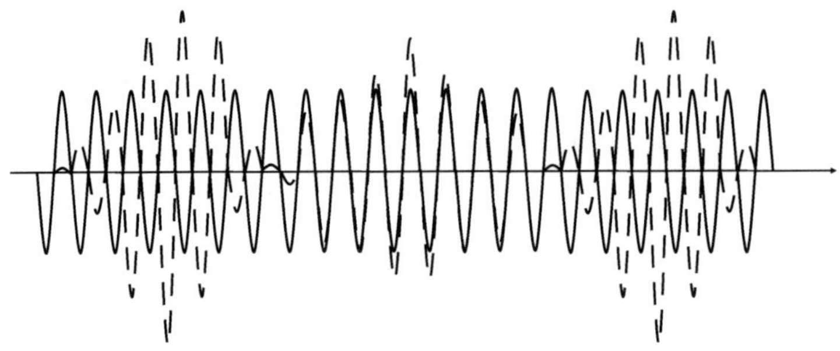

图 4-27　**载波恢复图**

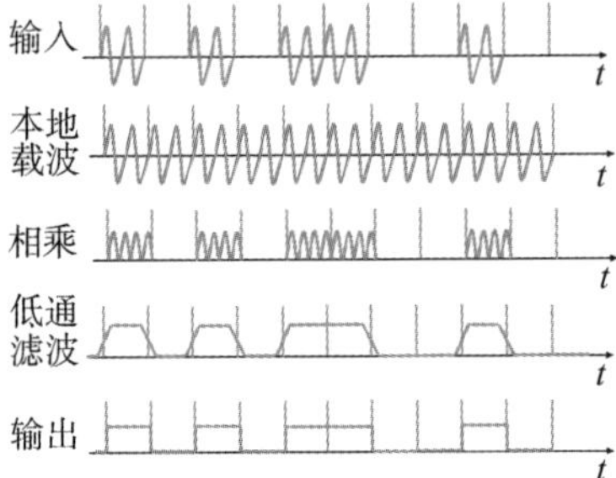

图 4-28　**相干解调器各点的波形**

2ASK 信号的功率谱密度，设二进制序列 $A(t)$ 的功率谱为 $P_A(f)$，则 2ASK 信号的功率谱密度为

$$P_{2ASK}(f)=\frac{1}{4}[P_A(f+f_0)+P_A(f-f_0)]$$

2ASK 信号的功率谱为基带信号功率谱的线性搬移。

0—1 等概率单极性不归零码(NRZ)码的功率谱密度

$$P_A(f)=\frac{T}{4}Sa^2(\pi fT)+\frac{1}{4}\delta(f)$$

0—1 等概率 2ASK 信号的功率谱密度

$$P_A(f)=\frac{T}{4}Sa^2(\pi fT)+\frac{1}{4}\delta(f)$$

$$\begin{aligned}P_{2ASK}(f)&=\frac{1}{4}[P_A(f+f_0)+P_A(f-f_0)]\\&=\frac{T}{16}[Sa^2(\pi fT+\pi f_0T)+Sa^2(\pi fT-\pi f_0T)]+\frac{1}{16}[\delta(f+f_0)+\delta(f-f_0)]\end{aligned}$$

2ASK 的带宽如下式，其频谱图如 4-29 所示。

$$B_{2ASK}=2f_c$$

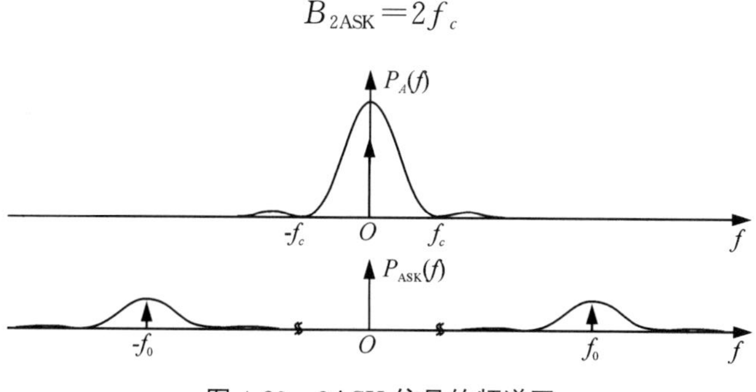

图 4-29　2ASK 信号的频谱图

2ASK 信号的误码率，假设 0－1 等概率，设 r 为信噪比，相干解调器的信噪比与误码率

$$P_e=\frac{1}{2}\mathrm{erfc}(\sqrt{r}/2)$$

包络检波器的信噪比与误码率

$$P_e=\frac{1}{4}\mathrm{erfc}(\sqrt{r}/2)+\frac{1}{2}\mathrm{e}^{-r/4}$$

正交振幅调制(QAM)，QAM 技术是一种幅度和相位联合键控的调制方式。它可以提高系统的可靠性，且能获得较高的频带利用率，是目前应用较为广泛的一种数字调制方式。

QAM 信号是由两路相互正交的载波叠加而成的，两路载波分别被两组离散振幅 $x_I(t)$ 和 $x_Q(t)$ 所调制，故称正交振幅调制。当进行 M 进制的正交振幅调制时，可记为 MQAM。

正交部分响应(QPR)，QPR 调制技术是利用两个彼此正交的载波分别携带一路部分响应信号产生已调信号的，即在正交振幅调制中，若 $x_I(t)$ 和 $x_Q(t)$ 都采用部分响应信号，就形成了 QPR 信号。

2. 二进制频移键控(2FSK)

2FSK 原理：(1)2FSK 信号的码元“0”和“1”分别用两个不同频率的正弦波传输。(频率变化传递信息)，(2)2FSK 信号的振幅和初始相位保持不变，如图 4-30 所示。

2FSK 信号的时域表达式

$$S_{2FSK}(t)=\begin{cases}A\cos(\omega_1 t+\varphi_1) & 发送“1”时\\ A\cos(\omega_0 t+\varphi_1) & 发送“0”时\end{cases}$$

其中数字信号 1 对应于载波频率 f_1，数字信号 0 对应于载波频率 f_0。

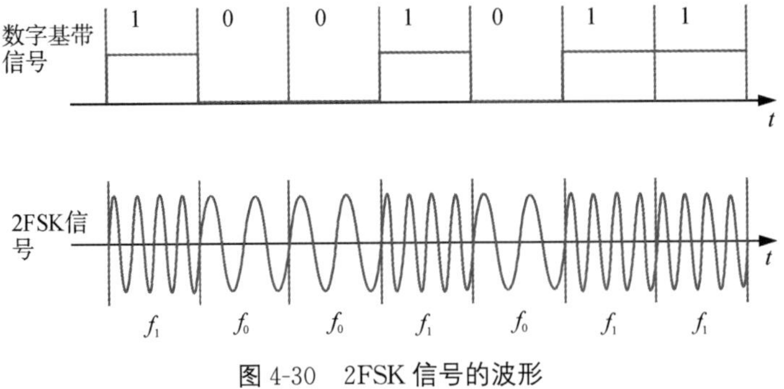

图 4-30　2FSK 信号的波形

2FSK 信号的调制法如图 4-31 所示。

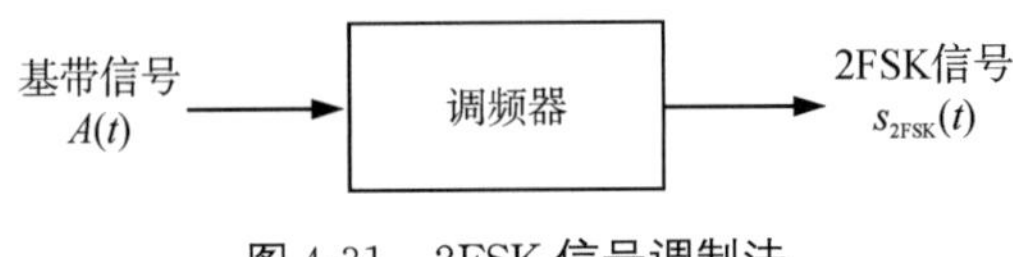

图 4-31　2FSK 信号调制法

开关法(选频法)如图 4-32 所示。

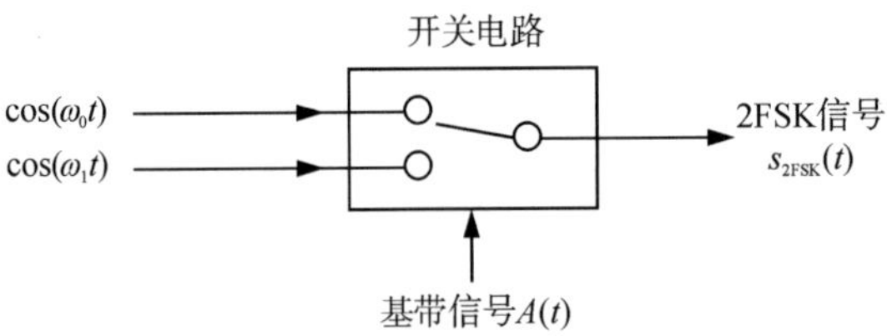

图 4-32　2FSK 信号开关法(选频法)

2FSK 信号的相干解调如图 4-33 所示。

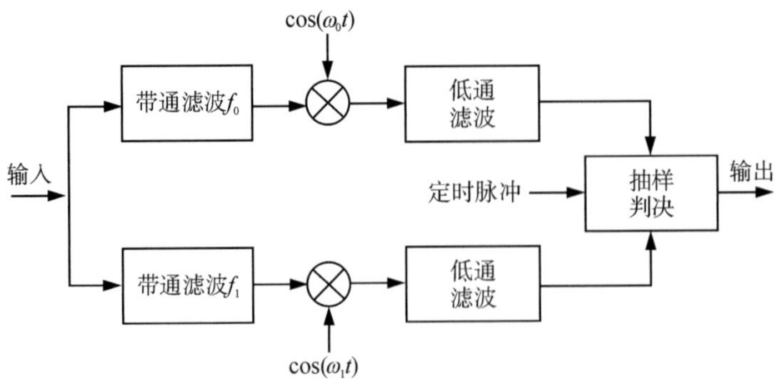

图 4-33　2FSK 信号的相干解调

2FSK 信号的非相干解调中的包络检波如图 4-34 所示。

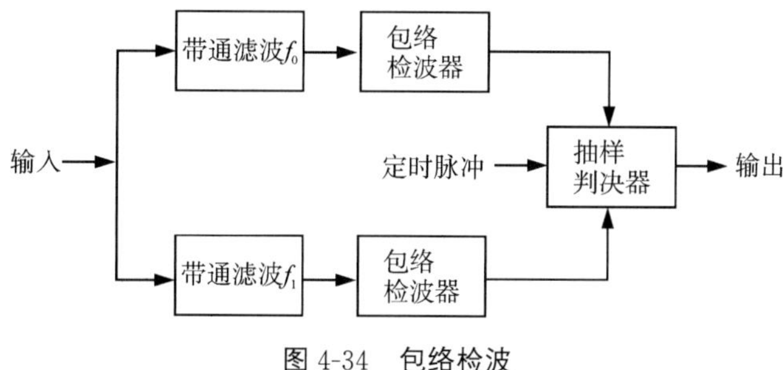

图 4-34　包络检波

2FSK 信号的非相干解调中的过零点检测法如图 4-35 所示。

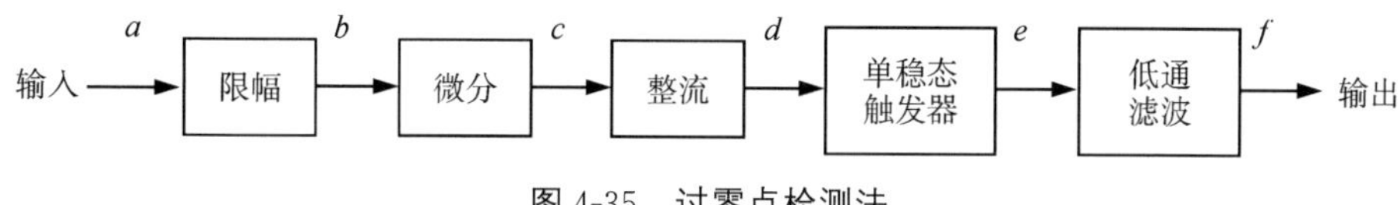

图 4-35　过零点检测法

2FSK 过零检测法各点的波形如图 4-36 所示。

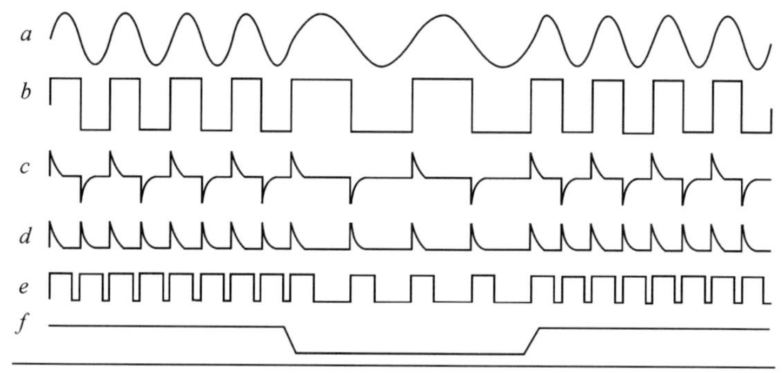

图 4-36　2FSK 过零检测法各点的波形

2FSK 信号的分解如图 4-37 所示。

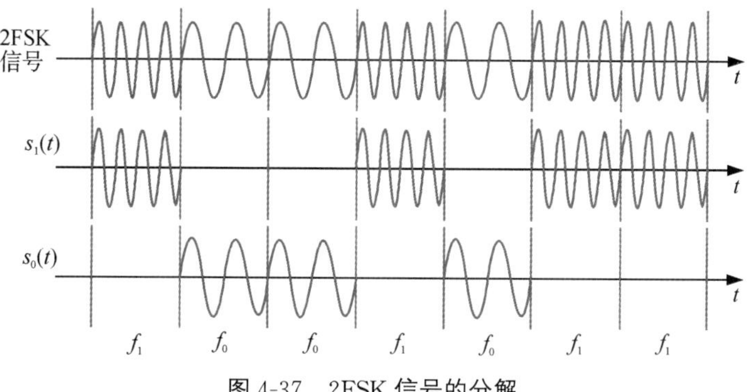

图 4-37　2FSK 信号的分解

2FSK 信号的功率谱密度

一个 2FSK 信号可表示成两个 2ASK 信号之和

$$S_{2FSK}(t)=S_1(t)+S_0(t)=A\cos(\omega_1 t)+A\cos(\omega_0 t)$$

一个 2FSK 信号的功率谱密度为两个 2ASK 的功率谱密度之和

$$P_{2ASK}(f)=\frac{1}{4}[P_{A1}(f+f_1)+P_{A1}(f-f_1)]+\frac{1}{4}[P_{A0}(f+f_0)+P_{A0}(f-f_0)]$$

2FSK 信号的功率谱密度

$$\begin{aligned}P_{2ASK}(f)=&\frac{T}{16}[Sa^2(\pi fT+\pi f_1 T)+Sa^2(\pi fT-\pi f_1 T)]\\&+\frac{T}{16}[Sa^2(\pi fT+\pi f_0 T)+Sa^2(\pi fT-\pi f_0 T)]\\&+\frac{1}{16}[\delta(f+f_1)+\delta(f-f_1)]+\frac{1}{16}[\delta(f+f_0)+\delta(f-f_0)]\end{aligned}$$

波形与功率谱如图 4-38 所示。

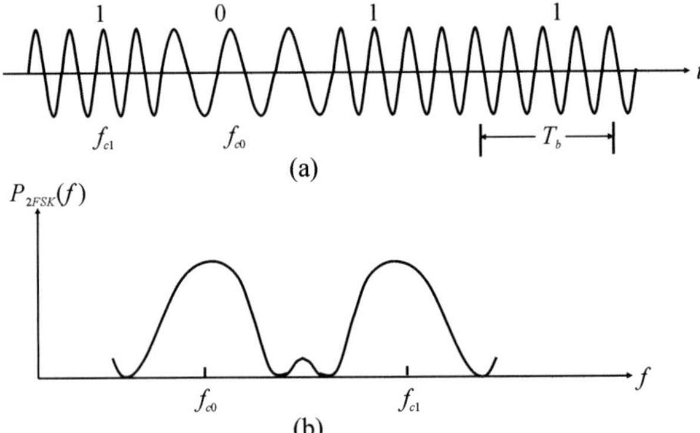

图 4-38　二进制频移键控信号的波形和频谱示意图

$$B_{2FSK}=2B_{基带}+|f_{c1}+f_{c0}|$$

2FSK 信号频谱图如图 4-39 所示。

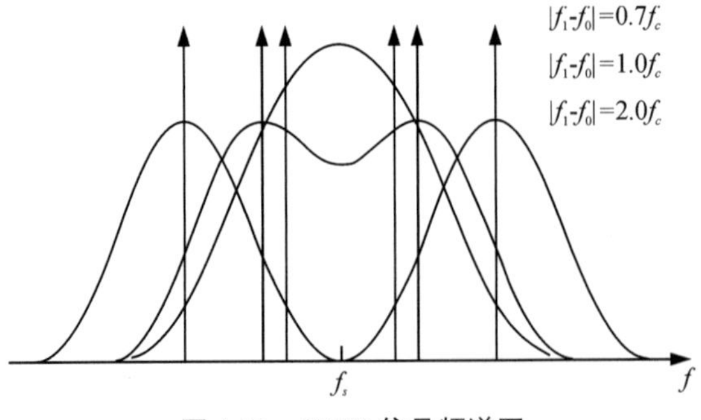

图 4-39　2FSK 信号频谱图

2FSK 频谱分析，其信号带宽：$\Delta f=|f_1-f_0|+2f_c$。

若$|f_1-f_0|=2.0f_e$，在解调时可用两个滤波器分别滤出两个载波频率的信号，从而实现解调。

若$|f_1-f_0|=1.0f_c$，两个频带的信号发生重叠，用滤波器无法将它们分开，即无法用滤波法实现解调。

若两个载波满足正交条件，可采用相干解调的方法将它们分离，从而实现解调。

正交条件

$$\int_0^{\mathrm{T}}[\cos(\omega_1 t+\varphi_1)\cos(\omega_0 t+\varphi_1)]\mathrm{d}t=0$$

$$\frac{1}{2}\int_0^{\mathrm{T}}\{\cos[(\omega_1+\omega_0)t+\varphi_1+\varphi_0]+\cos[(\omega_1-\omega_0)t+\varphi_1-\varphi_0]\}\mathrm{d}t$$

$$=\frac{\sin[(\omega_1+\omega_0)T+\varphi_1+\varphi_0]-\sin(\varphi_1+\varphi_0)}{\omega_1+\omega_0}+\frac{\sin[(\omega_1-\omega_0)T+\varphi_1-\varphi_0]-\sin(\varphi_1-\varphi_0)}{\omega_1-\omega_0}=0$$

$$(\omega_1-\omega_0)T=2\pi m\quad m\ 为整数$$

最小频率间隔

$$(\omega_1-\omega_0)T=2\pi m$$

$$(f_1-f_0)T=m$$

$$f_1-f_0=\frac{m}{T}$$

当取 $m=1$ 时，得到最小频率间隔为 $1/T$。

当 $\varphi_1=\varphi_0=0$ 时，取 $n=1$，最小频率间隔 1/2T

$$(\omega_1-\omega_0)T=\pi n$$

$$(f_1-f_0)T=\frac{1}{2}n$$

$$f_1-f_0=\frac{n}{2T}$$

2FSK 信号的误码率，相干解调的信噪比与误码率 $P_e=\dfrac{1}{2}\mathrm{erfc}(\sqrt{r/2})$，其中 r 为信噪比。包络检波的信噪比与误码率 $P_e=\dfrac{1}{2}\mathrm{e}^{-r/2}$。

最小频移键控(MSK)，MSK 是 2FSK 的改进方法，其目的是克服 2FSK 信号的频带利用率低、相位不连续、信号波形的包络起伏较大、以及码元波形不一定严格正交的缺点。若设 2FSK 信号中 $h=\Delta f/f_b$ 为调制指数，则 MSK 就是 $h=0.5$ 相位连续的 2FSK 调制，它具有良好的频谱特性。MSK 信号是一种包络恒定、相位连续、带宽最小且严格正交的 2FSK 信号。

高斯滤波最小频移键控(GMSK),GMSK 是对 MSK 技术进一步改进,其目的是使得信号的功率谱密度集中和减少对邻道的干扰。其方法是在进行 MSK 调制前将矩形脉冲信号先通过一个高斯型的低通滤波器进行预处理,就形成了高斯滤波最小频移键控(GMSK)。

受控调频(TFM),TFM 是对基带信号编码处理后实施的 FSK。实现 TFM 调制时,先对数字基带信号进行特定的相关编码,再实现调频,它的频谱特性较好。

二进制相移键控(2PSK),2PSK 信号的码元“0”和“1”分别用两个不同的初始相位“0”和“π”表示,载波的幅度和频率保持不变,相位变化传递消息。

2PSK 信号的时域表达式

$$S_{2PSK}(t)=\begin{cases} A\cos(\omega_0 t) & \text{发送“0”时} \\ A\cos(\omega_0 t+\pi) & \text{发送“1”时} \end{cases}$$

$$=\begin{cases} A\cos(\omega_0 t) & \text{发送“0”时} \\ -A\cos(\omega_0 t) & \text{发送“1”时} \end{cases}$$

2PSK 信号的典型波形如图 4-40 所示。

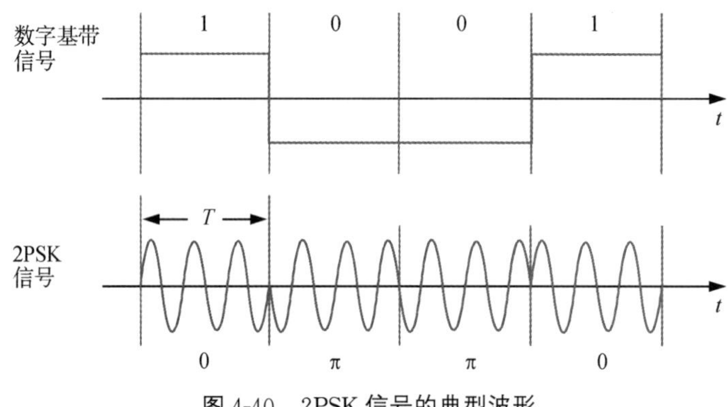

图 4-40　2PSK 信号的典型波形

2PSK 信号的调制相乘法(直接调相法)如图 4-41 和图 4-42 所示。

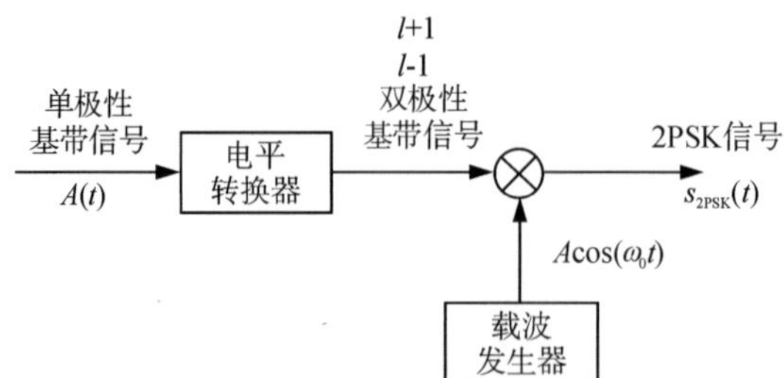

图 4-41　2PSK 信号的调制相乘法

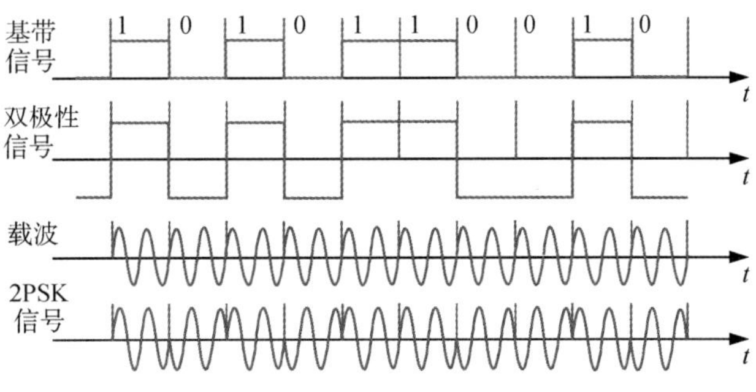

图 4-42　相乘法各点波形

2PSK 信号的调制开关法如图 4-43 和图 4-44 所示。

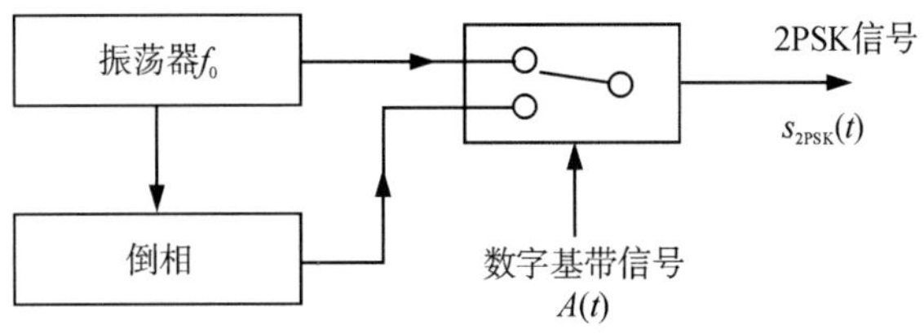

图 4-43　相位选择法

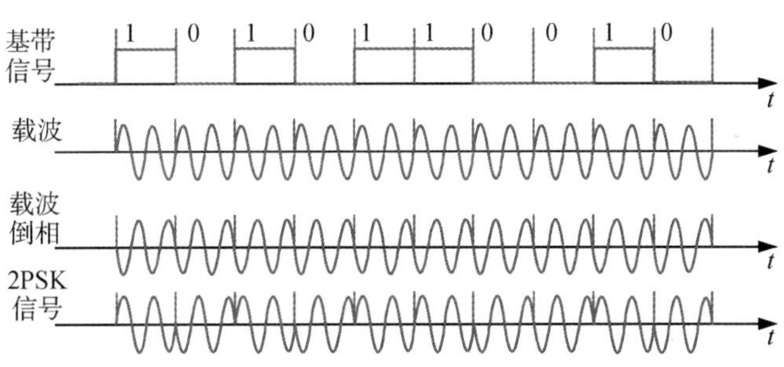

图 4-44　相位选择法的各点波形

2PSK 信号的解调如图 4-45 和图 4-46 所示。

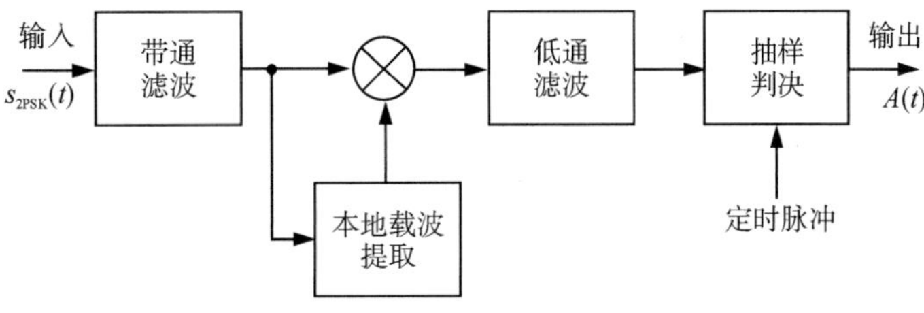

图 4-45　2PSK 信号的解调

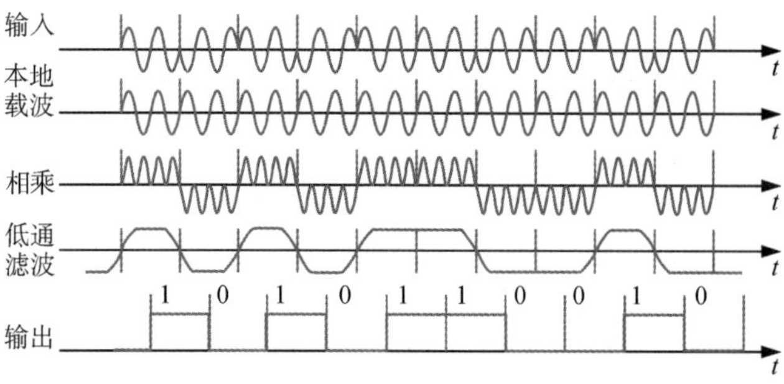

图 4-46　2PSK 解调器的各点波形

本地载波提取中的相位不确定性，从 PSK 信号中提取本地载波，其相位与原载波相比，可能为 0，也可能为 π。这就是相位不确定性。

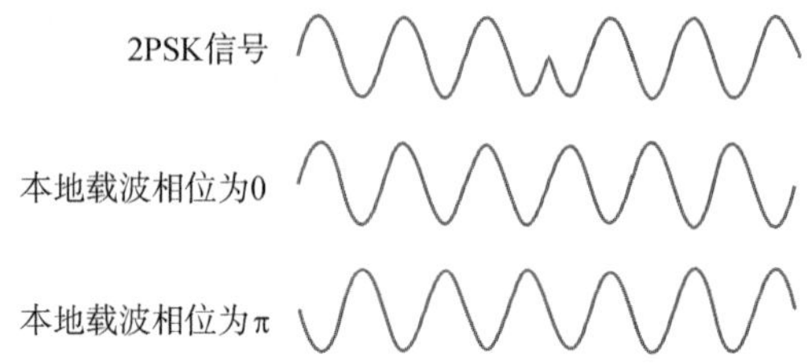

图 4-47　本地载波提取中的相位不确定性

2PSK 信号的功率谱密度，2PSK 的数字基带信号 $A(t)$ 为双极性非归零码。当“0”和“1”等概率出现时，其功率谱密度为

$$P_A(f)=f_c|G(f)|^2$$

2PSK 信号的功率谱密度的表达式如下，其频谱图如图 4-48 所示。

$$\begin{aligned}P_{2PSK}(f)&=\frac{1}{4}[P_A(f+f_0)+P_A(f-f_0)]\\&=\frac{T}{4}[Sa^2(\pi fT+\pi f_0T)+Sa^2(\pi fT-\pi f_0T)]\end{aligned}$$

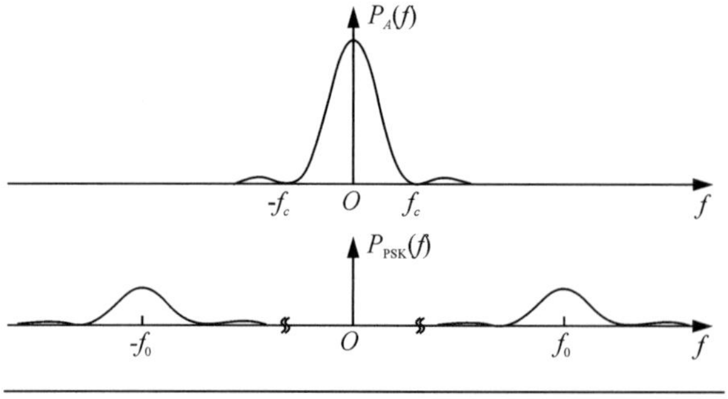

图 4-48　2PSK 信号的频谱图

2PSK 信号的信噪比与误码率，相干解调的误码率 $P_e=\dfrac{1}{2}\mathrm{erfc}(\sqrt{r})$，其中 r 为信噪比。此外，2PSK 没有非相干解调。

误码率曲线如图 4-49 所示。

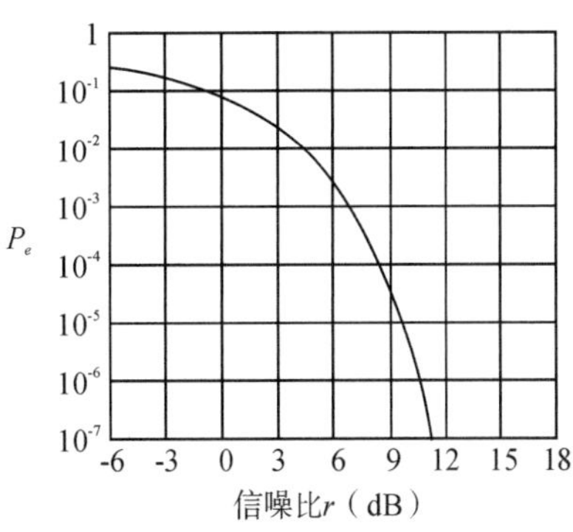

图 4-49　2PSK 信号误码率曲线

二进制差分相移键控（2DPSK）基本原理与 2PSK 不同，2PSK 信号是利用载波的不同相位直接表示数字信息，也称为绝对相移。2DPSK 信号利用载波的相对相位值表示数字信息，也称为相对相移。

2DPSK 的实现，首先，将基带信号由绝对码转换成相对码；然后，用相对码对载波进行 2PSK 调制。

2DPSK 信号的表示

$$S_{2\mathrm{DPSK}}(t)=\cos(\omega_0 t+\theta+\Delta\theta)\quad 0<t<T$$

上式中，

$$\Delta\theta\begin{cases}\Delta\theta=0 & \text{发送“0”时}\\ \Delta\theta=\pi & \text{发送“1”时}\end{cases}$$

表 4-2　2DPSK 信号值

基带信号		1	0	1	1	0	1	0	0	1	1	1
$\Delta\theta$		π	0	π	π	0	π	0	0	π	π	π
2DPSK 信号	0	π	π	0	π	π	0	0	0	π	0	π
2DPSK 信号	π	0	0	π	0	0	π	π	π	0	π	0

利用码变换器将绝对码变换成相对码，如图 4-50 所示。

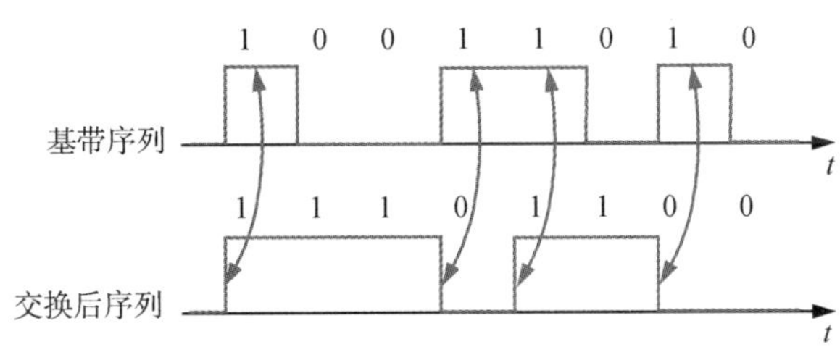

图 4-50　绝对码变换成相对码

2DPSK 信号的调制实现如图 4-51 所示和图 4-52 所示。

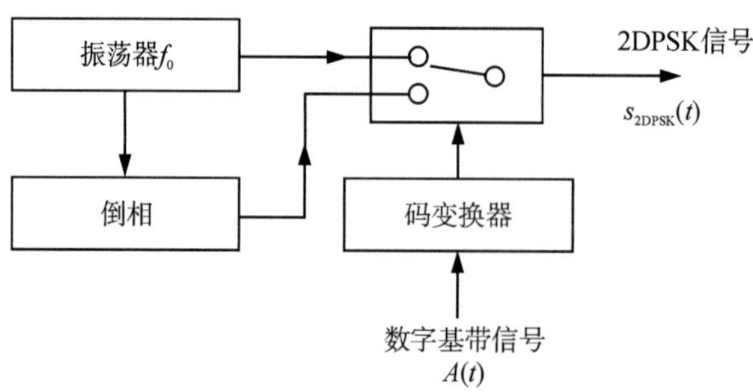

图 4-51　2DPSK 信号的调制

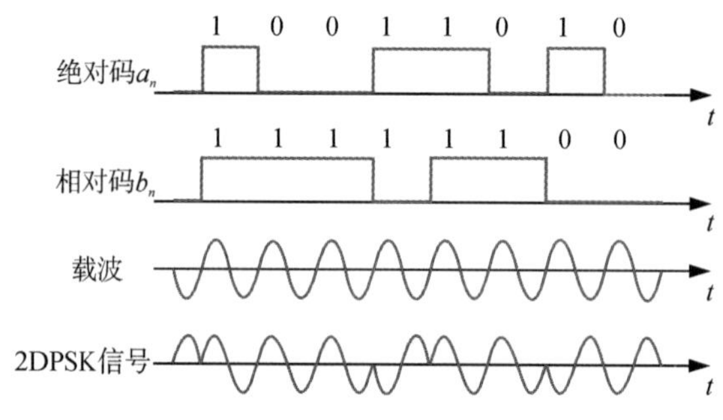

图 4-52　2DPSK 调制器各点波形

2DPSK 信号的解调功能和波形如图 4-53 和图 4-54 所示。

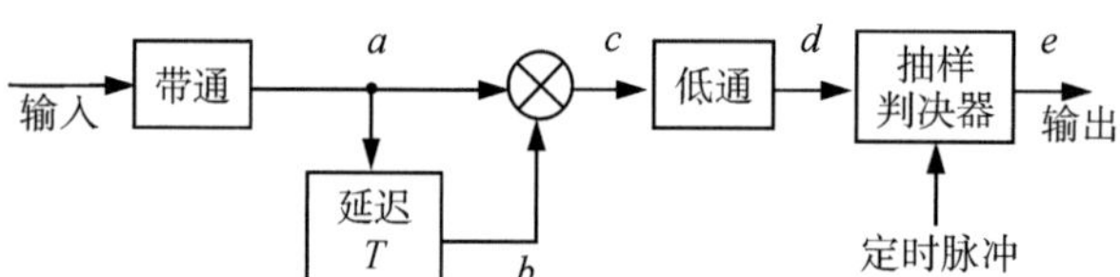

图 4-53　2DPSK 信号相位比较法

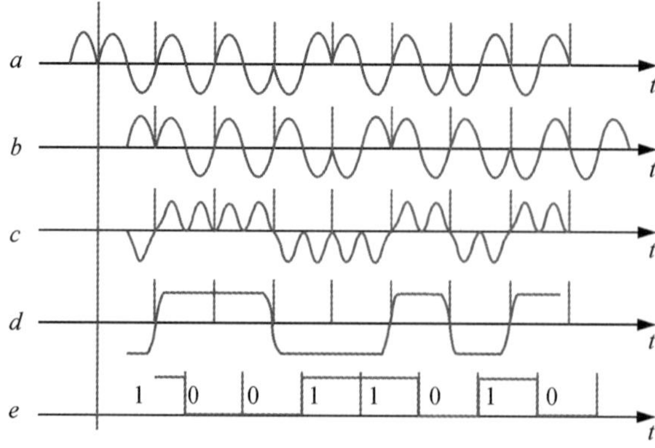

图 4-54　相位比较法各点波形

2DPSK 信号的解调，相干解调法（极性比较法）功能和波形如图 4-55 和图 4-56 所示。

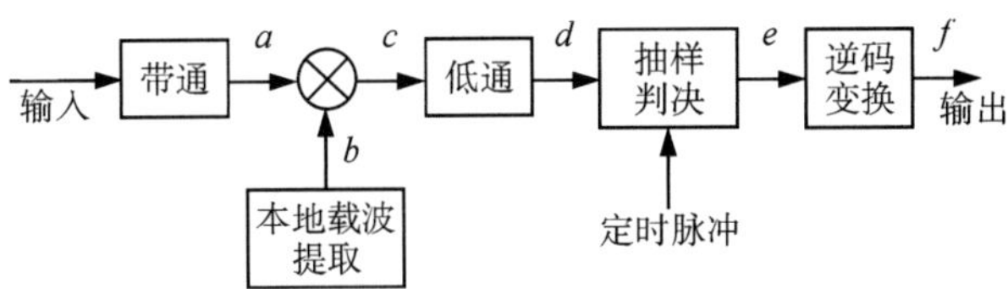

图 4-55　2DPSK 信号相干解调法

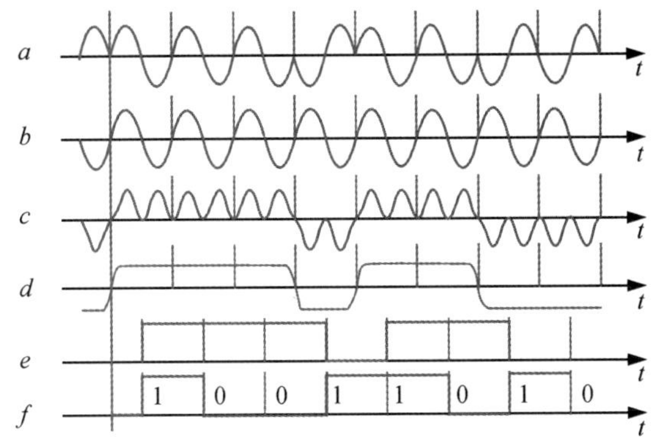

图 4-56　相干解调法各点波形

二进制差分相移键控（2DPSK），逆码变换如图 4-57 所示。

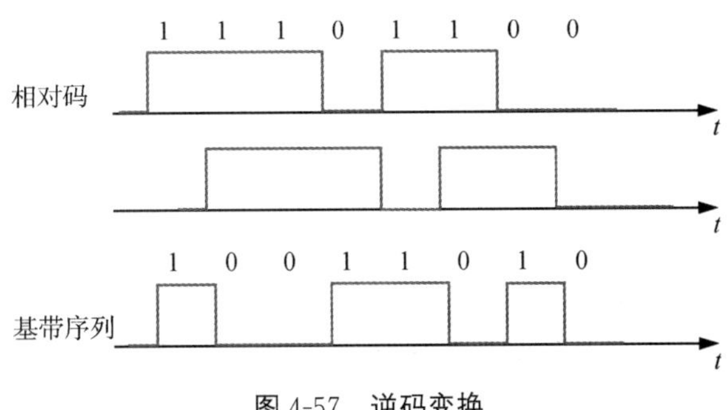

图 4-57　逆码变换

2DPSK 信号的功率谱密度与 2PSK 信号的功率谱相同。

2DPSK 信号的信噪比与误码率的关系，相位比较法（非相干法）

$$P_e=\frac{1}{2}\mathrm{e}^{-r}$$

高斯误差函数

$$\mathrm{erfc}(x)=1-\mathrm{erf}(x)=\frac{2}{\sqrt{\pi}}\int_x^{\infty}\mathrm{e}^{-\eta^2}\,\mathrm{d}\eta$$

相干解调法(极性比较法)

$$P_e=\frac{1}{2}\text{erfc}(\sqrt{r})(1-\frac{1}{2}\text{erfc}(\sqrt{r}))$$

用数字基带信号改变高频正弦信号的参数,称数字调制,根据改变的参数不同,可分为振幅键控(ASK)、频移键控(FSK)和相移键控(PSK)三种基本类型。新型数字调制是在这三种基本类型上派生出来的。

1. 振幅调制

(1)二进制振幅键控(2ASK)

最基本的数字信号振幅调制是2ASK调制,它利用数字基带信号去控制载波振幅,其表达式如下所示:

$$S_{2ASK}(t)=x(t)\cos\omega_c t$$

式中,$x(t)$是单极性二进制数字基带信号。2ASK信号带宽是f_b,f_b是码元重复频率。此调制系统的频带利用率为1bit/(s·Hz)。产生2ASK信号的方法有直接法和键控法,解调方法有相干解调和包络检波两种,两种解调方式的误码率分别为$\frac{1}{2}\text{erfc}(\frac{\sqrt{r}}{2})$和$\frac{1}{2}e^{-\frac{r}{4}}$,其中$r$为接收机输入端信噪比。

(2)正交振幅调制(QAM)

QAM技术是一种幅度和相位联合键控的调制方式。它可以提高系统的可靠性,且能获得较高的频带利用率,是目前应用较为广泛的一种数字调制方式。QAM信号是由两路相互正交的载波叠加而成的,两路载波分别被两组离散振幅$x_I(t)$和$x_Q(t)$所调制,故称正交振幅调制。当进行M进制的正交振幅调制时,可记为MQAM。

(3)正交部分响应(QPR)

QPR调制技术是利用两个彼此正交的载波分别携带一路部分响应信号产生已调信号的,即在正交振幅调制中,若$x_I(t)$和$x_Q(t)$都采用部分响应信号,就形成了QPR信号。

2. 频率调制

(1)二进制频移键控(2FSK)

2FSK是利用载波的频率变化来传递数字信息,即利用两个频率相差Δf的正弦信号来进行二进制信号调制的。Δf称为频差,它比载频f_c小得多。其表达式如下所示:

$$S_{2FSK}(t)=[\sum_n a_n g(t-nT_S)]\cos\omega_1 t+[\sum_n \bar{a}_n g(t-nT_s)]\cos\omega_2 t$$

在这里,$\omega_1=2\pi f_1$,$\omega_2=2\pi f_2$,$\bar{a}_n$是a_n的反码,它们可能的取值可以表示为:

$$a_n\begin{cases}0,\text{概率为 }P\\1,\text{概率为 }1-P\end{cases},\bar{a}_n\begin{cases}1,\text{概率为 }P\\0,\text{概率为 }1-P\end{cases}$$

2FSK 信号可以通过直接调频和键控法产生。由直接调频(即模拟调频电路)产生的 2FSK 信号,在数字基带信号发生 0、1 或 1、0 变换时,无相位突跳,即相邻码元之间的相位是连续变化的,称为相位连续的 2FSK 信号,记作 CP2FSK;由键控法产生的 2FSK 信号,会出现相位突跳,称相位离散的 2FSK 信号,记作 DP2FSK。DP2FSK 信号带宽为 $\Delta f+2f_b$,CP2FSK 信号在调频指数小于 0.7 时,所占带宽较小,甚至比 2ASK 或 2PSK 更窄。

2FSK 信号的解调方式有相干解调、非相干解调、过零点检测(过零检测的原理基于 2FSK 信号的过零点数随不同频率而异,通过检测过零点数目的多少,从而区分两个不同频率的信号码元)和差分检测。用带有带通滤波器的相干和非相干解调时,为防止两个带通滤波器发生明显交叠,Δf 至少应等于 $2f_b$。2FSK 信号的抗噪性能优于 2ASK 信号,其相干解调和非相干解调的误码率分别为 $\frac{1}{2}\mathrm{erfc}(\frac{\sqrt{r}}{2})$ 和 $\frac{1}{2}\mathrm{e}^{-\frac{r}{4}}$。相干解调性能优于非相干解调。

(2)最小频移键控(MSK)

MSK 是 2FSK 的改进方法,其目的是克服 2FSK 信号的频带利用率低、相位不连续、信号波形的包络起伏较大、以及码元波形不一定严格正交的缺点。若设 2FSK 信号中 $h=\Delta f/f_b$ 为调制指数,则 MSK 就是 $h=0.5$ 的相位连续的 2FSK 调制,它具有良好的频谱特性。MSK 信号是一种包络恒定、相位连续、带宽最小且严格正交的 2FSK 信号。

(3)高斯滤波最小频移键控(GMSK)

GMSK 是对 MSK 技术进一步改进,其目的是使得信号的功率谱密度集中和减少对邻道的干扰。其方法是在进行 MSK 调制前将矩形脉冲信号先通过一个高斯型的低通滤波器进行预处理,就形成了高斯滤波最小频移键控(GMSK)。

(4)受控调频(TFM)

TFM 是对基带信号编码处理后实施的 FSK。实现 TFM 调制时,先对数字基带信号进行特定的相关编码,再实现调频,它的频谱特性较好。

3. 相位调制

(1)二进制相移键控(2PSK)

相移键控是利用载波的相位变化来传递数字信息,在 2PSK 中,通常用初始相位 0 和 π 分别表示二进制“1”和“0”,其表达式如下所示:

$$S_{2psk}=A\cos(\omega_c t+\varphi_n)=\begin{cases}A\cos\omega_c t, & \text{概率为 } P\\ -A\cos\omega_c t, & \text{概率为 } 1-P\end{cases}$$

其中，φ_n 表示第 n 个符号的绝对相位，发送"0"时，$\varphi_n=0$；发送"1"时，$\varphi_n=\pi$。

二进制相移键控有两种形式，绝对相移键控（2PSK）和差分相移键控（2DPSK），它们的带宽都是 $2f_b$。2PSK 调制方式有直接法和键控法，2DPSK 调制方法是：先将基带信号进行差分编码，再进行 2PSK 调制。2PSK 信号只能采用相干解调，而 2DPSK 信号既可采用相干解调，也可采用差分相干解调。

2PSK 抗噪声性能与 2ASK、2FSK、2DPSK 相比是最优的，误码率为 $\frac{1}{2}\mathrm{erfc}(\frac{\sqrt{r}}{2})$，2DPSK 与 2PSK 比较，2DPSK 的 P_e 更高些，2DPSK 解决了 2PSK 相干解调时所出现的"倒 π 现象"，所以 2DPSK 没有相位模糊现象。

（2）多相相移键控

在多相相移键控中，四相相移键控（4PSK 或 QPSK）和八相相移键控（8PSK）是用得最多的多相相移键控方式。QPSK 的调制可采用直接调相和选相法完成。经过分析可以得出，QPSK 的比特差错概率与 2PSK 相等，但在同样的带宽内传输了两倍的比特。也可先对四进制数字基带信号进行差分编码，再进行 QPSK 调制。QPSK 可采用相干解调来得到原基带信号。

（3）偏移键控 QPSK（OQPSK）和 π/4 偏转 QPSK（π/4QPSK）

QPSK 信号包络是恒定的，但当信号波形受到抑制（即经过带通）后，将失去恒包络的性质，导致包络起伏，特别是码元间发生 180°相位跳变时，信号包络会凹陷到零。这样的信号通过非线性放大后，必然造成频谱扩展，对邻近信道形成干扰。解决这个问题有三个途径：一是提高功率放大器动态范围，使之工作在线性状态；二是减少已调信号的相位突变，以减少信号通过带通后的包络起伏，降低由非线性放大器造成的频谱扩展；三是紧缩已调信号频谱，保持信号具有恒定的包络，使非线性放大后，不造成明显的频谱扩散。由第二种途径改进的 QPSK 方式有偏移键控 QPSK 和 π/4 偏移 QPSK，简记为 OQPSK 和 π/4QPSK。OQPSK 的最大相位跳变为 90°，π/4QPSK 的最大相位跳变为 135°。

（4）相关相移键控（CORPSK）

对待传送的数字信号进行相关编码后，再进行调相的调制技术，称为相关相移键控（CORPSK）。这种调制产生的信号幅度恒定，相位连续，在保证误码率性能无显著下降的条件下，带外频谱的衰减非常迅速。

4.2.2 数字调制技术的性能指标

数字调制技术中常用功率利用率和频带利用率来衡量性能。

1. 功率利用率

功率利用率被定义为保证比特差错率不大于额定值时所要求的最低归一化信噪比。归一化信噪比用 E_b/n_0 表示，它是指每比特信码的平均能量 E_b 与白噪声单边功率谱密度 n_0 之比。功率利用率描述了在低功率情况下，一种调制技术保持数字信息正确传输的能力。在各种比特差错率相同的调制系统中，归一化信噪比 E_b/n_0 越小，说明此系统的功率利用率越好。

2. 频带利用率

频带利用率被定义为单位频带内所能实现的信息速率(或码元速率)。用 R_b/B(或 R_B/B)表示，其中 R_b 表示传信率，R_B 表示传码率，B 表示系统带宽。频带利用率描述了调制方式在有限的带宽内容纳数据的能力，反映了对分配的带宽是怎样有效利用的。如果一种调制方式的 R_b/B 值大，那么说明在分配的带宽内传输的数据多，频带利用率高。

根据香农公式，频带利用率的基本上限可表示为

$$\frac{C}{B}=\log\left(1+\frac{S}{N}\right)$$

式中，C 是信道容量，B 是系统带宽，S/N 是信噪比。

3. 功率利用率与频带利用率的关系

功率利用率与频带利用率是一对矛盾，例如，在差错控制编码中，增加的冗余度虽然能使信息带宽增加(即降低了频带利用率)，但同时对于给定的误比特率，所必需的接收功率降低了(即降低了在给定误比特率条件下的 E_b/n_0)。在数字通信系统设计中，经常需要在两个指标之间折中。

4. 其他指标

功率利用率和频带利用率是调制系统中较为重要的指标，但不同的实际系统有自己认为重要的性能指标。例如个人通信系统中容易实现、价格低廉应作为调制系统的指标；在干扰为主要问题的系统中，对抗干扰的性能是一个重要的指标等。

4.2.3 已调信号的功率谱密度

在数字调制中，调制信号是随机信号，已调信号也是随机信号。随机信号是功率型信

号，其频谱的分析是基于随机信号的功率谱密度(PSD)。若数字基带信号为 $x(t)$，则其功率谱密度定义如下：

$$P_x(f)=\lim_{T\to\infty}\left(\frac{E(X_T(f)^2)}{T}\right)$$

式中，$X_T(f)$表示 $X_T(t)$的傅立叶变换，$X_T(f)$是 $x(t)$的截断函数，定义为

$$x_T(t)=\begin{cases} x(t) & -T/2<t<\dfrac{T}{2} \\ 0 & \text{其他 } t \end{cases}$$

已调信号的功率谱密度可根据调制方式和上式得到。如果已调信号可表示为

$$S(t)=x_T(t)\cos\omega_c t$$

则其 PSD 如下：

$$P_s(t)=\frac{1}{4}[P_x(f-f_c)+P_x(f+f_c)]$$

通过对已调信号功率谱密度的分析，我们就可以知道已调信号的频谱分布、频带宽度等。信号的带宽定义为信号的非零值功率谱在频谱上占的范围，较为简单和广泛使用的带宽度量是零点到零点带宽(即频谱主瓣宽度)和 PSD 下降到一半时频率所占范围(又称半功率带宽或 3dB 带宽)。对已调信号频谱分布特别有意义的是频谱对邻近信道的干扰。人们常在离开中心频率 $8/T_b$ Hz 的频率上观察功率谱衰减，衰减量越大，表明对邻道干扰越小。

4.2.4　已调信号的空间表示

1. 相关数学基础

(1)矢量的概念

一个 n 维矢量 $\vec{X}=(x_1,x_2\cdots x_n)$，若已知矢量空间中的一组基$[\phi_1,\phi_2\cdots\phi_n]$，其中

$$\phi_1=(1,0\cdots0)$$

$$\phi_2=(0,1\cdots0)$$

$$\vdots$$

$$\phi_n=(0,0\cdots1)$$

其中 $\phi_1,\phi_2\cdots\phi_n$ 为单位矢量，且彼此相互独立且正交

则 $\vec{X}$ 可以表示为$\{\phi_k\}$的一个线性组合，且$\{\phi_k\}$可以表示空间中的任意一个矢量。即

$\vec{X}=x_1\phi_1+x_2\phi_2+\cdots+x_n\phi_n$，例如：在三维空间中，所有位于某条直线上的矢量可以用一维矢量来描述；所有位于一个平面上的矢量可以用二维矢量来描述等等。这些空间中的 n 个独立矢量称为基本矢量，它们互相正交且长度为 1，即 $\phi_1\cdot\phi_k=\begin{cases}0, j\neq k\\1, j=k\end{cases}$

(2)信号的表示

若将信号当做一个 n 维矢量，即 $x(t)=(x_1,x_2\cdots x_n)$，依旧设有 n 个独立标准正交的一组基 $\phi_1,\phi_2\cdots\phi_n$ 为基本矢量(满足 $\int_{-\infty}^{+\infty}\varphi_j(t)\cdot\varphi_i(t)\mathrm{d}t=\begin{cases}0, j\neq i\\1, j=i\end{cases}$，其中任意一个不能由其他的向量线性表示)，则有前面定义，该信号就可由这组基表示，即，$\vec{X}=x_1\varphi_1(t)+x_2\varphi_2(t)+\cdots+x_n\varphi_n(t)=\sum_{k=1}^{n}\varphi_k(t)\cdot x_k$，这样一来，一旦基本矢量$\{\phi_k\}$确定以后，就能用 n 维数组$(x_1,x_2\cdots x_n)$表示该信号，换句话说，可以在 n 维空间上，用空间中的一点$(x_1,x_2\cdots x_n)$来表示信号，其中$\{\phi_k\}$可以看做坐标轴，这样就将矢量$(x_1,x_2\cdots x_n)$和信号 $x(t)$联系起来了。

(3)星座图

由上述方法将已调信号可以通过几何空间矢量表示，将这些矢量端点都表示在一张图中，这种图称之为信号的星座图。星座图对于深入了解待定的调制方案提供了有价值的参考指标，例如，信号点数的增加与带宽及误比特率之间的关系等。在矢量空间中表示已调信号，主要是找到构成矢量空间的基元，知道了基元，矢量空间中的任意一点都可以表示为基元信号的线性组合。

设基元信号为$\{\phi_j(t)\}$(其中 $j=1,2,\cdots,n$)，它们是相互独立的、正交的和归一化的能量，也即 n 个信号中没有一个可表示为其余$(n-1)$个的线性组合，且满足

$$\int_{-\infty}^{\infty}\varphi_j(t)\varphi_k(t)\mathrm{d}t=\begin{cases}0 & j\neq k\\1 & j=k\end{cases}$$

$$E=\int_{-\infty}^{\infty}\varphi_j^2(t)\mathrm{d}t=1$$

则信号 $S_i(t)$可表示为

$$S_i(t)=\sum_{j=1}^{n}S_i(t)S_{\varphi_j}(t)$$

上式说明，一旦基元信号$\{\phi_j(t)\}$确定以后，就能用 n 维数组$(S_1,S_2,\cdots,S_n)$表示信号 $S_i(t)$。换句话说，我们可在几何上用 n 维空间中的一点$(S_1,S_2,\cdots,S_n)$表示该信号，这样就把矢量$(S_1,S_2,\cdots,S_n)$与信号 $S_i(t)$联系在一起了。

例　画出 BPSK 的空间表示图。

解　BPSK 信号只有一个基元 $\varphi_1(t)$，表示为

$$\varphi_1(t)=\sqrt{\frac{2}{T_b}}\cos\omega_e t \quad 0\leqslant t\leqslant T_b$$

其信号集 $S_1(t)$、$S_2(t)$可由下式给出：

$$S_1(t)=\sqrt{\frac{2E_b}{T_b}}\cos\omega_e t \quad 0\leqslant t\leqslant T_b$$

$$S_2(t)=-\sqrt{\frac{2E_b}{T_b}}\cos\omega_e t \quad 0\leqslant t\leqslant T$$

矢量 $S(S_1,S_2)$为$\{\sqrt{E_b}\phi_1(t),-\sqrt{E_b}\phi_1(t)\}$。其中，$E_b$ 为每比特的能量，T_b 是比特周期。

BPSK 信号的空间表示如图 4-58 所示，把它称作星座图。

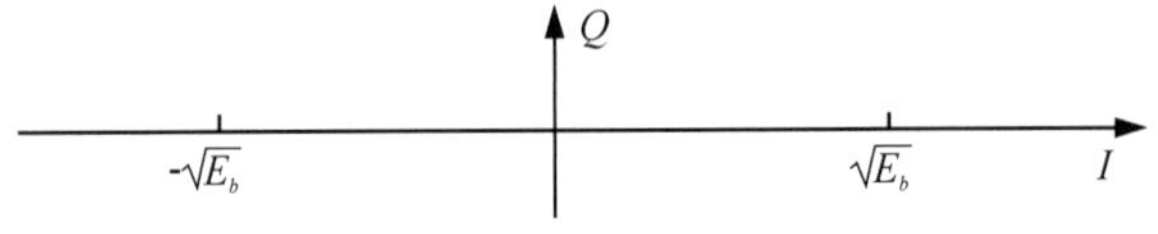

图 4-58　BPSK 星座图

星座图的 X 轴表示复包络的同相分量 I，Y 轴表示复包络的正交分量 Q。

例　画出格雷码的 QPSK 星座图。

解　选 QPSK 的两个独立且正交的基元信号为

$$\varphi_1(t)=\sqrt{\frac{2}{T_b}}\cos\omega_c t \quad 0\leqslant t\leqslant T_s$$

$$\varphi_2(t)=\sqrt{\frac{2}{T_s}}\sin\omega_c t \quad 0\leqslant t\leqslant T_s$$

则以 $\varphi_1=\varphi_1(t)$，$\varphi_2=\varphi_2(t)$为坐标轴的二维信号空间中，QPSK 有四种可能的信号点：

$$S_i=\begin{cases}\sqrt{E_s}\cos[(2i-1)\pi/4]\cdot\varphi_1 \\ -\sqrt{E_s}\sin[(2i-1)\pi/4]\cdot\varphi_2\end{cases} \quad i=1,2,3,4$$

其中，T_s 为符号周期，E_s 为每符号能量。表 4-3 给出了双比特是格雷码的编码、QPSK 信号相位及信号点坐标。画出星座图如图 4-59 所示。

表 4-3　一种 QPSK 信号空间参数

输入双比特 $0\leqslant t\leqslant T$	QPSK 信号相位	信号点坐标	
		s_{i1}	s_{i2}
10	$\pi/4$	$+\sqrt{E/2}$	$-\sqrt{E/2}$
00	$3\pi/4$	$-\sqrt{E/2}$	$-\sqrt{E/2}$
01	$5\pi/4$	$-\sqrt{E/2}$	$+\sqrt{E/2}$
11	$7\pi/4$	$+\sqrt{E/2}$	$+\sqrt{E/2}$

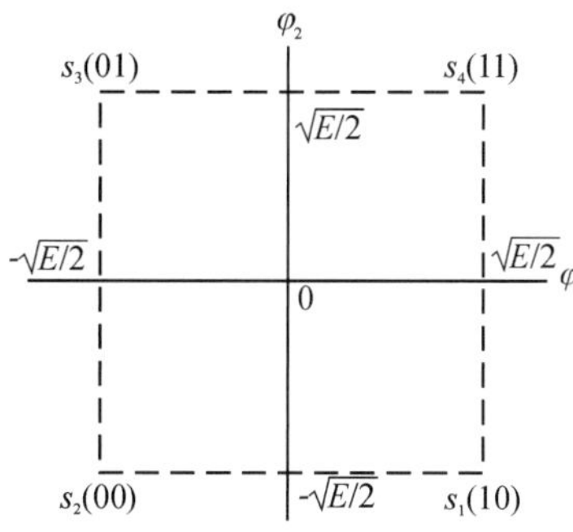

图 4-59　QPSK 信号星座图

例　画出 8PSK 星座图。

解　选 8PSK 的两个独立且正交的基元信号如下式所示，则一种常用的 8PSK 信号点为

$$S_i(t)=\begin{cases}\sqrt{E_S}\cos[(2i-1)\pi/4]\cdot\varphi_1 & 0\leqslant t\leqslant T\\ -\sqrt{E_S}\sin[(2i-1)\pi/4]\cdot\varphi_2 & i=1,2,3,4\end{cases}$$

在以 $\phi_1=\phi_1(t)$，$\phi_2=\phi_2(t)$ 为坐标的二维信号空间中，可列出 8PSK 码表与信号空间坐标如下表所示，从而可画出 8PSK 星座图如图 4-60 所示。

表 4-4　8PSK 码表与信号空间坐标

输入 3 比特 $0\leqslant t\leqslant T$	8PSK 信号相位	信号点坐标		
		i	s_{i1}	s_{i2}
001	0	1	$\sqrt{E}$	0
000	$\pi/4$	2	$\sqrt{E/2}$	$-\sqrt{E/2}$
010	$\pi/2$	3	0	$-\sqrt{E}$
011	$3\pi/4$	4	$-\sqrt{E/2}$	$-\sqrt{E/2}$
111	π	5	$-\sqrt{E}$	0
110	$5\pi/4$	6	$-\sqrt{E/2}$	$\sqrt{E/2}$
100	$6\pi/4$	7	0	$\sqrt{E}$
101	$7\pi/4$	8	$\sqrt{E/2}$	$\sqrt{E/2}$

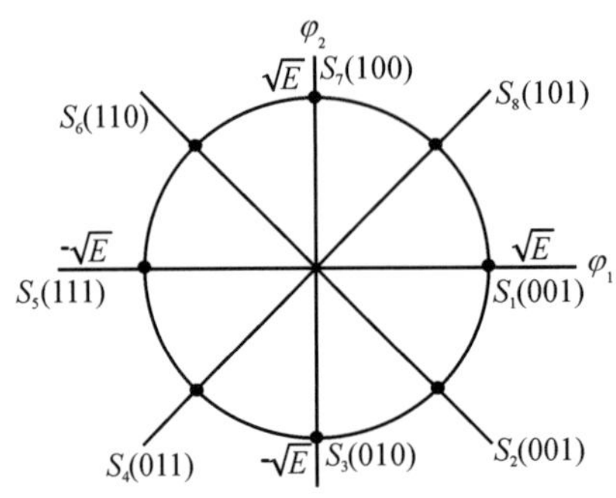

图 4-60　8PSK 信号星座图

从以上讨论可知，基元信号的数目总是小于或等于信号集数目。我们把能够完整表示已调信号集的基元信号数目叫维数。在星座图中，可以得到调制方案的某些性质。例如，若一种调制方案的星座很密集，说明它的频带利用率高，功率利用率低。

对于任意星座图，已调信号占用的带宽随空间维数的增加而下降。若信道噪声为功率谱密度为 $n_0/2$ 的高斯白噪声，则误码率的一个简单上界为

$$P_e(\varepsilon/S_i) \leqslant \sum_{\substack{j=1 \\ j\neq i}} Q\left(\frac{d_{ij}}{\sqrt{2n_0}}\right)$$

式中，d_{ij} 为星座中第 i 个和第 j 个信号间的欧几里德(Euclidean) 距离，Q 函数为

$$Q(x) = \int_x^{\infty} \frac{1}{\sqrt{2\pi}} \exp\{-x^2/2\} \mathrm{d}x$$

对于先验等概的 M 种调制波形，若星座图中距离相等，则误码率为

$$P_e = \frac{1}{M} \sum_{i=1}^{M} P_e(\varepsilon/S_i)$$

4.3　MPSK 调制与解调

4.3.1　二相相移键控调制(PSK)

设输入比特率为$\{a_n\}$，$\{a_n\}$="0"或"1"，则 PSK 的信号表达式分别为

$$S(t) = A\cos(w_c t + \varphi_n),\ \varphi_n = \begin{cases} 0, & \text{发送 0 时} \\ \pi, & \text{发送 1 时} \end{cases} \Rightarrow S(t) = \begin{cases} A\cos\omega_C t, & \text{概率 } P \\ -A\cos\omega_C t, & \text{概率 } 1-P \end{cases}$$

$$nT_b \leqslant t \leqslant (n+1)T_b$$

即当输入为 0 时，信号的附加相位为 0；当输入为 1 时，对应的信号附加相位为 π。PSK 信号可分为绝对 PSK 和相对 PSK 如图 4-61 所示。相对调相实际上就是原始信号码经过相对码变换后再进行绝对调相，通常采用相对调相的目的是为了克服绝对调相时在接收端出现的相位模糊问题(倒 π 问题)。

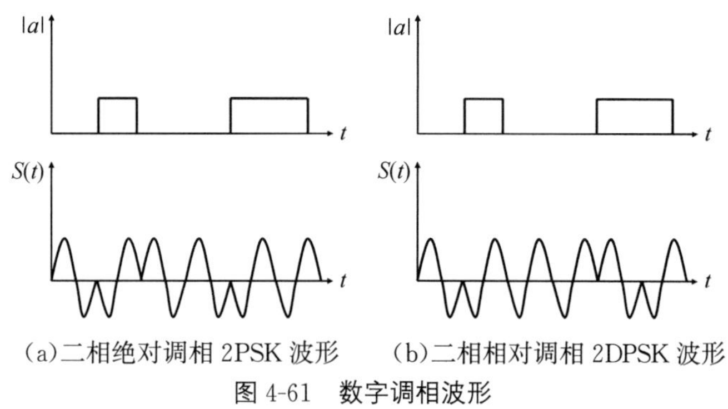

(a)二相绝对调相 2PSK 波形　　(b)二相相对调相 2DPSK 波形

图 4-61　数字调相波形

4.3.2　MPSK 多进制相移键控

在带通二进制键控系统中，每个码元只传输 1bit 信息，其频带利用率不高。而频率资源是极其宝贵和紧缺的。为了提高频带利用率，最有效的办法就是使一个码元传输多个比特的信息。也就引进了多进制键控系统。

在 2PSK 信号的表达式中，一个码元的载波初始相位为 0 或 π。将其推广到多进制时，则其相位可以取多个值，所以一个 MPSK 信号码元可以表示为

$$S_k(t) = A\cos(\omega_0 t + \theta_k) \quad k = 1, 2, \cdots, M$$

式中，A 为常数，θ_k 一组间隔均匀的受调制相位，它可以写为 $M = 2^k$，$k =$ 正整数。通常 M 取 2 的某次幂 $\theta_k = \frac{2\pi}{M}(k-1)$，$k = 1, 2, \cdots, M$

可以将 MPSK 信号码元表示式展开写成

$$S_k(t) = \cos(\omega_0 t + \theta_k) = a_k \cos\omega_0 t - b_k \sin\omega_0 t$$

上式表明，MPSK 信号码元 $s_k(t)$ 可以看作是由正弦和余弦两个正交分量合成的信号。

QPSK 信号是利用正交调制方法产生的，其原理是先对输入数据作串/并变换，即将二进制数据每两比特分成一组，得到四种组合：(1，1)、(－1，1)、(－1，－1)和(1，－1)，每组的前一比特为同相分量，后一比特为正交分量。然后利用同相分量和正交分量分别对

两个正交的载波进行 2PSK 调制，最后将调制结果叠加，得到 QPSK 信号。为了减小包络起伏，这里做一改进，在对 QPSK 做正交调制时，将正交分量 $Q(t)$ 的基带信号相对于同向分量 $I(t)$ 的基带信号延迟半个码元间隔(一个比特间隔)。这种方法称为偏移四相相移键控(OQPSK)如图 4-62 所示。

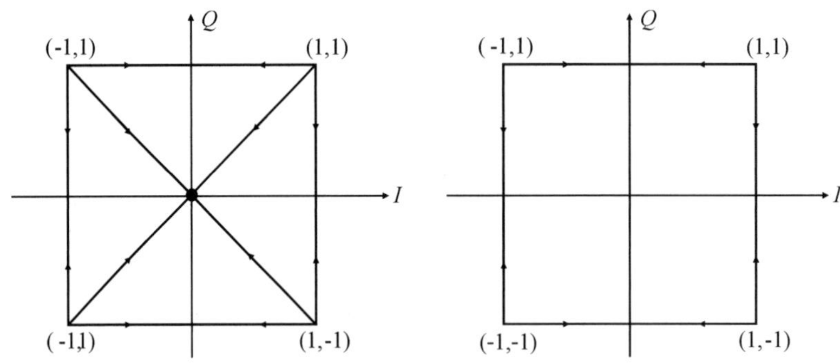

图 4-62　QPSK 和 OQPSK 信号的相位关系

OQPSK 调制与 QPSK 调制类似，不同之处是在正交支路引入了一个比特(半个码元)的时延，这使得两个支路的数据不会同时发生变化，因而不可能像 QPSK 那样产生 $\pm\pi$ 的相位跳变，而仅能产生 $\pm\pi/2$ 的相位跳变。因此，OQPSK 的旁瓣要低于 QPSK 的旁瓣。

图 4-63 画出了用正交调幅法产生 QPSK 和 OQPSK 信号的调制器。但在对四相绝对相移键控信号的相干解调中，存在着因相干载波初相位不确定而导致解调器输出基带数字信号极性不确定的问题，即相位模糊的问题。因此，实际中一般采用四相相对相移键控(QDPSK)。QDPSK 是绝对码经相对码变换(差分编码)后再进行绝对相移键控。

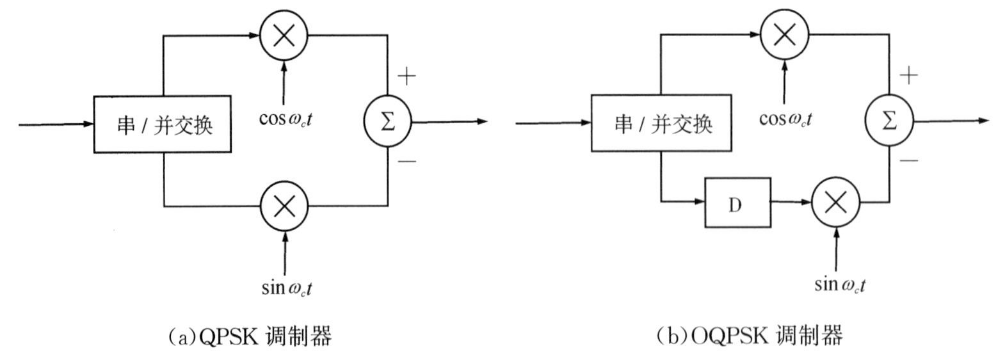

图 4-63　QPSK 和 OQPSK 调制器

4.3.3　π/4－QPSK 调制

由两个相位差为 π/4 的 QPSK 星座图交替产生的。与 OQPSK 只有四个相位点不同，π/4－QPSK 信号已调信号的相位被均匀地分配为相距 π/4 的八个相位点。八个相位点被分为两组，分别用“●”和“○”表示。如果能够使已调信号的相位在两组之间交替跳变，则相位跳变值就只能有±45°和 135°从而避免了 QPSK 信号相位突变 180°的现象。而且相邻码元间至少有 π/4 的相位变化，从而使接收机容易进行时钟恢复和同步。由于最大相移 135°比 QPSK 的最大相移 180°小，所以称为移位 QPSK，简称为 π/4－QPSK，如图 4-64 所示。

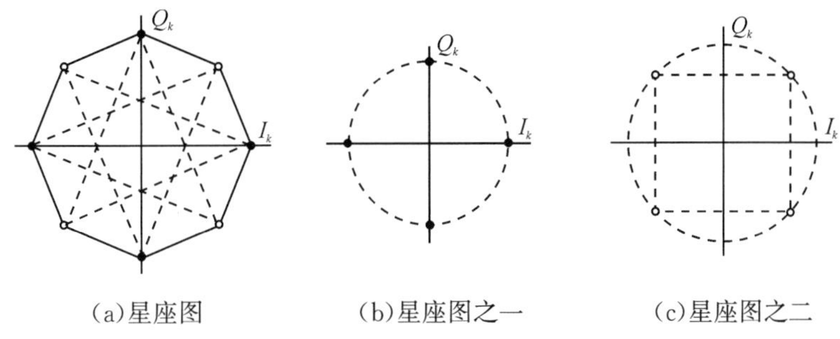

(a)星座图　　(b)星座图之一　　(c)星座图之二

图 4-64　π/4－QPSK 信号的相位状态

π/4－QPSK 是在常规 QPSK 调制的基础上发展起来的，是对 QPSK 信号特性进行改进的一种调制方式，其原理框图如图 4-65 所示。一是将 QPSK 的最大相位跳变±π 降为±3π/4，从而改善频谱特性；二是改进解调方式，QPSK 只能用相干解调，而 π/4－QPSK 既可采用相干解调，也可采用非相干解调。

设已调信号为

$$S_k = \cos[\omega_c t + \theta_k] = \cos\omega_c t\cos\theta_k - \sin\omega_c t\sin\theta_k$$

式中，θ_k 为 $kT_s \leqslant t \leqslant (k+1)T_s$ 之间的附加相位。当前码元的附加相位是前一码元的附加相位 θ_{k-1} 与当前码元的相位跳变量 $\Delta\theta_k$ 之和，即

$$\theta_k = \theta_{k-1} + \Delta\theta_k$$

从而有

$$U_k = \cos\theta_k = \cos(\theta_{k-1} + \Delta\theta_k) = \cos\theta_{k-1}\cos\Delta\theta_- \sin\theta_{k-1}\sin\Delta\theta_k$$

$$V_k = \sin\theta_k = \sin(\theta_{k-1} + \Delta\theta_k) = \sin\theta_{k-1}\cos\Delta\theta_+ \cos\theta_{k-1}\sin\Delta\theta_k$$

其中 $\sin\theta_{k-1} = V_{K-1}$，$\cos\theta_{k-1} = U_{k-1}$

则

$$U_k = U_{k-1}\cos\Delta\theta_k - V_{k-1}\sin\Delta\theta_k$$

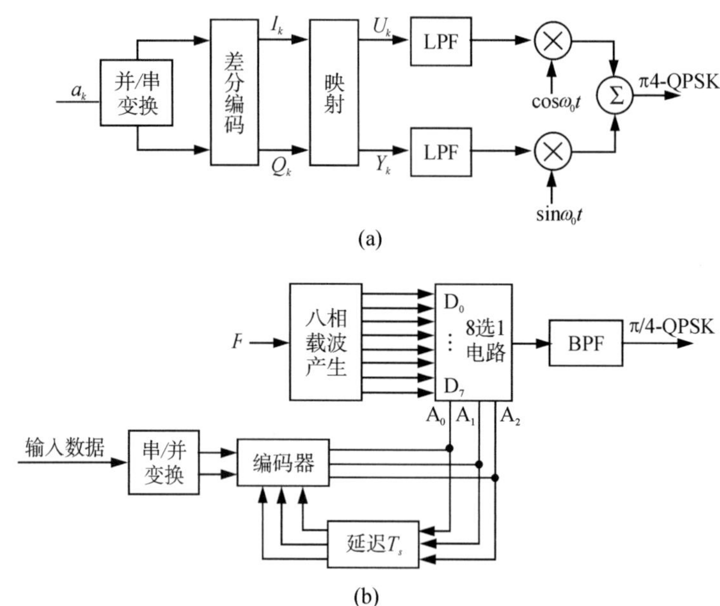

图 4-65　π/4－QPSK 调制器的原理框图

$$V_k = V_{k-1}\cos\Delta\theta_k + U_{k-1}\sin\Delta\theta_k$$

这是 π/4－QPSK 的一个基本关系式，它表明了前一码元两正交信号 U_{k-1} 和 V_{k-1} 与当前码元两正交信号 U_k 和 V_k 之间的关系，它取决于当前码元的相位跳变量 $\Delta\theta_k$，而当前码元的相位跳变量 $\Delta\theta_k$ 又取决于差分编码器的输入码组 S_I、S_Q。四种输入码组分别对应每个相位点有四种相位跳变量。

表 4-5　π/4－QPSK 的相位跳变规则

S_i	S_Q	$\Delta\theta_k$	$\cos\Delta\theta_k$	$\sin\Delta\theta_k$
1	1	$\pi/4$	$1/\sqrt{2}$	$1/\sqrt{2}$
－1	1	$3\pi/4$	$-1/\sqrt{2}$	$1/\sqrt{2}$
－1	－1	$-3\pi/4$	$-1/\sqrt{2}$	$-1/\sqrt{2}$
1	－1	$-\pi/4$	$1/\sqrt{2}$	$-1/\sqrt{2}$

π/4－QPSK 是在常规 QPSK 调制的基础上发展起来的，是对 QPSK 信号特性进行改进的一种调制方式。一是将 QPSK 的最大相位跳变 $\pm\pi$ 降为 $\pm 3\pi/4$，从而改善频谱特性；二是改进解调方式，QPSK 只能用相干解调，而 π/4－QPSK 既可采用相干解调，也可采用非相干解调，这使接收机的设计大大简化。还有，在多径扩展和衰落的情况下，相干解调性能明显变差，而差分检测不需载波恢复，能实现快速同步，获得好的误码性能，π/4－QPSK 比 OQPSK 的性能更好。通常 π/4－QPSK 采用差分编码，以便在恢复载波中存在

相位模糊时，实现差分检测或相干解调。

4.3.4　π/4－QPSK 解调原理

π/4－QPSK 信号可以用相干检测、差分检测或鉴频器检测。π/4－QPSK 中的信息完全包含在载波的相位跳变 $\Delta\varphi_k$ 当中，便于差分检测。基带差分检测的方法是：基带和差分检波先求出相位差的余弦和正弦函数，再由此判决相应的相位差。如图 4-66 所示，输入的 π/4－QPSK 信号利用两个与发射机端已调载波同频但不一定同相的本地振荡器信号进行正交解调。重要的是要保证接收机本地振荡器频率和发射机载波频率一致，并且不漂移。载波频率的任何漂移都将引起输出相位的漂移，导致误码(BER)性能的恶化。

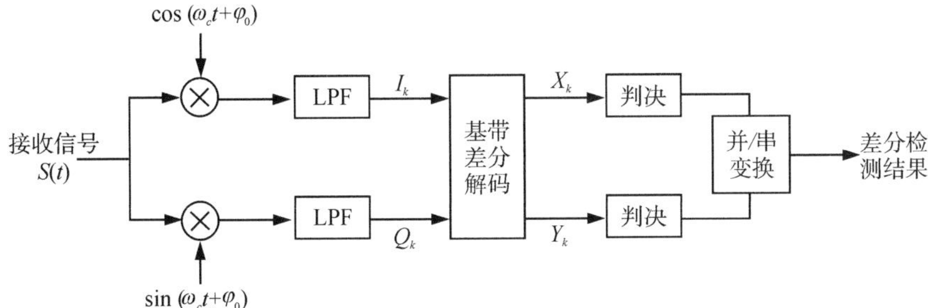

图 4-66　基带差分检测电路

设接收信号为

$$S(t)=\cos(\omega_c t+\varphi_k)\quad kT\leqslant t\leqslant(k+1)T$$

$S(t)$经过相乘器、低通滤波器后输出两路信号 I_k 和 Q_k，分别为

$$\left.\begin{aligned}I_k&=\frac{1}{2}\cos(\varphi_k-\varphi_0)\\Q_k&=\frac{1}{2}\sin(\varphi_k-\varphi_0)\end{aligned}\right\}$$

式中：φ_0 是本地载波信号的固定相位，I_k、Q_k 取值为 $0,\pm1,\pm1/\sqrt{2}$。

令基带差分解码的规则为

$$X_k=I_kI_{k-1}+Q_kQ_{k-1}$$

$$Y_k=I_kI_{k-1}-Q_kQ_{k-1}$$

将 I_k 和 Q_k 代入并化简后可以得到：

$$X_k=\frac{1}{4}\cos(\varphi_k-\varphi_{k-1})=\frac{1}{4}\cos\Delta\varphi_k$$

$$Y_k=\frac{1}{4}\sin(\varphi_k-\varphi_{k-1})=\frac{1}{4}\sin\Delta\varphi_k$$

可见，通过解码的运算，消除了本地载频和信号的相位差 φ_0，使得 X_k 和 Y_k 只与 $\Delta\varphi_k$ 相关。根据调制时的相位跳变规则，可使判决规则为：$X_k>0$ 时，判为"+1"；$X_k<0$ 时，判为"−1"；$Y_k>0$ 时，判为"+1"；$Y_k<0$ 时，判为"−1"。获得的结果经并/串变换后，即可恢复所传输的数据。

除基带差分检测外，还有中频延迟差分检测和鉴频器检测。中频延迟差分检测电路的特点是在进行基带差分变换时，利用接收信号延迟 1bit 后的信号作为本地相干载波，无需使用本地相干载波。FM 鉴频器检波是用非相干方式直接检测相位差。关于中频延迟差分检测和鉴频器检测，这里不再详述。尽管每种技术的实现方式不同，但性能上基本相同。

实践证明，π/4−QPSK 信号具有频谱特性好，功率效率高，抗干扰能力强等特点，可以在 26kb 带宽内传输 32～42kb 数字信息，因而在数字移动通信，如 IS−136、PDC、PACS 等系统中获得了应用。

4.3.5　π/4−QPSK 的功率谱特性

图 4-67 是 π/4−QPSK 信号功率谱密度曲线。图(a)是无负反馈控制的结果，图(b)是有负反馈控制的谱密度。从图中可得如下结论：

(1)增加负反馈控制对于减小信号的频谱扩散具有显著的效果。

(2)在图(b)中，其主瓣宽度是较窄的，主瓣以外的衰减也是比较大的。这里，当功率谱密度衰减到−60dB 时，频偏 ΔfT_b 只有 15kHz 左右，相当归一化频偏 $\Delta fT_b=15/32=0.5$，比窄带数字调制要求的归一化频偏 $\Delta fT_b=1$(功率谱密度衰减到 60dB 以下)要低。既保证了功率谱的主瓣宽度，又使得带外衰减满足要求。

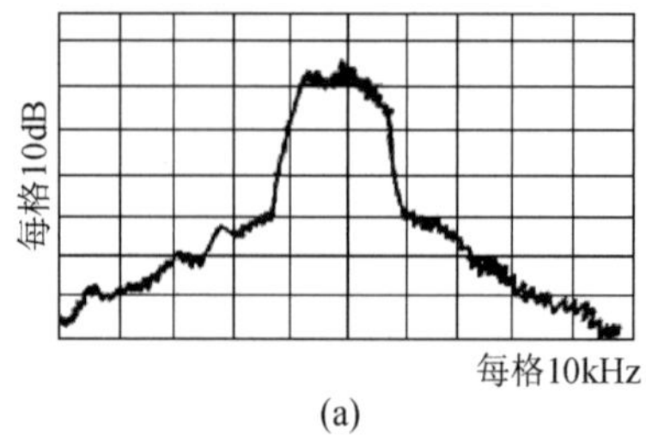

(a)

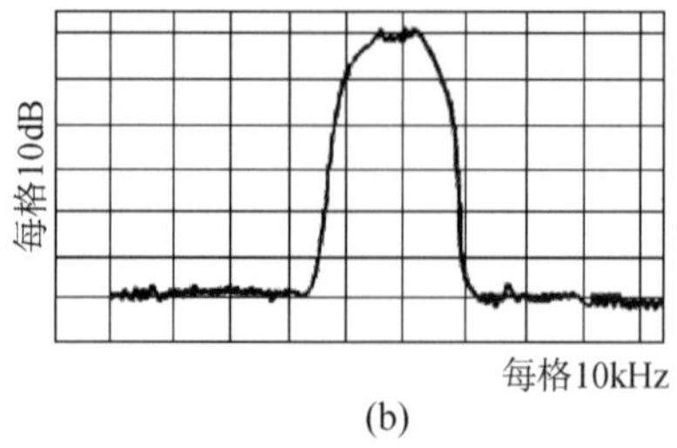

(b)

图 4-67　π/4−QPSK 信号的功率谱密度

4.3.6　π/4－QPSK 的误码性能

π/4－QPSK 的误码性能与信号通过的信道和接收端采用什么样的解调方法有关。把在理想高斯白噪声信道中的误码性能称作静态性能；在多径衰落信道中，把存在同道及邻道干扰条件的系统性能称作动态性能。

在理想高斯白噪声信道中，π/4－QPSK 基带差分检测的主要问题是收、发两端的频差 Δf 引起的相位漂移 $\Delta\theta = 2\pi\pi\Delta T$，系统设计必须保证 $\Delta\theta < \pi/4$，否则系统的误码率很大。图 4-68 是 π/4－QPSK 基带差分检测的静态性能。从图 4-68 中可见，如在一个码元内有 9°误差，在误码率为 10^{-4} 时，该相差将引起 1dB 的性能恶化。

在衰落信道中，中频差分解调抗随机调频的能力比基带差分解调能力好，设备也简单。下图 4-69 给出了 π/4－QPSK 信号鉴频器解调的误比特率曲线，从抗衰落的角度出发，π/4－QPSK 采用鉴频器具有较好的性能。

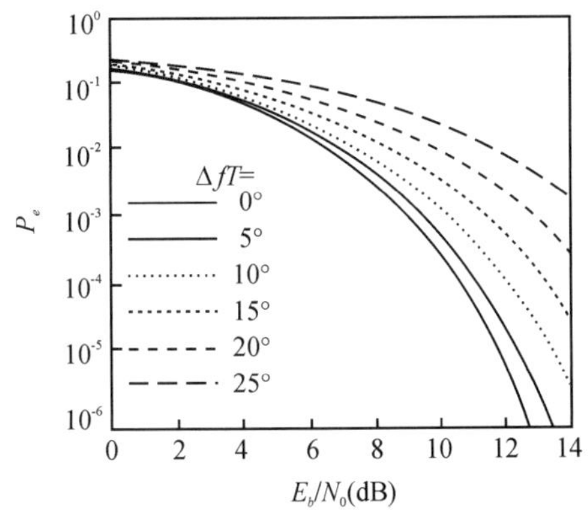

图 4-68　π/4－QPSK 静态误码率性能

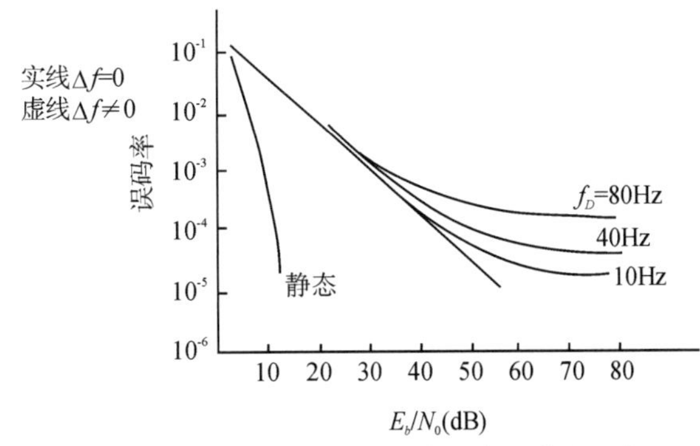

图 4-69　π/4－QSPK 鉴频器解调的误码率

4.4　MQAM 调制与解调

4.4.1　正交振幅调制信号的表示

正交振幅调制是振幅和相位联合调制方式，也即载波的振幅和相位都随两个独立的基带信号而变了。在前面所讨论的多进制键控体制中，相位键控的带宽和功率占用方面都具有优势，即带宽占用小和比特信噪比要求低。因此，MPSK 和 MDPSK 体制为人们所喜爱。但是，在 MPSK 体制中，随着 M 的增大，相邻相位的距离逐渐减小，使得噪声容限随之减小，误码率难以保证。因此，为了改善在 M 大时的噪声容限，发展出了 QAM 体制。M 进制的正交振幅调制可简记为 MQAM。MQAM 信号码元的可表示为

$$S_{\mathrm{MQAM}}(t)=X_i\cos\omega_c t-Y_i\sin\omega_c t \quad 0\leqslant t\leqslant T_s$$

式中，T_s 是码元宽度，X_i、Y_i 是承载信息的正交载波的信号幅度，可表示为

$$X_i=d_i\cdot a \quad Y_i=e_i\cdot a \quad i=1,2,\cdots,M$$

这里 a 是常数，d_i、e_i 是根据信号空间结构和输入数据的取值而定的系数，上式说明，MQAM 信号可以通过两路正交调制合成。

MQAM 也可以表示为

$$S_{\mathrm{MQAM}}(t)=A_i\cos(\omega_e t+\varphi_i)$$

式中，$A_i=(X_i^2+Y_i^2)^{1/2}$，$\varphi_i=t_{g-1}(Y_i/X_i)$。上式表示 MQAM 信号波形是一个调幅调相的波形。

若用星座图表示 MQAM 信号，可表示为

$$S_{\mathrm{MQAM}}(t)\sqrt{\frac{2E_{\min}}{T_s}}\cdot a_i\cos\omega_c t+\sqrt{\frac{2E_{\min}}{T_s}}\cdot b_i\sin\omega_c t$$

$$0\leqslant t\leqslant T \quad s_i=1,2,\cdots,M$$

式中，$E_{\min}$ 是幅度最小的信号能量，a_i 和 b_i 是一对独立的整数，根据信号点位置而定。当 MQAM 每个码元波形采用矩形包络时，可选择相互正交的基元信号为

$$\varphi_1(t)=\sqrt{\frac{2}{T_s}}\cos\omega_c t \quad 0\leqslant t\leqslant T_s$$

$$\varphi_2(t)=\sqrt{\frac{2}{T_s}}\sin\omega_c t \quad 0\leqslant t\leqslant T_s$$

若 MQAM 星座图为矩形结构，第 i 个信号点的坐标是$(a_i\sqrt{E_{\min}},b_i\sqrt{E_{\min}})$，其中$(a_i,b_i)$是 $L\times L$ 阶矩阵的元素，$L=\sqrt{M}$，该矩阵为

$$\{a_i,b_i\}=\begin{bmatrix}(-L+1,L-1), & (-L+3,L-1), & \cdots & (L-1,L-1)\\(-L+1,L-3), & (-L+3,L-3), & \cdots & (L-1,L-3)\\ & & \vdots & (-1,-1)\\(-L+1,-L-1), & (-L+3,-L+1), & \cdots & (L-1,L-3)\end{bmatrix}$$

当 $M=16$ 时，$L=\sqrt{16}=4$，此时 4×4 阶矩阵为

$$
\{a_i, b_i\} = \begin{bmatrix} (-3,3) & (-1,3) & (1,3) & (3,3) & \\ (-3,1) & (-1,1) & (1,1) & (3,1) & \\ (-3,-1) & (-1,-1) & (1,-1) & (-1,-1) & (3,-1) \\ (-3,-3) & (-1,-3) & (1,-3) & (1,-3) & (3,-3) \end{bmatrix}
$$

画出 MQAM 的星座图如图 4-70 所示。

MQAM 信号的星座图还可以有其他结构，例如图形、三角形、六角形等。

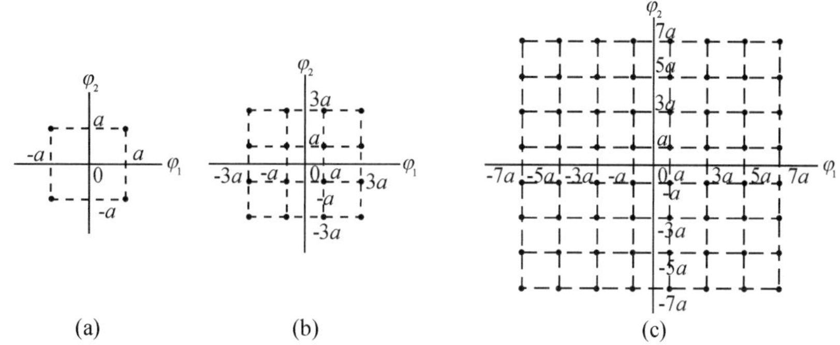

图 4-70　MQAM 信号星座图

4.4.2　正交振幅调制系统的调制和解调

MQAM 调制器与解调器原理框图如下图 4-71 所示。在调制器中，二进制信号以比特率 R_b 向调制器送入信号，经串/并变换后变成两路 $R_b/2$ 的二进制信号，再经过 $2/L$ 变换器变成 L 进制和速率为 $R_b/2lbL$ 的信号 A_i 和 B_i，接着进入两个相乘器，对两个相位差为 90°的正交载波进行调制，它们输出后即得 MQAM 信号。在接收端的解调器完成与调制器相反的功能，正交解调出两个码流，由判决器识别二进制信号。

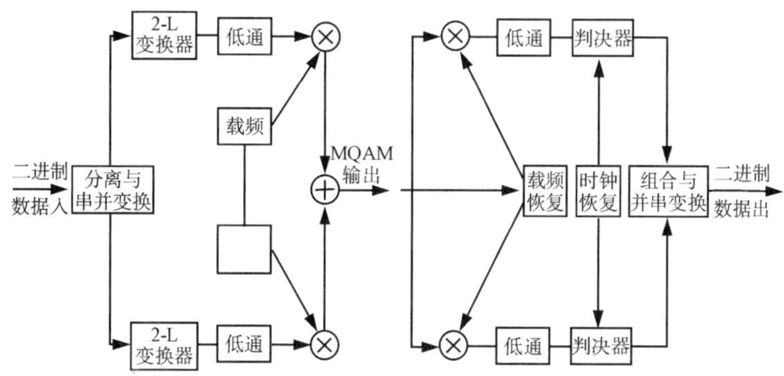

图 4-71　MQAM 的调制器与解调器原理框图

4.4.3 正交振幅调制的性能

1. 频带利用率

设输入调制器的二进制信号数字流比特率为 R_b，则经过串/并变换后，上、下两路的比特率都为 $R_b/2$，经过 2－L 变换后的传码率为 $R_b/2lbL$，其中 $L=\sqrt{M}$。图中的低通是为抑制带外辐射而设置的，设其滚降因子为 α，则信号通过低通后，无码间干扰的带宽 B 为

$$B=\frac{R_b(1+\alpha)}{2\times 2\times lbL}$$

调制后带通滤波器的带宽为 $2B$。这样，可得 MQAM 系统的频带利用率的理论值 γ 为

$$\gamma=\frac{R_b}{2B}=\frac{2lbL}{1+\alpha}$$

实际的 γ 值比理论值小些。下面举例说明。

例　设 $R_b=400\times 10^6$ b/s，$\alpha=0$，$M=16$，求 γ 值。

解　因为 $L=\sqrt{M}=4$，所以 $\gamma=\frac{2lBL}{1+0}=4$(b/s)/Hz。实际应用中，$400\times 10^6$ b/s 的高速数据传输系统使用 16QAM 能做到的频带利用率是 3.76(b/s)/Hz。

2. 误码率 P_e

误码率主要取决于星座图中信号点之间的最小距离。这里，我们讨论在 M 相同，信号点之间的最小距离 $d_{\min}$ 相同，先验等概的情况下，星座图的平均发送功率 P_{av}，以此来表明 MQAM 采用不同星座图的性能优劣。在星座图中信号点是等概出现时，平均发送功率 P_{av} 是

$$P_{av}=\frac{1}{M}\sum_{i=1}^{M}(A_i^2+B_i^2)$$

式中，A_i，B_i 为信号点坐标。

设 $M=4$，此时画出两种 4QAM 信号星座图如图 4-72 所示，图(a)的平均功率 P_{av} 为

$$P_{av}=\frac{1}{4}\times 2\times(3a^2+a^2)=2a^2$$

图(b)的平均功率 P_{av} 为

$$P_{av}=\frac{1}{4}\times 4\times 2a^2=2a^2$$

两种星座图的平均功率相等，即两种星座图所表示的信号差错率性能是相同的。

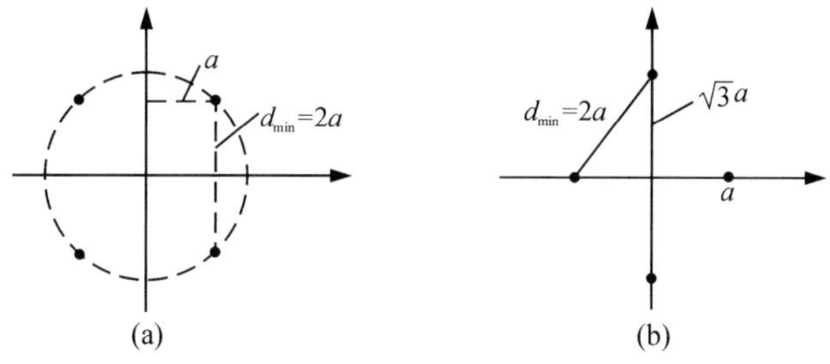

图 4-72　两种 4QAM 星座图

再设 $M=8$，此时有多种可能的 8QAM 信号星座图（如图 4-73 所示），它们的 $d_i=2a$，先验等概出现。则可求得图中(a)图和(c)图的 $P_{av}=6a^2$，(b)图的 $P_{av}=6.83a^2$，(d)图的 $P_{av}=4.73a^2$。显然(d)图的信号星座图是最好的 8QAM，因为它 b 对于给定的 d_{min} 所要求的 P_{av} 最小，或者说在平均功率相同的情况下，(d)图得到的 d_{min} 最小。

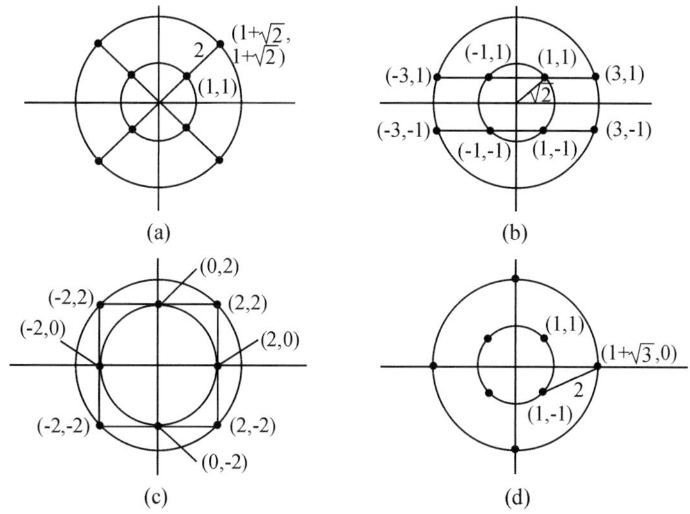

图 4-73　4 个 8QAM 信号星座图

对于 $M \geqslant 16$，在二维空间中选择 MQAM 信号点的可能性更大，图 4-74 中画出了 16QAM 的两种星座图，(a)图称作方型，(b)图称作星型。可以求得图 4-74(a)、(b)的平均发送功率分别为方型 $P_{av}=\frac{a^2}{16}(4\times2+8\times10+4\times18)=10a^2$，星型 $P_{av}=\frac{a^2}{16}(8\times2.61^2+8\times4.61^2)=14.03a^2$

由计算可得，在保证二图的 $d_{min}=2a$ 的条件下，方型 16QAM 的 P_{av} 比星型 P_{av} 小，也可以说在平均发送功率相同的条件下，方型的 d_{min} 比星型的大，方型的功率利用率高于星型的功率利用率，因此实际中方型应用较多。但考察方型和星型的星座图可发现，方型

16QAM 的振幅值种类和相位值分别为 3 和 12，而星型为 2 和 8，因此，从衰落信道来说，星型更为适用。

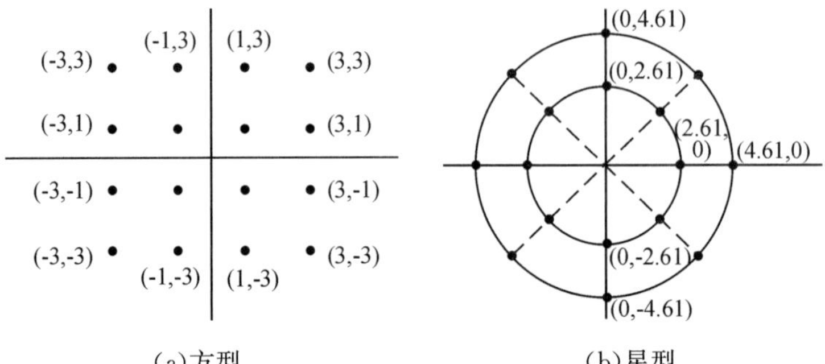

(a)方型　　(b)星型

图 4-74　16QAM 的两种星座图

一般的，对于 $M=2^k$ 且 k 为偶数的方型信号星座图，其正确判决的概率为

$$P_e=(1-P_L)^2$$

式中，P_L 是解调器每一支路的错误概率，可以求得 P_L 为

$$P_L=2(1-\frac{1}{L})Q\left[\sqrt{\frac{3}{M-1}\cdot\frac{kE}{n_0}}\right]$$

式中，$k=lbM$，E_b/n_0 是每比特的平均信噪比。因此，MQAM 的误码率为

$$P_e=1-P_e=1-(1-P_L)^2$$

对于 $M=2^k$，k 为奇数时，在使用最佳检测器的情况下，可求得误码率的上界为

$$P_e\leqslant 1-\left[1-2Q(\sqrt{\frac{3kE_b}{(M-1)n_0}})\right]^2\leqslant 4Q\left[\sqrt{\frac{3kE_b}{(M-1)n_0}}\right]$$

图 4-75 是 MQAM 方型的误码率曲线，它是 E_b/n_0 的函数。若 MQAM 不采用方型

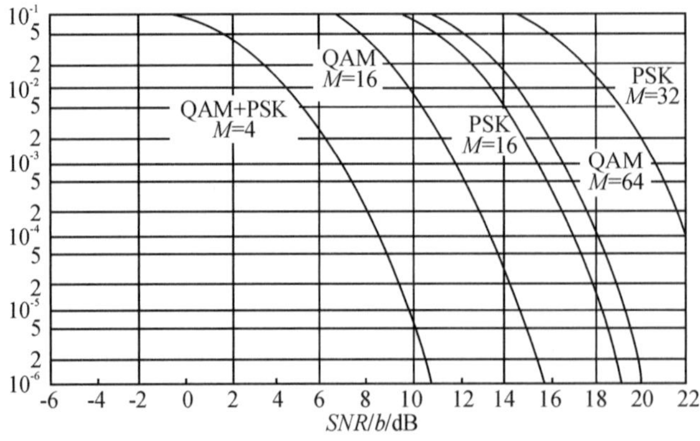

图 4-75　MQAM 的误码率曲线

星座图，其误码率的上界可计算得

$$P_e < (M-1)Q(\sqrt{[d_{\min}]^2/2n^0})$$

4.5　GMSK 调制与解调

MSK 调制方式的突出优点是已调信号具有恒定包络，且功率谱在主瓣以外衰减较快。但是，在移动通信中，对信号带外辐射功率的限制十分严格，一般要求必须衰减 70dB 以上。从 MSK 信号的功率谱可以看出，MSK 信号仍不能满足这样的要求。高斯滤波最小频移键控 GMSK 就是针对上述要求提出来的。GMSK 调制方式能满足移动环境下对领道干扰的严格要求，它以其良好的性能而被欧洲数字蜂窝移动通信系统(GSM)所采用。

4.5.1　GMSK 的一般原理

从原理上说，实现 GMSK 信号的方法很简单，只需在 MSK 调制器前置一个高斯滤波器，如图 4-76 所示，就可产生 GMSK 信号。基带的高斯脉冲成型技术平滑了 MSK 信号的相位曲线，因此使得发射频谱上的旁瓣水平大大降低。

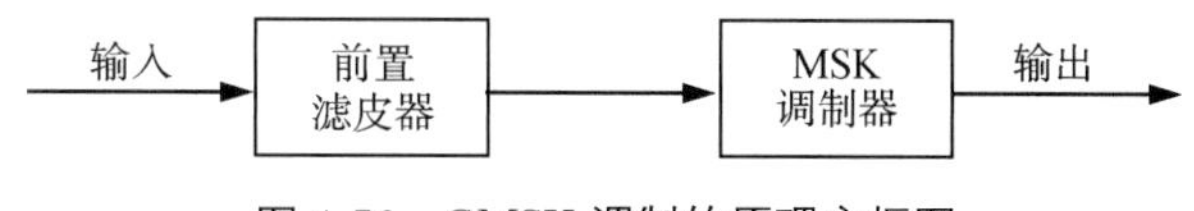

图 4-76　GMSK 调制的原理方框图

由图中的高斯滤波器必须满足

(1)带宽窄并且锐截止；

(2)较低的过脉冲响应；

(3)保持输出脉冲面积对应于 $\pi/2$ 的相移。

其中条件(1)是为了抑制高频分量；条件(2)是为了防止过大的瞬时频偏；条件(3)是为了使得调制指数为 0.5。

满足上述特性的高斯低通滤波器的传递函数为

$$H_G(f) = \exp\{-\alpha^2 f^2\}$$

式中，参数 α 为

$$\alpha=\frac{\sqrt{\ln 2}}{\sqrt{2}B}=\frac{0.5887}{B}$$

高斯滤波器的一个重要参数是 BT_b，称作归一化 3dB 带宽，其中 T_b 为码元宽度。习惯上使用 BT_b 来定义 GMSK 信号。

当输入数据为码元宽度是 T_b 的矩形脉冲时，其通过 $H_G(f)$ 的响应 $g(t)$ 为

$$g(t)=\left\{Q\left[\frac{2\pi B}{\sqrt{\ln 2}}(t-\frac{T_b}{2})\right]-Q\left[\frac{2\pi B}{\sqrt{\ln 2}}(t+\frac{T_b}{2})\right]\right\}$$

式中，$Q(t)=\int_t^{a}=\frac{1}{\sqrt{2\pi}}\mathrm{e}^{-\frac{\tau^2}{2}}\mathrm{d}\tau$

$$h_G(t)=\frac{\sqrt{\pi}}{a}\exp\left\{-\frac{\pi^2}{a^2}t^2\right\}$$

BT_b 不同的 $g(t)$ 曲线如图 4-77 所示，显然，随 BT_b 的减小，$g(t)$ 越来越宽，最大幅度减小。当 $BT_b=\infty$时，即是 MSK 信号，故可以说 MSK 是 GMSK 当 $BT_b=\infty$的特例。除 $BT_b=\infty$外，$g(t)$ 波形扩展到 T_b 外，对于数据序列判决会带来码间干扰。

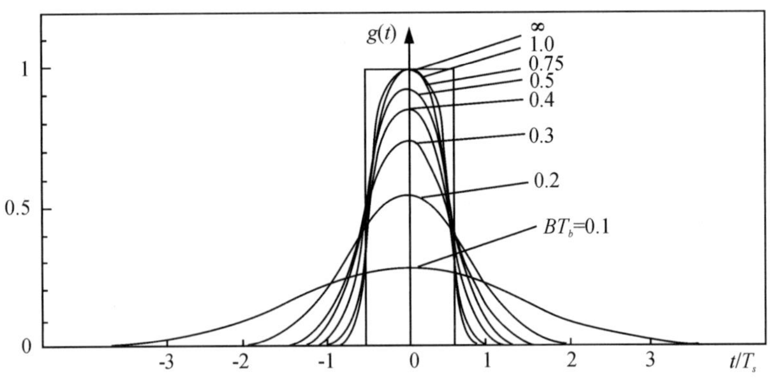

图 4-77　高斯滤波器对矩形脉冲的响应

4.5.2　GMSK 的解调

可以用正交相干解调器及非相干解调器解调 GMSK 信号。在移动通信的环境中，比较难于得到稳定的相干载波，加上 GMSK 调制器固有的码间干扰，使得一般的相干解调器难于得到较好的误码性能，故常用非相干解调器或最佳相干解调器解调 GMSK 信号。下面介绍两种非相干解调（即一比特延迟差分检测、二比特延迟差分检测）以及最佳相干解

调的基本原理。

(1)一比特延迟差分检测

图 4-78 为一比特延迟差分检测器框图。经过随参信道传输,接收信号的包络不再恒定,即 $e_{\text{GMSK}}(t)=R(t)\cos[\omega_I t+\varphi(t)]$

式中,ω_1 为中频频率,$R(t)$为时变包络。

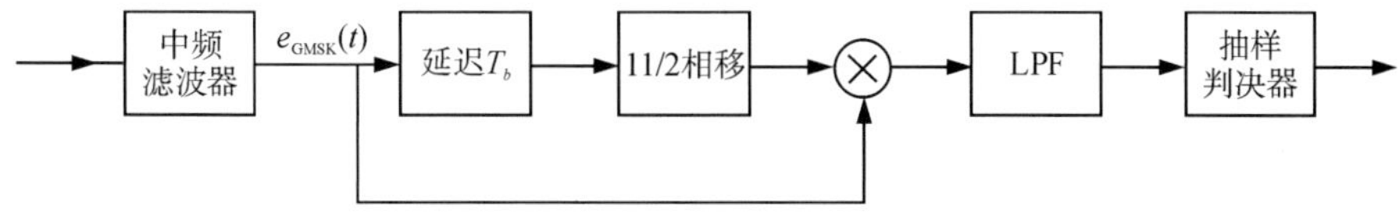

图 4-78　一比特延迟差分检测器

当不考虑噪声时,LPF 输出信号为

$$r(t)=\frac{1}{2}R(t)R(t-T_b)\sin[\omega_I T_b+\Delta\varphi_1(t)]$$

式中 $\Delta\varphi_1(t)=\varphi(t)-\varphi(t-T_b)$

为当前码元内的附加相位与上一码元内的附加相位之差。当 $\omega_I T_b=2k\pi$,即载波频率为码速率的整数倍时,上式为 $r(t)=\frac{1}{2}R(t)R(t-T_0)\sin[\Delta\varphi_1(t)]$

上式中的 $R(t)$和 $R(t-T_b)$恒为正值,故 $r(t)$的极性取决于 $\Delta\varphi_1(t)$。由 GMSK 的基本原理可知,在码元结束时刻 kTb,前后两码元附加相位差最大。当调制器的码间串扰比较小时,若当前码元为“1”,则 $\Delta\varphi_1(kT_b)$为正值,若前码元为“0”时,则 $\Delta\varphi_1(kT_b)$为负值。因此,抽样判决规则为

$$\begin{cases} r(kT_b)>0\text{ 时}\quad\text{判为“1”码} \\ r(kT_b)<0\text{ 时}\quad\text{判为“0”码} \end{cases}$$

(2)二比特延迟差分检测

二比特延迟差分检测器框图如图 4-79 所示。

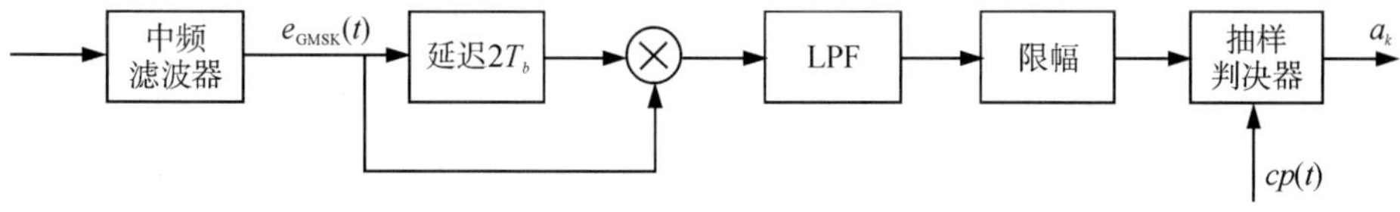

图 4-79　二比特延迟差分检测器

令限幅器输出信号振幅为 1,则

$$r(t)=R(t)\cos[2\omega_I t+\varphi_2(t)]$$

式中 $\Delta\varphi_2(t)=\varphi(t)-\varphi(t-2T_b)$ 为当前码元内的附加相位与前面第二个码元内的附加相位之差。

当 $2\omega_I T_b=2k\pi$ 时,可将上式表示为:

$$r(t)=\cos[\varphi(t)-\varphi(t-T_b)]\cos[\varphi(t-T_b)-\varphi(t-2T_b)]$$
$$-\sin[\varphi(t)-\varphi(t-T_b)]\sin[\varphi(t-T_b)-\varphi(t-2T_b)]$$

由于 $|\varphi(kT_b)-\varphi(k-1)T_b)|$、$|\varphi(k-1)T_b)-\varphi(k-2)T_b)|$ 小于 $\pi/2$,故上式中的第一项在 kT_b 时刻的抽样值为正值,设为 V。第二项在 kTb 时刻的抽样值为正值也可能为负值。若当前码元与前一码元相同,则 $|\varphi(kT_b)-\varphi(k-1)T_b)|$、$|\varphi(k-1)T_b)-\varphi(k-2)T_b)|$ 的符号相同,因此在抽样时刻 $\sin[\varphi(t)-\varphi(t-T_b)]$、$\sin[\varphi(t-T_b)-\varphi(t-2T_b)]$ 的符号相同,即第二项的抽样值为正。若当前码元与前一码元不同,则第二项的抽样值为负值。可见,若令

$$b_k=\text{sgn}\{\sin[\varphi(kT_b)-\varphi(k-1)T_b]\}$$
$$b_{k-1}=\text{sgn}\{\sin[\varphi(k-1)T_b-\varphi(k-2)T]\}$$

则可将信息代码 a_k 表示为

$$a_k=b_k\oplus b_{k-1}$$

称 a_k 为绝对码,b_k 为相对码(差分码)。

由此可得出结论:若 $r(kT_b)>V$,则解调器在第 k 个码元即第 $k-1$ 个码元的输入信号对应的差分码元不相同,信息代码(绝对码)为“1”;否则,解调器在这两个码元内输入信号对应的差分码码元相同,信息代码(绝对码)为“0”. 这就是判决规则,即

$$\begin{cases} r(kT_b)>V\text{ 时} & \text{判为“1”码} \\ r(kT_b)<V\text{ 时} & \text{判为“0”码} \end{cases}$$

用此方法解调 GMSK 信号时,必须用如图 4-80 所示的方法产生 GMSK 信号。

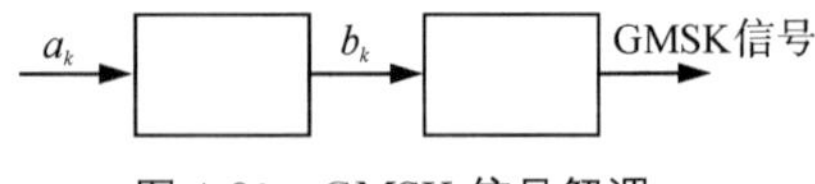

图 4-80　GMSK 信号解调

(3)正交解调

波形存储正交调制法相对应的 GMSK 正交解调器如图 4-81 所示。图中,同相支路和正交支路的 LPF 输出信号分别为 $\cos\theta(t)$ 及 $\sin\theta(t)$,经 A/D 后,变为数字信号存入 RAM 中。信道估计器用来消除或减小由随参信道产生的码间干扰,最大似然检测单元采用最大似然检测算法,将 $(2N+1)T_b$ 时间内的输入数据进行处理,得到当前码元的信息代码 a_k。最大似然算法可以使误比特率最小,因而由它构造的接收机为最佳接收机。

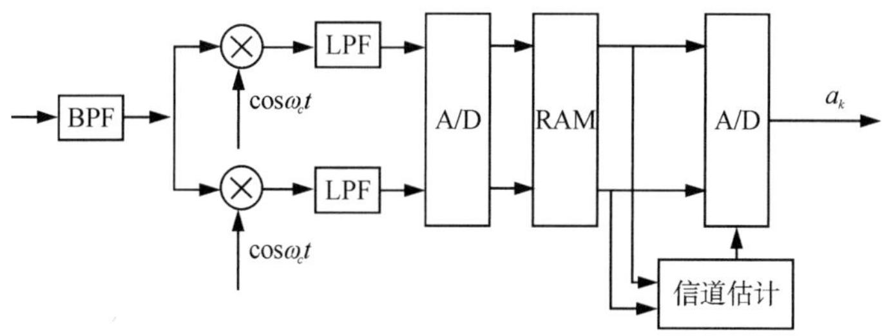

图 4-81　GMSK 最佳接收机框图

4.5.3　GMSK 的功率谱密度

GMSK 信号的功率谱密度如图 4-82 所示。图中，横坐标为归一化频率$(f-f_c)/T_b$。由图可见，GMSK 信号的频谱随着 BT_b 值的减小变得紧凑起来，此时误码率性能也变得越差。这是因为 BT_b 减小会使高斯滤波器响应拖尾变大，码间串扰值增大，从而使误码率上升。不过，当 $BT_b=0.25$ 时，误码率性能下降并不严重，仅比 MSK 下降约 1dB，而其紧凑的功率谱使对邻道干扰功率为-70dB，故工程上采用 $BT_b=0.25$GMSK。

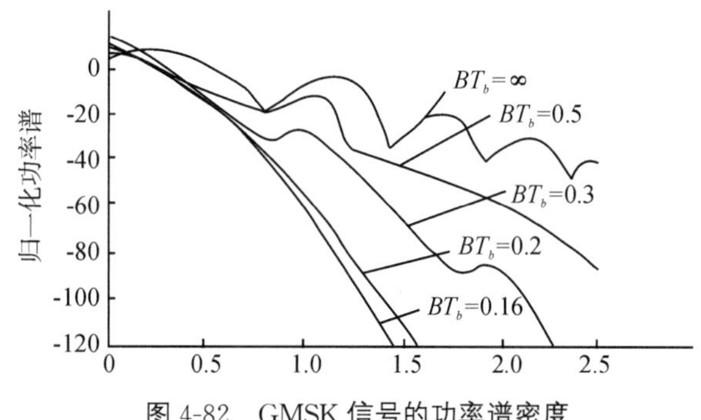

图 4-82　GMSK 信号的功率谱密度

4.5.4　GMSK 的调制

前面已从原理上说明了产生 GMSK 的方法，但这种方法的缺点是不易获得准确的中心频率和规定的频率偏移，硬件实现 $h_G(t)$ 也不容易。

(1)锁相环法。

可以用图 4-83 所示的调制器产生 GMSK 信号。图中输入数据 a_n 为矩形数字基带信号，其中“1”码和“0”码分别使载波信号发生 $\pi/2$ 和$-\pi/2$ 的相移，产生 B 模式 BPSK 信号。

锁相环对该B模式BPSK信号的相位跳变进行平滑，使得信号在码元转换时刻相位连续，而且无尖角，当锁相环的频率特性与高斯滤波器的频率特性相同时，锁相环的输出即为GMSK信号。

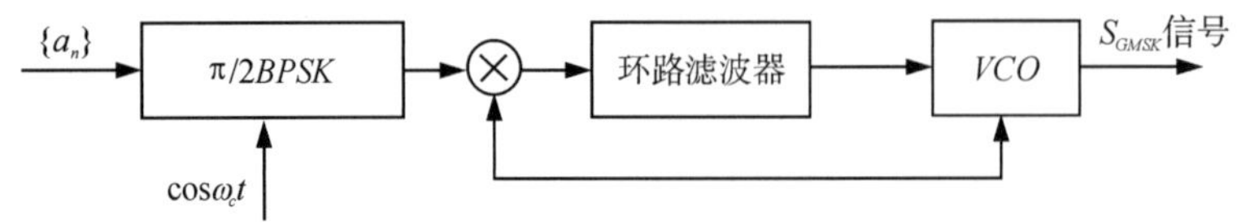

图4-83　锁相环GMSK调制器

(2)正交调制法。

GMSK信号产生的一种实用方法是波形存储正交调制法，其原理框图如图4-84所示。图4-84所示调制器可通过GMSK信号表示式说明。

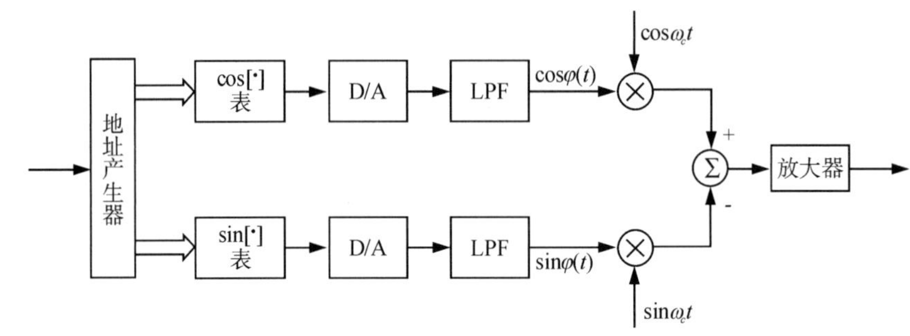

图4-84　波形存储法产生GMSK信号原理框图

GMSK信号的表示式为

$$S_{\text{GMSK}}(t)=\cos[\omega_c t+\varphi(t)]=\cos\varphi(t)\cos\omega_c t-\sin\varphi(t)\sin\omega_c t$$

上式表示了图中信号经过乘法器之后的结果，要使此式成立，关键是要得到 $\cos\varphi(t)$ 和 $\sin\varphi(t)$，上式中 $\varphi(t)$ 可表示为

$$\varphi(t)=\frac{\pi}{2T_b}\int_{-\infty}^{t}[\sum_n b_n g(\tau-nT_b-\frac{T_b}{2})]\mathrm{d}\tau$$

这里，b_n 是输入数据；$g(t)$ 是高斯滤波器对矩形脉冲的响应，取值范围为 $-\infty<t<+\infty$。实际系统中，$g(t)$ 的有效覆盖范围是有限的，可用截断函数 $g_T(t)$ 代替式中的 $g(t)$，截断长度 $T=(2N+1)T_b$。可以推出

$$\varphi_{(t)}=\varphi_{(kT_b)}+\Delta\varphi_{(t)}$$

$$\varphi(kT_b)=\frac{\pi}{2T_b}\sum_{n=k-N}^{k=N}[b_n\int_{(n-N)T_b}^{kT_b}g(\tau-nT_b-\frac{T_b}{2})\mathrm{d}\tau]+\frac{\pi}{2}\cdot l$$

$$\Delta\varphi(t)=\frac{\pi}{2T_b}\sum_{n=k-N}^{k+N}[b_n\int_{kT_b}^{t}g(\tau-nT_b-\frac{T_b}{2})\mathrm{d}\tau]$$

这里，$\varphi(kT_b)$是$\varphi(t)$在码元转换时刻所达到的相位，$\Delta\varphi(t)$是第k个码元期间相位的变化，$l=0,1,2,3$。由于决定$\Delta\varphi(t)$和$\varphi(kT_b)$的b_n和$\pi/2 \cdot l$都是有限的，因此$\Delta\varphi(t)$和$\varphi(kT_b)$也是有限的，即$\varphi(t)$为有限的。这样由$\varphi(t)$形成的$\cos[\varphi(t)]$和$\sin[\varphi(t)]$也只有有限个波形。我们可以事先把所有可能出现的波形经过取样存储而制定成$\cos[\cdot]$和$\sin[\cdot]$表格。调制器工作时，根据输入数据形成查阅地址，读出相应的波形数据，经过D/A变换和滤波后，得到$\cos[\varphi(t)]$和$\sin[\varphi(t)]$。波形存储法的优点是避免了复杂的滤波器设计和制作，简便灵活，可产生多种调制信号。这种方法对两支路的相位和振幅要求较严，只有严格的相位和振幅，才能保证 GMSK 信号振幅无波动，相位无误差。

4.5.5 GMSK 的误码性能

假设信道为恒参信道，噪声为加性高斯白噪声，其单边功率谱密度为N_0。GMSK 信号相干解调的误码率为$P_b=\frac{1}{2}\mathrm{erfc}\,\frac{d_{\min}}{2\sqrt{N_0}}$，式中，$d_{\min}$是传号信号与空号信号的最小距离。在瑞利衰落信道环境下，MSK 的性能优于 GMSK。当平均归一化信噪比E_b/N_0增大到一定值以上时，误码率趋向一水平的极限值，称之为剩余误码率，它与f_D有关。下图 4-85 给出了在高斯加性信道条件下，采用最佳接收高斯滤波器和最佳判决门限时，相干解调的性能曲线，由图可见，二比特差分解调的性能优于一比特差分检测的性能。当BT_b较小时，这种差别特别明显。

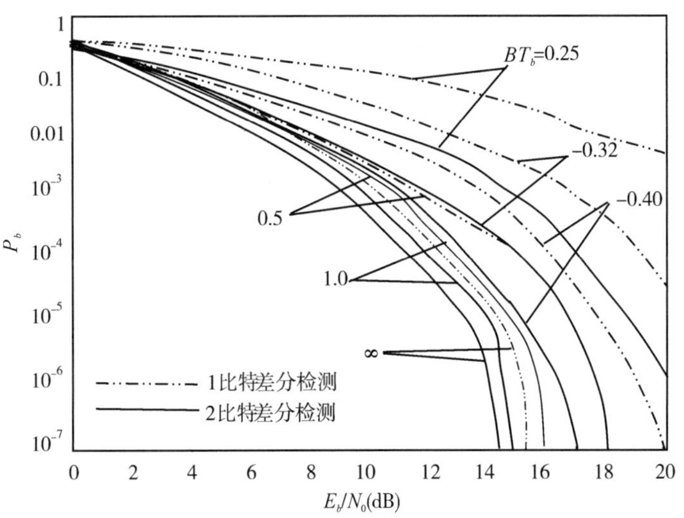

图 4-85 GMSK 差分解调性能

思考题

1. 模拟调制和数字调制的不同?

2. 模拟调制到数字调制的技术的发展的路径?

3. 什么是相干解调? 什么是包络检波,它们之间的存在什么不同?

4. 什么是系统抗噪声性能? 系统信噪比分析的特点是什么?

5. 2ASK,2FSK,2PSK 的调制和解调的方法有哪些?

6. 什么是绝对相移和相对相移? 有何区别?

7. 2PSK 和 2DPSK 之间有什么不同? 可以用什么方法产生和解调?

8. 2ASK,2FSK,2PSK 相比较有什么不同的优势?

9. 2PSK 和 2DPSK 相比有哪些优缺点?

10. 什么是多进制调制? 与二进制相比有什么优缺点?

11. MPSK 有什么特点和应用?

12. MQAM 有什么特点和应用?

13. MSK 和 GMSK 有什么不同的和相应的特点?

14. ASK,PSK,FSK,QAM 等数字调制技术主要应用于哪些场景中?

习题

1. 已知已调信号表示式如下:

(1)$S_1(t)=\cos\Omega t\cos\omega_c t$;

(2)$S_2(t)=(1+0.5\sin\Omega t)\cos\omega_c t$,式中,$\omega_c=6\Omega$,试分别画出他们的波形图和频谱图。

2. 已知调制信号 $m(t)=\cos(2000\pi t)+\cos(4000\pi t)$,载波为 $\cos 10^4\pi t$,进行单边带调制,试确定边带信号的表达式,并画出频谱图。

3. 设二进制符号序列为 1 0 0 1 0 0 1 试以形脉冲为例,分别画出相应的单极性、双极性,单极性归零、双极性归零、空号差分(0 变 1 不变)和传号差分(1 变 0 不变)波形。

4. 设二进制符号序列为 1 1 0 1 0 1 0 1 1 0 0 0 0 1 0 1 1 1 1 0 0 0 0 1 试画出相应的八电平和四电平波形。若波特率相同时,谁的比特率更高?

5. 已知信码序列为 1 0 1 1 0 0 0 0 0 0 0 0 0 1 0 1,试确定相应的 AMI 码及 HDB_3 码,并分别画出它们的波形图。

6. 采用 13 折线 A 律编译码电路,设接收端译码器收到的码组为“01010011”,最小量

化间隔为 1 个量化单位(Δ)。试求:

(1)译码器输出(按量化单位计算);

(2)相应的 12 位(不包括极性码)线性码(均量化)。

7. 采用 13 折线 A 律编码,最小量化间隔为 1 个量化单位(记为)已知抽样脉冲值为一95Δ,试求:

(1)此时编码器的输出码组,并计算量化误差;

(2)与输出码组所对应的 11 位线性码。

8. 设二进制信息为 0 1 0 1,采用 2FSK 系统传输的码元速率为 1200Baud,已调信号的载频分别为 4800Hz(对应“1”码)和 2400Hz(对应“0”码)。

(1)若采用包络检波方式进行解调,试画出各点时间波形;

(2)若采用相干方式进行解调,试画出各点时间波形。

9. 设某 2PSK 传输系统的码元速率为 1200Baud,载波频率为 2400Hz,发送数字信息为 0 1 0 1 1 0。

(1)画出 2PSK 信号的调制器原理框图和时间波形;

(2)若采用相干解调方式进行解调,试画出各点时间波形。

(3)若发送“0”和“1”的概率分别为 0.6 和 0.4 试求出该 2PSK 信号的功率谱密度表示式。

10. 设发送的绝对码序列为 0 1 1 0 1 0,采用 2DPSK 系统传输的码元速率为 1200Baud,载频为 1800Hz 并定义 $\Delta\varphi$ 为后一码元起始相位和前一码元结束相位之差。试画出:

(1)p=0 代表“0”,p=180 代表“1”时的 2DPSK 信号波形;

(2)p=270°代表“0”,p=90 代表“1”时的 2DPSK 信号波形

11. 已知 2PSK 系统的传输速率为 240b/s,试确定:

(1)2PSK 信号的主瓣带宽和频带利用率(b/(s·Hz));

(2)若对基带信号采用 a=0.4 余弦滚降滤波预处理,再进行 2PSK 调制,这时占用的信道带宽和频带利用率为多大?

(3)若传输带宽不变,而传输速率增至 7200b/s,则调制方式应作何改变?

12. 设某 MPSK 系统的比特率为 4800b/s,并设基带信号采用 a=1 余弦滚降滤波预处理。试问:

(1)4PSK 占用的信道带宽和频带利用率;

(2)8PSK 占用的信道带宽和频带利用率。

13. 画出 BPSK,QPSK,8PSK 的星座图。

14. 简述/4－DQPSK 星座图的产生过程,并画出星座图以及相位调变值为多少。

15. 对于正交振幅调制,设二进制的数据比特率为 Rb＝400×106b/s,设滚降因子为 α＝0,多进制 M＝16,求频带利用率 γ 的值。

16. 高斯滤波的最小频移键控(GMSK)的产生原理。

第 5 章　信源编码与信道编码

5.1　信源编码

5.1.1　基本理论

1. 熵与平均互信息

在信息论中,在观测到一个以概率 P_k 发生的事件 $x=x_k$ 后所得的信息量定义为下面的对数函数:

$$I(x_k)\overset{\text{def}}{=}I(x=x_k)=\log\frac{1}{p_k}=\log p_k$$

式中,对数的底可任意选取,当使用自然对数时,信息量的单位为奈特(nat);而当使用以 2 为底的对数时,其单位为比特(bit)。无论在何种情况下,上式定义的熵都具有以下性质:

性质 1:肯定发生的事件不含任何信息,即

$$I(x_k)=0,\forall p_k=1$$

性质 2:一个事件 $x=x_k$ 的发生要么提供某种信息,要么不提供任何信息,但绝不会造成信息的损失,即有

$$I(x_k)\geqslant 0,0\leqslant p_k\leqslant 1$$

性质 3:概率越小的事件发生时,我们从中得到的信息越多,即

$$I(x_k)>I(x_i),p_k<p_i$$

另信息量 $I(x_k)$ 发生的概率为 p_k，则 $I(x_k)$ 在 $2K+1$ 个离散值的范围内的平均值由以下式给出：

$$H(x) \overset{\text{def}}{=\!=\!=} E\{I(x_k)\} = \sum_{k=-K}^{K} p_k I(x_k) = -\sum_{k=-K}^{K} p_k \text{Iog}(p_k)$$

$H(x)$ 称为随机变量 x 在一个有限离散值集合内取值时的熵。熵是平均信息量的测度，它是有界函数，即

$$0 \leqslant H(x) \leqslant \log(2k+1)$$

式中 $(2k+1)$ 是可能的离散取值的个数。上面是熵的下界和上界的性质：

(1) $H(x)=0$ 当且仅当对某个 k 有 $p_k=1$，从而集合中的其他概率全部为零；换句话说，熵的下界 0 对应为没有任何不确定性；

(2) $H(x)=\log(2K+1)$ 当且仅当对所有的 k 恒有 $p_k=\dfrac{1}{2K+1}$（即所有离散取值是等概率的）。熵的上界 $\log(2K+1)$ 对应为最大的不确定性。

2. 条件熵与互信息

$H(x)$ 是随机变量 x 的不确定性的测度。如果增加一个随机变量 y，那么我们又怎样度量在观测到 y 之后 x 的不确定性呢？这需要定义给定 y 情况下 x 的条件熵（conditional entropy）：

$$H(x|y) \overset{\text{def}}{=} H(x,y) - H(y)$$

条件熵具有以下性质：

$$0 \leqslant H(x|y) \leqslant H(x)$$

如果我们令 x 是系统的输入，y 是系统的输出，则条件熵 $H(x|y)$ 表示在系统输出 y 被观测到后系统输入 x 的不确定性的测度。

由于 $H(x)$ 表示系统输出 y 被观测之前系统输入 x 的不确定性，而 $H(x|y)$ 是在系统输出 y 被观测之后系统输入 x 的不确定性，所以熵差 $H(x)-H(x|y)$ 必然表示由系统输出恢复的系统输入 x 的不确定性。这个量称为 x 和 y 之间的互信息，用符号 $I(x;y)$ 表示，既有：

$$I(x,y) \overset{\text{def}}{=} H(x) - H(x|y)$$

互信息具有以下性质：

性质 1：x 和 y 之间的互信息是对称的，即

$$I(x,y) = I(y,x)$$

式中 $I(y,x)$ 是由系统输入 x 恢复得到的系统输出 y 的不确定性的测度。

性质 2: x 和 y 之间的互信息总是非负的，即

$$I(x,y)\geqslant 0$$

这表明，通过观测系统输出 y，我们不会丢失任何信息。另外，当且仅当系统的输入与输出统计独立时，互信息才等于零。

性质 3: x 和 y 之间的互信息也可以用 y 的熵表示为

$$I(x,y)=H(y)-H(y|x)$$

式中 $H(y|x)$ 是已知 x 时 y 的条件熵。

在定义了一对事件 (x_i,y_i) 之间的互信息 $I(x_i,y_i)$ 之后，我们即可对所有可能的联合事件 $(x_i,y_i,i=1,\cdots,n;j=1,\cdots,n)$；定义 x 和 y 之间的平均互信息 $I(x,y)$，方法是用联合事件的发生概率 $p(x_i,y_i)$ 直接对 $I(x_i,y_i)$ 加权，然后求和，即有

$$\begin{aligned} I(x,y) &\overset{\text{def}}{=} \sum_{i=1}^{n}\sum_{j=1}^{m} p(x_i,y_j)I(x_i,y_j) \\ &= \sum_{i=1}^{n}\sum_{j=1}^{m} p(x_i,y_j)\log\frac{p(x_i,y_i)}{p(x_i)p(y_j)} \end{aligned}$$

类似地，还可以定义平均自信息：

$$H(x)\overset{\text{def}}{=}p(x_i)I(x_i)=-\sum_{i=1}^{n}p(x_i)\log p(x_i)$$

上面介绍的离散随机变量的互信息定义可以直接推广到连续随机变量。特别地，若 x 和 y 是具有联合概率密度函数 $p(x,y)$ 和边缘概率密度 $p(x)$，$p(y)$ 的两个连续随机变量。则 x 和 y 之间的平均互信息定义为：

$$I(x,y)\overset{\text{def}}{=}\int_{-\infty}^{+\infty}\int_{-\infty}^{+\infty}p(x)p(y\mid x)\log\frac{p(y\mid x)p(x)}{p(x)p(y)}\mathrm{d}x\,\mathrm{d}y$$

虽然平均互信息是针对连续随机变量定义的，但连续随机变量却没有自信息的概念。原因在于：连续随机变量需要用无穷多个二进制数字才能精确表示。因此，连续随机变量的自信息是无穷的，它的熵也是无穷的。对于连续随机变量，通常采用微分熵（differential entropy）的定义。即

$$H(x)\overset{\text{def}}{=}-\int_{-\infty}^{+\infty}p(x)\log p(x)\mathrm{d}x$$

微分熵没有自信息的物理意义。

5.1.2　无失真信源编码

5.1.2.1　Shannon 第一变长编码定理

当 X 是离散信源的输出时，该信源的熵 $H(X)$ 表示由信源发出的平均信息量。现在我们考虑对信源输出编码，即考虑如何用二进制数字序列表示信源输出。

一种信源编码方法的有效性测度可以通过信源每个输出字符的二进制数字的平均个数与熵 $H(X)$ 之间比较得到。

假定一离散无记忆信源每隔 T_s 秒产生以输出字符，该字符是从字符表 x_k 中以概率 $p(x_k)(k=1,2,\cdots,L)$ 选取的。于是该信源的熵

$$H(X)=-\sum_{i=1}^{L}p(x_i)\log_2 p(x_i)$$

当字符为等概率选取时，式中等号成立。由 N 个字符组成的码简称码字（N 为码字的长度）。

为了简化分析，这里仅讨论最简单情况组合下的信源无失真编码定理：离散、无记忆、平稳、遍历、二(多)进制等(变)长编码条件下的信源编码定理。

首先研究等长码，如图 5-1 所示，其中 x 为输入，$x=(x_1,\cdots,x_l\cdots x_L)$，它共有 L 位(长度)，每一位有 x 种取值可能，故信源组合总数为 n^L；s 为输出，它共有 K 位(长度)，每一位有 m 种取值可能，编码组合总数为 m^K。

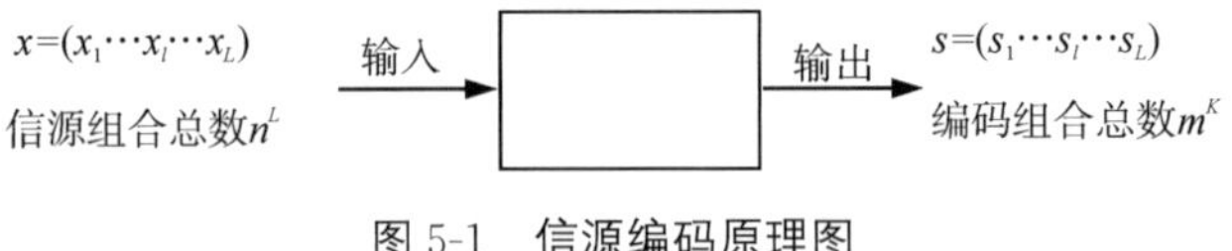

图 5-1　信源编码原理图

倘若不考虑信源 $p(x_k)$ 统计特性，为了实现无失真并有效的编码，应分别满足：

无失真要求：$n^L\leqslant m^K$　　（即每个信源组合必须有对应的编码）

有效性要求：$n^L\geqslant m^K$　　（即编码组合总数要小于信源组合总数）

由上面第一式可推出

$$\frac{K}{L}\geqslant\frac{\log n}{\log m}$$

显然，上述两个条件是相互矛盾的。如何解决这一对矛盾呢？唯一的方法是引入信源的统计特性。这时，就无需对信源输出的全部 n^L 种信息组合一一编码，而仅对其中少

数大概率典型组合进行编码。

下面,先分析上边公式的含义,并在引入信源统计特性以后对它作适当的修改。上式的右端,其分子部分表示等概率信源的熵,而分母部分则表示等概率码元的熵。当引入信源统计特性以后,信源不再满足等概率,这时分子可修改为不等概率实际信源熵 $H(X)$,则有

$$\frac{K}{L} \geqslant \frac{H(X)}{\log m}$$

将上式稍作变化,即可求得典型 Shannon 第一等长编码定理形式,当

$$\frac{K}{L}\log m \geqslant H(X)+\varepsilon \text{ 时}$$

有效的无失真信源编译码存在,可构造;反之,当

$$\frac{K}{L}\log m \geqslant H(X)+\varepsilon \text{ 时}$$

有效的无失真信源编译码不存在,不可构造。

接下来讨论变长码,这时仅需将上边公式修改为

$$\frac{\overline{K}}{L} \geqslant \frac{H(X)}{\log m}$$

式中将等长码的码长 K 改成相对应变长码的平均码长 $\overline{K}$,平均码长 $\overline{K}$ 由下式计算:

$$\overline{K} = \sum_{i=1}^{N} K_i P(x_i)$$

再将上式稍加修改即可求得典型的 Shannon 第一变长编码定理形式:

$$\frac{H(X)}{\log m} + \frac{1}{L}(=\varepsilon) > \frac{\overline{K}}{L} \geqslant \frac{H(X)}{\log m}$$

对于二进制$(m=2)$,则有

$$\frac{H(X)}{\log 2} + \varepsilon > \frac{\overline{K}}{L} \geqslant \frac{H(x)}{\log 2}$$

当对数取 2 为底时,有

$$H(X)+\varepsilon > \frac{\overline{K}}{L} \geqslant H(X)$$

式中,$\overline{K}/L$ 表示平均每个码元的长度。可见它要求平均每个码元的长度应与信源熵相匹配,因此又称为熵编码。

实现无失真信源编码的基本方法有两大类型:一类为改造信源方式,即将实际不理想的不等概率信源变换成理想的具有最大熵值的等概率信源,再采用等长编码进行匹配;另

一类为适应信源方式，即对实际的不等概率信源采用与之相匹配的变长编码方法，包括最佳变长哈夫曼（Haffman）编码、算术编码以及适合于有记忆信源的游程编码等。

5.1.2.2　Huffman 编码

哈夫曼编码是一种统计压缩的可变长编码，它将欲编码的字符用另一套不定长的编码来表示，基本原理是：按照概率统计结果，出现概率高的字符用较短的编码来表示，出现概率低的字符用较长的编码来表示。编码压缩性能是由压缩率（compression ratio）来衡量的，它等于每个采样值压缩前的平均比特数与压缩后的平均比特数之比。由于编码的压缩性能与编码技术无关，而与字符集的大小有关，因此，通常可以将字符集转化成一种扩展的字符集，这样采用相同的编码技术就可以获得更好的压缩性能。

哈夫曼编码的步骤如下：

（1）将信源消息符号按其出现的概率以降序排列。

（2）取两个概率最小的字母分配以 0 和 1 两码元，并将这两个概率相加作为一个新字母的概率，与未分配的二进制符号的字母重新排列。

（3）对重排后的两个概率最小符号重复步骤（2）的过程。

（4）不断重复上述过程，直到最后两个符号配以 0 和 1 为止。

（5）从最后一级开始，向前返回得到各个信源符号所对应的码元序列，即相应的码字。

注意：在哈夫曼过程中，对缩减信源符号按概率由大到小的顺序重新排列时，应使合并后的新符号尽可能排在靠前的位置，这样可使合并后的新符号重复编码次数减少，使短码得到充分利用。

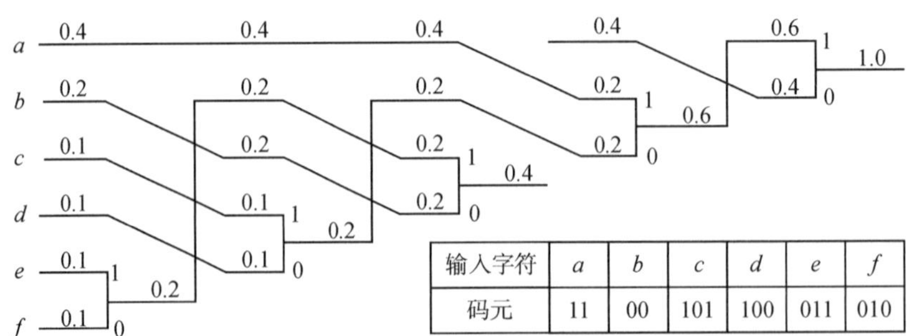

输入字符	a	b	c	d	e	f
码元	11	00	101	100	011	010

图 5-2　6 元素单字符集的哈夫曼编码树

例　6 元素单字符集的哈夫曼编码。

设 6 元素单字符集中每个元素的出现概率如下表 5-1 所示。

表 5-1　6 元素单字符集哈夫曼编码的详细参数

输入字符集			输出字符集		
元素 x_i	x_i 的字符个数 n_i	x_i 出现的概率 $P(x_i)$	哈夫曼编码	哈夫曼编码的码长 K_i	$K_iP(x_i)$
a	1	0.4	11	2	0.8
b	1	0.2	00	2	0.4
c	1	0.1	101	3	0.3
d	1	0.1	100	3	0.3
e	1	0.1	011	3	0.3
f	1	0.1	010	3	0.3
$\overline{K}=2.4$					

由上式可计算出字符集的平均码长是 2.4b，若采用等长码来表示 6 元素单字符集，则码长 K 为 3b，计算输入字符集的熵(平均信息量)为 2.32b。因此，哈夫曼编码提供了 1.25(3.0/2.4)的压缩率，该字符集编码效率达到了 96.67%(2.32/2.40)，其编码过程如图 5-2 所示。

几个结论：

(1)字符集的哈夫曼编码的编码效率和压缩率与字符集的概率分布有关，概率分布不均匀，编码效率低，压缩率高；概率分布均匀，编码效率高，压缩率低。

(2)扩展后的字符集的编码效率和压缩率提高的幅度与原字符集的概率分布有关，概率分布不均匀，编码效率和压缩率提高的幅度大；概率分布均匀，编码效率和压缩率提高的幅度小。故哈夫曼编码适合用于概率分布不均匀的信源。

哈夫曼编码方法是一种不等长最佳编码方法，此处的最佳是指：对于相同概率分布的信源而言，它的平均码长比其他任何一种有效编码方法的平均码长都短。此外还有两点需要说明：一是对同一个信源，哈夫曼编码不是惟一的，但编码效率是一样的；二是对不同概率分布的信源，其压缩率不同，且压缩率与信源概率分布的不均匀性成正比，即信源概率分布越不均匀，其压缩率越高。

5.1.2.3　算术编码

算术编码是 20 世纪 80 年代发展起来的一种新的编码方法，在未知信源概率分布和信源概率分布比较均匀的情况下，它优于哈夫曼编码。在算术编码中，信息串的编码用 0～1 之间的一个实数区间来表示。在编码前，这个区间的完整范围是[0,1)。编码时，随着信息串中一个个字符编码的完成，表示编码的区间不断减小，因而表示该区间所需的位数不断增加。信息串中的字符越多，表示信息串编码的区间就越小，表示该区间所需的位数也就越多。信息串中的每个字符根据统计模型为它定义的出现概率来划分区间，概率大的字符对应较大区间，概率小的字符对应较小区间。在对信息串中的字符进行编码时，根据字符出现概率的大小来减小区间的范围，出现概率大的字符使区间范围减小的幅度比出现概率小的字符使区间范围减小的幅度要小。

设编码前的编码区间范围$[a_0,a_0')=[0,1)$，并设对信息串中的第 1 个字符进行算术编码后的编码区间的上、下限为第 1 个字符取值范围的上、下限，即 $a_1'=b_1'$，$a_1=b_1$，则计算编码区间上下限的编码递推公式为

$$\text{下限}: a_n=a_{n-1}+(a_{n-1}'-a_{n-1})b_n$$

$$\text{上限}: a_n'=a_{n-1}+(a_{n-1}'-a_{n-1})b_n'$$

式中，a_{n-1}'和 a_{n-1}、a_n'和 a_n 分别为对信息串中的第 $n-1$ 个字符、第 n 个字符进行算术编码后编码区间的上、下限，b_n'、b_n 为第 n 个字符取值范围的上、下限。

假设一信息串包含 N 个字符，当完成了对它的算术编码后，其算术编码为此时编码区间的下限，即 $c=a_N$。

下面举例说明算术编码的过程。

例　对字符串“age!”进行算术编码。

设各字符的出现概率和取值范围如下表 5-2 所示。

表 5-2　各字符的出现概率和取值范围

字符	范围差值 d(概率)	取值范围$[b,b')$
a	0.2	[0,0.2)
d	0.3	[0.2,0.5)
f	0.1	[0.5,0.6)
g	0.2	[0.6,0.8)
e	0.1	[0.8,0.9)
!	0.1	[0.9,1.0)

对第 1 个字符 a 进行编码时，取编码区间的上、下限为字符 a 取值范围的上、下限，有 $a_1=b_1=0$，$a_1'=b_1'=0.2$。

对第 2 个字符 g 进行编码时，由式(3-10)和式(3-11)可计算出编码区间的上、下限为

$$a_2'=a_1+(a_1'-a_1)b_2'=0+(0.2-0)\times 0.8=0.16$$

$$a_2=a_1+(a_1'-a_1)b_2=0+(0.2-0)\times 0.6=0.12$$

则此时的编码区间为[0.12,0.16)。

以此类推，利用上式可计算出对第 3 个字符 e、对第 4 个字符！进行算术编码后的编码区间分别为[0.152,0.156)和[0.1556,0.156)。

接收端收到信息串后，根据收发双方预先规定的字符概率区间分配表和取值范围，解码器就可以惟一正确地进行译码。具体的方法是：若接收的代码为 0.1556，根据表 3－2 各字符的出现概率和取值范围，可以判断它是在[0,0.2)的区间范围内，所以第 1 个字符应为 a。从第 2 个字符开始，需用递推公式依次计算出各字符的相应代码，然后进行判断。计算各字符相应代码的译码递推公式为

$$a_n=\frac{a_{n-1}-b_{n-1}}{b_{n-1}'-b_{n-1}}\quad n\geqslant 2$$

式中，a_{n-1} 和 a_n 分别为第 $n-1$ 个字符和第 n 个字符的相应代码，b_{n-1}'、b_{n-1} 为第 $n-1$ 个字符取值范围的上、下限。

应用公式可计算出第 2、3、4 个字符的相应代码依次为 0.778、0.89 和 0.9，由表 5-2 可以判断出第 2、3、4 个字符依次为 g、e 和!。最后一个字符！是结束标志，表示信息传输结束，解码器见到它就停止解码。这样，通过编码过程的逆运算，我们可以惟一正确地把代码 0.1556 翻译为字符串“age!”。

5.1.2.4　游程编码

在一些实际应用中，在传输的符号序列中常常会出现特定符号的冗长游程(游程是指符号序列中由同一种符号组成的符号串)，这是某些符号序列常见的性质，利用这一特性，可以采用一种有效的替换编码来表示游程从而减少传输的比特数。例如，在二进制序列中，“1”或“0”的冗长游程可用不同的特殊符号串来代替。在某些通信协议中，规定一个特殊符号串可表示的游程长度最大为 63 个字符，当游程长度大于 63 个字符时，可以把长游程分割成 63 个字符为一组的连续游程。

游程编码的基本思想就是用一个特殊符号串来代替符号序列中特定符号的冗长游程。它可应用于原字符集或字符集的二进制表示。对一些特殊信源的二进制字符集，游程编码相当有效，典型的商业应用是实时电子传真技术。

传真技术是指用连续行扫描来传输一幅二维图像的处理过程。实际中最常见的二维图像是包含文本和图表的文件。二维图像先被量化分割为各条扫描线，然后每条扫描线进一步被量化分割成空间位置，这些空间位置定义了图像元素(称为像素，pixel)的二维网

格。CCITT 标准规定文件的宽度为 8.27 英寸(20.7cm),长度为 11.7 英寸(29.2cm);一般分辨率的空间量化为 1188 行/文件和 1728 像素/行,传真发送的像素总数是 1188×1728=2052864;高分辨率的空间量化为 1188×2=2376 行/文件和 1728 像素/行,行数和传真发送的像素总数是一般分辨率的两倍。与美国国家电视标准委员会(NTSC)规定的标准商用电视的像素数目 480×640=307200 相比较,传真的分辨率是标准电视图像分辨率的 6.6825 倍或 13.365 倍。

传真图像的每个像素的明暗度被量化成两级:黑(B)和白(W)。这样,扫描线获得的信号是表示 B 和 W 的两电平模式。显而易见,扫过一张纸的水平扫描线呈现的图像由 B 电平和 W 电平的长游程所组成。CCITT 标准游程编码方案对 B 游程和 W 游程是用修改后的可变长度哈夫曼编码来表示的。具体方法是:把 B 游程或 W 游程划分为两部分,第一部分为由 K×64(K=1,2,…,27)个字符组成的子游程,该部分最多为 1728 个字符,最少为 64 个字符;第二部分为小于 64 个字符的子游程,该部分最多为 63 个字符,最少为 0 个字符。第一部分 B 游程和 W 游程各 27 种共有 54 种,第二部分 B 游程和 W 游程各 64 共有 128 种,然后为这 54+128=182 种黑、白游程各指定一个惟一的哈夫曼码字,如表 3－3 所示。编码中还定义一个惟一的行结束符(EOL),它表明后面没有像素,另起一行开始,这与打字机的回车类似。

例 用修正哈夫曼编码压缩下列包含 1728 个像素的扫描线:200W,10B,10W,84B,1424W。

解 可以得到该扫描线的编码结果为

010111	10011	0000100	00111	0000001111	00001101000	000000000001
192W	8W	10B	10W	64B	20B	EOL

传输这个包括 1728b 的行,只需要 56b。

5.1.3 限失真信源编码

5.1.3.1 信源编码定理

连续信源发射的信息波形 $x(t)$可以用采样定理表示为一个随机过程 $X(t)$的抽样函数,也就是说,通过采样定理,模拟信源的输出转换为一等价的离散时间样本序列。因此模拟信源的编码等同于对样本的幅值进行最佳量化。

设一信源输出 $U=\{a_1,a_2,\cdots,a_k\}$,对应的编码为 $V=\{a_1,a_2,\cdots,a_k\}$,设它们之间的

互信息为 $I(u,v)$。定义失真函数：

$$d(u,v)=d(u=a_i,v=a_j)=\begin{cases}0 & i=j\\ \alpha(>0) & i\neq j\end{cases}$$

失真的数学期望 $\overline{d}=E[d(u,v)]$。

设误差上限为 D，当 $\overline{d}\leqslant D$ 时所对应的编码方式的集合记为 P_D，即 $P_D=\{\overline{d}\leqslant D \mid$ 所有编码方式$\}$

若有一个离散、无记忆、平稳信源，其信息率失真函数为 $R(D)$，$R(D)=\lim\limits_{P_{i,j}\in P_D} I(u,v)$，则当通信系统中实际信息率 $R>R(D)$ 时，只要信源序列 L 足够长（$L\rightarrow\infty$），一定存在一种编码方式 C' 使其译码以后的失真小于或等于 $D+\varepsilon$，且 ε 为任意小的正数（$\varepsilon\rightarrow 0$），反之，若 $R<R(D)$，则无论用什么编码方式，其译码失真必大于 D。

5.1.3.2　标量量化编码

标量量化是对单个样值进行逐一量化的过程，它与连续信源的模拟信号数字化紧密相连，模拟信号数字化的脉冲编码调制（PCM）已在第四章中进行了详细的介绍，在此不再详述。

5.1.3.3　矢量量化编码

标量量化是对逐个样值的量化，若对一组信号样本或一组信号参数进行量化，则称为向量量化或矢量量化。

矢量量化是将每 K 个样点分为一组进行联合的多维量化处理。在数学上可看作是下列 K 维信号空间上的映射，而在物理上则可看作是相应信号空间上的变换，即

$$Q^K: x=(x_1,\cdots,x_k,\cdots,x_K)\in R^R\rightarrow x^l=(x_1^l,\cdots,x_k^l,\cdots,x_K^l)\in R^R$$

其中，$x=(x_1,\cdots,x_k,\cdots,x_K)$ 是信源 K 维欧氏空间一个连续量，$x^l=(x_1^l,\cdots,x_k^l,\cdots,x_K^l)$ 则是 K 维欧氏空间的一个离散量化矢量。

对于每个 $l(l=1,2,\cdots,L)$ 值，在 K 维空间中有一个区域 C_l，它作为 K 维空间上划分的一个子空间。当 $x\in C_l$ 时，判它为 x^l。显然有

$$\bigcup_l C_l=R^K$$

人们将这种分割矢量空间的方法称为 Voroni（胞腔）子空间方法。

矢量量化可以理解为在 K 维欧氏空间 R^K 中的一种映射（变换）。它将 R^K 中一个连续量 x 映射（变换）成一个离散的量化矢量 x^l。称 x^l 为码本或重建码本，L 为码本大小，

$\log L$ 为码本信息量，即表示码本大小的二进制码元数。这时 $\log L/K$ 则可表示平均每个样值所含的二进制码元数。对于矢量量化可以很容易实现 $\log L/K<1$，即平均每个样值所含信息量小于 1b。这在一维标量量化中是不可能达到的，其主要原因在于矢量量化充分利用了信源样值点之间的统计相关性。矢量量化的编译码过程如图 5-3 所示。

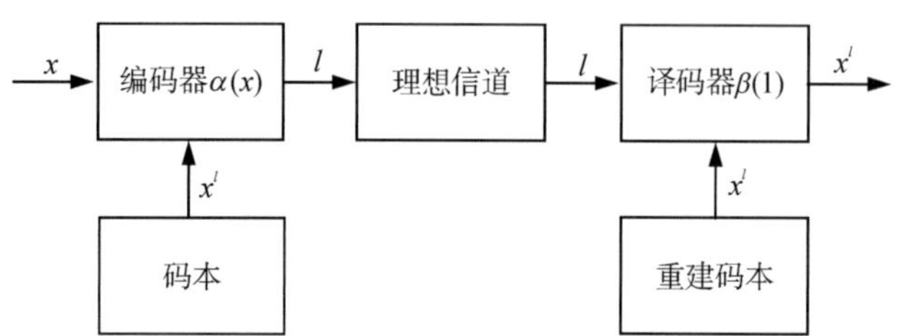

图 5-3　矢量量化编译码过程

矢量量化的最基本问题是计算量化误差与设计最佳矢量量化器。在矢量量化中，量化误差又称为失真度量，最常用的失真度量有以下三类：

均方失真

$$d(x,x^l)=(x-x^l)^2=\sum_{k=1}^{K}(x_k-x_k^l)^2$$

绝对失真

$$d(x,x^l)=|x-x^l|=\sum_{k=1}^{K}|x_k-x_k^l|^2$$

加权均方失真

$$d(x,x^l)=(x-x^l)W(x-x^l)=\sum_k\sum_j W_{kj}x_k x_k^l$$

实现最佳矢量量化器的方式类似于实现最佳一维标量量化器，即采用 Lloyd 迭代算法。1980 年，Linde、Buzo 和 Gray 三位学者把 Lloyd 算法推广应用到矢量量化中，后来人们称它为 LBG 算法。它是最佳矢量量化的最基本算法。

与标量量化一样，实现最佳矢量量化的必要条件是：

$$C_l=\{x:d(x,x^l)\leqslant d(x,x^l)\}$$

其中，$l\neq i$，$i=1,2,\cdots L$，则有

$$Q^K(x)=x^l$$

即量化器能选出失真最小的矢量。

实现的第二个条件是设计码本 x^l 的集合，使各个子空间 C_l 中的总平均失真 D_l 最小，即

$$D_l = E[d(x, x^l)] = \int_{x \in C_l} d(x, x^l) p_x(x) \mathrm{d}x$$

这也是在矢量空间中的 Voroni 子空间的分割方法。一般情况下，当给定具体的失真准则后，只能采用迭代法求得数值解，其运算量相当大。这一迭代法一般又称之为群聚法，其求解过程如下：

(1)首先给定一组初始值 $x^l(0), 1 \leqslant l \leqslant L$；

(2)分割子空间，使 $d[x, x^l(0)] \leqslant d[x, x^j(0)], l \neq j, x \in C_l(0)$；

(3)由初始值 $x^l(1)$求一组矢量 $x^l(1)$：

$x^l(1) = C_{en}[C_l(0)]$，其中 $C_{en}[C_l(0)]$为子空间 $C_l(0)$的质心，$1 \leqslant l \leqslant L$；

(4)计算 $D(0)$总平均失真；

(5)重复步骤(1)～(4)，直到使 $D(m)$与 $D(m-1)$之间的差值小于某个给定值(满足误差要求的值)，停止迭代，并求得 $x^l(m)$矢量。

矢量量化最困难的问题是码书设计，即子空间的划分，划分的好，失真小，编码速率快。

5.1.3.4　预测编码

1. 基本原理

对于有记忆的相关信源，由于信源输出的各样值之间存在着统计关联，这些统计关联是可以加以充分利用的，预测编码就是基于这一思想。目前预测编码已成为语音压缩编码的基础，同时在图像编码中预测编码也必不可少。预测编码不直接对信源输出信号 x_l 进行编码，而是对信源输出信号 x_l 与预测变换后的信源输出信号 $\hat{x}_l$ 的差值信号进行编码，其原理如图 5-4 所示，线性预测编码器原理如图 5-5 所示。

按照信息论的观点，预测编码压缩信源码率的必要条件为

$$\overline{K}_e < \overline{K}_x \Rightarrow H(E) < H(X)$$

即信源预测越精确，误差越趋于 δ 分布，则误差熵也就越小。

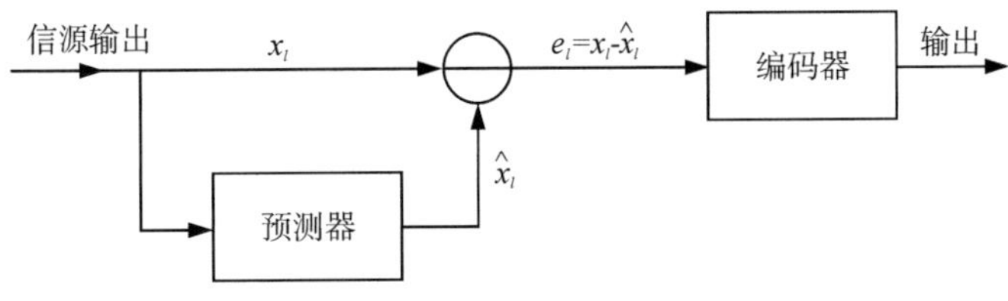

图 5-4　预测编码器原理图

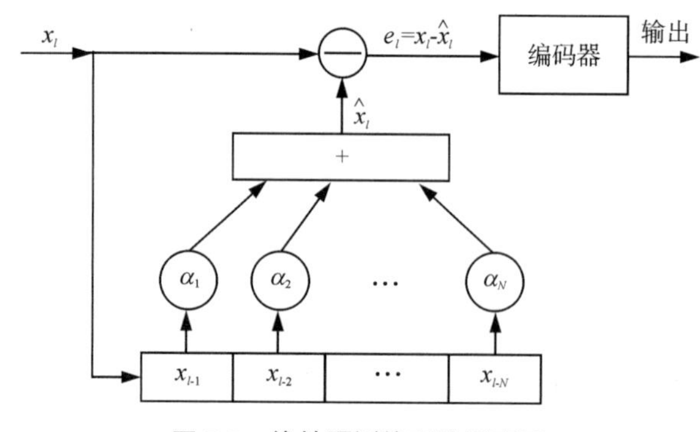

图 5-5　线性预测编码器原理图

2. 实现方法

从上述预测编码的基本原理,可以看出实现预测编码要考虑以下三方面问题:一是选取预测误差准则,二是选取预测函数,三是选取预测器输入数据。其中,第一个问题决定预测质量的标准,第二、三个问题决定预测质量的优劣。

(1)预测误差准则的选取。预测误差准则大致可以划分为下列三种类型:最小均方误差(MMSE)准则、预测系数不变性(PCIV)准则和最大误差(ME)准则,其中最常用的是最小均方误差准则。预测系数不变性准则的最大特点是预测系数与输入信号的统计特性无关,适合于多种类型信号同时预测,比如多媒体信号预测。最大误差准则主要用于遥测数据。

(2)预测函数的选取。在工程上一般采用比较容易实现的线性预测函数。这时预测精度与预测阶次 n 有直接关系,n 越大预测越精确,但是相应的设备也就越复杂,所以 n 值的大小最终要根据设计要求和实际效果来决定。

(3)预测器输入数据的选取。预测器输入数据的选取是指从何处选取原始数据作为预测的依据。一般可分为三类:一类是直接从信源输出处选取第 l 位的前 N 位(第 $l-1$,$l-2$,…,$l-N$ 位)数据作为预测器输入的原始数据;第二类是从输出端的误差函数反馈至预测器中,即将输出的第 l 位的前 N 位(第 $l-1$,$l-2$,…,$l-N$ 位)数据作为预测器输入的原始数据反馈至预测器输入端;第三类是将前两类结合起来。采用第一类输入方式实现预测编码的称为 ΔPCM,采用第二类输入方式实现预测编码的称为 DPCM,而采用第三类输入方式实现预测编码的则称为噪声反馈型。

5.1.3.5　变换编码

变换编码是在空域乃至广义频域上解除信源的相关性,所以又称为域变换编码。应用变换编码解除信源的相关性有两层含义：一是指经过变换编码后的信号矢量中的信号分量均为互不相关信号分量；二是指信号矢量中信号分量的个数可能会减少，这是由于互不相关信号分量的个数总是小于或等于原信号矢量中信号分量的个数。

1. 基本原理

变换编码的基本原理是通过正交矩阵变换来解除信源的相关性，减少信号矢量中信号分量的个数，降低信源的冗余度，从而提高通信的有效性。

设信源为一维信号矢量 x：

$$x=(x_1,\cdots,x_l,\cdots x_L)$$

若将它通过一个类似于傅氏变换的广义正交变换，其变换的正交矩阵 A 为一个 $L\times L$ 的方阵，则变换后的输出为

$$s=Ax^{\mathrm{T}}$$

由矩阵的正交性

$$A^{\mathrm{T}}A=A^{-1}A=I$$

有

$$x^{\mathrm{T}}=A^{-1}s=A^{\mathrm{T}}s$$

如果经正交变换后，只需传送 $K<L$ 个值而将余下的 $L-K$ 个较小的值丢弃，这样就能起到压缩信源数据率的作用。这时，有

$$\tilde{s}=(s_1,\cdots,s_k,\cdots,s_K)$$

在接收端被恢复的信号为

$$\tilde{s}=A^{\mathrm{T}}\tilde{s}$$

显然，这时的 $x\neq\tilde{x}$，所以问题可归结为如何选择正交矩阵 A，使经过变换编码后的信号矢量满足以下两点要求：一是使 K 值尽可能地小，并且使被丢弃的 $L-K$ 个信号分量的值也足够小，以获得最大的信源压缩率；二是使在丢弃了 $L-K$ 个信号分量值后所产生的误差不超过允许的失真范围。因此，正交变换的主要问题可以归结为在一定的误差准则下，寻找最佳或准最佳的正交变换矩阵，以达到最大限度地消除信源相关性的目的。

2. 最佳正交变换

最佳正交变换(KLT)的“最佳”是指在一定的条件或准则下的最佳。通常较多采用的准则是最小均方误差(MMSE)准则。

$K-L$ 变换虽然在均方误差准则下是最佳的正交变换，但是由于以下两个原因，在实际中很少采用：一是在 $K-L$ 变换中，特征矢量与信源统计特性密切相关，即对不同的信源统计特性 Φx 应有不同的正交矩阵 A，才能实现最佳化，这显然不大现实；二是 $K-L$ 变

换目前尚无快速算法，所以无法应用到实际问题中去，因而通常仅将它作为一个理论上的参考标准。

3. 准最佳正交变换

正是由于理论上最佳的 $K-L$ 变换实用意义不大，于是人们就将眼光逐步转向寻找理论上准最佳，但有实用价值的正交变换上。目前人们已寻找到不少类型的准最佳变换，它们大致可划分为两类：一类是它们的变换矢量的元素都在单位圆上，比如傅氏变换以及沃尔什－哈达玛(Walsh－Hadamard)变换；另一类则不一定在单位圆上，它又可分为正弦与非正弦两类，离散余弦变换 DCT 属于前者，而斜(Slant)变换、Hear 变换则属于后者。

准最佳正交变换是指经变换后的协方差矩阵 Φ_s 是近似对角线矩阵而不是理想对角线矩阵。由线性代数的相似变换理论可知，任何矩阵都可以通过相似变换成为约旦(Jordan)标准型矩阵。约旦标准型矩阵就是准对角线矩阵，它具有如下形式：

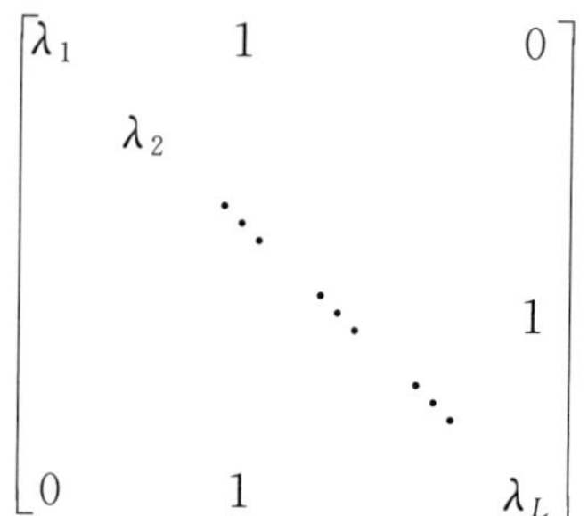

由上可知，准对角线矩阵是指在主对角线上均为特征值 $\lambda_l(l=1,2,\cdots,L)$，而在主对角线以上或以下存在着若干个 1 值矩阵。而所谓的相似变换是指总能找到一个非奇异正交矩阵 A，把 Φx 变换成为 $\Phi s=(A^{-1}\Phi xA)$，使 Φs 为约旦标准型矩阵，并称 Φx 与 Φs 相似。变换过程如下：

$$A^{-1}\Phi xA=A^{\mathrm{T}}\Phi xA=\Phi s$$

可见，通过矩阵的相似变换，总能找到一些正交矩阵，实现准最佳正交变换。由于准最佳正交变换标准的不确切与不惟一性，使我们找到的正交矩阵也不是惟一的，因此就可能有多种准最佳正交变换。下面作进一步讨论。

设 X 表示信源信号矩阵，S 表示变换后的信号矩阵。则在一般情况下，有

$$\text{正变换：}S=AXB^{\mathrm{T}}$$

$$\text{逆变换：}X=A^{\mathrm{T}}SB$$

这里的正交变换矩阵 A 与 B 原则上可以为不同类型的正交矩阵，也可以是不同阶次的。但是实际上，为了简化，设 X 与 S 均为方阵，且正交矩阵 A、B 相同。这时有

$$\text{正变换}:S=AXA^{\mathrm{T}}$$

$$\text{逆变换}:X=A^{\mathrm{T}}SA$$

或者写成(由于 X 与 S 一般为随机量,所以采用它们的二阶统计量 Φs 和 Φx 表示更合理)

$$\Phi s=A\Phi xA^{\mathrm{T}}$$

$$\Phi x=A^{\mathrm{T}}\Phi sA$$

选用不同类型的正交矩阵 A 即可产生不同类型的准最佳正交变换。

(1)离散傅氏变换(DFT)。在离散傅氏变换中用来进行正交变换的矩阵是 A_{DF},有

$$S=A_{DF}XA_{DF}^{*T}$$

$$X=A_{DF}^{*T}SA_{DF}$$

$$\Phi_s=A_{DC}\Phi_xA_{DF}^{*T}$$

$$\Phi_x=A_{DF}^{*T}\Phi_sA_{DF}$$

式中,

$$A_{DF}=\frac{1}{\sqrt{n}}\begin{bmatrix} \omega^0 & \omega^0 & \omega^0 & \cdots & \omega^0 \\ \omega^0 & \omega^1 & \omega^2 & \cdots & \omega^{n-1} \\ \omega^0 & \omega^2 & \omega^4 & \cdots & \omega^{2(n-1)} \\ \vdots & \vdots & \vdots & & \vdots \\ \omega^0 & \omega^{n-1} & \omega^{2(n-1)} & \cdots & \omega^{(n-1)^2} \end{bmatrix}$$

为复数矩阵,A_{DF}^{*T} 为 A_{DF} 的共轭矩阵,n 为 A_{DF} 的阶数,且

$$\omega=\mathrm{e}^{-\frac{2\pi i}{n}}$$

当 $n=2$ 时,$A_{DF}=\frac{1}{\sqrt{2}}\begin{bmatrix} \mathrm{e}^{-\frac{2\pi i0}{2}} & \mathrm{e}^{-\frac{2\pi i0}{2}} \\ \mathrm{e}^{-\frac{2\pi i0}{2}} & \mathrm{e}^{-\frac{2\pi i1}{2}} \end{bmatrix}=\frac{1}{\sqrt{2}}\begin{pmatrix} 1 & 1 \\ 1 & -1 \end{pmatrix}$

当 $n=4$ 时,$A_{DF}=\frac{1}{\sqrt{4}}\begin{bmatrix} \mathrm{e}^{-\frac{2\pi i0}{4}} & \mathrm{e}^{-\frac{2\pi i0}{4}} & \mathrm{e}^{-\frac{2\pi i0}{4}} & \mathrm{e}^{-\frac{2\pi i0}{4}} \\ \mathrm{e}^{-\frac{2\pi i0}{4}} & \mathrm{e}^{-\frac{2\pi i1}{4}} & \mathrm{e}^{-\frac{2\pi i2}{4}} & \mathrm{e}^{-\frac{2\pi i4}{4}} \\ \mathrm{e}^{-\frac{2\pi i0}{4}} & \mathrm{e}^{-\frac{2\pi i2}{4}} & \mathrm{e}^{-\frac{2\pi i4}{4}} & \mathrm{e}^{-\frac{2\pi i8}{4}} \\ \mathrm{e}^{-\frac{2\pi i0}{4}} & \mathrm{e}^{-\frac{2\pi i3}{4}} & \mathrm{e}^{-\frac{2\pi i6}{4}} & \mathrm{e}^{-\frac{2\pi i9}{4}} \end{bmatrix}=\frac{1}{2}\begin{pmatrix} 1 & 1 & 1 & 1 \\ 1 & \mathrm{e}^{-\frac{\pi}{2}i} & \mathrm{e}^{-\pi i} & \mathrm{e}^{-\frac{3\pi}{2}i} \\ 1 & \mathrm{e}^{-\pi i} & \mathrm{e}^{-2\pi i} & \mathrm{e}^{-3\pi i} \\ 1 & \mathrm{e}^{-\frac{3\pi}{2}i} & \mathrm{e}^{-3\pi i} & \mathrm{e}^{-\frac{9\pi}{2}i} \end{pmatrix}$

$$=\frac{1}{2}\begin{bmatrix}1 & 1 & 1 & 1\\1 & -i & -1 & i\\1 & -1 & 1 & -1\\1 & i & -1 & -i\end{bmatrix}$$

例　以 $n=4$ 的 A_{DF} 为例，若已知 $\Phi_x=\begin{bmatrix}1 & 0.9 & 0.9 & 0.9\\0.9 & 1 & 0.9 & 0.9\\0.9 & 0.9 & 1 & 0.9\\0.9 & 0.9 & 0.9 & 1\end{bmatrix}$，求 $\Phi_s=?$

解　由上式，有

$$\Phi_s=A_{DF}\Phi_x A_{DF}^{*T}$$

$$=\frac{1}{2}\begin{bmatrix}1 & 1 & 1 & 1\\1 & -i & -1 & i\\1 & -1 & 1 & -1\\1 & i & -1 & -i\end{bmatrix}\begin{bmatrix}1 & 0.9 & 0.9 & 0.9\\0.9 & 1 & 0.9 & 0.9\\0.9 & 0.9 & 1 & 0.9\\0.9 & 0.9 & 0.9 & 1\end{bmatrix}\begin{bmatrix}1 & 1 & 1 & 1\\1 & i & -1 & -i\\1 & -1 & 1 & -1\\1 & -i & -1 & -i\end{bmatrix}$$

$$=\frac{1}{4}\begin{bmatrix}3.7 & 3.7 & 3.7 & 3.7\\0.1 & -0.1i & -0.1 & 0.1i\\0.1 & -0.1 & 0.1 & -0.1\\0.1 & 0.1i & -0.1 & -0.1i\end{bmatrix}\begin{bmatrix}1 & 1 & 1 & 1\\1 & i & -1 & -i\\1 & -1 & 1 & -1\\1 & -i & -1 & -i\end{bmatrix}$$

$$=\frac{1}{4}\begin{bmatrix}4\times 3.7 & 0 & 0 & 0\\0 & 4\times 0.1 & 0 & 0\\0 & 0 & 4\times 0.1 & 0\\0 & 0 & 0 & 4\times 0.1\end{bmatrix}=\begin{bmatrix}3.7 & 0 & 0 & 0\\0 & 0.1 & 0 & 0\\0 & 0 & 0.1 & 0\\0 & 0 & 0 & 0.1\end{bmatrix}$$

显然，这是一个很理想的准最佳正交变换。因为经过变换后，主对角线以外的互相关值全部为零，即互相关性完全被解除；而主对角线上的自相关性也自上而下依次递减。如果再运用快速傅氏变换 FFT，变换运算的速度可大大加快。同时，从上述变换也可以看出，由于选用的 A_{DF} 是一个确定的正交矩阵，所以变换后的 Φs 和 Φx 关系很大。对于上式中这类 Φx 的特殊相关特性（所有的互相关值全部相等），A_{DF} 具有很理想的变换效果，但是换一种型式 Φx 可能就没有那么好的效果。不过对于绝大部分有较强互相关性的信源，从统计上看都会取得比较好的效果。这类正交变换的一个主要缺点是它是复变换，比较复杂，不易实现。

(2)离散沃尔什－哈达玛变换（WHT）。由于沃尔什（Walsh）矩阵与哈达玛（Hadamard)矩阵有很多类似之处，比如它们都是元素仅为 1 或 −1 的方阵，它们的变换运算只有加减运算没有乘除运算，它们之间的关系是一类简单矩阵初等变换的关系等等，因此可将它们归结为一类。

在离散沃尔什—哈达玛变换中用来进行正交变换的矩阵是 A_{WH}，带入上式有

$$S=A_{WH}XA_{WH}^{\mathrm{T}}$$

$$X=A_{WH}^{\mathrm{T}}SA_{WH}$$

$$\Phi_s=A_{WH}\Phi_x A_{WH}^{\mathrm{T}}$$

$$\Phi_x=A_{WH}^{\mathrm{T}}\Phi_s A_{WH}$$

当进行正交变换的矩阵是沃尔什矩阵时，$A_{WH}=A_W$；当进行正交变换的矩阵是哈达玛矩阵时，$A_{WH}=A_W$。哈达玛矩阵的递推公式如下：

$$A_H=A_H(2^{m+1})=\frac{1}{\sqrt{2}}\begin{bmatrix}A_H(2^m) & A_H(2^m)\\ A_H(2^m) & -A_H(2^m)\end{bmatrix}\quad m=0,1,2,\cdots$$

哈达玛矩阵 A_H 为实数矩阵，2^{m+1} 为哈达玛矩阵 A^H 的阶数，且

$$A_H(2^0)=1$$

当 $m=0$ 时，$2^{m+1}=2^{0+1}=2^1=2$，有

$$A_H(2)=\frac{1}{\sqrt{2}}\begin{bmatrix}A_H(2^0) & A_H(2^0)\\ A_H(2^0) & -A_H(2^0)\end{bmatrix}=\frac{1}{\sqrt{2}}\begin{bmatrix}1 & 1\\ 1 & -1\end{bmatrix}$$

当 $m=1$ 时，$2^{m+1}=2^{1+1}=2^2=4$，有

$$A_H(2)=\frac{1}{\sqrt{2}}\cdot\frac{1}{\sqrt{2}}\begin{bmatrix}1 & 1 & 1 & 1\\ 1 & -1 & -1 & -1\\ 1 & 1 & -1 & -1\\ 1 & -1 & -1 & 1\end{bmatrix}=\frac{1}{\sqrt{2}}\cdot\frac{1}{\sqrt{2}}\begin{bmatrix}1 & 1 & 1 & 1\\ 1 & -1 & -1 & -1\\ 1 & 1 & -1 & -1\\ 1 & -1 & -1 & 1\end{bmatrix}$$

由于 Walsh 变换矩阵仅是 Hadamard 变换矩阵的初等变换，故可写出对应的 $A_W(2^m)$ 如下：

$$A_W(2)=\frac{1}{\sqrt{2}}\begin{bmatrix}1 & 1\\ 1 & -1\end{bmatrix}$$

$$A_W(4)=\begin{bmatrix}1 & 1 & 1 & 1\\ 1 & -1 & -1 & -1\\ 1 & -1 & -1 & 1\\ 1 & -1 & 1 & -1\end{bmatrix}$$

(3)离散余弦变换(DCT)。离散傅氏变换(DFT)引入了复数,给运算带来了一些不便。离散余弦变换(DCT)是针对这一缺点对其作进一步改进而得到的。只需将信源的数据长度扩展1倍并保证对称性,即可得到离散余弦变换。当然根据扩展情况和对称性的不同,DCT还可进一步划分为偶DCT(即EDCT)与奇DCT(即ODCT)两类。如果将信源数据长度扩展为$2N-1$,比如以$m=0$为中心,两侧各取$N-1$个数据,那么总长度即为$2N-1$,称它为奇DCT;如果将信源数据长度扩展为$2N$,即对称中心位于$m=0$与$m=1$之间的中点,则称它为偶DCT。

在离散余弦变换中用来进行正交变换的矩阵是A_{DC},代入上式,有

$$S=A_{DC}XA_{DC}^{\mathrm{T}}$$

$$X=A_{DC}^{\mathrm{T}}SA_{DC}$$

$$\Phi_s=A_{DC}\Phi_x A_{DC}^{\mathrm{T}}$$

$$\Phi_x=A_{DC}^{\mathrm{T}}\Phi_s A_{DC}$$

由离散傅氏变换(DFT)公式将信源数据样点扩展1倍,则可得:

$$A_{DC}(n=2^m)=\sqrt{\frac{2}{n}}\begin{bmatrix} \frac{1}{\sqrt{2}} & \frac{1}{\sqrt{2}} & \cdots & \frac{1}{\sqrt{2}} \\ \cos\frac{\pi}{2n} & \cos\frac{3\pi}{2n} & \cdots & \cos\frac{(2n-1)\pi}{2n} \\ \cos\frac{\pi}{2n} & \cos\frac{6\pi}{2n} & \cdots & \cos\frac{2(2n-1)\pi}{2n} \\ \vdots & \vdots & & \vdots \\ \cos\frac{(n-1)\pi}{2n} & \cos\frac{3(n-1)\pi}{2n} & \cdots & \cos\frac{(n-1)(2n-1)\pi}{2n} \end{bmatrix}$$

当$m=1$时,$n=2^1=2$,有

$$A_{DC}(2)=\begin{bmatrix} \frac{1}{\sqrt{2}} & \frac{1}{\sqrt{2}} \\ \cos\frac{\pi}{4} & \cos\frac{3\pi}{4} \end{bmatrix}=\begin{bmatrix} \frac{1}{\sqrt{2}} & \frac{1}{\sqrt{2}} \\ \frac{1}{\sqrt{2}} & -\frac{1}{\sqrt{2}} \end{bmatrix}=\frac{1}{\sqrt{2}}\begin{bmatrix} 1 & 1 \\ 1 & -1 \end{bmatrix}$$

当$m=2$时,$n=2^2=4$,有

$$A_{DC}(4)=\frac{1}{\sqrt{2}}\begin{bmatrix} \frac{1}{\sqrt{2}} & \frac{1}{\sqrt{2}} & \frac{1}{\sqrt{2}} & \frac{1}{\sqrt{2}} \\ \cos\frac{\pi}{8} & \cos\frac{3\pi}{8} & \cos\frac{5\pi}{8} & \cos\frac{7\pi}{8} \\ \cos\frac{\pi}{4} & \cos\frac{3\pi}{4} & \cos\frac{5\pi}{4} & \cos\frac{7\pi}{4} \\ \cos\frac{3\pi}{8} & \cos\frac{9\pi}{8} & \cos\frac{15\pi}{8} & \cos\frac{21\pi}{8} \end{bmatrix}=\frac{1}{2}\begin{bmatrix} 1 & 1 & 1 & 1 \\ a & b & -b & -a \\ 1 & -1 & -1 & 1 \\ b & -a & a & -b \end{bmatrix}$$

上式中，

$$\left.\begin{aligned} a&=\sqrt{2}\cos\frac{\pi}{8} \\ b&=\sqrt{2}\cos\frac{3\pi}{8} \end{aligned}\right\}$$

上面介绍了最佳正交变换(KLT)和准最佳正交变换中的离散傅氏变换(DFT)、离散沃尔什—哈达玛变换(WHT)和离散余弦变换(DCT)，另外准最佳正交变换还有离散 Hear 变换(HrT)、Slant(斜)变换(ST)等，限于篇幅不再作介绍。这些最佳、准最佳的离散变换各具特色。如果从解除相关性的性能上看，KLT 最好；其次是平稳马氏链信源的 DCT，它可以逼近 KLT；DFT 与 ST 并列第三；HrT 最次。如果从计算工作量来看，则其顺序正好相反，HrT 所需运算次数最少，WHT 运算次数虽然不是最少，但仅有加法运算，而运算次数最多且无快速算法的是 KLT。

5.1.4　图像编码

长期以来，人们都是在传统香农信息理论的指导下进行图像压缩编码方法的研究，即任何一组随机分布的数据信息是由其熵来表征，无失真编码的压缩效率以此熵为界，失真编码的压缩效率也受此熵约束。然而人们在研究人的视觉特性与图像信息之间的关系时，发现一个明显或越来越清楚的问题：人的视觉感知特点与统计意义上的信息分布并不一致。换句话说，在统计上需要更多信息量才能描述图像信息的特征对视觉感知可能并不重要，从感知的角度讲，无需详细表征图像某些局部特征。压缩技术的研究突破了传统香农信息论的框架，注重对人的感知特性的利用，利用所谓感知熵理论，使得压缩效率有了极大的提高。

目前已有的图像压缩标准：

①静止图像压缩标准：JPEG（基于 DCT 变换）、JPEG2000（基于小波变换）；

②活动图像（视频）压缩标准：H. 261/H. 263、MPEG（基于 DCT 变换）、MPEG－4 和 MPEG－7（基于模型编码）。

图像编码的基本思想是子带编码如图 5-6 所示。对 $I_{L\times L}$ 的图像进行编码时，首先对图像的系数矩阵进行子带划分。然后分别对低、中、高频系数进行处理，处理后的系数矩阵为

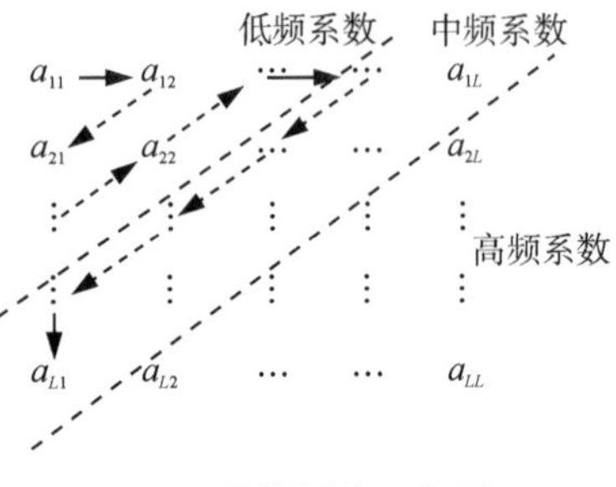

图 5-6　子带划分示意图

$$\begin{matrix} \frac{a_{11}}{b_{11}} & \frac{a_{12}}{b_{12}} & \cdots & \frac{a_{1L}}{b_{1L}} \\ \frac{a_{21}}{b_{21}} & \frac{a_{22}}{b_{12}} & \cdots & \frac{a_{1L}}{b_{1L}} \\ \frac{a_{L1}}{b_{L1}} & \frac{a_{12}}{b_{12}} & \cdots & \frac{a_{1L}}{b_{1L}} \end{matrix}$$

在进行系数矩阵处理时应使量化表

$$\begin{matrix} b_{11} & b_{12} & \cdots & b_{1L} \\ b_{21} & b_{22} & \cdots & b_{2L} \\ \vdots & \vdots & \vdots & \vdots \\ b_{L1} & b_{L2} & \cdots & b_{LL} \end{matrix}$$

中靠近左上角的数尽量小，靠近右下角的数尽量大，从而量化后的矩阵低频项比较大，高频项比较小。

下面具体介绍一下对 $M\times N$ 灰度图像进行 JPEG 压缩的过程：

(1)将给定 $M\times N$ 灰度的图像分割成 8×8 的块。

(2)对每个块作 DCT 变换。

(3)量化（量化矩阵为 8×8 的矩阵），对(2)中的系数矩阵除以量化表中相应的数（a_{ij}/q_{ij}），并对相除以后的结果按四舍五入取整。量化因子 $QF=50$ 时的量化表为

16	11	10	16	24	40	51	61
12	12	14	19	26	58	60	55
14	13	16	24	40	57	69	56
14	17	22	29	56	87	80	62
18	22	37	56	68	109	103	77

24	35	55	64	81	104	113	92
49	64	78	87	103	121	120	101
72	92	95	98	112	100	103	99

当 $QF>50$ 时，$q'=q(2-0.02QF)$；当 $QF<50$ 时，$q'=q\cdot 50/QF$。QF 越大，压缩的越小，图像质量越高。

(4)对量化后的矩阵 $\begin{matrix} c_{11} & c_{12} & \cdots & c_{18} \\ c_{21} & c_{22} & \cdots & c_{28} \\ \vdots & \vdots & \vdots & \vdots \\ c_{81} & c_{82} & \cdots & c_{88} \end{matrix}$ 按 Zig－Zig 形式进行排序 $c_1, c_2, \cdots, c_{64}$，然后作游程编码和 Huffman 编码。

图像解压过程：令 $c'_{ij}=c_{ij}q_{ij}$ 即可实现解压，但由于在压缩过程中进行过四舍五入取整，所以图像解压以后会存在失真。

压缩恢复图像质量主要评判准则：峰值信噪比 PSNR。

$$\text{PSNR}=10\log_{10}(Q^2/\text{MSE})$$

$$\text{MSE}=\frac{1}{\text{MN}}\sum_{x=1}^{M}\sum_{y=1}^{N}[f(x,y)-\hat{f}(x,y)]^2$$

其中 Q 表示图像的量化级数，$f(x,y)$ 为原图像的像素值，$\hat{f}(x,y)$ 为恢复以后的图。

5.2　信道编码

5.2.1　基本理论

信道编码通过有选择地在发射的数据中引入冗余，可以防止数据出现差错。用于检测差错的信道码称为检错码，而可以检测和校正差错的信道码则称为纠错码。

在进行信道码的设计之前，我们先讨论一下信道编码使用的信道模型。最简单的是二进制对称信道：

考虑加性噪声，并令调制器和解调器/检测器是信道的组成部分。若调制器使用二进制波形，检测器做硬判决，则合成信道表示为离散输入离散输出信道。

二进制对称信道是指具有 2 个离散输入和 2 个离散输出的信道，输入和输出个数相等（对称）。下面考虑 q 个输入和 Q 个输出的非对称信道，即假定信道编码器的输出 X 由 q 个字符 $X=\{x_0,x_1,\cdots,x_{q-1}\}$ 组成，而检测器的输出则由 Q 个字符 $Y=\{y_0,y_1,\cdots,y_{Q-1}\}$ 组成，其中 $Q\geqslant M=2^q$。若信道和调制都是无记忆的，则合成信道的输入一输出特性由一组 $q\times Q$ 个条件概率描述，即

$$P(Y=y_i|X=x_j)=P(y_i|x_j)$$

式中 $i=0,1,\cdots,Q-1$ 和 $j=0,1,\cdots,q-1$。这样的信道称为离散无记忆信道。

条件概率 $P(y_i|x_j)$ 描述离散无记忆信道的特征，若将它们安排成矩阵形式 $P=[P_{ji}]$，其中 $P_{ji}=P(y_i|x_j)$，则称 P 是信道的概率转移矩阵。

发射字符串 X 和接受字符串 Y 的平均互信息由下式给出：

$$I(X;Y)=\sum_{j=0}^{q-1}\sum_{i=0}^{Q-1}P(x_j)P(y_i\mid x_j)\log\frac{P(y_i\mid x_j)}{P(y_i)}$$

信道特征决定转移概率 $P(y_i|x_j)$，但输入字符的概率 $p(x_j)$ 只受离散信道编码器控制。如果我们使平均互信息 $I(X;Y)$ 在输入字符概率的集合 $\{P(x_j)\}$ 范围内最大化，则最大的平均互信息称为信道容量，用 C 表示。也就是说，一离散无记忆信道的容量定义为

$$C\overset{\text{def}}{=}\max_{P(x_j)}I(X;Y)=\max_{P(x_j)}\sum_{j=0}^{q-1}\sum_{i=0}^{Q-1}P(x_j)P(y_i\mid x_j)\log\frac{P(y_i\mid x_j)}{P(y_i)}$$

互信息 $I(X;Y)$ 最大化的约束条件是

$$P(x_j)\geqslant 0,\sum_{j=0}^{q-1}P(x_j)=1$$

信道容量也可作如下物理解释：通过对信息进行适当编码，一个含有噪声的信道所引起的差错可以减小到任一所希望的水平，而又不会牺牲信息发射的速率。这就是著名的 Shannon 编码理论。对于加性高斯白噪声信道，Shannon 给出了信道容量计算公式，即

$$C=B\log_2\left(1+\frac{P}{N_0B}\right)=B\log_2\left(1+\frac{S}{N}\right)$$

式中，B 是带宽；P 是信号的功率；N_0 是单边噪声功率密度。

由于信号功率 P 为

$$P=E_bR_b$$

式中，E_b 是平均比特能量；R_b 是发射比特速率。因此，若将上式带入上上式，并定义带宽利用率为 C/B，则上式也可用发射带宽规范化表示为

$$\frac{C}{B}=\log_2\left(1+\frac{E_b}{N_0}\frac{R_b}{B}\right)$$

有噪声信道的信道容量可由下面的 Shannon 编码定理给出物理解释。

定理 1　对于有噪声信道，存在可以实现可靠通信的信道编码（和解码器），它能够在发射速率 $R<C$ 时达到所期望的任意小的差错概率。若 $R>C$，则无论使用什么样的信道编码，都不可能使概率趋于零。

检错和纠错技术的基本目的是在数据中引入冗余，以改善无线连接的性能。冗余比特实质上用作监督码元，虽然它会增加信源数据速率所要求的带宽，减小在高信噪比条件下无线连接的带宽利用率，但却能够明显改善低信噪比情况下的误码率。

5.2.2　分组码与 BCH 码

5.2.2.1　分组码

分组码是一组固定长度的码组，可以表示为(n,k)，通常它用于前向纠错。在分组码中，监督位被加到信息位之后，形成新的码。在编码时，k 个信息为被编码为 n 位码组长度，而 $n-k$ 个监督位的作用就是实现检错和纠错。

5.2.2.2　BCH 码

BCH 码是循环码中的一个重要的子类，它是以三个研究和发明这种码的人名 Bose、Chaudhuri 和 Hocguenghem 命名的。BCH 码不仅具有纠正多个随机错误的能力，而且具有严密的代数结构，是目前研究得最透彻的一类码。它的生成多项式 $g(x)$ 与最小码距之间有密切的关系，人们可以根据所要求的纠错能力 t，很容易地构造出 BCH 码。BCH 码的译码也比较容易的实现，是线性分组码中应用最为普遍的一类码。

BCH 码可分为两类，即本原 BCH 码和非本原 BCH 码。本原 BCH 码具有如下特点：

（1）码长为 $n=2^m-1$，其中 m 为正整数。

（2）它的生成多项式是由若干 m 阶或以 m 阶的因子为最高阶的多项式相乘而构成的。

要确定(n,k)循环码是否存在，只需要判断 $n-k$ 阶的生成多项式 $g(x)$ 是否能由 x^n+1 的因式构成。若码长 $n=(2m-1)/i$，($i>1$ 且除得尽 $2m-1$)，则被称为非本原 BCH 码。

当 $n=2m-1$ 时，代数理论告诉我们，每个 m 阶既约多项式一定能除尽 x^n+1。例如，对于 $m=5$ 的情况，共有 6 个 5 阶既约多项式：

x^5+x^2+1，$x^5+x^4+x^3+x^2+1$，$x^5+x^4+x^2+x+1$，x^5+x^3+1，$x^5+x^3+x^2+x+1$，$x^5+x^4+x^3+x+1$，

这6个多项式都能除尽$x^{31}+1$，此外，我们还知道$x+1$必定是$x^{31}+1$的因式。因此有$x^{31}+1=(x+1)(x^5+x^2+1)(x^5+x^4+x^3+x^2+1)(x^5+x^4+x^2+x+1)(x^5+x^3+1)(x^5+x^3+x^2+x+1)(x^5+x^4+x^3+x+1)$用这种手工凑算的方法来进行因式分解是困难的，人们通常用计算机进行分解，并列出表格。这里列出了所有$m\leqslant 12$的既约多项式。

多项式系数用八进制数字表示。例如，$m=4$时，23意味着$(23)_8=(10011)_2$，相应的多项式为x^4+x+1；

多项式的反多项式也是既约多项式，在特定m条件下，对于已给出m阶既约多项式$f(x)$，它的反多项式也能除尽x^n+1，这里$n=2m-1$，但反多项式在表中没有列出。例如，$m=4$时，$f(x)=x^4+x+1$对应的反多项式为$f^*(x)=x^4+x^3+1$；

多项式系数前的数字是十进制序号，序号为i的多项式记作$m_i(x)$，称为最小多项式；$x+1$是x^n+1的必然因式。

若循环码的生成多项式具有如下形式：

$$g(x)=\text{LCM}[m_1(x),m_3(x),\cdots,m_{2t-1}(x)]$$

这里，t为纠错个数，$m_i(x)$为最小多项式，LCM表示取最小公倍式，则由此生成的循环码被称为BCH码。从上式可以看到，由于$g(x)$有t个因式，且每个因式的最高阶次为m，因此，监督码元最多为mt位。对于纠正t个错误的本原BCH码，其生成多项式为

$$g(x)=[m_1(x)\cdot m_3(x)\cdots m_{2t-1}(x)]$$

它的最小码距$d=2t+1$。可以构造一个能纠正3个错误，码长为15的BCH码。根据生成表可知该BCH码为(15,5)码，生成多项式的八进制表示值为2467，也就是$(2467)_g=(010100110111)_2$，相应生成多项式为：

$$g(x)=x^{10}+x^8+x^5+x^4+x^2+x+1。$$

另外，(23,12)码也是一个特殊的非本原BCH码，被称为戈雷码。该码能纠正3个随机错误，其生成多项式的八进制表示值为5343，表示为二进制时也就是$(5343)_8=(101011100011)_2$，相应生成多项式为$g(x)=x^{11}+x^9+x^7+x^6+x^5+x+1$。其对应的反多项式$g*(x)=x^{11}+x^{10}+x^6+x^5+x^4+x^2+1$也是生成多项式。很容易验证，这是一个完备码，它的监督位得到了最充分的利用，故在实际工程中戈雷码被大量使用。

如果在差错控制系统中，找不到合适长度的循环码，则可以把循环码的信息位截短，以满足我们的要求，这种码被称为截断循环码。例如，若要求构造一个能够纠正1位错误

的(12,8)码，就可以由(15,11)中挑选前面三个信息位均为 0 的码组。构成一个码组集合，在发送时，这三个 0 信息位就不发送，因此得到一个(12,8)循环码，由于校验位与原来的相同，故码的纠错能力不变。

BCH 码的译码方法可以分为时域译码和频域译码两类。频域译码是把每个码组看成一个数字信号，把接受到的信号进行离散傅式变换，然后利用数字信号处理技术在“频域”内译码，最后进行傅式反变换得到译码后的码组。时域译码则是在时域上直接利用码的代数结构进行译码，其中彼得森译码就是众多时域译码算法中较为实用的一种。

在彼得森译码中依然采用首先计算校正子，然后利用校正子寻找错误图样的方法，具体译码过程可以分为四步：

(1)用 $g(x)$的各因式作为除式，对接收到的码多项式求余，将得到 t 个余式，这些余式被称为“部分校正子”；

(2)利用这 t 个部分校因子，构造一个特定的“译码多项式”，它以错误位置数为根；

(3)求译码多项式的根，得到错误位置；

(4)纠正错误。

下面我们以(15,5)这个 BCH 码为例，讨论彼得森译码过程。

第一步：确定部分校因子。对于 BCH 码当 $n=15$ 时，$m=4$，3 个最小多项式系数的八进制表示法为$(23)_8=(010011)_2$、$(37)_8=(011111)_2$、$(07)_8=(000111)_2$，对应的多项式分别为 $m_1(x)=x^4+x+1$、$m_3(x)=x^4+x^3+x^2+x+1$、$m_5(x)=x^2+x+1$。根据上式，我们就可以构成多项式：

$$
\begin{aligned}
g(x)&=\mathrm{LCM}[m_1(x),m_3(x),m_5(x)]\\
&=(x^4+x+1)(x^4+x^3+x^2+x+1)(x^2+x+1)\\
&=x^{10}+x^8+x^5+x^4+x^2+x+1
\end{aligned}
$$

该 BCH 码可以最多纠正 3 个错误。假设该 BCH 码在传输时发生 3 个错误，位置分别在 x_1、x_2 和 x_3 位置上。用接收到的码多项式除以 $m_1(x)$，得到 $m_1(x)$对应的校正因子 S_1；用接收到的码多项式除以 $m_3(x)$，得到 $m_3(x)$对应的校正因子 S_3；用接受到的码多项式除以 $m_5(x)$，得到 $m_5(x)$对应的校正因子 S_5。

第二步：构造译码多项式$\sum(x)$。当(15,5)这个 BCH 码出现三个错误时，译码多项式为三次方程：

$$
\sum(x)=x^3+k_1x^2+k_2x+k_3
$$

对于 $t=3$ 的情况，S_1、S_3、S_5 与 k_1、k_2、k_3 的关系如下：

第三步：令译码多项式 $\sum(x)=0$，解这个三次方程得到三个解，这三个解分别对应出错的三个位置。当然，只要出现小于等于三个错误的情况，都可以利用上述方法确定。

第四步：在相应的错误位置上将二进制码元加 1，即完成了纠错。

5.2.3　LDPC 码

5.2.3.1　LDPC 码的定义

LDPC 码是一种由其奇偶校验矩阵定义的特殊线性分组码，具有线性分组码的完全特性；同时又由于其校验矩阵 H 具有很强的稀疏性，而使得它可以满足较快的译码。最早的 LDPC 码定义是在 1962 年 Gallager 的博士论文中描述的，其定义的校验矩阵 H 应满足以下条件：

(1) H 矩阵中每一行里"1"元素的个数均为 ρ，即行重均为 ρ；

(2) H 矩阵中每一列中"1"元素的个数均为 λ，即列重均为 λ；

(3)行重 ρ 和列重 λ 都远小于其码长 x；

(4) H 矩阵中的任意两行或两列最多有一个"1"元素出现在相同位置。

在 Gallager 的定义中，若 H 矩阵中每行的行重与每列的列重均相同，满足这样特性的稀疏校验矩阵 H 被称为"规则 LDPC 码"。而若 H 矩阵中每行与每列的行重与列重不完全相等，则这样的 LDPC 码被称为"非规则 LDPC 码"或"准规则 LDPC 码"。后续的研究发现，"非规则 LDPC 码"存在许多优于"规则 LDPC 码"的特性。

不失一般性，H 矩阵为例来简单介绍 LDPC 码的特性。H 矩阵表示的就是一个简单的"规则 LDPC 码"的稀疏校验矩阵，其行重为 4，列重为 2。

$$H=\begin{bmatrix}1&0&1&0&0&1&1&0\\0&1&1&0&1&0&0&1\\0&1&0&1&0&1&0&1\\1&0&0&1&1&0&1&0\end{bmatrix}$$

LDPC 码在数学上可表示为 (n,λ,ρ)，n 为码长，ρ 为行重，λ 为列重，则其编码码字的信息位长度 k 为

$$k=n-\frac{\lambda}{\rho}n=(1-\frac{\lambda}{\rho})n$$

校验位长度 m 为

$$m=n-k$$

并可计算 LDPC 码的编码效率为

$$R_c=\frac{k}{n}=1-\frac{\lambda}{\rho}$$

由上可知，该 LDPC 码的码长为 8，信息为长度为 4，校验位长度为 4，则其编码效率为 1/2。

LDPC 码还可以在图论上进行表示，即 Tanner 图表示，可以将 LDPC 码的奇偶校验矩阵与“二分图”(即“Tanner 图”)一一对应：将 H 矩阵中的每一行对应成一组顶点，称为“校验节点”，表示为 $C_i\in[C_1,C_2,C_3,\cdots,C_m]$；将 H 矩阵中的每一列对应成另一组顶点，称为“变量节点”，表示为 $V_j\in[V_1,V_2,V_3,\cdots,V_n]$；当且仅当 H 矩阵中的 $h_{ij}=1$ 时，对应的检验节点和变量节点之间存在一条边相连，而在校验节点与变量节点内部之间不存在相连的边。Tanner 图中，连接校验节点与变量节点之间的边称为“节点的度(Degree)”，每个节点上连接的边的总数称为“节点的度数”，则规则 LDPC 码中每个校验节点的度数均为 ρ，变量节点的度数均为 λ。

仔细观察图 5-7 可以发现图中存在两个“环路”(不同的虚线表示)：(1)$C_1\to V_1\to C_4\to V_7\to C_1$，(2)$C_2\to V_2\to C_3\to V_8\to C_2$。这样的“环路”被称为 LDPC 码的“环”，参与环的节点或边的个数被称为环的“围长”，即图 5-7 中的两个环的围长均为 4。LDPC 码中环的存在是不可避免的，但是短环的存在，尤其围长为 4 的短环将严重影响 LDPC 码的译码性能，因此，在构造 LDPC 码奇偶校验矩阵时应紧邻避免短环的出现。

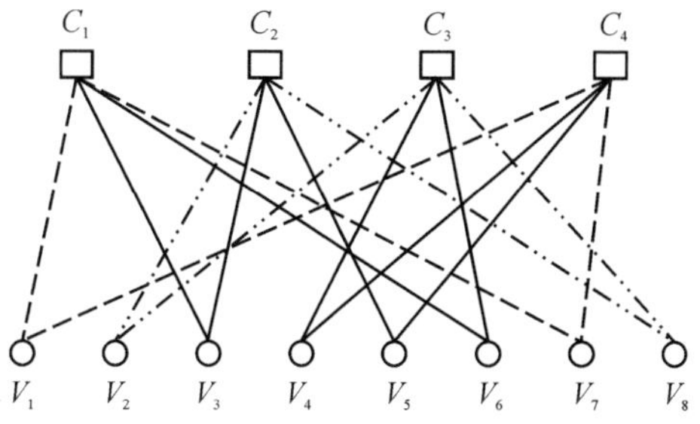

图 5-7　H 矩阵的 Tanner 图表示

5.2.3.2　LDPC 码的常见构造方法

LDPC 码是由其奇偶校验矩阵 H 定义的，H 矩阵性能的好坏直接决定了这类 LDPC 码性能的优劣，因此，研究一种能够构造出性能优异的 H 矩阵的方法，一直是 LDPC 码研究的重中之重。基于分析可知，LDPC 码的主要构造方法可分为随机构造法和结构化构造法，典型的代表分别为 Gallager 构造法、Mackay 构造法、PEG 构造法和有限几何构造法、基于循环置换矩阵的准循环 LDPC 码等。但讨论的重点在于如何将 LDPC 码进行应用，而不在于 LDPC 码本身的构造，因此，本节只对这几种主要 LDPC 码奇偶校验矩阵构造方法进行简单地概述性介绍。

1. 随机构造法

最早 LDPC 码是 Gallager 在其博士论文中提出的，文中所描述的 LDPC 码奇偶校验矩阵的构造方法就是最早的 Gallager 构造法。其基本要点是：

(1)将校验矩阵 H 按行等间距分成如下所示的 x 个子矩阵；

$$H=[H_1,H_2,\cdots H_j]^{\mathrm{T}}$$

(2)子矩阵 H_1 中“1”元素只出现在第 i 行的第$(i-1)k+1$ 位到第 ik 位；

(3)其余子矩阵 $H_j(j>1)$都是 H_1 子矩阵按列随机排列。

Gallager 法构造的是一个规则 LDPC 码，它是所有 LDPC 码奇偶校验矩阵构造法的“鼻祖”。该方法构造出的校验矩阵具有很强的稀疏性和较好的汉明距离，并且可以构造任意码长的长码。但是，Gallager 法算法复杂，结构不灵活，不便于硬件实现。因此，后续学者基于这种方法进行了许多改进研究，最著名的为 Mackay 构造法。

MacKay 法是对 Gallager 法的改进与发展，具体方法有三种。其构造出的校验矩阵中只有列重相等，而每行行重不完全相等，即“非规则 LDPC 码”。这样做的目的是为了进一步改善码的汉明距离，避免校验矩阵中 4 环的出现，从而改善码的性能，但是其编码复杂度仍旧很高。

PEG 构造法是为了寻求构造围长更长的 LDPC 码而提出的，它利用列重度的分布，采用 Tanner 图上“步步最优”原则，逐步搜索构造，使得最小环长达到最大。该方法可以构造规则 LDPC 码和非规则 LDPC 码，其性能比 Gallager 法和 MacKay 法要好很多，但其构造复杂度和编码复杂度却随之增加。

2. 结构化构造法

随机构造法最大的缺点就是编码复杂度高，使之难以用于实践，而利用结构化构造法可以实现线性复杂度的编码，大大降低了编码复杂度，因此成为了实用 LDPC 码研究的重点。结构化构造法构造出的 LDPC 码都是循环码或准循环码，它们具有很好的距离特性，而且不含 4 环。这类码最大的优点就是可以利用移位寄存器实现线性编码，硬件实现简单，编码时延短。尤其是 QC－LDPC 码，已经在实际中得到很好的应用。

5.2.3.3　LDPC 码的编码算法

LDPC 码的编码是基于奇偶校验矩阵进行的，因此，LDPC 码的编码实现难易程度与

校验矩阵 H 有直接关系。

$$Hx^{\mathrm{T}}=0$$

目前主要的编码方法有两类：基于高斯消元法的通用编码算法和基于近似下三角矩阵的快速编码算法。

1. 基于高斯消元法的通用编码算法

高斯消元法是将一般线性分组码的编码方法在 LDPC 码上的推广，它的基本思想就是通过初等行列变换，使得校验矩阵 H 转换为下三角矩阵形式，如图 5-8 所示，并将转换后的 H' 矩阵分为两部分：$H'=[H_s,H_p]$。若将码字也分为 $x=[s,p]$，s 代表信息位，p 代表校验位，则根据上式可知

$$Hx^{\mathrm{T}}=[H_s,H_p]\cdot[s,p]^{\mathrm{T}}=S\cdot H_s+P\cdot H_p=0$$

根据上式，即可求出校验位 p，从而得到编码码字 $x=[s,p]$。

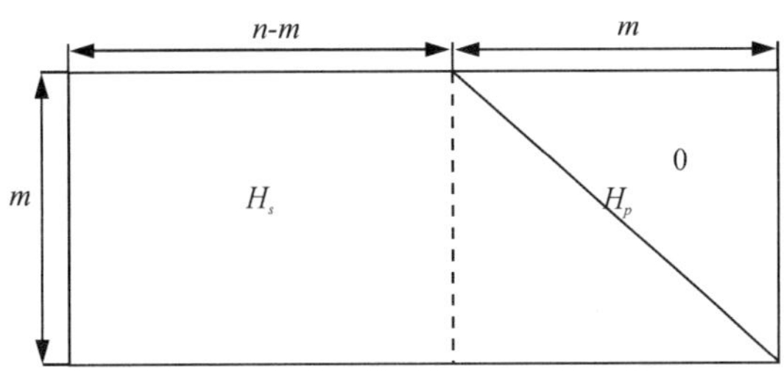

图 5-8　基于高斯消元的通用编码算法

高斯消元法只对 H 矩阵进行初等行列变换，不改变原有的码字结构和纠错能力，但是这种算法破坏了校验矩阵原有的稀疏特性，使得编码变得十分复杂，编码器的运算量将与码长的平方成正比。因此，这种算法只适用在理论研究上，很难应用到实际通信系统中。

2. 基于近似下三角矩阵的快速编码算法

为了克服 LDPC 码编码算法复杂度高这一难题，Richardson 和 Urbanke 提出了一种有效的快速编码算法——基于近似下三角矩阵的 Efficient 编码算法（也称“RU 编码算法”）。该算法与高斯消元法相同的是也要将原校验矩阵 H 进行初等变换，不同的是变换后的形式有所不同：高斯消元法变换后是一个下三角矩阵，而 RU 算法变换后是一个近似下三角形式，并且各子矩阵仍是稀疏矩阵，如下图 5-9 所示。

变换后的奇偶校验矩阵包含 6 个子矩阵：A、B、T、C、D、E，它们的大小如图 5-9 中所标示，即

$$H=\begin{bmatrix}A & B & T\\ C & D & E\end{bmatrix}$$

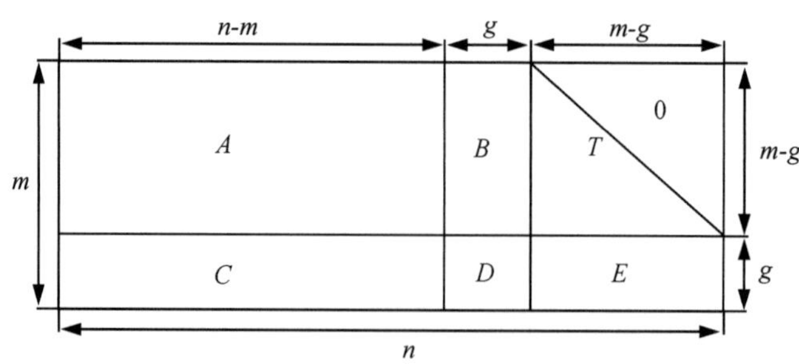

图 5-9　基于近似下三角矩阵的快速编码算法

编码时，为了便于推算校验位信息，可将 H 左乘一个满秩矩阵做线性变换，如下式所示。

$$\begin{bmatrix} 1 & 0 \\ -ET^{-1} & I \end{bmatrix} \cdot \begin{bmatrix} A & B & T \\ C & D & E \end{bmatrix} = \begin{bmatrix} A & B & T \\ -ET^{-1}A+C & -ET^{-1}B+D & 0 \end{bmatrix}$$

此时，将码字分为 $x=[s,p_1,p_2]$（s 为信息位，长度为 $n-m$；p_1、p_2 均为校验位，长度分别为 g、$m-g$），由于 $Hx^{\mathrm{T}}=0$，则有

$$\begin{bmatrix} 1 & 0 \\ -ET^{-1} & I \end{bmatrix} Hx^{\mathrm{T}} = \begin{bmatrix} A & B & T \\ -ET^{-1}A+C & -ET^{-1}B+D & 0 \end{bmatrix} [s,p_1,p_2]^{\mathrm{T}}=0$$

$$\Rightarrow \begin{cases} As^{\mathrm{T}}+Bp_1^{\mathrm{T}}+Tp_2^{\mathrm{T}}=0 \\ (-ET^{-1}A+C)S^{\mathrm{T}}+(-ET^{-1}B+D)P_1^{I}=0 \end{cases}$$

$$\Rightarrow \begin{cases} p_1^{\mathrm{T}}=-\Delta^{-1}(-ET^{-1}A+C)s^{\mathrm{T}} \\ p_2^{\mathrm{T}}=-T^{-1}(As^{\mathrm{T}}+Bp_1^{\mathrm{T}}) \end{cases}$$

式中 $\Delta=-ET^{-1}B+D$，利用上式即可求得校验位$[p_1,p_2]$，从而进一步得到码字 $x=[s,p_1,p_2]$。

利用 RU 算法可以大大降低编码复杂度，整个算法过程中，除求 Δ 的算法复杂度为 $O(n+g^2)$外，其他的均为线性复杂度 $O(n)$，因此，设计分组时应尽量使 y 尽可能的小，从而实现线性编码复杂度。另外，为了能够将这种算法实用化，考虑到时延和硬件资源的限制，应尽可能的使式中各个步骤算法简单，特别对 Δ 和 T^{-1} 的运算，这将在后面进一步介绍。

5.2.3.4　LDPC 码的译码算法

分析可知，具有实际应用价值的 LDPC 码的译码算法主要是基于置信传播的 BP 译码算法及其改进算法。最具典型代表的算法有三种：(1)基于概率域的 BP 译码算法(BP)，

(2)基于对数域的BP算法(log－BP),(3)基于最小项的log－BP译码算法,即最小和算法(Min－sum BP)。基于概率域的BP译码算法是BP译码算法的基础,基于对数域的log－BP算法是将基于概率域译码算法中存在大量的乘除运算转换成对数域的加减运算,大大降低了译码复杂度。最小和译码Min－sum BP算法是对前两者的进一步优化,使得LDPC码的译码算法更易于硬件实现,当然,这样的简化必然会导致译码性能的略有下降。为了兼容理论研究的有效性和真实性,下面介绍LDPC码的译码算法将采用基于对数域的log－BP译码算法。

在介绍log－BP算法具体算法过程前,需要对其中的一些符号和变量进行定义和说明:

C_i:表示所有与第i个变量节点相连的校验节点的集合;

V_j:表示所有与第j个校验节点相连的变量节点的集合;

$C_{i\backslash j}$:表示除第j个校验节点外,其他所有与第i个变量节点相连的校验节点的集合;

$V_{j\backslash i}$:表示除第i个变量节点外,其他所有与第j个校验节点相连的变量节点的集合;

$r_{ji}(b)$:表示从第j个校验节点向第i个变量节点传递的信息度量,$b\in(0,1)$;

$q_{ji}(b)$:表示从第i个变量节点向第j个校验节点传递的信息度量;

log－BP译码算法具体过程如下:

第一步:初始化

LDPC码字序列由于受信道影响,使得接收到的码字序列携带了不同的信息,在进行消息迭代前,需要对变量节点信息进行初始化。此处初始化的信息形式为对数域的概率似然比,如式所示。

$$L^{(0)}(q_{ij})=L(P_i)=\log\frac{P_i(0)}{P_i(1)}=\log\frac{\Pr(x_i=0|y_i)}{\Pr(x_i=1|y_i)}$$

式中,x_i表示发送端发送的第i个码字,y_i表示接收端接收到的第i个码字,$\Pr(x_i=b|y_i)$表示接收到码字为y_i时$x_i=b$的后验概率,$L^{(l)}(\cdot)$表示第l次迭代中对应对数似然比。

根据不同的调制方式与信道模型,相应的初始信息是不同的,需要视具体情况进行计算。例如,在方差为σ^2的高斯信道下,BPSK系统的信道初始信息为

$$L(P_i)=\log\frac{P_i(0)}{P_i(1)}=\log\frac{\Pr(x_i=0|y_i)}{\Pr(x_i=1|y_i)}=\frac{2y}{\sigma^2}$$

第二步:信息传递与迭代

在进行第l次迭代处理过程中,包含了两个方向的信息传递:

方向 1:检验节点向变量节点传递信息

$$L^{(l)}(r_{ji})=\log\left(\frac{r_{ji}(0)}{r_{ji}(1)}\right)$$

进一步推理可得

$$L^{(l)}(r_{ji})=\prod_{i\in V_{j\backslash i}}\mathrm{sign}(L^{l-1}(q_{ij}))\cdot\Phi\Big(\sum_{i\in V_{j\backslash i}}\Phi(\mid L^{(l-1)}(q_{ij})\mid)\Big)$$

式中

$$\Phi(x)=-\log\tanh(\frac{1}{2}x)=\log\frac{\mathrm{e}^{x}+1}{\mathrm{e}^{x}-1}$$

方向 2:变量节点向校验节点传递信息

$$L^{(l)}(q_{ij})=\log\left(\frac{q_{ji}(0)}{q_{ji}(1)}\right)=L(P_i)+\sum_{j\in C_{i\backslash j}}L^{(l)}(r_{ji})$$

第三步:译码判决

判决前需要重新计算所有变量节点接收到的信息,如下式所示。

$$L^{(l)}(q_i)=\log\left(\frac{q_i(0)}{q_i(1)}\right)=L(P_i)+\sum_{j\in C_i}L^{(l)}(r_{ji})$$

而后根据上式判决输出本次迭代的译码码字。

$$\begin{cases}L^{(l)}(q_i)>0\Rightarrow\hat{c}_i=0\\ L^{(l)}(q_i)<0\Rightarrow\hat{c}_i=1\end{cases}$$

第四步:迭代停止判决

若 $H\hat{c}^{\mathrm{T}}=0$ 或者迭代次数超过最大迭代次数,则译码停止,得到的码字即为最终译码输出;否则,需要重复第二、三步,循环进行信息传递、迭代与判决。

思考题

1. 无失真信源编码和限失真信源编码的不同和优缺点?

2. 什么是分组码?

3. 哪种信道编码可以接近香农容量?

4. 什么是信源编码和信道的联合编码?

5. 什么是唯一可译码? 唯一可译码分几类?

6. 如何评价数据压缩的性能? 其指标有哪些?

7. 什么是奇异码?

8. 什么是码率、码重、码距?

9. 霍夫曼编码的优缺点？

10. LDPC码的全称以及特点是什么？

11. 什么是循环码、BCH码，以及之间的关系？

12. 卷积码和分组码有什么不同？以及分别的应用？

13. 什么是Turbo码以及有什么特点？

习题

1. 设随机变量 $X=\{x_1,x_2\}=\{0,1\}$ 和 $Y=\{y_1,y_2\}=\{0,1\}$ 的联合概率空间为

$$\begin{bmatrix} XY \\ P_{XY} \end{bmatrix}=\begin{bmatrix} (x_1,y_1) & (x_1,y_2) & (x_2,y_1) & (x_2,y_2) \\ 1/8 & 3/8 & 3/8 & 1/8 \end{bmatrix}$$

定义一个新的随机变量 $Z=X\times Y$（普通乘积）

(1)计算熵

$H(X)$，$H(Y)$，$H(Z)$，$H(XZ)$，$H(YZ)$，以及 $H(XYZ)$；

(2)计算条件熵

$H(X|Y)$，$H(Y|X)$，$H(X|Z)$，$H(Z|X)$，$H(Y|Z)$，$H(Z|Y)$，$H(X|YZ)$，$H(Y|XZ)$以及 $H(Z|XY)$；

(3)计算平均互信息量

$I(X;Y)$，$I(X;Z)$，$I(Y;Z)$，$I(X;Y|Z)$，$I(Y;Z|X)$以及 $I(X:,Z|Y)$

2. 设二元对称信道的输入概率分布分别为$[P_X]=[3/4\quad 1/4]$，转移矩阵为

$$[P_{Y|X}]=\begin{bmatrix} 2/3 & 1/3 \\ 1/3 & 2/3 \end{bmatrix},$$

(1)求信道的输入熵，输出熵，平均互信息量；

(2)求信道容量和最佳输入分布；

(3)求信道剩余度。

3. 若有一信源

$$\begin{bmatrix} X \\ P \end{bmatrix}=\begin{bmatrix} x_1 & x_2 \\ 0.8 & 0.2 \end{bmatrix}$$

每秒钟发出2.55个信源符号。将此信源的输出符号送入某一个二元信道中进行传输，(假设信道是无噪无损的，容量为1bit/二元符号)，而信道每秒钟只传递2个二元符号。试问信源不通过编码(即 $x_1\rightarrow 0$，$x_2\rightarrow 1$ 在信道中传输)能否直接与信道连接？若通过适当编码能否在此信道中进行无失真传输？试构造一种哈夫曼编码(两个符号一起编码)，

使该信源可以在此信道中无失真传输。

4. 已知6符号离散信源的出现概率为：

$$\begin{bmatrix} a_1 & a_2 & a_3 & a_4 & a_5 & a_6 \\ \frac{1}{2} & \frac{1}{4} & \frac{1}{8} & \frac{1}{16} & \frac{1}{32} & \frac{1}{32} \end{bmatrix}$$

试计算它的熵、Huffman编码和费诺编码的码字、平均码长及编码效率。

5. 设有8个码组“000000”、“001110”“010101”“011011“100011101101”“110110”和11—1111000”，试求它们的最小码距。

6. 上题给出的码组若用于检错，试问能检出几位错码？若用于纠错，能纠正几位错码？若同时用于错和纠错，又能有多大的检错和纠错能力？

7. 已知两个码组为“0000”和“1111”，若用于检错，试问能检出几位错码？若用于纠错，能纠正几位错码？若同时用于检错和纠错，又能检测和纠正几位错码？

8. 设一个(15,7)循环码由 $g(x)=x^8+x^7+x^6x^5+1$ 生成。若接收码组为 $B(x)=x^{14}+x^5+x+1$，试问其中有无错码。

9. 已知 $g_1(x)=x^3+x^2+1$；$g_2(x)=x^3+x+1$；$g_3(x)=x+1$。试分别讨论：

(1) $g(x)=g_1(x)\cdot g_2(x)$，(2) $g(x)=g_3(x)\cdot g_2(x)$

两种情况下，由 $g(x)$ 生成的7位循环码能检测出哪些类型的错误？

10. 已知一个(2,1,2)卷积码编码器的输出和输入的关系为

$$c_1=b_1\oplus b_2$$
$$c_2=b_2\oplus b_3$$

试画出该编码器的电路方框图、码树图、状态图和网格图。

第 6 章　在强噪声背景下的数字通信技术

本章的主要目的是分析和设计存在高噪信道下(AWGN)条件下数字通信接收机的方法。这种方法被称为最大似然检测(Maximum Likelihood Detection),它通过判断在信道输出端观测到的噪声信号中最有可能产生的发送符号来进行决策。最大似然检测器(接收机)的公式由信号空间分析(Signal－space analysis)方法得到。信号空间分析的基本思想是使用一个 N 维向量来表示发送信号集合中的每个成员,其中 N 是为了对发送信号进行唯一的几何表示而需要标准正交基函数的个数。通过构建这样的信号向量集合,定义了 N 维信号空间中的一个信号星座(Signal constellation)。对于给定的信号星座,在 AWGN 信道上采用最大似然信号检测所产生的符号错误概率 P 对于信号星座的旋转和平移都是不变的。然而,除了少数几种简单(但重要)的情况外,计算错误概率 P 的数值是一个不切实际的问题。为了克服这个困难,通常的做法是利用界限(Bound)来简化计算。在这个背景下,我们介绍了一致限(Union Bound),它直接从信号空间图中得到。一致限基于以下直观的思想:误符号率 P 是由信号空间图中距离发送信号最近的点决定的。使用一致限得到的结果通常是相当准确的,特别是在信噪比高的情况下。

6.1　检测基础理论

6.1.1　最大似然准则

假设测量误差 $n(i=1,2,3)$服从均值为零,方差为 g^2 的高斯分布:

$$p_n(x)=\frac{1}{\sqrt{2\pi}\sigma}\mathrm{e}^{-x^2/2\sigma^2}$$

观测值 $r(i=1,2,3)$则服从均值为 s，方差为 c^2 的高斯分布：

$$p_{r|s}(x|s)=\frac{1}{\sqrt{2\pi}\sigma}\mathrm{e}^{-(x-s)^2/2\sigma^2}$$

需要注意，上述表示法描绘了条件为 s 时 r 的概率密度函数。如果 $n(i=1,2,3)$是互不相关的，那么 $r=[r_1,r_2,r_3]^{\mathrm{T}}$ 的联合概率分布为：

$$p_{r|s}(x_1,x_2,x_3\mid s)=(\frac{1}{\sqrt{2\pi}\sigma})^3\mathrm{e}^{-\sum_{i=1}^{3}(x_i-s)^2/2\sigma^2}$$

此处，我们引入一种普遍适用的最优化准则，即最大似然准则(Maximum Likelihood，ML)：

$$\hat{s}=\mathrm{argmax}p_{r|s}(x_1,x_2,x_3|s)$$

要点是，r_1、r_2、r_3 是已知的量，并且是 s 的函数。最大似然准则下参数 s 的估计是使得最大的 s 值。

从这一点可以看出，最大似然准则的核心思想是：实际发生的事件应是最有可能发生的事件。这一准则通常也符合大多数人的直观感受。

最大化 $p_{r|s}(x_1,x_2,x_3|s)$等同于最小化以下方程：

$$\sum_{i=1}^{3}(r_i-s)^2$$

为求最小值，对上边方程关于 s 求导并令其为零，得：

$$2\sum_{i=1}^{3}(r_i-\hat{s})=0$$

即

$$\hat{s}=\frac{r_1+r_2+r_3}{3}=799.333$$

由此，我们获得了基于最大似然的估计结果。原来平均这一简单操作背后的逻辑就是最大似然！

总结与拓展，对于先前提出的问题模型

$$r=H\{s(\psi)\}+n$$

其最大似然估计为：

$$\hat{\psi}=\mathrm{argmax}P_{r|\psi}(r|\psi)$$

这里的一个拓展是，参数本身是一个矢量，可能包含多个标量参数。最大似然的挑战在于清晰地表达它，这取决于系统 H 的形态和噪声 n 的分布。

值得注意的是，在前述例子中，r 和 $\psi=s$ 都是连续取值的变量。如果 ψ 是离散的，则最大似然准则的表达形式不变，但求解过程中不能通过求导来找到最大值。这种情况下，可以对 s 进行穷举，以找出使得最大的 ψ 值。但如果 ψ 的维度较高，这通常会带来指数级的复杂性。

如果 r 是离散取值，那么不能使用概率密度，而应使用概率。

$$\hat{\psi}=\mathrm{argmax}P_{r|\psi}(r|\psi)$$

注意，这里的 p 变为了 P，概率密度替换为概率。

如果测量误差不是高斯分布会怎样？可以尝试使用其他的分布方式，例如：

$$P_n(x)=\frac{1}{\sqrt{2\pi}\sigma}\mathrm{e}^{-|x|/2\sigma}$$

你会发现，与高斯分布相比，其他分布更为复杂。在高斯分布下，最大似然等同于最小化以下函数：

$$L(s)=\sum_{i=1}^{3}(r_i-s)^2$$

上式描述的是在高斯噪声背景下观测值概率的通用模型，可表达为：

$$p_{r|\psi}(r|\psi)=\left(\frac{1}{\sqrt{2\pi}\sigma}\right)^N\mathrm{e}^{-|r-H\{s(\psi)\}|^2/2\sigma^2}$$

通常我们省略前面的系数，定义似然函数为

$$\Lambda(\psi)=\exp\{-|r-H\{s(\psi)\}|^2/2\sigma^2\}$$

最大化似然函数 $\Lambda(\psi)$ 的 ψ 即为最大似然估计，这也等同于最小化以下函数：

$$L(\psi)=|r-H\{s(\psi)\}|^2$$

这一准则被称为最小二乘准则。在高斯分布条件下，最小二乘准则与最大似然准则是等价的。而在非高斯分布下，最大似然通常无法得到简洁的解析表达式，因此直接采用最小二乘准则，尽管这在性能上可能稍逊于最大似然。因此，最小二乘准则成为应用最广泛的优化准则。

之前讨论的都是离散的观测值，那么对于连续时间内的观测值应如何处理呢？假设有如下估计问题：

$$r(t)=s(t;\psi)+n(t)$$

这里的信号都是实数信号。其中，T 是观测的时间段，$r(t)$ 是观测到的信号，$s(t;\psi)$ 是实际的信号，ψ 为待估计的参数，$n(t)$ 是高斯白噪声，其功率谱密度为 $N_0/2$。

我们要对参数 ψ 进行最大似然估计，但问题是观测量是连续的信号。对于离散观测值，似然函数可以写成联合条件概率，但对于连续形式的观测量，该如何构建这一似然函数呢？

为解决这一问题，我们需要将连续函数进行离散化。例如，傅立叶系数就是一种实现这一目标的方法。我们在时间段 T 上定义一组标准正交基

$$\int_{T_0} f_n(t) f_k(t) \mathrm{d}t = \begin{cases} 1 & \text{当 } n = k \\ 0 & \text{当 } n \neq k \end{cases}$$

对于时间段 T 上的连续函数 $x(t)$，有：

$$x(t) = \sum_{n=1}^{\infty} x_n f_n(t)$$

其中：

$$x_n = \int_{T_0} x(t) f_n(t) \mathrm{d}t$$

并且有巴萨瓦尔定理成立：

$$\int_{T_0} |x(t)|^2 \mathrm{d}t = \sum_{n=1}^{\infty} x_n^2$$

分别求 $r(t)$，$S_n(\psi)$，$n(t)$的系数

$$r_n = \int_{T_0} r(t) f_n(t) \mathrm{d}t;$$

$$s_n(\psi) = \int_{T_0} s(t;\psi) f_n(t) \mathrm{d}t;$$

$$n_n = \int_{T_0} n(t) f_n(t) \mathrm{d}t;$$

则有

$$r_n = s_n(\psi) + z_n$$

z 是一个高斯分布的噪声，其方差为

$$\begin{aligned}
E[z_n^2] &= E\left[\int_{-\infty}^{+\infty} z(t) f_n(t) \mathrm{d}t \int_{-\infty}^{+\infty} z(\tau) f_n(\tau) \mathrm{d}\tau\right] \\
&= \int_{-\infty}^{+\infty}\int_{-\infty}^{+\infty} E[z(t)z(\tau)] f_n(t) f_n(\tau) \mathrm{d}t \mathrm{d}\tau \\
&= \int_{-\infty}^{+\infty}\int_{-\infty}^{+\infty} \frac{N_0}{2} \delta(t-\tau) f_n(t) f_n(\tau) \mathrm{d}t \mathrm{d}\tau \\
&= \frac{N_0}{2} \int_{-\infty}^{+\infty} f_n^2(t) \mathrm{d}t \\
&= \frac{N_0}{2}
\end{aligned}$$

如果记矢量

$$r=[r_1,r_2,\cdots,r_N]^{\mathrm{T}}$$

则

$$p(r\mid\psi)=(\frac{1}{\sqrt{\pi N_0}})^N\exp\left\{-\sum_{n=1}^{N}\frac{|r_n-s_n(\psi)|^2}{N_0}\right\}$$

因为有这个关系成立：

$$\lim_{n\to\infty}\sum_{n=1}^{N}\frac{|r_n-s_n(\psi)|^2}{N_0}=\frac{1}{N_0}\int_{T_0}|r(t)-s(t;\psi)|^2\mathrm{d}t$$

因此，设似然函数为：

$$\Lambda(\psi)=\exp\left\{-\frac{1}{N_0}\right\}\int_{T_0}|r(t)-s(t;\psi)|^2\mathrm{d}t$$

最大化该似然函数 $\Lambda(\psi)$ 中的值称为最大似然估计，与最小化下述函数相等：

$$L(\psi)=\int_{T_0}|r(t)-s(t;\psi)|^2\mathrm{d}t$$

这也符合连续时间观测条件下的最小二乘准则。

之前的讨论集中在实数信号上。在 $r(t)$ 和 $s(t)$ 均为复数信号的情境下，似然函数依然为：

$$\Lambda(\psi)=\exp\{-\frac{1}{N_0}\}\int_{T_0}|r(t)-s(t;\psi)|^2\mathrm{d}t$$

该结论可通过独立处理复数的实部和虚部，然后将其合并为复数表达形式进行验证。

最小二乘法的损失函数依然是：

$$L(\psi)=\int_{T_0}|r(t)-s(t;\psi)|^2\mathrm{d}t$$

6.1.2　最大后验概率准则

另一种广泛应用的优化准则称为最大后验概率（Maximum a Posteriori Probability，MAP）。

$$\hat{\psi}=\arg\max p_{r|\psi}(r|\psi)$$

与最大似然准则的主要差异在于 ψ 与 r 的位置互换，即它旨在最大化给定 r 条件下 ψ 的概率。依据贝叶斯原理：

$$p_{r|\psi}(r|\psi)=\frac{p(\psi,r)}{p(r)}=\frac{p_{r|\psi}(r|\psi)p(\psi)}{p(r)}$$

我们将 $p(\psi)$ 称为先验概率，即在没有观测信号时 ψ 的概率，而将 $p(\psi|r)$ 称为后验概率。若 ψ 是均匀分布的离散变量，使得 $p(\psi)$ 为常数，则最大后验概率准则与最大似然准则等效。

MAP 准则构成了 Turbo 码译码算法的基础。其优点在于可以将接收信号划分为多个子部分，每个子部分的后验概率可以用作其他子部分的先验概率，从而构建出一种迭代式的译码算法。

所谓"最优"的标准，在很多情况下实际上是主观性的。尽管许多人认为最大似然或最小二乘等是客观的准则，实际上这并不完全正确。它们之所以广泛应用，主要是因为它们能够创造价值，这在商业社会中体现为经济效益。人们对经济利益的追求使得这些准则被选为最优准则。例如，我国在 1958 年，关于单位面积农作物产量的"最优"估计可能涉及选择 2 万斤或 10 万斤之间的一个值。因此，尽管看似高度技术和理论化的最优准则，其实最终还是受到更高层次的经济、政治和心理因素的影响。

6.1.3　匹配滤波器

曾讨论过复基带信号具有以下数学形式：

$$s(t)=\sum_{n=-\infty}^{\infty} I_n g(t-nT_s)$$

在这里，I 是一个复数，由星座图负责比特到符号的映射，例如典型的 QPSK。而 $g(t)$则是脉冲成形滤波器，如升余弦滚降滤波器，这满足无符号间干扰（ISI）的需求，即满足奈奎斯特第一准则。

而在实际应用中，所用的成形滤波器通常是根升余弦滚降滤波器，即在升余弦滚降滤波器的频域特性基础上取平方根。该滤波器并不满足奈奎斯特准则。然而，在接收端使用相同的根升余弦滚降滤波器后，发射端和接收端的两个滤波器合并形成一个余弦滚降滤波器，从而满足无符号间干扰（ISI）的条件。

那为什么要这样设计呢？这便涉及到匹配滤波器的概念。假设有一个实信号 $s(t)$，那么匹配滤波器的冲激响应为：

$$h(t)=s(T-t)$$

其中，T 是一个常数。由于滤波器的冲激响应与输入信号存在确定的关系，因此称为匹配滤波器。该滤波器的输出为：

$$y(t)=\int_{-\infty}^{\infty} s(\tau)h(t-\tau)\mathrm{d}\tau$$

$$=\int_{-\infty}^{\infty} s(\tau)s(T-t+\tau)\mathrm{d}\tau$$

$$=\phi_s(T-t)$$

这实际上是输入信号的自相关函数。当然，在这里我们假定 $s(t)$是遍历平稳的(ergodic)，即样本平均等于时间平均。对于这一点细微的差异，请读者不必过于纠结。后续章节会讨论，这个系数的差异将体现在信道增益中，可以通过信道估计来解决。

本节的积分限都选择为$-\infty,\infty$。然而在实际应用中，$s(t)$通常是有限时间的或快速衰减的，因此可以在造成极小误差的前提下进行截断。

进一步观察公式，我们可以发现：

$$y(T)=\int_{-\infty}^{\infty} |s(\tau)|^2\mathrm{d}\tau=\phi_s(0)$$

这意味着，如果我们在时刻 T 对匹配滤波器的输出进行采样，那么得到的将是输入信号在零点处的自相关函数值，这也是输入信号的功率。

若一个实信号 $s(t)$通过一个 AWGN(加性白高斯噪声)信道，其输出为：

$$r(t)=s(t)+n(t)$$

其中，$n(t)$是高斯白噪声，其自相关函数和功率密度谱分别为：

$$\phi_{nn}(\tau)=E[n(t+\tau)n(\tau)]=N_0/2\delta(\tau)$$

$$\Phi_{nn}(\omega)=\int_{-\infty}^{\infty}\phi_{nn}(\tau)\mathrm{e}^{-j\omega\tau}\mathrm{d}\tau=N_0/2$$

$N_0/2$ 是高斯白噪声的功率密度，其国际单位是瓦特/赫兹(W/Hz)。这个单位也等同于瓦特·秒，即能量的单位焦耳。

当受噪声影响的接收信号 $r(t)$通过一个滤波器 $h(t)$，并在 $t=T$ 时刻被采样，其结果为：

$$y(T)=\int_{-\infty}^{\infty} r(\tau)h(T-\tau)\mathrm{d}\tau$$

$$=\int_{-\infty}^{\infty} s(\tau)h(T-\tau)\mathrm{d}\tau+\int_{-\infty}^{\infty} n(\tau)h(T-\tau)\mathrm{d}\tau$$

$$=y_s(T)+y_n(T)$$

其中，$\int_{-\infty}^{\infty} s(\tau)h(T-\tau)\mathrm{d}\tau$ 期望信号和$\int_{-\infty}^{\infty} n(\tau)h(T-\tau)\mathrm{d}\tau$ 噪声分别被表示。这样做的原因将在后面与数字调制信号的解调一并进行更详细的解释。

定义 $y(T)$的信噪比(SNR)为：

$$\gamma=\frac{y_s^2(T)}{E[y_n^2(T)]}$$

接下来，我们来计算该信噪比的分母：

$$E[y_n^2(T)]=E[\int_{-\infty}^{\infty}n(\tau)h(T-\tau)\mathrm{d}\tau\int_{-\infty}^{\infty}n(t)h(T-t)\mathrm{d}t]$$

$$=\int_{-\infty}^{\infty}\int_{-\infty}^{\infty}E[n(\tau)n(t)]h(T-\tau)h(T-t)\mathrm{d}\tau\mathrm{d}t$$

$$=\frac{N_0}{2}\int_{-\infty}^{\infty}\int_{-\infty}^{\infty}\delta(t-\tau)h(T-\tau)h(T-t)\mathrm{d}\tau\mathrm{d}t$$

$$=\frac{N_0}{2}\int_{-\infty}^{\infty}h^2(T-\tau)\mathrm{d}\tau$$

因此，有：

$$\gamma=\frac{2[\int_{-\infty}^{\infty}s(\tau)h(T-\tau)\mathrm{d}\tau]^2}{N_0\int_{-\infty}^{\infty}h^2(T-\tau)\mathrm{d}\tau}$$

依据柯西—施瓦茨不等式(Cauchy—Schwarz Inequality)，

$$[\int_{-\infty}^{\infty}f(t)g(t)\mathrm{d}t]^2\leqslant\int_{-\infty}^{\infty}f^2(t)\mathrm{d}t\int_{-\infty}^{\infty}g^2(t)\mathrm{d}t$$

我们可以得出：

$$\gamma\leqslant\frac{2\int_{-\infty}^{\infty}s^2(\tau)\mathrm{d}\tau}{N_0}$$

记 $s(t)$ 的能量为：

$$\varepsilon_s=\int_{-\infty}^{\infty}s^2(\tau)\mathrm{d}\tau$$

因此，有：

$$\gamma\leqslant\frac{2\varepsilon_s}{N_0}$$

柯西—施瓦茨不等式达到等号的充要条件为：

$$f(t)=k\cdot g(t)$$

其中，k 是一个实数标量。因此，信噪比 y 达到最大值的条件为：

$$h(T-\tau)=k\cdot s(\tau)$$

即：

$$h(t)=k\cdot s(T-t)$$

这正是匹配滤波器的定义，也说明了匹配滤波器能实现最大的信噪比。

从频域角度看，

$$
\begin{aligned}
H(\omega) &= k\int_{-\infty}^{\infty} s(T-t)\mathrm{e}^{-j\omega t}\,\mathrm{d}t \\
&= k\int_{-\infty}^{\infty} s(\tau)\mathrm{e}^{-j\omega t}\,\mathrm{d}\tau\,\mathrm{e}^{-j\omega t} \\
&= kS^{*}(\omega)\mathrm{e}^{-j\omega t}
\end{aligned}
$$

即，滤波器的增益与信号的频谱幅度是相同的：

$$|H(\omega)| = k|S(\omega)|$$

由于白噪声具有平坦的频谱，因此在信号频谱幅度较低的区域，信噪比较小，而在频谱幅度较高的区域，信噪比较大。匹配滤波器在信噪比低的区域具有较小的增益，在信噪比高的区域具有较大的增益，以此来实现滤波后信号的最大信噪比。

对于形如：

$$s(t) = \sum_{n=-\infty}^{\infty} I_n g(t-nT_s)$$

的基带信号，脉冲成形函数 $g(t)$ 是根升余弦(RRC)滚降滤波器，在接收机一侧使用了相同的 RRC 滚降滤波器，合并形成了一个 RC(升余弦)滤波器，满足奈奎斯特准则。

当 $s(t)$ 在 $t=nT$ 时刻被采样，可以实现无符号间干扰(ISI)。在这个特定情况下，我们只考虑一个符号的情况，假设 $s(t)$ 为：

$$s(t) = I_0 g(t)$$

其中，对于 PAM(脉冲幅度调制)的情况，I 是实数；而对于 QAM(四相幅度调制)和 PSK(相位移偏调制)的情况，I 是复数。复数信号可视为两路实数信号，因此可接受相同的处理。需要注意的是，$g(t)$ 是一个实函数。当信号经过 AWGN(加性白高斯噪声)信道后，我们得到：

$$r(t) = I_0 g(t) + n(t)$$

我们之前提到，接收机使用了一个与发射机相同的滤波器 $g(t)$。由于 $g(t)=g(-t)$，这实际上是 $T=0$ 时的匹配滤波器 $g(T-t)$。由于 $g(t)$ 是非因果的，在实际系统中会引入一个非零延迟 T，并可能具有某种增益，因此实际使用的滤波器是 $k\cdot g(T-t)$。这时，采样时刻也要延迟 T：

$$
\begin{aligned}
y(T) &= kI_0\int_{-\infty}^{+\infty} g^2(\tau)\,\mathrm{d}\tau + k\int_{-\infty}^{+\infty} n(\tau)g(\tau)\,\mathrm{d}\tau \\
&= k\varepsilon_g I_0 + k\int_{-\infty}^{+\infty} n(\tau)g(\tau)\,\mathrm{d}\tau
\end{aligned}
$$

其中，k 和 ε 是常数。采样的输出信号包含了符号 I 和一个噪声项。根据匹配滤波器的特性，我们知道这样可以获得最大的信噪比。

因此,通过在发射机和接收机两端使用RRC(根升余弦)滚降滤波器,不仅满足了奈奎斯特准则,实现了无符号间干扰(ISI),还通过匹配滤波器实现了最大的信噪比。

这一示例进一步证实了中心极限定理的作用,同时也解释了为何高斯模型不仅在通信系统领域得到广泛研究,而且在多个学科的随机信号分析中也十分常见。

至此,本章的主要内容集中在概率模型的数学描述问题上。在本章接下来的部分,我们将通过贝叶斯推断这一经典案例来研究概率论在概率推断方面的应用,这在统计通信理论中具有核心地位。

为了进行这一讨论,下图6-1中展示了两个有限维空间:一个是参数空间(Parameter Space),另一个是观测空间(Observation Space)。参数空间对观察者是不可见的。从参数空间中抽取的某一参数向量 θ 被概率性地映射到观测空间,从而生成观测向量 x。这里的 x 是随机向量 X 的一个样本值,提供了关于 θ 的观测信息。在给定的概率场景下,我们可以确定两个互为对偶的操作:

概率建模(Probabilistic Modeling):该操作旨在得到条件概率密度函数 $f(x)$,它为观测空间中的物理现象提供了全面描述。

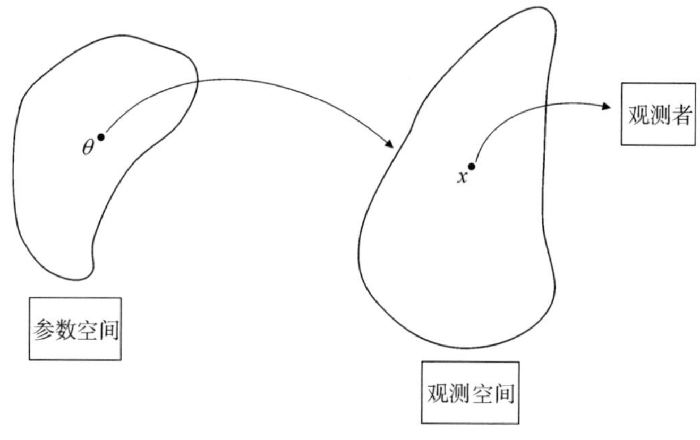

图6-1 贝叶斯推理的概率模型

统计分析(Statistical Analysis):这一操作目标是进行概率建模的逆操作(Inverse of Probabilistic Modeling)。为此,我们需要条件概率密度函数 $f(x)$。

从基础层面来看,统计分析比概率建模具有更为关键的重要性。为了支持这一观点,我们将参数向量 θ 视为引发观测空间物理行为的原因,同时将观测向量 x 视为这些行为的结果。本质上,统计分析是解决逆问题的一种手段,即从结果(观测向量 x)反推其原因(参数向量 θ)。

事实上,虽然概率建模有助于我们描述在给定 θ 的条件下 x 的未来行为,但统计分析

使我们能够在给定 x 的条件下，对 θ 进行推断(Inference)。为了数学地表达这一点，我们可以重新阐述贝叶斯定理，改写为其连续形式，如下：

$$f_{\theta|X}(\theta|x)=\frac{f_{X|\theta}(x|\theta)f_{\theta}(\theta)}{f_X(x)}$$

在这个表达式中，分母可以通过分子来定义。

$$f_X(x)=\int_{\theta}f_{X|\theta}(x\mid\theta)f_{\theta}(\theta)\mathrm{d}\theta=\int_{\theta}f_{X,\theta}(x,\theta)\mathrm{d}\theta$$

这是 X 的边缘概率密度函数，通过从联合概率密度 $f(x|\theta)$ 中积分掉 θ 而得到的。换句话说，$f(x)$ 是联合密度 $f(x|\theta)$ 的边缘密度。上式的逆演算有时被称为逆概率原理(Principle of Inverse Probability)。

基于这一原理，我们现在可以引入四个核心概念：

(1)观测密度(Observation Density)：表示条件概率密度 $f(x|\theta)$，适用于在给定参数向量 θ 下的观测向量 x。

(2)先验(Prior)：表示概率密度 $f(\theta)$，适用于在接收到观测向量 x 之前的参数向量 θ。

(3)后验(Posterior)：表示条件概率密度 $f(x|\theta)$，适用于在接收到观测向量 x 之后的参数向量 θ。

(4)证据(Evidence)：表示概率密度 $f(x)$，即观测向量 x 中包含的用于统计分析的“信息”。

后验 $f(x|\theta)$ 对于贝叶斯推理是至关重要的。特别是，它可以视为基于观测向量 x 中包含的信息来更新参数向量 θ 的信息，尽管先验 $f(\theta)$ 是在接收到 x 之前已有的信息。

统计推断的另一面在似然函数(Likelihood Function)这一概念中得到体现。正式地说，记作 $l(\theta|x)$ 的似然函数是观测密度 $f(x|\theta)$ 的不同表示形式。

$$l(\theta|x)=f_{X|\theta}(x|\theta)$$

值得注意的是，似然 $l(\theta|x)$ 和观测密度 $f(x|\theta)$ 虽然都受到相同函数的影响，但在解释上有所不同：似然函数 $l(\theta|x)$ 是在给定 x 后关于 θ 的函数，而观测密度 $f(x|\theta)$ 是在给定 θ 后关于 x 的函数。

根据先前介绍的概念(后验、先验、似然和证据)，贝叶斯法则在上式中可以用文字表述为：

$$\text{后验}=\frac{\text{似然}\times\text{先验}}{\text{证据}}$$

后验是先验和似然的乘积，然后通过证据进行归一化。

$$\pi(\theta)=f_{\theta}(\theta)$$

贝叶斯统计模型基本上由两部分组成：似然函数 $l(\theta|x)$ 和先验 $f(\theta)$，其中 θ 是一个未知的参数向量，x 是观测向量。

为了进一步强调似然函数的重要性，考虑两个不同的观测 x_1 和 x_2 下的似然函数 $l(\theta|x_1)$ 和 $l(\theta|x_2)$。如果这两个似然函数在给定某个先验 $\pi(\theta)$ 下是比例关系，则对应的后验密度基本上是相同的，依据贝叶斯公式，此推论直接得证。基于此，现可用数学语言表述所谓的“似然准则(Likelihood Principle)”：

若观测向量 x_1 和 x_2 分别依赖于未知参数向量 θ，并且满足以下条件：

$$l(\theta|x_1)=cl(\theta|x_2),\text{任意}\ \theta$$

其中 c 为比例常数，则对于任何给定的先验分布 $f(\theta)$，这两观测向量导出的推论将是一致的。

设有一个由参数向量 θ 确定的参数模型，同时考虑给定的观测向量 x。该模型通过后验分布 $f(\theta|x)$ 进行描述。我们现在引入一个函数 $t(x)$，若该函数满足以下条件：

$$f_{\theta|X}(\theta|x)=f_{\theta|T(x)}(\theta|t(x))$$

则称该函数为“充分统计量(Sufficient Statistic)”。直观来看，使 $t(x)$ 成为充分统计量所需的条件相当合理，可通过以下方式明确：

函数 $t(x)$ 概括了包含在观测向量 x 中关于未知参数向量 θ 的所有信息。因此，充分统计量可视为一种“数据简化”工具，其可以显著简化分析过程。

如前所述，后验分布 $f(\theta|x)$ 在构建贝叶斯概率模型中至关重要。于是，使用此条件概率分布进行参数估计是自然而然的逻辑推断。因此，我们定义最大后验估计(Maximum A Posteriori，MAP)为：

$$\theta_{\text{MAP}}=\text{argmax}f_{\theta|X}(\theta|x)=\text{argmax}l(\theta|x)\pi(\theta)$$

其中，$I(\theta|x)$ 是式中定义的似然函数，$\pi(\theta)$ 是上式中定义的先验。为了得到 θ 的估计值，必须先确定先验 $\pi(\theta)$。

换句话说，上式可解释为：在给定观测向量 x 的条件下，估计值 θ_{map} 是使后验分布 $f(\theta|x)$ 达到最大的参数向量 x 的特定值。

综上所述，条件概率密度函数 $f(\theta|x)$ 包含了在给定观测向量 θ 条件下关于多维参数向量 x 的所有可能信息。认识到这一点，使我们得出以下重要结论：从全局最优解的角度来看，未知参数向量 θ 的最大后验估计值 θ_{map} 是参数估计问题的最佳解。

在将 θ_{map} 作为 MAP 估计值时，我们在用词中做了稍微变化：实际上我们把 $f(\theta|x)$ 称为后验密度而不是 θ 的后验密度。我们做出这种微小变化，是为了与统计通信理论文献中经常采用的 MAP 术语保持一致。

在另一种被称为“最大似然估计(Maximum Likelihood Estimation,MLE)”的参数估计框架下,参数向量 θ 通过以下表达式得到估计:

$$\widehat{\theta}_{ML}=\operatorname{argsup} l(\theta|x)$$

换言之,最大似然估计值 θ_{mle} 是使得条件概率分布 $f(x|\theta)$)在给定观测向量 x 下达到最大值的参数向量θ。值得注意的是,该估计方法并未考虑先验 $\pi(\theta)$,因此,可以视为贝叶斯方法的一个特例。然而,在统计通信理论的文献中,最大似然估计由于其较低的计算复杂性(相较于最大后验估计)而得到广泛应用。

关于 MAP 和 MLE 估计,虽然两者在求解最优解时可能有共同的数学表达式,即上式可能存在多个全局最优解,但两者在某些关键方面存在不同。特别是,上式的最大化操作并不总是能够成功执行,换句话说,所用的最大化算法有可能发散。为解决这一问题,必须在模型中引入先验信息,如 $\pi(\theta)$,以确保式子的解的稳定性,这就回到了贝叶斯方法。

在应用贝叶斯方法进行统计建模和参数估计时,如何选择适当的先验 $\pi(\theta)$是至关重要的。贝叶斯方法也可能涉及高维度计算,因此不能低估应用该方法可能面临的挑战。如常言道:“没有免费的午餐”,每次信息获取都需要付出某种代价。

例　加性噪声下的参数估计考虑一个由 N 个标量观测组成的数据集,其定义如下:

$$x_i=\theta+n_i,i=1,2,\cdots,N$$

在这里,未知参数 θ 服从高斯分布 N,即:

$$f_\theta(\theta)=\frac{1}{\sqrt{2\pi}\sigma_\theta}\exp(-\frac{\theta^2}{2\sigma_\theta^2})$$

同时,每个观测 n 也来自另一个独立的高斯分布 N。

$$f_{N_i}(n_i)=\frac{1}{\sqrt{2\pi}\sigma_n}\exp(-\frac{n_i^2}{2\sigma_n^2})$$

假设所有的随机变量 N 都是相互独立的,并与 θ 也是独立的。我们感兴趣的问题是求解参数 θ 的最大后验(MAP)估计。

为了确定随机变量 X 的分布特性,我们参考了关于高斯分布性质的讨论。根据这些性质,我们可以推断出 X 也是一个均值为θ、方差为σ 的高斯分布。更进一步,由于所有的 N 都是独立的,X 也必须是独立的。因此,我们可以利用向量 x 表示 N 个观测,我们可以将 x 的观测密度表示为

$$\begin{aligned}f_{x|\theta}&=\prod_{i=1}^{N}\frac{1}{\sqrt{2\pi}\sigma_n}\exp[-\frac{(x_i-\theta)^2}{2\sigma_n^2}]\\&=\frac{1}{(\sqrt{2\pi}\sigma_n)^N}\exp[-\frac{1}{2\sigma_n^2}\sum_{i=1}^{N}(x_i-\theta)^2]\end{aligned}$$

问题是如何确定未知参数 θ 的最大后验(MAP)估计值。为了解决这一问题,需要计算后验概率密度 $f(\theta|x)$。根据上式,我们有:

$$f_{\theta|X}(\theta \mid x)=c(x)\exp\left|-\frac{1}{2}\left(\frac{\theta^2}{\sigma_\theta^2}+\frac{\sum_{i=1}^{N}(x_i-\theta)^2}{\sigma_n^2}\right)\right|$$

其中,

$$c(x)=\frac{\frac{1}{\sqrt{2\pi}\sigma_\theta}\times\frac{1}{(\sqrt{2\pi}\sigma_\theta)^N}}{f_X(x)}$$

由于归一化因子 $c(x)$与参数 θ 无关,因此不影响 θ 的 MAP 估计。因此,我们主要关注式中的指数部分。

将式中的指数项重新组合并完成平方运算,再引入一个新的归一化因子 $c(x)$以消除所有关于 x 的项,最终可得:

$$f_{\theta|X}(\theta \mid x)=c'(x)\exp\left\{-\frac{1}{2\sigma_P^2}(\frac{\sigma_n^2}{\sigma_\theta^2+(\sigma_n^2/N)}(\frac{1}{N}\sum_{i=1}^{N}x_i)-\theta)^2\right\}$$

其中,

$$\sigma_P^2=\frac{\sigma_\theta^2\sigma_n^2}{N\sigma_\theta^2+\sigma_n^2}$$

从上式可以看出,未知参数 θ 的后验概率密度是一个均值为 θ,方差为 σ 的高斯分布。因此,θ 的 MAP 估计值很容易找到,即:

$$\theta_{MAP}=\frac{\sigma_n^2}{\sigma_\theta^2+(\sigma_n^2/N)}(\frac{1}{N}\sum_{i=1}^{N}x_i)$$

该结果即为我们所期望的。

观察上式,我们还可以发现 N 个观测值仅通过 x 的累加出现在 θ 的后验密度中。因此,可以得出:

$$t(x)=\sum_{i=1}^{N}x_i$$

是这个情况下的充分统计量。这进一步确认了上式中关于充分统计量的条件。

贝叶斯方法主要关注的两个基础问题:观测空间的预测建模和参数的统计估计。如该节所述,这两个问题实际上是互为对偶的。在本节中,我们将讨论贝叶斯方法在另一个重要方面的应用,即假设检验(Hypothesis Testing),这在数字通信的信号检测以及其他多个领域都有广泛应用。

二元假设,在该模型中,一个二元数据源(即 Source of binary data)发送由 0 和 1 组成的序列，这些被分别标记为假设 H_0 和假设 H_1 如图 6-2 所示。这个信源（如数字通信发射机）后连接一个概率转换机制（即 Probabilistic transition mechanism，例如通信信道）。这个转换机制依据某一概率规则产生观测向量 x，这个向量指定了观测空间中的一个特定点。

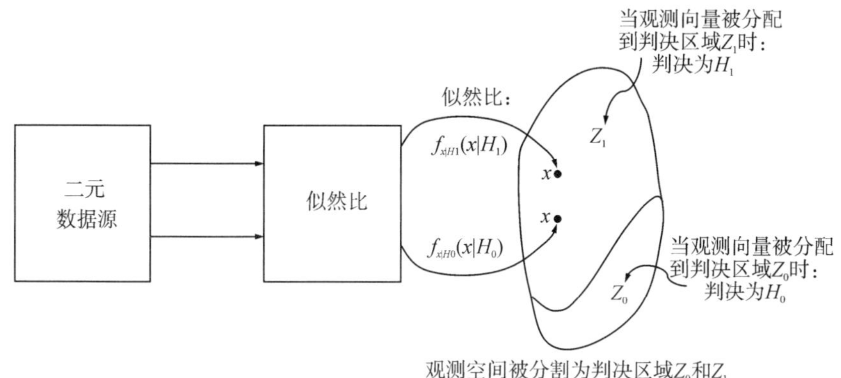

图 6-2　说明二元假设检验问题的框图

这个负责概率转换的机制对于观测者（如数字通信接收机）是不可见的。在给定观测向量 x 和概率转换机制的特性后，观测者需要选择 H_0 或 H_1 哪一个假设是正确的。观测者必须制定一个决策规则（即 Decision rule）来处理观测向量 x，这样便可以将观测空间 Z 分为两个区域：Z_0 代表 H_0 为真，而 Z_1 代表 H_1 为真。

例如，在数字通信系统中，信道承担了概率转换机制的角色。一个有限维度的观测空间则对应于信道的所有可能输出。最终，接收机执行决策规则。

为了进一步研究二元假设检验问题，我们引入以下概念：

(1) $f(x|H_0)$：在假设 H_0 为真时，观测向量 x 的条件概率密度。

(2) $f(x|H_1)$：在假设 H_1 为真时，观测向量 x 的条件概率密度。

π_0 和 π_1：分别代表假设 H_0 和 H_1 的先验概率。

在这个假设检验的语境中，两个条件概率密度函数 $f(x|H_0)$ 和 $f(x|H_1)$ 被称为似然函数（或简称为似然）。

假设我们在转换机制的输出处执行一次测量，获取观测向量 x。在处理 x 时，根据决策规则可能会产生两种类型的错误：

第一类错误（即 Error of the first kind）：当 H_0 实际为真，但决策规则支持 H_1，这时会产生第一类错误。

第二类错误（即 Error of the second kind）：当 H_1 实际为真，但决策规则支持 H_0，这

时会产生第二类错误。

第一类差错的条件概率为

$$\int_{Z_1} f_{X|H_0}(x \mid H_0)\mathrm{d}x$$

其中 Z_1 是对应于假设 H_1 的观测空间部分。同样地，第二类差错的条件概率为

$$\int_{Z_0} f_{X|H_1}(x \mid H_1)\mathrm{d}x$$

按照定义，一个最优(Optimum)判决规则是使得预定代价函数(Cost function)最小化的规则。在数字通信领域，一种合理的代价函数选择是平均误符号率(Average probability of symbol error)，在贝叶斯分析中，这被称为贝叶斯风险(Bayes risk)。

因此，考虑到两类可能的差错，二元假设检验问题的贝叶斯风险可以定义为

$$\mathcal{R}=\pi_0\int_{Z_1} f_{X|H_0}(x \mid H_0)\mathrm{d}x+\pi_1\int_{Z_0} f_{X|H_1}(x \mid H_1)\mathrm{d}x$$

其中包括了假设 H_0 和 H_1 的先验概率。用集合论的术语，令 Z_0 和 Z_1 的不相交子空间的并集为

$$Z=Z_0\cup Z_1。$$

然而，由于子空间 Z_1 是子空间 Z_0 在整个观测空间 Z 中的补集，上式可以重新写为等效的

$$\begin{aligned}\mathcal{R}&=\pi_0\int_{Z-Z_0} f_{X|H_0}(x \mid H_0)\mathrm{d}x+\pi_1\int_{Z_0} f_{X|H_1}(x \mid H_1)\mathrm{d}x\\&=\pi_0\int_{Z} f_{X|H_0}(x \mid H_0)\mathrm{d}x+\pi_1\int_{Z_0}[\pi_1 f_{X|H_1}(x \mid H_1)-\pi_0\int_{X|H_0}(x \mid H_0)]\mathrm{d}x\end{aligned}$$

其中，积分项表示在条件密度 $f(x|H_0)$ 下的全体积，这自然等于 1。因此，上式可简化为

$$\mathcal{R}=\pi_0+\int_{Z_0}[\pi_1 f_{X|H_1}(x \mid H_1)\mathrm{d}x-\pi_0\int_{X|H_0}(x \mid H_0)]\mathrm{d}x$$

在上式中，π_0 是一个固定的代价项，而积分项描述了如何将观测向量 x 分配到 Z_0 区域所带来的代价。注意到方括号内的两项都是正值，因此为了最小化平均风险，应当遵循以下行动方案：

如果 $\pi_0\int_{X|H_0}(x \mid H_0)>\pi_1\int_{X|H_1}(x \mid H_1)$，则观测向量 x 应分配到 Z_0，因为这两项对式中的积分有负影响。在这种情况下，假设 H_0 为真。

反之如果 $\pi_0\int_{X|H_0}(x \mid H_0)<\pi_1\int_{X|H_1}(x \mid H_1)$，则观测向量 x 应排除在 Z_0 之外(即

分配到 Z_1)，因为这两项对式中的积分有正影响。在这种情况下，假设 H_1 为真。

当这两项相等时，积分对平均风险没有影响，在这种情况下，观测向量 x 可以任意地分配到某个区域。

综上所述，将行动方案的第 1 点和第 2 点整合为一个判决规则，可以表示为

$$\frac{f_{X|H_1}(x|H_1)}{f_{X|H_0}(x|H_0)} \underset{H_0}{\overset{H_1}{\gtrless}} \frac{\pi_0}{\pi_1}。$$

上式左侧所依赖的观测量被称为似然比(Likelihood ratio)，其定义为式

$$\Lambda(x)=\frac{f_{X|H_1}(x|H_1)}{f_{X|H_0}(x|H_0)}$$

基于该定义，我们可知 $A(x)$ 是两个随机变量函数之比，从而 $A(x)$ 自身也是一个随机变量。进一步，无论观测向量 x 的维数是多少，$A(x)$ 都是一个一维随机变量。更为关键的是，似然比是一个充分统计量。上式右侧的标量，即

$$\eta=\frac{\pi_0}{\pi_1}$$

被称为检验门限(Threshold)。因此，最小化贝叶斯风险导致了似然比检验(Likelihood ratio test)，该检验可以用以下两个决策方式的组合形式来描述，即

$$\Lambda(x) \underset{H_0}{\overset{H_1}{\gtrless}} \eta$$

相应地，建立在上式的基础上的假设检验结构被称为似然接收机(Likelihood receiver)，如下图 6-3 所示。这种接收机具有一个显著优点：所有必要的数据处理都集中在计算似然比 $A(x)$ 上。这一特性具有重要的实用价值：仅通过为门限 η 分配一个适当的值，就能调整我们对先验 π_0 和 π_1 的了解。

众所周知，自然对数是单调函数，并且式中的似然比检验两侧都是正值。因此，该检验也可表示为其对数形式，即

$$\ln\Lambda(x) \underset{H_0}{\overset{H_1}{\gtrless}} \ln\eta$$

其中 ln 是自然对数的标志。基于此，我们可以得到等效的对数似然比接收机(log－likelihood ratio receiver)，如图 6-3 所示。

考虑一个二元假设检验问题，它由下列两个方程所描述：

$$H_1: x_i=m+n_i, i=1,2,\cdots,N$$

$$H_0: x_i=n_i, i=1,2,\cdots,N$$

在这里，m 是一个仅在假设 H_1 的情况下非零的常数。n 是相互独立的高斯随机变量

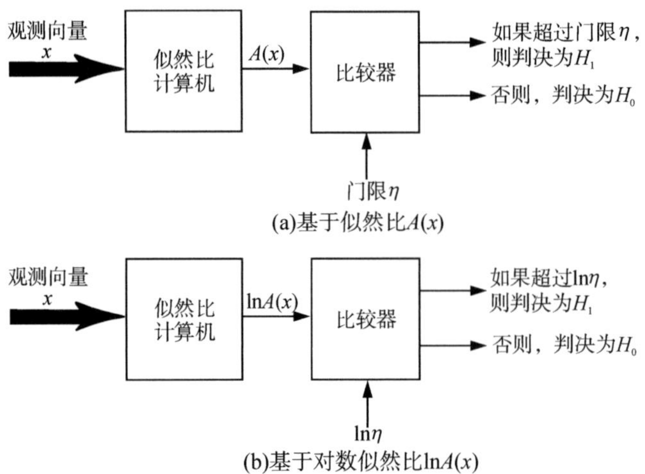

图 6-3　似然接收机的两种形式

N。为了表示本例中的似然比检验的公式，我们需要推导出相应的判决规则。

根据例子中的讨论，在假设 H_1 的情况下，我们有

$$f_{x_i|H_i}(x_i|H_1)=\frac{1}{\sqrt{2\pi}\sigma_n}\exp\left[-\frac{(x_i-m)^2}{2\sigma_n^2}\right]$$

若向量 x 表示 N 个观测值 x，其中 $i=1,2,\cdots,N$。利用 n 的独立性，我们可以表示在假设 H_1 下 x 的联合密度为

$$\begin{aligned}f_{X|H_1}(x\mid H_1)&=\prod_{i=1}^{N}\frac{1}{\sqrt{2\pi}\sigma_n}\exp\left[-\frac{(x_i-m)^2}{2\sigma_n^2}\right]\\&=\frac{1}{(\sqrt{2\pi}\sigma_n)^N}\exp\left[-\frac{1}{2\sigma_n^2}\sum_{i=1}^{N}(x_i-m)^2\right]\end{aligned}$$

将 m 设为零，在上式中，我们可以得到在假设 H_0 下 x_i 的相应联合密度为

$$f_{X|H_0}(x\mid H_0)=\frac{1}{(\sqrt{2\pi}\sigma_n)^N}\exp\left[-\frac{1}{2\sigma_n^2}\sum_{i=1}^{N}x_i^2\right]$$

因此，在上式的似然比中，我们可以得到（消除公共项之后）

$$\Lambda(x)=\exp\left(\frac{m}{\sigma_n^2}\sum_{i=1}^{N}x_i-\frac{Nm^2}{2\sigma_n^2}\right)$$

等效地，我们可以将似然比表示为其对数形式，即

$$\ln\Lambda(x)=\frac{m}{\sigma_n^2}\sum_{i=1}^{N}x_i-\frac{Nm^2}{2\sigma_n^2}$$

在使用对数似然比检验中，我们得到

$$\frac{m}{\sigma_n^2}\sum_{i=1}^{N}x_i-\frac{Nm^2}{2\sigma_n^2}\underset{H_0}{\overset{H_1}{\gtrless}}\ln\eta$$

将上述检验两边同时除以(m/σ)，并重新整理各项，最后写出

$$\sum_{i=1}^{N}x_i\underset{H_0}{\overset{H_1}{\gtrless}}(\frac{\sigma_n^2}{m}\ln\eta+\frac{Nm^2}{2})$$

其中，门限η由先验比即π_0/π_1来定义。即为我们期望求解式中的二元假设检验问题的判决规则公式。

最后需要注意的一点是，N次观测得到的x的总和，即

$$t(x)=\sum_{i=1}^{N}x_i$$

是本问题的充分统计量。之所以这么说，是因为观测值进入似然比$A(x)$的唯一途径只能体现在这个求和项中。

至此，我们已经理解了二元假设检验的基础，现在可以考虑更一般的情况，即需要解决M个可能的信源输出。如前所述，必须根据观测向量x做出决策，以判断M个可能的信源输出中哪一个实际被发送。

为了构建一个用于多元假设检验的判决规则，我们先考虑$M=3$的特例，然后进行推广。在这一过程中，我们将使用概率推理(Probabilistic reasoning)方法，该方法建立在二元假设检验的基础之上。在这个背景下，我们发现使用似然函数而不是似然比会更为方便。

首先，假设我们对某一概率转换机制的输出进行了一次测量，得到观测向量x。利用这个观测向量和关于转换机制的概率规则，我们可以构建三个似然函数，每一个都对应于一种可能的假设。进一步，假设我们能用公式表示出这三种可能假设的概率不等式，并得出以下三个推断：

$$\pi_1 f_{X|H_1}(x|H_1)<\pi_0 f_{X|H_0}(x|H_0)$$

假设H_0或H_2为真。

$$\pi_2 f_{X|H_2}(x|H_2)<\pi_0 f_{X|H_0}(x|H_0)$$

假设H_0或H_1为真。

$$\pi_2 f_{X|H_2}(x|H_2)<\pi_1 f_{X|H_1}(x|H_1)$$

假设H_1或H_0为真。

对于$M=3$的情况，我们注意到H_0是唯一出现在所有三个推断中的假设。因此，在这种情况下，判决规则应该是H_0为真。同理，对于H_1和H_2，也可以做出相似的结论。这一基本原理是概率推理的一个实例。

对于一个等效的检验，我们可以对前述三种情况的每个不等式两边都除以 $f(x)$，令 H 代表这三种假设，$i=1,2,3$。我们可以根据联合概率密度函数得出：

$$
\begin{aligned}
\frac{\pi_i f_{X|H_i}(x|H_i)}{f_X(x)} &= \frac{P(H_i)f_{X|H_i}(X|H_i)}{f_X(x)}, P(H_i)=P_i \\
&= \frac{P(H_i, x)}{f_X(x)} \\
&= \frac{P[H_i|x]f_X(x)}{f_X(x)} \\
&= P[H_i|x], i=0,1,\cdots,M-1
\end{aligned}
$$

认识到条件概率 $P[H|x]$实际上是观测向量 x 接收后的后验概率，我们可以继续将这一等效检验推广到 M 个可能的信源输出，即：在一个多元假设检验中，给定观测向量 x，通过选择使后验概率 $P[H|x]$最大的假设 H，其中 $i=0,1,\cdots,M-1$，可以最小化平均差错概率。

这种基于后验概率的处理器通常被称为 MAP 概率计算机（MAP Probability Computer）。

所有的假设都是简单的，因为每一个假设的概率密度函数都是确定的。然而，实际中常会发现由于概率转换机制中存在缺陷，导致一个或多个概率密度函数不是简单的，这种情况下，该假设被称为复合的（Composite）。

作为一个示例，这次我们假设在 H_1 下，观测 x 的均值 m 不再是一个常数，而是在区间$[m_a, m_b]$内的一个变量。因此，如果使用简单二元假设检验的似然比检验，会发现似然比 $A(x)$包含了未知的均值 m，从而不能计算出 $A(x)$，也不能应用简单的似然比检验。

在这个说明性的例子中，我们发现需要对似然比检验进行改进，以便它能应用于复合假设。考虑到图 6-4 中描述的模型，与简单假设的上图 6-2 模型相似，但存在一个显著区别：现在的转换机制由条件概率密度函数 $f(x|\theta,H)$描述，其中 θ 是一个未知的参数向

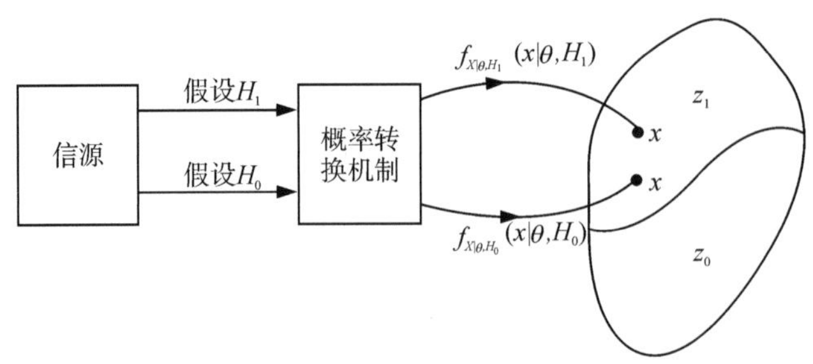

图 6-4　二元情形下的复合假设检验模型

量，$i=0,1$。正是这对 θ 的条件依赖性，使得 H_0 和 H_1 成为复合类型的假设。

与图 6-2 中的简单模型不同，我们现在需要处理两个空间：一个观测空间和一个参数空间。假设 $f(\theta,H)$——即未知参数向量 θ 的条件概率密度函数——是已知的，其中 $i=0,1$。

为了表示上图中模型所描述的复合假设的似然比，我们需要似然函数 $f(x|H)$，其中 $i=1,2$。通过对 θ 进行积分，我们可以将复合假设检验简化为一个简单假设检验问题。具体来说：

$$f_{X|H_i}(x \mid H_i)=\int_\theta f_{X|\theta,H_i}(x \mid \theta,H_i)f_{\theta|H_i}(\theta \mid H_i)\mathrm{d}\theta$$

在这里，计算需要已知 θ 在给定 H 的条件下的条件概率密度函数，其中 $i=1,2$。

根据这些条件，我们现在可以用以下公式表示复合假设的似然比：

$$\Lambda(x)=\frac{\int_\theta f_{X|\theta,H_i}(x \mid \theta,H_1)f_{\theta|H_1}(\theta \mid H_1)\mathrm{d}\theta}{\int_\theta f_{X|\theta,H_0}(x \mid \theta,H_0)f_{\theta|H_0}(\theta \mid H_0)\mathrm{d}\theta}$$

因此，我们可以将上式中描述的似然比检验推广到复合假设上。

综合上述讨论，复合假设检验的计算要求比简单假设更高。将介绍复合假设检验在非相干检测应用中的详细讨论，这里会考虑到接收信号中包含的相位信息。

6.2　相干检测接收机

本节主要介绍相干检测接收机、最佳接收机及其差错性能分析等。

6.2.1　相关检测接收机

在每个宽度为 T 秒的时隙内，假设以相等概率 M_1 发 M 种可能的信号 $s_1(t)$，$s_2(t)$，…，$s_M(t)$中的一种。为了进行几何描述，我们将这些信号 $s(t)$(其中 $i=1,2,\cdots,M$)输入到一组具有公共输入和适当的 N 个标准正交基函数的相关器中。这些相关器的输出确定了信号向量 S。

由于关于 S 的信息与从发射信号 $s(t)$ 获得的信息相同，反之亦然，我们可以用欧几里得空间(其维数 $N \leqslant M$)中的一个点来表示 $s(t)$。这一点被称为发射信号点(Transmitted signal point)或简称为消息点(Message point)。与一组发射信号 $|s(t)|$ 相对应的消息点组成的集合被称为消息星座(Message constellation)。

然而，由于存在加性噪声 $w(t)$，接收信号 $x(t)$ 的表示更为复杂。当接收信号 $x(t)$ 应用于 N 个相关器时，这些相关器的输出确定了观测向量 x。根据上述公式，观测向量 x 与信号向量 S 的差异在于噪声向量 W，其方向是完全随机的。

噪声向量 W 完全由信道噪声 $w(t)$ 表征。然而，反之则不成立。噪声向量 W 表示噪声 $w(t)$ 中会干扰检测过程的部分；而噪声中的剩余部分 $w'(t)$ 会通过一组相关器被消除，因此与问题无关。

基于观测向量 x，接收信号 $x(t)$ 可以用发射信号相同的欧几里得空间中的点来表示。这第二个点被称为接收信号点(Received signal point)。由于存在噪声，接收信号点会以完全随机的方式分布在消息点周围，具体而言，它会位于以消息点为中心的高斯分布“云”内的任意位置。这一点在图 6-5(a)中针对三维信号空间得以图示。对于噪声向量 W 的某一具体实现(即图 6-5(a)中的随机“云”内的某一特定点)，观测向量 x 和信号向量 S 之间的关系如图 6-5(b)所示。

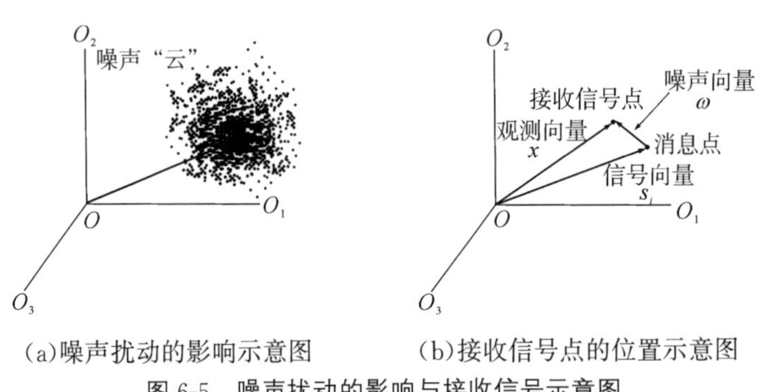

(a)噪声扰动的影响示意图　　(b)接收信号点的位置示意图

图 6-5　噪声扰动的影响与接收信号示意图

现在，可以将信号检测问题表述如下：

给定观测向量 x，将 x 映射为发射符号 m 的估计值 $\hat{m}$，使得在判决过程中差错率最小化。

在给定观测向量 x 的情况下，假设我们作出的决策是 $\hat{m}=m$，那么该决策中的误差概率为 $P(m|x)$，如式

$$P_e(m_i|x)=1-P(m_i \text{sent}|x)$$

所示。目标是在将每个给定观测向量映射为决策的过程中，使平均误差概率最小。因此，

根据上式，最优决策规则(Optimum Decision Rule)可以描述为：

判决 $\hat{m}=m_i$，如果 $P(m_i|\text{sent}|x)\geqslant P(m_k|\text{sent}|x)$，所有 $k\neq i$ 且 $k=1,2,\cdots,M$。

此判决规则称为最大后验概率准则(Maximum A Posteriori，MAP)，用于实现这一准则的系统称为最大后验译码器(Maximum A Posteriori Decoder)。

利用上面讨论的贝叶斯定理，上式中的要求可以通过发射信号的先验概率和似然函数来明确表示。若忽略可能存在的边界问题，MAP 准则可以重新描述为：

如果对于 $k=i$，有

$$\frac{\pi_k f_X(x|m_i)}{f_X(x)}$$

最大，则判决为 $\hat{m}=m_0$，其中，π 是发射符号 m 的先验概率，$f(x|m)$是在符号 m 被发射的条件下观测向量 X 的条件概率密度函数，$f(x)$是 X 的无条件概率密度函数。

值得注意的几点：

(1)分母项 $f(x)$与发射符号无关。

(2)当所有信号符号都以相等的概率发射时，先验概率 $\pi_k=\pi_i$。

(3)条件概率密度函数 $f(x|m)$和对数似然函数 $L(m)$是一一对应的。

因此，我们可以通过 $L(m)$将上式中的判决规则简化为：

如果对于 $k=i$，$L(m)$是最大的，则可以判决为 $\hat{m}=m$。

这一判决规则称为最大似然准则(Maximum Likelihood Rule)，用于实现这一规则的系统称为最大似然译码器(Maximum Likelihood Decoder)。

观测空间 Z 可以分为 M 个判决区域 $Z_1,Z_2,\cdots,Z_M$。如果 $L(m)$在 $k=i$ 时最大，则观测向量 x 位于区域 Z 中。除了 $Z_1,Z_2,\cdots,Z_M$ 之间的边界，整个观测空间都被覆盖。如果观测向量 x 落在两个判决区域 Z_i 和 Z_k 之间的边界上，则两个可能的决策 $\hat{m}=m_i$ 和 $\hat{m}=m_k$ 的选择是随机的。

该准则特别适用于信道噪声 $w(t)$是加性白色高斯噪声(AWGN)的情况。通过使求和项最小化 $L(m_k)$达到最大值，从而可以描述 AWGN 信道的最大似然判决准则。

如果对于 $k=i\sum_{j=1}^{N}(x_j-s_{kj})^2$ 取最小值，则可以判决为观测向量 x 位于区域 Z 中。注意，使用“最小值”作为优化条件，这是因为忽视了式子中的负号。

从上节的讨论中，我们有：

$$\sum_{j=1}^{N}(x_j-s_{kj})^2=\|x-s_k\|^2$$

其中，$\|x-s\|$ 表示接收机输入端的观测向量 x 和发射信号向量 s 之间的欧几里得距离。

因此，上式的判决规则可以表述为：若对 $k=i$，欧几里得距离 $\|x-s\|$ 取最小值，则可断定观测向量 x 位于决策区域 Z 内。实际上，上式中的判决规则可以进一步简化。展开上式左侧的求和项，我们得到

$$\sum_{j=1}^{N}(x_j-s_{kj})^2=\sum_{j=1}^{N}x_j^2-2\sum_{j=1}^{N}x_js_{kj}+\sum_{j=1}^{N}s_{kj}^2$$

其中第一个求和项与发射信号向量 s 的下标 k 无关，因此可忽略。第二个求和项是观测向量 x 和发射信号向量 s 的内积。第三个求和项是发射信号的能量，记作

$$E_k=\sum_{j=1}^{N}s_{kj}^2$$

最终，最大似然判决规则可表示为：若对 $k=i$，E 取最大值，则可断定观测向量 x 位于决策区域 Z 内。

根据上式，我们推论，在 AWGN 信道下，M 个决策区域的边界构成线性超平面。图 6-6 用一个例子说明了这一点。

当 $N=2$ 且 $M=4$ 时，将观测空间分割为判决区域的示意图；假设 M 个发射符号具有相等概率，关于相关接收机：在发射信号 $s_1(t),s_2(t),\cdots,s_m(t)$ 具有相等概率的条件下，AWGN 信道的最优接收机被称为相关接收机。它由两个子系统组成，由图 6-6 所示。

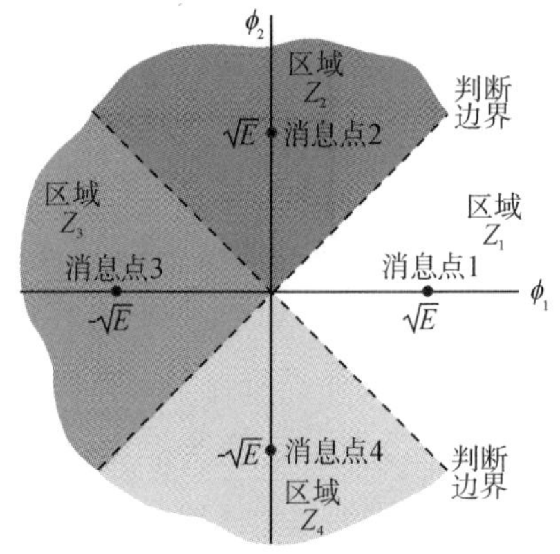

图 6-6　决策区域的线性超平面

检测器，由 M 个相关器组成，这些相关器利用一组局部生成的标准正交基函数 $\varphi_1(t),\varphi_2(t),\cdots,\varphi_n(t)$ 对接收信号 $x(t)$ 进行处理，进而产生观测向量 x。

最大似然译码器，它处理观测向量 x，并输出发射符号 $m(i=1,2,\cdots,M)$ 的估计值 $\hat{m}$，以最小化平均误码率。这样，整个系统旨在根据最优判决规则，对输入信号进行有效的分类和解码。

依据上式的最大似然判决准则，译码器会将观测向量 x 的 N 个元素与 M 个信号向量 $s_1,s_2,\cdots,s_M$ 中每个向量的 N 个元素逐一相乘。接下来，累加器(Accumulator)会对这些乘积结果进行连续求和，从而生成一组相应的内积。由于发射信号的能量可能不同，这些内积值会进一步经过校正。最终，选取这组数值中的最大者，以对发射的消息信号作出合适的判定。

在图 6-7(a)中，检测器内包含了一组相关器。然而，我们也可以采用一个不同但等效的架构来替代这些相关器。为了探究这种最优滤波器的实现方法，考虑一个具有冲激响

应 $h(t)$的线性时不变滤波器。接收信号 $x(t)$作为输入，滤波器的输出则定义为下列卷积积分：

$$y_j(t)=\int_{-\infty}^{\infty}x(\tau)h_j(t-\tau)\mathrm{d}\tau$$

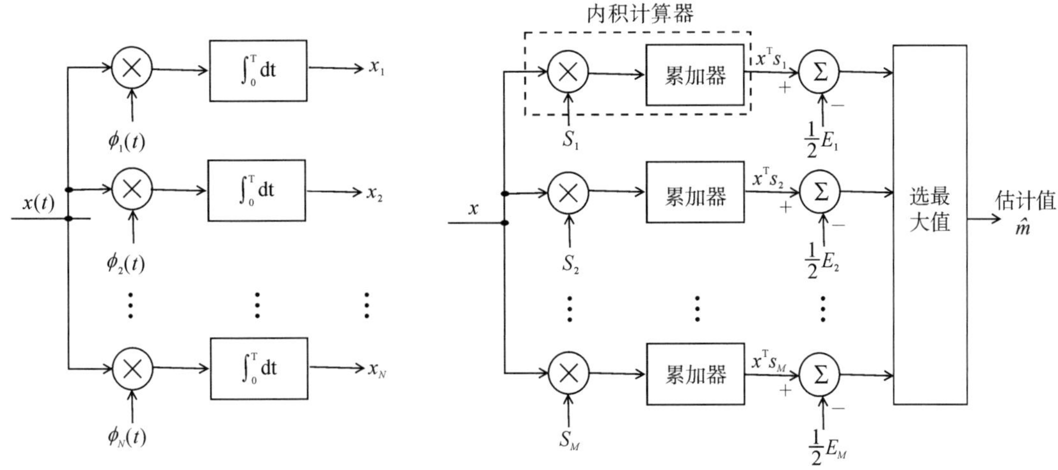

(a)检测器或者解调器　　(b)最大似然译码器

图 6-7　检测器/解调器及译码器

为了深入讨论，我们限制时间 t 在发射符号宽度 T 内，即 $0\leqslant t\leqslant T$。在这个时间范围内进行积分。通过这样的时间限制，可以用变量 τ 替换 t 来进一步简化表达式。

$$y_j(T)=\int_0^T x(t)h_j(T-\tau)\mathrm{d}t$$

接下来我们考虑基于一组相关器的检测器。第 i 个相关器的输出重新写出该式：

$$x_j=\int_0^{\mathrm{T}}x(t)\phi_j(t)\mathrm{d}\tau$$

为了令 $y(T)$等于 x，通过上式，我们发现只需选择

$$h_j(T-t)=\phi_j(t),0\leqslant t\leqslant T \text{ 和 } j=1,2,\cdots,M$$

即可满足这一条件。等效地，我们可以用上式来表示冲激响应应满足的条件：

$$h_j(t)=\phi_j(T-t),0\leqslant t\leqslant T,j=1,2,\cdots,M$$

现在，这个条件可以进一步推广。假设有一个在 $0\leqslant t\leqslant T$ 范围内的脉冲信号 $\phi(t)$，如果一个线性时不变滤波器的冲激响应 $h(t)$满足以下条件：

$$h(t)=\phi(T-t),0\leqslant t\leqslant T$$

那么这个滤波器可以被认为是与信号 $\phi(t)$匹配的。

以这种方式定义的时不变滤波器被称为匹配滤波器(Matched Filter)。相应地，用匹

配滤波器取代相关器的接收机被称为匹配滤波器接收机(Matched－filter Receiver)。该接收机的结构如图 6-8 所示。

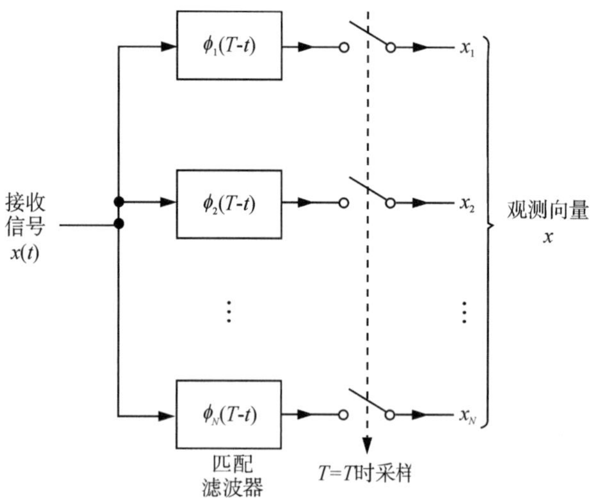

图 6-8　匹配滤波器接收机的检测器部分
其信号传输译码器部分与图 6-7(b)相同

6.2.2　差错概率

为了评估在添加性白高斯噪声(AWGN)环境下图 6-7 中相关接收机或图 6-8 中等效的匹配滤波器接收机的性能,我们需要分析其统计特性。为此,假设观测空间 Z 按照最大似然判决准则被划分为若干区域。进一步假设发射的符号为 m(或等效地,发射信号向量为 s),而接收到的观测向量为 x。那么,只要由 x 表示的接收信号点没有落入与发射信号 s 对应的区域 Z 中,就认为出现了符号误差。

考虑所有具有相等概率的可能发射符号,我们可以定义平均误符号率(Average Probability of Symbol Error)为:

$$
\begin{aligned}
P_e &= \sum_{i=1}^{M} \pi_i P(x\ \text{不处于}\ Z_i \mid \text{发送}\ m_i) \\
&= \frac{1}{M}\sum_{i=1}^{M} \pi_i P(x\ \text{不处于}\ Z_i \mid \text{发送}\ m_i)\pi_{=}\ 1/M \\
&= 1-\frac{1}{M}\sum_{i=1}^{M} P\ (x\ \text{不处于}\ Z_i \mid \text{发送}\ m_i)
\end{aligned}
$$

其中,我们使用标准符号来表示一个事件的条件概率。

由于 x 是随机向量 X 的一个样本值,在给定发射消息符号为 m 的情况下,我们可以通过似然函数重新表示上式如下：

$$P_e = 1 - \frac{1}{M}\sum_{i=1}^{M}\int_{Z_i} f(X)(x/m_i)\mathrm{d}x$$

对于 N 维观测向量，上式中的积分确实是 N 重积分。

在加性白高斯噪声（AWGN）环境中进行信号的最大似然检测时，观测空间 Z 划分为一组区域 $Z_1, Z_2, \cdots, Z_m$ 是唯一的，这种唯一性由信号星座决定。具体来说，我们有以下结论：

在信号空间中相对于坐标轴和原点的方向的任何旋转或平移都不会影响由上式确定的平均误符号率 P_e。

该结论体现了 P_e 关于旋转和平移的不变性，由以下两点引起：

(1)在最大似然检测中，P_e 仅依赖于信号星座中接收信号点与消息点间的相对欧氏距离。

(2)在信号空间中，AWGN 在所有方向上都是球形对称的。

为了更详细地讨论 P_e 的旋转不变性，考虑一个 $N \times N$ 维的标准正交矩阵 Q，该矩阵满足：

$$QQ^{\mathrm{T}} = 1$$

其中，T 表示矩阵转置，I 是单位矩阵。

基于这个 Q，旋转后的信号向量 s 可以表示为：

$$S_{i,\mathrm{rotate}} = Qs_i, i = 1, 2, \cdots, M$$

相应地，旋转后的 $N \times 1$ 维噪声向量 w 可以表示为：

$$w_{\mathrm{rotate}} = Qw$$

由于以下三个原因，这种旋转不会影响噪声向量的统计特性：

(1)根据高斯随机变量的性质，线性组合也是高斯分布，所以旋转后的噪声向量 w 仍然是高斯分布。

$$E[w_{\mathrm{rotate}}] = E[Qw] = QE[w] = 0$$

(2)噪声向量 W 的均值为零，因此旋转后的噪声向量的均值也为零。

(3)噪声向量 w 的协方差矩阵为$(N_0/2)I$，其中 $N_0/2$ 是 AWGN $w(d)$的功率谱密度。

$$E[ww^{\mathrm{T}}] = \frac{N_0}{2}I$$

因此，旋转后的噪声向量的协方差矩阵为：

$$E[w_{\text{rotate}}w_{\text{roate}}^{\text{T}}]=E[Qw(Qw)^{\text{T}}]=E[Qww^{\text{T}}Q^{\text{T}}]=QE[ww^{\text{T}}]Q^{\text{T}}=\frac{N_0}{2}QQ^{\text{T}}=\frac{N_0}{2}I$$

在上述分析的最后两行中，我们引用了上边式子中的结论。

根据这三个原因，旋转后的消息星座中的观测向量可以表示为：

$$x_{\text{rotate}}=Qs_i+w,i=1,2,\cdots,M$$

结合上式，我们现在可以表示旋转后的向量 x_{rotate} 和 $s_{i\text{rotate}}$ 之间的欧几里得距离：

$$\| x_{\text{rotate}}-S_{i\text{rotate}} \| = \| Qs_i+w-Qs_i \|$$

因此，旋转不变性原理(Principle of Rotational Invariance)可以正式地表述为：

如果消息星座通过如下旋转进行变换，

$$s_{i\text{rotate}}=Qs_i,i=1,2,\cdots,M$$

其中 Q 是标准正交矩阵，那么在 AWGN 信道中进行的最大似然信号检测导致的误符号率 P_e 是全局不变的。

例　旋转不变性实例

为了进一步解释旋转不变性原理，考虑下图 6-9(a)中显示的信号星座。这个星座和图 6-9(b)中的星座相同，只是被旋转了 45°。尽管从几何角度看，这两个星座看似不同，但旋转不变性原理告诉我们，它们的 P_e 是相同的。

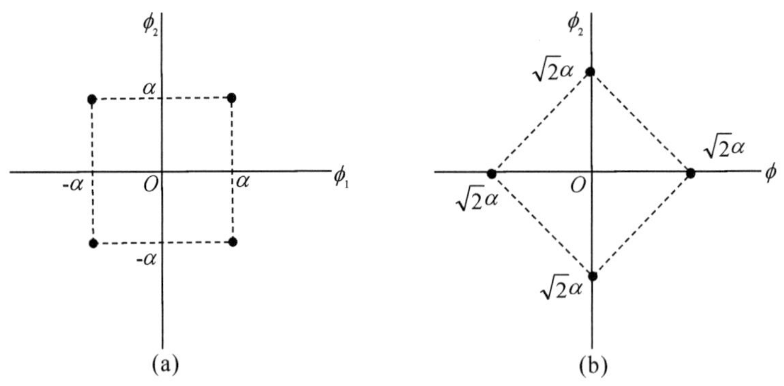

图 6-9　说明旋转不变原理的一对信号星座

下面我们来考虑 P_e 关于平移的不变性。假设信号星座中的所有消息点都被一个常数向量 a 平移，即：

$$s_{i\text{rotate}}=s_i-a,i=1,2,\cdots,M$$

相应地，观测向量也被平移了相同的常数向量 $x_{\text{translate}}$，如下：

$$x_{\text{translate}}=x-a$$

从上式我们可以看出，对于被平移的信号向量 s 和观测向量 x，平移向量 a 是共有的。

因此，我们可以直接得出：

$$\| x_{\text{translate}} - s_{i,\text{translate}} \| = \| x - s_i \|, i=1,2,\cdots,M$$

从而，平移不变原理(Principle of Transitional Invariance)可以被表述为：如果信号星座被一个常数向量平移，则在 AWGN 信道中进行最大似然信号检测所引发的误符号率 P_e 是恒定不变的。

例　信号星座的平移

作为实例，考虑下图中展示的两个信号星座，它们代表一对不同的四电平 PAM 信号。图 6-10(b)与图 6-10(a)中的星座完全相同，除了沿轴向右平移了 $3a/2$。平移不变原理告诉我们，这两个信号星座的 P_e 是相等的。

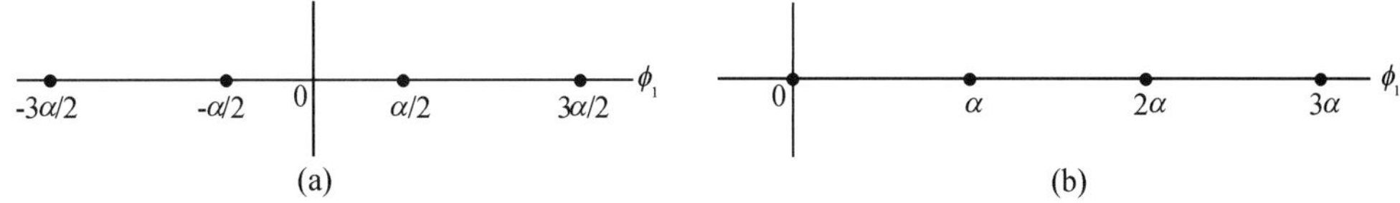

图 6-10　说明平移不变原理的一对信号星座

对于 AWGN 信道，平均误符号率 P 的计算概念上是直接的，然而，在除了少数几种(但非常重要的)情形之外，对这种积分进行数值计算是不实际的。为解决这一计算难题，我们通常会使用界(Bound)的概念。这对于预测所需的 SNR(在大约 1dB 以内)以保持特定误码率通常是足够的。确定 P_e 的积分式的近似是通过简化积分或简化积分区域来实现的。

下面，我们用后一种方法提出一个简单但有用的上界，称为一致上界(Union Bound)。这是在 AWGN 信道中针对 M 个等概率信号(符号)的平均误符号率的一种近似。

令 A 表示在发送符号 m(即消息向量 s)时，观测向量 x 与信号向量 s 之间的距离比与其他 s 之间的距离更近的这个事件，其中$(i,k)=1,2,\cdots,M$。当 m 被发送时，符号差错的条件概率 $P(m)$等于这些事件 A 的并集的概率。概率论告诉我们，有限个事件并集的概率上界是各组成事件的概率之和。因此，我们可以写出：

$$P_e(m_i) \leqslant \sum_{\substack{k=1 \\ k\neq i}} P(A_{ik}), i=1,2,\cdots,M$$

例　含有 4 个消息点的星座为了演示一致上界的应用，考虑图中 $M=4$ 的情形。下图 6-11(a)给出了 4 个消息点及其相关的判决区域，其中假设点 s 代表发送的符号。图 6-11(b)展示了三种构成信号空间的类型，在每一种情况中都包含了发送的消息点 s 和另一个消息点。根据图 6-11(a)，符号差错的条件概率 $P(m)$等于观测向量 x 落在二维信号空间图的阴影区域中的概率。显然,这个概率小于图 6-11(b)中所示的 x 落在三个信号空间的阴影区域内的三个单独事件的概率之和。

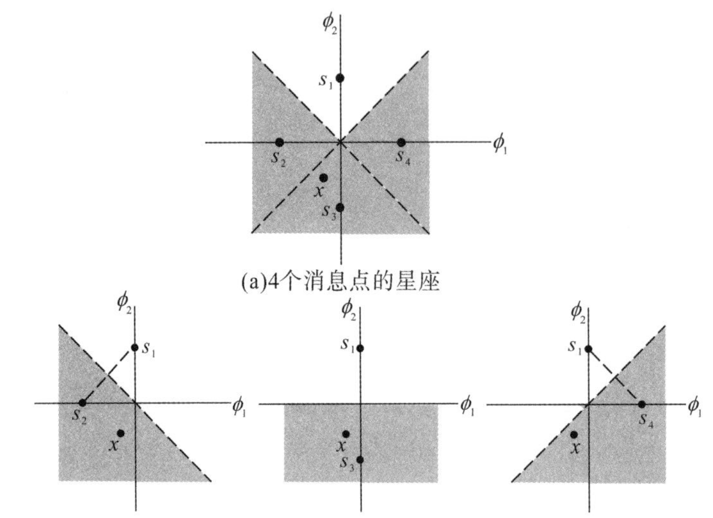

(a)4个消息点的星座

(b)根据原始星座得到的三个星座，其中保留了公共消息点和另一个消息点

图 6-11　一致上界示意图

重要的是要注意,在通常情况下,概率 $P(A)$ 和概率 $P(m=m_k|m_i)$ 是不相同的。后者表示当信号向量 S(即符号 m)被发送时,观测向量 x 与 s(即符号 m)之间的距离比与其他所有向量之间的距离更近的概率。另一方面,概率 $P(A)$ 仅仅依赖于 s_i 和 s_k 这两个信号向量。为了强调这种区别,我们使用 P_a 来代替 $P(A)$,并将上式重写为:

$$P_e(m_i) \leqslant \sum_{\substack{k=1 \\ k\neq i}}^{M} P_{ik}, i=1,2,\cdots,M$$

这里的 P_a 被称为成对差错概率(Pairwise Error Probability),因为如果一个数字通信系统仅使用了一对信号 s_i 和 s_k,那么 P_a 就是接收机误判 s_i 为 s_k 的概率。

接下来,考虑一个简化的数字通信系统,它只使用两个表示具有相同可能性消息的向量 s_i 和 s_k。由于高斯白噪声在任何正交坐标轴上都是同分布的,我们可以暂时选择其中一个坐标轴作为经过 s_i 和 s_k 的坐标轴。作为示例,可以参考上图 6-11(b)。相应的判决边界由连接 s_i 和 s_k 的线段的垂直平分线来表示。因此,当向量 s_i(即符号 m_i)被发送时,如果观测向量 x 落在平分线的 s_i 和 s_k 所在的那一侧,则出现了差错。这个事件的概率为:

$$\begin{aligned} p_{ik} &= P(\text{当向量 } s_i \text{ 被发送时,相比 } s_i, x \text{ 更接近于 } s_{\text{中}}) \\ &= \int_{d_{ik}/2}^{\infty} = \frac{1}{\sqrt{\pi N_0}} \exp(-\frac{v^2}{N_0}) \mathrm{d}v \end{aligned}$$

在上式积分下限中的 d 是信号向量 s_i 和 s_k 之间的欧几里得距离，即：

$$d_{ik}=\| s_i-s_k \|$$

为了将上式中的积分变为标准形式，我们引入一个新的积分变量，定义如下：

$$z=\sqrt{\frac{2}{N_0}}v$$

因此，期望的标准形式可以重写为：

$$p_{ik}=\frac{1}{\sqrt{2\pi}}\int_{d_{ik}/\sqrt{2N_0}}^{\infty}\exp(-\frac{z^2}{2})\mathrm{d}z$$

在上式中的积分正是之前中介绍的 Q 函数。通过 Q 函数，概率 P_a 可以表示为以下紧凑形式：

$$p_{ik}=Q(\frac{d_{ik}}{\sqrt{2N_0}})$$

相应地，我们有：

$$P_e(m_i)\leqslant\sum_{\substack{k=1\\k\neq i}}^{M}Q(\frac{d_{ik}}{\sqrt{2N_0}})$$

从而，对所有 M 个符号取平均后得到的误符号率的上界为：

$$P_e=\sum_{i=1}^{M}\pi_i P_e(m_i)\leqslant\sum_{i=1}^{M}\sum_{\substack{k=1\\k\neq i}}^{M}\pi_i Q(\frac{d_{ik}}{\sqrt{2N_0}})$$

其中，π 是符号 m 被发送的概率，上式有两种特殊形式值得注意：

如果信号星座是关于原点呈圆形对称的(Circularly symmetric about the origin)，那么条件差错概率 $P(m)$对于所有 i 都是相同的。在这种情况下，上式简化为：

$$P_e\leqslant\sum_{\substack{k=1\\k\neq i}}^{M}Q(\frac{d_{ik}}{\sqrt{2N_0}}),\forall i$$

将信号星座的最短距离(Minimum distance)d 定义为该星座中任意两个发射信号点之间的欧几里得距离的最小值，如下：

$$d_{\min}=\min_{i\neq k}d_{ik},\forall i,k$$

注意到 Q 函数是其自变量的单调递减函数，我们有：

$$Q(\frac{d_{ik}}{\sqrt{2N_0}})\leqslant Q(\frac{d_{\min}}{\sqrt{2N_0}})$$

因此，在一般情况下，可以将上式中的平均误符号率的上界简化为：

$$P_e\leqslant(M-1)Q(\frac{d_{\min}}{\sqrt{2N_0}})$$

在上式中,Q 函数自身的上界为:

$$Q\left(\frac{d_{\min}}{\sqrt{2N_0}}\right)\leqslant\frac{1}{\sqrt{2\pi}}\exp\left(-\frac{d_{\min}^2}{\sqrt{4N_0}}\right)$$

于是,可以将式中关于 P_e 的界进一步简化为

$$P_e<\left(\frac{M-1}{\sqrt{2\pi}}\right)\exp\left(-\frac{d_{\min}^2}{\sqrt{4N_0}}\right)$$

在一个加性白高斯噪声(AWGN)信道中,平均误符号率 P_e 与最短距离 d 的平方成指数关系地下降。

在 AWGN 环境中,目前用来评估数字通信系统噪声性能的主要标准是平均误符号率。这是在发送长度为 $m=\log M$ 的消息(包含字母和数字符号)时的自然选择。然而,当需要传输二进制数据,如数字计算机数据时,通常会采用另一个称为比特错误率(BER)的性能指标。一般来说,这两个性能指标之间没有唯一的对应关系,但在以下两种实际感兴趣的情况下,可以导出它们之间的关系。

假设存在一种从二进制符号到 M 进制符号的映射,使得任何一对相邻符号对应的二进制 M—元组仅在一个比特位置上不同。使用格雷码(Gray code)可以满足这种映射约束。在误符号率 P_e 很低的条件下,将一个符号误判为与它"最近"的两个符号中的任一个的概率,高于其他类型的符号错误。此外,在这种映射约束下,最有可能的比特错误数量是 1。因此,平均误符号率和 BER 之间的关系可以表示为:

$$P_e=P\left(\bigcup_{i=1}^{\log_2 M}\{\text{第 } i \text{ 个比特差错}\}\right)\leqslant\sum_{i=1}^{\log_2 M}P(\text{第 } i \text{ 个比特差错})=\log_2 M\cdot(\text{BER})$$

在这里,U 是集合论中的并集符号。我们还注意到:

$$P_e\geqslant P(\text{第 } i \text{ 个比特差错})=\text{BER}$$

从而,BER 的上界为:

$$\frac{P_e}{\log_2 M}\leqslant\text{BER}\leqslant P_e$$

现在,假设 $M=2^K$,其中 K 是整数。进一步假设所有符号错误都有相同的可能性,并以以下概率出现:

$$\frac{P_e}{M-1}=\frac{P_e}{2^K-1}$$

其中,P_e 是平均误符号率。为了找出在一个符号中第 i 个比特出现错误的概率,注意到在 2^{K-1} 种符号错误中,这个特定比特会改变,而在 2^{K-1} 种情况中,它不会改变。因此,误码率(BER)可以表示为:

$$\text{BER}=(\frac{2^{K-1}}{2^K-1})P_e$$

或等效地：

$$\text{BER}=(\frac{M/2}{M-1})P_e$$

值得注意的是，对于较大的 M 值，BER 趋近于极限值 $P_e/2$。同时，比特错误通常不是独立的。

思考题

1. 什么是波形信道?
2. 什么是高斯信道?
3. 将高斯信道转化为向量信道的意义是什么?
4. 什么是最大似然准则?
5. 什么是最大后验概率准则?
6. 什么是贝叶斯推断准则?
7. 什么是匹配滤波器?
8. 最大似然和最大后验概率准则有什么异同和优缺点?
9. 什么是相干检测接收以及相干检测有什么特点?

习题

1. 由 2M 个信号组成的双正交信号(Biorthogonal signal)的集合是从 M 个普通正交信号的集合通过增加该集合中每个信号的相反信号得到的。将正交信号拓展为双正交信号不会使信号空间的维数发生改变，请解释其原因。

2. (a)一对信号 $s_i(t)$ 和 $s_k(t)$ 既有相同的宽度 T，证明这对信号的内积为

$$\int_0^{\mathrm{T}} s_i(t)s_k(t)\mathrm{d}t=s_i^{\mathrm{T}}s_k$$

其中，s_i 和 s_k 分别式 $s_i(t)$ 和 $s_k(t)$ 的向量表示。

(b)作为本题(a)中的后续结果，证明

$$\int_0^{\mathrm{T}}(s_i(t)-s_k(t))^2\mathrm{d}t=\| s_i-s_k \|$$

3. 考虑一对复数值信号 $s_i(t)$ 和 $s_k(t)$，它们分别被表示为

$$s_1(t)=a_{11}\phi_1(t)+a_{12}\phi_2(t),\qquad -\infty<t<\infty$$

$$s_2(t)=a_{21}\phi_1(t)+a_{22}\phi_2(t),\qquad -\infty<t<\infty$$

其中，基函数 $\phi_1(t)$ 和 $\phi_2(t)$ 都是实数值，但是系数 $a_{11}, a_{12}, a_{21}, a_{22}$ 都是复数值，证明 Schwarz 不等式的复数形式：

$$\left|\int_{-x}^{x} s_1(t)s_2^*(t)\mathrm{d}t\right|^2 \leqslant \int_{-x}^{x}|s_1(t)|^2\int_{-x}^{x}|s_2(t)|^2\mathrm{d}t$$

其中，星号“＊”表示复共轭，什么情况下上式取等号？

4. 考虑对 AWGN 中下列正弦信号的最优检测：

$$s(t)=\sin\left(\frac{8\pi t}{T}\right),\quad 0<t<T$$

(a)假设输入是无噪声的，确定相关器的输出。

(b)假设滤波器包括一个延迟 T 使之为因果类型的，确定相应的匹配滤波器输出。

(c)证明这两个输出只有在 $t=T$ 时刻才是完全相同的。

5. 在下图中给出了一对信号 $s_1(t)$ 和 $s_2(t)$ 它们在观测区间 $0\leqslant t\leqslant 3T$ 上是相互正交的。接收信号被定义为

$$x(t)=s_k(t)+W(t),\quad \begin{cases}0\leqslant t\leqslant 3T\\ k=1,2\end{cases}$$

其中，$w(t)$ 是零均值、功率谱密度为 $N_0/2$ 的高斯白噪声。

(a)设计一个接收机，它的判决信号为 $s_1(t)$ 或者 $s_2(t)$ 假设这两个信号是等概率的。

(b)计算当 $E/N_0=4$ 时该接收机产生的平均误符号率，其中 E 为信号能量。

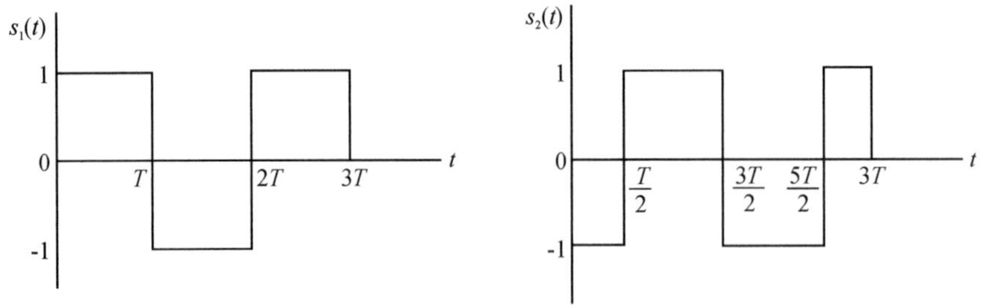

6. 在第 6 章讨论的曼彻斯特码中，二进制符号 1 是由下图所示双极脉冲 $s(t)$ 表示的二进制符号 0 则是由这个脉冲的相反形式表示的。导出将最大似然检测方法应用于 AWGN 信道上的这种信号时产生的差错概率公式。

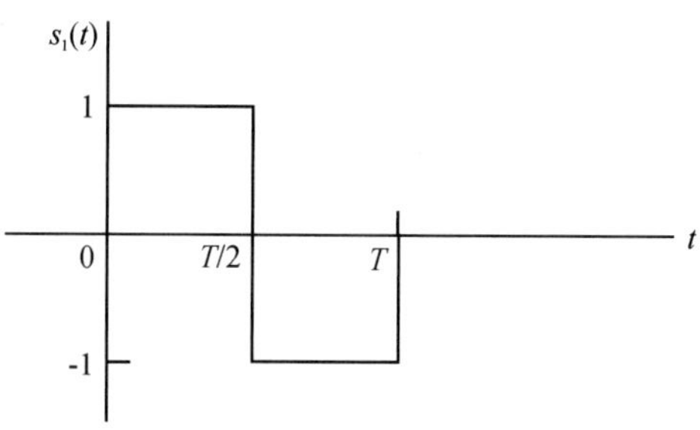

7. (a)下图中所示两个信号星座具有相同的平均误符号率。证明这个结论是正确。

(b)这两个星座中哪一个具有最小平均能量？对结论予以证明。可以假设与下图中显示的消息点相关的符号是具有相等概率的。

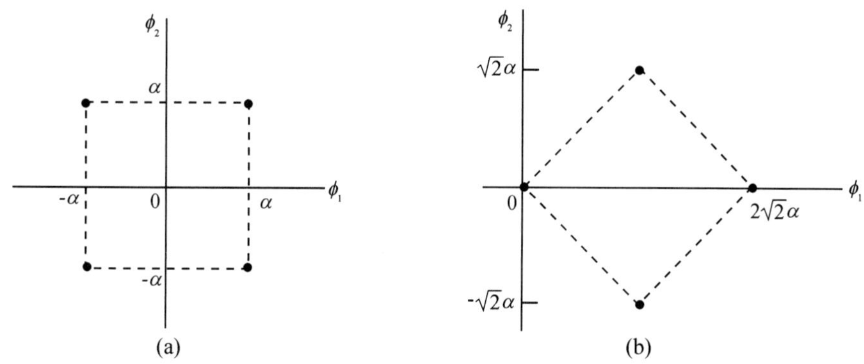

8. 在 ASK 系统的开关键控(On—of keying)形式中，符号 1 是由发送一个幅度为 $\sqrt{2E_b/T_b}$ 的正弦载波表示的，其中 E 是每比特的信号能量，T_b，是比特宽度。符号 0 是由关闭载波表示的。假设符号 1 和 0 的出现具有相等概率。

对于 AWGN 信道，分别在下列情况下确定出这个 ASK 系统的平均误符号率：

(a)相干检测；

(b)非相干检测，在比特能量与噪声谱密度的比值 E/N 取很大值的条件下工作提示：当 x 很大时第一类零阶修正贝塞尔函数可以近似为

$$I_0(x) \approx \frac{\mathrm{exxp}(x)}{\sqrt{2\pi x}}。$$

第 7 章　带限信道下的数字信号传输技术

在之前章节我们主要关注了在信道输出端除了加性白噪声(AWGN)以外没有其他失真的情况,这意味着我们讨论了信号在这种无失真信道中的传输。换句话说,我们没有对信道的带宽施加限制,每比特能量与噪声谱密度的比值(E_b/N_0)是影响接收机性能的主要因素。然而,实际上每个物理信道不仅会受到噪声的影响,还会受到带宽的限制。因此,本章的核心是:在带限信道上发送数字信号。

需要特别注意的是,如果我们将用来表示单个比特信息的矩形脉冲应用于信道进行传输,那么脉冲的形状在信道输出端可能会发生失真。一般情况下,这种失真的脉冲可能包含一个代表原始信息比特的主瓣,而且在主瓣的两侧还会围绕着一个较长的旁瓣序列。这两个旁瓣代表了信道引起的失真,我们称之为符号间干扰(Inter symbol interference)。之所以这样称呼,是因为这种干扰会影响相邻比特的信息。

符号间干扰和信道噪声之间存在本质上的区别,可以用以下方式概括:

(1)信道噪声是与发射信号无关的,一旦数据传输系统开始工作,它就会影响在带限信道上的数据传输,从而在接收端表现出来。

(2)另一方面,符号间干扰是依赖于信号的(Signal dependent);只有在发射信号停止后,这种干扰才会消失。

本章我们开始考虑符号间干扰的单独影响。实际上,通过假设信噪比足够高,我们可以忽略信道噪声的影响,从而达到无噪声的条件。本章的第一部分在假定信道实际上是“无噪声”的情况下,对带限信道上的信号传输进行了研究。这里的目标是通过信号设计(Signal design)来将符号间干扰的影响降低到零。

本章的第二部分关注的是在有噪声的宽带信道中的情况。在这种情况下,我们通过将信道分割成许多子信道来解决数据传输的问题。每个子信道的带宽足够窄,以便我们可以应用香农信息容量定理。在这里,我们的目标是通过系统设计(System design)来使得通过系统的数据传输率最大化，以实现物理上可能的最高传输效率。

7.1　无噪声的带限信道通信

在无噪声的情况下，我们可以从两个角度考虑信道的影响。首先，考虑理想情况下没有噪声存在的情况，我们可以探讨有限带宽与传输速率之间的关系。这意味着我们将忽略噪声对信号的影响，将注意力集中在信道的带宽限制以及如何在给定的带宽内传输信号。在这种情况下，带宽限制会影响信号的频率成分，因此我们需要设计信号以适应信道带宽，以实现较高的数据传输速率。

第二种情况是在考虑有限带宽的带限信道上进行信号传输，假设信噪比足够大，使噪声可以被忽略，从而使得符号间干扰成为唯一的干扰源。这种情况下，信号的主要失真源是符号间干扰，它是由于信道的有限带宽引起的。在这种情况下，我们可以通过适当的信号设计来减少符号间干扰的影响，从而提高数据传输速率和性能。

综上所述，无噪声情况下的两种角度分别关注了信道带宽限制与传输速率之间的关系，以及在有限带宽带限信道上通过信号设计来处理符号间干扰的问题。这些角度可以帮助我们更好地理解信道对信号传输的影响，并优化通信系统的性能。

7.1.1　符号间干扰

为了对符号间干扰进行数学讨论，我们考虑一个基带二进制脉冲幅度调制（PAM）系统。在这个上下文中，“基带”表示信息传输信号的频谱范围从零（或接近零）延伸到某个有限的正频率范围。因为输入数据流是基带信号，数据传输系统被称为基带系统（Base band system）。这里的发射机不涉及载波调制，因此在接收机中也不需要考虑载波解调。

在离散 PAM 系统中，特别是二进制 PAM 系统，我们考虑了如何在基带信道上进行数据传输以最大化发送功率和信道带宽的利用。在这种系统中，我们使用了一种简单的脉冲调制形式，即二进制 PAM。在这种调制下，每个二进制位对应于一个短脉冲。

我们使用脉冲幅度调制器将输入的二进制数据流$\{b_k\}$转换为一系列短脉冲。这些脉冲非常短，可以近似看作是冲激函数。具体而言，我们使用下面的方式来表示脉冲幅

度 a_k：

$$a_k=\begin{cases}+1, & b_k \text{ 为符号 } 1\\ -1, & b_k \text{ 为符号 } 0\end{cases}$$

因此，由脉冲幅度调制器产生的短脉冲序列被输入到一个冲激响应为 $g(t)$ 的发送滤波器(发送滤波器)。因此，发送信号可以定义为以下序列：

$$s(t)=\sum_k a_k g(t-kT_b)$$

上式是一种线性调制形式，可以用文字表述如下：

对于一个由序列 $\{a_k\}$ 表示的二进制数据流，其中符号为 1 时，$a_k=+1$，符号为 0 时，$a_k=-1$，这些符号经过基本脉冲 $g(t)$ 的调制，从而通过线性叠加产生了发送信号 $s(t)$。

信号经过 $s(t)$ 冲激响应为 $h(t)$ 的信道传输后会发生变化。接收信号 $x(t)$ 在受到噪声影响后，经过接收滤波器 $c(t)$ 后得到滤波器的输出 $y(t)$。这个输出会与发射机同步的时钟信号进行采样，时钟信号是从接收滤波器的输出中提取出来的。最后，通过一个判决器，利用采样序列来还原原始的数据序列。具体来说，如果假设符号 1 和 0 是等概率的，那么每个样本的幅度与零值门限进行比较。如果超过了零值门限，就判定为符号 1；否则判定为符号 0。当样本幅度恰好等于零值门限时，接收机会随机地做出一个判决。

可以用下式表示接收滤波器的输出：

$$y(t)=\sum_k a_k p(t-kT_b)$$

这个脉冲 $p(t)$ 的形式是未知的。为了更准确地描述，式中的脉冲自变量 $p(t-kT_b)$ 还包括了一个任意的时间延迟 t_0，以考虑传输系统后的传播时延影响。为了简化阐述，我们将式中的时间延迟 t_0 设置为零，并且在考虑时忽略了信道中的噪声。

脉冲 $p(t)$ 是经过双重卷积计算得到的，包括发送滤波器的冲激响应 $g(t)$，信道的冲激响应 $h(t)$，以及接收滤波器的冲激响应 $c(t)$，如以下所示：

$$p(t)=g(t)*h(t)*c(t)p(t)=g(t)*h(t)*c(t)$$

其中 * 表示卷积。通过令

$$p(0)=1$$

对脉冲 $p(t)$ 进行归一化，这样做是为了合理地采用比例因子来表示信号在系统传输过程中产生的幅度变化。因为在时域中的卷积可以通过频域中的乘积来表示，所以我们可以利用傅立叶变换将上式转化为以下等效形式：

$$P(f)=G(f)H(f)C(f)$$

其中 $P(f)$、$G(f)$、$H(f)$ 和 $C(f)$ 分别是这 $p(t)$、$g(t)$、$h(t)$ 和 $c(t)$ 的傅立叶变换。

接收滤波器输出 $y(t)$ 在 $t_i=iT_b$ 时刻被采样，其中 i 取整数值。于是，可以写出：

$$y(t_i)=\sum_{k=-\infty}^{\infty}a_k p[(i-k)T_b]=a_i+\sum_{\substack{k=-\infty\\k\neq i}}^{\infty}a_k p[(i-k)T_b]$$

在上式中，第一项表示传输的第 i 个比特的贡献。第二项表示传输的所有其他比特对第 i 个比特的译码产生的残余影响(残效)。在采样时刻 t_i 前面和后面出现脉冲产生的这种残效被称为符号间干扰(或码间干扰，Inter Symbol Interference，ISI)。

当不存在符号间干扰(ISI)时，也就是没有信道噪声的情况下(根据假设)，我们可以得知求和项等于零，因此该等式简化为：

$$y(t_i)=a_i$$

这表明在上述理想条件下，对第 i 传输比特进行了正确译码。

7.1.2　带限信道的信号设计

几种不同类型的数字调制技术的发送信号具有共同的形式，即

$$v(t)=\sum_{n=0}^{\infty}I_n g(t-nT)$$

式中，$\{I_n\}$ 表示离散信息符号序列，而 $g(t)$ 是一个脉冲且假定具有带限的频率响应特性 $G(f)$，即当 $|f|>W$ 时 $G(f)=0$。这个信号通过信道传输，信道的频率响应 $G(f)$ 也限于 $|f|\leqslant W$ 范围。因此，接收信号可以表示为：

$$r_l(t)=\sum_{n=0}^{\infty}I_n h(t-nT)+z(t)$$

式中

$$h(t)=\int_{-\infty}^{+\infty}g(\tau)c(t-\tau)\mathrm{d}\tau$$

且 $z(t)$ 表示加性高斯白噪声。

假设接收机信号首先通过一个滤波器，然后以速率 $1/T$ 符号/秒抽样。后面我们将证明，由信号检测观点得出的最佳滤波器是与接收脉冲匹配的滤波器。也就是说，接收滤波器的频率响应是 $H^*(f)$，把接收滤波器的输出表示为：

$$y(t)=\sum_{n=0}^{\infty}I_n x(t-nT)+v(t)$$

式中，$x(t)$ 表示接收滤波器对输入脉冲 $h(t)$ 的响应，而 $v(t)$ 是接收滤波器对噪声 $z(t)$ 的响应。

那么，若在 $t=kT+\tau_0$ 时刻，$k=0,1,\cdots$，对 $y(t)$ 抽样，则有

$$y(kT+\tau_0)\equiv y_k=\sum_{n=0}^{\infty}I_n x(kT-nT+\tau_0)+v(kt+\tau_0)$$

或等价为

$$y_k=\sum_{n=0}^{\infty}I_n x_{k-n}+v_k,\quad k=0,1,\cdots$$

式中，τ_0 是信道的传输延时。抽样值可以表示为：

$$y_k=x_0\left(I_k+\frac{1}{x_0}\sum_{\substack{n=0\\ n\neq k}}^{\infty}I_n x_{k-n}\right)+v_k,\quad k=0,1,\cdots$$

把 x_0 看做一个任意的标尺因子，为方便计算令它等于 1，则

$$y_k=I_k+\sum_{n=0}^{\infty}I_n x_{k-n}+v_k$$

I_k 项表示在第 k 个抽样时刻的期望信息符号，而

$$\sum_{n=0,n\neq k}^{\infty}I_n x_{k-n}$$

表示符号干扰(ISI)，v_k 是在第 x 个抽样时刻的加性高斯噪声变量。

下面介绍无符号间干扰的带限信号的设计——奈奎斯特准则。我们假定带限信道具有理想频率响应特性，即当 $|f|\leqslant W$ 时 $C(f)=1$。其次，脉冲 $x(t)$ 具有谱特性 $X(f)=|G(f)|^2$，这里 $G(f)$ 表示脉冲幅度调制滤波器的频率响应。

$$x(t)=\int_{-W}^{W}X(f)\mathrm{e}^{j2\pi ft}\mathrm{d}f$$

我们感兴趣的是求无符号间干扰的脉冲 $x(t)$ 以及发送脉冲 $g(t)$ 的谱特性。因为

$$y_k=I_k+\sum_{n=0,n\neq k}^{\infty}I_n x_{k-n}+v_k$$

所以，无符号间干扰的条件是

$$x(t=kT)\equiv x_k=\begin{cases}1, & k=0\\ 0, & k\neq 0\end{cases}$$

下面推导使 $x(t)$ 满足上述关系式的 $X(f)$ 的必要且充分条件。这个条件称为奈奎斯特脉冲成形准则或零 ISI 奈奎斯特条件，这将在下面的定理中阐述。

定理(奈奎斯特)

使 $x(t)$ 满足

$$x(nT)\equiv x_k=\begin{cases}1, & n=0\\ 0, & n\neq 0\end{cases}$$

的充要条件是其傅立叶变换 $X(f)$满足

$$\sum_{m=-\infty}^{\infty} X(f+m/T)=T$$

证明：一般地，$x(t)$是 $X(f)$是的傅立叶逆变换，因此

$$x(t)=\int_{-\infty}^{+\infty} X(f)\mathrm{e}^{j2\pi ft}\mathrm{d}f$$

在抽样时刻 $t=nT$，这个关系式变为

$$x(nT)=\int_{-\infty}^{+\infty} X(f)\mathrm{e}^{j2\pi fnT}\mathrm{d}f$$

将上式的积分分解成覆盖有限范围 $1/T$ 的积分段。从而

$$x(nT)=\sum_{m=-\infty}^{\infty}\int_{(2m-1)/2T}^{(2m+1)/2T} X(f)\mathrm{e}^{j2\pi fnT}\mathrm{d}f=\sum_{m=-\infty}^{\infty}\int_{-1/2T}^{1/2T} X(f+m/T)\mathrm{e}^{j2\pi fnT}\mathrm{d}f$$

$$=\int_{-1/2T}^{1/2T}\left[\sum_{m=-\infty}^{\infty} X(f+m/T)\right]\mathrm{e}^{j2\pi fnT}\mathrm{d}f=\int_{-1/2T}^{1/2T} B(f)\mathrm{e}^{j2\pi fnT}\mathrm{d}f$$

式中，$B(f)$定义为

$$B(f)=\sum_{n=-\infty}^{\infty} b_n\mathrm{e}^{j2\pi nfT}$$

式中

$$b(n)=T\int_{-1/2T}^{1/2T} B(f)\mathrm{e}^{-j2\pi fnT}\mathrm{d}f$$

比较两式，得到

$$b(n)=Tx(-nT)$$

因此，上式要满足的充要条件是

$$b_n=\begin{cases}T, & n=0\\ 0, & n\neq 0\end{cases}$$

可得

$$B(f)=T$$

或等价为

$$\sum_{m=-\infty}^{\infty} X(f+m/T)=T$$

假设信道具有的带宽 W，那么当$|f|>W$ 时 $C(f)\equiv 0$，因此当$|f|>W$ 时 $X(f)=0$。分三种情况讨论。

当 $T<1/2W$ 或 $1/T>2W$ 时，因为$B(f)=\sum\limits_{n=-\infty}^{\infty} X(f+m/T)=T$ 由$X(f)$的非重叠

的相互间隔 $1/T$ 的重复谱组成，如图 7-1 所示。在这种情况下，无法选择 $X(f)$来确保 $B(f)=T$，并且也无法设计一个无 ISI 的系统。

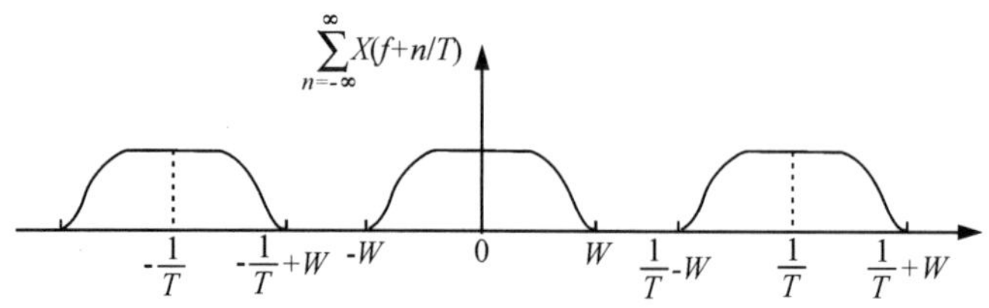

图 7-1　$T<1/2W$ 情况下的 $B(f)$的曲线

当 $T=1/2W$，或 $1/T=2W$（奈奎斯特速率），间隔为 $1/T$ 的 $X(f)$的重复谱瓣如图 7-2 所示。显然，在种情况下只有一个 $X(f)$能导致 $B(f)=T$，即

$$X_f=\begin{cases}T, & |f|<W \\ 0, & \text{其他}\end{cases}$$

其相应于脉冲

$$x(t)=\frac{\sin(\pi t/T)}{\pi t/T}\equiv \mathrm{sinc}\left(\frac{\pi t}{T}\right)$$

这意味着，使无 ISI 传输成为可能的 π 的最小值是 $T=1/2W$，对于此值，$x(t)$必须是 sinc 函数。选择这种 $x(t)$的困难在于它是非因果的并且是不可实现的。为了能实现它，通常采用它的延时形式，即 $\mathrm{sinc}[\pi(t-t_0)/T]$，并且选择 t_0 使当 $t<0$ 时 $\mathrm{sinc}[\pi(t-t_0)/T]\approx 0$。当然，选择这样的 $x(t)$时，抽样时刻也必须平移至 $mT+t_0$。这种脉冲形状的第二个困难是它收敛到零的速度是缓慢的。$x(t)$的拖尾按 $1/t$ 衰减；因此在解调器中对匹配滤波器输出抽样时，一个小的定时偏差就会产生一无穷串的 ISI 分量。由于脉冲衰减的速率为 $1/t$，因而这样一串分量绝不是可和的。因此，所产生的 ISI 的总和是不收敛的。

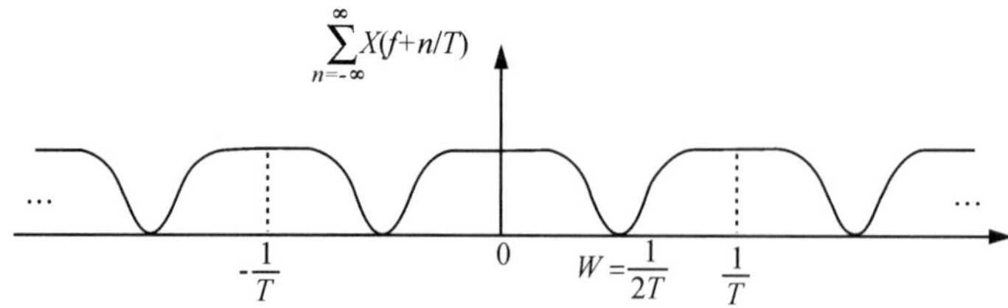

图 7-2　$T=1/2W$ 情况下的 $B(f)$曲线

当 $T>1/2W$ 时，$B(f)$由间隔为 $1/T$ 的 $X(f)$的重复谱瓣组成，如图 7-3 所示。在这种情况下，有无数种 $X(f)$的选择使 $B(f)\equiv T$。

对于 $T>1/2W$ 的情况，具有期望的谱特性并在实践中广泛采用的一种特殊的脉冲频

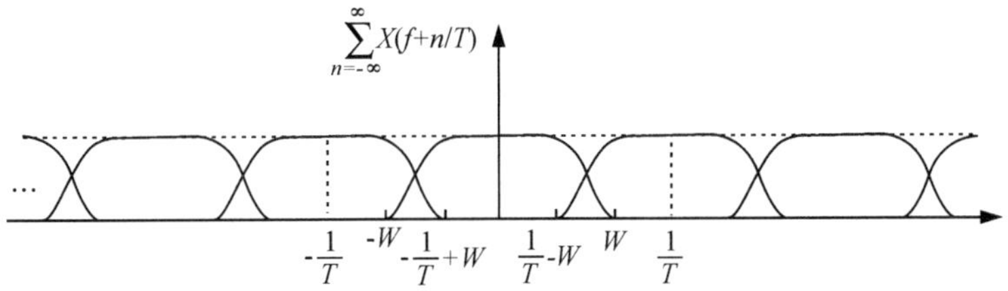

图 7-3　$T>1/2W$ 情况下的 $B(f)$ 曲线

谱是升余弦谱。升余弦频率特性为

$$X_{re}(f)=\begin{cases}T & 0\leqslant|f|\leqslant\dfrac{1-\beta}{2T}\\ \dfrac{T}{2}\left\{1+\cos\left[\dfrac{\pi T}{\beta}\left(|f|-\dfrac{1-\beta}{2T}\right)\right]\right\} & \dfrac{1-\beta}{2T}\leqslant|f|\leqslant\dfrac{1+\beta}{2T}\\ 0 & |f|>\dfrac{1+\beta}{2T}\end{cases}$$

式中，β 称为滚降因子，其取值范围为 $0\leqslant\beta\leqslant1$。信号超出奈奎斯特频率 $1/2T$ 以外的带宽称为过剩带宽，通常将它表示为奈奎斯特频率的百分数。例如，当 $\beta=1/2$ 时，过剩带宽为 50%，当 $\beta=1$ 时，过剩带宽为 100%。具有升余弦谱的脉冲 $x(t)$ 为

$$x(t)=\frac{\sin(\pi t/T)}{\pi t/T}\frac{\cos(\pi\beta t/T)}{1-4\beta^2t^2/T^2}=\sin(\pi t/T)\frac{\cos(\pi\beta t/T)}{1-4\beta^2t^2/T^2}$$

注意 $x(t)$ 被归一化，所以 $x(0)=1$。图 7-4 示出了 $\beta=0,1/2$ 和 1 的升余弦谱特性及其相应的脉冲。注意，当 $\beta=0$ 时，脉冲简化成矩形脉冲 $x(t)=\sin(\pi t/T)$，且符号速率 $1/T=2W$。当 $\beta=1$ 时，符号速率 $1/T=W$。一般地，对于 $\beta>0$，$x(t)$ 尾部按 $1/t^3$ 衰减。因此，抽样定时偏差所产生的一串 ISI 分量将收敛于一个有限的值。

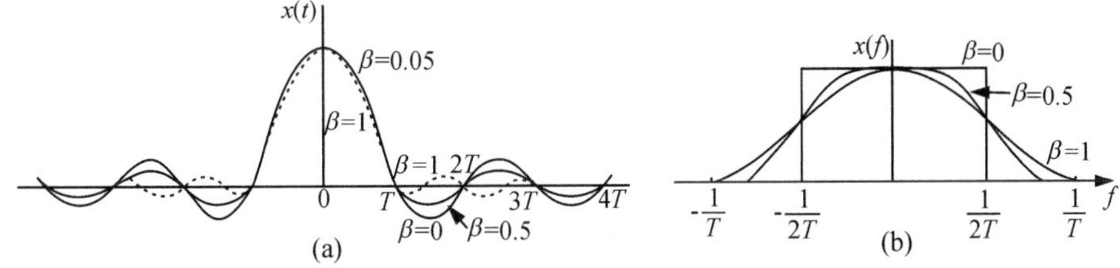

图 7-4　具有升余弦谱的脉冲

由于升余弦谱的平滑特性，设计实用的发送和接收滤波器来近似实现整个期望的频率响应是可能的。在信道是理想的特殊情况下，即 $C(f)=1,|f|\leqslant W$，有

$$X_{re}(f)=G_T(f)G_R(f)$$

式中，$G_T(f)$ 和 $G_R(f)$ 是两个滤波器的频率响应。在此情况下，若接收滤波器匹配于发送

滤波器，则有 $X_{re}(f)=G_T(f)G_R(f)=|G_T(f)|^2$。对此理想情况

$$G_T(f)=\sqrt{|X_{re}(f)|}\,\mathrm{e}^{-j2\pi f t_0}$$

并且 $G_R(f)=G_T*(f)$，其中 t_0 是某标称延时，用来保证该滤波器的物理可实现性。因此，整个升余弦频谱特性在发送滤波器和接收滤波器之间均等地划分。同时，为保证接收滤波器的物理可实现性，附加的延时是必要的。

7.2　有噪声的带限信道通信

7.2.1　有噪声和符号干扰的最佳接收机

本节将推导用于在非理想、带限且具有加性高斯噪声信道上的数字传输的最佳解调器和检测器的结构。首先，发送的(等效低通)信号已经表示。接收的(等效低通)信号可以表示为：

$$r(t)=\sum_n I_n h(t-nT)+z(t)$$

式中，$h(t)$表示信道对输入信号脉冲 $g(t)$的响应，$z(t)$表示加性高斯白噪声。

我们可以通过对接收信号进行匹配滤波来实现最佳解调器，该滤波器的冲激响应与信道冲激响应 $h(t)$相匹配。这样的滤波器可以最大限度地提取出发送信号中的信息，以便后续的解调和检测。

接下来，我们使用符号速率 $1/T$ 进行抽样。在每个抽样时 $t=mT$，我们记录匹配滤波器的输出值。这些抽样值可以看作是信号经过滤波器的匹配后的结果，已经在时域上对信道冲激响应进行了补偿。

然后，我们需要一个处理算法来根据这些抽样值估计信息序列 I_n。通常情况下，我们可以使用判决反馈等技术来进行最佳解调和检测。这意味着我们会根据抽样值的大小来决定每个时刻发送的是 1 还是 0。

综上所述，最佳解调器的结构可以被认为是一个匹配滤波器，其冲激响应与信道冲激响应 $h(t)$相匹配，后面跟随一个以符号速率 $1/T$ 进行抽样的过程。最后，根据抽样值，通过处理算法来估计信息序列 I_n。

这种结构的基本思想是，我们通过匹配滤波器来最大限度地提取发送信号中的信息，然后在抽样和处理阶段对信息进行解调和检测，从而获得最佳的信息估计。

最佳最大似然接收机将接收信号 $r_l(t)$ 展开成级数

$$r_l(t)=\lim_{N\to\infty}\sum_{k=1}^{N}r_k\varphi_k(t)$$

式中，$\{f_k(t)\}$ 是完备标准正交函数集，$\{r_k\}$ 是 $r_l(t)$ 投影到 $\{f_k(t)\}$ 上的可观测随机变量，表示为

$$r_k=\sum_n I_n h_{kn}+z_k,\quad k=1,2,\cdots$$

式中，h_{kn} 是 $h(t-nT)$ 在 $f_k(t)$ 上的投影值，z_k 是 $z(t)$ 在 $f_k(t)$ 上的投影值。序列 $\{z_k\}$ 是零均值高斯的且其协方差为

$$E(z_k^* z_m)=2N_0\delta_{km}$$

随机变量 $r_N\equiv[r_1r_2\cdots r_N]$ 在发送序列 $I_N\equiv[I_1I_2\cdots I_p]$ 条件下(其中 $p\leqslant N$)的联合概率密度函数为

$$p(r_N\mid I_p)=\left(\frac{1}{2\pi N_0}\right)^N\exp\left(-\frac{1}{2N_0}\sum_{k=1}^{N}\left|r_k-\sum_n I_n h_{kn}\right|^2\right)$$

在可观随机变量数目 N 趋于无穷大的极限情况下，对数 $p(r_N|I_p)$ 与度量 $PM(I_p)$ 成比例，该度量定义为

$$\begin{aligned}PM(I_p)&=-\int_{-\infty}^{\infty}\left|r_l(t)\sum_n I_n h(t-nT)\right|^2\mathrm{d}t\\&=\int_{-\infty}^{\infty}|r_l(t)|^2\mathrm{d}t+2\mathrm{Re}\sum_n\left[l_n^*\int_{-\infty}^{\infty}r_l(t)h^*(t-nT)\mathrm{d}t\right]\\&\quad-\sum_n\sum_m I_n^* I_m\int_{-\infty}^{\infty}h^*(t-nT)h(t-mT)\mathrm{d}t\end{aligned}$$

符号 $I_1,I_2,\cdots,I_p$ 的最大似然估计值为该度量最大化的值。注意，$|r_l(t)|^2$ 的积分对所有度量是共同的，因此可将它舍去。包含 $r(t)$ 的其他积分产生变量

$$y(n)\equiv y(nT)=\int_{-\infty}^{\infty}r_l(t)h^*(t-nT)\mathrm{d}t$$

将 $r(t)$ 通过与 $h(t)$ 匹配的滤波器，再以符号速率 $1/T$ 对其输出进行抽样，可产生这些变量。

这些样值 $\{y_n\}$ 形成了一组充分的统计量，用于 $PM(I_p)$ 或下列等价的相关度量的计算

$$CM(I_p)=2\mathrm{Re}\left(\sum_n I_n^* y_n\right)-\sum_n\sum_m I_n^* I_m x_{n-m}$$

式中，根据定义，$x(t)$是匹配滤波器对$h(t)$的响应，且

$$x(n) \equiv x(nT) = \int_{-\infty}^{\infty} h^*(t)h(t+nT)\mathrm{d}t$$

因此，$x(t)$表示只有冲激响应$h^*(-t)$和激励$h(t)$的滤波器输出。换言之，$x(t)$表示$h(t)$的自相关函数。因此，$\{x_n\}$表示$h(t)$自相关函数的样值，其取样速率为$1/T$我们并不特别关心$h(t)$匹配滤波器的非因果特性，因为，实际上可以引入足够大的时延以确保匹配滤波器的因果关系。如果替代上式中的$r_l(t)$，可得

$$y_k \equiv \sum_n I_n x_{k-n} + v_k$$

式中，v_k表示匹配滤波器输出的加性噪声序列，即

$$v_k = \int_{-\infty}^{\infty} z(t)h^*(t-kT)\mathrm{d}t$$

可得解调器(匹配滤波器)在抽样瞬间的输出受到ISI的影响而变差。在现实世界的系统中，假设有限数量的符号受到ISI影响是合理的。我们假设当$n>L$时成立，因此解调器的输出受到的ISI可以被视为有限状态机的输出。这意味着带有ISI的信道输出可以用网格图来表达。在给定接收到的解调器输出序列$\{y_n\}$的情况下，信息序列$(I_1, I_2, \cdots, I_p)$的最大似然估计值就是通过网格最可能的路径得出的。显然，维特比算法为进行网格搜索提供了有效的途径。

上式给出了用于计算序列$\{I_k\}$的最大似然序列估计(MLSE)所需的度量。可以观察到，这些度量可以按照以下关系式通过维特比算法的递推方式来计算。

$$CM_n(I_n) = CM_{n-1}(I_{n-1}) + \mathrm{Re}\left[I_n^*\left(2y_n - x_0 I_n - 2\sum_{m=1}^{L} x_m I_{n-m}\right)\right]$$

图7-5显示了具有ISI的AWGN信道的最佳接收机的方框图。

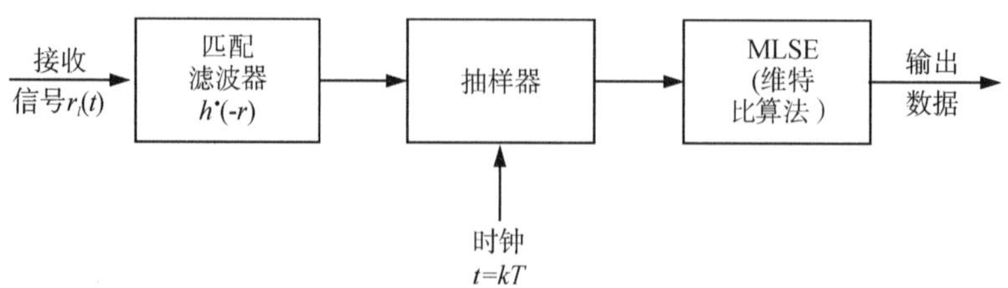

图7-5　具有ISI的AWGN信道的最佳接收机

7.2.2　自适应均衡

在这一部分，我们介绍了一种针对具有已知特性的线性信道而设计的简单而有效的自适应均衡算法。图 7-6 展示了自适应同步均衡器的结构，该结构内含匹配滤波功能。用于调整均衡器系数的算法假设可以利用预期的响应。

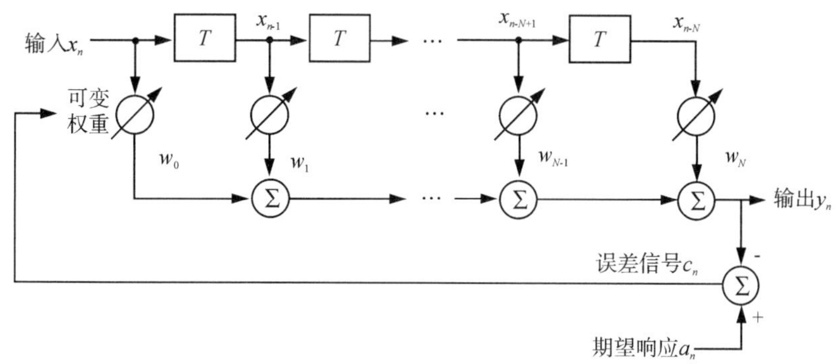

图 7-6　采用可调整抽头延迟线 TDL 滤波器的自适应均衡器框图

对于能够获得发送信号副本的想法，人们可能会提出一个问题：既然接收机已经能够获取这个信号，为什么还需要自适应均衡呢？为了解答这个问题，首先要注意典型电话信道在平均数据呼叫期间的变化是微小的。因此，在数据传输之前，均衡器在经过信道传输的训练序列的指导下进行调整。这个训练序列的同步版本是在接收机中生成的（经过与信道传输延迟相等的时移），然后作为期望响应应用于均衡器。在实际应用中，常常采用伪随机噪声（PN）序列作为训练序列。这种序列是由一系列具有类似噪声特性的确定性周期信号组成的。需要使用两个相同的 PN 序列发生器，一个位于发送端，另一个位于接收端。一旦训练过程结束，PN 序列发生器就会被关闭，自适应均衡器准备开始正常的数据传输。

最小均方算法（再次讨论）为了简化符号，令

$$x_n = x(nT)$$

$$y_n = y(nT)$$

于是，抽头延迟线（TDL）均衡器对输入序列 $\{x_n\}$ 的响应输出 y_n 可以用下列求和得到：

$$y_n = \sum_{k=0}^{N} w_k x_{n-k}$$

在这里，w_k 代表第 k 个抽头的权重，$N+1$ 表示抽头的总数。这些抽头权重形成了自适应均衡器的系数。假设输入序列 x_n 具有有限的能量。在实施自适应处理的过程中，首先在采样时观察均衡器输出端期望脉冲形状与实际脉冲形状之间的误差。然后利用这个误差来估计均衡器抽头权重应该朝着哪个方向改变，以接近最优值。为了实现自适应处理，可以采用基于峰值失真最小化的准则，其中峰值失真被定义为在最差情况下均衡器输出中的符号间干扰。仅当均衡器输入中的峰值失真较小（即符号间干扰不是太严重）时，这样设计的均衡器才是最优的。

然而，更好的方法是采用均方误差准则。在实际应用中，基于均方误差（MSE）准则的自适应均衡器比基于峰值失真准则的均衡器更为广泛使用，因为它对定时扰动的敏感性较低。因此，下面我们将采用 MSE 准则来推导自适应均衡算法。

定义 a_n 为期望响应（Desired response），它表示为发送的第 n 个二进制符号的极化表示。同样，定义 e_n 为误差信号（Error signal），它被定义为均衡器的期望响应 a_n 与实际响应 y_n 之间的差异，如下所示：

$$e_n=a_n-y_n$$

在自适应均衡器的最小均方误差（LMS）算法（Least－Mean algorithm）中，当算法从一次迭代转移到下一次迭代时，根据误差信号，对均衡器的各个抽头权重进行调整，进而实现自适应预测的 LMS 算法的推导过程。将上式重新表示为其最一般的形式，我们可以用以下语言表述 LMS 算法的这个公式：

$$\begin{pmatrix}\text{第 } k \text{ 个抽头抽}\\ \text{重的新值}\end{pmatrix}=\begin{pmatrix}\text{第 } k \text{ 个抽头抽}\\ \text{重的原来值}\end{pmatrix}+\begin{pmatrix}\text{步长}\\ \text{参数}\end{pmatrix}\begin{pmatrix}\text{第 } k \text{ 个抽头抽}\\ \text{重的输入信号}\end{pmatrix}\begin{pmatrix}\text{误差}\\ \text{信号}\end{pmatrix}$$

令 μ 表示步长参数。我们可以观察到在时间步骤 n 时，第 k 个抽头权重的输入信号为 x_{n-k}。根据上式，我们可以得出在时间步骤 $n+1$ 时，这个抽头权重的更新值为：

$$\hat{w}_{k,n+1}=\hat{w}_{k,n}+\mu x_{n-k}e_n,\quad k=0,1,\cdots,N$$

其中

$$e_n=a_n-\sum_{k=0}^{N}\hat{w}_{k,n}x_{n-k}$$

这两个等式构成了自适应均衡的 LMS 算法。

我们可以利用符号对 LMS 算法的公式进行简化。令 $(N+1)\times 1$ 维向量表示均衡器的抽头输入，即

$$x_n=[x_n,\cdots,x_{n-N+1},x_{n-N}]^{\mathrm{T}}$$

其中，上标 T 表示阵转置。对应地，令 $(N+1)\times 1$ 维向量 $\hat{w}_n$，对向量表示均衡器的抽头

权重，即

$$\hat{w}_n=[\hat{w}_{0,n},\hat{w}_{1,n},\cdots,\hat{w}_{N,n}]^{\mathrm{T}}$$

于是，我们可以利用符号将上式中的离散卷积求和重新写为下列紧凑形式：

$$y_n=x_n^{\mathrm{T}}\hat{w}_n$$

其中，$x_n^{\mathrm{T}}\hat{w}_n$ 被称为 x_n^{T} 与 $\hat{w}_n$ 的内积(Inner product)。现在，我们可以将自适应均衡的 LMS 算法总结如下：通过令 $\hat{w}_1=0$ 对算法进行初始化(即令均衡器在 $n=1$ 时即对应 $t=T$ 时刻的所有抽头权重等于零)。

对于 $n=1,2,\cdots$ 计算

$$y_n=x_n^{\mathrm{T}}\hat{w}_n$$

$$e_n=a_n-y_n$$

$$\hat{w}_{n+1}=\hat{w}_n+\mu e_n x_n \hat{w}_{n+1}=\hat{w}_n+\mu \mathrm{e}_n x_n$$

其中 μ 是步长参数。

继续进行迭代计算，直到均衡器达到“稳态”，这意味着均衡器实际的均方误差根本上达到了一个恒定值。

LMS 算法是反馈系统的一个例子，这可以通过图 7-7 中关于第 k 个滤波器系数的框图体现出来。因此，算法是有可能发散的(即自适应均衡器变得不稳定)。

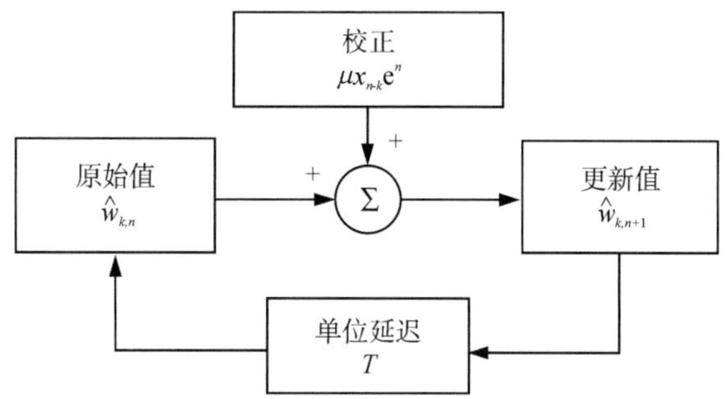

图 7-7　关于第 k 个抽头重的 LMS 算法的信流图表示

然而，遗憾的是，LMS 算法的收敛行为是很难分析的。尽管如此，只要指定的步长参数 μ 的值很小，我们可以观察到在经过许多次迭代后，LMS 算法的行为大致上类似于最陡下降算法(Steepest－descent algorithm)，后者利用真实的梯度值而不是噪声估计值来计算抽头权重。

自适应均衡器可以在两种工作模式下运行，即训练模式和判决导向模式，如图 7-8 所示。在训练模式(Training mode)阶段，首先发送一个已知的 PN 序列，然后在接收端生成

该序列的同步版本(经过一个等于信道传输时延的时移),并将其作为期望响应应用于均衡器;然后使用 LMS 算法对均衡器的抽头权重进行调整。

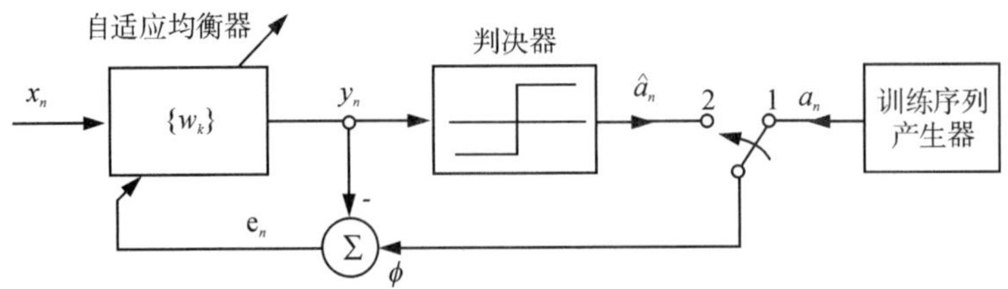

图 7-8　自适应适均衡器的两种模式:
对于训练模式,开关在位置 1;对于跟踪模式,开关变到位置 2

当训练过程结束,自适应均衡器会切换到其第二种工作模式:判决导向模式(Decision－directed mode)。在这种工作模式中,误差信号被定义为:

$$e_n=\widehat{as}_n-y_n$$

其中,y_n 是在时刻 $t=nT$ 的均衡器输出,$\hat{a}$ 表示最终得到的(也不一定)发送符号的正确估计值。进入正常工作阶段后,接收机的判决准确率会相对较高。这意味着大部分时间内误估计得到了纠正,从而使得自适应均衡器能够可靠地工作。在判决导向模式下运行的自适应均衡器能够较为缓慢地跟踪信道特性的变化。

步长参数 μ 的值越大,自适应均衡器的跟踪能力越快。然而,较大的步长参数 μ 可能会导致不可接受的过量均方误差(Excess mean－square error),它表示误差信号的均方值超过了在抽头权重为最优值时可以达到的最小值。因此,在实际应用中,选择适当的步长参数值 μ 时需要在快速跟踪和降低过量均方误差之间进行权衡。

为了更深入地理解自适应均衡器,考虑一个基带信道,其冲激响应使用采样形式的序列$\{h_n\}$来表示,其中 $h_n=h(nT)$。在没有噪声的情况下,这个信道对输入序列$\{x_n\}$的响应可以通过以下离散卷积求和来表示:

$$y_n=\sum_k h_k x_{n-k}=h_0 x_n+\sum_{k<0} h_k x_{n-k}+\sum_{k>0} h_k x_{n-k}$$

在上式中,第一项表示期望的数据符号。第二项由信道冲激响应的前导部分引起,它们出现在与期望数据符号相关的主要样本之前。第三项由信道冲激响应的后导部分引起,它们主要出现在样本 h_0 之后。信道冲激响应的前导和后导部分如图 7-9 所示。

判决反馈均衡(Decision－feedback equalization)的思想是利用基于信道冲激响应前导部分的数据判决来辅助后导部分的判决。然而,这个思想的有效性在很大程度上要求判决必须是正确的,只有在判决大部分时间都正确的情况下,判决反馈均衡器才能正常工作。

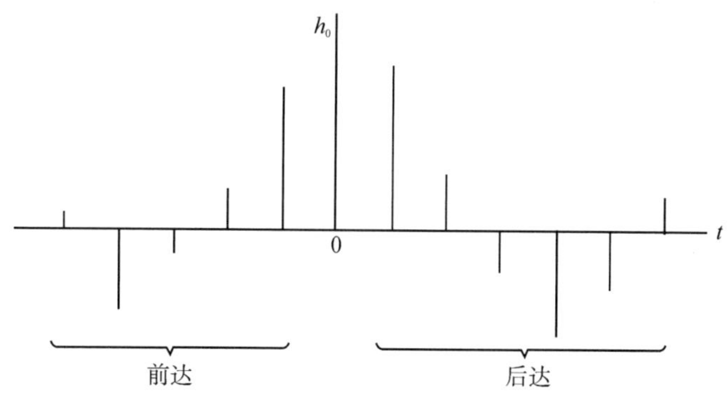

图 7-9　离散时间信道的冲激响应，包含对前达部分和后达部分的说明

判决反馈均衡器(DFE)由前馈部分、反馈部分和判决器连接而成，如图 7-10 所示。前馈部分包括一个时钟抽头决定反射(TDL)滤波器，滤波器抽头之间的间隔等于信号传输速率的倒数。需要均衡处理的输入序列应用于前馈部分。

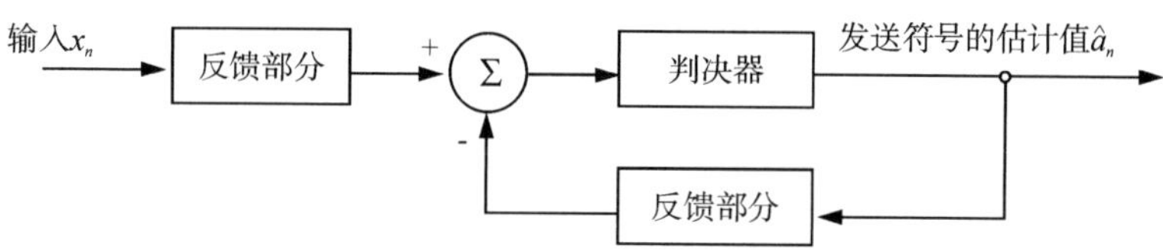

图 7-10　判决反溃均衡器的框图

反馈部分由另一个 TDL 滤波器组成，其抽头间隔也等于信号传输速率的倒数。反馈部分的输入是在检测输入序列之前的符号时获得的判决结果。反馈部分的作用是从后续样本的估计值中减去前导检测符号引起的符号间干扰部分。

值得注意的是，由于反馈环路中包含了判决器，使得判决反馈均衡器在本质上是非线性的，相较于普通的 LMS 均衡器更难分析。尽管如此，可以利用均方误差准则得到在数学上较容易处理的 DFE 最优化方法。实际上，也可以使用 LMS 算法，基于共同的误差信号，对前馈抽头权重和反馈抽头权重进行联合自适应调整。

7.3　有噪声的宽带信道通信

到目前为止，在本章中我们主要讨论了在单一带限信道上的发送信号以及与之相关的问题，如自适应均衡。为了接下来讨论在线性宽带信道上被划分为多个子信道的信号传输做好准备，本节将介绍宽带骨干数据网络（PSTN）的信号传输问题。这样做在本章的第一部分和第二部分之间提供平稳的过渡。

7.3.1　多信道传输技术

在离散多信道数据传输理论中，核心概念之一是香农信息容量定理。根据这个定理，针对具有加性白噪声（AWGN）且没有符号间干扰（ISI）的信道，其容量被定义为：

$$C = B\log_2(1+\text{SNR})\text{比特/秒}$$

在这里，B 表示信道的带宽，单位为赫兹，而 SNR 则表示在信道输出端测得的信噪比。对于给定的 SNR，只要我们使用足够复杂的编码系统，就能在带宽为 B 的加性白噪声（AWGN）信道上以任意小的错误概率实现最大传输速率为 B 比特/秒。等效地，我们可以将容量 C 表示为每次信道传输的比特数：

$$C = \frac{1}{2}\log_2(1+\text{SNR})\text{比特/传输}$$

实际上，我们通常发现一个物理可实现的编码系统必须以低于最大可能速率 C 的速率来传输数据，以确保它是可靠的。为了实现足够低的误符号率 P_e 的系统，我们需要引入一个 SNR 间隙（SNR gap），也称为间隙（Gap），用符号 Γ 来表示。这个间隙取决于允许的误符号率 P_e，并且是与所研究的编码系统相关的。间隙提供了一种度量方法，用于衡量编码系统与理想传输系统的容量之间的差距，也称为“效率”。

如果我们用 C 表示理想编码系统的容量，用 R 表示相应可实现编码系统的容量，那么间隙可以定义为：

$$\Gamma = \frac{2^{2C}-1}{2^{2R}-1} = \frac{\text{SNR}}{2^{2R}-1}$$

将 R 作为重点，对上式进行重新整理，可以写出

$$R = \frac{1}{2}\log_2\left(1+\frac{\text{SNR}}{\Gamma}\right)\text{比特/传输}$$

例如，对于在误符号率 $P_e = 10^{-6}$ 条件下工作的编码 PAM 或者 QAM 系统，间隙 Γ 通常为 8.8dB。通过采用先进的编码技术，间隙 Γ 可以降低至 1dB。

让 P 表示发送信号的功率，N 表示在信道带宽上的信道噪声方差，则信噪比（SNR）可以表示为：

$$\mathrm{SNR}=\frac{P}{\sigma^2}$$

其中

$$\sigma^2=N_0B$$

于是，我们最后可以将可达到的数据率定义为

$$R=\frac{1}{2}\log_2\left(1+\frac{P}{\Gamma\sigma^2}\right)\text{比特/传输}$$

在得到这个香农信息容量定律的修正形式以后，就可以对离散多信道调制技术 i 定量描述了。

将连续时间信道分割为一组子信道。为了更具体地说明，考虑任意一个具有频率响应 $H(f)$ 的线性宽带信道（例如双径线性信道），其幅度响应 $|H(f)|$ 可以近似为图 7-11 中所示的阶梯函数。在这种近似情况下，每个速率间隔（即子信道）的宽度为 Δf。在极限情况下，当频率增量 Δf 趋近于零时，信道的阶梯近似也趋近于真实的频率响应 $H(f)$。

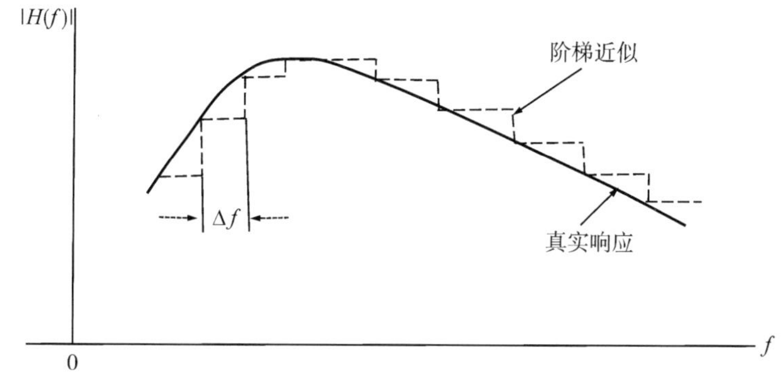

图 7-11　信道的任意幅度响应 $|H(f)|$ 的阶梯近似；只显示了响应的正频率部分

基于这种近似，可以将每个频率间隔视为一个没有符号间干扰的加性白噪声（AWGN）信道。因此，传输单个宽带信号的问题被转化为传输一组窄带正交信号的问题。每个具有自己载波的正交窄带信号可以使用频谱有效的调制技术（例如 M 进制 QAM）生成，其中噪声是实际引起传输误码的唯一重要因素。反过来，这种情况也意味着在每个带宽为 Δf 的子信道上的数据传输可以利用香农信息容量定理的峰值形式来达到最优化，每个子信道的最优容量是相互独立的。因此，用实际的信号处理术语来表述如下：

宽带信道对于复杂均衡的需求被输入数据流在大量窄带子信道上进行多路复用和多路分配的需求所取代，这些子信道是连续且不相交的。

尽管上述离散多音调（DMT）系统由于涉及大量子信道而具有较高的复杂性，但通过

将有效的数字信号处理算法与超大规模集成电路技术相结合，整个系统可以以经济高效的方式实现。

DMT 系统使用了正交振幅调制(QAM)，这是因为 QAM 具有频谱效率优势。首先，输入的二进制数据流通过多路分配器分成一组 N 个子数据流。每个子数据流代表一个二元子符号序列，在符号时隙 $0\leqslant t\leqslant T$ 内表示为：

$$(a_n, b_n), n=1,2,\cdots,N$$

其中，a_n 和 b_n 是沿着子信道 n 的两个坐标的元素值。

对应地，正交幅度调制器的通带基函数(Pass band basis function)可以用下面的一对函数定义：

$$\{\phi(t)\cos(2\pi f_n t), \phi(t)\sin(2\pi f_n t)\}, \quad n=1,2,\cdots,N$$

上式中描述的第 n 个调制器的载波频率 f_n 是符号率 $1/T$ 的整数倍，具体表达如下：

$$f_n=\frac{n}{T}, \quad n=1,2,\cdots,N$$

并且所有子信道共用的低通函数 $\phi(t)$ 是下列 sin$c$ 函数：

$$\phi(t)=\sqrt{\frac{2}{T}}\operatorname{sinc}\left(\frac{t}{T}\right), \quad -\infty<t<\infty$$

这里选择的通带基函数具有以下期望性质。

性质 1：对于每个 n，两个正交调制 sin$c$ 函数构成了一个正交对，如下所示：

$$\int_{-\infty}^{\infty}[\varphi(t)\cos(2\pi f_n t)][\phi(t)\sin(2\pi f_n t)]\mathrm{d}t=0, \text{所有 } n$$

这个正交关系为将 N 个调制器中每一个的信号星座用方格形式表示提供了基础。

性质 2：考虑到

$$\exp(j2\pi f_n t)=\cos(2\pi f_n t)+j\sin(2\pi f_n t)$$

我们可以将通带基函数用复数形式彻底重新定义如下：

$$\left\{\frac{1}{\sqrt{2}}\varphi(t)\exp(j2\pi f_n t)\right\}, \quad n=1,2,\cdots,N$$

其中，引入的因子 $1/\sqrt{2}$ 是为了确保按比例变化的函数 $\varphi(t)/\sqrt{2}$ 具有单位能量。因此，这些通带基函数构成了一个标准正交集，如下所示：

$$\int_{-\infty}^{\infty}\left[\frac{1}{\sqrt{2}}\varphi(t)\exp(j2\pi f_n t)\right]\left[\frac{1}{\sqrt{2}}\varphi(t)\exp(j2\pi f_n t)\right]^{n}\mathrm{d}t=\begin{cases}1, & k=n\\0, & k\neq n\end{cases}$$

上式左边第二个因子中的星号“＊”表示复共轭。为确保 N 个调制器对之间彼此独立工作提供了数学基础。

性质 3：对于具有任意冲激响应 $h(t)$ 的信道而言，信道一输出函数 $\{h(t)*\phi(t)\}$ 仍然保持正交性，其中"$*$"表示卷积。

于是，根据上述三个性质，原始的宽带信道被分割为一系列连续时间上的窄带子信道，从而实现了信道的离散化。这种处理方式使得每个子信道都可以被视为一个独立的线性信道，从而简化了信道的分析和处理。

在对于其中包含的接收机结构，该结构由 N 个相同的检测器组成，将来自各个子信道的输出并行地应用于检测器作为输入，并以并行方式工作。每个检测器都使用一对本地产生的正交调制 sinc 函数，它们与应用于发射机中的对应调制器的一对通带基函数同步工作。

每个子信道可能还会存在一些残余的干扰（ISI）。然而，随着子信道数 N 趋近无穷大，在实际应用中 ISI 都会逐渐消失。从理论观点来看，我们发现对于足够大的 N，每个检测器组都可以视为最大似然检测器，并且以逐个子符号的方式相互独立工作。

为了确定检测器对于输入子符号的响应输出，我们发现用复数表示会更加方便。令 A_n 表示应用于第 n 个调制器的子符号，在符号时隙 $0\leqslant t\leqslant T$ 内表示为：

$$A_n=a_n+jb_n,\quad n=1,2,\cdots,N$$

对应的观测器输出被表示为

$$Y_n=H_nA_n+W_n,\quad n=1,2,\cdots,N$$

其中，H_n 是在子信道载波频率 $f=f_n$ 点计算得到的信道复数频率响应，即

$$H_n=H(f_n),\quad n=1,2,\cdots,N$$

在上式中，W_a 是由信道噪声 $w(t)$ 产生的复数值随机变量；W_a 的实部和虚部都有零均值，并且方差都为 $N_0/2$。如果已知测量的频率，则可以计算出发送子符号的最大似然估计。最后，将这样得到的估计值 $\hat{A}_1,\hat{A}_2,\cdots,\hat{A}_n$，进行多路复用，从而得到在区间 $0\leqslant t\leqslant T'$ 内发送的原始二进制数据的估计值。

总之，对于足够大的 N 值，我们可以将接收机视为 N 个独立子符号检测器的组合，以实现最优的最大似然检测。通过这种简单方法构建最大似然接收机的基本原理受到以下性质的启发。

性质 4：通带基函数构成了一个标准正交集，并且它们的正交性对于任何信道冲击响应 $h(t)$ 都是可以保持的。

在 DMT 系统中，每个子信道都由其自身的 SNR 来表征。因此，我们非常希望获得一种简单的方法来衡量整个系统的性能。

为了简化这种性能度量的推导过程，我们假设所有子信道都可以用一组星座点来表

示。在这种情况下，通过修正信息容量定律，整个系统的信道容量可以成功地表示为：

$$\begin{aligned}R &= \frac{1}{N}\sum_{n=1}^{N}R_n \\ &= \frac{1}{2N}\sum_{n=1}^{N}\log_2\left(1+\frac{P_n}{\Gamma\sigma_n^2}\right) \\ &= \frac{1}{2N}\log_2\left[\prod_{n=1}^{N}\left(1+\frac{P_n}{\Gamma\sigma_n^2}\right)\right] \\ &= \frac{1}{2}\log_2\left[\prod_{n=1}^{N}\left(1+\frac{P_n}{\Gamma\sigma_n^2}\right)\right]^{1/N} \quad \text{比特 / 传输}\end{aligned}$$

令(SNR)overall 表示整个 DMT 系统的总 SNR。因此，可以将速率 R 表示为

$$R=\frac{1}{2}\log_2\left(1+\frac{(\mathrm{SNR})_{\mathrm{overall}}}{\Gamma}\right)\text{比特/传输}$$

于是，重新整理上式各项，可以得到

$$(\mathrm{SNR})_{\mathrm{overall}}=\Gamma\left[\prod_{n=1}^{N}\left(1+\frac{P_n}{\Gamma\sigma_n^2}\right)^{1/N}-1\right]$$

假设$(\mathrm{SNR})_{\mathrm{overall}}\mathrm{P_n}/$足够大，可以忽略右边的两个 1 项，则可以将总的 SNR 简单近似为

$$(\mathrm{SNR})_{\mathrm{overall}}=\prod_{n=1}^{N}\left(\frac{P_n}{\sigma_n^2}\right)^{1/N}$$

它与间隙 Γ 成比例。因此，我们可以用一个 SNR 值来代表整个系统的性能，这个 SNR 是各个子信道的 SNR 的几何平均值。

通过以非均匀的方式将发送功率分配给 N 个子信道，可以显著提高几何平均形式的 SNR。这个目标可以通过采用“加载”(Loading)的方法来实现，下面将对此进行讨论。

上式表示整个 DMT 系统的比特率，但它忽略了信道的影响对系统性能的影响。为了考虑这种影响，我们引入定义：

$$S_n=|H(f_n)|,\quad n=1,2,\cdots,N$$

然后，我们假设信道数量 N 足够大，以至于对于所有 n，我们可以将 g 视为在分配给第 n 个子信道的整个带宽 Δf 内都近似为一个常数。在这种情况下，我们可以将速率表达式改写为：

$$R=\frac{1}{2N}\sum_{n=1}^{N}\log_2\left(1+\frac{g_n^2P_n}{\Gamma\sigma_n^2}\right)$$

其中 g_n^2 和 Γ 通常是固定的。对于所有 n，噪声方差 σ_n^2 都等于 ΔfN_0，其中 Δf 是每个子

信道的带宽，$N_0/2$ 是子信道的噪声功谱密度。于是，我们可以通过合理地将总发射功率分配给不同的子信道，使得总比特率 R 达到最优。然而，为了使这种最优化在实际中有意义，我们必须确保总发射功率保持在一个固定的值 P，如下所示：

$$\sum_{n=1}^{N} P_n = P$$

因此，我们解决的最优化问题是一个约束最优化问题(Constrained optimization problem)，可以表述如下：

在总发射功率保持为恒定的约束条件下，通过在 N 个子信道之间对总发射功率 P 的最优共享，使得 DMT 系统的比特率 R 最大化。为了解决这个最优化问题，首先使用拉格朗日乘数法(Method of Lagrange multipliers)建立一个目标函数(即拉格朗日函数)，如下所示：

$$\begin{aligned} J &= \frac{1}{2N}\sum_{n=1}^{N}\log_2\left(1+\frac{g_n^2 P_n}{\Gamma\sigma_n^2}\right)+\lambda\left(P-\sum_{n=1}^{\infty}P_n\right) \\ &= \frac{1}{2N}\log_2 e\sum_{n=1}^{N}\log_e\left(1+\frac{g_n^2 P_n}{\Gamma\sigma_n^2}\right)+\lambda\left(P-\sum_{n=1}^{\infty}P_n\right) \end{aligned}$$

其中，λ 是拉格朗日乘子。在上式的第二行中，底数为 2 的对数变为了自然对数 $\log_2 e$。于是，将拉格朗日函数 π 关于 J 关于 P_n 求微分，然后令结果等于零，最后再重新整理各项，可以得到如下的表达式：

$$\frac{\frac{1}{2N}\log_2 e}{P_n+\frac{\Gamma\sigma_n^2}{g_n^2}}=\lambda$$

结果表明，约束最优化问题的解为

$$P_n+\frac{\Gamma\sigma_n^2}{g_n^2}=K,\quad n=1,2,\cdots,N$$

其中，K 是受设计控制的指定常数。也就是说，每个子信道的发射功率与噪声方差(功率)乘以比值 Γ/g_n^2 之和必须保持为常数。将发射功率 P 在各个子信道间进行分配，以实现整个多信道传输系统比特率的最大化。

约束最优化问题的注水解释：在解决上述受限制的最优化问题时，必须同时满足上式中的两个条件。基于这个定义的最优解可以进行多种解释，如图 7-12 所示，其中 $N=6$，并且假设在所有子信道上，间隔 Γ 保持不变。为了简化图中的示例，我们设定 $\sigma_n^2=N_0\Delta f=1$。换句话说，所有 N 个子信道的平均噪声功率都为 1。我们可以得出以下三个观察结果：

1. 由于$\sigma_n^2=1$,对于 4 个子信道和指定的常数值 K,分配给第 n 个子信道的功率与按比例变化的噪声功率 Γ/g_n^2 之和。

2. 将分配给这 4 个子信道的功率之和等同于消耗了可用的恒定发射功率 P 的全部。

3. 由于给定的常数值 K,剩余的两个子信道被排除在考虑范围之外。这是因为它们两个都需要负功率。从物理的角度来看,这个条件显然是不可接受的。

图 7-12 中的解释促使我们获得的最优解称为"注水解"(Water－filling solution)。注水原理这个术语是通过对最优化问题进行如下类比后得到的启发:将固定总水量(代表发射功率)注入到一个容器内,这个容器有许多相连通的区域,每个区域有不同的深度(代表噪声功率)。在这种情景下,水会自由流动,使得整个容器的水平面达到均衡,因此被称为"注水"。

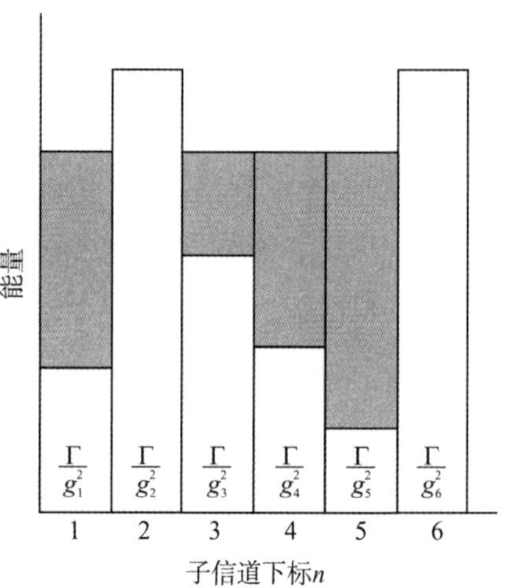

图 7-12　加载问题的注水解释

现在,我们回到如何将固定发射功率 P 分配到多信道数据传输系统的各个子信道上,以实现整个系统比特率的最优任务。我们可以按照以下两个步骤进行:

(1)将总发射功率固定为恒定值 P。

(2)令 K 为求和项 $P_m+\Gamma\sigma_n^2/g_n^2$,其中 n 取遍所有可能的值。

基于上述两个步骤,可以建立以下一组联立方程:

$$
\begin{aligned}
P_1+P_2+\cdots P_N &=P \\
P_1-K &=-\Gamma\sigma^2/g_1^2 \\
P_2-K &=-\Gamma\sigma^2/g_2^2 \\
\vdots \qquad & \qquad \vdots \\
P_1-K &=-\Gamma\sigma^2/g_1^2
\end{aligned}
$$

在这些方程中,总共有 $N+1$ 个未知数和 $N+1$ 个用于求解它们的方程。通过使用矩阵符号,我们可以将这 $N+1$ 个联立方程组重新表达为以下的形式:

$$
\begin{bmatrix} 1 & 1 & \cdots & 1 & 0 \\ 1 & 0 & \cdots & 0 & -1 \\ 0 & 1 & \cdots & 0 & -1 \\ \vdots & \vdots & & \vdots & \vdots \\ 0 & 0 & \cdots & 1 & -1 \end{bmatrix} \begin{bmatrix} P_1 \\ P_2 \\ P_3 \\ \vdots \\ K \end{bmatrix} = \begin{bmatrix} P \\ -\Gamma\sigma^2/g_1^2 \\ -\Gamma\sigma^2/g_2^2 \\ \vdots \\ -\Gamma\sigma^2/g_N^2 \end{bmatrix}
$$

将上式两边同时左乘该等式左边的$(N+1)\times(N+1)$维矩阵的逆矩阵，可以得到未知数 $P_1,P_2,\cdots,P_N$ 和 K 的解。我们通常会发现 K 是正值，但是某些 P 值可能是负值。在这种情况下，这些负的 P 值会被排除，因为出于物理原因，功率不可能是负的。

考虑一个线性信道，其平方幅度响应$|H(f)|^2$ 具有图 7-13 所示的分段线性形式。为了简化，令间隙 $\Gamma=1$，噪声方差 $\sigma^2=1$ 在这些值条件下，得到

$$
P_1+P_2=P
$$

$$
P_1-K=-1
$$

$$
P_2-K=-1/l
$$

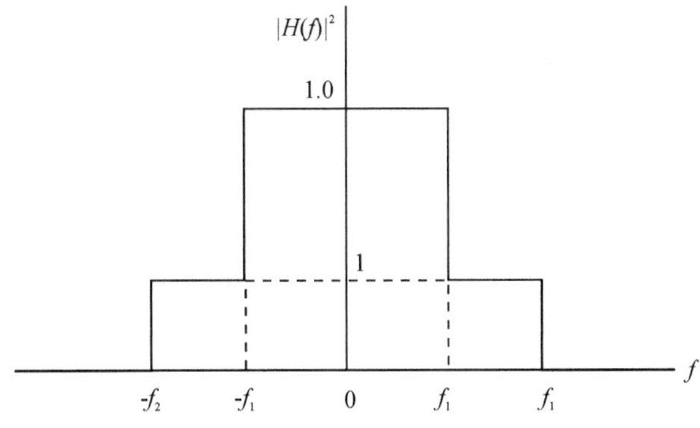

图 7-13　具有平方幅度响应的线性信道

在此，引入一个新的数值 $0<l<1$，以便区分第三个等式与第二个等式。解这三个联立方程组可得到 P_1,P_2 和 K，如下结果：

$$
P_1=\frac{1}{2}\left(P-1+\frac{1}{l}\right)
$$

$$
P_2=\frac{1}{2}\left(P-1+\frac{1}{l}\right)
$$

$$
K=\frac{1}{2}\left(P-1+\frac{1}{l}\right)
$$

由于 $0<l<1$，可以知道 $P_1>0$，但是 P_2 有可能是负值。如果

$$l<\frac{1}{P+1}$$

则会出现上述后面一种情况。但此时 P_1 超过了指定的发功值 P_0。因此，在本例中唯一可以接受的解是 $1/(P+1)<1$。于是，假设 $P=10$；在这两个条件下，期望的解为

$$K=10.5$$

$$P_1=9.5$$

$$P_2=0.5$$

在图 7-14 中，画出了对应的注水图。多信道和多载波系统在某些情况下，人们希望在几条信道上传输相同的信息信号。这种传输模式最初是为了应对一个或多个信道不可靠，概率较高发生信号衰落的情况而设计的。例如，对于一些无线信道，如电离层散射和对流层散射，由于多径效应引起的信号衰落，使得信道在短时间内变得不稳定。此外，在军事通信系统中，多信道信号传输有时用作克服传输信号阻塞影响的手段。通过在多个信道上传输相同的信息，我们可以利用信号分集技术来使接收机能够从多个信道中恢复信息。这种方式可以提高系统的可靠性和性能。

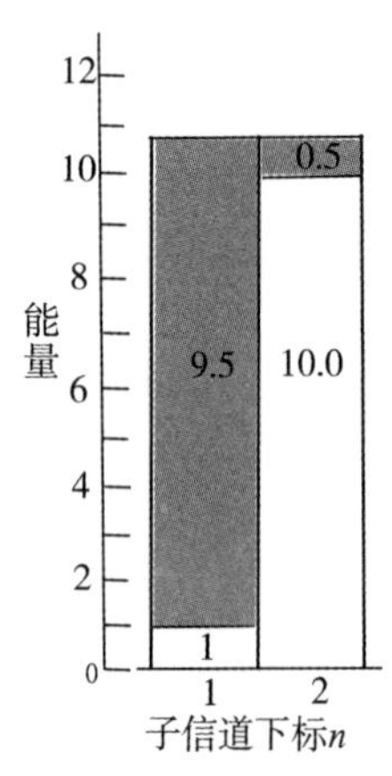

图 7-14　注水剖面图

另一种形式的多信道通信是多载波传输，其中信道的频带被分成多个窄带子信道，并且信息在每个子信道上进行传输。下面将阐述将信道频带划分为窄带子信道的基本原理。

7.3.2　多载波技术 OFDM

移动无线信道是一个非常复杂的环境，信号从发射天线到达接收天线，要通过一个时变多径信道，会出现严重多径效应和频率选择性衰落。而作为一种并行通信体制的OFDM(正交频分复用)，也被视作是多载波调制技术中的一种，其思想是将串行的高速率数据流经串并转换，而得到若干路低速率的并行数据流，将其在互相正交的子载波上进行调制，得到并行传输的相对低速的数据符号，这就使得在一个 OFDM 符号周期内，每个子载波上的符号持续的时间相对增加。这样，虽然传输信道是非平坦的，但是在每个子信道上进行的是窄带传输，可保证子信道的相对平坦性，在其上的符号带宽小于信道的相关带宽，从而不仅可以大大消除了因时间弥散而引起的符号间干扰(ISI)，减轻了频率选择性衰落的影响，而且可以大幅提高信息传输速率；通过在 OFDM 符号之间插入作为保护间隔

的循环前缀(CP),可以有效避免因多径而带来的子载波间干扰(ICI);由于各子信道的载波间是相互正交的,它们的频谱就不必为防止干扰而保持一定的间隔,而是相互重叠的,这就使得频谱利用率得到了大大提高,可以使得高速数据在多径和衰落信道中传输。这些优良特点使它成为LTE、5G、WiMax、WLAN等宽带无线通信系统的首选调制技术。但是,OFDM符号是由各子信道上的数据相加而得,当子载波数比较大且各载波的相位较一致时,与单载波调制相比,就会产生较大的峰值平均功率比,因此在实际的系统中会采取一定的措施来降低OFDM信号的峰均功率比。

在现实无线通信中,“符号间干扰”就扮演着“回声”的角色。“多径传播”路径不同,传播的距离自然不同,信号到达接收端的时间也就不尽相同。如果这一时刻发出的符号因为多径,延迟到了下一时刻才到达,就会与下一时刻的符号发生混叠,造成符号无法正确解出,这就是“符号间干扰”,也叫“码间串扰”如图7-15所示。

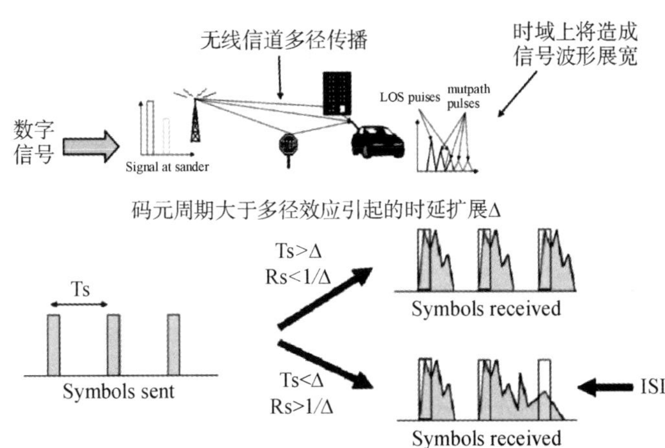

图7-15　码间串扰形成的原因

为了避免码间串扰,应使码元周期大于多径效应引起的时延扩展Δ:

$$T_s > \Delta$$

等效地说码元速率 R_s 小于时延扩展的倒数:

$$R_s < 1/\Delta$$

例　市区 $\Delta = 1\mu s$, $B_c = 1\text{MHz}$ 则需 $R_s < 1\text{Mbps}$, $T_s > 1\mu s$,时延与相关带宽关系如图7-16所示。

带宽的单位是赫兹(Hz),而赫兹代表的数学含义是秒分之一(1/s),就是一秒钟发生的次数。所以当我们说一个信号的带宽是10Hz,从离散域来看,可以理解为每秒有10个采样点,换句话说,每隔0.1秒,就会到来一个采样符号。假设时延恰好在符号发出0.1秒

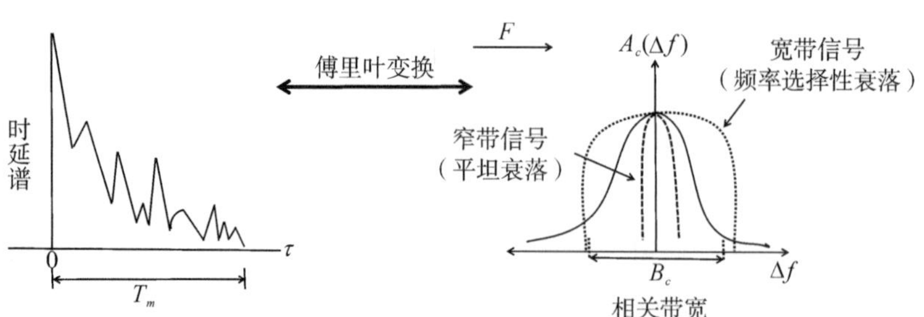

图 7-16　时延与相关带宽

后到达，这样，时延发生的频率，也是 10Hz，而“时延的频率（准确的说是最大时延的频率）”就是“相关带宽”。显而易见，当“相关带宽”等于“信号带宽”时，恰好会发生码间串扰。如果时延很短，比如 0.01 秒后就到达，对应的“相关带宽”是 100Hz，大于“信号带宽”，码间串扰就不会发生；如果时延很长，在符号发出后 0.2 秒才到达，“相关带宽”是 5Hz，小于“信号带宽”，码间串扰将不可避免，如图 7-17 所示。

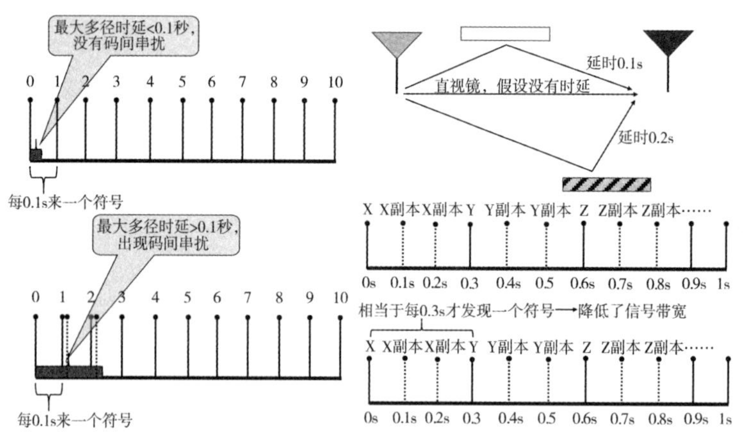

图 7-17　“码间串扰”的形成条件

多径带来的分集，从本质上讲，是一种“频率分集”。为了躲避码间串扰，并且获得多径分集，我们每隔 0.2 秒（即每 0.3 秒）才发出一个符号，这不就相当于把原信号的带宽从 10Hz 降到了约 3.33Hz（1/0.3）。而相关带宽是 5Hz（1/0.2），该发送策略的实质是人为的让信号带宽小于相关带宽，从而避免码间串扰的发生。这么做虽然能获得一些分集增益，但原来每秒能传 10 个符号，现在只能传不到 4 个，牺牲了太多的系统速率。

如何提高数据传输速率又可避免 ISI 和频率选择性衰落？一种有效的方法：OFDM 技术，如图 7-18 所示。

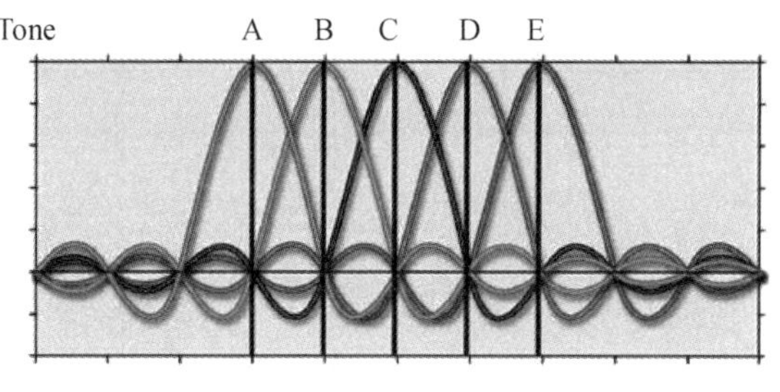

图 7-18　*OFDM* 技术

多载被调制将共享的宽带信道划分为 N 个子信道，数据流分为 N 个子数据流。数据流分别调制在不同的载波：总带宽为 x_l 的情况下，子数据流带宽为 B/N；$B/N<B_c$（每个子信道上的信号带宽小于信道的相关带宽）意味着每个子载波都是平坦衰落（没有 ISI），其原理如图 7-19 所示。

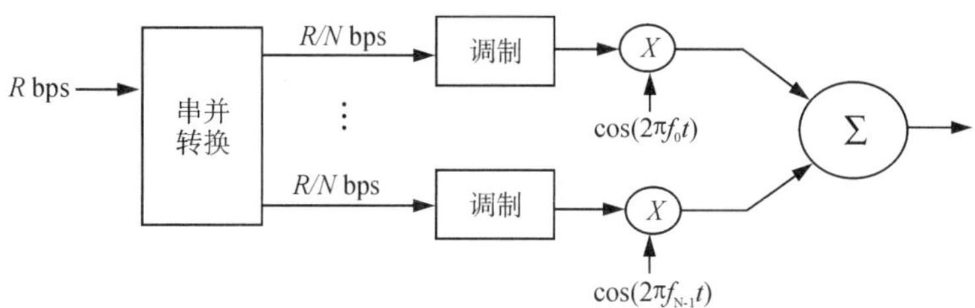

图 7-19　多载波调制框图

例　考虑一个总通带带宽为 1MHz 的多载波系统，该系统在一个信道时延扩展为 $T_m=20\mu s$ 的城市使用。为了使每个子信道都近似为平衰落，需要多少个子信道？如图 7-20 所示。

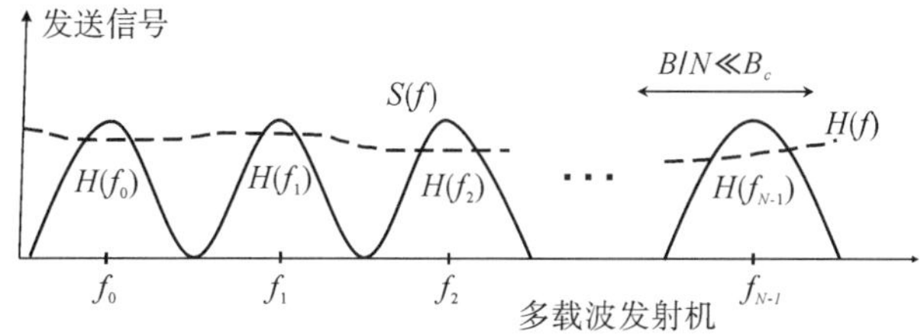

图 7-20　多载波调制多个载波不重叠

解　信道的相干带宽为 $B_c=1/T_m=1/0.00002=50\text{kHz}$。为使每个子信道为平衰落，取 $B_N=B/N=0.1B_c\ll B_c$。故需要的子信道数 $N=B/0.1B_c=1000000/5000=200$。

多载波调制（重叠配置）实现如图 7-21 所示。

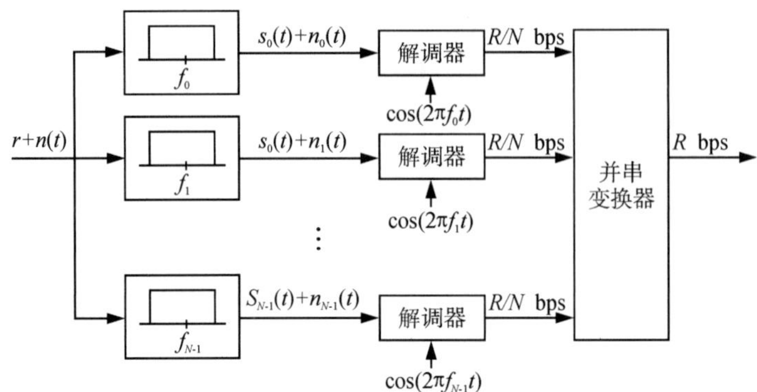

图 7-21　多载波调制实现

我们可以将子信道重叠如图 7-22 所示。为了使接收机能够分离各子信道，要求各子信道必须正交。

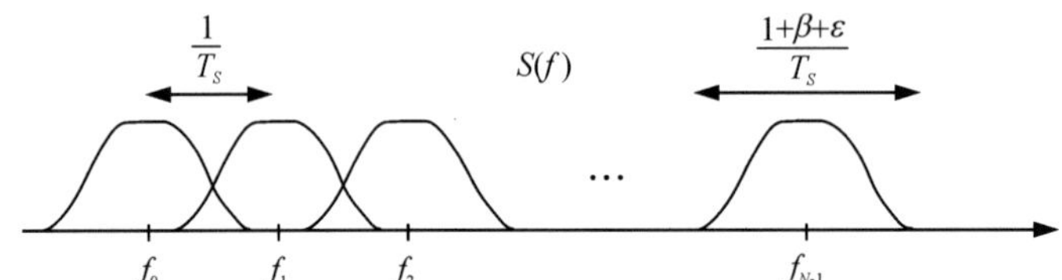

图 7-22　子载波重叠的多个载波，其中 β：什余弦滚降系数

$$f_i=f_0+\frac{i}{T_S}=f_0+\frac{i}{T_N}$$

$$\begin{aligned}
&\frac{1}{T_N}\int_0^{T_N}\cos(2\pi(f_0+\frac{i}{T_N})t+\phi_i)\cos(2\pi(f_0+\frac{j}{T_N})t+\phi_j)\mathrm{d}t\\
=&\frac{1}{T_N}\int_0^{T_N}0.5\cos(2\pi\frac{(i-j)t}{T_N}+\phi_i-\phi_j)\mathrm{d}t+\frac{1}{T_N}\int_0^{T_N}0.5\cos(2\pi(2f_0+\frac{i+j}{T_N})t+\phi_i-\phi_j)\mathrm{d}t\\
\approx&\frac{1}{T_N}\int_0^{T_N}0.5\cos(2\pi\frac{(i-j)t}{T_N}+\phi_i-\phi_j)\mathrm{d}t\\
=&0.5\delta(i-j)
\end{aligned}$$

第二项积分式在 $f_0T_N\gg 1$ 时约等于 0。

OFDM 的基本含义：系统带宽 B 被分为 N 个正交的窄带子信道，利用离散傅立叶逆变换或快速傅立叶逆变换（IDFT/IFFT）。实现调制：利用离散傅立叶变换或快速傅立叶变换（DFT/FFT）。实现解调：把高数码率信号变成低数码率信号，分别调制在每个载波上。

OFDM 基本原理：OFDM 子数据流互相正交重叠，子数据流在接收端正交分离，最小的子数据流间隔为 B/N，总 B_W 为 B。

发射端有效的 IFFT(反快速傅立叶变换)结构,接收端的 FFT(快速傅立叶变换)结构相似。子载波的正交性必须保持正交性受到时间抖动,频率偏移和衰落的影响。

多载波调制是将一段可用的带宽分成若干段子带宽,用多个载波并行传输数据的方式。OFDM 调制也是多载波调制,与普通的多载波调制不同的是 OFDM 的每个子载波都是相互正交的,这样可是子载波频段有 1/2 子带宽重叠,可较高的提高频段利用率。

OFDM 的基本参数有带宽,比特参数和保护间隔。每个子载波频率的最大值处,其他子载波的频谱恰好为零,可以避免信道间干扰。

多用户 OFDM(OFDMA)不同的子载波分配给不同的用户;载波分配为正交或者准正交;每个用户在各个子载波的衰落相互独立;自适应的资源分配保证给予每个用户最好的子载波并最佳的适应这些信道;当多个用户分配了相同的子信道时,采用多天线系统可以降低干扰。

正交频分复用(OFDM)最早起源于 20 世纪 50 年代中期。采用正弦波发生器组和相干解调器组实现调制和解调,复杂性太高,造价昂贵,主要用于军用高频通信,数字信号处理(DSP)技术和超大规模集成电路(VLSI)技术的发展,特别是 1971 年,Weinstein 和 Ebert 将离散傅立叶变换(DFT)应用到 OFDM 系统的调制和解调中,促进了 OFDM 的实用化,DFT 的快速算法 FFT/IFFT 使 OFDM 实用真正成为可能。

OFDM 的传输技术,一个 OFDM 信号由频率间隔为 $f=1/T_s$ 的 N 个子载波构成。所有的子载波在一个间隔长度为 x_l 的时间内相互正交。对一个给定的系统带宽,子载波个数的选取要满足 OFDM 码元持续时间 x_l 大于信道的最大延迟。每个子信道上的信号带宽小于信道的相关带宽,每个子信道上是平坦的衰落,大大消除符号间干扰,其 OFDM 系统框图如 7-23 所示。

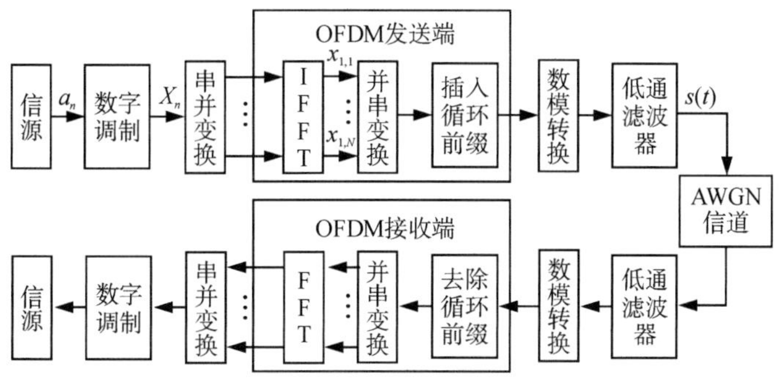

图 7-23　OFDM 系统结构框图

串/并变换如何实施? 实施过程如图 7-24 所示。

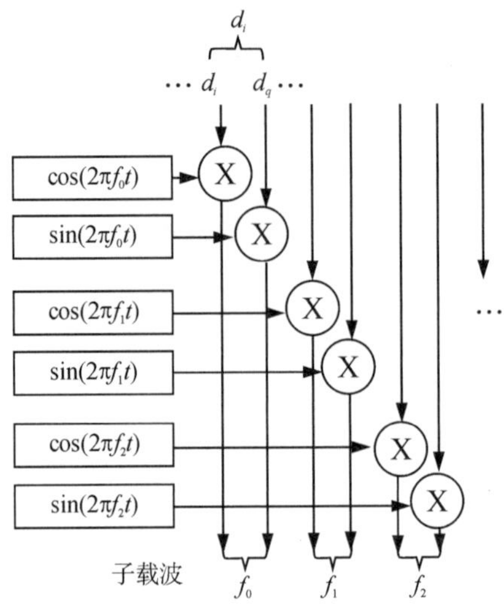

图 7-24　串/并变换

保护间隔与循环前缀如图 7-25 和 7-26 所示，为了最大限度地消除 ISI，在每个 OFDM 符号之间插入保护间隔 T_g，且 T_g>信道的最大时延扩展 T_m。保护间隔的作用是避免多径信道上产生的符号间干扰(ISI)。

两个载波之间的周期个数之差不再是整数倍，将相互造成影响。

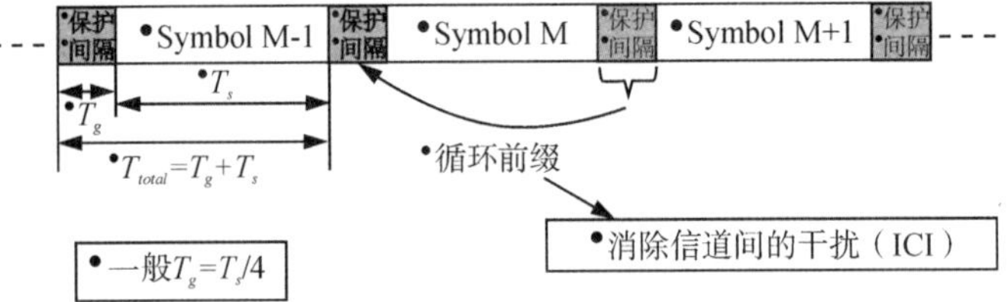

图 7-25　循环前缀

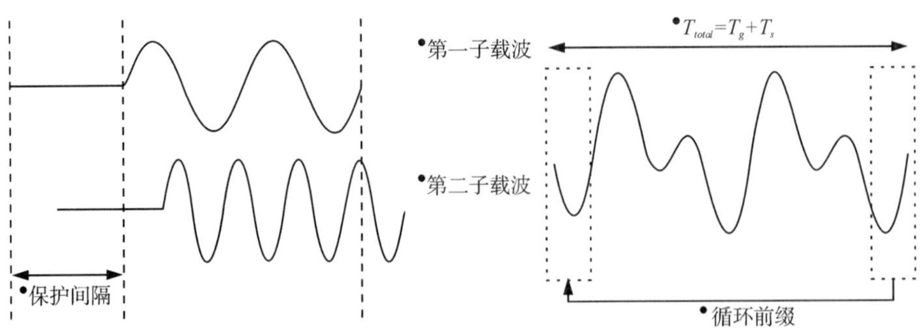

图 7-26　保护间隔

适用于跟踪信道的快速变化，受频率选择衰落影响较大。适合频率选择性信道和慢时变信道导频间隔越小，即导频分布得越密，估计的效果越好，但有效数据传输率也越低。OFDM 的导频网格图如图 7-27 所示。

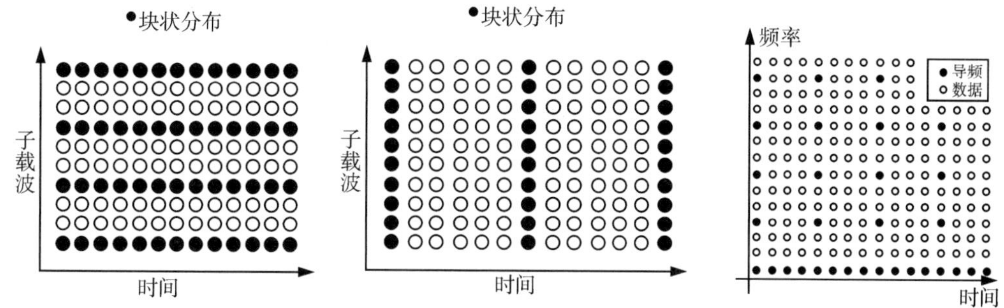

图 7-27　OFDM 的梳状、块状和实际分布导频网格图示例

OFDM 对系统的要求：①同步：OFDM 要保证各个子信道之间的正交，因此对于定时和频率偏移很敏感；②信道估计：应用 OFDM 时，信道估计必须具有低复杂度和高导频跟踪能力；③放大器和 A/D 变换器：OFDM 在时域上表现为 N 个正交子载波信号的叠加，若这 N 个信号刚好同时处于峰值，则此时 OFDM 的峰值功率是平均功率的 N 倍。为了不失真的传输该峰值信号，接收端对放大器以及 A/D 变换器的线性程度要求很高。

发射机：一个 OFDM 信号包括频率间隔为 x_l 的 N 个子载波。总的系统带宽 B 被分为等距离的子信道。所有的子载波在 $T_s=1/f$ 区间内互相正交。第 k 个子载波的信号可以用函数 $g_k(t)$，$k=0,\cdots N-1$ 表示。对每个子载波进行矩形脉冲成型。

$$g_k(t)=\begin{cases}e^{j2\pi k\Delta ft} & \forall t\in[0,T_s]\\ 0, & \forall t\notin[0,T_s]\end{cases}$$

因为系统带宽 N 被分为 N 个窄带子信道，在相同系统带宽的情况下，OFDM 块的持续时间 T_s 是单载波传输系统符号周期的 N 倍。将子载波信号 $g_k(t)$ 进行扩展一个长度为 T_G 的周期前缀(称为保护间隔)后，形成如下信号，以免形成图 7-28 所示载波间干扰。

$$g_k(t)=\begin{cases}e^{j2\pi k\Delta ft} & \forall t\in[0,T_s]\\ 0, & \forall t\notin[0,T_s]\end{cases}$$

总的 OFDM 块持续时间为 $T=T_G+T_s$ 每个子载波都能独立的用复调制符号 $S_{n,k}$ 进行调制，下标 n 代表时间，k 代表 OFDM 块中的子载波编号。这样，在符号持续时间 T 内，形成的第 n 个 OFDM 块信号如下：

$$s_n(t)=\frac{1}{\sqrt{N}}\sum_{k=0}^{N-1}S_{n,k}g_k(t-nT)$$

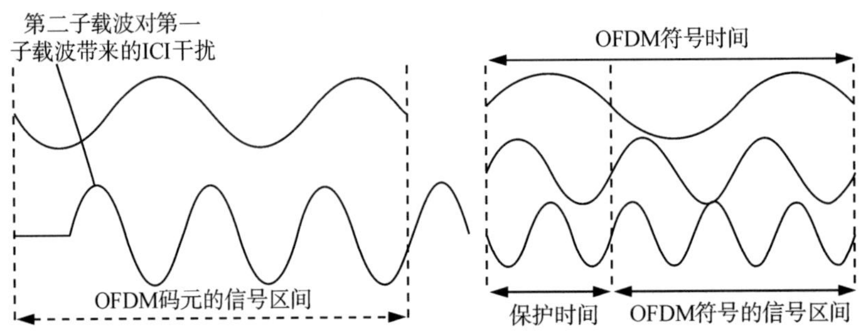

图 7-28 载波间的干扰

包含所有 OFDM 块的全部连续时间信号为：

$$s(t)=\frac{1}{\sqrt{N}}\sum_{n=0}^{\infty}\sum_{k=0}^{N-1}S_{n,k}g_k(t-nT)$$

由于信号采用了矩形脉冲成型，子载波的谱为 $\mathrm{sinc}(x)=\sin(x)/x$ 函数，例如对 k 个子载波：

$$G_k(f)=T\,\mathrm{sinc}[\pi T(f-\Delta f)]$$

子载波的频谱互相重叠，但是子载波信号互相正交，调制符号 $S_{n,k}$ 可以通过互相关运算来恢复。

$$\langle g_k,g_l\rangle=\int_0^{T_s}g_k(t)\overline{g_l(t)}\mathrm{d}t=T_s\delta_{k,l}$$

$$S_{n,k}=\frac{\sqrt{N}}{T_s}\langle s_n(t),\overline{g_k(t-nT)}\rangle$$

其中 $\overline{g_k(t)}$ 是 $g_k(t)$ 的共轭。第 k 个 OFDM 符号：

$$s_k(t)=\sum_{i=0}^{N-1}d_i(k)\cdot f(t-kT_s)\cdot \mathrm{e}^{j2\pi f_i(t-kT_s)}$$

矩形脉冲成形：

$$f(t)=\begin{cases}1 & 0\leqslant t\leqslant T_s\\ 0 & \text{other}\end{cases}$$

对第 j 个子载波进行解调：

$$\hat{d}_j(k)=\frac{1}{T_s}\int_0^{T_s}(\mathrm{e}^{-j2\pi f_j(t-kT_s)}\cdot\sum_{i=0}^{N-1}d_i(k)\cdot f(t-kT_s)\cdot\mathrm{e}^{j2\pi f_j(t-kT_s)})\mathrm{d}t$$

$$\frac{1}{T_s}\int_0^{T_s}\mathrm{e}^{j2\pi f_j t}\cdot\mathrm{e}^{-j2\pi f_j t}\mathrm{d}t=\begin{cases}1, & i=j\\ 0, & i\neq j\end{cases}$$

子载波之间的正交性：

$$\hat{d}_j(k)=\frac{1}{T_s}\int_0^{T_s}\left(\sum_{i=0}^{N-1}d_i(k)\cdot f(t-kT_s)\cdot e^{j2\pi(f_i-f_j)(t-kT_s)}\right)dt=d_j(k)$$

IFFT 实现：

$$s_n(t)=\frac{1}{\sqrt{N}}\sum_{i=0}^{N-1}S_{n,k}g_k(t-nT)$$

在实际应用中，OFDM 信号 $s_n(t)$形成的第一步是在发射端数字信号处理部分产生离散时间信号。由于 OFDM 系统的带宽为 $B=N_f$，因此信号必须以抽样时间 $t=1/B=1/(N_f)$进行采样（每个复信号样点包含两个实信号样点（虚部和实部））。信号的采样值写为 $S_{n,j}$，$i=0,1,\cdots,N-1$，并可用下式来计算：

$$s_{n,i}=\frac{1}{\sqrt{N}}\sum_{k=0}^{N-1}S_{n,k}e^{j2\pi ik/N}$$

该等式恰好是反离散傅立叶变换（IDFT），可以通过 IFFT 实现。

IDFT/IFFT 在 OFDM 中的应用

$$s_k=s(kT_s/N)=\sum_{i=0}^{N-1}d_i\cdot e^{j\frac{2\pi ik}{N}}$$

s_k 等效为对 d_i 进行 IDFT/IFFT。

OFDM 接收机，如果保护间隔长度 T_G 大于最大多径时延，子载波的正交性在经过无线信道后不受影响。因此，接收信号 $r_n(t)$可以通过相关技术分离出正交的子载波上的信号。

$$R_{n,k}=\frac{\sqrt{N}}{T_s}\langle r_n(t),\overline{g_k(t-nT)}\rangle$$

接收机的相关可以通过 DFT 或者 FFT 来实现。

$$R_{n,k}=\frac{1}{\sqrt{N}}\sum_{i=0}^{N-1}r_{n,i}e^{-j2\pi ik/N}$$

此处 $r_{n,i}$ 是接收信号 $r_n(t)$的第 i 个采样值，$R_{n,k}$ 是第 k 个子载波所接收的复符号。

如果子载波间隔 f 远小于相关带宽，而且符号持续时间远小于信道的相关时间，那么无线信道的传输函数 $H(f,t)$在每个子载波的带宽 f 和每个调制符号 $S_{n,k}$ 的持续时间之内可以认为是不变的。这种情况下，无线信道的影响仅仅是给每个子载波的信号 $g_k(t)$乘以复传输因子 $H_{n,k}=H(k_f,nT)$。因此，所接收到的复符号 $R_{n,k}$ 在 FFT 之后成为：

$$R_{n,k}=H_{n,k}S_{n,k}+N_{n,k}$$

此处，$N_{n,k}$ 是信道的加性噪声。

OFDM 系统信道估计如图 7-29 所示。

$$R_{n,i}=\frac{1}{\sqrt{N}}\sum_{k=0}^{N-1}S_{n,k}\mathrm{e}^{j2\pi ik/N}$$

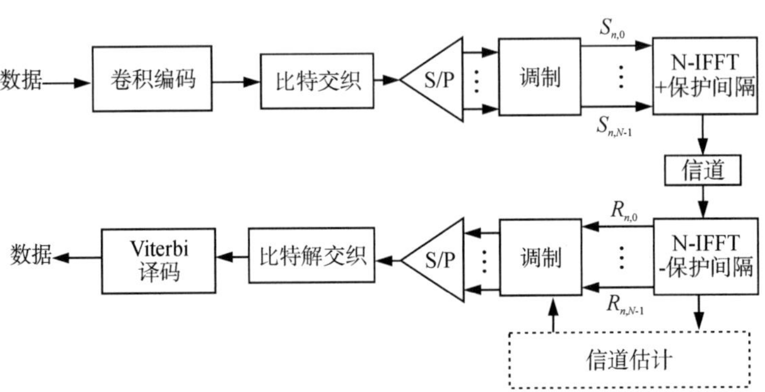

图 7-29　OFDM 系统信道估计

保护间隔的插入如图 7-30 所示。

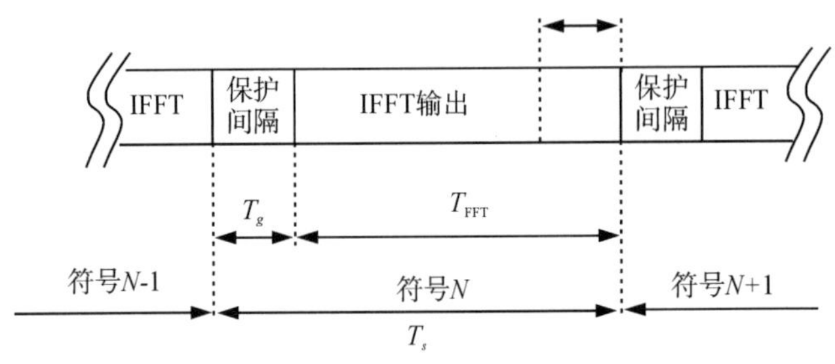

图 7-30　保护间隔的插入

OFDM 保护间隔和循环前缀的引入主要是为了克服符号间干扰 ISI 以及子载波间干扰 ICI。

OFDM 信号的功率谱如图 7-31 所示。

$$|S(f)|^2=\frac{1}{\sqrt{N}}\sum_{k=0}^{N-1}\left|S_{n,k}T\frac{\sin(\pi(f-k\cdot\Delta f)T)}{\pi(f-k\Delta f)T}\right|^2$$

$$w(t)=\begin{cases}0.5+0.5\cos(\pi+t\pi/(\beta T_s)) & 0\leqslant t\leqslant\beta T_s\\ 1.0 & \beta T_s\leqslant t\leqslant T_s\\ 0.5+0.5\cos((t-T_s)\pi/(\beta T_s)) & T_s\leqslant t\leqslant(1+\beta)T_s\end{cases}$$

加窗技术如图 7-32 所示，通常都是用滚降系数的升余弦加窗函数来看对 OFDM 的功率谱密度影响，滚降系数越大，升余弦函数变化幅度就越陡，就会有更多非恒定信号幅度部分落入 FFT 的时间长度 T 之内，所以对时延扩展的容忍性就差，又由于只有各个子载

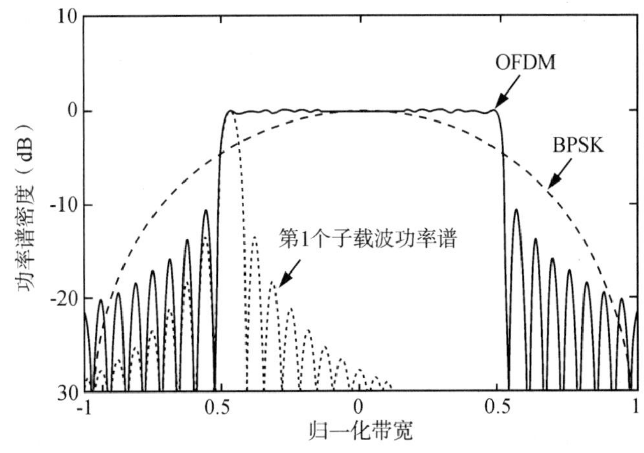

图 7-31　OFDM 信号的功率谱

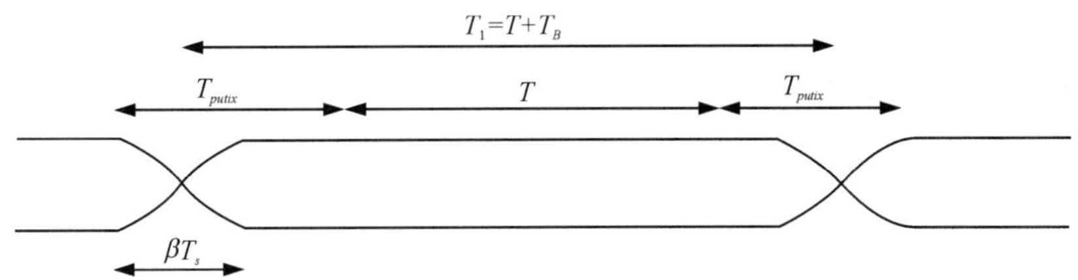

图 7-32　OFDM 信号的加窗处理

波的幅度和相位在 FFT 的周期 T 内保持恒定，才能保证其正交性。

OFDM 的基本问题

$$R_{n,k}=H_{n,k}S_{n,k}+N_{n,k}$$

如果使用 OFDM 系统，无线信道被划分为多个窄带子信道，各子信道表现出没有频率选择性。因此，信道均衡任务就简化为预测每一个子载波的复数因子(信道传输因子)。这样的信道估计可以通过在发射信号中插入所谓的导频符号(已知的调制)。基于这些已知的导频符号，接收机通过插值技术得到每个子载波信道的传输因子。在此情况下，每个子载波都可以相干解调。

信道编码是 OFDM 系统的一个重要课题。在频率选择性信道上传输意味着一些子载波受到严重的衰减，即使有很高的信号强度也会导致错误的出现。在这种衰落的情况下，有效的信道编码会带来很高的编码增益，尤其是在采用软判决之后、则增益更大。为此，OFDM 系统都使用信道编码。后面，我们将讨论编码的 OFDM 系统(COFDM)，并对相干解调和差分解调性能作了比较。

根据 DPSK(差分相移键控)的原理在每个子载波上也可以用差分调制。为了获得更好的频带效率并保持相当好的性能。差分调制还可以扩展到高阶调制。高阶调制采用组合的差分幅度和相位调制的方法(差分幅度和相位频移键控(DAPSK))如图 7-33 所示。

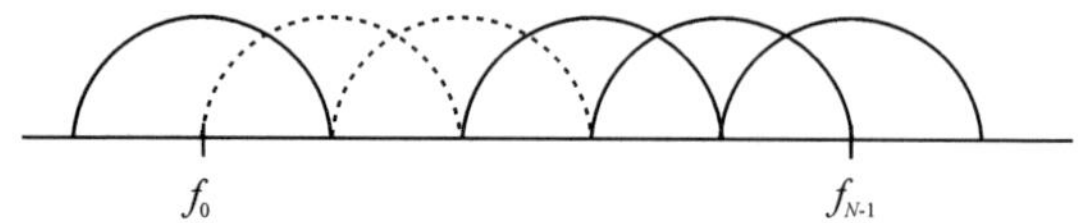

图 7-33　DAPSK

与单载波系统相比,OFDM 系统不仅简化了信道均衡,而且通过改变子载波调制的方式提供了更多的调整无线传输系统的可能性。然而,最佳的自适应方法仅局限于准稳态的无线信道。假设已知所有用户的瞬时信道增益,一个多用户 OFDM 子载波、比特、功率分配算法,以实现总的发射功率最小。该方法通过先给每个用户分配一组子载波,再确定每个子载波的比特数目和发射功率的方法来实现的。

OFDM 系统的关键问题:峰值平均功率比,同步(码元、样点、载频(整数倍、分数倍)),信道估计。

$$PAR \triangleq \frac{\max\limits_{t}|s(t)|^2}{E_t[|s(t)|^2]} = \frac{\max\limits_{t}|s(i)|^2}{E_t[|s(i)|^2]}$$

例　常量(方波)$PAR=0$;正弦波 $PAR=2$;

在移动无线信道中,信号从发射天线到达接收天线时要经过时变多径信道。这会导致严重的多径效应和频率选择性衰落。OFDM(正交频分复用)作为一种并行通信体制,也是多载波调制技术的一种,应用于这种复杂环境中。

OFDM 的核心思想是将串行的高速率数据流转换为多路低速率并行数据流,然后在相互正交的子载波上进行调制,从而获得相对较低速的并行传输数据符号。这样,在一个 OFDM 符号周期内,每个子载波上的符号持续时间相对增加。虽然传输信道可能不平坦,但由于在每个子信道上进行窄带传输,子信道的相对平坦性得以保持。这不仅消除了时间间隔干扰(ISI)和减弱了频率选择性衰落的影响,还可以大幅提高信息传输速率。

通过在相邻的 OFDM 符号之间插入循环前缀(CP)作为保护间隔,可以有效地抵消多径引起的子载波间干扰(ICI)。由于各子信道的载波是相互正交的,它们的频谱可以相互重叠,不需要保持固定的间隔,这大大提高了频谱利用率,使高速数据能够在多径和衰落信道中传输。

然而,OFDM 符号由各子载波上的数据相加而成。当子载波数较多且各载波的相位相对一致时,与单载波调制相比,会产生较大的峰均功率比。因此,在实际系统中,由于典

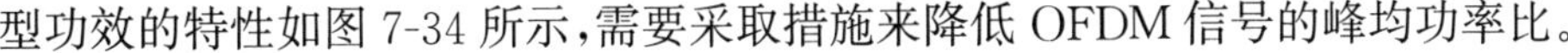

型功效的特性如图 7-34 所示，需要采取措施来降低 OFDM 信号的峰均功率比。

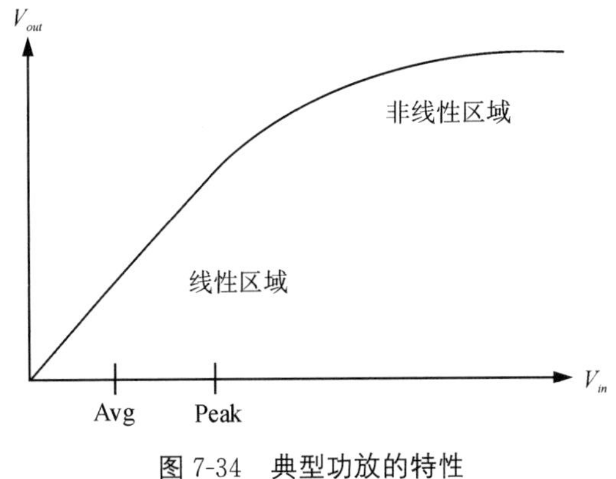

图 7-34　典型功放的特性

7.3.3　OFDM 信号的基带表示

(1)传统的 OFDM 模型。

在介绍 OFDM 信号的基带表示之前，我们先回顾一下传统的 OFDM 模型。传统的 OFDM 模型如下图 7-35 所示，假设传统 OFDM 采用 QPSK 方式进行编码映射，子载波数为 N，各子载波频率为 $f_k=\dfrac{1}{T}(k_c+k)$，T 为 OFDM 符号间隔。为了方便分析，我们令 $f_c=\dfrac{k_c}{T}$，$f'_k=\dfrac{k}{T}$，$0\leqslant k\leqslant N-1$，所以 $f_k=f_c+f'_k$。其中 d_n 是第 n 个子载波上的数据符号，其在一个 OFDM 符号周期内是常数。

在传统的 OFDM 系统中，原始待传输的二进制数据通过星座图映射为 $\{d_0,d_1\cdots d_{N-1}\}$，然后通过串并转换将这 N 个串行数据转换为并行数据，将其分别调制到 N 个相

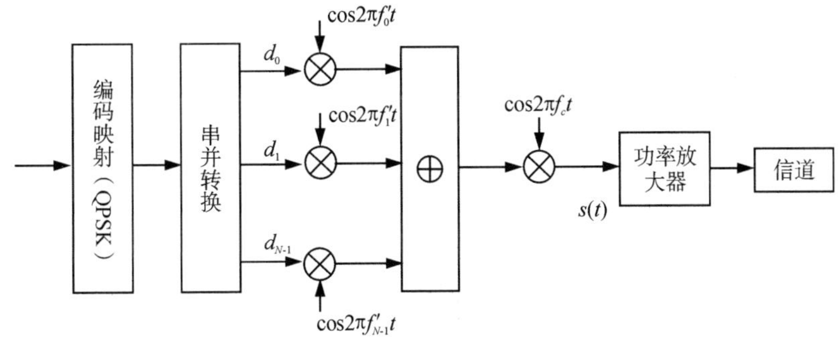

图 7-35　传统的 *OFDM* 模型

互正交的子载波上，并将这些并行数据叠加在一起。接着，经过上变频以及功率放大后，信号由天线发射出去。这个模型基本展示了 OFDM 系统的传输过程。

由上图 7-35 可得，OFDM 调制后输出的信号 $s(t)$可以表示为：

$$s(t)=\left(\sum_{i=0}^{N-1} d_i \cos 2\pi f'_i t\right)\cos 2\pi f_c t=\sum_{i=0}^{N-1}(d_i \cos 2\pi f'_i t \cos 2\pi f_c t),\quad 0\leqslant t<T$$

可以明显看出，在这种情况下获得的信号 $s(t)$是实数信号。同时，从图 7-35 中也可以清楚地观察到，传统的 OFDM 调制需要大量的调制器($N+1$)。当然，在接收端同样需要相应数量的解调器，从而进一步增加了系统的复杂性和成本。

(2)OFDM 系统的复基带表示。

OFDM 系统的复基带表示框图如图 7-36 所示，其中 N 是 OFDM 系统子载波的个数，d_n 是第 n 个子载波上的数据符号，其在一个 OFDM 符号周期内是常数。ω_n 是第 n 个载波的角频率，$\hat{d}_n$ 是接收端恢复的第 n 个子载波的数据符号。OFDM 系统是将原始待传输的二进制数据通过星座图映射为$\{d_0, d_1 \cdots d_{N-1}\}$，然后通过串并变换将这 N 个串行的数据转换为 N 路并行的数据，将其分别调制到 N 个相互正交的子载波上，最后将这 N 路数据叠加在一起构成发射信号。经过 OFDM 调制后，输出信号 $s(t)$可以表达为：

$$s(t)=\sum_{i=0}^{N-1} d_i \exp(j2\pi f_i t),\quad 0\leqslant t<T$$

式中，T 为一个 OFDM 符号的周期，$f_i=f_c+i\Delta f$，f_c 为第 0 个子载波的频率(中频)，Δf 是相邻子载波间的频率间隔。为保证子载波间的正交性，一般取 $\Delta f=1/T$：

$$\frac{1}{T}\int_0^{\mathrm{T}} \mathrm{e}^{j2\pi f_n t}\cdot \mathrm{e}^{-j2\pi f_m t}\mathrm{d}t=\frac{1}{T}\int_0^{\mathrm{T}} \mathrm{e}^{j2\pi(f_n-f_m)t}\mathrm{d}t=\frac{1}{T}\int_0^{\mathrm{T}} \mathrm{e}^{j2\pi(n-m)\Delta f t}\mathrm{d}t=\begin{cases}1, & n=m\\ 0, & n\neq m\end{cases}$$

于是上式改写为：

$$\begin{aligned}s(t)&=\sum_{i=0}^{N-1} d_i \exp(j2\pi f_i t)=\sum_{i=0}^{N-1} d_i \exp\left(j2\pi\left(f_c \frac{i}{T}\right)\right)\\&=\sum_{i=0}^{N-1} d_i \exp(j2\pi f'_i t)\exp(j2\pi f_c t),\quad 0\leqslant t<T\end{aligned}$$

其中，$f'_i=\dfrac{i}{T}$。可以看出此时得到的 $s(t)$是一个复信号。OFDM 复基系统框图如图 7-36 所示。

因为子载波之间具备正交性，所以在解调过程中可以轻松地还原原始数据。以解调第 k 个子载波上传输的数据符号为例，当对第 k 个子载波上的一个 OFDM 符号进行积分时，由于不同子载波之间的正交特性，其他子载波上的符号积分结果自然为 0。这使得我

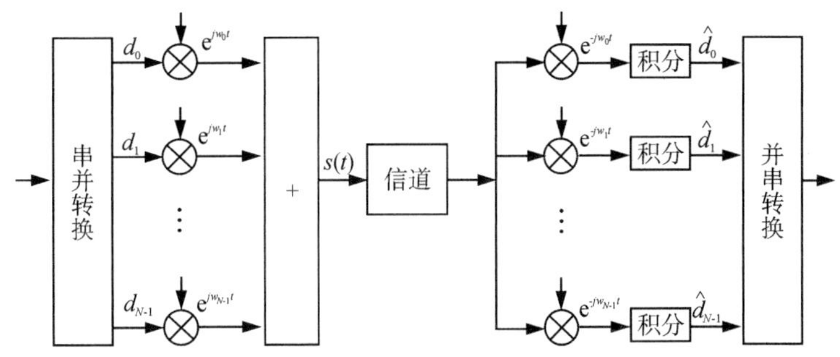

图 7-36　OFDM 系统的复基带表示框图

们只能解调出第 k 个子载波上传输的数据符号 d_k：

$$\begin{aligned}\hat{d}_k &= \frac{1}{T}\int_0^T s(t)\exp(-j2\pi f_k t)\mathrm{d}t \\ &= \frac{1}{T}\int_0^T \sum_{i=0}^{N-1} d_i \exp(j2\pi f_i t)\exp(-j2\pi f_k t)\mathrm{d}t \\ &= \frac{1}{T}\int_0^T \sum_{i=0}^{N-1} d_i \exp(j2\pi(i-k)\Delta f t)\mathrm{d}t \\ &= d_k\end{aligned}$$

这就是利用子载波间的正交性来解调数据的原理。同样，正是因为正交性，OFDM 系统的各子载波可以相互重叠，而无需为了避免载波间干扰而在它们之间预留一定的频带，正如图 7-37 所示。这使得 OFDM 系统能够极大地提高频谱利用率。

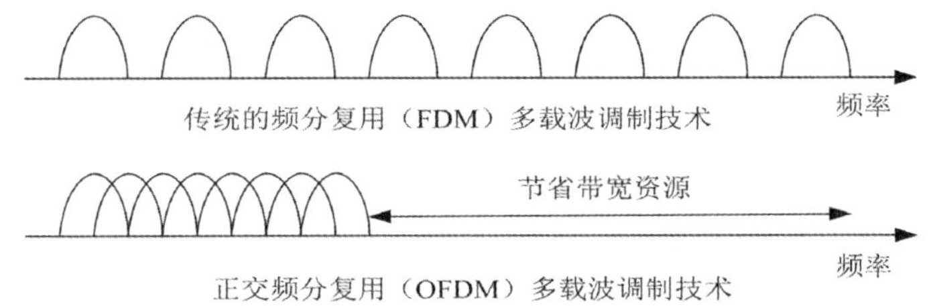

图 7-37　OFDM 与 FDM 带宽利用率的比较

(3)OFDM 的基带表示。

OFDM 系统通常使用离散傅立叶逆变换(IDFT)进行调制，以及离散傅立叶变换(DFT)进行解调。可以得出 OFDM 符号的等效基带描述如下：

$$s_B(t) = \sum_{i=0}^{N-1} d_i \exp(j2\pi \frac{i}{T}t),\quad 0 \leqslant t < T$$

在一个 OFDM 符号周期 π 内，对 $s_B(t)$进行 N 点等间隔采样，即令 $t=kT/N$，其中 k 的取值范围为 $k=0,1,\cdots,N-1$。这样可以表示为：

$$s_B(k)=s(kT/N)=\sum_{i=0}^{N-1}d_i\exp(j2\pi\frac{ik}{N}),\quad 0\leqslant k\leqslant N-1$$

从上式可以看出 $s_B(k)$ 可视为对 d_i 进行 IDFT 运算。同样，在解调时可以视为对 $s_B(k)$ 进行 DFT 运算：

$$d_i=\sum_{k=0}^{N-1}s_B(k)\exp(-j\frac{2\pi ik}{N}),\quad 0\leqslant i\leqslant N-1$$

在复杂的 OFDM 系统中，通常会使用快速傅立叶变换及其逆变换（FFT/IFFT）来代替 DFT/IDFT 运算。因此，基于 IFFT 的 OFDM 调制原理框图如下图 7-38 所示：

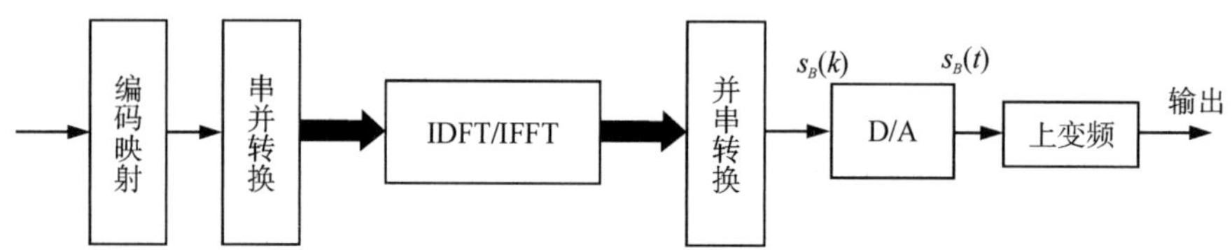

图 7-38　基于 IFFT 的 OFDM 调制原理框图

7.3.4　OFDM 调制的关键技术

1. 系统同步

在单载波系统中，载波频率的偏移通常只会对接收信号引起一定的相位旋转和衰减，这种影响可以通过均衡等方法来弥补和克服。然而，在 OFDM 这种多载波系统中，信号由多个子载波信号叠加构成，子载波之间通过正交性来区分。因此，确保这种正交性对于 OFDM 系统来说至关重要，同时这也是 OFDM 的一个主要缺点。此外，载波频率的偏移会导致信道间产生严重的干扰，即干扰性的载波间干扰（ICI），这会对系统带来严重的地板效应。即使增加信号的发射功率也无法显著改善系统性能。根据研究，为了避免性能严重下降，OFDM 系统中的载波频率偏移应保持在 2% 以下。此外，为了在接收端正确地定位 OFDM 符号的起始位置，以便确定 FFT 的窗口位置，从而进行正确的符号解调，OFDM 系统对定时同步也有一定的要求。具体而言，OFDM 系统中的同步涉及以下几个方面：

①频率同步：在 OFDM 系统中，如果载波的频率偏移是子载波频率间隔的整数倍（整数频偏），尽管子载波之间的正交性仍然保持，但会导致接收端 FFT 变换后的频域数据发生循环移位，从而使解调的数据错误率达到 0.5，即完全错误。如果载波频率偏移不是子载波频率间隔的整数倍（小数频偏），它将破坏子载波之间的正交性，引发子信道之间的干扰，极大地降低系统性能。

假设发送端的 OFDM 基带信号表示为：

$$x(n)=\frac{1}{N}\sum_{n=0}^{N-1}X(k)\exp(j2\pi\frac{nk}{N}),\quad -N_g\leqslant n\leqslant N-1$$

其中，$x(n)$表示 OFDM 时域采样点，包括 N 个 IFFT 数据点以及为了抵消多径时延引起的符号间干扰(ISI，Inter Symbol Interference)而插入的长度作为保护间隔(GI，Guard Interval)样点。而 $X(k)$则代表调制在第 k 个子载波上的数据。

在没有频率偏移的情况下，频域信号可以表示为：

$$Y(k)=\mathrm{FFT}(y(n))=\mathrm{FFT}(x(n))$$

式中，$y(n)$代表接收到的时域信号，$Y(k)$是经过 FFT 变换后的频域信号。如果存在载波频率偏移，且该偏移为子载波频率间隔的 m 倍(m 为整数)，则频域信号可以表示为：

$$Y'(k)=\mathrm{FFT}(x(n)\exp(\frac{j2\pi m}{N}))=Y(k-m)$$

可以看出，整数倍频偏的存在导致频域数据发生了循环移位。

基于导频的频域整数倍频偏估计方法中，一种常见的方法是利用接收端产生的本地导频数据和经过 FFT 变换后的频域数据进行圆周移位相关运算。假设整数倍频偏为 d，当一个 OFDM 符号的频域数据循环移位 d 个单位时，该 OFDM 符号就可以被视为没有整数频偏。在这种情况下，该 OFDM 符号的导频位置上的数据与本地导频序列进行相关运算，必然会产生一个峰值。因此，通过观察相关运算的峰值位置，可以确定整数倍的频偏值。

假设存在的载波频偏，该频偏为子载波频率间隔的小数 ε(ε 为小数)倍时，那么接收信号可以表示为：

$$Y_k=\frac{\sin(\pi\varepsilon)}{N\sin(\pi\varepsilon/N)}\exp(\frac{j\pi\varepsilon(N-1)}{N})X_kH_k\exp(j\theta)+I_k+N_k$$

其中，

$$I_k=\exp(j\theta)\sum_{l=0,l\neq k}^{N-1}\frac{\mathrm{sinc}(\pi(l-k+\varepsilon))}{N\,\mathrm{sinc}(\pi(l-k+\varepsilon)/N)}\exp(j\pi\frac{(N-1)+k-l+\varepsilon}{N})H_lX_l$$

这里 θ 是初始载波相位，可见，由于小数频偏的存在，有用信号不仅幅度上衰减了 $\frac{\sin(\pi\varepsilon)}{N\sin(\pi\varepsilon/N)}$，相位旋转了 $\pi\varepsilon\frac{N-1}{N}$，而且破坏了子载波之间的正交性，引入了子信道间干扰 I_k。

对 OFDM 小数倍频偏的估计，可以通过在时域进行符号粗定时和小数倍频偏的联合估计，比较常见有 ML 算法。在高斯信道下，ML 算法可以获得较高的估计精度。

②符号同步定时：由于路径传播时延，当接收连续数据或突发帧时，若错误地估计了符号或帧的起始位置(即符号间隔的位置)，就可能导致 FFT 窗口偏移。如果 FFT 窗口的起始点超出了当前符号循环前缀(CP，循环前缀)的范围，将引发干扰间符号干扰(ISI)。为此，OFDM 系统需要执行符号同步，以估计每个 OFDM 符号的起始点，从而确保 FFT 窗口的正确定位。

符号同步方法通常分为符号粗同步和符号精同步两类，分别在时域(FFT 解调前)和频域(FFT 解调后)进行。在符号粗同步方面，常见的方法之一是基于训练序列的同步方法。该方法在 OFDM 的首个符号之前插入一系列相同的序列，通过对其进行延迟自相关，可以完成帧检测，确定 OFDM 信号的存在。接着，在接收端使用相同的序列进行相关操作，可以产生多个连续的峰值，从而联合确定 OFDM 符号的起始位置，以便找到 FFT 窗口的开窗位置。在实际应用中，为了避免符号间干扰，FFT 窗口的起始位置通常放在循环前缀(CP)内部。这样，FFT 变换后只会引入一个旋转因子。接着，通过频域的符号精确定时来进行校正。

③使用时钟偏差：在 OFDM 信号中，可能存在采样时钟偏差，其值 $\varepsilon = T_s' - T_s$，其中 T_s' 表示接收端的采样间隔，T_s 表示发送端的采样间隔。这种偏差同样会导致 OFDM 符号的有用信号产生相位旋转。当 OFDM 子载波的数量较少时，例如在标准 IEEE 802.11a 的有线局域网中，一般来说采样时钟偏差的影响较小。然而，当子载波的数量较大时，例如在欧洲数字地面广播系统 DVB－T 中，其子载波数量为 $N=2048$ 或 $N=8192$，就必须特别关注采样时钟偏差对系统的影响。

2. 峰均比抑制

峰均比的定义如下式：

$$\text{PAPR} = \frac{\text{峰值功率}}{\text{平均功率}} = \frac{\max\limits_{1\leqslant n\leqslant N} |x(n)|^2}{\dfrac{\sum\limits_{n=1}^{N} |x(n)|^2}{N}}$$

为了确保符号间的正交性，OFDM 系统要求功率放大器在其线性工作区内运行，这意味着需要降低信号的峰均功率比(PAPR)。

目前，降低 PAPR 的方法可以大致分为三类：第一类是信号预畸变技术，它涉及在信号经过功率放大器之前对功率较高的部分进行非线性畸变。这包括有限幅技术和压缩扩张变换技术等。虽然这类方法操作相对简单，但由于信号畸变会不可避免地影响系统性能，所以有一定的缺陷。第二类是编码类技术，它的目标是避免使用会导致大峰值功率信号生成的编码图样。这可以通过循环编码、M 序列、分组编码等方式实现。这类技术相对稳定和简单，对 PAPR 的降低性能也相对稳定。然而，由于可供选择的编码图样有限，尤其在子载波数量较大时，编码效率会降低，从而导致系统吞吐量下降、频带利用率低下，同时还可能限制某些调制技术的应用。第三类是概率类技术，它利用不同的加扰序列对 OFDM 信号进行处理，然后选择 PAPR 较小的码字进行传输。其中包括选择性映射(SLM)和部分传输序列(PTS)等方法。尽管这类技术明显地降低了 PAPR，但引入了边带信息的传输和处理，从而增加了系统的复杂性，并且计算复杂度也较高。接下来将简要介绍几种常用的降低 PAPR 的方法。

(1)信号预畸变技术

信号预畸变技术主要包括限幅类技术和压缩扩张变换技术。

①限幅技术。

限幅技术是一种在 OFDM 信号的峰值幅度处使用非线性操作，以直接降低信号的 PAPR 值的方法。它是最简单的降低 PAPR 的方法之一，适用于任意数量的子载波构成的系统。

在限幅技术中，可以将其理解为对原始信号施加一个矩形窗函数。当 OFDM 信号的幅度小于预先设定的门限值时，窗函数的幅度为 1；否则窗函数的幅度小于 1。因此，限幅方法引入了信号的非线性失真，这种失真是无法避免的。由此产生的信号失真会引起自干扰，进而降低系统的误码性能。此外，信号的非线性失真还会导致频谱泄漏的问题。

虽然限幅技术简单，但在实际应用中需要权衡 PAPR 的降低和信号失真带来的性能损害。因此，选择限幅技术时需要根据具体情况来平衡各种因素。

②压缩扩张变换技术。

压缩扩张变换技术使用基于 μ 律非均匀量化的非线性变换函数。这种方法的实现相对简单，而且在子载波数量增加时并不会显著增加计算复杂度。压缩扩张变换的基本原理是，在保持高幅值信号功率不变的情况下，放大低幅值信号的功率，以提高整个系统的平均功率，从而降低系统的 PAPR 值。然而，这种方法的不足之处在于，它需要增加系统的平均发射功率，使得信号的功率值更接近功率放大器的非线性变化区域，从而引起信号失真的问题。

(2)编码类技术。

编码类技术是根据编码产生不同的码组来选择 PAPR 值较小的码组作为 OFDM 信号的传输数据，从而避免信号峰值的出现，由于这类技术是线性过程，所以不会产生信号畸变，但是它的计算复杂度很高，编解码过程也比较复杂，信息传输速率有很大程度的降低，只适用于子载波个数很少的系统。

编码类技术主要的方法有分组编码法(Block Coding)、雷德密勒(Reed－Muller)码和格雷互补序列(Golay Complementary Sequences，GCS)等编码方法。

基于分组编码的方法是在数据信息进行 IFFT 变换之前，先应用奇偶校验位等做特殊的编码处理，从而使输出数据通过 OFDM 调制后 PAPR 较低。格雷互补序列编码方法是把格雷互补序列作为 IFFT 变换的输入数据，则其输出信号将会产生较低的 PAPR 值，而且这类方法在时域和频域中都有很好的纠错能力和信道估计能力。使用格雷互补序列的最大的优点是子载波数取任意值，系统的 PAPR 都可以降到 3dB 以内。但随着子载波数目的增多，格雷互补序列编码方法的复杂度将明显上升，所以该方法在子载波较多的 OFDM 系统中并不适用。

使用编码方法降低 PAPR，其实现过程比较简单，在降低 PAPR 方面能取得比较好的效果，但编码容易受到调制方式的限制，如分组编码方法只能适用于 PSK 的调制方式，而在基于 QAM 调制方式的 OFDM 系统中不适用。其次，由于受子载波个数的限制，计算复杂度将随着子载波个数的增加而增大，系统的带宽利用率将明显下降，同时，由于编码方法引入了一定的冗余信息，从而使编码速率有所下降。

码类技术是一种根据编码生成不同的码组，然后选择 PAPR 值较小的码组作为 OFDM 信号的传输数据的方法。这样可以避免信号出现高峰值，因为这类技术是线性过程，所以不会引入信号畸变。然而，这些技术的计算复杂度相对较高，编解码过程也较为繁琐，从而可能导致信息传输速率的显著降低。因此，这类技术主要适用于子载波个数较少的系统。

分组编码法(Block Coding)：在数据进行 IFFT 变换之前，对数据进行特殊编码处理，例如添加奇偶校验位，以减小输出数据经过 OFDM 调制后的 PAPR 值。

雷德密勒码(Reed－Muller Code)：一种编码方法，通过在信息位之间插入冗余位来实现 PAPR 的降低，同时具有一定的纠错能力。

格雷互补序列(Golay Complementary Sequences，GCS)：将格雷互补序列作为 IFFT 变换的输入数据，从而产生较低的 PAPR 值。这种方法在时域和频域都具有良好的纠错和信道估计能力。

使用格雷互补序列的方法的优点在于，无论子载波数目如何，系统的 PAPR 都可以降至 3dB 以下。然而，随着子载波数目的增加，复杂度也会显著提高，因此在子载波较多的情况下不适用。

尽管编码类技术在降低 PAPR 方面效果显著且实现相对简单，但由于受到调制方式和子载波数目的限制，以及引入冗余信息，可能会导致系统带宽利用率下降和编码速率减小等问题。

(3)概率类技术。

概率类技术的主要思想是降低高峰值出现的概率，重点不在于降低信号的最大幅度值。这些技术会引入一定程度的冗余信息。主要的概率类技术包括选择性映射方法(SLM)和部分传输序列方法(PTS)。

①SLM 方法。

SLM(Selective Mapping)方法的基本思想是利用 D 个独立统计的向量 Y_d 表示相同的信息，然后从中选择具有最小 PAPR 值的一路时域符号 y_d 进行传输。这样做的过程中，需要进行 D 个并行的 IFFT 运算，因此增加了系统的计算复杂度和成本。

为了恢复原始传输的信息，接收端需要执行与发送端相反的操作。因此，在接收端需要了解发送端传输的是哪一路信号。通常情况下，这个问题通过在传输中将所选择的路线序号 d 作为边带信息，与数据信息一起发送到接收端来解决。当 SLM 方法中存在 D 个统计独立的向量时，需要传输的边带信息的比特数为 $\log_2(D-1)$。

总的来说，SLM 方法允许选择具有最小 PAPR 的符号进行传输，从而降低了信号的峰值。然而，它需要更多的计算资源和额外的传输边带信息，这可能会增加系统的复杂度和成本。

②PTS 方法。

PTS 方法和 SLM 方法的基本原理相同，唯一的区别在于 PTS 方法使用了具有不同结构的转换向量。在 PTS 方法中，首先将发送端的数据向量分割成 V 个彼此不重叠的子向量 X_v。因此，每个子向量的长度变为 N/V。由于这些子向量互不重叠，因此满足以下条件：

$$X=\sum_{v=1}^{V}X_v$$

将子向量 X_v 中的每个子载波都与相同的旋转因子 $R_d^{(v)}$ 相乘，其中每个子向量的旋转因子是独立统计的。所以有：

$$y_d=\text{IFFT}\left(\sum_{v=1}^{V}Y_d^{(v)}\right)=\left(\sum_{v=1}^{V}\text{IFFT}(Y_d^{(v)})\right)=\sum_{v=1}^{V}R_d^{(v)}\,\text{IFFT}(X_d^{(v)})$$

上式应用了 IFFT 的线性特性，并展示了可以在每次迭代后构建 d 个时域向量 y_d，从而避免在每次迭代中都执行 IFFT 操作。

同样地，为了在接收端无误地还原原始发送信号，需要了解所使用的旋转向量以进行信号传输。因此,额外的比特边带信息$(V-1)\log_2 W$需要被传输。

7.3.5 OFDM调制的优缺点

OFDM技术有以下优点:

(1)通过串并转换的方式,可以有效地克服无线信道中由时间弥散引起的符号间干扰(ISI)。这种方法通过将高速数据流分成多个子载波,使得每个子载波上的数据符号持续时间相对增加。这样一来,可以有效地减小符号之间的干扰,从而降低了接收端需要进行均衡的复杂度。有时候,甚至可以不需要采用均衡器,而只需使用插入循环前缀的方法来消除ISI带来的负面影响。

(2)为了对抗频率选择性衰落和窄带干扰,一些策略可以被采用。因为无线信道存在频率选择性,不同子载波的衰落情况很可能不同,因此可以通过动态比特分配和动态子信道分配的方法,充分利用信噪比较高的子信道,以减轻频率选择性衰落的影响。在采用OFDM系统时,窄带干扰通常只会影响一个或有限个子载波,因此可以通过降低受干扰子载波的数据速率,以减少窄带干扰对整个OFDM系统性能的影响。

(3)OFDM系统具有较高的频谱利用率。在传统的频分多路传输方法中,频带被划分为多个不相交的子频带,用于并行传输数据流。这些子信道之间需要保留一定的保护频带,导致频谱利用率较低。相比之下,OFDM系统由于各个子载波之间存在正交性,允许子信道的频谱相互重叠。因此,与传统的频分复用系统相比,OFDM系统能够更有效地利用频谱资源。当子载波的数量较大时,系统的频谱利用率可以趋近于2Baud/Hz。

如果OFDM信号具有N个子载波,采样间隔为x_l则信号带宽为:

$$B=(N-1)\cdot\frac{1}{NT_s}+\frac{2}{NT_s}=\frac{N+1}{NT_s}$$

如果其信息速率为R_b,当采用M阶的星座映射时,易得$T_s=\dfrac{\log_2 M}{R_b}$,从而可得其频带利用率为:

$$\eta=\frac{R_b}{B}=\frac{NT_s}{N+1}R_b=\frac{N}{N+1}\log_2 M\quad \text{bit/s/Hz}$$

(4)每个子载波的正交调制和解调可以通过离散傅立叶反变换(IDFT)和离散傅立叶变换(DFT)来实现。在子载波数量较多的情况下,也可以使用快速傅立叶反变换(IFFT)和快速傅立叶变换(FFT)来进行高效的计算。随着大规模集成电路技术和数字信号处理(DSP)技术的发展,实现IFFT和FFT变得非常容易。

(5)OFDM 系统具备实现非对称高速率传输的能力。在无线数据通信中,往往存在数据传输的非对称性,即下行链路中的数据传输量大于上行链路中的数据传输量,例如在 Internet 业务中的网页浏览、FTP 下载等场景。这就需要物理层支持非对称高速率的数据传输。OFDM 系统能够通过使用较多数量的下行子载波和较少数量的上行子载波来实现上行和下行链路中不同的传输速率,从而满足数据传输的非对称性需求。这种灵活性使得 OFDM 系统在满足不同业务需求时具备了重要的优势。

(6)OFDM 系统具备出色的兼容性。它可以轻松地与其他多种接入方法相结合,构建成为 OFDMA 系统。这种结合包括多载波码分多址(MC－CDMA)、跳频 OFDM 以及 OFDM－TDMA 等等。这使得多个用户能够同时使用 OFDM 技术进行信息传输。通过这种方式,OFDM 系统实现了多用户同时接入的能力,从而更好地满足多样化的通信需求。

OFDM 系统在具有多个正交子载波的基础上,其输出信号是多个子信道信号的叠加,然而与单载波系统相比,也存在以下缺点:

(1)易受频率偏差的影响:由于子信道的频谱相互重叠,对子载波间的正交性要求严格。无线信道的时变性以及发射机和接收机之间的本地振荡器频率偏差等因素,都可能破坏 OFDM 系统中子载波之间的正交性,引发子载波间的干扰(ICI,Inter－Carrier Interference)。对频率偏差的敏感性是 OFDM 系统的一个主要缺陷。

(2)高峰值平均功率比:多载波系统的输出是多个子信道信号的叠加。当多个信号的相位一致时,叠加信号的瞬时功率会远远超过信号的平均功率,导致出现较高的峰值平均功率比(PAPR,Peak－to－Average Power Ratio)。这会对发射机内的放大器线性性能提出较高要求。如果放大器的动态范围无法满足信号变化,会引起信号失真,频谱变化,进而破坏子信道的正交性,产生互相干扰,导致系统性能下降。

思考题

1. 什么是带限信号以及与窄带信号的关系?
2. 什么带限信道以及其有什么特点?
3. 什么是符号间干扰以及其形成的原因?
4. 无符号间干扰的条件是什么? 如何减少无符号间干扰?
5. 什么是多信道传输? 什么是多载波传输? 多信道与多载波有什么关系和特点?
6. OFDM 技术的主要特点?
7. 试述多载波调制与 OFDM 调制的区别和联系?

8. OFDM 保护间隔和循环前缀的引入目的是什么？

9. 如果 BPSK，QPSK，8PSK 和 16QPSK 用在自适应 OFDM 方案里，比较所有多用户 OFDM 方案的性能。能否找到降低自适应多用户 OFDM 系统的平均比特信噪比的其他方法？

习题

1. OFDM 信号有哪些主要参数？简述 OFDM 的调制解调原理并画出原理框图？多用户之间如何最有效地共享 OFDM 的资源？

2. 考虑一个总通带宽为 1MHz 的多载波系统，该系统在一个信道时延扩展为 $T_m=$ 20us 的城市使用。为了使每个子信道近似为平坦衰落，需要多少个子信道？

3. 假定系统带宽为 450kHz，最大多径时延为 32s，传输速率可在 280—840kbit/s 间可变(不要求连续可变)，试给出采用 OFDM 调制的基本参数。

4. 一个脉冲以 $p(t)$ 被称为在 T 移位下正交的，如果它满足下列条件：

$$\int_{-\infty}^{\infty} p(t)p(t-nT_b)\mathrm{d}t=0, \quad n=\pm 1, \pm 2, \cdots$$

其中，T_b 是比特宽度。换句话说，脉冲 $p(t)$ 被移位 t_b 的任意整数倍以后与其自身是不相关的。证明奈奎斯特脉冲满足这个条件。

5. 如果信道对输入 $x(t)$ 的响应 $y(t)$ 为 $Kx(t-t_0)$，其中 K 和 t_0 是常数，那么称信道为无失真的。试证明如果信道的频率响应为 $A(f)\mathrm{e}^{j\theta(f)}$，其中 $A(f)$ 和 $\theta(f)$ 都是实的，那么信道无失真传输的充分必要条件为 $A(f)=K$ 和 $\theta(f)=2\pi ft_0\pm n\pi, n=0,1,2,\cdots$。

6. 根据升余弦谱特性。

(a)试证明相应的冲激响应为

$$x(t)=\frac{\sin(\pi t/T)}{\pi t/T}\frac{\cos(\beta\pi t/T)}{1-\beta^2t^2/T^2}$$

(b)当 $\beta=1$ 时，试求 $x(t)$ 的希尔伯特变换。

(c)试问 $\hat{x}$ 是否具有 $x(t)$ 那样的适宜于数据传输的特性？

(d)试求 $x(t)$ 产生的 SSB 抑制载波信号的包络。

7. 二进制通信系统在两个分集信道上传输同样的信息。两个接收信号是：

$$r_1=\pm\sqrt{\varepsilon_b}+n_1, r_2=\pm\sqrt{\varepsilon_b}+n_2$$

式中，$E(n_1)=E(n_2)=0, E(n_1^2)=\sigma_1^2$ 和 $E(n_2^2)=\sigma_2^2$，且 n_1 和 n_2 是不相关的高斯变量。检测器根据 r_1 和 r_2 线性组合，即

$$r=r_1+kr_2$$

来进行判决。

(a)试求使错误概率最小的 x 值。

(b)针对 $\sigma_1^2=1$,$\sigma_2^2=3$ 以及 $k=1$ 或 k 为(a)中求出最佳值,试绘出错误概率曲线,并做一个比较。

第8章　衰落信道中的数字传输技术

在本章中，我们将继续讨论更加复杂的通信环境，即衰落信道（Fading channel），它是不断广泛应用的无线通信的真正核心。衰落是指即使移动（Mobile）接收机与发射机之间的距离实际上是恒定的，接收机相对发射机比较小的移动都会导致接收功率的很大变化。产生衰落的物理现象是多径的（Multi－path），它意味着发射信号通过空时特征（Spatio－temporal characteristics）不断变化的多条路径到达移动接收机，因此这是无线信道实现可靠通信的富有挑战性的特性。本章主要包含无线信道模型及其传输特性分析；衰落信道下的传输信号设计；抗衰落传输技术（分集技术，空时编码及多天线 MIMO 技术）等。

8.1　抗衰落传输技术

8.1.1　分集技术

到目前为止，我们已经强调多径衰落现象是无线信道的固有特征，实际上它确实也是这样。那么，在这种物理现实情况下，如何能够使无线信道上的通信过程变为一种可靠（Reliable）的工作呢？这个基本问题的答案存在于分集（Diversity）的使用中，它可以被视为在空间背景下的一种元余（Redundancy）形式。特别地，如果能够在独立衰落信道上同时发送信息承载信号的多个副本，则很有可能至少有一个接收信号不会受到信道衰落的严重下降。有多个方法可以实现这种构想。

在本书涵盖的内容中，我们确定下列三种分集方法：①频率分集（Frequency diversity)，它利用彼此间隔足够大的多个载波来发送信息承载信号，从而提供信号的独立衰落形式。这可以通过选取频率间隔等于或者大于信道的相干带宽来实现。②时间分集(Time diversity)，它在不同时隙内发送同一个信息承载信号，相邻时隙之间的间隔等于或者大于信道的相干时间。如果间隔小于信道的相干时间，我们仍然能够获得一定的分集，但是会以降低性能为代价。在任何情况下，时间分集都可以比喻为差错控制编码中使用的重复码。③空间分集(Space diversity)，它采用多个发射天线或者接收天线，或者同时采用多个发射天线和多个接收天线，在选取相邻天线之间的间隔时要求确保信道中可能发生的衰落是独立的。

在这三种分集技术中，空间分集是本章感兴趣的问题。根据无线链路中哪一端配备有多个天线，我们可以确定下列三种不同形式的空间分集：①接收分集(Receive diversity)，它采用单个发射天线和多个接收天线；②发射分集(Transmit diversity)，它采用多个发射天线和单个接收天线；③发射和接收同时分集(Diversity on both transmit and receive)，它在发射端和接收端同时采用多个天线。

多径衰落信道上的分集接收技术，当信道出现深度衰落时，接收到的信号受到很大衰减，从而造成严重误码。如果能够提供多条独立衰落信道，使同样的信号在这些信道上独立传输，把从这些信道上接收到的信号合并后进行判决，这就是分集接收技术。由于多条独立衰落信道同时发生深度衰落的概率必然是比较小的，所以分集技术可显著改善误码性能。

8.1.1.1　分集技术的合并

分集技术中的合并方式，分集技术包含两部分含义，一方面是把同样信号通过多个独立衰落信道传输，这是把信号“分散”传输意思；另一方面把同一信号的不同独立衰落复制品加以合并处理，是“集中”的意思。

1. 选择性合并

信号在 L 条独立衰落信道上传输，设第 k 条信道的等效低通输出为

$$r_{lk}(t)=\alpha_k e^{j\varphi_k} s_l(t)+z_k(t), k=1,2,\cdots,L$$

其中 α_k，φ_k 为第 x 条衰落信道的幅度衰减和相移，$z_k(t)$ 是等效低通复高斯噪声，其实部和虚部的功率谱密度为 N_k。第 k 条信道匹配滤波器输出信噪比为，$\gamma_k=\alpha_k^2 E_s/N_k$，其中 E_s 为复包络信号的符号能量。选择性合并器通过测量各条支路的信噪比，选择其中最大信噪比支路的输出去进行解调判决。对于瑞利衰落信道，

$$p(\gamma_k)=\frac{1}{\bar{\gamma}_k}\mathrm{e}^{-\gamma_k/\bar{\gamma}_k},\gamma_k\geqslant 0,\bar{\gamma}_k=E_sE(\alpha_k^2)/N_k$$

所以

$$p(\gamma_k<x)=1-\exp(-x/\bar{\gamma}_k)$$

$$\gamma=\max\{\gamma_1,\gamma_1,\cdots,\gamma_L\}$$

$$\Pr\{y<x\}=\prod_{k=1}^{L}\Pr(\gamma_k<x)=\prod_{k=1}^{L}[1-\exp(-x/\bar{\gamma}_k)]$$

密度函数

$$p(\gamma)=\frac{\mathrm{d}}{\mathrm{d}x}\prod_{k=1}^{L}[1-\exp(-x/\bar{\gamma}_k)]_{x=\gamma}=\frac{\mathrm{d}}{\mathrm{d}\gamma}\left\{\prod_{k=1}^{L}[1-\exp(-\gamma/\bar{\gamma}_k)]\right\}$$

当 $\bar{\gamma}_k=\bar{\gamma}_0,k=1,2,\cdots,L$

$$\Pr\{\gamma<x\}=[1-\exp(-x/\bar{\gamma}_0)]^L$$

$$p(\gamma)=\frac{L}{\bar{\gamma}_0}\exp\left(-\frac{\gamma}{\bar{\gamma}_0}\right)\left[1-\exp\left(\frac{\gamma}{\bar{\gamma}_0}\right)\right]^{L-1}$$

2. 最大比合并

合并器把各衰落支路所接收到的信号线性组合，即

$$r_l(t)=\sum_{k=1}^{L}\beta_k r_{lk}(t)$$

选择系数 β_k，使 $r_l(t)$ 的信噪比最大，最大比合并是一种最佳的合并。

信号分量：

$$v(t)=s_l(t)\sum_{k=1}^{L}\beta_k^2 N_k,$$

输出信噪比：

$$p(\gamma)=\frac{L}{\bar{\gamma}_0}\exp\left(-\frac{\gamma}{\bar{\gamma}_0}\right)\left[1-\exp(\frac{\gamma}{\bar{\gamma}_0})\right]^{L-1}$$

利用 Schwartz 不等式，可证明当选择

$$\beta_k=\eta\frac{\alpha_k}{N_k}\mathrm{e}^{-j\varphi k},k=1,2,\cdots,L$$

最大信噪比：

$$\gamma=\sum_{k=1}^{L}\gamma_k$$

最大比合并器的信噪比 γ 的概率分布：

假定：$N_k=N_0,k=1,2,\cdots,L$

$$\alpha_k \sim p(\alpha_k)=\frac{2\alpha_k}{\Omega}\exp\left(-\frac{\alpha_k^2}{\Omega}\right),\alpha_k \geqslant 0,k=1,2,\cdots,L$$

所以 $\gamma_k \sim p(\gamma_k)=\frac{1}{\bar{\gamma}_k}\mathrm{e}^{-\gamma_k/\bar{\gamma}_k}, k=1,2,\cdots,L$，其中 $\bar{\gamma}_k=\frac{E_s}{N_0}E(\alpha_k^2)=\frac{E_s\Omega}{N_0}=\bar{\gamma}_c$。

第 k 支路的信噪比的特征函数为：

$$\varphi_{rk}(v)=E\{\mathrm{e}^{jv\gamma_k}\}=\frac{1}{1-jv\bar{\gamma}_c}$$

最大比合并器输出信噪比 $\gamma=\sum_{k=1}^{L}\gamma_k$ 的特征函数是

$$\varphi_v(v)=E\left\{\exp\left(jv\sum_{k=1}^{L}\gamma_k\right)\right\}=\frac{1}{(1-jv\bar{\gamma}_c)^L}$$

所以 $p(\gamma)=\frac{1}{(L-1)'\bar{\gamma}_c^L}\gamma^{L-1}\mathrm{e}^{-\frac{\gamma}{\bar{\gamma}_c}}$。

3. 等增益合并

在等增益合并中，每个分支不需对信道衰落作精确估计，只进行相位校正，使各支路信号同相相加，但各分支的增益加权是相等的，$\beta_k=\mathrm{e}^{-j\varphi_k}$ 表示合并系数。合并器输出：

$$r_l(t)=\sum_{k=1}^{L}\beta_k r_{lk}=s_l(t)\sum_{k=1}^{L}\alpha_k+\sum_{k=1}^{L}\mathrm{e}^{-j\varphi_k}n_k(t)$$

合并后的信噪比：$\gamma=A(\sum_{k=1}^{L}\alpha_k)^2, A=E_s/\sum_{k=1}^{L}N_k$。

即使 α_k 是独立、同分布的 Raygeigh 变量，没有简单方式计算出 γ 的分布密度函数。

4. 平方律合并

在非相干解调中，往往完全不估计衰落信道的参数 α 和 γ，接收机把各支路接收到的等效低通信号平方后直接加起来去进行包络检波。

$$r_l(t)=\sum_{k=1}^{L}|r_{lk}(t)|^2$$

对应于发送数据“0”和数据“1”，从第 x 条信道接收到的低通等效信号：

$$r_{lk}(t)=\alpha_k\mathrm{e}^{j\varphi_k}s_{lkm}(t)+z_k(t),\quad m=0,1,\cdots,L$$

最大比合并：$r_m=\sum_{k=1}^{L}\alpha_k\mathrm{e}^{-j\varphi_k},\quad m=0,1$

等增益合并：$r_m=\sum_{k=1}^{L}r_{lkm}\mathrm{e}^{-j\varphi_k},\quad m=0,1$

平方律合并：$r_m=\sum_{k=1}^{L}|r_{lkm}|2,\quad m=0,1$。

8.1.1.2　二进制信号分集接收的性能分析

L 条独立衰落信道的等效低通接收信号如下式，等效模型如图 8-1 所示。

$$r_{lk}(t)=\alpha_k e^{j\varphi_k} s_{lkm}(t)+z_k(t),\quad m=0,1, k=1,2,\cdots,L。$$

所有信号 $s_{lkm}(t)$ 具有等符号能量 $2E_b$，复高斯噪声 $z_k(t)$ 的虚部和实部独立，双边功率谱密度都为 N_0，各信道衰落统计特性相同。

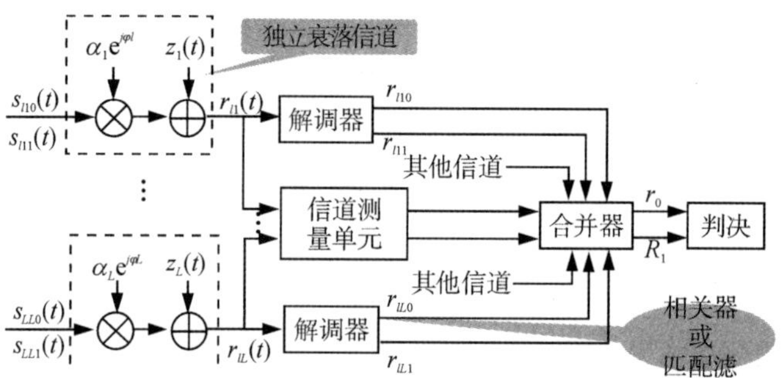

图 8-1　L 重分集的二进制数字通信系统的低通等效模型

1. L 重分集的相干 BPSK 信号传输

$$\left.\begin{aligned} h_{k0}(t)&=s_{lk0}^{*}(T-t) \\ h_{k1}(t)&=s_{lk1}^{*}(T-t) \end{aligned}\right\}$$ 匹配滤波器脉冲响应（对 BPSK 仅需一个）

BPSK 相干解调如图 8-2 所示，采用最大比合并，合并后的输出判决量为

$$U=R_e\left\{2E_b\sum_{k=1}^{L}\alpha_k^2+\sum_{k=1}^{L}\alpha_k\eta_k\right\}=2E_b\sum_{k=1}^{L}\alpha_k^2+\sum_{k=1}^{L}\alpha_k\eta_{kr}$$

$$\eta_k=\int_0^T z_k(t)s_{lkm}(t)e^{-j\varphi k}\,dt$$

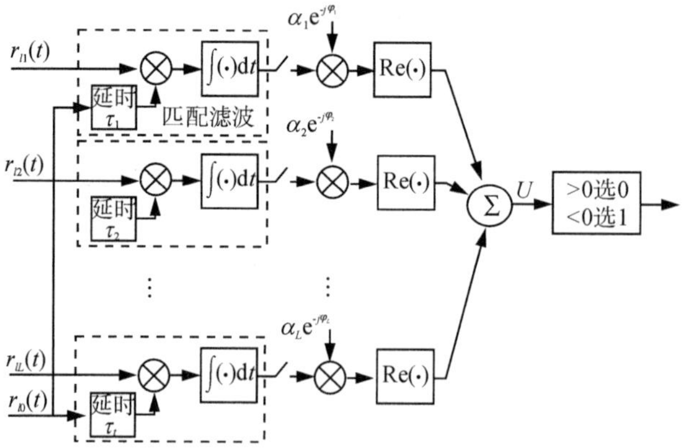

图 8-2　相干 BPSK 信号 L 重分集接收原理方框图

η_{kr} 为 η_k 的实部：$\eta_{kr} \sim N(0, 2E_b N_0)$。

在固定 $\alpha_k, k=1,2,\cdots,L$ 条件下，判决量 U 是高斯随机变量，

$$E(U) = 2E_b \sum_{k=1}^{L} \alpha_k^2 \qquad \sigma_U^2 = 2E_b N_0 \sum_{k=1}^{L} \alpha_k^2$$

条件误码率：

$$P_e(\gamma_b) = P_r\{U < 0\} = Q(\sqrt{2\gamma_b})$$

其中：

$$\gamma_b = \frac{E_b}{N_0} \sum_{k=1}^{L} \alpha_k^2 = \sum_{k=1}^{L} \gamma_k, \qquad \gamma_k = \frac{E_b}{N_0} \alpha_k^2$$

其中：

$$\gamma_b = \frac{E_b}{N_0} \sum_{k=1}^{L} \alpha_k^2 = \sum_{k=1}^{L} \gamma_k, \qquad \gamma_k = \frac{E_b}{N_0} \alpha_k^2$$

设信道衰减因子 α_k 是独立、同分布，则 γ_k 是独立、同分布随机变量：

$$\bar{\gamma}_k = \frac{E_b}{N_0} E(\alpha_k^2) = \frac{E_b}{N_0} E(\alpha^2) \triangleq \bar{\gamma}_c$$

随机变量 γ_b 的概率分布为

$$p(\gamma_b) = \frac{1}{(L-1)!\ \bar{\gamma}_c^L} \gamma_b^{L-1} \mathrm{e}^{-\gamma_b - \bar{\gamma}_c}$$ 平均误码率：

$$\bar{P}_e = \int_0^{\infty} P_e(\gamma_b) p(\gamma_b) \mathrm{d}\gamma_b = [(1-\mu)/2]^L \sum_{k=0}^{L-1} C_{L-1+k}^k [(1+\mu)/2]^k, \quad \mu = \sqrt{\frac{\bar{\gamma}_c}{1+\bar{\gamma}_c}}$$

当 $\bar{\gamma}_c$ 充分大时，平均误码率为：

$$\bar{P}_e \approx \left(\frac{1}{4\bar{\gamma}_c}\right)^L \cdot C_{2L-1}^L$$

2. L 重分集的相干正交 BFSK 信号传输

对于相干正交 BFSK，则每个支路上要采用匹配滤波器解调，解调的采样输出送入到最大比合并器，得到 2 个判决变量，当发送信号为 $s_0(t)$ 条件下，2 个判决变量为：

$$U_0 = R_e\left\{2E_b \sum_{k=1}^{L} \alpha_k^2 + \sum_{k=1}^{L} \alpha_k \eta_{k,0r}\right\} = 2E_b \sum_{k=1}^{L} \alpha_k^2 + \sum_{k=1}^{L} \alpha_k \eta_{k,0r}$$

$$U_1 = R_e\left\{\sum_{k=1}^{L} \alpha_k \eta_{k,1r}\right\} = \sum_{k=1}^{L} \alpha_k \eta_{k,1r}$$

其中 $\eta_{k,0r}$ 和 $\eta_{k,1r}$ 都是均值为零，方差为 $2E_b N_0$ 的独立高斯变量。在 $\alpha_k, k=1,2,\cdots,L$ 给定条件下，误码率

$$P_e(\gamma_b)=P_r\left\{2E_b\sum_{k=1}^{L}\alpha_k^2<\sum_{k=1}^{L}\alpha_k(\eta_{k1r}-\eta_{k0r})\right\}=Q(\sqrt{\gamma_b})$$

其中 $\gamma_b=\sum_{k=1}^{L}\gamma_k=\frac{E_b}{N_0}\sum_{k=1}^{L}\alpha_k^2$

当各支路的衰落满足同样统计特性时，

$$p(\gamma_b)=\frac{1}{(L-1)!\ \gamma_c^{-1}}\gamma_b^{L-1}e^{-\gamma_b-\bar{\gamma}_c}$$

平均信噪比 $\bar{\gamma}_c=\frac{E_b}{N_0}E(\alpha^2)$。

所以

$$\bar{P}_e=\int_0^{\infty}Q(\sqrt{\gamma_b})p(\gamma_b)\mathrm{d}\gamma_b=[(1-\mu/2)]^L\sum_{k=0}^{L-1}C_{L-1+k}^{k}[(1+\mu)/2]^k$$

但是 $\mu=\sqrt{\frac{\bar{\gamma}_c}{2+\bar{\gamma}_c}}$。当 $\bar{\gamma}_c$ 充分大时

$$\bar{P}_e\approx\left(\frac{1}{2\bar{\gamma}_c}\right)^L\cdot C_{2L-1}^{L}$$

3. *L* 重分集的非相干 BFSK 信号传输

L 重分集的非相干 BFSK 信号传输如图 8-3 所示。假设发送的信号 $f_0(t)$ 的频率为 f_0，则第 k 条衰落信道上非相干解调所输出的判决量为：

$$|r_{k_0}|^2=|2E_b\alpha_k e^{j\varphi_k}+\eta_{k0}|^2,\ |r_{k1}|^2=|\eta_{k1}|^2$$

平方律合并后，输出的判决量为：

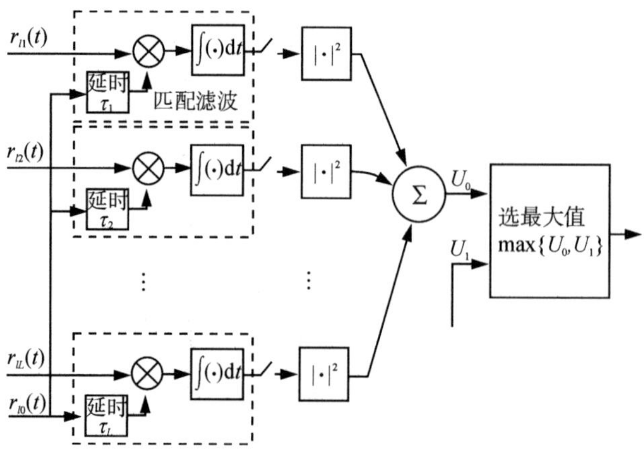

图 8-3　BFSK 信号非相干 L 重分集接收原理方框图

$$U_0=\sum_{k=1}^{L}\mid r_{k_0}\mid^2=\sum_{k=1}^{L}\mid 2E_b\alpha_k e^{j\varphi k}+\eta_{k0}\mid^2$$

$$U_1=\sum_{k=1}^{L}\mid r_{k_0}\mid^2=\sum_{k=1}^{L}\mid \eta_{k1}\mid^2$$

$$P_{U_0}(u)=\frac{1}{(2\sigma_0^2)^L(L-1)!}u^{L-1}\exp\left(-\frac{u}{2\sigma_0^2}\right)$$

$$\sigma_0^2=\frac{1}{2}E(\mid 2E_b\alpha_k e^{j\varphi_k}+\eta_{k0}\mid^2)=2E_bN_0(1+\bar{\gamma}_c)$$

$$\bar{\gamma}_c=\frac{E_b}{N_0}E(\alpha_k^2)$$

$$p_{U1}(\mu)=\frac{1}{(2\sigma_1^2)(L-1)!}u^{L-1}\exp\left(-\frac{u}{2\sigma_1^2}\right)$$

$$\sigma_1^2=\frac{1}{2}E(\mid \eta_{k1}\mid^2)=2E_bN_0$$

平均误码率

$$\begin{aligned}\bar{P}_e&=\Pr\{U_0<U_1\}\\&=\int_0^{\infty}\left(\int_{u_0}^{\infty}\frac{u_1^{L-1}\exp(-u_1/2\sigma_1^2)}{2^L\sigma_1^{2L}(L-1)!}du_1\right)\frac{u_0^{L-1}\exp(-u_0/2\sigma_0^2)}{2^L\sigma_1^{2L}(L-1)!}du_0\end{aligned}$$

仍然得到平均误码率：

$$\bar{P}_e=[(1-\mu)/2]^L\sum_{k=0}^{L-1}C_{L-1+k}^{k}+k[(1+\mu)/2]^k$$

其中 $\mu=\dfrac{\bar{\gamma}_c}{2+\bar{\gamma}c}$。

当取充分大的 $\bar{\gamma}_c$

$$\bar{P}_e\approx\left(\frac{1}{\bar{\gamma}_c}\right)^L\cdot C_{2L-1}^{L}$$

4. 具有 L 重分集的二进制 DPSK 传输

对每一衰落分支信道的输出进行差分相干解调，设 $r_{li}(k)$ 和 $r_{li}(k-1)$ 是第 i 条信道上 k 时刻和 $k-1$ 时刻匹配滤波器输出的低通等效，如图 8-4 所示。

$$r_{li}(k)=\alpha_i(k)e^{j\varphi_i(k)}\cdot 2E_b e^{j\theta_k}+\eta_i(k)$$

其中 $\alpha_i(k)e^{j\varphi_i(k)}$ 是信道衰落因子，$\eta_i(k)$ 是独立零均值，方差为 $4E_bN_0$ 的复高斯随机变量。在第 k 时刻第 i 支路差分解调的输出判决量为 $\mathrm{Re}(r_{li}(k)r_{li}^*(k-1))$，采用等增益合并的输出判决量为：

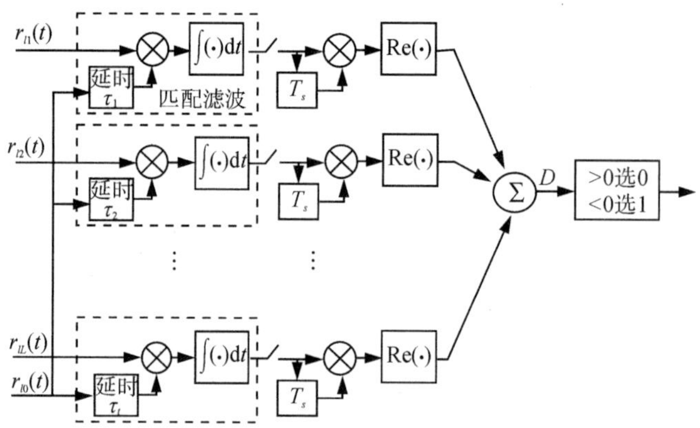

图 8-4　二进制 DPSK 信号的 L 重分集接收原理方框图

$$D(k)=\mathrm{Re}(r_{li}(k)r_{li}^{*}(k-1))$$

假定信道时变足够慢，在 2 个相邻时间间隔中信道衰落保持不变，故

$$\alpha_i(k)\mathrm{e}^{j\varphi_i(k)}=\alpha_i(k-1)\mathrm{e}^{j\varphi_i(k-1)}=\alpha_i\mathrm{e}^{j\varphi_i},\quad i=1,2,\cdots,L$$

$$\text{判决法则}\begin{cases}D>0\ \text{判发“0”，即前后符号不变}\\D<0\ \text{判发“1”，即前后符号改变}\end{cases}$$

假定发送信息“0”，因此二进制 DPSK 信号的 2 个相邻符号相位相同，即 $\theta_k=\theta_{k-1}$，在这些条件下误码率：

$$\bar{P}_e=\Pr\left\{\mathrm{Re}\left(\sum_{i=1}^{L}r_i(k)r_i^{*}(k-1)\right)<0\right\}$$

下面计算复随机变量 $\sum\limits_{i=1}^{L}r_i(k)r_i^{*}(k-1)$ 的条件分布。假定各条支路衰落的统计特性相同，$E(\alpha_k^2)=E(\alpha^2)$。在 $\Delta\theta_k=\theta_k-\theta_{k-1}=0$，以及给定 $r_i(k-1)=x_i$，$i=1,2,\cdots L$ 条件下，$r_i(k)$是一个复高斯随机变量；它的条件均值就是在 $\Delta\theta_k=0$ 和 $r_i(k-1)=x_i$ 给定下的最佳线性估计，即

$$E[r_i(k)\,|\,\Delta\theta_k=0,r_i(k-1)=x_i]=\hat{r}_k(k)=\frac{\bar{\gamma}_c}{1+\bar{\gamma}_c}x_i$$

其中

$$\bar{\gamma}_c=\frac{E_b}{N_0}E(\alpha^2)$$

同样条件下，$r_k(k)$的条件方差

$$\mathrm{Var}[r_i(k)\,|\,\Delta\theta_k=0,r_i(k-1)=x_i]=\frac{(\bar{\gamma}_c+1)^2-\bar{\gamma}_c^2}{\bar{\gamma}_c+1}\cdot 4E_bN_0$$

所以

$$\mathrm{Var}[r_i(k)\mid\Delta\theta_k=0,r_i(k-1)=x_i]=\frac{(\bar{\gamma}_c+1)^2-\bar{\gamma}_c^2}{\bar{\gamma}_c+1}\cdot 4E_bN_0$$

$$A=E\left[\sum_{i=1}^{L}r_i(k)r_i^*(k-1)\mid\Delta\theta_k=0,r_i(k-1)=x_i,i=1,2,\cdots L\right]$$

$$=\sum_{i=1}^{L}x_j^*\hat{r}_i(k)=\frac{\bar{\gamma}_c}{1+\bar{\gamma}_c}\sum_{i=1}^{L}|x_i|^2$$

$$\sum=\mathrm{Var}[r_i(k)r_i^*(k-1)\mid\Delta\theta_k=0,r_i(k-1)=x_i,i=1,2,\cdots L]$$

$$=\frac{(1+\bar{\gamma}_c)^2-\bar{\gamma}_c^2}{1+\bar{\gamma}_c}\cdot 4E_bN_0\cdot\sum_{i=1}^{L}|x_i|^2$$

$$\Pr\left\{\mathrm{Re}\left[\sum_{i=1}^{L}r_i(k)r_i^*(k-1)\right]<0\mid\Delta\theta_k=0,r_i(k-1)=x_i,i=1,2,\cdots L\right\}$$

$$=Q\left(\sqrt{\frac{2A^2}{\sum}}\right)=Q\left(\sqrt{\frac{\bar{\gamma}_c^2\sum_{i=1}^{L}|x_i|^2}{2E_bN_0(1+\bar{\gamma}_c)[(1+\bar{\gamma}_c)^2-\bar{\gamma}_c^2]}}\right)$$

$$U=\sum_{i=1}^{L}|x_i|^2=\sum_{i=1}^{L}|2E_b\alpha_i\mathrm{e}^{j\varphi_i}+\eta_i|^2$$

$$P_U(u)=\frac{1}{(2\sigma^2)^L(L-1)!}u^{L-1}\exp(-\frac{u}{2\sigma^2})$$

$$\sigma^2=2E_bN_0(1+\bar{\gamma}_c)$$

所以

$$\bar{P}=\int_0^{\infty}Q\left(\sqrt{\frac{\bar{\gamma}_c^2u}{\sigma^2[(1+\bar{\gamma}_c)^2-\bar{\gamma}_c^2]}}\right)\cdot P(u)\mathrm{d}u$$

$$=\left(\frac{1-\mu}{2}\right)^L\cdot\sum_{i=0}^{L-1}C_{L-1+i}^{i}\left(\frac{1-\mu}{2}\right)^i$$

其中

$$\mu=\frac{\bar{\gamma}_c}{1+\bar{\gamma}_c},\bar{\gamma}_c=\frac{E_bE(\alpha^2)}{N_0}$$

当 $\bar{\gamma}_c$ 充分大时

$$\bar{P}_e\approx\left(\frac{1}{2\bar{\gamma}_c}\right)^L\cdot C_{2L-1}^{L}$$

当分集重数 $L=1,2,4$ 时二进制相干 PSK，DPSK 和平方律检测的正交 FSK 的误码性能、频率选择性、慢衰落信道上数字信号传输采用 Rake 接收技术。Rake 接收是一种巧妙的分集方法，这种方法利用多径传输进行分集，因而也称为多径分集。

抽头延时线信道模型，设信号的符号间隔远小于信道相干时间 $T \ll (\Delta T)_c$，如果被传输信号 $s(t)$时的带宽为 W，其等效低通信号 $s_l(t)$占有带宽路$|f| \leqslant W/2$。

$$s_l(t)=\sum_{n=-\infty}^{\infty} s_l\left(\frac{n}{W}\right)\frac{\sin[\pi W(t-n/W)]}{\pi W(t-n/W)}$$

$$S_l(f)=\begin{cases}\dfrac{1}{W}\sum\limits_{n=-\infty}^{\infty} s_l\left(\dfrac{n}{W}\right)\mathrm{e}^{-j2\pi f_n/W}, & |f| \leqslant W/2\\ 0, & |f|>W/2\end{cases}$$

频率选择性信道所接收到的信号为：

$$r_l(t)=\int_{-\infty}^{\infty} C(f;t)\cdot S_l(f)\mathrm{e}^{j2\pi ft}\mathrm{d}f=\frac{1}{W}\sum_{n=-\infty}^{\infty} s_l\left(\frac{n}{W}\right)\cdot c(t-n/W;t)$$

$$c(\tau,t)=\int_{-\infty}^{\infty} C(f;t)\cdot \mathrm{e}^{jw\pi ft}\mathrm{d}f$$

上式可写成：
$$r_l(t)=\frac{1}{W}\sum_{n=-\infty}^{\infty} s_l\left(t-\frac{n}{W}\right)\cdot c(n/W;t)$$

所以

$$r_l(t)=\sum_{n=-\infty}^{\infty} c_n(t)s_l\left(t-\frac{n}{W}\right)$$

其中

$$c_n(t)=\frac{1}{W}c(n/W;t)$$

时变频率选择性信道可以用抽头延时线作为它的模型如图 8-5 所示，其中抽头间隔为 $1/W$，抽头系数为$\{c_n(t)\}$。

抽头延时信道的脉冲响应为

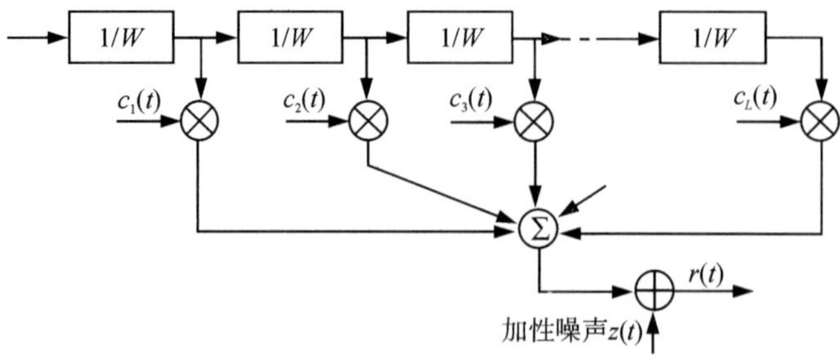

图 8-5　频率选择性信道的抽头延时线信道模型

$$c(\tau;t)=\sum_{n=-\infty}^{\infty}c_n(t)\delta(t-\frac{n}{W})$$

时变传递函数为

$$c(f;t)=\sum_{n=-\infty}^{\infty}c_n(t)\mathrm{e}^{-j2\pi f_n/W}$$

实际信道的抽头延时线模型节数有限,取为

$$L=[T_mW]+1$$

T_m 为信道多径展宽。所以

$$r_l(t)=\sum_{n=1}^{L}c_n(t)s_l\left(t-\frac{n}{W}\right)$$

其中时变抽头$\{c_n(t)\}$是复随机过程:在 Rayle1gh 衰落统计特征下,$|c_n(t)|=|\alpha_n(t)|$频率服从 Rayleigh 分布 $c_n(t)$的相位服从均匀分布。

Rake 接收技术如图 8-6 所示和 8-7 所示,具有 L 个统计独立抽头系数的信道模型提供给接收机同一信号的 L 个独立衰落复制品。接收机用最佳的最大比合并方式处理所接收到的信号,达到 L 重分集的效果:假定 2 个等概、等能量的信号元 $s_{l1}(t)$和 $s_{l2}(t)$对映信号($\rho=-1$)或者是正交信号($\rho=0$)符号时间 $T\gg T_m$,所以可以忽略码间干扰的影响,但利用例如伪随机码扩谱技术,可以使信号带宽 W 远大于信道的相干带宽。所以

$$r_l(t)=\sum_{k=1}^{L}c_k(t)s_{lm}\left(t-\frac{k}{W}\right)+z(t)=v_m(t)+z(t),(0\leqslant t\leqslant T;m=0,1)$$

其中 $z(t)$是等效低通复值高斯噪声。最佳接收机解调、采样输出:

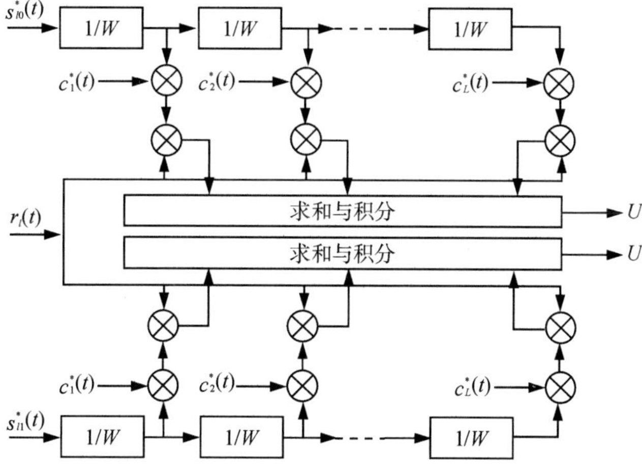

图 8-6 Rake 接收机(参考信号延时方式)

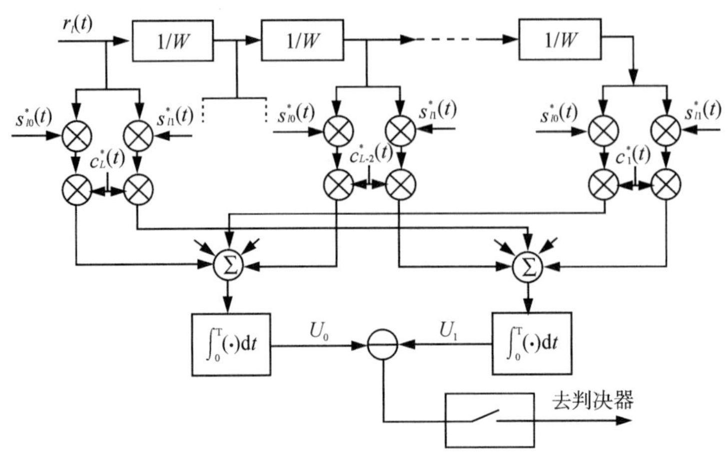

图 8-7　Rake 接收机(接收信号延时方式)

$$U_m=R_e\int_0^T r_l(t)v_m^*(t)\mathrm{d}t=R_e\left[\sum_{k=1}^{L}\int_0^T r_l(t)c_k^*(t)s_{lm}^*(t-k/W)\mathrm{d}t\right],m=0,1$$

假定衰落充分慢,使得信道参数 $c_k(t)$ 信道模型可以被精确估计出来,且在符号间隔中保持为常数,于是判决量可以表示为:

$$U_m=R_e\left[\sum_{k=1}^{L}c_k^*\int_0^T r_l(t)c_{lm}^*(t-k/W)\mathrm{d}t\right],m=0,1$$

假定发送信号为 $s_{l1}(t)$,则接收到信号为:

$$r_l(t)=\sum_{n=1}^{L}c_n s_{l1}\left(t-\frac{n}{W}\right)+z(t),0\leqslant t\leqslant T$$

所以

$$U_m=R_e\left[\sum_{k=1}^{L}c_k^*\sum_{n=1}^{L}c_n\int_0^T s_{l1}(t-n/W)s_{lm}^*(t-k/W)\mathrm{d}t\right]$$
$$+R_e\left[\sum_{k=1}^{L}c_k^*\int_0^T s_{lm}^*(t-k/W)\mathrm{d}t\right],m=0,1$$

宽带信号 $s_{lm}(t)$ 由伪随机序列扩谱而成,具有如下的正交性:

$$\int_0^T s_{lm}(t-n/W)s_{lm}^*(t-k/W)\mathrm{d}t=0,k\neq n,m=0,1$$

所以

$$U_m=R_e\left[\sum_{k=1}^{L}|c_k|^2\int_0^T s_{l1}(t-k/W)s_{lm}^*(t-k/W)\mathrm{d}t\right]$$
$$+R_e\left[\sum_{k=1}^{L}c_k^*\int_0^T z(t)s_{lm}^*(t-k/W)\mathrm{d}t\right]$$

对于二进制对映信号情况,这时仅需要一个匹配滤波器;判决变量为

其中

$$\alpha_k=|c_k|, N_k=e^{-j\varphi_k}\int_0^T z(t)s_l^*(t-k/W)\mathrm{d}t, R_e(N_k)\sim N(0,2E_bN_0)$$

当信道抽头权值估计完全正确条件下，采用估计方法如图 8-8 所示，Rake 接收机等价于 L 重最大比合并分集，其平均误码率与 L 重最大比分集相干 BPSK 情况一样。如果 $\{\alpha_k\}$ 的均方值不相等，则在固定 $\{\alpha_k\}$ 条件下的条件差错概率为：

$$P_e(\gamma_b)=Q(\sqrt{\gamma_b(1-\rho)}), \rho=\begin{cases}-1, & \text{对于正映信号}\\ 0, & \text{对于正交信号}\end{cases}$$

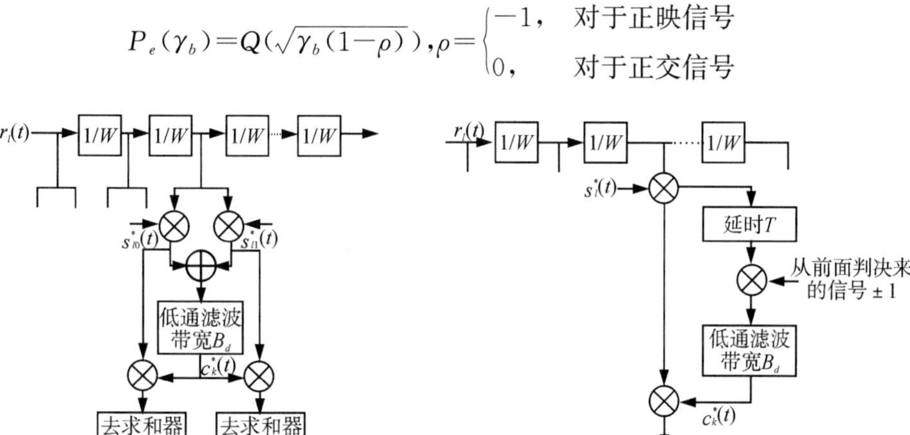

采用二进制正交信号波形时估计抽头权重的一种方法　　适合对映信号波形的信道抽头估计方法

图 8-8　估计抽头权重的两种方法

其中 $\gamma_b=\dfrac{E_b^2}{N_0}\sum_{k=1}^{L}\alpha_k^2=\sum_{k=1}^{L}\gamma_k$

$$p(\gamma_k)=\frac{1}{\bar{\gamma}_k}e^{-\gamma_k/\bar{\gamma}_k}, \bar{\gamma}_k>0; \bar{\gamma}_k=\frac{E_b}{N_0}E(\alpha^2)$$

所以

$$p(\gamma_0)=\sum_{k=1}^{L}\frac{\pi_k}{\gamma_k}e^{-\gamma_b/\bar{\gamma}_k}, \pi_k=\prod_{i=1,i\neq k}^{L}\frac{\bar{\gamma}_k}{\bar{\gamma}_k-\bar{\gamma}_i}$$

平均差错概率：

$$\bar{P}_e=\int_0^\infty P_e(\gamma_b)p(\gamma_b)\mathrm{d}\gamma_b=\frac{1}{2}\sum_{k=1}^{L}\pi_k\left[1-\sqrt{\frac{\bar{\gamma}_k(1-\rho)}{2+\bar{\gamma}_k(1-\rho)}}\right]$$

当 $\bar{\gamma}_k\gg 1$ 时，$\bar{P}_e\approx C_{2L-1}^{L}\cdot\prod_{i=1,i\neq k}^{L}\dfrac{1}{2\bar{\gamma}_k(1-\rho)}$

对于所有 x，$\bar{\gamma}_k=\gamma_c$ 时，平均误码率分别就是 BPSK 和 BFSK 在 L 重最大比合并分集时的平均误码率。

采用 DPSK 信号或采用非相干正交信号传输时，不需要估计信道抽头值，如图 8-9 所示。

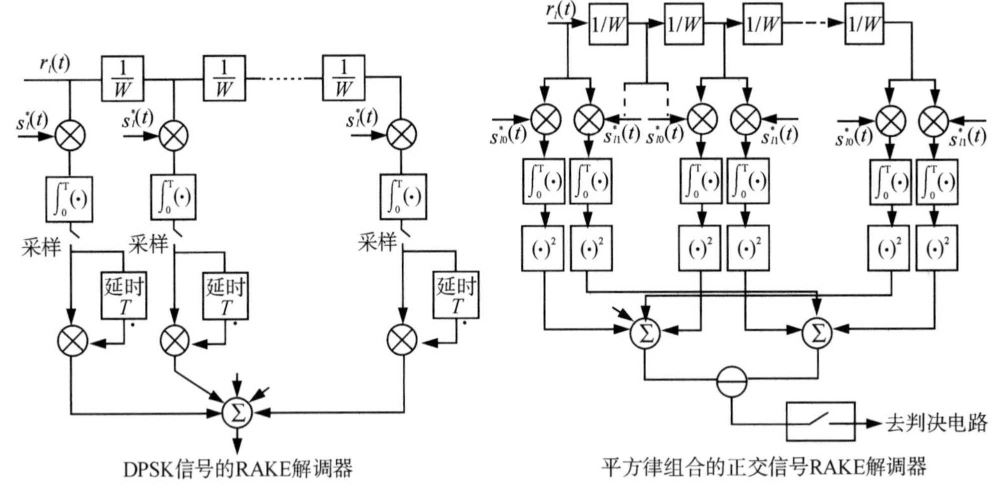

图 8-9　采用 DPSK 信号或采用非相干正交信号

8.1.2　多输入多输出(MIMO)

矩阵基础知识，给定 $A\in M_n$、$x\in C^n$，称满足方程 $Ax=\lambda x$，$x\neq 0$ 的标量 λ 为矩阵 A 的特征值。非零向量 x 称作矩阵 A 对应于 λ 的特征向量。如果 $\lambda_1,\cdots,\lambda_n$ 是矩阵 A 的 n 个特征值，则有矩阵的秩 $\mathrm{tr}A=\sum_{i=1}^{n}\lambda_i$ 和 $\det A=\prod_{i=1}^{n}\lambda_i$ 矩阵的行列式，对于 $A\in M_{m,n}$，A 的秩表示 A 中线性无关的最大列/行数目。

MIMO(Multiple Input Multiple Output)系统可以简单的定义为在发射端和接收端同时使用多个天线的通信系统。其系统框架如图 8-10 所示：

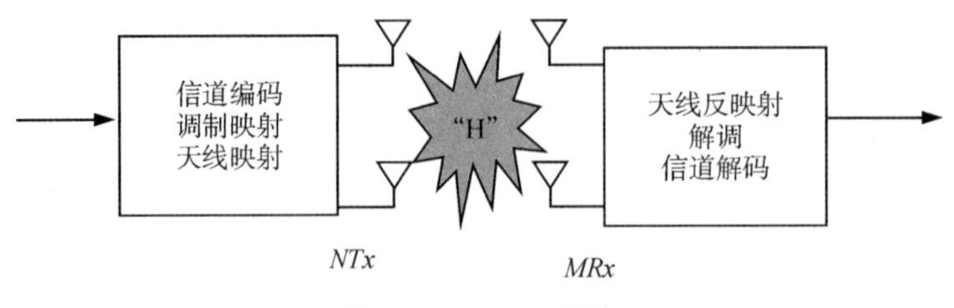

图 8-10　MIMO 系统

发射端操作，上图 8-10 中输入的二进制数据流，经过差错控制编码和调制映射到复数调制符号(QPSK，M－QAM 等)，产生对应多个发射天线的多路并行数据符号流。这些数据流之间可以是完全独立的，也可是部分或者完全冗余的。天线映射操作也可以包含对天线元素的线性空间加权(波束形成)或者空时预编码。最后，经过上变频、滤波和功率放大等一系列操作，信号被发射到实际无线信道中。

接收端操作，在接收端也可以通过多天线来捕获信号，通过反映射、解调和解码等一系列与发射端相反的操作来恢复原始发送信号。用于选择编码和天线映射算法的复杂度、智能化程度和信道检测的精确度取决于具体的应用环境，而这也共同决定了多天线系统实现中的类型和性能。

MIMO 思想的出发点是期望通过无线链路收发两端信号之间的联合(Combining)来达到下列目标：1)提高系统通信质量(误比特率)；2)改进每个 MIMO 用户的数据数率(bits/sec)。

MIMO 系统一个非常重要的性能是可以将传统观点上认为的多径传播这一对无线传输有害的特性转变为对用户有利的一面。MIMO 可以有效地利用随机衰落和多径时延扩展来成倍提高传输数率。MIMO 能够在不增加系统带宽(只是增加了系统硬件实现的复杂度)的同时大幅度地提高无线通信的速率，这使其成为新近的研究热点。

在传统的单发单收(Single Input，Single Output；SISO)系统中，可以通过时间来实现分集如图 8-11 所示。

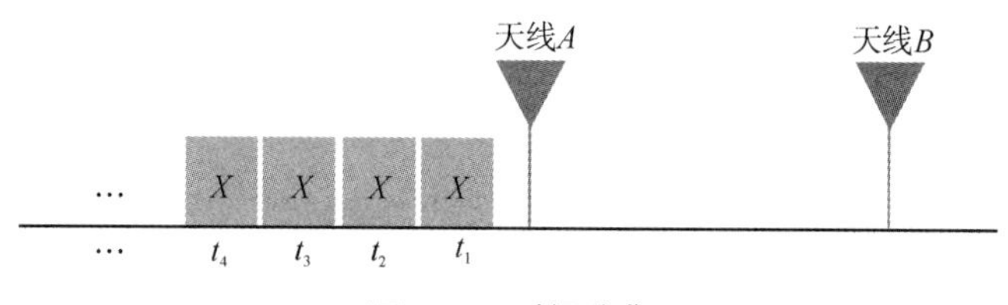

图 8-11　时间分集

在多发多收(Multiple Input，Multiple Output；MIMO)系统中，收发双方拥有多根天线，分集可以在不同的天线上实现，这种方法也叫做空间分集如图 8-12 所示。

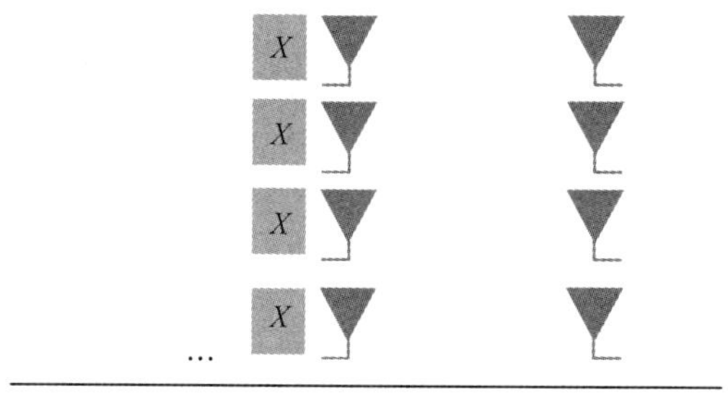

图 8-12　空间分集

不管在时间上还是空间上的分集，传输的效率并不高。比如尽管我们有 4 根发送天线，但由于发送内容相同，一个时刻实际上只传输了一个符号。要知道，如果在不同的天线上发送不同的数据，我们就可以一次传输 4 个符号！

这种“在不同的天线上发送不同的数据”的发送思想也叫空间多路复用，V－BLAST，最早由贝尔实验室提出。“分集”告诉我们，把数据重复发送多次可以提高传输的可靠性，“复用”则说，把资源都用来发送不同的数据可以提高传输速率。在无线通信系统中，发送策略究竟要怎样设计才好呢？它又能否兼顾“分集”与“复用”呢？

有一个很简单的方法来看一个通信系统能提供多少分集增益，就是数数看从发送天线到接收天线间有多少条“可辨识”的传播路径。衡量复用的标准当然是看一个系统每个时刻最多可以发送多少个不同的数据，也叫做“自由度”。

在一个 1×2 的系统中，发送端有一根天线，接收端有两根天线，如图 8-13 所示。从天线 A 发出的 X 可以通过路径 1 到达 B，也可以通过路径 2 到达 C，这就表示 1×2 的系统有两条不同的传播路径，可以提供的最大分集增益是 2。由于发送端只有一根天线，所以每个时刻只能发出一个数据，故它具有的自由度就是 1。我们可以把这样的分析扩展到接收端有多个天线的情况：对一个有 n 根接收天线的 SIMO 系统来说，能够提供的最大分集增益是 n，自由度是 1。

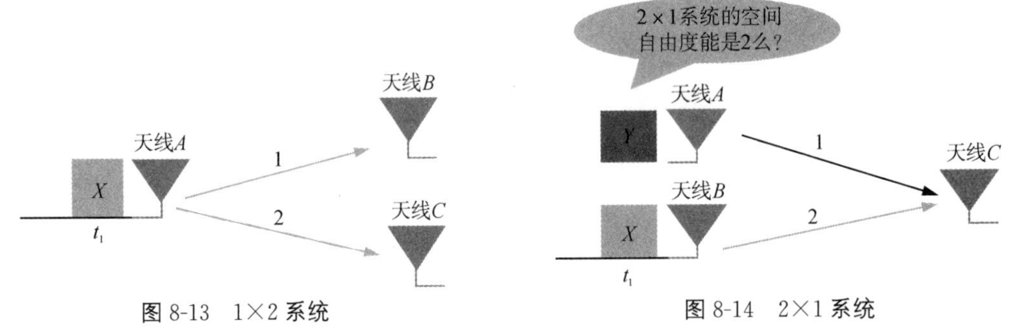

图 8-13　1×2 系统　　　　图 8-14　2×1 系统

发送端配有多天线的情况。先考虑具有两根发送天线的 MISO 系统，如图 8-14 所示。我们也能找出两条不同的传播路径，分别为 A 到 C 的路径 1；B 到 C 的路径 2。所以 2×1 的 MISO 系统可以提供的最大分集增益也是 2。现在发送端有两根发送天线，一次可以发出两个不同的符号，是否说明 2×1 的系统具有的自由度是 2 呢？

假设在 x 时刻，天线 A 上发送 Y，天线 B 上发送 X，那么接收天线 C 上得到的接收信号就是 $h_1 \cdot Y + h_2 \cdot X$，其中 h_1 和 h_2 分别是传播路径 1 和 2 的信道增益。我们考虑相干解调，即 h_1 和 h_2 在接收端已知。

"这里有两个未知数 X 和 Y,但是只有一个方程,从一个方程中是无法解出两个未知数的!"所以,这就说明 2×1 的 MISO 系统无法支持 2 个自由度,它的自由度只能是 1。

类似于 2×1 系统的分析,我们在接收端加了一根天线 D,在 D 上接收到的信号就是 $h_3 \cdot Y + h_4 \cdot X$。现在,即使发送端发出两个不同信号,接收端也能轻松处理了。所以 2×2 的 MIMO 系统支持的自由度是 2(这也是为什么 V－BLAST 系统要求接收天线数要大于等于发送天线数的原因)。我们不难数出,2×2 的系统有 4 条不同的传播路径,故它能提供的最大分集增益是 4,如图 8-15 所示。

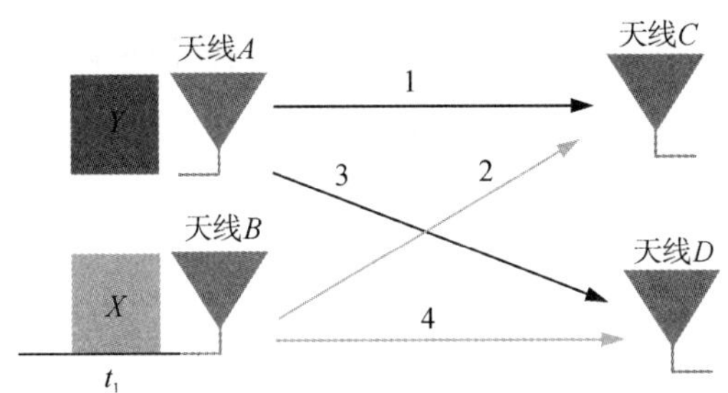

图 8-15　2×2MIMO 系统

在 2×1 系统中,还有一种方法可以提供额外的传输方程,就是在时间上进行分集。比如我们在 x 和 π 时刻重复发送 X 和 Y,接收端同样可以得到关于 X 和 Y 的两个传输方程。现在,我们把时间维度也引入到发送策略的设计中来,这种结合了时间和空间的发送策略,其实有一个响亮的名字—空时编码。当然,如何在时间和空间两个维度上分配好资源,却是一门艺术。

如图 8-16 所示重复编码的策略是这样的:在时刻 t_1,天线 A 上发送 X,天线 B 关闭,什么也不发;在时刻 π,天线 B 上发送 X,天线 A 关闭。有了之前的分析经验,我们可以很快看出重复编码的性能:在 x 和 π 两个时刻,X 分别由传播路径 1,3 和 2,4 到达接收端,所以重复编码获得的分集增益是 4。但经过了两个时刻,只传送了一个符号 X,它的自由度只有 1/2。

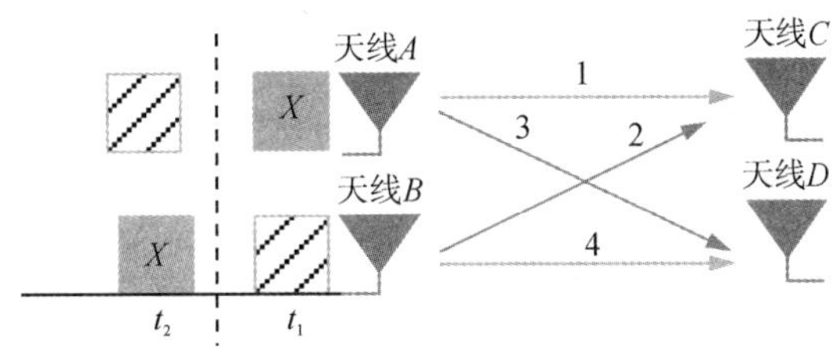

图 8-16　重复编码

Alamouti 编码如图 8-17 所示。

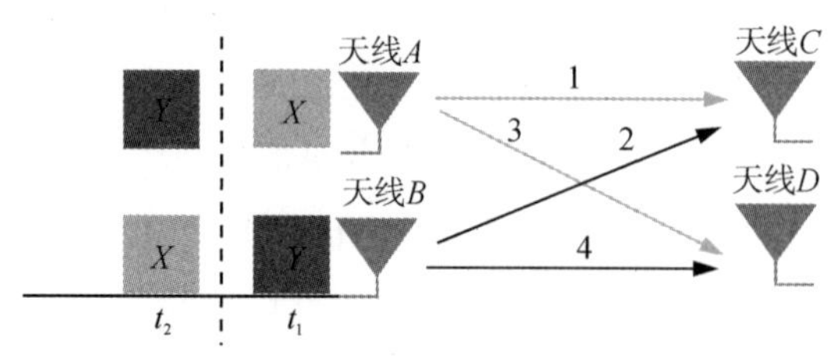

图 8-17　2×2Alamouti 编码

经过两个时刻，每个符号都可以遍历 4 条传播路径，故可以获得的分集增益是 4；这两个时刻一共发送了两个不同的符号，所以获得的自由度是 1。

V－BLAST 系统如图 8-18 所示。

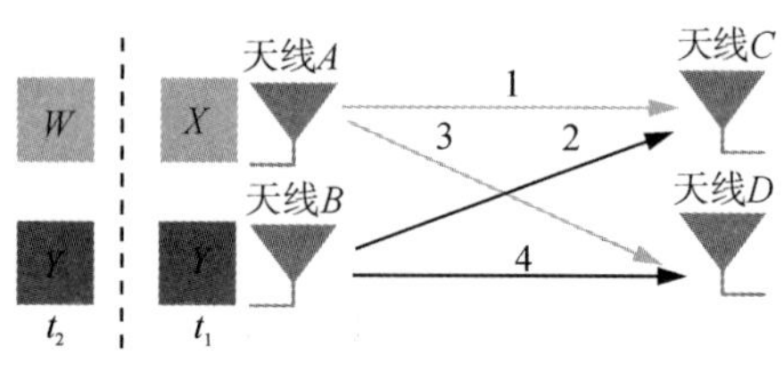

图 8-18　V－BLAST 系统

在 V－BLAST 系统中，每个时刻，两根发送天线上都发送不同的数据，所以它获得的自由度是 2。但分析 V－BLAST 系统的分集增益就没有那么简单了，因为这与它采用的接收方式有关。

最大似然接收机如图 8-19 所示。

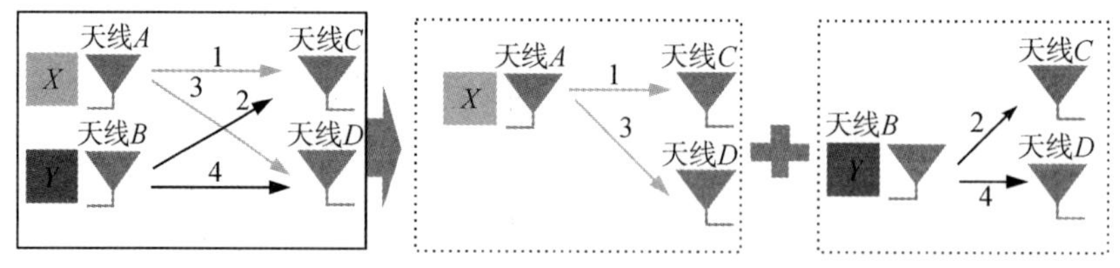

图 8-19　V－BLAST 系统分解成两个 SIMO 子系统

采用 ML 接收机，它的中心思想是把接收信号投影到待检测信号的“方向”上。比如我们要检测 X，它通过传播路径 1 和 3 到达接收端，那么，信号 X 的“方向”就只和这两条路径有关，我们只需要关注这两条路径就可以了。沿着这个思路，我们可以把 V－BLAST 系统分解成两个 SIMO 子系统。现在再进行分析就容易多了，很明显，每个信号都经历了两条传播路径，所以，使用 ML 接收机的 V－BLAST 系统，能获得的分集增益是 2。

解相关如图 8-20 所示。

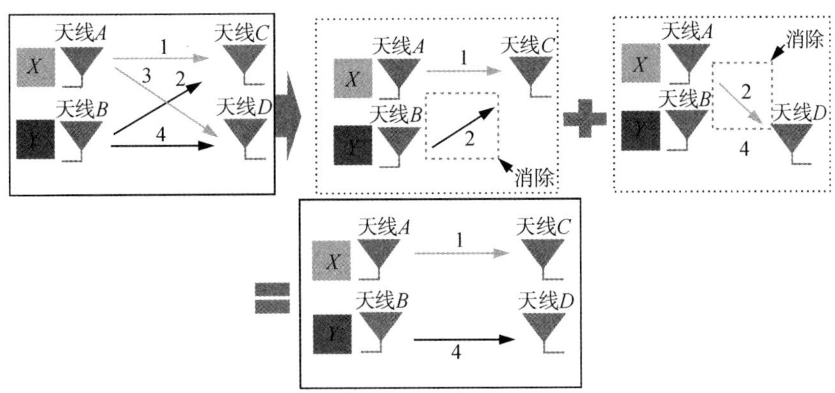

图 8-20　V－BLAST 系统分解成两个 MISO 子系统

接收机还可以使用“解相关”的方式。顾名思义，它的中心思想就是将接收信号投影在干扰信号的“正交方向”上，把干扰消灭掉，那么剩下的就是待检测信号。这里，我们将 V－BLAST 系统分解成两个 MISO 子系统，以便于分析。对于接收天线 C，它同时收到了从路径 1 和路径 2 到达的信号 X 和 Y。如果我们想检测 X，就要消除干扰 Y。同理，在接收天线 D 上，可以通过消除 X 来检测信号 Y。当干扰都被消除掉以后，我们清晰的看到，V－BLAST 系统变身为拥有两条独立平行子信道的系统，两条子信道间互不干扰。这时，每个信号只能经历 1 条传播路径，故采用干扰抵消(解相关)的 V－BLAST 系统可以获得的分集增益是 1。不同编码的分集和复用增益如表 8-1 所示。

表 8-1　不同编码的分集和复用增益

	分集增益	自由度
2×2 MIMO 系统本身	4	2
重复编码	4	1/2
Alamouti 编码	4	1
V－BLAST(ML)	2	2
V－BLAST(解相关)	1	2

在实际通信过程中，收发双方会根据即时的通信条件和传播环境等因素，自适应的调整并选择最优的方式进行通信。比如，当无线信道条件很差的时候，会更多的用到分集技术，来保证通信的可靠性；当信道条件良好的时候，就会选择复用，每次多发一些数据，以提高传输的速率。

在下面的内容中，我们将探讨 MIMO 所能够提供的容量界(绝对增益)。首先，我们将单入单出(SISO)、单入多出(SIMO)和多入多出(MIMO)系统的容量进行比较,以得到一些基本结论;然后,推广到更一般的情况,即考虑有先验的信道信息情况下的容量。需要注意的是,我们仅讨论单用户系统的容量。

衰落和干扰,让无线通信的研究变得有趣。“独立同分布模型(independently and identically distribute,简称 i. i. d)”。比如在介绍一个传播环境时,我们说“……在一个 4×1 的 MISO 系统中,假设每条路径的传输成功率都是 1/2……”描述的就是这种模型。其中“独立”和“同分布”两个名词都源自概率论。“独立”是说每条路径的传输成功与否,相互之间并不影响;而“同分布”表示概率分布相同,即成功率都是 1/2。我们已经知道,对付这种信道最有效的方法之一就是分集,获得的分集增益越多,传输的可靠性就越高。但是,分集技术的应用于独立衰落,受限“衰落相关性”的出现?

如图 8-21 所示,比方说我们有一车货物要从 A 地运到 B 地,有 3 条路可以选择,分别经过城市 X,Y,Z。但 X 市和 Y 市的地理位置非常接近。在出发前我们听到天气预报说 X 市会有大雨,那我们一定会选择绕道走 Z 市,而不选择 Y 市。为什么?答案很简单,X 与 Y 市离得近,若 X 市大雨,Y 市天气也不会好,这种天气间相互影响的现象就说明 X 市与 Y 市的天气具有相关性。所以用一句话概括相关性,就是“他好,我也好”。原来我们有 3 条路可选,但因为 X 与 Y 市天气条件近似,实则只有两条路线可选,其中一条神秘的“消失”了,这种现象对 MIMO 系统会产生什么样的影响呢?

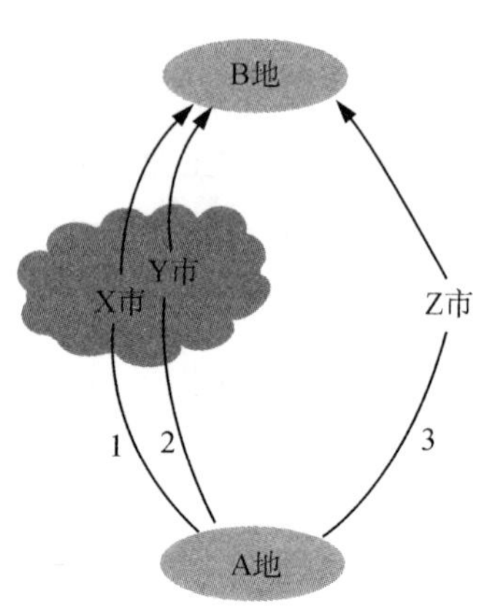

图 8-21　天气相关性的影响

MIMO 信道的相关性,可如图 8-22 和 8-23 所示,退化成 SISO 的系统。

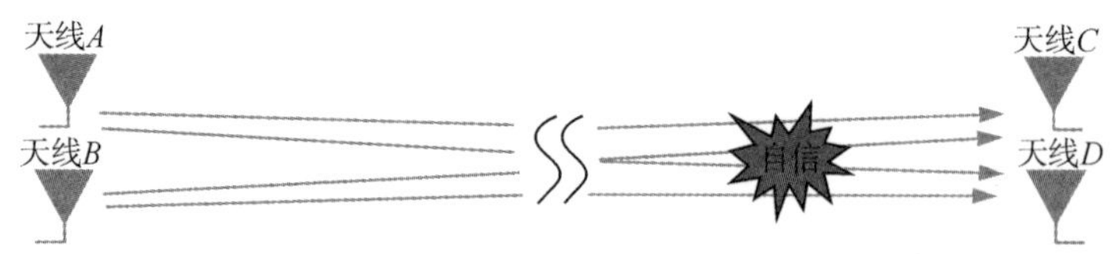

图 8-22　2×2 衰落相关性影响 MIMO 系统

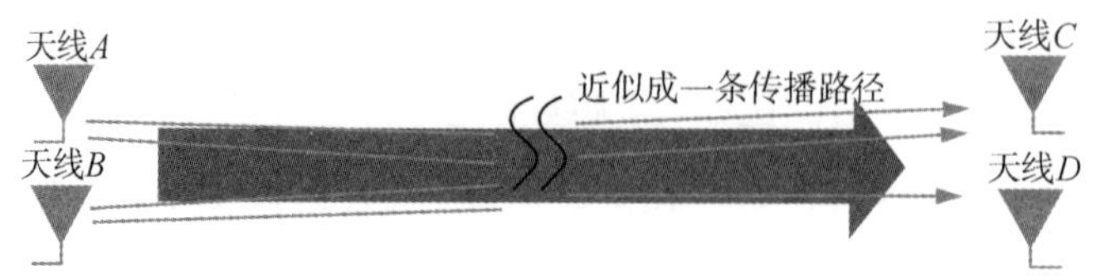

图 8-23　MIMO 系统“退化”成 SISO 系统

虽然天线间间距很小，但大量反射体的存在实际上打乱了信号的传播路径，让信号从“不同”的角度到达接收端，间接的实现了路径分离的效果。所以总结以上发现，我们找到了破解“衰落相关性”的秘籍，那就是：增大天线间距如图 8-24 所示，或者差异化信号的发射角度（DoD，Direction of Departure）如图 8-25 所示，到达角度（DoA，Direction of Arrival）如图 8-26 所示。

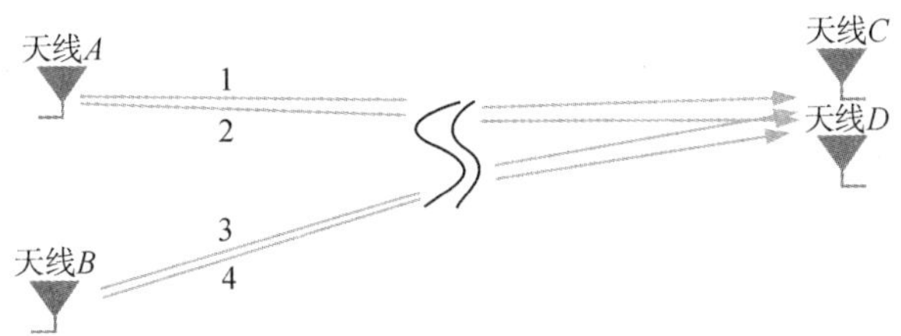

图 8-24　加大发送天线间的间距

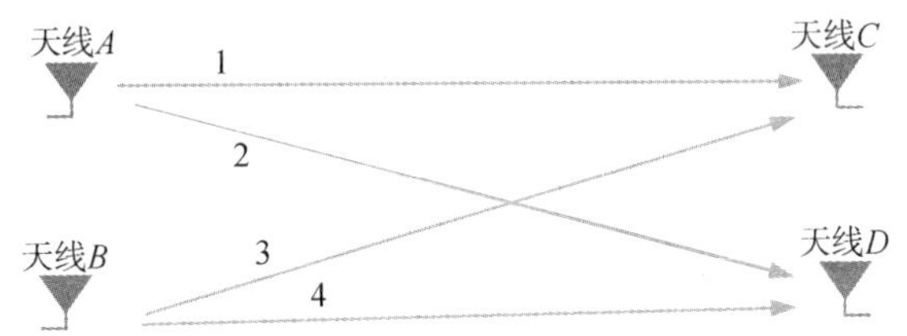

图 8-25　同时加大发送和接收天线间的间距

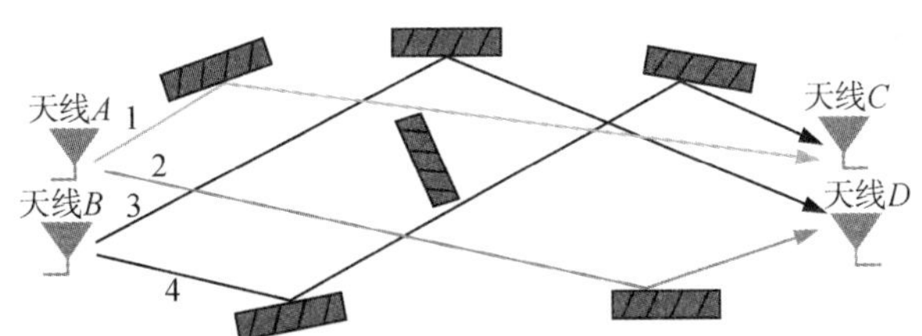

图 8-26　具有反射体的 NLOS(非直视)传播环境

在一个典型的小区蜂窝网中，基站往往架设在较高的地方，四面开阔，极少有反射体和遮挡物，所以基站的发射信号角度范围相对集中，为了保证 MIMO 系统享有较好的性能，通常在基站侧要拉大天线间的间距（至少为 5 到 10 倍波长）如图 8-27 所示；而在用户侧情况就不同了。我们周围充斥着大量的建筑，墙体，用户本身就处在天然的，丰富的反射体包围中，所以用户设备一般不需要太大的天线间距就可以满足性能的需求了（一般为波长的 0.5 倍到 1 倍）。现在你不用担心将来的手机长着像牛角一样分叉的天线了。

在无线通信系统中，“信道状态信息（Channel Condition Information，CSI）”就相当于这个例子中的“天气信息”，那么如果我们能够在发送端掌握到及时、准确的“信道状态信

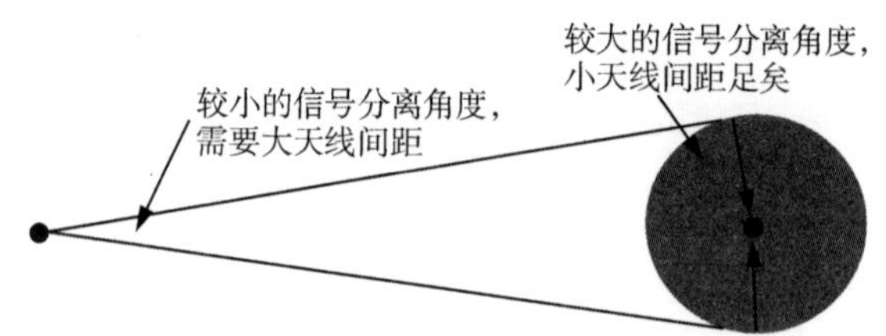

图 8-27　MIMO 系统实际部署时的需求

息”，是不是就能“避开”那些信道条件不好的传播路径，从而提升通信系统的性能？

2×2 MIMO 系统如图 8-28 所示。

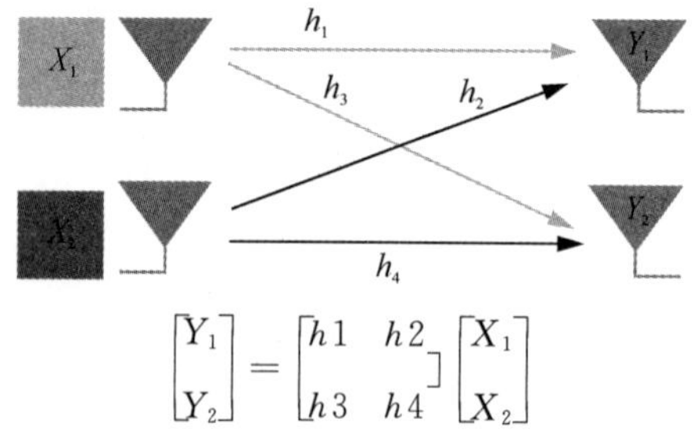

$$\begin{bmatrix} Y_1 \\ Y_2 \end{bmatrix} = \begin{bmatrix} h1 & h2 \\ h3 & h4 \end{bmatrix} \begin{bmatrix} X_1 \\ X_2 \end{bmatrix}$$

图 8-28　2×2 MIMO 传输过程

拿 2×2 MIMO 系统举例来说，它的传输矩阵具有以下形式（忽略噪声的影响）：最佳的传输矩阵 H 应该具有怎样的形式？

最佳的传输矩阵 H 应为“对角阵”形式如图 8-29 所示。

$$H = \begin{bmatrix} h1 & h2 \\ h3 & h4 \end{bmatrix} = \begin{bmatrix} 1 & 0 \\ 0 & 2 \end{bmatrix}$$

$$\begin{bmatrix} X1 \\ X2 \end{bmatrix} = \begin{bmatrix} 1 & 0 \\ 0 & 1 \end{bmatrix} \begin{bmatrix} X1 \\ X2 \end{bmatrix}$$

图 8-29　“对角阵”形式的传输矩阵

要是现实中的通信系统很难拥有如此完美的传输过程，我们知道，现实中的传输矩阵，里面的各个元素都是按一定的概率统计规律随机变化的，根本找不到半点“对角阵”的影子。但是“对角阵”的形式实在是太好了，即使眼下无法直接获得，我们依然希望能够有一种方法能够将现实传输矩阵“转化”成对角阵的形式——SVD 分解（矩阵的奇异值分解，SingularValue Decomposition）就提供了完美的解决办法，如图 8-30 所示。

$$H = \begin{bmatrix} U1 & U2 \\ U3 & U4 \end{bmatrix} \begin{bmatrix} S1 & 0 \\ 0 & S2 \end{bmatrix} \begin{bmatrix} V1 & V2 \\ V3 & V4 \end{bmatrix}$$

图 8-30　对 H 进行 SVD 分解

通过对传输矩阵 H 进行 SVD 分解，我们可以得到三个矩阵：左矩阵 U，对角矩阵 S（对角阵 S 中的元素 $S1$，$S2$ 就是 H 矩阵的奇异值）和右矩阵 V。现在，得到期望的对角阵 S，但它的左右两边又多出了两个矩阵 U 和 V，怎么办？“矩阵”有一个很好的性质，它只要与自己的共轭转置相乘，得到一个单位阵。

$$VV^{*}=V^{*}V=I$$

如图 8-31 所示，如果我们在信号经过信道之前，首先对信号进行“预处理”，给它们乘以 V 的共轭转置矩阵，再让它们经过信道，右矩阵 V 就被化简掉了，相当于发送信号直接与对角阵 S 相乘！接收端的处理类似，我们对接收信号矩阵左乘矩阵 U 的共轭转置，就可以消掉它。这时我们惊喜的发现，拥有“对角阵”形式的传输方程又回来了，这正是我们期待的效果！

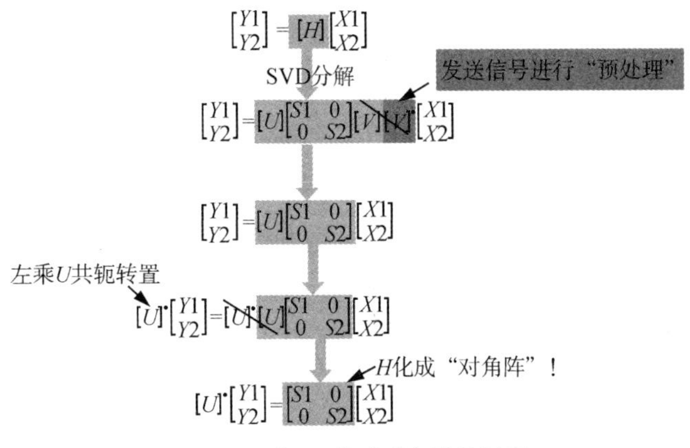

图 8-31　将 H 化成对角阵的过程

信道信息除了可以用来对发送信号进行“预处理”，指导发送策略以外，从中还能获得什么对我们有用的信息呢？这次，我们要从“对角阵 S”身上寻找答案。

对不同的信道矩阵 H 进行 SVD 分解，可以得到不同的“对角阵 S”，但是，如图 8-32 所示这些不同的“对角阵 S”，却能反映出信道 H 的很多信息。

最优传输矩阵	随机矩阵	最差矩阵
$\begin{bmatrix}1 & 0\\ 0 & 1\end{bmatrix}$	$\begin{bmatrix}1 & 2\\ 3 & 4\end{bmatrix}$	$\begin{bmatrix}1 & 1\\ 1 & 1\end{bmatrix}$

图 8-32　传输矩阵举例

为什么全一矩阵定义成“最差信道”？原因：信道矩阵 H 中的所有元素都一样，不就说明所有传输路径的增益都相同，换句话说，所有路径都经历了完全相同的衰落过程，如果 4 条传输路径完全相同，可以把它们看成是同一条路径，2×2 MIMO 系统将退化成 SISO 系统，这当然是我们最不愿意看到的结果。

三个信道矩阵进行 SVD 分解如图 8-33 所示

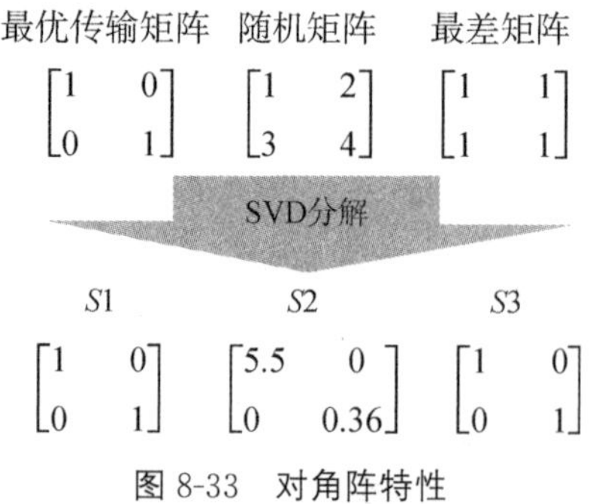

图 8-33　对角阵特性

最优信道”和“随机信道”分解出的对角阵 $S1$ 和 $S2$ 都有两个非零元素，即信道 H 的奇异值。

“最差信道”分解出的对角阵 $S3$ 中只有 1 个奇异值，这代表什么呢？

现在，如果在发送端同时发出两个信号 $X1$ 和 $X2$，实际上只有一个信号能够通过子信道，另一个却“消失”了，这就说明这种信道只能保证一个信号的收发，换句话说，它的“自由度”只有 1。2×2 MIMO 支持的最大“自由度”是 2，“最差信道”能提供的“自由度”只有 1 如图 8-34 所示。奇异值的个数，直接反应了信道所支持的“自由度”数目。

只允许一个信号通过子信道

$$\begin{bmatrix} X1 \\ ? \end{bmatrix} = \begin{bmatrix} 2 & 0 \\ 0 & 0 \end{bmatrix} \begin{bmatrix} X1 \\ X2 \end{bmatrix} \qquad \begin{bmatrix} X1+X2 \\ X1+X2 \end{bmatrix} = \begin{bmatrix} 1 & 1 \\ 1 & 1 \end{bmatrix} \begin{bmatrix} X1 \\ X2 \end{bmatrix}$$

图 8-34　奇异值为 1 时的传输过程

“对角阵 S”中，奇异值个数的含义：在对一个信道矩阵进行 SVD 分解后，得到的“对角阵”中，奇异值（非零元素）的个数就代表该信道能支持的“自由度”数目——更专业一点的说法是，奇异值的个数，就是该信道矩阵的秩（Rank）。

$$\text{Condition Number} = \frac{\text{最大奇异值}}{\text{最小奇异值}}$$

Condition Number（条件数），它定义为“对角阵 S”中，最大奇异值与最小奇异值的比值。现在我们对它应该有了更好的理解：这个比值（条件数）越接近 1，说明信道中各个平行子信道（自由度）的传输条件都很好，很平均；比值越大，说明各个子信道的传输条件好的好，差的差。

8.2　MIMO 原理

MIMO(Multiple－Input Multiple－Output)系统是一项运用于 802.11n 的核心技术。802.11n 是 IEEE 继 802.11b\a\g 后全新的无线局域网技术，速度可达 600Mbps。MIMO(Multiple－Input Multiple－Output)技术的基本思想是在发射端和接收端采用多个天线。这种技术最早是 Marconi 于 1908 年提出的，它利用多天线抑制信道衰落。MIMO 包括单入多出(SIMO：single－input multiple－output)系统和多入单出(MISO：multiple－input single－output)系统。MIMO 可以简单定义为：在一个任意的无线系统中，链路的发端和收端都使用多天线如图 8-35 所示。MIMO 的核心思想是：将发送端与接收端天线的信号合并，使每个 MIMO 用户的传输质量——比特误码率(BER)或数据传输率得到改进，增加运营商收入，提高网络服务质量(QoS)。

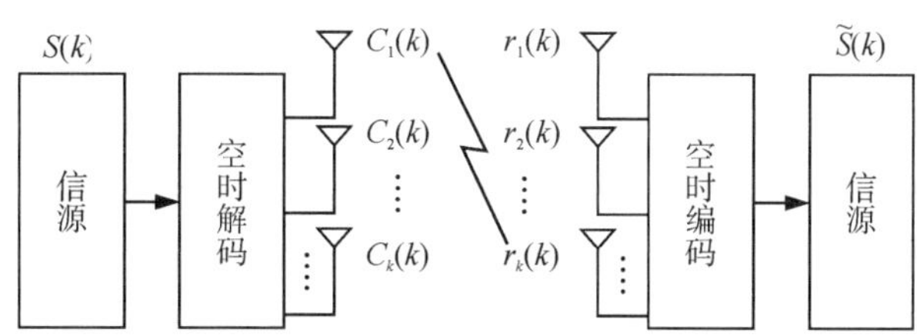

图 8-35　MIMO 系统的原理框图

MIMO 系统在发射端和接收端均采用多天线(或阵列天线)和多通道，MIMO 的多入多出是针对多径无线信道来说的。传输信息流 $s(k)$经过空时编码形成 N 个信息子流 $C_i(k)$，$i=1,\cdots,N$。这 N 个子流由 N 个天线发射出去，经空间信道后由 M 个接收天线接收。多天线接收机利用先进的空时编码处理能够分开并解码这些数据子流，从而实现最佳的处理。

特别是，这 N 个子流同时发送到信道，各发射信号占用同一频带，因而并未增加带宽。若各发射接收天线间的通道响应独立，则多入多出系统可以创造多个独立的并行信道如图 8-36 所示，同时传输多路数据流，这样就有效地增加了系统的传输速率，即由 MIMO 提供的空间复用技术能够在不增加系统带宽的情况下增加频谱效率，从而满足无线通信中数据的高速传输。

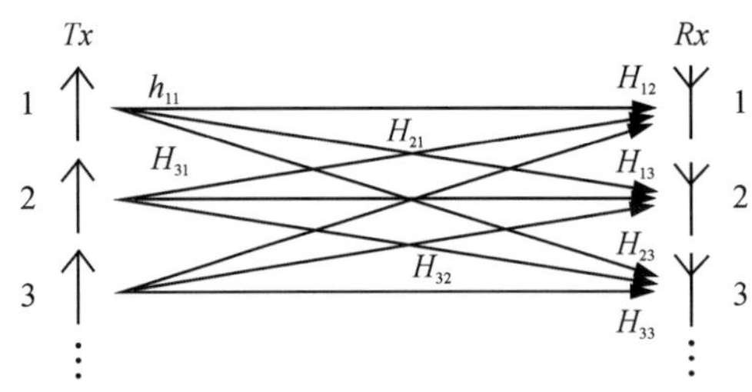

图 8-36 独立的多个并行信道

通常,多径要引起衰落,因而被视为有害因素。然而研究结果表明,对于 MIMO 系统来说,多径可以作为一个有利因素加以利用。MIMO 将多径无线信道与发射、接收视为一个整体进行优化,从而实现高的通信容量和频谱利用率。这是一种近于最优的空域时域联合的分集和干扰对消处理。

MIMO 技术的影响是全方位的,从无线系统采用的关键技术这个角度上来说,MIMO 可以与无线通信系统中的关键技术结合以改善系统可靠性和有效性,如与调制技术结合形成 MIMO－OFDM 技术,两者的结合能有效的抵抗各种衰落,提高传输速率,满足目前增加的用户速率要求;MIMO 还可以与编码技术结合形成空时编码技术,如 STTC 和 STBC 以及 V－BLAST 技术;还可以与传统的天线技术结合成为智能天线技术。

8.2.1 MIMO 信道容量

近年来,随着多媒体业务的发展,人们对无线通信系统传输速率的要求也迅速增长。但是由香农容量公式可知,系统可传输的最大数据率(信道容量)是由传输带宽和信噪比共同决定的。无线系统可供使用的带宽资源有限,传输数据率受带宽限制明显,为了提高无线通信系统的传输速率以及无线频带的利用率,需要开发和使用新的技术。

20 世纪九十年代,Telatar 及 Foschini 等人的研究表明:在无线衰落信道中,多根发送天线和多根接收天线构成的 MIMO 系统能够获得极高的信道容量。这一新理论指明了未来宽带无线通信技术的发展方向,推动了各种传统通信技术向 MIMO 技术的演进与融合。

1. MIMO 信道容量一般表达式

系统容量定义为在保证误码率任意小条件下的最大发射速率。假设一个 MIMO 系统有 M_R 根接收天线以及 M_T 根发送天线,并且发送端在每个符号周期中发送的平均能量为 E_S,信道矩阵为 H,则发送信号矢量与接收信号矢量 y 之间的关系为:

$$y=\sqrt{\frac{E_S}{M_T}}\mathbf{Hs}+\mathbf{n}$$

这里 n 是零均值高斯白噪声，方差矩阵 $E\{\mathbf{nn}^H\}=N_0\mathbf{I}_{MR}$。同时这里还假设 s 的均值为零，且满足 $Tr(Rss)=M_T, Rss=E\{ss^H\}$。

下面给出 MIMO 信道容量的一般表达式：

$$C=\max_{f(s)}(I(\mathbf{s};\mathbf{y}))$$

其中 $f(s)$是矢量 s 的概率分布，$I(s;y)$是矢量 s 和 y 的互信息量。由于发送信号 s 和噪声 n 互相独立，可以推导得到：

$$C=\max_{Tr(\mathbf{R_{SS}})=M_T}\log_2\det(\mathbf{I}_{MR}+\frac{E_S}{M_TN_0}\mathbf{HR_{SS}H}^H)\quad \text{bps/Hz}$$

上式中的 x_l 也可以称作是信道能达到的最大频谱利用率。通常情况下，当信道设置不同时，信道的容量即可达的最大频谱利用率也是不同的。

2. 发端未知信道信息条件下容量

信道的容量取决于信道矩阵 H 和发送信号矢量 s 的方差矩阵 R_{SS}。当发送端没有任何信道相关的信息即 H 未知时，R_{SS} 的选择将变得没有依据。但是通常情况下，都可以认为 $\mathbf{R_SS}=\mathbf{I}_{MT}$，即发送矢量各元素之间两两不相关，并且方差相同。这样可以得到其容量表达式为：

$$C=\log_2\det(\mathbf{I}_{MR}+\frac{E_S}{M_TN_0}\mathbf{HH}^H)$$

上式的这个容量并没有达到香农限，因为对于不同的信道 $\mathbf{H}$，存在不同的方差矩阵 $\mathbf{R_{SS}}$ 使得容量达到最大。对 $\mathbf{HH}^H$ 进行奇异值分解 $\mathbf{HH}^H=\mathbf{Q\Lambda Q}^H$，$\mathbf{\Lambda}$ 是 $\mathbf{HH}^H$ 的正奇异值组成的对角阵。进一步推导后可得：

$$C=\log_2\det(\mathbf{I}_{MR}+\frac{E_S}{M_TN_0}\mathbf{\Lambda})$$

即：

$$C=\sum_{i=1}^{r}\log_2(1+\frac{E_S}{M_TN_0}\lambda_i)$$

其中 r 是信道矩阵 $\mathbf{H}$ 的秩，$\lambda_i(i=1,2,\cdots,r)$是 $\mathbf{HH}^H$ 的正奇异值。从上式可以看出，MIMO 信道被解耦成为 r 个并行的 SISO 信道，每个信道的功率增益为 $\lambda_i(1=1,2,\cdots,r)$，发射功率为 E_S/M_T。

3. 发端已知信道信息条件下的容量

当发送端没有任何信道信息的时候，发送信号能量被均匀的分配到每个发送天线上，这种情况下的信道容量前面已经给出。那当发送端通过反馈或者双工系统的可逆性得到了信道信息，容量会有什么变化呢？

考虑一个 $M_R \times M_T$ 的系统，其信道矩阵为 $\mathbf{H}$ 且 $\mathrm{rank}(H)=r$ 为已知，又有其奇异值分解为 $\mathbf{H}=\mathbf{U}\sum\mathbf{V}^H$。则通过对发送信号和接收信号做一定的处理，可以将信道 H 分解为 r 个平行的 SISO 信道。具体如下：首先将发送信号矢量左乘 $\mathbf{V}$，然后在接收端对接收矢量左乘 $\mathbf{U}^H$，该过程的示意如图 8-37。

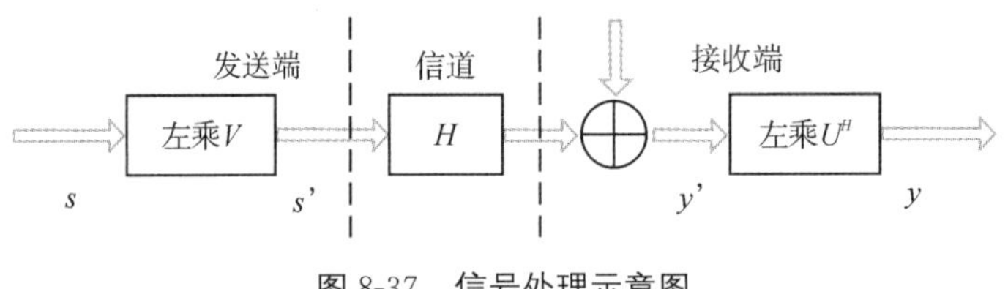

图 8-37　信号处理示意图

此时，接收信号矢量的表达式为：

$$y=\sqrt{\frac{E_S}{M_T}}\mathbf{U}^H\mathbf{H}\mathbf{V}_S+\mathbf{U}^H\mathbf{n}'=\frac{E_S}{M_T}\sum\mathbf{s}+\mathbf{n}$$

其中，$\mathbf{n}'$ 是复高斯白噪声矢量，方差矩阵为 $N_0 I$。由于对发射总功率的限制，这里仍然要求 $E\{ss^H\}=M_T$。由上式可知在已知信道矩阵的情况下，可以通过对收发信号的处理将 MIMO 信道分解为 r 个并行的 SISO 信道，并且满足：

$$y_i=\frac{E_S}{M_T}\sqrt{\lambda_i}s_i+n_i, i=1,2,\cdots,r$$

其中 $\sqrt{\lambda_i}(i=1,2,\cdots,r)$ 是 H 的正奇异值。它的容量的一般形式可以表示为：

$$C=\sum_{i=1}^{r}\log_2(1+\frac{E_S\gamma_i}{M_T N_0}\lambda_i)$$

这里 $\gamma_i=E\{|s_i|^2\}(i=1,2,\cdots,r)$ 表示第 i 个子信道上的发送功率，并且满足 $\sum_{i=1}^{r}\gamma_i=M_T$。由于各个自信道所分配功率的不同会得到不同的结果，因此发送端已知信道信息情况下信道容量的求解转换为在发送总功率一定的约束条件下，寻找最佳功率分配方案，这种情况下的信道容量为：

$$C=\max\sum_{i=1}^{r}\log_2(1+\frac{E_s\gamma_i}{M_T N_0}\lambda_i$$

这相当于在一个以 $\gamma_i(i=1,2,\cdots,r)$ 为变量的凹面上的最大值问题，可以用 Lagrangian 方法进行求解，用“注水”法实现。

在实际的 MIMO 通信系统中，总的发送功率有限，与其把功率浪费在条件差的信道上，不如通过调整发送功率，给条件好的子信道多分配一些功率，给条件差的子信道少分或不分配功率，来实现上述思想。

这个过程就像给一个杯子中加水，如果杯中的杂物很多，能加入的水就少；若杯中空无一物，能容的水就多。我们不妨把各个子信道的信道条件比作杂物，条件越差，意味着杂物越多，能分配的功率就越少。当我们把总量一定的水（功率）倒入这些杯中，可以清晰的看到一条注水线，水的深度就是给这些子信道分配的功率了。这便是大名鼎鼎的“注水算法（water—filling）”如图 8-38 所示。

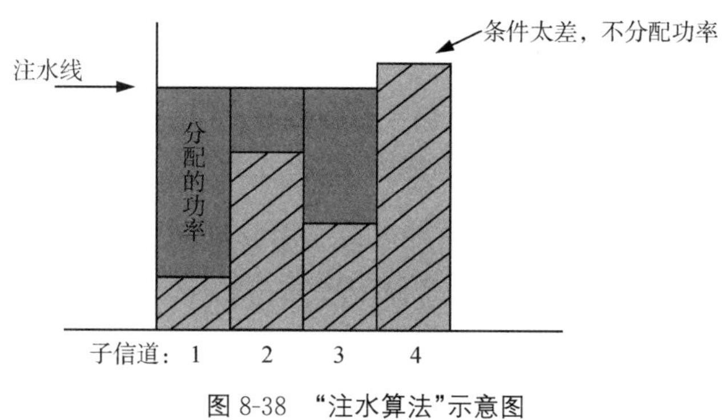

图 8-38　“注水算法”示意图

发送端获得信道信息后，能够带来的好处：

（1）使用右矩阵 V，可以对发送信号进行“预处理”，将传输过程转化成具有“平行子信道”的对角阵形式；

（2）有了信道矩阵秩的信息（奇异值的个数），可以灵活的调整空间流数（自由度），从而提高通信系统效率；

（3）知道了奇异值的个数和大小后，可以使用“注水算法”分配发送功率，提升系统容量。

TDD 系统如图 8-39 所示，只需要对上行数据中的参考信号进行信道估计，就可以得到下行的信道信息（实际运用中，通常还需要“校准”这一步，以消除上下行射频（RF）间的误差）。

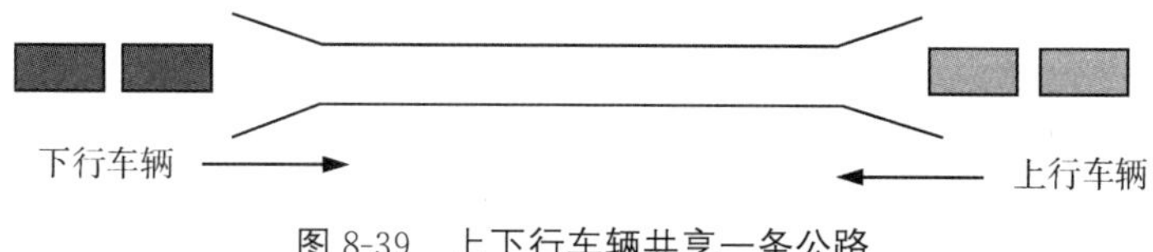

图 8-39　上下行车辆共享一条公路

在 FDD 系统中如图 8-40 所示，建立有效的反馈链路，就显得十分重要了。

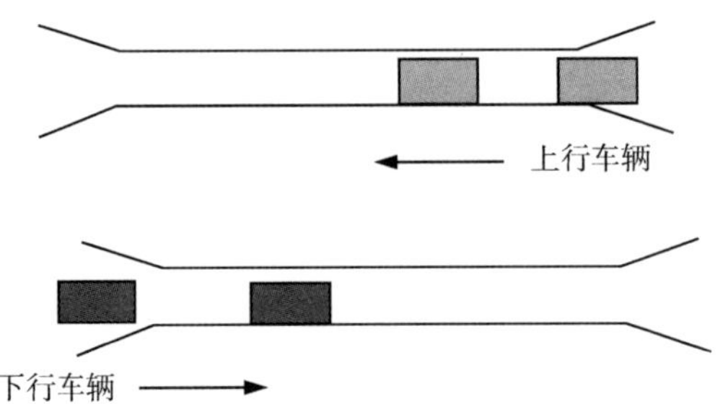

图 8-40　上下行车辆各自独享一条单行线

$$\begin{bmatrix} y_1 \\ \vdots \\ y_{M_r} \end{bmatrix} = \begin{bmatrix} h_{11} & \cdots & h_{1M_1} \\ \vdots & \ddots & \vdots \\ h_{M_r1} & \cdots & h_{M_rM_r} \end{bmatrix} \begin{bmatrix} X_1 \\ \vdots \\ X_{M_1} \end{bmatrix} + \begin{bmatrix} n_1 \\ \vdots \\ n_{M_r} \end{bmatrix}$$

H:奇异值分解 SVD

$$H = U\sum V^H$$

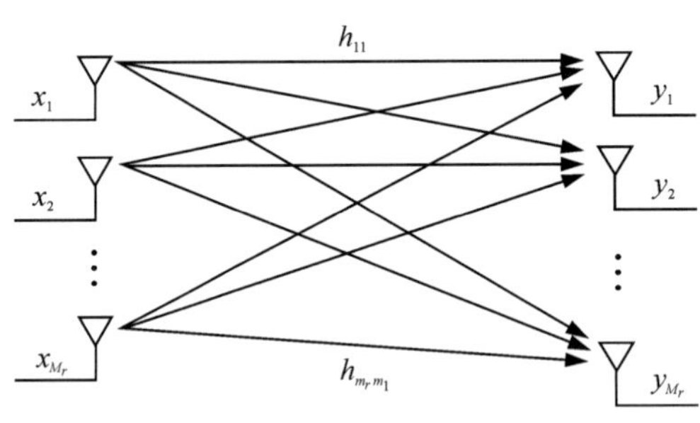

图 8-41　MIMO 系统

发送预编码和接收成形将 MIMO 信道变换成 R_n 个并行的单入单出(single－input single－output,SISO)信道,其输入为 $\bar{x}$,输出为 $\bar{y}$。这一点可从奇异值分解得到:

$\bar{y} = U^H(Hx + n) = U^H(U\sum V^H x + n) = U^H(U\sum V^H V\bar{x} + n) = U^H U\sum V^B V\bar{x} + U^H n = \sum\bar{x} + \bar{n}$

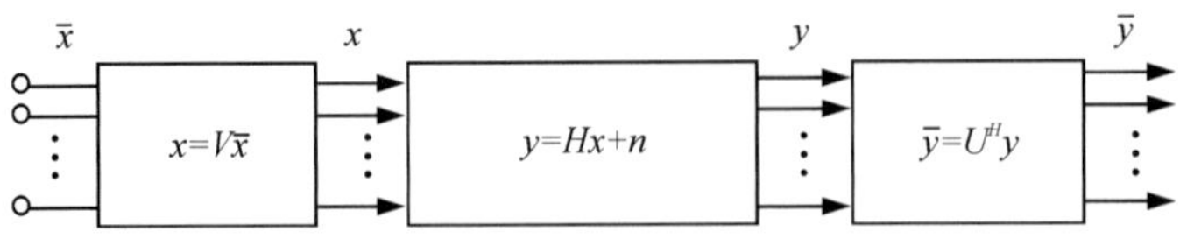

图 8-42　发送预编码和接收成形

$H = U\sum V^H$ 是由 H 的奇异值(σ_i)构成的对角阵。$\sigma_i = \sqrt{\lambda_i}$,$\lambda_i$ 是 HH^H 的第 i 大的

特征值。

例　某 MIMO 信道的信道增益矩阵为

$$H=\begin{bmatrix}0.1 & 0.3 & 0.7\\0.5 & 0.4 & 0.1\\0.2 & 0.6 & 0.8\end{bmatrix}$$

求等价的并行信道模型。

解　H 的奇异值分解为

$$H=\begin{bmatrix}-0.555 & 0.3764 & -0.7418\\-0.3338 & -0.9176 & -0.2158\\-0.7619 & -0.1278 & -0.6349\end{bmatrix}\begin{bmatrix}1.333 & 0 & 0\\0 & 0.5129 & 0\\0 & 0 & 0.0965\end{bmatrix}$$

$$\times\begin{bmatrix}-0.2811 & 0.7713 & -0.5710\\-0.5679 & -0.3459 & -0.7469\\-0.7736 & -0.5342 & -0.3408\end{bmatrix}$$

结果有三个非零奇异值，故 $R_a=3$，可以分解为 3 个并行信道，信道增益分别为 $\sigma_1=1.333$、$\sigma_2=0.5129$、$\sigma_3=0.0965$。可以看到，信道增益逐渐减小，第三个信道的增益非常小，这个信道要么差错率很高，要么信道容量很小。

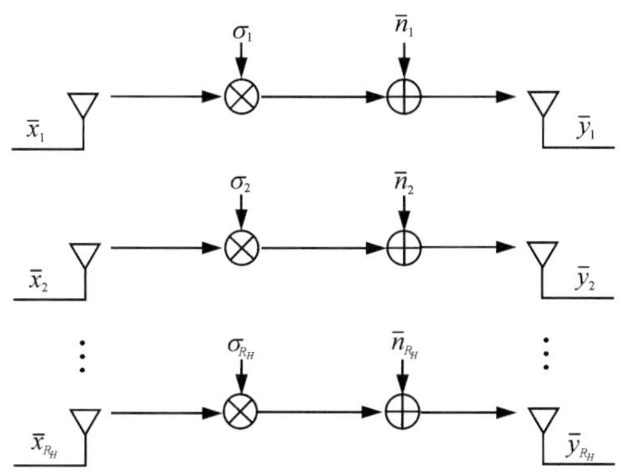

图 8-43　MIMO 信道的并行分解

如果给定一个固定的总的信道功率传输函数：

$$\sum_{i=1}^{m}\lambda_i=\zeta$$

什么性质的 H 可使信道容量最大?

$$C_{EP}=\sum_{i=1}^{m}\log_2\left(1+\frac{\rho}{N}\lambda_i\right)\quad \text{b/s/Hz}$$

考虑一个满秩的 MIMO 信道，$m=M=N$；根据上式是一个凹函数的性质，其最大值出现在：

$$\lambda_i=\lambda_j=\zeta/m \quad i,j=1,\cdots,m$$

所以，对于最大的容量，H 必须是正交矩阵，即：

$$HH^*=H^*H=(\zeta/M)I_m$$

如果我们进一步假定：H 的元素 $|h_{i,j}|^2=1$，则有 $\|H\|_F^2=tr(HH^*)=m^2(\sum_{i=1}^{m}\lambda_i=\zeta)$（即：$\lambda_i=m=N$）

$$C=m\log_2(1+\rho) \quad C_{EP}=\sum_{i=1}^{m}\log_2(1+\frac{\rho}{N}\lambda_i) \quad \text{b/s/Hz}$$

因此，一个正交的 MIMO 信道的容量是一个标量信道容量的 m 倍。

发端确知信道的条件下 MIMO 容量，发端确知信道的条件下：

$$C=\sum_{i=1}^{m}\log_2(1+\frac{\rho}{N}y_i\lambda_i) \quad \text{b/s/Hz}$$

其中 $y_i=E\{|x_i|^2\}$为第 i 子信道的发射能量的比例，且有$\sum_{i=1}^{m}y_i=N$ 容量最大化问题变成：

$$C=\max_{\sum_{i=1}^{m}y_i=N}\sum_{i=1}^{m}\log_2(1+\frac{\rho}{N}y_i\lambda_i) \quad \text{b/s/Hz}$$

采用 Lagrangian 优化的方法，可得最佳的能量分配策略满足下式：

$$y_i^{opt}=(\mu-\frac{N}{\rho\lambda_i})_+ \quad i=1,\cdots,m$$

μ 是一个常量，$(x)_+=\begin{cases}x & \text{if} \quad x\geqslant 0\\ 0 & \text{if} \quad x<0\end{cases}$

注水算法：通过迭代的方法（从 $p=1$）开始来求得最佳的功率分配结果。直到分配给每个空间子信道的能量为非负为止。

$$\mu=\frac{N}{(m-p+1)}\left[1+\frac{1}{\rho}\sum_{i=1}^{m-p+1}\frac{1}{\lambda_i}\right]$$

$$y_i=(\mu-\frac{N}{\rho\lambda_i})_+, \quad i=1,2,\cdots,m-p+1.$$

8.2.2　空时编码

近 10 年来，对无线 MIMO 系统信道容量研究成果表明：在发送端和接收端使用多根天线可极大地增加系统的信道容量。为了在信息传输中充分利用和尽可能接近无线 MIMO 系统的信道容量，人们很自然地将 SISO 系统中已比较成熟的各种编码技术推广到 MIMO 系统，因而空时编码应运而生。

在具有多个发射和接收天线的系统中，空时编码技术是一种将空域和时域相结合的新的编码和信号处理技术。由于空时编码通过在不同天线发送的信号间引入了时域和空域相关，因此，能较好地利用由多发送多接收天线构成的 MIMO 系统所提供的传输分集度和自由度，可在不增加带宽和发送功率的情况下提高信息传输速率，改善信息传输性能。空时编码技术按照接收端是否需要知道信道状态信息可以分为两大类：

第 I 类空时编码：译码时接收端需要确切知道信道状态信息（CSI，Channel state information）：

（1）分层空时结构（LSTC），分层空时结构（LSTC，Layered Space－Time Coding）又俗称贝尔实验室分层空时结构（BLAST，Bell Labs Layered space－Time），是由贝尔实验室在 1998 年提出的一种利用多根发射天线实现数据流的多路并行无线传输的方法。BLAST 的特点是系统结构简单，易于实现，频带利用率随着发射天线数目的增加而线性增加，它所能达到的传输速率是单天线系统无法达到的。分层空时码通过一维信号处理方法来处理多维信号，一般适于接收天线数多于发送天线数的无线 MIMO 系统。BLAST 能提供一定的接收分集增益，但由于 BLAST 没有直接在空域上引入不同发射天线发送信号间的相关性，因此不提供发射分集增益，所以，从严格意义上讲分层空时码不能算作为一种真正的空时编码方法。BLAST 根据信号构造方式的不同可以分为对角结构（D－BLAST）和垂直结构（V－BLAST），D－BLAST 接收端的检测复杂度高，但性能较好；而 V－BLAST 检测复杂度低，较为实用。

（2）空时网格编码，空时网格编码（STTC，Space－Time Trellis Codes）是将无线 MIMO 系统中的调制器和空时编码器两个模块联合考虑，采用差错控制编码、调制与发送分集相结合，在空间域和时间域进行联合编码的方式。STTC 能够在不增加系统带宽的前提下得到最大可能的分集增益和编码增益，从而提高信息传输质量。STTC 不同于其他 TCM 编码方法，它的每一条状态转移分支上分配有两个 QPSK 符号，分别经由两根天线同时发送出去如图 8-44 所示。

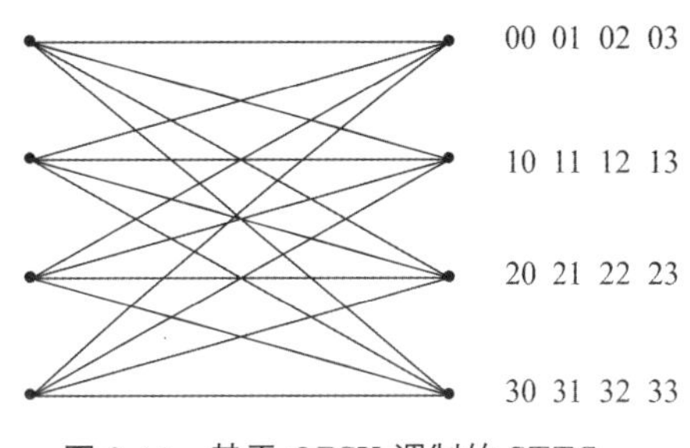

图 8-44　基于 QPSK 调制的 STTC 状态转移图

若采用有 2^b 个信号点的星座图，在保证最大分集增益前提下 STTC 可达到的频带利用率最大为 b bits/Hz；但空时网格码最大的缺点是译码必须采用 Viterbi 译码算法，其译码复杂度随分集阶数 r 和频带利用率 b 按指数增长，即使对于较小的 r 和 b，相应的译码复杂度也会很大，因此，对于高速率信息传输的系统显得不实用；其次，对于任意数目的发射天线，空时格码的设计十分困难，对特定发射天线数的 MIMO 系统空时格码的设计一般借助计算机搜索的方法来完成。如何较好地解决上述问题是今后重要的研究方向。

(3)空时分组编码(STBC)，空时分组码(STBC，Space－Time Block Codes)将无线 MIMO 系统中调制器输出的一定数目的符号编码为一个空时码码字矩阵，合理设计的空时分组码除能提供一定的发送分集度。STBC 通常可通过对输入符号进行复数域中的线性处理而完成，因此，利用这一“线性”性质，采用低复杂度的检测方法就能检测出发送符号。特别是当 STBC 的码字矩阵满足正交设计时，例如 Alamouti 于 1998 年提出的两发射天线的发射分集方案，该方案在接收端采用的就是线性复杂度的最大似然(ML，Maximum likelihood)译码。Tarokh 等人在 Alamouti 的基础上提出了正交空时分组码(OSTBC，Orthogonal Space－time block codes)，把输入符号映射到空域和时域，产生正交序列，通过不同的发射天线发送。STBC 在保证低复杂度的线性 ML 译码算法的同时，还可以获得与最大比合并接收相同的分集增益。但是采用复正交设计的 STBC 仅限两个发射天线时才可以获得满速率，随着发射天线数目的增加，所获得的最大速率仅为满速率的 3/4，为了进一步提高 STBC 的传输速率，Jafarkhani 等人提出了基于准正交设计的空时分组码(QOSTBC，Quasi－Orthogonal Space－time block codes)。QOSTBC 虽然可以获得满速率，但是不能获得满分集增益，为了提高 QOSTBC 的分集增益，可以将发射调制信号的星座图旋转的方法经过严格的数学推导，得出了不同调制方式下的最优星座图旋转角度。另外的，为了达到满分集增益和全速率的编码方法是以牺牲线性的 ML 译码为代价的，即预编码的空时编码，如线状代数空时(TAST)编码、线性复域空时编码(LCF－STC，Linear Complex－Field Space－Time Coding)。

第 II 类空时编码：译码时接收端无需知道 CSI 的，它可以有效地解决由于移动终端的快速运动或信道衰落条件快速变化，所造成的难以准确估计信道或准确估计信道的代价很高的状况。如基于正交设计的差分空时分组码(DSTC，Differential Space－Time codes)。利用矩阵的特性，提出了差分统一空时编码(DUSTC，Differential Unitay Space－Time Codes)的方法，其信号星座不再是复平面上的点集合，而是由具有矩阵特性的复矩阵构成的群。它的差分译码尽管具有指数复杂度，但其发射端仅有确定的若干发射模式，因而发射机的设计简单；同时发射信号的基带表示具有恒模的特性，可降低前端放大器的设计，以减小发射机的成本。

以上的这些方法都能够在接收端不知道信道状态信息的情况下，进行非相干解码或检测，并能提供一定的发送分集度和编码增益，但同理想信道状态信息的编码相比，其性能要恶化 3dB。

8.2.3　OFDM－MIMO

在平坦衰落信道中，MIMO 技术可以充分利用无线信道的多径分量提高系统性能。但是对于频率选择性衰落，MIMO 技术仍然无法获得令人满意的系统性能。OFDM 技术可以将频率选择性无线衰落信道在频域内分解成多个并行的平坦衰落信道，从而可提高无线通信系统的抗干扰能力和频谱效率，并降低系统接收机的设计难度。因此，MIMO 与 OFDM 技术相结合形成的 MIMO－OFDM 无线通信系统，既有较高的系统容量和频谱利用率，同时又有抗干扰能力强和接收机实现简单等诸多优点，这使得 MIMO－OFDM 不仅成为 4G、5G 等无线通信标准的物理层关键技术之一，而且有望成为未来宽带无线通信系统的核心组成部分。

1. MIMO－OFDM 系统结构

MIMO－OFDM 无线通信系统的基本结构如图 8-45 所示。在系统发射端，数据源信息比特流首先经过信道编码和交织处理以增强其抗干扰能力，信道编码后的二进制数据比特流随后经过数字调制得到 MPSK 或 QAM 星座图调制信号，调制信号经过空时编码后变成 $\mathrm{N_t}$ 路并行的数据流。此后，每路数据流经过串并变换和 IDFT 完成 OFDM 调制，得到一个待发送的 OFDM 符号。为了消除多径信道产生的码间干扰(ISI)，需要在每个待发送的 OFDM 符号头部添加循环前缀(CP)，然后每个 OFDM 符号经过上变频处理并转换为模拟信号，最后通过射频模块从发射天线发送。为了便于接收端完成时间同步、频率同步和信道估计，通常会在 OFDM 调制过程中加入导频信号。如果此时系统是处于突发状态，则将多个 OFDM 符号组成一个突发数据包，并在此突发数据包中加入前导符号等辅助信息，以实现快速同步和信道估计。

MIMO－OFDM 系统接收端，N_t 个 OFDM 符号经过 MIMO 信道传输后，多个接收天线同时接收。此时，每个接收天线上的接收信号都是 N_t 路 OFDM 发射信号的叠加。接收信号经过模拟通道和下变频处理后，得到时域基带等效接收信号。然后对该基带接收信号进行符号同步、频率同步和去 CP 处理，将同步后的接收信号通过 DFT 进行 OFDM 解调，得到频域接收信号，同时完成信道估计并得到等效信道频率响应。将频域接收信号和等效信道频率响应送入空时解码模块，然后依次进行数字解调、信道解码和解交织处理，从而恢复出数据源比特信息流。

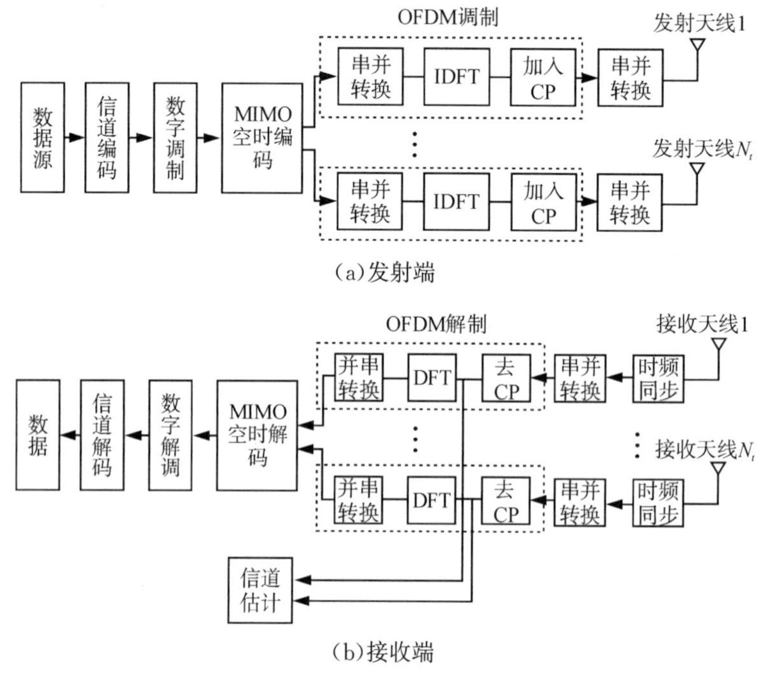

图 8-45　MIMO－OFDM 无线系统

2. MIMO－OFDM 系统模型

对于如图 8-45 所示的 MIMO－OFDM 无线系统，假设每对收发天线间的信道冲激响应(CIR)的长度都为 L。在第 m 个 OFDM 符号间隔内，对于第 i 个发射天线，系统发射端经过串并转换后得到的星座图调制信号可以表示为$\{X_{i,m}[k], k=0,\cdots,N-1\}$，它通过离散傅立叶逆变换(IDFT)调制到 N 个子载波上。因此，第 i 个发射天线上的 OFDM 符号可以表示为：

$$x_{i,m}[n]=\frac{1}{\sqrt{N}}\sum_{k=0}^{N-1}X_{i,m}[k]\mathrm{e}^{j\frac{2\pi nk}{N}}, n=0,1,\cdots,N$$

为了避免无线信道产生码间干扰(ISI)，通常需要在每个 OFDM 符号前插入一个循环前缀(CP)，且 CP 的长度 $N_{cp}>L$。假设无线信道为静态或准静态信道，即第 i 个发射天线和第 j 个接收天线之间的 CIR 系数 $h_{i,j,m}[l]$，$(l=0,\cdots,L-1)$在每个 OFDM 符号周期内保持不变，并且系统接收端已实现理想同步，则经过去 CP 处理后，第 j 个接收天线上接收到的时域基带等效接收信号 $y_{j,m}[n]$，$(n=0,\cdots,N-1)$可以表示为：

$$y_{j,m}[n]=\sum_{i=1}^{N_t}\sum_{l=0}^{L-1}x_{i,m}[n-l]h_{i,j,m}[l]+z_{j,m}[n]$$

其中 $z_{j,m}[n]$,$(n=0,\cdots,N-1)$表示环境噪声。

设 $y_{j,m}=[y_{j,m}[0],\cdots,y_{j,m}[N-1]]^{\mathrm{T}}$,$z_{j,m}=[z_{j,m}[0],\cdots,z_{j,m}[N-1]]^{\mathrm{T}}$,其中$(\cdot)^{\mathrm{T}}$表示矩阵转置,上式可以表示为矩阵形式:

$$y_{j,m}=W^H X_m W_L h_{j,m}+z_{j,m}$$

其中 $N\times N$ 矩阵 W 中的第(m,n)个元素定义为,$W[n,m]=(1/\sqrt{N})\mathrm{e}^{-j\pi(m-1)(n-1)/N}$,$N\times N_tN$ 矩阵 $X_m=[X_{1,m},\cdots,X_{N_t,m}]$,其中 $X_{i,m}=\mathrm{diag}\{X_{i,m}[0],\cdots,X_{i,m}[N-1]\}$,这里 $\mathrm{diag}\{\cdot\}$表示对角线,$N_tL\times 1$ 向量 $h_{j,m}=[h_{1,j,m},\cdots,h_{N_t,j,m}]$,其中 $1\times L$ 行向量 $h_{i,j,m}=[h_{i,j,m}[0],\cdots,h_{i,j,m}[L-1]]$;$N_tN\times N_tL$ 矩阵 $\mathbf{W}_L$ 定义如下:

$$\mathbf{W}_L=\begin{bmatrix}\mathbf{W}_S & 0_{N\times L} & \cdots & 0_{N\times L}\\ 0_{N\times L} & \mathbf{W}_s & \ddots & \vdots\\ \vdots & \ddots & \ddots & 0_{N\times L}\\ 0_{N\times L} & \cdots & 0_{N\times L} & \mathbf{W}_S\end{bmatrix}$$

其中 $N\times L$ 矩阵 $\mathbf{W}_s$ 的第(m,n)个元素定义为 $\mathbf{W}_s[m,n]=\mathrm{e}^{-j2\pi(m-1)(n-1)/N}$,$0_{N\times L}$ 表示 $N\times L$ 零矩阵。将时域接收信号 $y_{j,m}[N]$,$(n=0,\cdots,N-1)$通过离散傅立叶变换(DFT)进行 OFDM 解调,可以得到频域基带等效接收信号:

$$Y_{j,m}[n]=\sum_{i=1}^{N_t}X_{i,m}[n]H_{i,j,m}[n]+Z_{j,m}[n],n=0,\cdots,N-1$$

其中 $Z_{j,m}[n]$,$(n=0,\cdots,N-1)$为噪声 $z_{j,m}[n]$,$n=0,\cdots,N-1$ 的频率响应,第 i 个发射天线和第 j 个接收天线之间的信道频率响应 $Z_{i,j,m}[n]$为:

$$H_{i,j,m}[n]=\sum_{l=0}^{l-1}h_{i,j,m}[l]\mathrm{e}^{-j\frac{2\pi ln}{N}},n=0,\cdots,N-1$$

当系统接收端已知信道冲激响应或频率响应时,可根据最优估计理论使用空时解码和信号处理算法,从接收信号$\{Y_{j,m}[n]\}_{j=1}^{N_t}$,$(n=0,\cdots,N-1)$中估计出调制信号$\{X_{i,m}[n]\}_{i=1}^{N_t}$,$(n=0,\cdots,N-1)$,进而可以数字解调得到发射数据。

然而,在实际的无线通信系统中,无线信道参数通常是未知的,并且在某些复杂的无线环境中,信道参数往往是时变的。因此,当通信链路建立初期,通常需要在系统接收端进行初始信道估计,并且在数据发送过程中还需要对时变信道参数进行跟踪,以保证无线系统的通信质量。

3. 无线信道、载波频偏和相位噪声对系统性能的影响

与有线通信中良好的信道状况不同,无线通信系统中的无线信道通常是多径的并且信道参数是时变的。因此在传输过程中,无线信号的幅度会在短时间或短距离内发生快速衰落，即产生小尺度衰落现象。此外，无线环境中各种反射物的存在，会使得无线信号的幅度、相位都随时间发生变化，产生多径效应。无线信道的多径成分通常具有随机分布的幅度、相位和入射角度，它们被接收天线按向量合并，从而使得接收信号产生失真。此外，由于无线系统收发机之间的相对运动以及无线环境中反射物的运动，使得无线信道的参数随时间发生变化，这也大大增加了接收机的设计难度。

在无线通信系统中，当信号的带宽小于信道的相干带宽时，无线信号经历的是平坦衰落过程，此时信号的频谱特性在系统接收端保持不变，但接收信号的强度会随时间变化。相反，当信号带宽大于信道相干带宽时，无线信号会经历频率选择性衰落，即接收信号的某些频率分量获得了较大的增益，从而使得接收信号产生失真，进而引起符号间干扰，使得通信系统性能发生恶化。

虽然 MIMO－OFDM 无线通信系统可以有效克服无线信道的频率选择性衰落，但信道的时变特性仍然会对系统性能产生影响，因此需要对时变信道参数进行估计和跟踪，这无疑对系统接收端信道估计性能提出了更高的要求。同时，由于 MIMO 技术需要在系统收发两端同时使用多根天线，使得需要估计的信道参数成倍增加，这也增加了信道估计的难度。因此，对于 MIMO 和 MIMO－OFDM 无线通信系统，信道估计性能的好坏决定了传输速率和通信质量等系统性能的优劣。

另一方面，在实际的无线系统中，发射端和接收端之间的相对运动会使得无线信道产生多普勒效应。无线信道的多普勒效应以及发射机与接收机本地振荡器之间的频率偏差会使得无线系统接收端产生载波频率偏移(CFO)。对于 MIMO－OFDM 无线系统而言，假设时刻 P_e 第 x 个接收天线上对应的归一化 CFO 为 $\varepsilon_{j,m}$，MIMO－OFDM 系统时域接收信号模型可以改写为：

$$y_{j,m}[n]=\mathrm{e}^{j\frac{2\pi n\varepsilon_{j,m}}{N}}\sum_{i=1}^{N_t}\sum_{k=0,k\neq n}^{L-1}x_{i,m}[n-l]h_{i,j,m}[l]+Z_{j,m}[n]$$

对应的频域接收信号模型可以改写为：

$$Y_{j,m}[n]=\underbrace{S(0)}_{CPE}\sum_{i=1}^{N_t}X_{i,m}[n]H_{i,j,m}[n]+\underbrace{\sum_{i=1}^{N_t}\sum_{k=0,k\neq n}^{N-1}S(k-n)X_{i,m}[k]H_{i,j,m}[k]}_{ICI}+Z_{j,m}[n]$$

其中

$$S(k)=\frac{\sin\pi(k+\varepsilon_{j,m})}{N\sin\dfrac{\pi}{N}(k+\varepsilon_{j,m})}\mathrm{e}^{j\pi(1-\frac{1}{N})(k+\varepsilon_{j,m})}$$

CFO 对频域接收信号的影响主要包括两个部分：公共相位误差(CPE)和载波间干扰

(ICI)。CPE 会造成调制信号 $X_{i,m}[n]$发生相位旋转,使得系统接收端的解调性能下降。此外,当系统中无 CFO 存在时,第 n 个子载波上的频域接收信号不含有其他子载波上的调制信号分量,即此时发送的调制信号在第 n 个子载波上经历的是平坦衰落。相反,当 CFO 存在时,此时第 n 个子载波上的频域接收信号中同时也含有相邻子载波上的调制信号分量,即此时系统中每个子信道不再是平坦衰落,这大大增加了系统接收端的符号检测难度。

学者 Moose 在 1994 年最早分析了 CFO 对单天线 OFDM 系统性能的影响,证明了较小的 CFO 就会导致系统性能发生严重恶化。分析表明,在 AWGN 信道下大于子载波间隔的 4%的 CFO,或是在多径衰落信道下大于子载波间隔的 2%的 CFO,都会对系统性能造成无法忽略的影响,因此必须在系统接收端对 CFO 进行估计和补偿。

与 CFO 对 OFDM 和 MIMO－OFDM 系统性能产生的影响相似,相位噪声(PN)的存在也会在系统接收端产生 CPE 和 ICI,从而降低系统接收端符号检测性能。PN 通常是由发射机和接收机本地振荡器的非理想特性所产生。对于接收天线 j,假设当前 OFDM 符号周期内的相位噪声为$\{\phi_j[n]\}_{n=0}^{N-1}$,MIMO－OFDM 系统时域接收信号模型可以改写为:

$$y_{j,m}[n]=\mathrm{e}^{j\phi_j[n]}\sum_{i=1}^{N_t}\sum_{l=0}^{L-1}x_{i,m}[n-l]h_{i,j,m}[l]+Z_{j,m}[n]$$

MIMO－OFDM 频域接收信号模型可以改写为:

$$Y_{j,m}[n]=\underbrace{I(0)}_{CPE}\sum_{i=0}^{N_t}X_i[n]H_{i,j,m}[n]+\underbrace{\sum_{i=1}^{N_t}\sum_{k=0,k\neq n}^{N-1}I(k-n)X_{i,m}[k]H_{i,j,m}[k]}_{ICI}+Z_{j,m}[n]$$

其中 CPE 分量 $I(0)$可以表示为:

$$I(0)=\frac{1}{N}\sum_{k=0}^{N-1}\mathrm{e}^{j\phi_j[k]}$$

ICI 分量中 $I(k)$可以表示为:

$$I(k)=\frac{1}{N}\sum_{n=0}^{N-1}\mathrm{e}^{j2\pi nk+j\phi_j[n]}$$

当系统中存在 PN 时,PN 引起的 CPE 会使得所有子载波上的调制信号相位发生旋转,从而使得系统接收端信号解调时产生错判;此外,PN 引起的 ICI 同样会破坏 OFDM 系统中相邻子载波间的正交性,造成系统性能的严重下降。当 MIMO－OFDM 系统中同时存在 CFO 和 PN 时,MIMO－OFDM 系统时域接收信号模型可以改写为:

$$y_{j,m}[n]=\exp(j\,\frac{2\pi n\varepsilon_{j,m}}{N}+j\phi_j[n])\sum_{i=1}^{N_t}\sum_{l=0}^{N-1}x_{i,m}[n-l]h_{i,j,m}[l]+z_{j,m}[n]$$

此时接收信号同时受到CFO和PN的影响，由CFO和PN产生的CPE和ICI显著增大，系统接收端的性能将产生严重恶化，从而无法有效恢复出发射数据信息。

由以上分析可知，无论是在OFDM或是MIMO－OFDM无线系统中，CFO和PN的存在都会使得调制信号的相位发生旋转，破坏子载波间的正交性，从而使得系统性能发生严重恶化。因此，在实际的OFDM和MIMO－OFDM无线系统中，需要采用CFO估计和PN消除方法来保证系统接收端的符号检测性能。此外，CFO和PN的存在也显著增加了系统接收端的信道估计难度；未知信道参数和信道估计误差也使得CFO估计和PN消除问题变得更加复杂，使得系统性能无法得到改善。

综上所述，时变信道、CFO和PN的存在，使得MIMO、OFDM和MIMO－OFDM无线系统的误码率等性能发生严重恶化，数据传输率降低，通信质量下降。因此，MIMO、OFDM和MIMO－OFDM无线系统中的时变信道估计、CFO估计以及PN方面的研究是宽带无线通信领域的关键技术。

思考题

1. 什么是衰落信道？衰落信道的特点有哪些？
2. 衰落信道与带限信道、高斯信道之间有什么关系？
3. 衰落信道模型有什么特点？
4. 衰落信道对信号设计有什么要求？
5. 如何对抗衰落信道进行信息传输？
6. 什么是分集技术？
7. MIMO的基本原理是什么？
8. MIMO与OFDM结合后有什么特点？
9. 什么是空时编码？
10. 多径信道与衰落信道有什么联系和特点？

习题

1. 说说MIMO信道发射预编码和接收成型的框图及形成过程。
2. 4×2MIMO(发送端:4根天线，接收端:2根)的RANK(或者叫“秩”)最大为多少？
3. MIMO模式分为分集和复用，其中分集和复用的目的是什么？
4. 如果要求$E_b/N_0=0$dB，若频谱效率要达到5～10bps/Hz，收发天线数应如何选择？
5. 某2×2 MIMO系统的信道增益矩阵P_e为

$$H=\begin{bmatrix}0.3 & 0.5\\0.7 & 0.2\end{bmatrix}$$

假设收发两端都已知 H，总发送功率为 $P=10\text{mW}$，每个接收天线上的加性白高斯噪声的单边功率谱密度为 $N_0=10^{-9}\text{W/Hz}$，信道带宽为 $B=100\text{kHz}$。

(a)求 P_e 的奇异值分解。

(b)求信道容量。

(c)假设用发送预编码和接收成形将此信道变换为两个并行独立信道，总发送功率 P 在两信道间最优分配。每一信道采用 MQAM 调制，星座大小不限，误码率 BER 界为 $P_b\leqslant 0.02\text{e}^{-1.5\gamma/(M-1)}$，目标 BER 为 10^{-3}。求这组并行信道上可传输的最大数据速率。

(d)假设发送端和接收端的天线都用于分集，且都使用最优权值以最大化合并输出的信噪比。求合并输出的信噪比以及 BPSK 调制的误比特率。假设 $B=1/T_b$，请将此 BPSK 的数据速率和误比特率与(c)中的结果进行比较。

(e)就分集和复用的问题，讨论(c)和(d)两个系统之间如何权衡。

6. 假设有一个带宽为 10 kHz 的频率分配，而且希望该这条信道的传输速率为 100 b/s，试设计一个具有分集的二进制通信系统。说明：(1)调制类型；(2)子信道数；(3)相邻载波间的频率间隔；(4)用在设计中的信号传输间隔。证明其中参数选择。

7. 某一多径衰落信道具有多径扩展 $T_m=1\text{s}$ 和多普勒扩展 $B_d=0.01\text{Hz}$。可用的带通上的总信道带宽为 $W=5\text{Hz}$，为了减小符号间干扰影响，信号设计者选择脉冲持续时间 $T=10\text{s}$。

(a)试求相干带宽和相干时间。

(b)信道是频率选择性的吗？请解释。

(c)信道是慢衰落还是快衰落？请解释。

(d)假设在频率分集模型中，二进制数据通过(双极性)相干检测 PSK，以频率分集模式在信道上传输。试说明如何利用可用信道带宽获得频率分集，可得到多大分集？

(e)对于(d)中的情况，试问为达到差错概率 10^{-6}，每个分集所需的近似的分集 SNR 是多少？

(f)假设宽带信号用于传输且 RAKE 接收机用于解调。试问在 RAKE 接收机中需要多少抽头？

(g)说明 RAKE 接收机是否可实现为具有最大比合并的相干接收机。

(h)如果二进制正交信号被用作 RAKE 接收机中具有平方律后检测合并的宽带信号，试问为达到差错概率 10^{-6}，所需的近似 SNR 为多少(假设所有的抽头具有相同的 SNR)？

8. 通信系统采用双天线分集和二进制正交 FSK 调制。在这两个天线上的接收信号为

$$r_1(t)=\alpha_1 s(t)+n_1(t)$$

$$r_2(t)=\alpha_2 s(t)+n_2(t)$$

式中，α_1 和 α_2 在是统计独立同分布(iid)的瑞利随机变量。$n_1(t)$和 $n_2(t)$是统计独立的零均值白高斯随机过程，功率谱密度为 $N_0/2$。这两个信号被解调、平方，然后在检测之前被合并(求和)。

(a)草拟整个接收机的功能框图，包括解调器、合并器和检测器。

(b)画出检测器的差错概率曲线，并与没有分集的情况比较。

9. 考虑一个$(N_T,N_R)=(2,1)$MIMO 系统，应用 Alamouti 编码方式，用 BPSK 调制方式传送一个二进制序列。该信道符合瑞利衰落，信道矢量为

$$h=[h_{11}\quad h_{12}]^t$$

式中，$E|h_{11}|^2=E|h_{12}|^2=1$，该加性噪声是零均值高斯分布的。试确定系统的平均错误概率。

10. 考虑一个有 N_R 个接收天线的 SIMO 的 AWGN 信道。有别于最大比合并，选取天线上接收信号最强的一支；例如，信道矢量 $h=[h_1,h_2,\cdots,h_{N_R}]$，接收端选取的天线信道系数为

$$|h_{\max}|=\max|h_i|,\quad i=1,2,\cdots,N_R$$

这种方法叫做选择分集。试确定应用选择分集的 MIMO 系统容量。

11. 在 AWGN 下，一个 $N_T=N_R=2$ 的 MIMO 系统的信道矩阵是

$$H=\begin{bmatrix}0.4 & 0.5\\0.7 & 0.3\end{bmatrix}$$

(a)求 H 的奇异值分解。

(b)基于 H 的奇异值分解，确定一个具有两个独立信道的等价 MIMO 系统，在发送端和接收端都已知 H 时，求出最佳功率分配和信道容量。

(c)当仅接收端知道 H 的情况下，求其信道容量。

第 9 章　数字通信系统设计

9.1　通信系统的设计原理

软件定义的无线通信体系结构近年来应运而生，主要是为了解决当前无线通信场景中所面临的多重挑战，包括多种通信标准的共存、频率资源的稀缺性，以及无线个人通信系统不断增长带来的系统多样性。由于新系统层出不穷且产品生命周期日趋缩短，基于硬件的传统无线通信框架已难以适应这些变化。

在概念层面，软件无线电集成了模块化和标准化的硬件单元于一个通用硬件平台，并通过软件编程实现多种无线通信系统配置。其核心理念在于构建一个开放、标准化和模块化的通用硬件平台，然后利用软件来实现各种功能模块，如工作频段、调制解调模式、数据格式、加密算法和通信协议等。其中，宽带模拟/数字和数字/模拟转换器被设计得尽量靠近天线，以增加系统的灵活性和开放性。

软件无线电特别强调其体系结构的开放和全面可编程特性，允许通过软件更新来改变硬件配置和新增功能。该体系还采用了标准化、高性能的开放式总线结构，以便于硬件模块的持续升级和扩展。

标准的软件无线电系统主要由实时信道处理模块、准实时环境管理模块，以及用于业务增强的在线和离线软件组成，如图 9-1 所示的功能框图详细描述了这一体系结构。在实现方面，软件无线电可以通过各种方式完成，包括使用 ADC、FPGA、DSP 以及通用 CPU 组成的具备单指令多数据流 SIMD 和多指令多数据流 MIMD 混合架构的流水线处理，也可以在通用个人电脑和工作站上进行，甚至可借助高速网络和云端资源来实现。

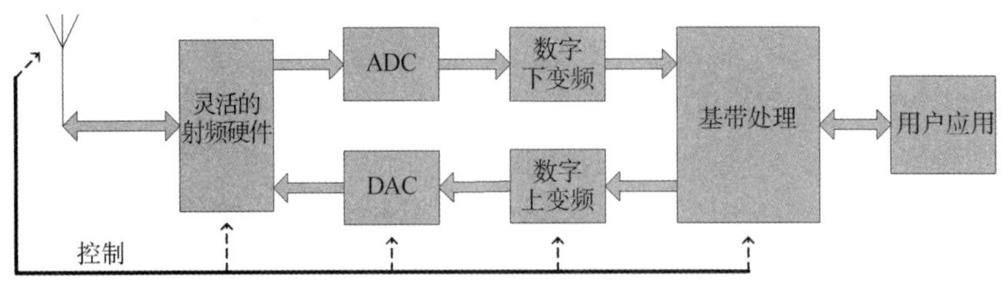

图 9-1 软件无线电的功能框图

软件无线电技术具备多项显著特点:通过软件化的无线电功能,实现的通信系统不仅成本效益高,还具备出色的灵活性;易于与不同频带、带宽和调制方式的通信系统进行互联和互通;系统升级和新技术集成更为便捷;有助于开发新型增值业务。能够更高效地利用有限的频谱资源。因此,软件无线电技术已成为通信技术研究中的关键领域。

9.2 通信系统总体设计

认知无线电系统需具备与环境交互的能力,能分析环境数据并适时调整自身运行参数,以便更高效地利用有限的频谱资源。基于这一理念,本研究提出了一种认知无线电通信系统的具体实施方案。该方案是在现有的软件无线电硬件平台上构建的,并能根据频谱使用状况动态地选择和调整合适的通信频带,从而体现出其认知功能。

软件定义无线电(SDR)作为认知无线电的前身,其核心思想是构建一个开放、标准化和模块化的通用硬件平台。通过软件实现各种功能模块,如工作频段、调制解调模式、数据格式、加密算法以及通信协议等。其中,宽带模拟/数字和数字/模拟转换器被设计得尽量靠近天线,以增加系统的灵活性和开放性。换言之,通过选用不同的软件模块,就能够实现不同的通信功能。

认知无线电可视为软件无线电的一个扩展或进阶版本。通过在基础的软件无线电系统中添加诸如环境感知和信道变化等认知模块,软件无线电从一个被动的执行设备转变为一个具有智能感知能力的认知无线电终端。这也表明,利用软件无线电硬件平台来实现认知系统是完全可行的。

9.2.1　系统组成

图 9-2 展示了一个通用认知无线电收发器的架构。该收发器主要由射频(RF)前端和基带处理单元组成，两者都可以通过控制单元进行动态配置，以适应不断变化的射频环境。在射频前端，接收到的信号首先被放大和混频，然后进行模拟/数字(A/D)转换。在基带处理单元，信号进一步经过调制/解调和编码/解码操作。虽然认知无线电的基带处理单元在结构上基本与传统的收发器相似，但其射频前端则需引入一些新的设计元素。

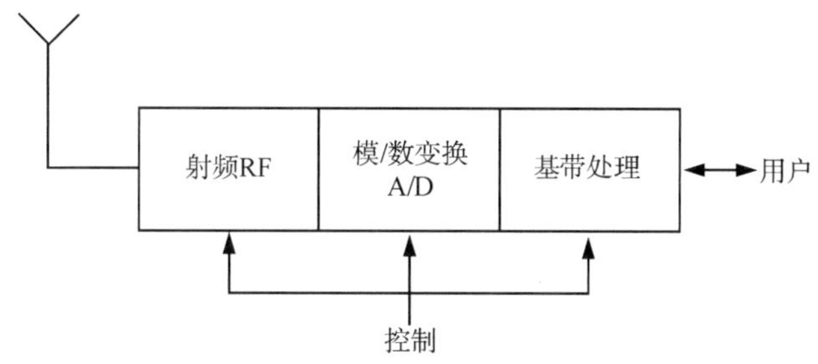

图 9-2　认知无线电收发器结构

因此，依据前述的认知无线电收发器架构以及现有的硬件平台，首先介绍一个认知无线电通信系统的硬件实施方案。该系统整体由三个主要硬件模块构成：认知功能模块、数据传输模块以及射频模块，具体结构可参见图 9-3。

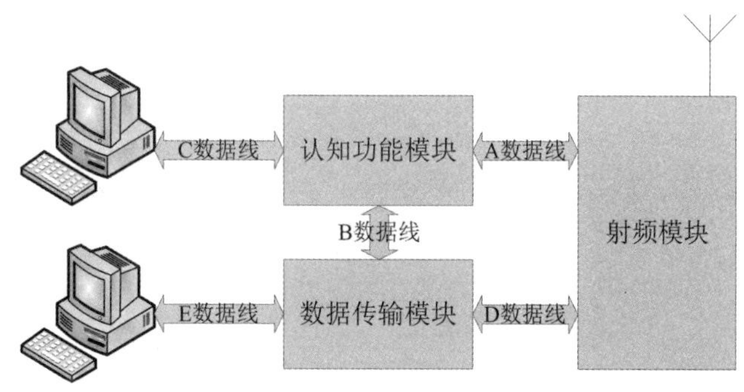

图 9-3　无线电通信系统

认知功能模块由软件无线电硬件平台构筑，作为实现认知业务功能的核心单元。该模块主要负责频谱感知、频谱管理与分析、基础媒体接入控制(MAC)功能，以及整体系统的控制等职责。关于该模块的详细设计将在后续章节中叙述。

数据传输模块则是基于软件无线电平台搭建的，专门用于实现通信的调制解调功能。该模块能够在不同的服务质量(QoS)需求下，完成认知业务中的数据发送和接收。其主要功能由数字信号处理器(DSP)和现场可编程门阵列(FPGA)执行,包括但不限于数据交织、组帧等预处理步骤,以便将数据整理为适合信道传输的形式。数据传输模块与认知功能模块相互配合,共同完成认知无线电的通信控制。

射频模块负责实现中频以上的信号处理,包括无线信号的接收、下变频处理和宽带滤波等。根据宽带中频带通采样的软件无线电架构,该模块设有接收和发送两个支路,二者通过接收/发送(R/T)开关(即时分双工(TDD)模式)共享天线。发送支路采用直接上变频策略。考虑到认知功能模块和数据传输模块各具有不同中频接口和中频频率,接收支路因此采用了二次变频方案。第一次下变频的输出同时送到认知功能模块进行频谱感知;第二次变频后,将中频信号传输至数据传输模块以完成数据接收。该模块的结构设计可参见图 9-4。

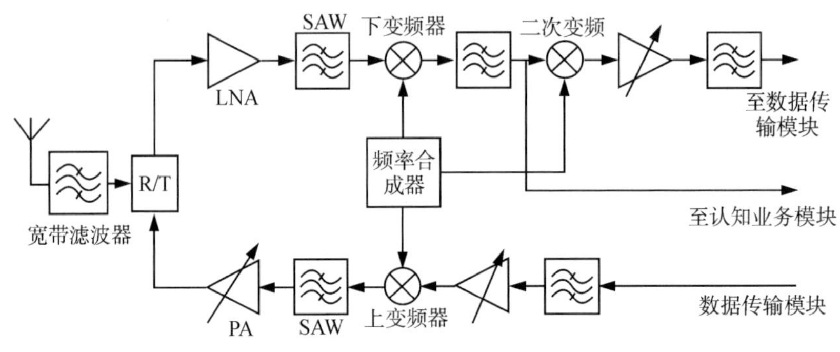

图 9-4 射频模块原理图

在认知功能模块与射频功能模块之间的数据通信中,主要任务是实现认知功能模块对射频模块的控制以及射频信号的接收。射频模块会输出中频数据,以便认知功能模块进行环境感知活动。相应地,认知功能模块会向射频模块发送控制信号以设定射频参数。

至于认知功能模块与数据传输模块之间,数据信号线主要用于传输两模块之间的信令交互和控制信息。例如,数据传输模块向认知功能模块发送业务通信申请,而认知功能模块则回复相应的业务通信许可。

在认知功能模块与计算机之间的通信接口中,完成了感知模块输出的频谱数据以及其他信令的传输工作。在数据传输模块与射频模块之间,信号线主要负责实现认知通信业务中的中频数据收发操作。最后,在数据传输模块与计算机之间的通信接口,主要完成了认知通信业务数据的输入和输出处理。

9.2.2　系统工作方式

认知无线电系统主要任务是在指定频带内对无线电频谱进行感知，识别“频谱空洞”，并在找到这些空洞后进行数据通信。通信建立后，根据频谱的实际使用情况，持续调整通信业务的负载和分布，以实现高效、可靠的通信，并更灵活地管理和利用有限的频谱资源。依据以上认知流程，系统工作可以分为四个主要阶段：频谱感知与分析、业务请求与授权、信道监控以及退避。

频谱感知与分析阶段：这一阶段主要涉及环境感知以及无线电频谱数据的收集和分析，不涉及数据通信。这些信息构成了后续认知通信的基础。系统一旦启动，立即开始环境感知。从天线接收的频谱数据经过射频模块进行宽带滤波和下变频，然后产生中频信号。该信号通过 ADC 进行模数转换，并通过中频接口输入到感知模块。感知结果数据随后被发送至管理模块进行集中管理和分析，并可以通过转发模块实时显示在计算机上。

业务请求与授权阶段：这一阶段主要是为数据通信做前期准备，利用当前获取的频谱数据，通信双方协商信道并确定频谱空洞和通信信道。当有数据通信需求出现时，数据传输模块向认知功能模块提交业务请求，并在请求中明确业务所需的带宽和噪声阈值等。认知功能模块根据这些信息和已有的频谱分析，选择合适的频谱空洞，并将具体的通信参数（如带宽、背景噪声水平等）传送给数据传输模块，以便建立通信。

信道监控阶段与退避阶段：主要涉及在通信建立后持续监控频谱使用情况，并在必要时进行业务调整或通信退避。这一流程旨在实现对频谱资源的高效、灵活和可靠的管理。

业务通信阶段：在获取适当通信频带的指派信息后，数据传输模块开始正常的通信活动。由于认知通信是一种非授权、灵活的通信方式，因此即使在通信建立后，仍需持续监控通信频带，以预防认知通信受到干扰或干扰已授权的用户。在这一过程中，射频模块的中心频点将保持稳定，而认知功能模块会持续监控认知业务所使用的特定频点。如果发现由于授权用户或其他干扰源导致频带不再可用，立即终止通信并进入退避阶段。否则，通信将正常完成，并重新进入频谱感知与分析阶段，以待新的通信需求。

退避阶段：这一阶段主要是为了保护授权用户并防止认知通信受到干扰而设置的。一旦进入这一阶段，认知功能模块会暂停数据传输模块的数据发送以及射频模块的工作状态，同时保留当前的通信设置。该模块将再次扫描频带，寻找新的合适的频谱空洞，并努力重新建立通信连接。

整体而言，以上各个工作阶段的实现主要依赖于认知功能模块，该模块是整个系统运转的核心。进一步的资源管理方案也将在认知功能模块内进行设计和实施。

9.2.2.1　中心式资源管理方案

通过使用两套上述的软件无线电系统以及一个外部干扰源，可以构建一个简洁的点对点通信方案如图 9-5 所示。

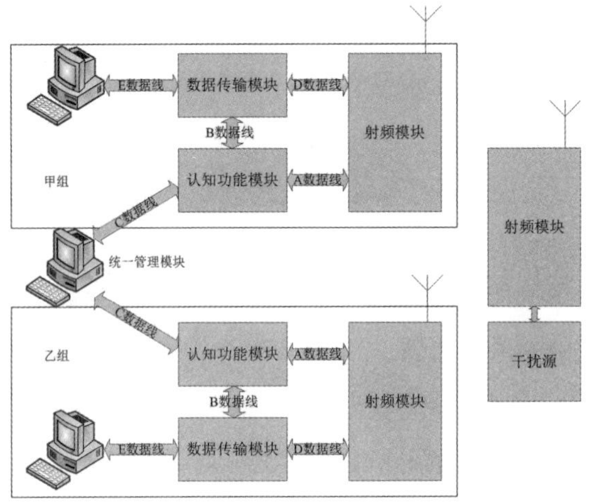

图 9-5　中心式资源管理方案

该方案中，两个通信系统通过一台个人计算机进行连接，该计算机充当统一的管理模块，因此被称为集中式资源管理策略。系统的工作流程如图 9-6 所示。

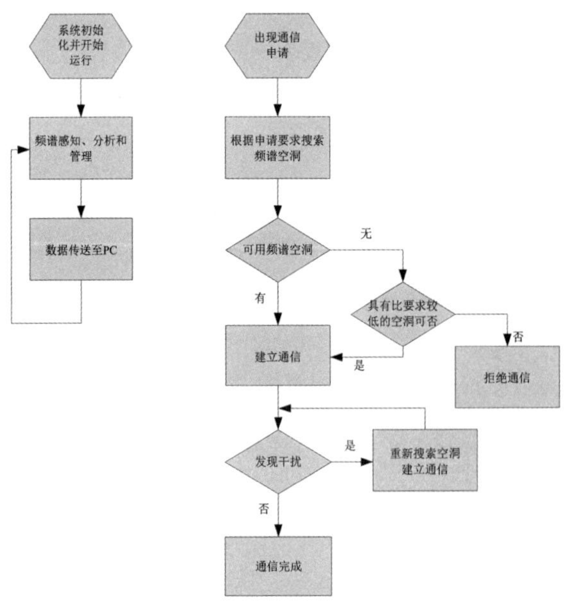

图 9-6　系统的运行

在系统中,统一管理模块的基础功能包括图形化展示原始频谱信息、经过处理的频谱数据以及认知通信的当前状态。此外,它还充当两个系统之间的信息和信令传输桥梁。如有需求,该模块还可以成为认知系统的核心执行单位,使所有认知功能在个人计算机中实现,并通过该计算机进行资源的统一调配。因此,根据认知功能主体的不同,集中式资源管理方案可以分为两种不同的情况。

准分布式管理模式:在此模式下,个人计算机(PC)主要负责显示和信息转发功能,作为一种虚拟专用信道,而认知主要功能和媒体访问控制(MAC)功能则由各自系统的认知功能模块来承担。

在没有通信业务活动的情况下,系统仅负责收集当前频谱状况的数据。认知功能模块从射频模块接收频谱数据,进行感知和分析,并不断地更新分析结果,然后将这些感知结果通过接口传输至计算机以供可视化展示。

当出现通信业务需求时,假定由甲组发起呼叫。甲组的数据传输模块向其认知功能模块提交申请。在收到该申请后,该模块会根据现有的频谱信息分析结果,搜索出符合申请要求的频带,并通过数据接口与统一管理计算机及乙组进行沟通。

乙组在接收到信息后,会寻找与甲组共有的频谱空洞。若找到符合要求的频带,乙组会通过计算机回复,该回复包括可用频带信息,并同时指派相应的通信频率给其射频模块。

甲组在接收到此信息后,会指派射频模块的通信频点,并向其数据传输模块回复,表示现在可以开始通信。相反,如果没有找到共有的频谱空洞,甲组会直接拒绝数据传输模块的通信申请。

一旦通信建立,两组系统的认知功能模块便负责检测任何可能的干扰,同时也负责寻找和协商新的频谱空洞以重新建立通信。

完全中心式管理模式:在此管理模式下,个人计算机(PC)不仅负责显示和信息转发,还担任认知与媒体访问控制(MAC)功能的执行。认知功能模块主要负责频谱感知,将感知到的频谱数据传输给 PC,并仅仅转发 PC 发出的指令信息给其他模块。

在没有通信业务的情况下,认知功能模块进行频谱感知并将结果传输给 PC。PC 则进行频谱分析和管理,并不断更新分析结果。

当有通信业务需求出现,例如由甲组发起的呼叫,甲组的数据传输模块向其认知功能模块提交申请。在接收到申请后,甲组的认知功能模块通过数据接口与统一管理 PC 进行沟通。管理 PC 负责协调甲、乙两组设备的共同频谱空洞,并将相应的通信频点分配给两组。

在接收到管理 PC 的指令后，甲组的认知功能模块根据该指令调整射频模块的工作频段和接收/发送(R/T)状态，并启动数据传输。

乙组的认知功能模块在接收到管理 PC 的指令后，直接指定乙组设备的工作频点，并启动乙组设备进行数据接收和通信。

一旦通信建立，两组系统的 PC 则负责发现潜在的干扰，分配新的频谱空洞，并重新建立通信，以确保认知通信的顺利完成。

由于认知功能的实施基本相同，无论是在哪个硬件设备中完成，并且都需要 PC 作为中介通道连接两组系统，因此两种模式可以融合在一起。根据需求，可以在这两种实现方式之间灵活选择，形成一个能够在两种情况之间自由切换的中心式资源管理方案。

9.2.2.2　分布式资源管理方案

在实际通信系统中，由于无法设置有线中介通道，故需去除作为资源统一管理的个人计算机(PC)。相反，通过无线信道实现两个系统间的共同协商，以确定用于认知业务通信的频谱空洞，并依此进行通信。图 9-7 展示了此通信方案，其中 F 数据链路即代表一种无线空中通信接口。

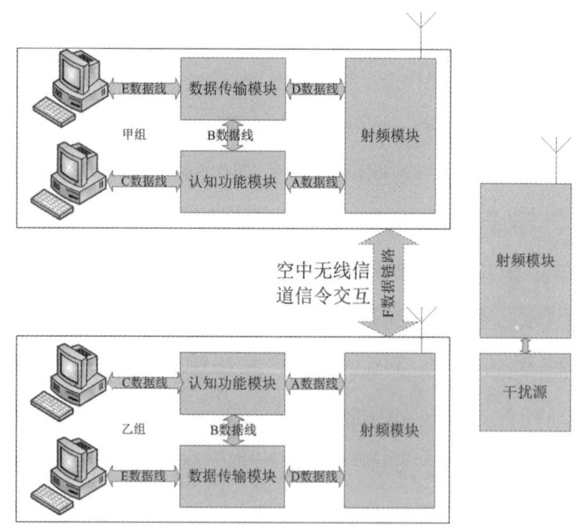

图 9-7　分布式资源管理方案

在分布式资源管理方案未建立通信前，作为认知无线电系统，不存在固定的通信频带。因此，此方案在建立认知数据业务通信之前，需首先通过初始信令交互来寻找频谱空洞作为控制信道。该方案可根据不同控制信道需求分为两种情况：

第一种情况是在通信终端间预设一个固定的公共无线信道。这一信道独立于认知数据信道，作为寻找频谱空洞并建立认知连接的专用控制信道，无需考虑干扰和退避等因素。通过这个固定的公共频段，能有效解决不同通信终端间频带建立和协调等问题。

第二种情况是在通信终端间没有可用的公共信道。在此情况下，双方需在建立认知数据通信之前，依据特定协议和算法寻找公共的控制频带。只有在建立了控制信道的连接后，才能进一步协商认知数据通信的频带。

该方案可基于前述有线解决方案进行扩展，但需更加严格的媒体访问控制（MAC）功能和算法作为支撑。然而，分布式资源管理更贴近认知无线电通信的实际需求，因而具有更高的实用性。

9.3　基带数字化系统

以认知无线电系统中基带系统为例，频谱感知的数字部分主要负责实现宽带信号的信道化，并通过短时傅立叶变换（Short－Time Fourier Transform，STFT）来获取时频数据。该部分主要由以下几个模块构成：基于均匀滤波器组（Uniform Filter Bank，UFB）的数字下变频模块、数据调整模块、带有滑动窗口的快速傅立叶变换（Sliding FFT）数据缓冲模块、快速傅立叶变换（FFT）模块以及平方和模块。这些模块共同形成了一个完整的系统结构，如图 9-8 所示。

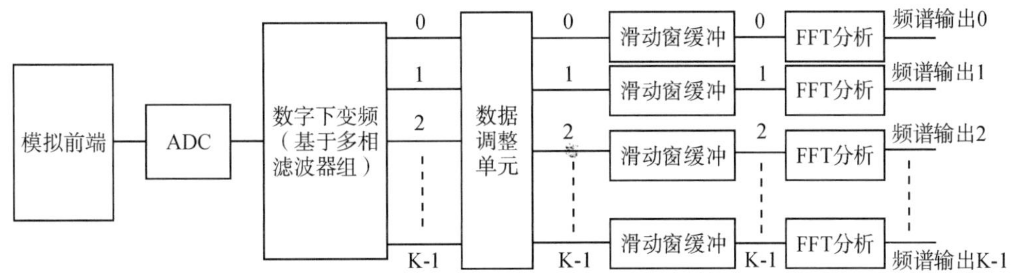

图 9-8　数字子系统的结构框图

数字下变频部分利用基于离散傅立叶变换（DFT）的多相滤波器组（Polyphase Filter Bank）构建，将来自单路高速模数转换器（ADC）的输出信号转换为 K 路低速数字信号。该数据调整单元负责对这些多路数据进行对齐，以便于后端模块能更有效地共享资源。

为了在频谱分析中获得更高的时间分辨率，系统对每一个数据支路执行滑动窗式的快速傅立叶变换(Sliding Window FFT)分析。滑动窗缓冲区有两方面的功能:一是实现加窗处理以改善频谱分析的性能,二是通过滑动窗式的数据存取方式,为后端的FFT模块提供了带有重叠的数据帧。

FFT模块则负责对每个数据支路进行时频分析,从而获取多个子频段的频谱使用情况。这一系列操作确保了系统在进行频谱感知时,能以高精度和高效率完成任务,进而满足认知无线电系统在动态和复杂环境中的运行需求。

9.4 中频数字化系统

中频数字化是软件无线电技术的核心之一,它是一种将A/D转换应用于中频信号的设计方法,用于对中频信号进行数字化处理。该方法首先通过模拟下变频器DC将射频信号转换为中频信号,然后对中频信号进行A/D转换。随后,经过数字下变频DDC将中频数字信号下变频至低频或基带信号,以便供可编程的DSP进行进一步处理,从而实现无线电系统的各种功能。其详细功能示意如图9-9所示。

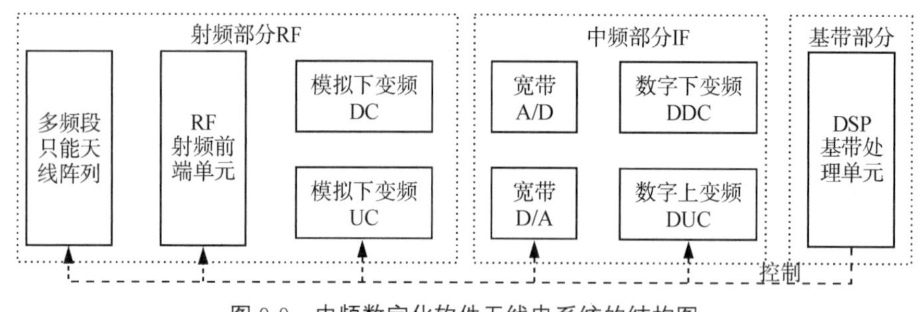

图9-9　中频数字化软件无线电系统的结构图

中频数字化的核心目标是实现信息携带信号在基带和中频之间的转换传输。因此,中频数字化主要分为两个部分:中频模数(A/D)/数模转换和数字上/下变频DUC/DDC。

(1)宽带A/D和D/A转换器:在中频数字化的软件无线电中,我们将A/D器件应用于中频信号处理。这使得我们可以采用一些技术手段来降低对采样率的要求。例如,我们可以使用多个并行采样的ADC和带通采样的方法来满足更高工作带宽的A/D转换需求,从而实现对宽带中频信号的A/D转换。

(2)数字上/下变频DUC/DDC:直接将A/D转换得到的数字中频信号交给DSP进行

处理，将大大增加 DSP 的计算负荷，对 DSP 的计算能力提出更高要求。在宽带中频采样后，信号需要通过信道选择滤波器来选中特定的窄带信道。一个优秀的 FIR 或 IIR 滤波器通常需要每个采样点进行 100 次操作。例如，在 30MS/s 的采样率下，进行信道选择和下变频就需要 3000MI/s 的处理能力。然而，普通的 DSP 通常只能提供 200MI/s 的处理能力，仅适用于基带信号处理。因此，在 DSP 进行数字信号处理之前，对信号进行数字下变频是一个有效的方法。通过使用数字下变频器 DDC，我们可以对 A/D 采集的数据进行变频和抽取滤波处理，从宽带数据流的数字信号中提取所需的窄带信号。然后将其下变频为数字基带信号，并转换为更低的数据流，从而使现有的 DSP 能够有效地完成实时数据处理任务。

在模拟变频中，混频器的非线性、模拟本地振荡器的频率稳定性、边带、相位噪声、湿度漂移、转换速率等问题都是人们关注且难以完全解决的。然而，在数字变频中，这些问题是不存在的。数字变频具有频率步进、频率间隔等理想性能。此外，数字变频还具有易于控制和修改的优势，这是模拟变频无法比拟的。与传统的模拟系统相比，中频数字化的优势在于：

(1)处理器性能提升：借助现有成熟的信号处理技术，可以提供多种有效的手段和技术灵活性，从而提高系统性能。例如，对信源信息进行信源编码可以减少冗余，最大程度地压缩原始信息，从而在系统容量有限的情况下为更多用户提供服务。对信号进行信道编码可以抵御信道干扰，降低噪声影响，提升通信质量。

(2)功能可编程控制：通过使用可编程器件，可以设计通用的硬件配置，然后通过设计不同的软件来执行多样的信号处理任务。例如，一个数字滤波器可以通过重新编程来实现低通、高通、带通、带阻等不同的滤波任务，而无需改变硬件配置。在模拟系统中，不同任务需要改变所有的设计。在许多情况下，甚至只需改变相关数据和操作，即可完成不同的任务，而模拟系统很难甚至无法做到这一点。

(3)系统稳定性优越：由于技术规格的范围，即使设计相同的模拟系统，其性能也会有所不同。在相同信号输入和配置的情况下，不同模拟系统的输出也会不同。此外，模拟电路中的电阻、电容、运算放大器等元件特性会随温度变化而改变，而数字电路在其保证的工作范围内受温度影响较小。此外，对于模拟电路，还必须考虑器件和制造材料的寿命，这会严重影响整个电路的性能，而这些问题是难以解决的。然而，对于数字信号处理器，它们带来的影响较小，而且，DSP 电路可以通过编程来检测和补偿模拟系统的变化。

(4)易于实现自适应算法：在模拟系统中，一些基本的自适应功能是可能实现的，但像噪声消除等较为复杂的自适应变化则难以实现。数字信号处理系统可以轻松适应外部环境的变化，自适应算法只需计算新的参数并将其存储，以取代原有的值。

(5)高通信安全性：可以借助加密信息、跳频通信等技术手段，利用数字通信固有的优势，提升通信的安全性。

(6)高度集成的系统：随着集成电路技术的进步，与模拟电路相比，数字电路的集成度大幅提高。数字电路具有小尺寸、强大功能、低功耗、良好的产品一致性、易用性和高性价比等优势，因此在广泛的应用领域取得成功。

数字中频的理论基础主要包括抽样定理(涵盖奈奎斯特抽样定理和带通抽样定理)以及多抽样率信号处理技术。

9.5 射频数字化系统

根据软件无线电的原理，针对射频拉远单元(RRU)的设计，不同的采样方式将导致不同的结构，每种结构都具有其独特的特点。选择适当的采样方式来设计 RRU 是确保系统正常运行的前提条件。由于该设计旨在实际应用中使用，因此，在选择系统结构所依赖的采样方式时，需要充分考虑当前数字器件技术水平，以做出谨慎的选择。

传统的模拟超外差接收机结构较为复杂，前端电路需要大量的模拟器件，例如多级混频所需的混频器、结构复杂的小步进频率合成器(局部振荡器)，以及用于抑制镜像频率的复杂滤波器等。此外，滤波器的中心频率和带宽通常是固定的。图 9-10 展示了传统超外差接收机前端电路的设计结构。

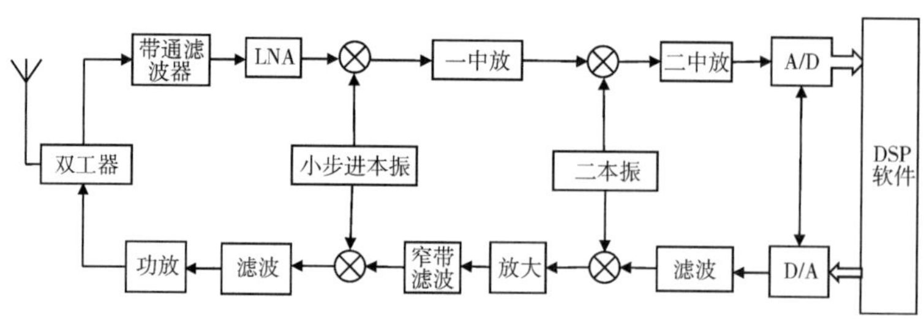

图 9-10 传统模拟接收机

由于使用了多个模拟器件，电路结构相对复杂，导致接收机的体积、重量、功能等方面无法令人满意，尤其是在接收通道中使用了许多窄带滤波器，导致信号在经过通道后失真严重，极大地影响了后续处理的质量，从而降低了整个系统的性能。现代的收发机通常采用基于软件无线电思想的设计。

软件无线电的基本思想是以一个通用、标准、模块化的硬件平台为基础，通过软件编程来实现无线电设备的各项功能，从传统的基于硬件、专门用途的电台设计方法中解放出来。将功能转化为软件化的实现方法有助于减少功能单一、灵活性差的硬件电路，特别是减少模拟环节，将数字处理（A/D 和 D/A 转换）尽可能地靠近天线。软件无线电强调体系结构的开放性和全面可编程性，通过更新软件来改变硬件的配置结构，实现新的功能。此外，软件无线电采用标准的、高性能的开放式总线结构，以便于硬件模块的不断升级和扩展。针对三种不同的软件无线电采样方式的选择，会相应地产生三种不同的接收机结构。

1）射频低通采样数字化结构，这种软件无线电结构设计简洁，将模拟电路的数量降至最低，其示意如图 9-11 所示。

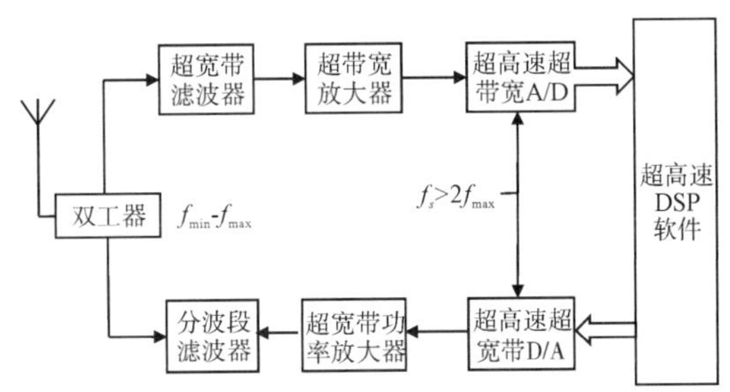

图 9-11　射频低通采样软件无线电结构

天线接收到的射频信号经过滤波和放大后，被送入 A/D 转换器进行采样和数字化处理。这种结构不仅对 A/D 转换器的性能，如转换速率、工作带宽和动态范围等，有着极高的要求，同时也对后续的 DSP（数字信号处理）或 ASIC（专用集成电路）的信号处理速度提出了严格要求。因为射频低通采样所需的采样速率至少是射频信号最高频率的两倍。例如，对于工作在 1MHz 至 1000MHz 范围的软件无线电接收机，其采样速率至少需要 2GHz。然而，这么高的采样率不仅需要考虑 A/D 转换器能否达到，同时也需要考虑后续的数字信号处理器能否满足这一要求。

2）射频带通采样结构，采用射频带通采样结构设计的软件无线电系统能够较好地解决前述射频低通采样软件无线电结构对 A/D 转换器、DSP 等性能要求过高，从而无法实现的问题。这种结构的示意如图 9-12 所示。

射频带通采样软件无线电结构与射频低通采样软件无线电结构的主要区别在于，在 A/D 转换器之前引入了带宽相对较窄的电调滤波器，然后根据所需的处理带宽进行带通采样。这样一来，对 A/D 转换器的采样速率要求降低，同时后续 DSP 的处理速度要求也

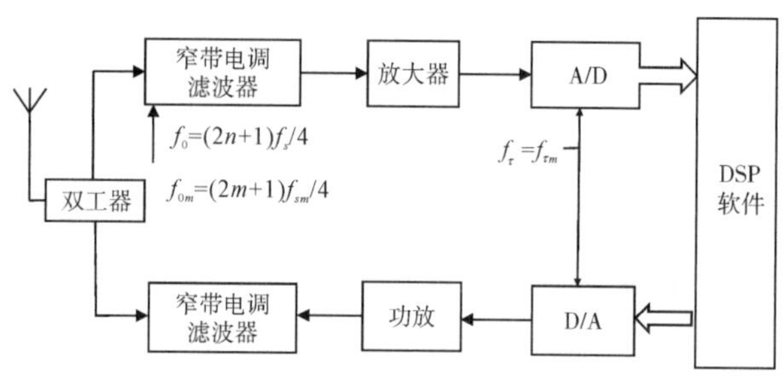

图 9-12　射频带通采样结构

能大幅减小。但值得注意的是，这种射频带通采样软件无线电结构对 A/D 转换器的工作带宽要求（主要是对 A/D 中的采样保持器速度要求）仍然相对较高。

3）宽带中频带通采样结构，宽带中频带通采样结构的软件无线电设计与中频数字化接收机相类似，都采用了多次混频或超外差体制，如图 9-13 所示。

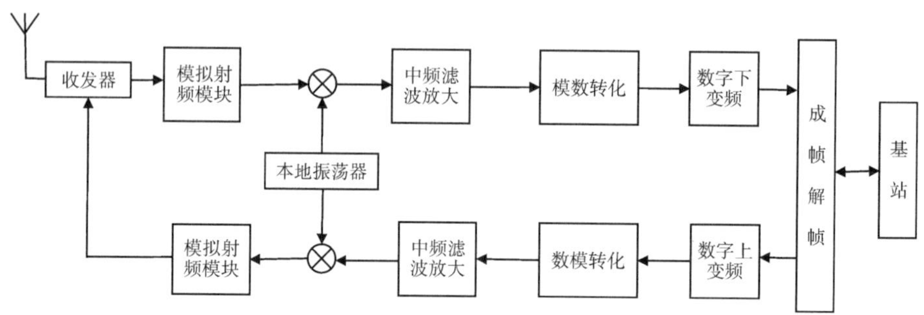

图 9-13　软件无线电中频数字化结构

这种宽带中频带通采样软件无线电结构的主要特点在于其更宽的中频带宽（如本设计中的 24MHz），而所有的调制解调等功能都由软件来实现。中频带宽的扩大是此软件无线电与传统的超外差中频数字化接收机的关键区别。

中频数字化收发机有以下优势：

1）本振信号由数字控制振荡器（NCO）产生，使用数字混频器进行正交解调，因此 IQ 通道的幅相一致性较高。

2）模拟接收机的动态范围受限于模拟器件，而中频数字化接收机的动态范围取决于 ADC 的性能，因此获得较大动态范围相对容易。

3）在发射机中，除了可编程和灵活配置的特点外，还使用了数字上变频技术来取代传统的模拟二次上变频技术，从而大大减少了模拟器件的数量，系统的通信质量得到了显著优化。对以上三种软件无线电结构的比较表明，射频低通采样是最为理想的结构，其具有最高的灵活性和扩展性，同时对数字器件的要求也最为严格，因此被认为是无线电技术的未来发展方向。宽带中频带通采样软件无线电结构是上述三种结构中最易于实现的，对器件性能要求较低，但其离理想的软件无线电结构要求仍有一定距离。虽然它的扩展性和灵活性较差，但与传统无线电台相比，已经实现了质的飞跃。

上行链路信号处理的基本步骤如下：天线接收来自空间微弱的信号，首先通过接收滤波器将带外信号滤除，然后经过低噪声放大器(LNA)放大带内信号。接下来，信号经过混频器进行混频，将射频信号下变频为模拟中频信号。随后，经过中频镜像滤波和中频放大后，信号进入模数转换器(A/D 转换器)进行模数变换。最终产生的中频数字信号，通过与两路正交同频本振进行混频，得到所需的数字正交基带信号(IQ 信号)。总体而言，射频接收机的设计流程如图 9-14 所示。

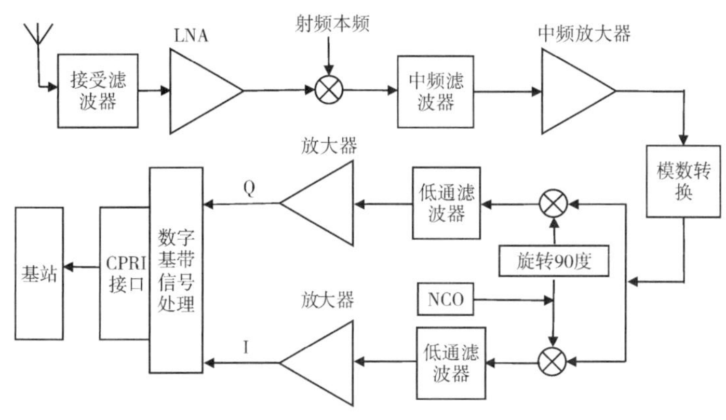

图 9-14　射频接收机框图

思考题

1. 什么是射频拉远技术？
2. 什么是认知无线电？
3. 什么是软件无线电技术？
4. 认知无线电和软件无线电有什么区别和联系？

习题

1. 数字通信系统组成包含那几部分？
2. 实际的数字通信系统与理论的通信系统框图有什么异同？
3. 基带数字化、中频数字化和射频数字化分别有什么特点？

第 10 章　数字交换与组网技术

10.1　交换的基本概念

10.1.1　简述交换技术

交换技术是随着电话通信的出现而产生的通信技术。1876 年，随着电话的发明，人类第一次将声音信号转化为电信号，并通过电话线实现了远距离通信。最开始的电话，仅能实现两个人之间的通话。为了能够使任意两个用户之间可以进行通信，从而产生了任意两个用户之间相连的全互连网络，如图 10-1 所示。

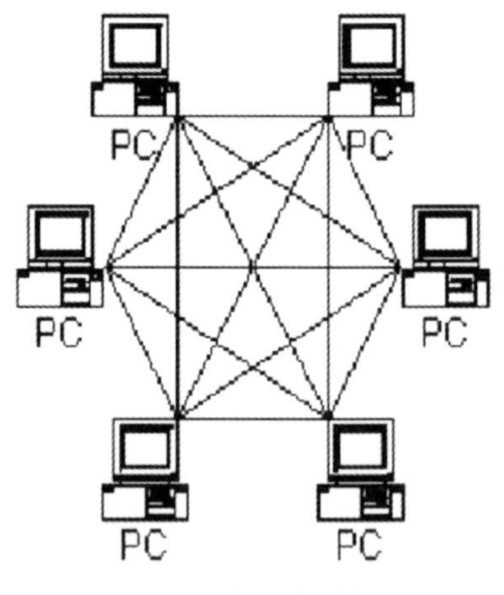

图 10-1　全互连网络

但是该种方式的弊端也显而易见，随着使用人数的不断增加，所需要的电话线数目也急剧增加，倘若有 N 个用户加入网络，则对于每个用户而言，就有 N－1 根电话线与其相连，不仅网络铺设成本巨大，并且针对每个用户使用起来也极其复杂。为了解决这一问题，便产生了交换机。交换机为一个中心设备，在其发展之初，令其与每个用户之间相连，每次通话由这个中心设备进行连接和断开，以此实现任意两个用户之间的互连，将此种连接结构称之为星型结构。如图 10-2 所示。

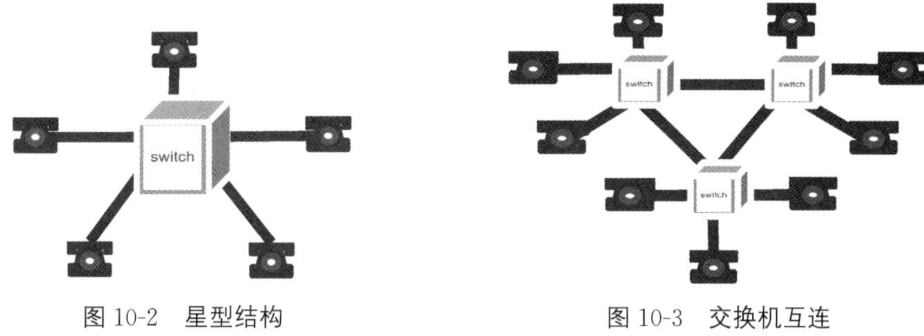

图 10-2　星型结构　　　图 10-3　交换机互连

但是一个交换机所能承载的用户量是有限的，为了使通信网络覆盖更多的范围，将多个交换机相连，每个交换机之间的通信线路被称为中继线。交换机互连形成的网络结构如图 10-3 所示：

在电话网基础上形成的现代通信网由三部分构成：终端设备，传输设备，和交换设备。本节致力于介绍相关的交换技术。基本的交换技术分别是电路交换、报文交换、分组交换技术。

10.1.2　电路交换技术

电路交换（Cricuit Switching）是在电话网络中使用的一种交换技术。电路交换模式如图 10-4 所示：

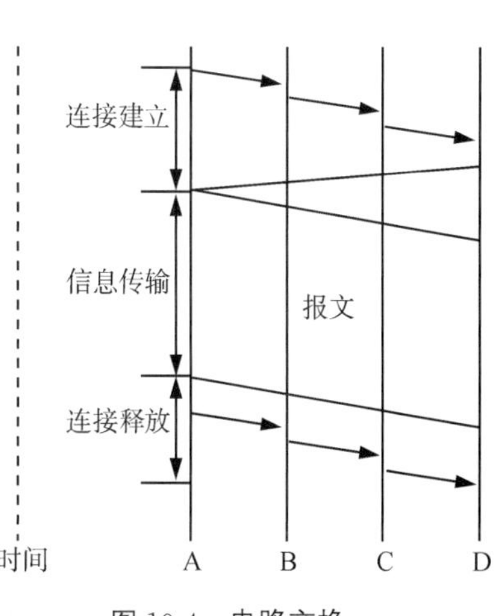

图 10-4　电路交换

在需要通信时，也就是打电话之前，先通过拨号来建立两个电话之间的端到端的连接，当拨号的信令经过多个交换机被传输到用户所连接的交换机时，被联系方电话振铃，在用户摘机且摘机信令传回到主叫用户连接的交换机时，即完成此次呼叫，这个过程被称为呼叫建立。在这个过程中，从主叫方到被叫方形成了一条专属连接，这条连接占用了双方通话时所需的所有通信资源，并且这些资源在双方通信时不会被其他用户所占用。因此电路交换是固定带宽分配，在通信的全部时间内，通信的双方始终占用端到端的固定传输带宽。因此它适用于实时且带宽固定的通信。而打电话的过程即为数据的传输过程。在通话完毕挂断电话时，挂机指令通知相关交换机，使它们释放刚才使用的这条物理通路所涉及到的所有通信资源，这个过程被称作呼叫释放。

电路交换作为最开始的交换方式，其优缺点都十分明显。它的主要优点是：独占资源使得通信质量有保证，并且传输时延小，通信过程中没有拥塞现象。但是相比于它的优点，其缺点更为明显：通过预先建立物理连接通道，在连接建立后传输信息，在通信结束后拆除连接这种方式，虽然使得数据传输的时延很小，但是建立和拆除该物理连接的时间较长，为了完成此次通信，需要许多时间在链路的建立中；并且传输效率往往很低，由于数据通信的突发性，在一段时间内有数据传送，而在另一段时间内没有数据传送，在没有数据传输的时间内，这条物理连接仍然为此次通信进行服务，其他人无法占用，导致效率低下；上述提到电路交换为每个连接业务分配固定的带宽，但业务速率往往不定，若按照峰值速率进行带宽分配，虽然可以保证服务质量，但同时也造成了资源的浪费，但若按照平均速率进行分配，就会导致在业务峰值速率时，会有部分信息的丢失，降低服务效率；在电路交换中，信息透明的传输，交换机不会对信息进行任何的处理，这也导致该信息的传输过程没有差错控制的能力，不能够保证在传输过程中不会因为传输链路、信道等产生差错，不能保证数据的准确性，因此电路交换适用于电话交换、高速传真、文件传送，但不适合数据通信。

10.1.3　报文交换技术

为了避免电路交换中产生的缺点，随之提出了报文交换技术(Message Switching)。所谓报文，也就是在交换过程中传送的数据单元，一份报文分为三部分：报头(源端地址、目的端地址等)、用户信息、报尾。其交换方式如图 10-5 所示：

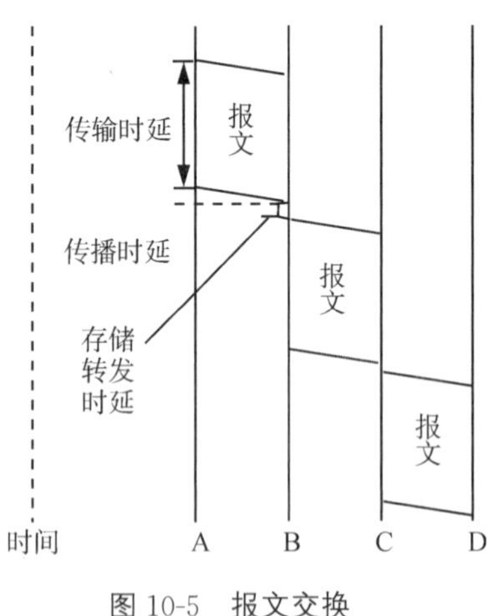

图 10-5　报文交换

如图所示：当源点要发送数据时，报文交换不需要建立端到端的连接，而是需要将报文发送给相邻的结点，源端首先将要发送的数据封装为报文，再发送给相邻结点，相邻的结点将报文存储起来，再寻找相应的最合适的出口将报文传输给下一个相邻结点，直至报文传输到目标节点而停止。传统的电报系统就是采用这种存储再转发的方式进行信息传输。

报文交换在一定程度上对电路交换进行了改进，它不需要提前建立相应的物理链路，有效节省了时间，并且按照统计时分复用的方式共享交换节点之间的通信线路，大大提高了线路利用率；并且报文是无连接的通信，健壮性强，部分节点和线路发生故障不会造成全网的瘫痪；并且报文交换具有一定的差错控制功能，保证了数据的准确性；并且报文交换还可以将一份报文传输到多个目的端，这都是电路交换所不具有的功能。虽然它具有许多电路交换没有的优点，但这并不代表其没有缺点，同样的，它的缺点也十分明显：由于对报文的长度没有进行限制，所以需要每个传输结点都具有相对较大的存储空间以及高速的处理能力来处理和缓存很长的报文，这使得交换机的成本被大幅度提高；其次，信息在传递的过程中需要经过多个交换结点，转发一段报文有可能会长时间的占用某段线路，导致报文在中间的结点处具有很大的时延，让其他的报文无法使用此条线路进行传输，这一缺点使得报文交换不适用于实时通信和交互式实时数据通信，也不适合需要频繁进行交互的数据通信。

10.1.4　分组交换技术

由于报文交换技术无需在通信前建立物理连接，这大大的缩短了系统间的时延，故分组交换技术沿用了这一思想。单报文交换技术对报文大小没有限制，这导致每个结点均需较大的存储空间，为了解决这一问题，采取了改进措施：将长报文划分为长度大致相同的较短的数据块，比如1000字节左右，这样也就得到了分组交换技术的基本思想。

如图10-6所示即为一个简单的分组交换机制下的信息传输过程。

在A、B线路之间正在传输分组P_3时，线路B、C之间正在传输分组P_2，线路C、D之间在传输分组P_1。通过这一简单的图示可以看出，在执行分组交换时，不同的线路之间可以同时传送不同的分组，这使得大量的分组可以并行传输，大大提高了整个系统的传输效率。虽然对于每个分组，均会在节点处被短暂存储之后再进行转发，但是由于对报文进行分割，使得每个分组长度较短，从而每个节点存储转发耗时较短，因此引入的时延有限。这些分组经过通信链路和分组交换机，并以该链路的最大传输速率在通信链路上传输。

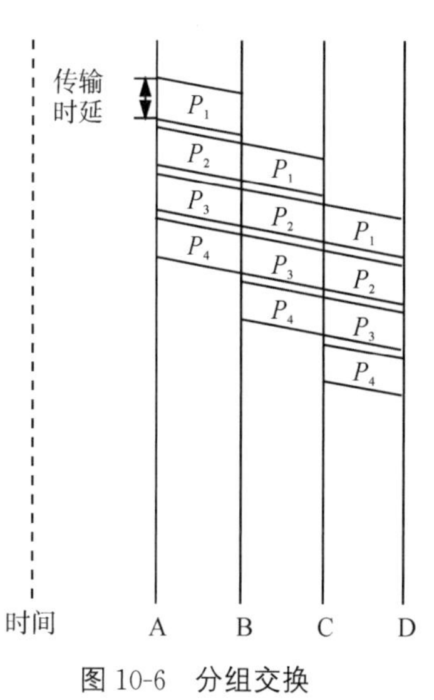

图10-6　分组交换

分组交换机主要分为两类：路由器和链路层交换机。这两者之间最大的区别为工作层次的不同。这两种交换机均使用存储转发的机制传输分组。分组交换机在向传输链路传输该分组的第一个比特之前，必须接收到整个分组，并经过必要的差错检查才继续转发。结点每收到一个分组后，分组交换机就将其分组头与交换机中的转发表比对，找到最合适的端口将其转发，并将分组交给下一台分组交换机。以此类推，一步步转发直至转发到目的主机。分组交换技术采用的存储转发机制会引发相应的时延。这是由于在每个交换机开始向输出链路传输该分组的第一个比特之前，必须接收到整个分组。举例来说：若一个分组的长度为 L 比特，源主机和目的主机之间有 m 段链路，每段的速率为 Rbps，则存储转发的总时延为 mL/R，mL 为每段链路加载完整分组所需要的时间。但是由于 L 的长度较小，因此存储转发的时延较小。除此之外还有一种转发机制是在收到分组的第一个比特开始就直接开始转发分组，进一步减少了存储转发时延，这种分组转发机制被称为洞穿。

对于每条相连的链路，分组交换机都具有一个输出缓存，用于存储交换机准备发往哪条链路的分组。如果到达的分组需要跨链路传输，但是发现该链路正忙于传输其他分组，则待传输的分组就需在输出缓存中进行等待，直至处理完上一次转发，这就产生了另一类时延，称作排队时延。由于网络的堵塞程度不同，排队时延也是随之变化的，当网络过于拥堵时，由于缓存的大小是有限的，这就导致传输到的分组有可能由于缓存被占用而无法存放，从而产生丢失的问题，这也就是所谓的丢包现象。

分组交换技术具有十分明显的优势。分组交换按需使用链路带宽资源。链路传输能力将在所有传输分组的用户中按分组地被共享，并且分组以链路的最大传输速率通过通信链路，沿着路径的每段链路的传输速率也不一定相同。这样的区别与预分配地按需共享资源机制被称为资源的统计复用(statistical multiplexing)。举例来说，如图 10-7 所示的分组交换机制：

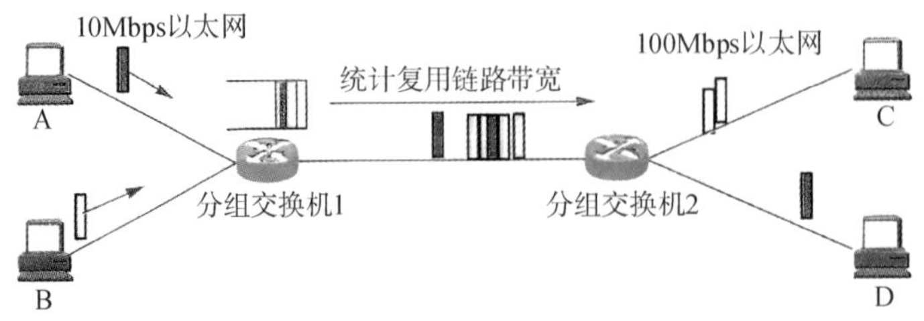

图 10-7　分组交换机制

针对如图 10-7 所示的这个简单的分组交换网络可知，该网络共有两台分组交换机，共连接了四个端。此时假设需要从 A 端发送分组至 D 端，同时 B 端向 C 端发送分组。由图可知，A 与分组交换机 1 以 10Mbps 的以太网相连，而两台分组交换机以 2Mbps 链路相连。如果同时发送多个分组，这些分组将会在交换机 1 的缓存中排队，当缓存满后，未被缓存的分组将会被丢弃。与此同时，这些分组也会统计复用了两台分组交换机之间的链路带宽，即哪一端系统发送的分组较多就会多使用这条链路的带宽资源，而并不确定哪个时刻要传输哪个端系统的分组。电报交换、报文交换和分组交换比较如表 10-1 所示。

表 10-1　三种交换方式比较

分类	电路交换	报文交换	分组交换
持续时间	较长，平均 15s	较短	较短，虚电路小于 1s
传输时延	短	长，标准 1s	较短，小于 200ms
数据可靠性	一般	较高	高
电路利用率	低	高	高
对业务过载反应	拒绝接收呼叫	信息存在交换机，传输时延大	进行流量控制，时延增大
支持异种终端	不支持	支持	支持
支持实时业务	支持	不支持	轻负荷支持
交换机费用	较低	高	高

10.2　数字程控交换技术

10.2.1　数字交换基本概念

从 20 世纪 30 年代开始，美国和欧洲的各个实验室开发了数字交换和传输的设备。作为 ESSEX 项目的一部分，贝尔实验室开发了第一个原型数字交换机，而巴黎 LCT(中央电信实验室)设计了第一个与数字传输系统相结合的真正数字交换机。英国第一个接入公共网络的数字交换机是伦敦皇后交易所，由邮政总局研究实验室设计。全数字本地交换系统的第一个商业推广是阿尔卡特的 E10 系统，该系统于 1972 年开始为法国西北部布列塔尼地区的客户提供服务。

所谓数字，是相对于模拟而言的，因此，数字交换这一名词也是相对于模拟交换而言的。从定义上来说，模拟交换是指在交换过程中，使用的是模拟信号；反之，数字交换则是指在交换过程中，使用的是数字信号。而模拟信号与数字信号的不同点在于，它们是信息的不同表示方式，即：模拟信号是指信息参数在指定范围内的表现为连续的信号，而数字信号则是指时间上不连续，幅值的取值是离散且被限制在有限个数值之内的信号。例如：实时温度信号就是模拟信号，而编码信号就是数字信号。

历史上，有两种方法可以确定数字交换或模拟交换。一方面，如果内部网络交换机执行模拟信号交换，则称为模拟交换；相反，如果内部网络交换机执行数字信号交换，则称为数字转换。另一方面，如果交换机的接口中的信号是模拟的，则称为模拟交换；若交换机的接口中的信号是数字的，则称为数字交换。如今，数字交换技术通常使用第一种角度定义，而数字网络技术通常使用第二种角度定义。

数字交换和传输的各种设施是模拟交换慢慢被数字交换所取代的原因。数字交换和传输技术在电信中的应用改变了整个电信行业的格局。数字交换系统的可靠性对于电话服务的用户越来越重要。语音或数据使用数字信号比模拟信号更有效地表示和交换。

10.2.2　数字程控交换机

程控交换机在1965年左右被发明出来，将计算机技术与电话交换技术相结合。随着集成电路的出现，引入了利用写在只读存储器(ROM)中的显式程序的可编程逻辑。服务中所需的更改要求用新的程序指令集重写ROM。微处理机的出现为存储程序控制系统打开了大门。在这些系统中，交换机中连接的建立和管理是在适当编程的微处理器的控制下进行的。在程控交换机中，处理器用来控制交换机的功能。所有的控制功能和相关的逻辑可以由一系列程序指令来表示。这些指令被存储在一个或多个处理器的存储器中，这些处理器控制交换机的操作，控制与交换网络分离，并根据功能集中在多个单元中。因此，通用控制交换机之中出现了电子交换。

10.2.2.1　程控交换机最基础的功能

在任何电话交换机中，都有三个最基本的功能，它们分别为：交换、信令以及控制。

(1)交换功能。

交换功能是通过交换网络来实现的，交换网络为两个用户之间的同时双向语音提供了一个临时路径：两个用户连接到同一个交换机(本地交换)、两个用户连接到不同的交换机(中继交换)以及通往不同交换机的中继线对(转接交换)。

(2)信令功能。

信令功能使网络中的各种设备能够相互通信，以便建立和管理呼叫。用户线路信令使交换机能够识别主叫用户的线路、扩展拨号音、接收拨号数字、向被叫用户扩展振铃电压、向主叫用户扩展回铃音以指示被叫用户正在被连接。如果被叫用户忙碌，则向主叫用户发送占线音。交换机间信令使呼叫能够在交换机之间建立、监控和清除。

(3)控制功能。

控制功能执行处理信令信息和控制交换网络操作的任务。多交换机区域中的寄存器控制系统具有从该区域中的所有其他交换机到特定交换机的相同路由号码。

程控交换机的控制系统是由计算机控制的交换机，它将控制程序存储在存储器中，并在计算机的控制下启动这些程序，以完成交换机的工作。因此，控制系统中有硬件和软件：硬件是由中央处理器、存储器、输入和输出设备等组成的电子计算机，而软件就是各种各样的程序。程控交换机由于其语音路径系统和控制系统的不同组成模式而被分为不同的类别，例如：空分模拟程控交换机、时分数字程控交换机等。下面重点介绍一下时分数字程控交换机。

10.2.2.2　时分数字程控交换机

时分数字程控交换机的话路系统是时分的，并且交换的是由脉冲编码调制(PCM)的数字信号。它是最为流行的交换机类型之一，也常常称之为数字程控交换机。

数字程控交换机的基本组成如图10-8所示，其结构主要包括了用户电路部分、一个用户集线器、数字交换网络部分、数字和模拟中继器部分、一个多频收发码器、一个按钮收号机以及一个信号音发生器等。事实证明，它不仅增加了许多新功能，而且增强了对外部环境的适应性。

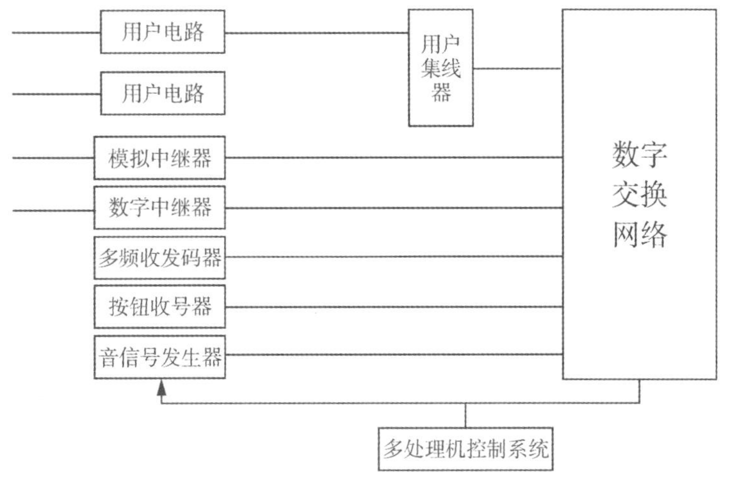

图10-8　数字程控交换机的基本组成结构

交换机的处理器必须由大量的外部设备共享，例如用户线、中继线等，并且与各种呼叫的建立和监控相关的任务必须一天 24 小时执行。因此，可以说数字程控交换机中的处理机是一台专用计算机。处理器具有每秒处理数千条指令的能力，比如说 500000 条指令的数量级。建立和释放一个呼叫所需的指令数可以是 8000 到 10000 的数量级。因此，除了控制交换功能之外，同一处理器还可以处理其他功能。

处理器包含程序存储器和数据存储器。程序存储器包含用于建立呼叫、其他操作、管理和维护目的的逻辑序列中的所有指令。数据存储则包括翻译存储和呼叫存储。其中，翻译存储包含与交换配置相关的详细信息，即连接点的数量、交换矩阵、这些设备的互连、与用户和所提供的服务相关的数据、关于服务等级的细节、路由等。而呼叫存储包含呼叫进程的细节，为处理电话呼叫所需的瞬态数据提供临时存储，例如：用户拨打的数字、中继线/用户线路的忙碌/闲状态等。呼叫存储器中的信息随着呼叫的发起和终止而不断变化。当呼叫断开时，与每个呼叫相关的这些详细信息会自动删除。由于所有的相关信息都被存储起来，并且交换和其他功能都是通过程序指令来执行的，所以这种交换被称为存储程序控制交换。存储器和指令的内容都很容易修改，这在交换机的整个操作中给予很大的灵活性。

除了中央处理器、程序和数据存储器之外，许多外围设备也构成程控交换机的一部分。这种外围设备允许处理器与外界通信。例如，扫描器周期性地检查用户设备和结点的状态变化。分配器和标记器用于将处理器发送的命令传送到用户设备和交换矩阵。此外还需要外围设备来匹配处理器、交换和信令设备的不同操作速度。键盘、视频显示器、打印机等形式的外围设备，用于操作、管理和维护目的，以使维护人员能够给予命令并从处理器接收信息。

数字交换机的控制系统采用多处理器分布式控制模式。分布式比集中式更可用、更可靠。交换机内的许多处理器共享控制功能，可以使用低成本微处理器。对于分布式处理，可以水平或垂直分解交换控制。在垂直分解中，整个交换被分成几个块，每个块分配一个处理器。该处理器执行与该特定块相关的所有任务。因此，整个控制系统由几个耦合在一起的控制单元组成。为了冗余，处理器可以在每个块中重复。在水平分解中，每个处理器只执行一个或一些交换功能。因此，这种控制模式不仅提高了可靠性和灵活性，而且为实现模块化结构奠定了基础。

10.2.2.3　数字程控交换机的优点

数字程控交换机是现代数字通信技术、计算机技术以及大型集成电路的有机结合。

数字程控交换机是先进的硬件和日益完善的软件相结合的产品，因此与普通的机电交换机相比具有以下优点：

(1)重量轻，体积小，功耗低，节约使用成本。

(2)可以灵活地为用户提供许多新的服务功能。交换机的功能可以通过软件轻松添加或更改，为用户提供呼叫传输、繁忙回拨等新服务，给用户们带来了很大的便利。

(3)运行稳定可靠，维护方便。程控交换机通常使用大型集成电路或专用集成电路，具有高可靠性。并且可以采用冗余技术或自动故障诊断技术，来进一步提高系统的可靠性。除此之外，程控交换机可以借助故障诊断程序自行检测并及时排除故障，从而大大减少了维护工作量。

(4)便于使用新型的共路信号方式。程控交换机能够适应未来的新业务以及交换网络控制的特点，同时也为实现综合业务数字网创造了必要的条件。

(5)易于与数字终端和数字传输系统连接，实现在数字终端传输和交换的集成和统一，为发展综合数字网和综合业务数字网奠定基础。

10.2.3　数字交换网络的工作原理仿真

本节在阐述组成数字交换网络的时间(T)接线器、空间(S)接线器以及 T－S 交换网络的工作原理的基础上，利用 MATLAB 软件中的 Simulink 工具箱实现了数字交换过程的仿真。

数字交换网络是程控数字交换机的核心，主要由数字接线器组成，能够直接交换从数字传输设备进来的数字信号。当数字交换网络只连接一套 PCM 系统时，数字交换仅在这条总线的话路时隙之间进行；当数字交换网络同时连接多套 PCM 系统时，数字交换不仅可以在不同 PCM 总线的相同时隙之间进行，也可以在不同时隙之间进行。组成数字交换网络的接线器有时间(T)接线器和空间(S)接线器两种。T 接线器完成时隙之间的交换，S 接线器完成 PCM 总线之间的交换。如果不同 PCM 总线的不同时隙之间进行交换，则需要两种接线器协同完成，称为多级数字交换网络。

10.2.3.1　T 接线器

1. T 接线器的组成和工作原理

T 接线器由话音存储器和控制存储器组成。话音存储器(SM)用于寄存经过 PCM 编码处理的话音信息，每个单元存放一个时隙的内容。控制存储器(CM)用于寄存话音信息

在 SM 中的单元号，如果某话音信息存放于 SM 的 2 号单元中，那么在 CM 的单元中就应写入“2”。通过在 CM 中存放地址，从而控制话音信号的写入或读出。一个 SM 的单元号占用 CM 的一个单元，所以 CM 的单元数和 SM 的单元数相等。T 接线器的工作方式分为输出控制方式和输入控制方式两种。如果 SM 的写入信号受定时脉冲控制，而读出信号受 CM 控制，则称为输出控制方式，即 SM 是“顺序写入，控制读出”。反之，如果 SM 的写入信号受 CM 控制，而读出信号受定时脉冲控制，则称其为输入控制方式，即 SM 是“控制写入，顺序读出”。图 10-9 所示为顺序写入、控制读出的 T 接线器示意图。

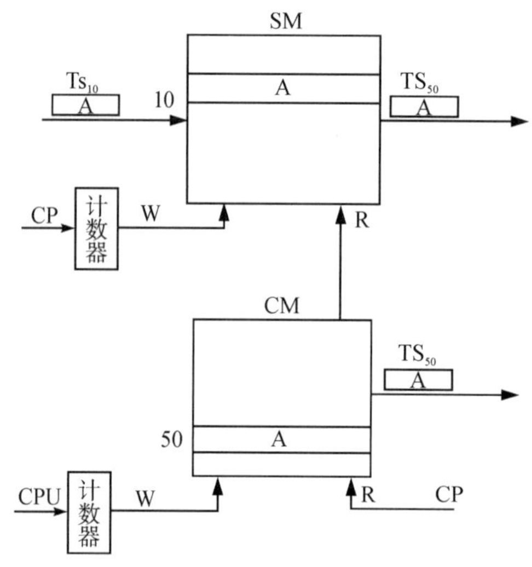

图 10-9　T 接线器的工作方式

在定时脉冲 CP 控制下将 PCM 总线上的每个输入时隙所携带的话音信息依次写入 SM 的相应单元中，即 A 写入到 SM 单元号为 10 的单元中；然后根据要求，在 CM 的相应单元中填写 SM 的读出地址，即 10 写入到 CM 单元号为 50 的单元中，最后在 CP 控制下按输出时隙的顺序读出 SM 中的话音信息，这样 A 就被写入到时隙 50 中，即完成一次时隙交换。

2. T 接线器的仿真

根据 T 接线器的组成和工作原理，利用 MATLAB 对话音存储器“控制读出”的工作过程进行仿真。假设数字交换电路只有 4 个时隙，要求将时隙 1 的内容交换到时隙 4 中。根据要求，利用 Simulink 工具箱中的 PulseGenerator（和采样时间无关）、Step（阶跃信号）、DotProduct（点乘运算）、DateStoreReal（从指定的数据存储器读数据）、DateStore-Memory（为数据存储器定义内存区域）、DateStoreWrite（写数据到指定的数据存储器）、TransportDelay（信号传输延时）、Scope（示波器）模块，构建的 T 接线器的仿真图如图

10-10 所示。

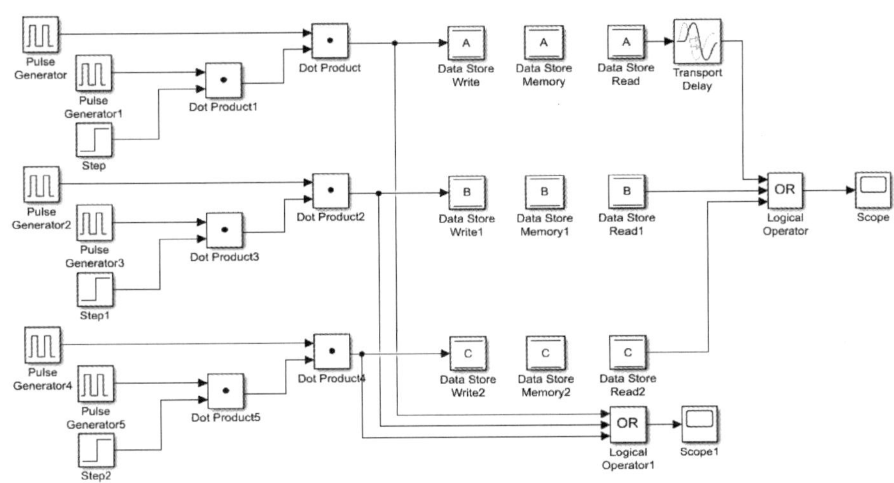

图 10-10　T 接线器的仿真图

首先用 3 个脉冲发生器来模拟 3 路话音作为话音存储器的输入数据，其参数设置如表 10-2 所示。

表 10-2　T 接线器脉冲发生器参数设置

脉冲发生器序号	幅度	周期/s	脉宽/%
Pulse Generator 1	1	2	75
Pulse Generator 2/3	1	2	50
Pulse Generator 4/5	1	2	25

为了把话音信号储存到存储器里，需要对连续的话音信号进行采样。采用一个脉冲发生器和一个阶跃信号及一个点乘运算器对信号进行采样。对第 1 路话音的采样是用一个占空比为 50%，周期为 4，时延为 0 的脉冲信号和一个在 2 秒从 1 跳到 0 的阶跃信号进行点乘运算，得到的采样时隙是第 1 个时隙，然后和第 1 路话音信号进行点乘运算就将第 1 路话音放入到时隙 1 中。同理可以将第 2、3 路话音信号采样到时隙 2 和时隙 3 中，形成的波形如图 10-11 所示。接着把三路信号分别送到三个由 DateStoreReal，DateStoreMemory，DateStoreWrite 组成的存储器中，并用 1 个 TransportDelay 来实现对信号的控制读出。将第 1 路信号延时 2 个周期输出，其余的信号正常输出，得到的波形如图 10-12 所示。比较图 10-11 和图 10-12 所示的波形可以直观的看出，时隙 1 的信号交换到了时隙 4 中，即完成了同一总线上的时隙交换。

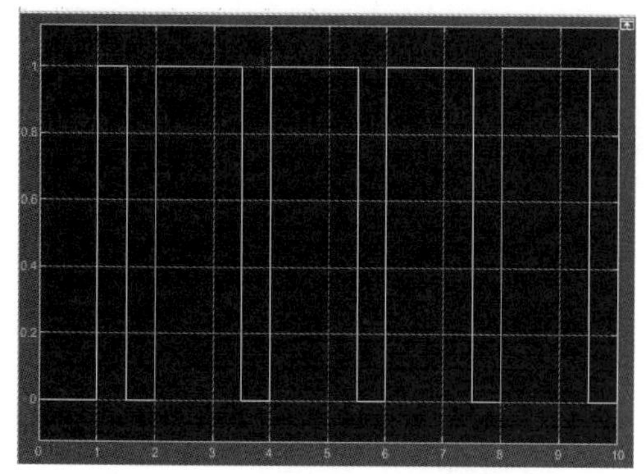

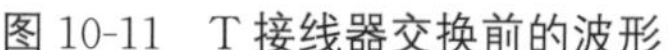

图 10-11　T 接线器交换前的波形

图 10-12　T 接线器交换后的波形

10.2.3.2　S 接线器

1. S 接线器的组成和工作原理

数字交换网络的 S 接线器由交叉接点和控制存储器(CM)两部分组成。图 10-13 所示为一个输入、输出端各有 4 条 PCM 总线(HW)的 S 接线器,其中 4×4 开关矩阵由高速电子开关组成,开关的闭合受 4 个 CM 控制。S 接线器的工作过程如下:首先 CPU 根据路由选择结果在 CM 的相应单元内写入输入(出)线序号,然后在 CP 控制下按时隙顺序读出 CM 相应单元的内容,控制输入线与输出线之间的交叉接点的闭合。如果 CM 控制同号输出端的所有交叉接点,则称为输出控制;反之,CM 控制同号输入端的所有交叉接点,则称为输入控制。

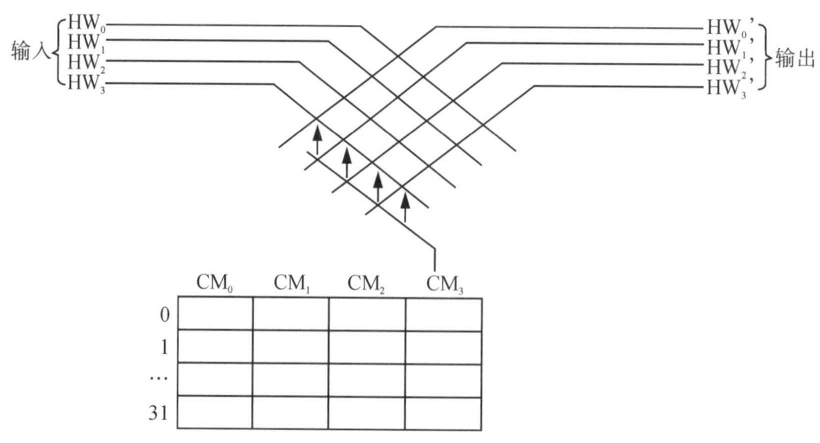

图 10-13　S 接线器的结构

2. S 接线器的仿真

假设 S 接线器有 2 路 PCM 总线,要求将这两条总线中时隙 2 的内容进行交换。根据

S 接线器的工作原理，利用 Simulink 工具箱中的 PulseGenerator（和采样时间无关）、Step（阶跃信号）、LogicalOperator（逻辑运算）和 Scope（示波器）模块构建其仿真图，如图 10-14 所示。

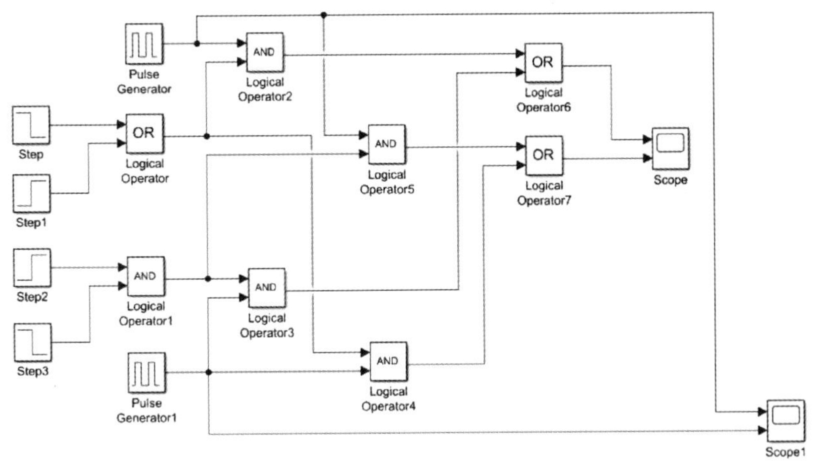

图 10-14　S 接线器的仿真图

首先用 2 个脉冲发生器来模拟 2 路话音作为话音存储器的输入数据，2 个脉冲发生器的参数设置如表 10-3 所示。

表 10-3　S 接线器脉冲发生器参数设置

脉冲发生器序号	幅度	周期/s	脉宽/%
Pulse Generator	1	2	75
Pulse Generator 1	1	2	50

为了实现不同总线之间的交换，需要对连续的话音信号进行采样，同时还需要将目的时隙清空以供交换。本节采用两个阶跃信号和一个与门对信号进行采样，采用两个阶跃信号和一个或门来清空目的时隙。其交换过程如下：首先使用一个在 2 秒从 1 跳到 0 的阶跃信号和一个在 4 秒从 0 跳到 1 的阶跃信号相或，接着和第 1、2 路话音信号相与就可以得到时隙 2 被清空的两路信号。然后采用一个在 2 秒从 0 跳到 1 的阶跃信号和一个在 4 秒从 1 跳到 0 的阶跃信号相与，接着和第 1、2 路话音信号相与就可以得到两路信号中时隙 2 的内容被采样出来，最后将采样出来的信号和被清空的两路信号分别相或产生的波形如图 10-16 所示，和原来两路信号的波形（如图 10-15 所示）相比较，可以清晰的看出两路信号中时隙 2 的内容进行了交换，即不同总线相同时隙完成了交换。

程控软交换设备是通讯网络中较为重要的组成元素，可以直接对用户通话的持续性产生影响，进而影响人们的正常工作和生活的通讯需求。

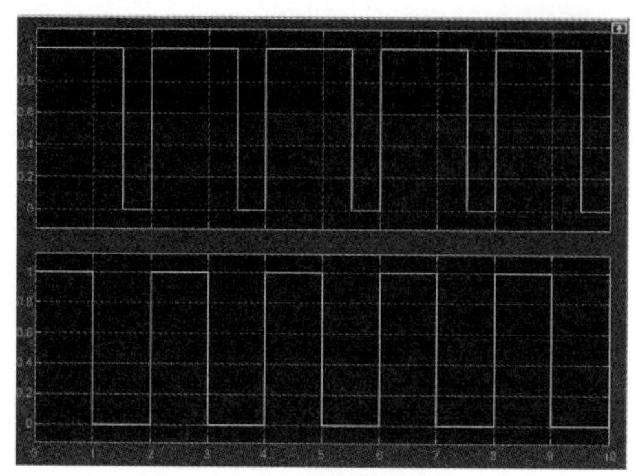

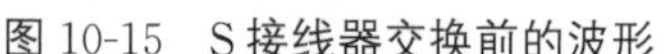

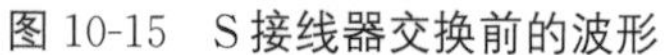

图 10-15　S 接线器交换前的波形

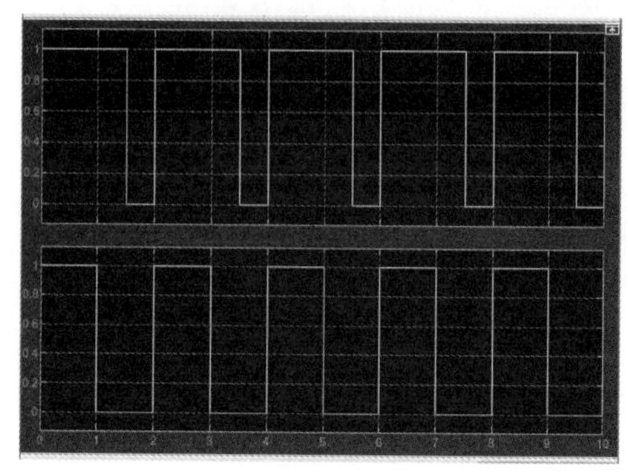

图 10-16　S 接线器交换后的波形

程控软交换系统通常可以提供的业务分为三类：第一种业务类别为传统的话音业务，这种业务主要指的是 ISDN 业务、PSTN 的相关业务以及智能网业务。在传统程控交换系统使用过程中，系统的呼叫控制功能是和其他各项业务捆绑在一起的，知识在不同的业务中使用了不同的呼叫控制功能。但在程控软交换系统中，系统为了更好的对介入设备以及不同网络业务的特性、用户信息以及需求进行了解，便将呼叫控制功能进行屏蔽，使其成为专有唯一性质的分组格式，因此在程控软交换系统中，只能够提供给用户和其他网络用户最基本的呼叫控制功能，系统内有专有 SCP 或是业务服务器对呼叫控制业务提供逻辑的控制。并且程控软交换设备的承载平台为计算机服务器，并使用具有呼叫控制功能的软件来进行呼叫控制功能的实施，从而形成了程控软交换系统的纯软件技术的特点。

第二种业务类别为传统话音业务和互联网进行结合后产生的业务，这种业务中较为常见的便是点击拨号业务和 ICW 业务。点击拨号的方式种类较多，例如：用户直接对号码簿的名字进行点击以此发起呼叫，或者用户点击呼叫记录中的某个条目来进行呼叫，亦或是在网页中进行链接的设置，用户在终端通过点击链接的方式呼叫链接中事先嵌入的号码等。ICW 业务则是用户在进行上网操作时也能收到来话呼叫，简单而言便是，在用户上网时，来话可以被转移到他的另一个固定电话或者移动电话中，亦或是转移到用户的语音信箱中，也可以通过 VoIP 的技术将来话转移到用户的计算机中。程控软交换系统的设备是基于软件控制技术的基础上进行使用的，所以程控软交换系统可以对多种标准的通信协议进行开发和适应，并且可以对不同类型用户的接入操作进行控制，将各个分组网络间的沟通进行保障，而且还能和不同种类的业务服务器或是 SCP 进行连接，为其提供不同类型的逻辑业务，同时程控软交换系统还能与认证服务器、辅助服务器以及网管监控等系统组成进行连接，增加系统的综合使用性能。除此之外，程控软交换系统设备在处理性能方面更为高效，且程控软交换设备的可兼容性较强，可以达到集中对用户进行管理的目的，在程控软交换系统中，推广综合广域业务的难度和在 PSTN 中推广综合广域业务的难度相比，在程控软交换系统中推广的难度更小。

第三种业务类别为多媒体业务，这种业务主要指的是点对点的多媒体通信以及允许用户建立桌面共享的多方会话。在用户建立起会话后，其便能通过会话的形式进行相互间文件的发送，或者通过使用公共白板的方式，让会话中的各方在白板上写字或画图的方式进行交流，并且会话中的各方对白板内容进行的全部改动都可以被其他人看到。甚至用户可以在桌面上进行应用程序的共享或者是相互聊天的操作。而程控软交换系统中设备使用的计算方式为 Licence 计算，这种计算方式是由设备的生产单位在程控软交换设备的程序中对设备可以处理的最大用户数量、中继数量以及各种通信功能和权限等配置的软件设定，通过这种软件设定的方式，让使用者在没有购买相应功能和权限时，无法使用未付费的功能和权限。并且由于不同品牌的程控软交换系统设备间，可以使用相同标准的通信协议进行互相连接的操作，可以让运营商不需要考虑软件和硬件之间的兼容性问题，使运营商能在同一网络中使用不同品牌的网络组成设备。程控软交换系统设备只承载最基础的呼叫控制功能，此功能和用户的接入数量没有关系，所以不能使用传统根据电路板件数量的计价方式进行用户缴纳费用的计算，而应该使用更为合适的 Licence 计价方式。使用程控软交换系统的用户在网络使用规模较小时，不需要购买数量级较大的 Licence，只需要买一个数量级较小的 Licence 便足够，但随着用户网络使用规模的增加，便需要购买数量级较大的 Licence，并增加安装相应的功能网关，以此才能更加灵活的对网络中的设备数量进行配比。

综上所述，程控软交换系统和传统电路式程控交换系统进行比较，程控软交换系统在功能、设备兼容性、话务量以及网络容通等方面具有较大的优势，程控软交换系统更贴近通信网络的未来发展方向。

10.3　软交换技术

10.3.1　软交换的概念

广义的软交换(软交换系统)：泛指一种体系结构，利用它可以构建下一代网络，称之为软交换系统或基于软交换的下一代网络 NGN。

狭义的软交换(呼叫服务器):特指基于软件提供呼叫控制功能的实体,为下一代网络提供具有实时性要求的业务的呼叫控制和连接控制功能,是下一代网络呼叫与控制的核心,独立于传输网络。与 PSTN 交换机不同的是,软交换提供的呼叫控制功能与业务无关,是各种业务的基本控制功能。

软交换技术是 NGN 网络的核心技术,软交换技术独立于传送网络,主要完成呼叫控制、资源分配、协议处理、路由、认证、计费等主要功能,同时可以向用户提供现有电路交换机所能提供的所有业务,并向第三方提供可编程能力。

软交换是一种正在发展的概念,包含许多功能。其核心是一个采用标准化协议和应用编程接口的开放体系结构。这就为第三方开发新应用和新业务敞开了大门。软交换体系结构的其他重要特性还包括应用分离、呼叫控制和承载控制。

简单地看,软交换是实现传统程控交换机的“呼叫控制”功能的实体,但传统的“呼叫控制”功能是和业务结合在一起的,不同的业务所需要的呼叫控制功能不同,而软交换是与业务无关的,这要求软交换提供的呼叫控制功能是各种业务的基本呼叫控制。

软交换技术是一个分布式的软件系统,可以在基于各种不同技术、协议和设备的网络之间提供无缝的互操作性,其基本设计原理是设法创建一个具有很好的伸缩性、接口标准性、业务开放性等特点的分布式软件系统,它独立于特定的底层硬件和操作系统,并能够很好地处理各种业务所需要的同步通信协议,在一个理想的位置上把该架构推向摩尔曲线轨道。

软交换技术区别于其他技术的最显著特征,也是其核心思想的三个基本要素是:

(1)生成接口。

软交换提供业务的主要方式是通过 API 与“应用服务器”配合以提供新的综合网络业务。与此同时,为了更好地兼顾现有通信网络,它还能够通过 INAP 与 IN 中已有的 SCP 配合以提供传统的智能业务。

(2)接入能力。

软交换可以支持众多的协议,以便对各种各样的接入设备进行控制,最大限度地保护用户投资并充分发挥现有通信网络的作用。

(3)支持系统。

软交换采用了一种与传统 OAM 系统完全不同的、基于策略(Policy—based)的实现方式来完成运行支持系统的功能,按照一定的策略对网络特性进行实时、智能、集中式的调整和干预,以保证整个系统的稳定性和可靠性。

作为分组交换网络与传统 PSTN 网络融合的全新解决方案，软交换将 PSTN 的可靠性和数据网的灵活性很好地结合起来，是新兴运营商进入话音市场的新的技术手段，也是传统话音网络向分组话音演进的方式。在国际上，软交换作为下一代网络（NGN）的核心组件，已经被越来越多的运营商所接受和采用。

10.3.2 软交换系统的体系结构

软交换技术建立在分组交换技术的基础上，其核心思想就是将传统交换机中的 3 个功能平面进行分离，并从传统交换机的软、硬件中剥离出业务平面，形成 4 个相互独立的功能平面，实现业务控制与呼叫控制的分离、媒体传送与媒体接入功能的分离，并采用一系列具有开放接口的网络部件去构建这 4 个功能平面如图 10-17 所示。

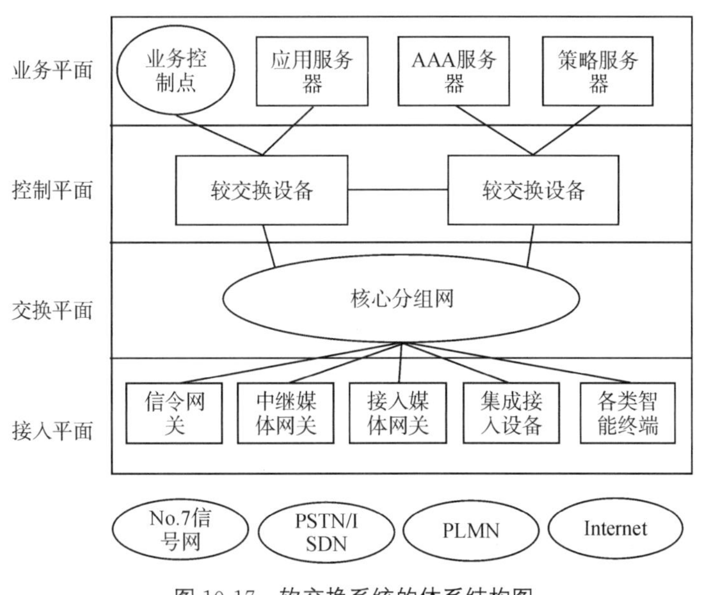

图 10-17 软交换系统的体系结构图

业务平面：在呼叫建立的基础上提供附加的服务，承担业务提供、业务生成和维护、管理、鉴权、计费等功能，利用底层的各种资源为用户提供丰富多彩的网络业务，主要网络部件为应用服务器、业务控制点、AAAC 授权、鉴权、记账服务器、策略服务器、网管服务器等。

控制平面：控制平面内的主要网络部件为软交换设备。软交换设备相当于程控数字电话交换机中具有呼叫处理、业务交换及维护和管理等功能的主处理机。此层决定用户应该接收哪些业务。它还控制其他的较低层的网络单元，告诉它们如何处理业务流。

交换平面:亦可称为媒体传输平面或承载连接平面,提供各种媒体(语音、数据、视频等)的宽带传输通道并将信息选路至目的地。交换平面的主要网络元件为标准的 IP 路由器(或 ATM 交换机)。基于组网络的软交换系统,用网络本身作为交换部件。

接入平面:其功能是将各种用户终端和外部网络连至核心网络,由核心网络集中用户业务并将它们传送到目的地。接入平面的主要网络部件有中继网关、用户接入网关、信令网关、无线接入网关等。

软交换系统结构如图 10-18 所示,有以下特点:可以使用基于分组交换技术的媒体传送模式,能同时传送语音、数据和多媒体业务;将网络的承载部分与控制部分相分离,在各单元之间使用开放的接口,允许它们分别演进,有效地打破了传统电路交换机的集成交换结构。

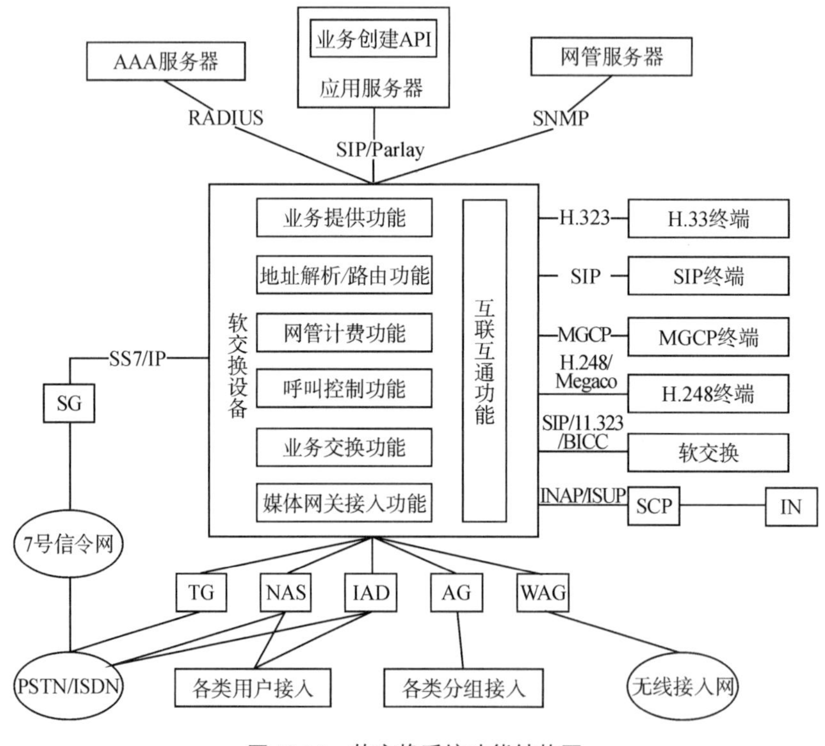

图 10-18　软交换系统功能结构图

(1)应用服务器:负责各种增值业务的逻辑产生和管理,提供开放的 APIs,为第三方业务的开发提供统一的创作平台,处理与软交换间的接口和信令协议,是一个独立的部件,与控制层的软交换设备无关。

(2)媒体服务器:用于提供一些特殊的资源,如 IVR、会议桥和传真等,处理与媒体网关间的承载接口。

媒体服务器与媒体网关的区别：媒体网关是 IP 网的一个端点或端点的集合，主要完成媒体格式的转换，如电路方式转换为分组方式。一个媒体网关通常只受控于一个软交换实体，媒体服务器通常是作为软交换的一个从属设备，执行基于媒体流的媒体处理过程；一个媒体服务器可以同时受控于多个软交换实体，提供多项并发的编解码和代码转换工作，媒体服务器可以置于网络边缘或核心。

媒体服务器的功能：①媒体网关适配功能：实现对媒体网关的控制、接入和管理，直接与终端连接，提供相应业务。②业务提供功能：提供电路交换系统和智能网的全部业务，还提供 API 接口与外部互通。③网络管理和计费功能。④地址解析/路由功能。⑤互通功能：与外部实体及其他软交换设备进行交互进行信令转换，并与系统内部各实体协同运作来完成各种复杂业务。⑥业务交换功能（SSF 功能）：与呼叫控制功能结合，提供二者之间的通信功能。⑦呼叫控制功能：为基本呼叫的建立、维持和释放提供控制功能。识别媒体网关报告的用户摘/挂机、拨号等事件，控制媒体网关向用户发送信号，呼叫处理、连接控制、智能呼叫触发检出、资源控制等。⑧接受 SSF 的功能请求，控制呼叫相关功能。⑨支持两方/多方呼叫控制功能。⑩利用 SCTP 支持采用 SS7/IP 控制呼叫。⑪具备本地/长途电话交换设备的呼叫处理功能。

媒体网关（MG）的基本功能是将媒体流从某一类型的格式转化为另一种类型的格式。其他功能包括：①呼叫处理与控制功能：模拟线用户：识别用户摘挂机、拨号等事件，检测用户占线无人应答等状态，向软交换设备报告，并在软交换设备控制下，向用户送音信号。②IP 侧网络接口：分配端口号，在 PCM 中继线和 RTP/RTCP 间进行媒体流转换，呼叫控制，播放提示音，检测和生成 DTMF，检测 Modem 和 Fax 音，向软交换报告，并在其控制下进行相关操作。③资源控制功能。④QoS 管理功能。

（3）信令网关（SG）：完成 No. 7 信令消息与 IP 网信令消息的互通。信令网关设备应具有配置管理、状态管理、故障管理和性能管理能力。信令网关是网络业务融合的关键设备。

（4）协议包含两部分：电路信令侧协议和 IP 网络侧协议。

（5）综合接入设备（IAD）：作为小容量的综合接入网关，提供语言和数据的综合接入能力。IAD 设备具有呼叫处理功能，具有资源控制和汇报功能、维护和管理功能、IP 语音的 QoS 管理功能，还能支持以太网、ADSL、HFC 接入。

（6）接入网关：一般是运营商的局端设备，容量较大。能够实现用户侧语音和传真等信号到分组网络媒体信息的转换。

（7）业务支撑环境：服务器是软交换体系中业务支撑环境的主体，也是业务提供、开发和管理的核心。协议主要有IETF的SIP协议和Parlay组织制定的Parlay API规范。其他支撑设备:AAA服务器、大容量分布式数据库、网管服务器等。

10.4　软件定义网络

10.4.1　软件定义网络的概念

SDN是一个由软件定义的网络。顾名思义,它的观点打破了网络体系结构中硬件的局限性。当网络状态改变时,可以修改网络中的节点作为一个软件升级安装,以便更多的应用程序可以快速部署到网络中。作为一种支持软件可编程的网络架构,SDN的主要思想是分离在传统网络中的控制平面和数据转发平面,使底层硬件可以通过软件平台进行控制,并灵活地实现实时部署的网络资源。在此基础上,数据转发层不再需要进行控制和决策的功能只是为了实现业务流的转发功能,这样就可以采用一般硬件。原控制单元也独立于一个独立的网格操作系统,以适应不同的业务特性,两者之间的通信通过编程实现。

SDN设计概念来自美国Clean Slate研究小组提出的基于OpenFlow的创新网络架构。该网络架构的原理主要是将基础设施层和网络控制层分离,通过控制层上的SDN交换器灵活控制传输模式和网络业务处理模式,成为一种逻辑上松散耦合的数据传输和业务处理模式,这大大提高了网络的设计性、灵活性和可扩展性。

自从SDN概念被提出以来,它得到了越来越多的关注,但业界从未就SDN概念达成一致。目前,业界更可接受的定义是开放网络基金会(ONF)提供的SDN定义:SDN是一种新的可编程网络架构,它将网络控制和数据包转发功能分开。从这个定义中,我们可以直观地看到,业务控制和数据传输的分离、网络架构的可编程性和灵活的数据管理是SDN最重要的特征。事实上,SDN的这些特征并不是最近提出的新概念。例如,早期的主动网络技术引入了可编程网络技术的概念,该技术允许流经网络的数据包动态修改网络设备的操作,例如,加载各种通信协议或路由软件。另一方面,长期以来一直有统一控制系统和数据传输平面分离的想法。

SDN主要通过OpenFlow协议来解耦控制平面和数据转发平面,不是简单的提供可编程网络环境，还可以允许外部的控制器灵活的控制网络，实时监控网络状态，可以提升网络服务质量，提高网络的利用率。基于上述所描述的特征，SDN 架构主要具有以下优势：可以在网络设备的外部灵活的实现网络的动态调节，以及网络设备的动态部署，网络设备主要的功能就是实现数据转发，同时可以基于应用需要和业务的数据转发控制的逻辑规则，赋予了网络的可编程能力。上述的特征使得 SDN 具备了传统网络所不具备的特征，比如可以增强网络环境的配置、改善网络的服务质量以及推进网络架构的创新型设计和实验。此外，对于实时的网络，可以动态的进行网络的控制。

尽管 SDN 具备很多的优点，但是由于提出时间较晚，其许多研究仍在发展当中，还存在着诸多的难题需要去解决，比如标准化问题。ONF 倡议的 OpenFlow 取得了很大的成功，但这不是 SDN 唯一的标准，也不是现阶段较为成熟的 SDN 架构解决方案。同时目前还缺少面向 SDN 应用开发的标准化的北向 API 或者较为高级的编程语言。此外，由于 SDN 主要通过软件编程手段定义网络，相对于传统架构，SDN 对于安全性问题还存在较大的隐患，仍待解决。

10.4.2　软件定义网络的基本架构

SDN 主要具有数控分离、集中控制和开放接口三个主要特点。SDN 的基本架构如图 10-19 所示。SDN 采用集中控制平面和分布式转发平面。这两个平面不相互干扰，控制平面有一个逻辑中心控制器，负责不同的控制逻辑策略，并通过控制—转发通信接口对网络

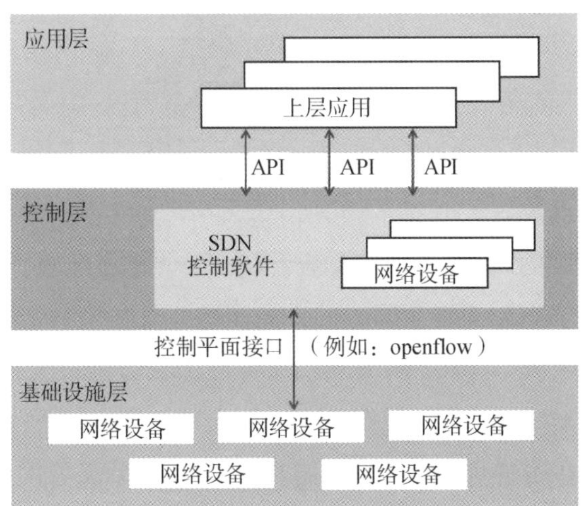

图 10-19　SDN 基本架构

设备进行集中控制。数据层由交换机等网络设备组成，并相互连接。

底层交换设备只是一个数据平面，保留了转发信息数据库和高速交换转发能力。而上层控制决策都是由远程统一控制器节点实行。在这个节点上，网络管理员可以看到网络的全局信息，并根据这些信息做出优化的决策。因此 SDN 网络中的控制器具有全局视野，掌握了整个管理域范围内的流信息，这与传统的非管理域交换机有很大的不同记录转发的流量。在 SDN 的体系结构中，控制平面通过控制－前向通信接口集中控制网络设备，该部分控制指令流发生在控制器和网络设备之间，独立于终端之间的通信产生的数据流量。网络设备正向生成通过接收控制指令，并相应地确定对数据流量的处理，不再需要使用一个复杂的分布式网络协议来进行数据转发。

在 SDN 架构中，最重要的部分是控制层，它主要包括四个组件：网络状态同步过程、规则更新过程、高级编程语言和网络状态收集过程，如图 10-20 所示。SDN 控制层的操作对象主要是：网络控制和网络状态监测。对于网络控制的实施，这主要是下发基础设施层的规则和实施应用层策略。控制器主要包含两个方向的信息流，即自上而下的控制流和自下而上的信息流。在自上而下控制流的情况下，它主要将应用层指定的规则转换为基础设施层的转发规则。而对于自下而上的信息流时，它收集、同步基础设施层的网络状态，并将其传输到应用层，以更好地帮助应用层创建适当的策略。

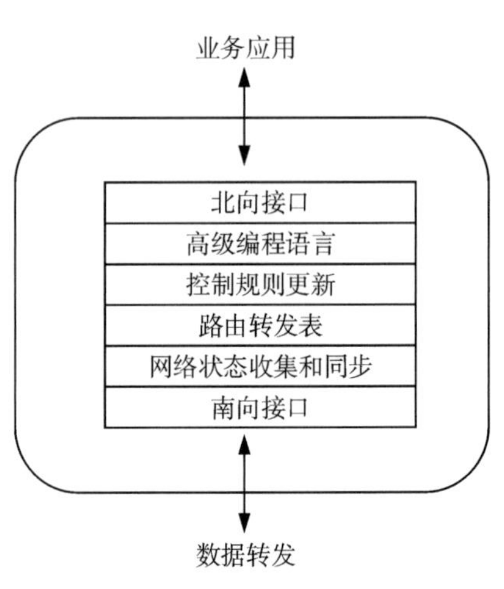

图 10-20　SDN 控制器功能结构

10.4.3　软件定义网络的关键技术

对于 SDN 数控分离，目前的研究主要基于以下三个问题：

(1)可拓展性问题：这是 SDN 所面临的最大问题。数据控制分离后，原分布式控制平面集中，即随着网络的扩展，单个控制节点的服务能力很可能成为网络性能的瓶颈(即单点故障)。

(2)一致性问题：在传统的网络中，通过分布式协议保证了网络状态的一致性。在 SDN 数据控制分离后，集中式控制器需要承担这个责任。如何快速检测分布式网络节点的状态不一致性，并快速解决这些问题，仍待进一步研究。

(3)可用性问题:可用性是指网络空闲时间占总时间的比例,传统的网络设备可用性高,即对控制平面的请求是实时的,因此网络的响应是稳定的,但经过 SDN 数据控制分离后,控制平面网络的延迟可能会导致数据平面的可用性问题。

近年来,为了改善以上问题,关于 SDN 的研究从数据层和控制层两个方面展开,数据层的主要研究痛点在于交换机的设计以及不同的转发策略,尽可能解决可拓展性和一致性的问题。控制层的研究主要围绕控制器的设计而展开。下面主要介绍 SDN 数据层的研究进展。

数据层的研究主要集中在交换机的设计和转发策略的设计上。一些学者对数据层交换机设计、转发策略设计、控制层控制器设计、控制层特性的取舍所面临的问题进行了探索和研究,并基于可扩展、快速转发原则和转发策略更新一致性的设计目标提出了两种改进方法。

(1)交换机设计。

在 SDN 体系结构中,交换机位于数据层中,其主要作用是完成数据流的转发。在交换机设计中,基于硬实现的转发速度快,但也存在转发策略匹配过于严格、动作集元素太少等问题。因此,如何使交换机在保持不变的同时实现一定的转发率,由于具有一定的灵活性,这是交换机设计中的关键挑战之一。对于上述挑战,建议的两项改进如下:

第一、可重配匹配表的方法。为了根据需要重置数据层,需要满足四个要求:①能够根据变化新添加域的定义;②当硬件资源允许时,可以指定流量计的宽度和深度;③支持新行为的创建;④在处理数据包时,数据包的位置和传输端口可以任意指定。理想的模型如图 10-21 所示。

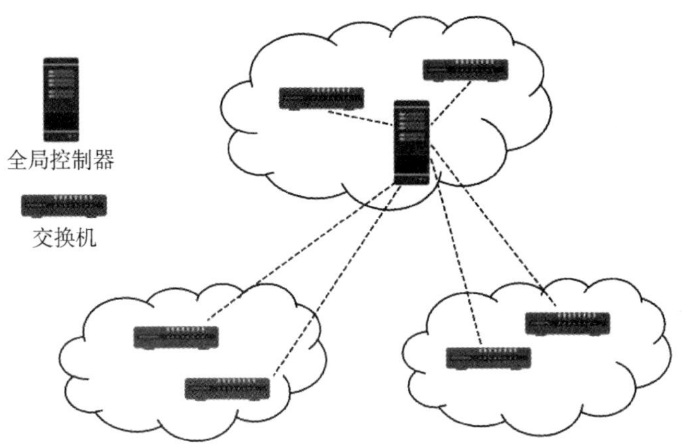

图 10-21　SDN 的单一控制器

在图10-21中，输出队列可以由软件来定义。这个可定义的特性主要是：解析器完成添加域的操作，然后逻辑匹配部分匹配对解析器添加的域进行匹配，并完成新的操作。上述操作实现了路由的过程。这种通过软件模拟路由过程的方法可以弥补它无法根据不同数据来自主选择策略的问题。它可以在不规定协议或不改变硬协议的前提下进行独立的策略选择和数据处理。

第二、基于硬件分层的方法。其基本思想是通过交换机分层处理来提供一个高效和灵活的多表流水线业务。这种方法将交换机分解为三层，顶层是软数据层，通过策略更新部署任何新协议；底层是硬数据层，相对固定，转发效率高；中间是流自适应层，主要用于软数据层与硬数据层之间的数据通信。具体的工作过程如下：如果控制器发出了策略，软数据层存储这些策略，然后形成一个具有N个阶段的流表。硬数据层通过对数据的高速匹配来完成相应的转发行为。中间层作为中介，一对一映射了软件和硬件两个层次的策略，即将相对灵活的N阶流表映射硬件可以识别的N阶段流表。为了完成这一映射过程，首先，流自适应层需要对软件数据层的所有策略进行核查；其次是N级流表映射到第一阶段流量表，最后，将第一阶段流程表映射到M级流量表，并进一步分配到硬件数据层。基于这个无缝映射，可以更彻底地解决多表流水线技术与控制器不兼容的问题。

(2)转发策略设计。

SDN支持更新的低抽象水平的策略，例如，管理人员手动更新，这很容易导致错误和不一致的转发策略。即使没有错误，如果网络中部分交换机的转发策略已更新，而部分交换机的转发策略未更新，则转发策略将不一致。此外，网络节点故障也会导致转发策略不一致，将底层配置抽象到高级管理中是解决这个问题的方法之一。这种方法分为两步：第一步，当需要更新策略时，控制器处理旧策略下的第一次更新交换机；在第二步中，如果所有交换机策略更新都是请求，若请求更新策略为成功，否则更新策略失败。基于这种处理方法，应对新策略的相应数据进行处理，直到数据对旧策略的处理已经完成了。这种处理方法的前提是，它支持对要以带标记的方式转发的数据进行预处理，以便识别版本号新策略和旧策略。在更新策略时，交换机首先通过检查数据的标签来确认策略的版本号。当数据被转发出去时需要去掉数据的标签。

思考题

1. 交换技术主要有哪些？
2. 什么是数字程控交换？其特点是什么？
3. 数字交换网络的原理是什么？

4. 什么ATM交换？其特点是什么？

5. 什么软交换？其特点是什么？

6. 什么是软件定义的网络？软件定义的主要解决问题是什么？

习题

1. 简要说明软交换设备的业务提供功能。

2. 简要说明软交换设备的业务交换功能。

3. 简要说明软交换设备的硬件结构。

4. 简要说明软交换设备软件系统的结构。

5. 简要说明软交换设备的主要数据。

6. 简述在数字交换机中，各种音频信号产生的原理。

7. 用户集中器的作用是什么？它由哪些部分组成？

8. 脉冲扫描的周期是8—10ms，位间隔扫描的周期是100ms。识别位间隔的逻辑判别式为(AP非)APLL与(LL非)=1。

9. 若一个T接线器输入时隙为64，输出时隙为32，分别采用两种工作方式，试分别写出其中话音存储器与控制存储器存储单元个数。

10. 简述软交换有哪些特点？

11. 软交换的主要功能是什么？

12. 软交换网络的几种组网方案？

13. 数字交换机的硬件系统包括哪些？其中控制功能分几级？每级的任务是什么？

14. T接线器的工作方式有哪几种？加以说明

15. 什么是时间分隔复用法？为什么要采用这种方法？

16. 程序和数据分开在软交换中优缺点？数据都有哪些类型？

17. 试说明交换动作的基本形式？

第11章　多址技术与多用户检测

随着社会需求和科学技术的发展,无线通信正在向无线多址通信发展。所谓无线多址通信是指在一个通信网内各个通信台、站共享一个指定的射频频道,进行相互间的多边通信,也称该通信网为各用户间的多元连接。实现多址连接的理论基础是信号分割技术。也就是在发送端进行恰当的信号设计,使各站所发射的信号有所差异。在接收端有信号识别能力,能从混合信号中分离选择出相应的信号。在发送端,信号设计的任务是使信号按某种参量相互正交或准正交,这样这些用户就可以共享有限的通信资源而不会相互干扰。一个无线电信号可以用若干参数来表征,其中最基本的是信号的射频频率、信号出现的时间、信号出现的空间、信号的码型、信号的波形等。按照这些参量的分割,可以实现的多址连接有:频分多址(FDMA:Frequency Division Multiple Access)、时分多址(TDMA:Time Division Multiple Access)、码分多址(CDMA:Code Division Multiple Access)和空分多址 (SDMA:Space Division Multiple Access)等。

11.1　宽带多址与窄带多址

多址技术根据其允许共享带宽的大小,又有宽带和窄带之分。

11.1.1　窄带多址系统

在许多应用中,上行和下行信道的频率是分开的,这种技术称为频分双工(FDD:frequency division duplexing。图 11-1 是 FDD 方式的一维和二维示意图。如图 11-1 所示，频分双工为每个用户提供两个不同的频带：前向信道和反向信道。前向信道提供基站到移动用户的下行链接服务(用户听电话)，而反向信道则提供移动用户到基站的上行链接服务(用户打电话)。在用户装置里，安装有一个被称为双工器的器件，使同一天线可同时用作发射和接收。双工器能够提供发射接收之间的足够隔离。

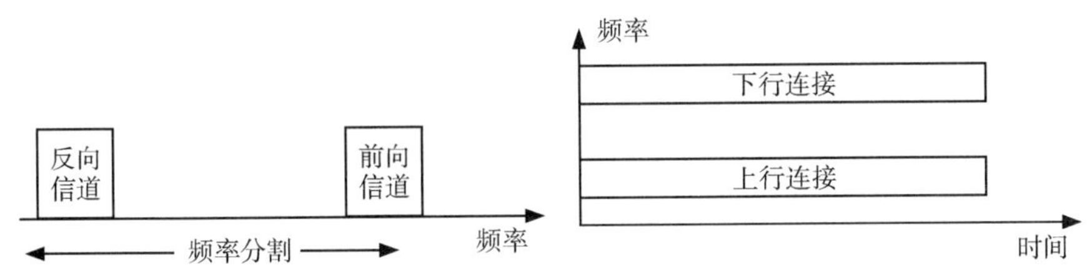

图 11-1　频分双工在同一时间提供两个单独频道

在窄带多址系统中，可利用的无线电频谱被分成大量的窄带信道，信道通常使用频分双工方式工作。为了使前向和反向信道连接之间的干扰最小，两信道之间的频隙在频谱范围内应该尽可能大，在窄带 FDMA 系统中，每个用户被指定一个专门的信道，这个信道不能被临近的其他用户共享。如果使用频分双工(即每个信道有前向连接和反向连接)的话，则这种多址系统成为频分多址/频分双工(FDMA/FDD)。

相反，在窄带 TDMA 系统中，允许多个用户共享同一信道，但以循环方式分配给每个用户一个唯一的时隙(time slot)。这样，在一个信道上按时间将少量用户分开。对于窄带 TDMA，一般有大量的信道，因此既可使用频分双工，也可使用时分双工(TDD：time division duplexing)。

图 11-2 是时分双工的示意图，它使用时间代替频率来提供前向和反向连接。在频分双工中，前向和反向信道分别为前向和反向频道；而在时分双工中，前向和反向信道则分别为前向和反向时隙。如果前向和反向时隙靠的很近，则用户就可能同时在进行数据的发射和接收。时分双工允许在一个频道上进行通信，这一点与要求两个独立频道的频分双工不同。由于不需要双工器，所以时分双工可以简化移动用户的设备。

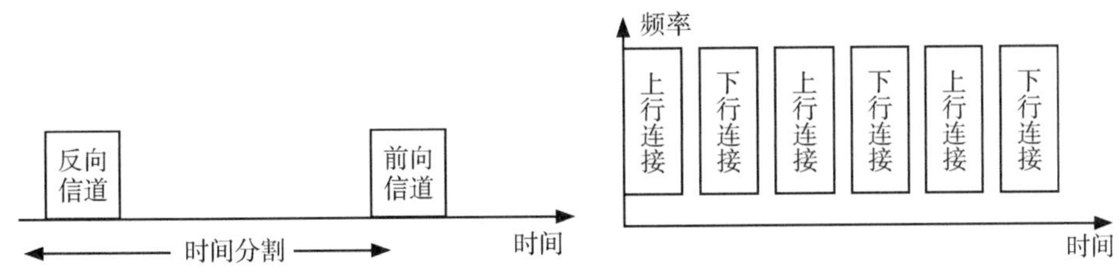

图 11-2　时分双工在同一频率提供两个单独时隙

采用频分双工时分多址系统简称 TDMA/FDD，而采用时分双工的时分多址系统则简称 TDMA/TDD。

11.1.2　宽带多址系统

在宽带多址系统中，一个信道发射带宽比该信道的相干带宽大得多。因此，多径衰落不会对宽带信道内的接收信号产生大的影响，并且频率选择性衰落只在信号带宽的一小部分发生。宽带系统的优点是：用户允许以很宽的频谱发射信号，还允许大量的发射机在同一信道发射信号。

TDMA 将时隙分配给同一信道的许多用户，并在任何时隙只允许一个用户利用信道，而扩频 CDMA 则允许所有的用户在同一时间利用同一信道。TDMA 和 CDMA 系统既可以使用频分双工，也可以采用时分双工。

在多址通信中，信道具有一个共同的特征：接收机接收到的是多台主动发射机发送信号的叠加，如图 11-3 所示。

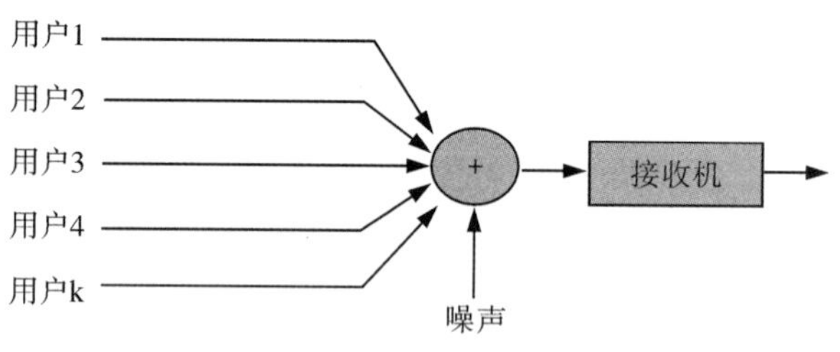

图 11-3　多址通信

术语“多址”指的是信息源不在一起与/或各信源自主工作，多址信道中的信息源成为用户。在图 11-3 所示的多址通行中，所有用户既可共有一接收机，也可使用多台接收机，其中每台接收机只对一个用户（或一个用户子集）发送的信息感兴趣。表 11-1 列出了世界上目前几种主要无线通信系统的多址技术。

表 11-1　几种不同无线通信系统的多址技术

蜂窝系统	多址技术
现代移动电话系统（AMPS：Advanced Mobile Phones System）	FDMA/FDD
全球移动系统（GSM：Global System for Mobile）	TDMA/FDD
美国数字蜂窝（USDC：U. S. Digital Cellular）	TDMA/FDD
日本数字蜂窝（JDC：Japanese Digital Cellular）	TDMA/FDD

续表

蜂窝系统	多址技术
第二代无绳电话(CT2)	FDAM/TDD
数字式欧洲无绳电话(DECT)	FDMA/TDD
美国窄带扩频(IS−95)	CDMA/FDD

在 TDMA 中,所有用户占用相同的无线电频带,但必须按照不同的时间顺序发射信号。在 FDMA 中,所有用户虽然可同时发射他们的信号,但他们占用的频带不相同,在时频平面里,这两种多址技术事实上只让一个发射用户占据一个条带,每个用户本质上是在一种等效的单信道环境工作,以此避免多用户干扰。

为什么考虑多址技术时,不坚持将信道分为大量独立的,无干扰的子信道这一原则呢?一个主要理由是:当潜在的用户数比在任一时刻实际使用的用户数大得多时,无干扰的多址方式会造成信道资源的大量浪费。一个典型的例子是无线电话:若每个用户都分配一个固定的无线电频率信道,那么在任何时刻,都只会有很小一部分频谱被使用。类似地,在任何时刻,TDMA 的大多数时隙也都是空闲的。因此,在移动通信中,给各用户的信道资源分配应该是动态的(换言之,应该根据需求分配),而不是静态的。怎么做到这一点呢?在不增加复杂性的前提下,一种可能的方案是设置一个单独的备用信道。希望使用该备用信道的各用户通知基站,随后基站只在这些申请用户中分配该信道。需要注意到是,备用信道为多址信道,仍然必须考虑该信道的动态分配问题。

11.2　TDMA

时分多址(TDMA)是发送端对所发送信号的时间参量进行正交分割,形成许多互不重叠的时隙。在接收端利用时间的正交性,通过时间选择从混合信号中选出相应的信号。时分多址是把时间分割成周期性帧,每一帧再分割成若干个时隙(无论帧或时隙都是互相不重叠的),然后根据一定的时隙分配原则,使移动台在每帧中按指定的时隙向基站发送信号,基站可以分别在各个时隙中接收到移动台的信号而不混淆。同时,基站发向多个移动台的信号都按规定在预定的时隙中发射,各移动台在指定的时隙中接收,从合路的信号中提取发给它的信号。

在时分多址(TDMA)中,各用户使用频谱的时间是按照时隙分配的。在每个时隙,只允许一个用户发射或接收。这些时隙用一种循环的方式分配给每个用户,图 11-4 用三维形式详细地画出了 TDMA 的工作方式。从图可看出,所有用户都共享相同的无线电频谱。在这里,信道实质上就是时间上分割开的循环重复的时隙。

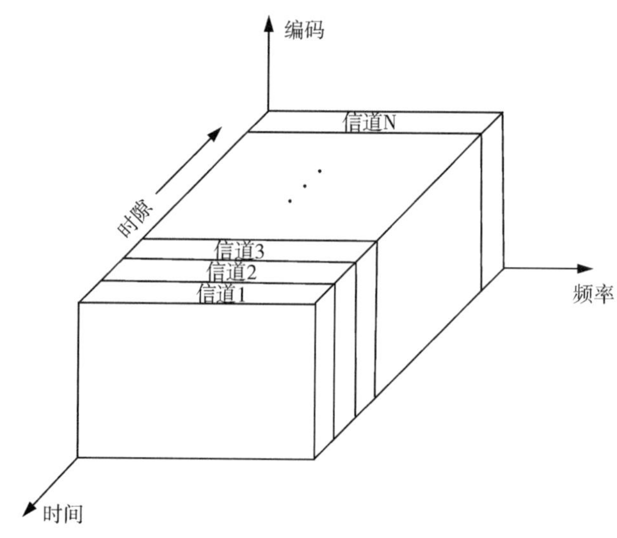

图 11-4　TDMA 工作方式

根据所传输的信息不同,时隙所含的距离内容和组成格式也不相同。因此,可以将时隙分为两类:一类是传输话音和数据的,简称业务时隙;另一类是传输控制指令的,简称控制时隙,一般,相邻业务时隙之间的时隙则是控制时隙。

时分和频分多址技术具有一个共同的特征:不同的用户是在各自不同、并且无干扰的信道中工作。使用数字通信的信号空间语言,可将这一特征表示为:任何一种多址技术都要求不同用户发射的信号空间相互正交,这里先讨论 TDMA 系统对信号正交性的要求,而 FDMA 和 CDMA 系统对信号正交性的要求则在后面分析。

在时域中两个信号正交定义为他们之间的互相关或内积等于零,即

$$\langle s_1, s_2 \rangle = \int_0^T s_1(t) s_2^*(t) \mathrm{d}t = 0$$

显然,在时分多址中,两个信号的正交意味着他们在时域不能有任何重叠。为了保证这种正交性,就需要在两个业务时隙之间插入保护时间,保护时间的作用是保证两个相邻用户的发射信号不会在同一时刻取非零值,等价于他们在任何时间的乘积都等于零,即 $s_1(t)s_2^*(t)=0$,从而保证他们的内积为零,即保证信号之间的正交性。具有正交性的多个

用户发射信号常称为这些用户的特征波形。图 11-5 表示出了 TDMA 系统中三个用户的特征波形。

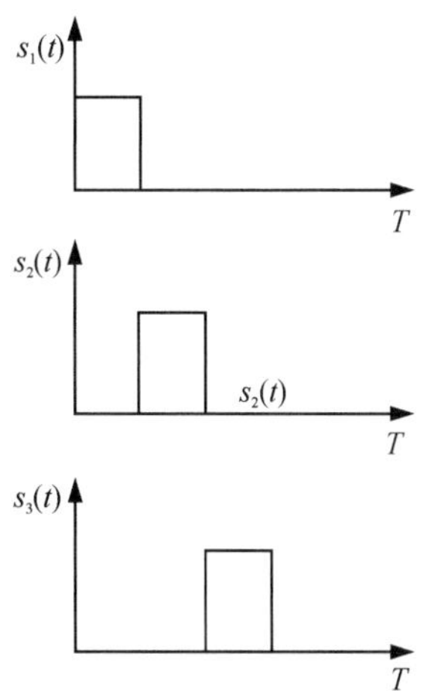

图 11-5　TDMA 系统中的特征波形

时分多址有以下特点：

(1)TDMA 可使多个用户共享同一载波频率,其中每个用户使用无重叠的时隙。每帧的时隙取决于调制方法、可利用的带宽等因素。

(2)TDMA 系统的用户的数据发射不是连续的,而是突发的。这使得电池消耗下,因为当用户的发射机不使用时(大多数时间属这种情况)就可以关机。

(3)TDMA 使用不同的时隙进行发射和接收,因此不需要双工器,即使使用频分双工,在用户装置中也不需要双工器,只需使用一个开关,即可对发射机和接收机进行开启和断开。

(4)由于发射速率一般比 FDMA 信道发射速率高很多,所以在 TDMA 中通常需要自适应均衡。

(5)在 TDMA 中,保护时间应该最小。若为了缩短保护时间而将时隙边缘的发射信号加以明显抑制,则发射信号的频谱将扩展,并会引起对相邻信道的干扰。

(6)由于 TDMA 的发射是时隙式的,具有突发性,这就要求接收机必须与每个数据组保持同步,因此用于同步的系统内的操作将占用不少时间。此外,为了将不同用户分块,还需要设立保护时隙,这又会造成时间资源的浪费。

(7)TDMA 有一个优点:它能够将每帧数目不等的时隙分配给不同的用户。因此,可以根据不同用户的需求,通过优先顺序连接时隙,以便供应不同的时间宽度。

11.3　FDMA

频分多址(FDMA)是发送端对所有信号的频率参量进行正交分割,形成许多互不重叠的频带。在接收端利用频率的正交性,通过频率选择(滤波),从混合信号中选出相应的信号。在移动通信系统中,频分多址是把通信系统的总频段划分成若干个等间隔的互不重叠的频道分配给不同的用户使用。这些频道互不重叠,其宽度能传输一路话音信息,而在相邻频道之间无明显的干扰。为了实现双工通信,收发使用不同的频率(称之为频分双工)。收发频率之间要有一定的频率间隔,以防同一部电台的发射机对接收机的干扰。这样,在频分多址中,每个用户在通信时要用一对频率(称之为一个信道)。

和 TDMA 系统一样,在 FDMA 通信系统中,也要求不同用户的发射信号相互正交。在频域,两个信号 $s_1(t)$ 和 $s_2(t)$ 的正交是用他们的频谱 $S_1(f)$ 和 $S_2(f)$ 之间的互相关或内积定义的,即

$$\langle S_1, S_2 \rangle = \int_{-\infty}^{\infty} S_1(f) S_2^*(f) \mathrm{d}f = 0$$

为了做到这一点,FDMA 系统中的频道应该互不交叠。为此,通常需要在各个频道之间插入保护频带。由于有保护频带,所以两个信号的频谱在任何一个频率都不可能同时取非零值,从而保证上式成立。

图 11-6 用三维图形形象地画出了 FDMA 系统的工作方式。从图中可以看出,各个用户任何时间都可以发射自己的信号,但它们使用的频道不同。

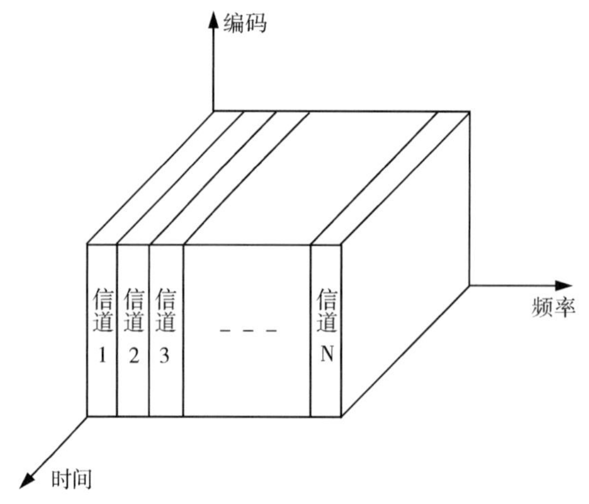

图 11-6 FDMA 工作方式

对于 k 个用户的情况,FDMA 通信系统的基站必须同时发射和接收 k 个不同的频率的信号。任意两个用户之间进行通信都必须经过基站进行中转,因而必须同时占用 4 个频道,才能实现双工通信。不过,移动台在通信时所占用的频道并不是固定指配的,而是由系统中心临时分配的。通信结束后,移动台即退出它占用的频道,这些频道可以由系统中心重新分配给其他用户使用。

频分多址的特点如下:①FDMA 信道每一时刻只载有一条电话线路。②若 FDMA 信道不在使用中,则它处于空闲状态,不能被其他用户使用,因而将无法增加或共享系统容

量，这无疑是一种资源的浪费。③在指定频道后，基站和移动用户可以同时和连续发射。④FDMA 信道的带宽非常窄(30 kHz)，因为每个信道对一个载波只支持一条线路。为具有足够的信道，FDMA 通常用窄带系统实现。⑤字符时间比平均时延扩展大得多。这意味着码间干扰比较小，因此对 FDMA 窄带系统几乎不需要均衡。⑥FDMA 移动系统的复杂性比 TDMA 系统的低。⑦由于 FDMA 是连续发射方式，所以与 TDMA 相比，FDMA 只需要很少几个比特用于系统内部操作(如同步比特和组帧比特)。⑧由于每个载波占用一个信道，所以 FDMA 系统的单元站点的成本比 TDMA 的高，并且需要使用成本较高的带通滤波器对消基站的伪辐射。⑨由于发射机和接收机在同一时间工作，所以 FDMA 移动装置必须使用双工器，这将增加 FDMA 用户装置和基站的成本，为了使邻道干扰最小，FDMA 需要精确的无线电频率滤波。

11.4　CDMA

11.4.1　CDMA 基本工作原理

CDMA(码分多址)是第三代通信网的核心技术。码分多址是各发送端用各不相同的、相互正交的地址码调制其所发送的信号。在接收端利用码型的正交性，通过地址识别(相关检测)从混合信号中选出相应的信号。码分多址的特点是：(1)网内所有用户使用同一载波，占用相同的带宽；(2)各个用户可以同时发送或接收信号。码分多址通信系统各用户发射的信号共同使用整个频带，发射时间又是任意的，所以各用户的发射信号在时间上、频率上都可相互重叠。因此，采用传统的滤波器或选通门是不能分离信号的，对某用户发送的信号，只有与其相匹配的接收机通过相关检测才可能正确接收。

相邻信道之间的干扰可以通过加保护时间(TDMA)或保护频带(FDMA)的方法来避免，其原理是使相邻信道的两个信号正交。使用正交性不仅可以避免邻信道信号之间的干扰，同样也能避免同信道信号之间的干扰。很显然，使同信道中两个信号在时域或频域不重叠是困难的，好在即使两个信号时域和频域都重叠也是容易让他们正交的。

作为一个简单的例子，图 11-7 示出了两个时限实信号 $s_1(t)$ 和 $s_2(t)$ 的波形。

由图 11-7 容易看出，这两个信号在时域是重叠的。而且，他们的频谱 $|S_1(f)|$ 和

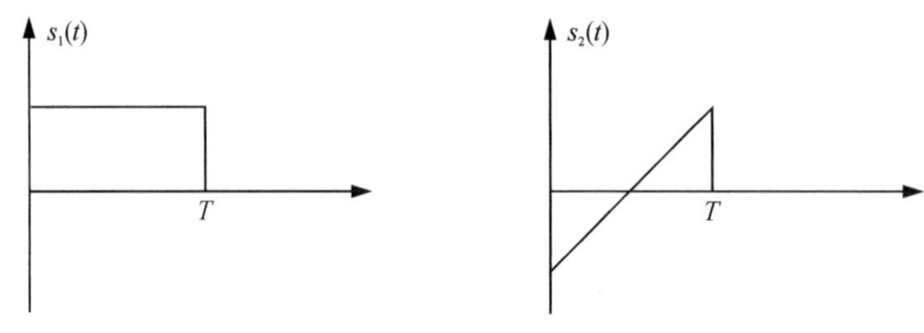

图 11-7　两个正交信号

$|S_2(f)|$也是重叠的。但是很容易验证，这两个信号互相关或内积等于零，即 $\langle s_1, s_2\rangle = \int_0^T s_1(t)s_2^*(t)\mathrm{d}t = 0$，即信号 $s_1(t)$与正交 $s_2(t)$。

二用户多址通信系统的设计是简单的：让用户 1 和用户 2 分别对信号 $s_1(t)$和 $s_2(t)$进行反极性调制。具体而言，用户 i 发送 1 时就发射时间间隔为 T 的信号 $s_i(t)$，而想发送 0 时就发射$-s_i(t)$。假设系统是同步的：两个用户发射速率相同，都等于$\frac{1}{T}$bit/s，并且他们的比特时间位置也一致，如图 11-8 所示。

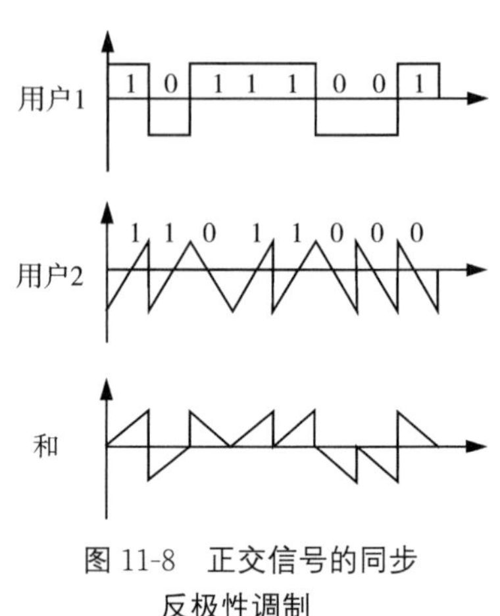

图 11-8　正交信号的同步反极性调制

既然两个用户的发射信号在时域和频域都有重叠，那么怎样才能解调出他们来呢？接收信号为两个信号之和，即 $r(t)=s_1(t)+s_2(t)$。因此，我们可以对用户 1 作如下假设检验：若 $r(t)>0$，则判断用户 1 发射“1”信号；若 $r(t)<0$，则判断用户 1 发射“0”信号，判断结果是用户 1 发射的字符串为 10111001。类似地，对用户 2 则做如下假设检验：若 $r(t)$在比特间隔内是递增的，则判决用户 2 发射“1”信号；反之，若 $r(t)$在比特间隔内是递减的，则判决用户 2 发射“0”信号，判决结果是用户 2 发射的字符串为 11011000。显然，判决结果是正确的。

当然，任何一接收机实际观测到的数据是两个被加性噪声污染的信号 $s_1(t)$与 $s_2(t)$之和。不过，在加性白噪声的情况下，可以使用匹配滤波器使误码率最小。在匹配滤波中，接收波形先在每个比特间隔内与 $s_1(t)$和 $s_2(t)$单独作用相关运算，然后将两个相关器的输出与零值分别作比较。用户 1 的匹配滤波器直接求每个比特间隔内接收信号的积分。若积分结果为正/负，则其检验输出为 1/0。诚然，相关器的输出会受背景噪声的影响，从而引起偶然误差，但由于信号正交条件，在同步的假设下，无论用户 1 和用户 2 信号之间的相对强度如何，用户 1 的相关器一点也不会受用户 2 的影响。因此，可以得出结论：

虽然两个用户发射的信号在时域和频域都有重叠，但该通信系统的误码率宛如这两个发射在单独信道中进行的一样。

上面介绍的只是码分多址(CDMA)系统的一个最简单的例子。在 CDMA 系统中，分配给各个用户的特征波形是正交的。从特征波形的角度讲，正交 CDMA 的一个特例是使用时域无重叠的特征波形，这就是 TDMA 系统特征波形。图 11-9 用三维图形示出了 CDMA 工作方式。

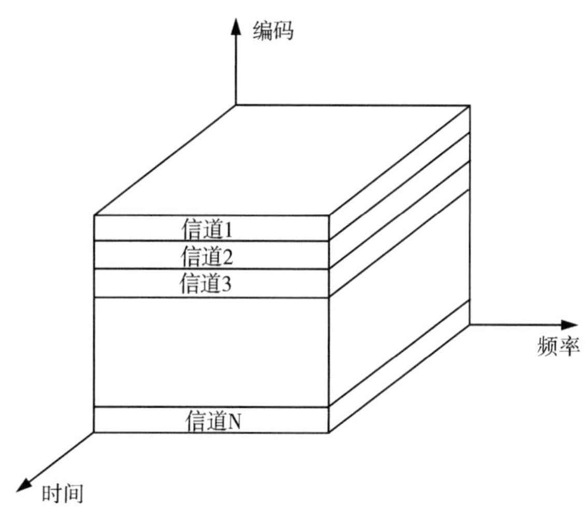

图 11-9　CDMA 工作方式

11.4.2　扩频通信

CDMA 是以扩频通信为基础的。接下来对扩频通信作简要介绍。

扩频是用来传输信息的信号带宽远远大于信息本身带宽的一种传输方式，频带的扩展由独立于信息的扩频码(一般是伪随机码 Pseudo Noise，PN 码)实现，与所传数据无关，在接收端用同步接收实现解扩和数据恢复。扩频通信的理论基础为香农定理：

$$C=B\cdot\log_2(1+\frac{S}{N})$$

式中，C 为信道容量，单位为 bps，表示通信信道所允许的极限传输速率，也表示了所希望得到的性能；B 为信道带宽(也被称为系统带宽)，表示要付出的代价；S/N 为信噪比，单位 dB，表示周围的环境或物理特性。得出结论：对于给定的信息传输速率，可以用不同的带宽和信噪比的组合来传输。扩频通信系统正是利用这一理论，将信道带宽扩展许多倍以换取信噪比上的好处，增强了系统的抗干扰能力。

扩频通信的重要参数扩频增益，反映了由频谱扩展对抗干扰性的强弱。定义为：

$$G=\frac{\dfrac{S_0}{N_0}}{\dfrac{S_i}{N_i}}=\frac{B_W}{R_b}$$

式中，S_i 和 S_0 分别为输入、输出信号功率；S_i 和 N_0 分别为输入、输出干扰功率；B_W 为随机码的信息速率；R_b 为基带信号的信息速率。

常用的扩频方式有跳频（Frequency Hopping，FH）、直接序列扩频（Direct Sequence Spread Spectrum，DS）以及复合式扩频等。其中直接序列扩频（DS），是直接利用具有高码率的扩频码序列调制载波，在发送端扩展信号的频谱，而在接收端，用相同的扩频码序列进行解扩，把展宽的扩频信号还原成原始的信息，是一种数字调制方法。

具体说，就是将信源与一定的 *PN* 码进行模二加。例如，在发送端将 1 用 1100010011 代替，而将 0 用 0011001011 代替，该过程实现了扩频。而在接收端只要把收到的序列 11000100110 恢复成 1，0011001011 恢复成 0，这就是解扩。这样信源速率就被提高了 10 倍，同时也使处理增益达到 10dB 以上，从而有效地提高了整机信噪比。

解扩过程中主要处理的就是同步问题。同步系统的作用就是要实现本地产生的 PN 码与接收到的信号中的 PN 码同步，即频率上相同、相位上一致。同步过程一般说来包含两个阶段：

(1)接收机在一开始并不知道对方是否发送了信号，因此需要有一个搜捕过程，即在一定的频率和时间范围内搜索和捕获有用信号。这一阶段也称为起始同步或粗同步，也就是要把对方发来的信号与本地信号在相位之差纳入同步保持范围内，即在 *PN* 码一个时片内。

(2)一旦完成这一阶段后，则进入跟踪过程，即继续保持同步，不因外界影响而失去同步。也就是说，无论由于何种因素两端的频率和相位发生偏移，同步系统可以加以调整，使收发信号仍然保持同步。

接收到的信号经宽带滤波器后，在乘法器中与本地 PN 码进行相关运算。此时搜捕器件，调整压控钟源，调整 PN 码发生器产生的本地脉序列伪重复频率和相位，以搜捕有用信号。一旦捕获到有用信号后，则起动跟踪器件，由其调整压控钟源，使本地 PN 码发生器与外来信号保持同步。如果由于某种原因引起失步，则重新开始新的一轮搜捕和跟踪过程。

11.4.3 CDMA 系统的特点

CDMA 技术的优点有如下几个方面：

(1)通话质量高。这是因为 CDMA 采用的宽带传输，将有用信号频谱能量都加以扩散，在接收端利用 PN 序列的相关特性进行相关处理。码分多址通信系统中多用户检测技术，干扰和噪声因与 PN 序列不匹配而被抑制，因此大大提高了信噪比，具有很强的抗干扰能力。此外 CDMA 的频带很宽，由某种原因引起的小部分频谱的衰落不会使整个信号产生畸变，而且由于 CDMA 可提供多种形式的分集接收，大大降低了多径衰落。这些可以使 CDMA 具有很高的话音质量。

(2)软切换技术。当用户在不同的蜂窝站点之间移动时，TDMA 采用一种硬切换的方式，用户可以明显地感觉到通话的间断，在用户密集、基站密集的城市中，这种间断就尤为明显，因为在这样的地区每分钟会发生 2 至 4 次切换的情形。CDMA 使用了一种被称为软切换的技术，彻底解决了基站在移交用户时通话间断的问题。软切换可以使通话者从相邻的 3—5 个蜂窝站点接收到信号，在将收到的信号合并后不仅可以消除移交时通话间断的情况，还可以全面提高信号的质量(通过始终从收到的 3—5 个信号中选择最好的信号)。

(3)保密性好。通过宽带频谱传输的信号是很难被侦测到的，就像在一个嘈杂的房间里人们很难听到某人轻微的叹息一样，而使用其他技术，信号的能量都被集中在一个狭窄的波段里，这使在其中传输的信号很容易被他人侦测到。保密性好是 CDMA 技术固有的特点。偶然的偷听者很难窃听到 CDMA 的通话内容，因为和模拟系统不同，一个简单的无线电接收器无法从某个频段全部的射频信号中分离出某路数字通话。

(4)发射功耗小。CDMA 采用功率控制后，仅在衰落期间调高发射功率电平，从而使平均发射功率减小，FDMA 的最小功率为 5mw，平均发射功率为 794mw，峰值功率为 3W，而 CDMA 的最小功率为 23mw，平均发射功率为 5mw，峰值功率为 100mw。由此可见 CDMA 的平均发射功率和最大发射功率比 FDMA 低，从而使系统容量增加，减少了小区数并且能够降低设备成本。

(5)频谱利用率高。CDMA 系统的同一频率，可以在所有小区内重复使用，其频率复用率为 2/3(FDMA 和 TDMA 的频率复用率为 1/7)，不需要 FDMA 和 TDMA 那样进行频率配置，大大简化了小区分裂和微蜂窝引入。

(6)系统容量大。理论上，CDMA 网络比模拟网络的容量大 20 倍，比 GSM 网络的容量大 5 倍。CDMA 系统的容量之所以大，并非由于其技术本身，而是由于在 CDMA 系统中可以更有效地采用许多新技术来增加系统容量。如纠错编码，分集接收，多用户检测，功率控制，高效频率复用，语音激活或可变速率与码分多址通信系统中多用户检测技术的研究音编码等技术。

(7)覆盖面积大。无线链路预算比 GSM 多 3－6 倍。正常情况下，CDMA 的小区半径可达 60 公里，在采用了特殊技术手段后，半径可达 200 多公里。而 GSM 系统基站半径最大不得超过 35 公里。覆盖范围的扩大所带来的直接优点是基站数量减少，基站选址容易。更为重要的是，基站数量的减少将大大降低网络配套电信设施的投入，加快建设速度。

CDMA 技术实施中出现的问题：

(1)CDMA 虽具有柔性容量，但同时工作的用户越多，所形成的干扰噪声就越大，当用户数超过网络设计容量时，系统的信噪比会恶化，从而导致通信质量的下降。

(2)CDMA 技术采用 RAKE 接收机，有利于克服码间干扰，但当扩频处理增益不够大时，克服的程度会受到限制，即仍会残存码间干扰。

(3)CDMA 为克服远近效应而采用功率控制技术，从而增加了系统的复杂性。

(4)CDMA 的不同用户是以 PN(伪随机码)码来区分的，要求各 PN 码之间的互相关联系数尽可能小，但很难找到数目较多的这种 PN 码。另外用户越多，PN 码的长度就会越长，则在接收端的同步时间也长，难以满足高速移动中通信快速同步的要求。

(5)CDMA 系统各地址码间的互相关性越大，则多址干扰就越大，而在 TDMA 和 FDMA 中不存在多址干扰问题。

(6)CDMA 蜂窝网的各蜂窝可能使用同一频带同一码组，那么相邻蜂窝的同一码组之间会产生干扰。

(7)CDMA 体制是一种噪声受限系统，同时通信的用户数越多，通信质量恶化的程度就越严重，最终导致 CDMA 系统的用户容量远低于理论计算值。

第三代移动通信的出现给人们展示了一个美好的通信前景。但是，第三代移动通信的实现则要解决许多技术难题，这些技术难题有的是蜂窝移动通信所固有的，有的是第三代移动通信系统所特有的。

1. 多径衰落

在移动通信系统中，电波传播环境比较复杂，无论在上行链路或下行链路上信号电波都要发生折射、反射和散射，形成多条传播路线。不同路径的信号到达接收端，由于天线的位置、方向和极化不同，接收信号的幅度和相位动态的发生变化，从而产生严重的衰落现象。为了保证通信质量，就必须解决在严重多径衰落环境下实现高质量传输的问题。

2. 时延扩展

信号经过不同的传输路径，除产生严重的衰落现象外，还会产生不同的传播时延。因为从时域角度来看，各个路径的长度不同，信号到达的时间就不同，这样，如果从基站发射一个脉冲信号，则接收信号中不仅包含该脉冲，而且还包含它的各个多径时延信号。这种由于多径效应引起的接收信号中脉冲的宽度扩展现象，称为时延扩展。大的时延扩展将产生严重的频率选择性衰落。在移动通信网中，必须考虑对抗 20s 以上的时延扩展。

3. 多址干扰

由于第三代移动通信系统普遍采用 CDMA 多址技术，即采用不同的扩频码来区分用户，这就要求各用户的扩频码具有极强的自相关性和极弱的互相关性。而实际上，由于多径传播，各用户间的干扰不可能完全消除，所以 CDMA 系统是一个干扰受限系统，来自本小区和邻近小区的干扰决定了系统容量和性能。多址干扰是 CDMA 多址方式所特有的一个问题。

4. 远近效应

当各移动终端以相同的功率发射时，基站接收到的近处移动终端发射的信号功率将远远大于远处移动终端发射的信号功率。远近效应就是指近处终端的大功率信号对远处终端的小功率信号产生的干扰。远近效应的问题在移动通信系统中普遍存在，只是在第三代移动通信系统中表现比较突出。

5. 系统兼容问题

目前，第一代和第二代移动通信系统已经得到了广泛的应用，但是由于它们支持的业务种类有限，频谱利用率不高，所以必然由第三代移动通信系统所替代。但是，这要经过一个长达 10 年左右的过渡。在此过程中，第二代和第三代移动通信系统同时存在，互相兼容，互不干扰；用户在此两代系统中要互联互通，实现相互切换、漫游等。

显然，除系统兼容问题外，所有的问题都集中在无线传输技术（RTT）方面，那么如何保证信号在复杂的环境和干扰条件下，正确无误的传输到接收端？从以往的历史来看，移动通信的最大难题就在于此，每一代移动通信的进展也在于此，为此，在征求第三代移动通信的建议时，首先就是征求对 RTT 的建议，希望能够集成国际上最新技术成果来形成一套新的 RTT，更好的解决问题。传统的 CDMA 信号检测技术根据直接序列扩频理论，对基带接收信号进行扰码相关计算，独立处理每个用户的信号，因此简称相关检测或单用户检测，其抗远近效应的能力较差，要求系统提供完善的功率控制机制。传统检测器具有结构简单、运行复杂度小的优点，在单用户环境中是最佳接收机；在多用户情况下，传统检测器将其他用户信息当做噪声处理，不能利用其中的多用户信息，所以性能变得较差。

在 CDMA 系统中，由于多个用户的随机接入，所使用的扩频波形一般又不能严格正交，存在非零互相关系数，导致各用户间的相互干扰，这种现象称为多址干扰（MAI，multiple access interference）。严格来说，多址干扰包含同信道干扰和邻信道干扰，但在干扰抑制中主要考虑的是同信道干扰。若不同用户的特征波形（扩频波形）是正交的，那么将接收信号与特定用户的扩频序列求相关的接收机是最佳接收机，多址干扰根本就不存在。然而，由于用户之间的不同步以及不同用户的信号是以不同的时间延迟到达接收机的，所以不可能使特征波形在所有可能的相对时延范围内正交。虽然通过设计具有低互相关的特征码可以实现扩频波形的近似正交，但只有当所有用户的信号到达接收机具有大致相等的功率时，使用近似正交扩频波形的匹配滤波接收机才能有效工作。由于多址干扰的存在，传统的匹配滤波接收机或相关接收机存在以下问题：

（1）干扰低限（interference floor）：由于干扰信号与期望信号不正交，所以期望用户的一般匹配滤波器的输出会含有来自多址干扰的贡献。因此，即使接收机热噪声电平趋于零，匹配滤波器接收机的错误概率由于多址干扰的存在也会表现非零的下界（称为干扰低限）。这就使得相关接收机很难达到低误码率。

（2）远近问题：在非同步或同步但扩频波形不正交的情况下，如果干扰用户比期望用户距离基站近得多，干扰信号在基站的接收功率便会比期望信号的接收功率大得多，扩频序列与干扰之间的相关就有可能比扩频序列与期望用户信号之间的相关大，于是传统的相关接收机的输出中多址干扰的分量就有可能很严重，期望用户信号甚至有可能淹没在干扰信号中。换句话说，传统接收机的误码率对期望用户和干扰用户的接收能量之间的不同是如此敏感，以至于可靠的解调是不可能的，除非使用严格的功率控制。可以说，CDMA 系统的主要技术障碍就是远近问题。随着用户数量的增加和干扰信号功率的增大，多址干扰和远近效应也迅速严重影响目标用户的信号接收，限制系统容量的提高。因此，有效地消除或减少多址干扰是 CDMA 系统应用面临的主要问题之一。由于以上原因，需要使用能够有效抑制多址干扰的接收机，它们统称为多用户检测器（MUD，multiuserdetection）。利用 MUD 技术能够非常明显的减少用户间干扰，改善系统性能，并使之接近正交系统的性能，MUD 技术能使非正交系统性能在一定程度上得到提高，但是不能超越正交系统性能。许多学者对多用户检测技术进行了大量的研究，在理论方面取得了一定的成果，但是，由于实现很复杂，还需对多用户检测算法进行研究，特别是空时联合检测以及考虑其他小区多址干扰的多用户检测技术还有很多要研究的工作。

11.5　多用户检测

11.5.1　多用户检测的基本概述

宽带 CDMA 通信系统的关键技术包括抗干扰(多用户检测)、抗多径衰落(天线分集和 RAKE 接收)和抗远近效应(功率控制)等,而它们之间又是相辅相成、互相补充的,均为当前研究的热点。多用户检测是宽带 CDMA 通信系统中抗干扰的关键技术。在实际的 CDMA 通信系统中,各个用户信号之间存在一定的相关性,这就是多址干扰(MAI)存在的根源。由个别用户产生的 MAI 固然很小,可是随着用户数的增加或信号功率的增大,MAI 就成为宽带 CDMA 通信系统的一个主要干扰。传统的检测技术完全按照经典直接序列扩频理论对每个用户的信号分别进行扩频码匹配处理,因而抗 MAI 干扰能力较差;多用户检测(MUD)技术在传统检测技术的基础上,充分利用造成 MAI 的所有用户信号信息对单个用户的信号进行检测,从而具有优良的抗干扰性能,解决了远近效应问题,降低了系统对功率控制精度的要求,因此可以更加有效地利用上行链路频谱资源,显著提高系统容量。从理论上讲,如果能消去用户收到的多址干扰,就可以提高容量。多用户检测的基本思想是把所有用户的信号都当作有用信号,而不是当作干扰信号。在小区通信中,每个移动用户与一个基站通信,移动用户只需接收所需信号,而基站必须检测所有的用户信号,因此移动用户只有自己的扩频码,而基站需要知道所有用户的扩频码。由于移动用户受到复杂度的限制(如尺寸、重量等),多用户检测目前主要用于基站。但是基站只有本小区用户的扩频码,相邻小区的干扰仍会降低多用户检测的性能。无线信道是多径信道,可以在多用户检测前端用 RAKE 类型的结构解决多径问题。

习惯上 DS CDMA 系统把每个用户都当作一个单独的信号来处理,采用匹配滤波的方法接收有用信号,而其他用户的信号被看作是噪声(Multiple Access Interference:MAI)——多址接入干扰。而多用户检测(Multiuser Detection:MUD)认为所有用户的信号都是有用信号(而不是干扰信号)从而进行联合检测。

多用户检测带来的好处:①减少干扰就意味着增加系统容量;②减轻远近问题的影响。

MUD 可以用在基站、移动台或者二者同时使用。但在一个蜂窝系统中，基站(BS)有所有码片序列的信息。所以 MUD 目前被考虑在上行链路中使用(移动台到基站)。

如果忽略背景噪声，一个没有多用户检测的系统中的全部干扰为 $I=I_{\mathrm{MAI}}+f\times I_{\mathrm{MAI}}$，这里 I_{MAI} 是同小区用户的多址干扰，f 是其他小区的多址干扰与同小区的多址干扰的比率(也被称为溢出率)。

对于一个同小区多址干扰都被抑制的理想系统中，全部干扰就剩下 $I=f\times I_{\mathrm{MAI}}$。由于用户数量大致和干扰成比例，最大容量增益因子是 $(1+f)/f$。蜂窝系统中 f 的典型值是 0.55；换算成最大容量增益因子为 2.8。

11.5.2　多用户检测的基本模型

如图 11-10 所示，在简化系统模型(BPSK)中，第 k 个用户的基带信号表示为：

$$u_k(t)=\sum_{i=0}^{\infty}x_k(i)\cdot c_k(i)\cdot s_k(t-iT-\tau_k)$$

其中 $x_k(i)$是第 k 个用户的第 i 个输入符号，$c_k(i)$是实的、正的信道增益，$s_k(i)$是包含 PN 序列的信号波形，τ_k 是传输时延，在同步 CDMA 系统中所有用户的 $\tau_k=0$。

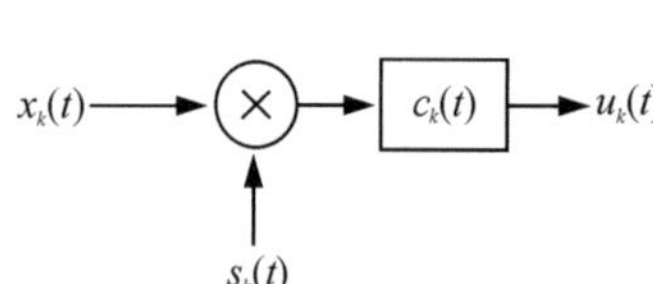

图 11-10　用户基带的发送信号

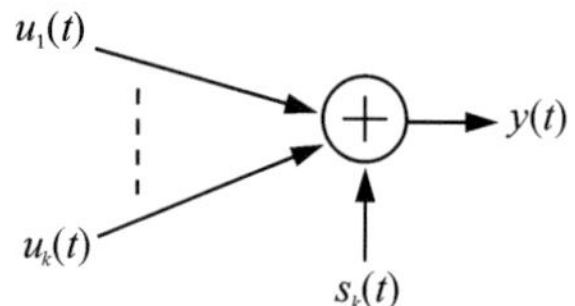

图 11-11　用户基带的接收信号

如图 11-11 所示，基带的接收信号表示为：$y(t)=\sum_{K=1}^{K}u_k(t)+z(t)$，其中 K 是用户数，$z(t)$是复的白噪声。

在第 k 个用户经过匹配滤波器的采样输出：

$$\begin{aligned}y_k&=\int_0^{\mathrm{T}}y(t)s_k(t)\mathrm{d}t\\&=c_kx_k+\sum_{j=k}^{K}x_jc_j\int_0^{\mathrm{T}}s_ks_j(t)\mathrm{d}t+\int_0^{\mathrm{T}}s_k(t)z(t)\mathrm{d}t\end{aligned}$$

上式第一部分——想要的信息；第二部分——MAI；第三部分——噪声。

假设只有两个用户的情况($K=2$)及互相关系数为：$r=\int_0^{\mathrm{T}}s_1(t)s_2(t)\mathrm{d}t$，在接收端，经过匹配滤波器的输出是：$y_1=c_1x_1+rc_2x_2+z_1$，$y_2=c_2x_2+rc_1x_1+z$，如图 11-12 所示。

用户 k 的检测符号为：$\hat{x}_k=\mathrm{sgn}(y_k)$，如果用户 1 的功率远大于用户 2(远近效应)，用户 2 的信号中的 MAI 部分 rc_1x_1 就会很大。

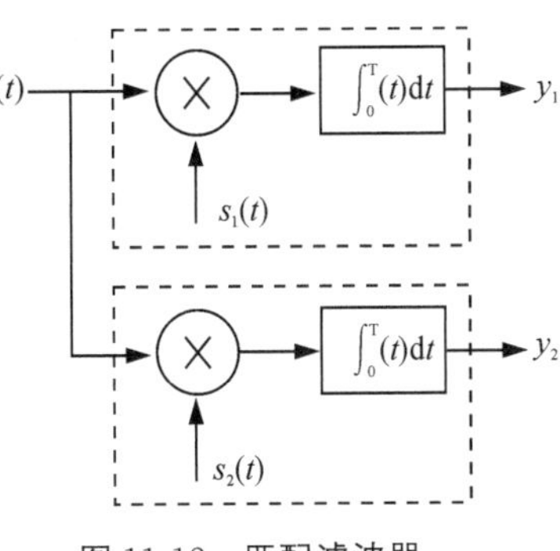

图 11-12　匹配滤波器

串行干扰消除算法：

(1)先对较强的用户 1 作判决；

(2)从较弱信号中减去 MAI 的估计值；

$\hat{x}_2=\mathrm{sgn}(y_2-rc_1\hat{x}_1)=\mathrm{sgn}(c_2x_2+rc_1(x_1-\hat{x}_1)+z_2)$

(3)如果估计是准确的，所有的 MAI 都可以从用户 2 的信号中减去。

因此 MAI 被消除，远近效应被削弱。

多用户检测系统的模型如图 11-13 所示。匹配滤波器组构成多用户检测的前端设备，它的作用是从接收到的连续时间波形 $R(t)$ 得到不同用户的离散时间信号。每个滤波器与一个不同用户的特征波形匹配，在同步情况下，匹配滤波器组的输出为：

$$\left.\begin{aligned}y_1(i)&=\int_{iT}^{iT+T}r(t)s_1(t-iT)\mathrm{d}t\\y_2(i)&=\int_{iT}^{iT+T}r(t)s_2(t-iT)\mathrm{d}t\\&\vdots\\y_k(i)&=\int_{iT}^{iT+T}r(t)s_k(t-iT)\mathrm{d}t\end{aligned}\right\}$$

式中，$S_k(t)$ 是第 k 个用户的扩频波形，而 $r(t)$ 是接收机接收到的信号。

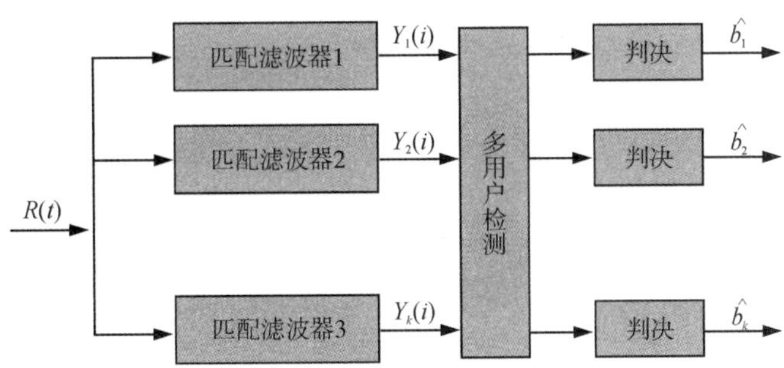

图 11-13　多用户检测的基本模型

$$r(t)=\sum_{k=1}^{K}A_kb_k(i)s_k(t-iT)+\sigma n(t),t\in[iT,iT+T]$$

式中，T 是字符间隔(即码元间隔)；$b_k(i)\in\{-1,+1\}$ 是第 k 个用户发送的字符序列；A_k

表示第 k 个用户的信号幅值；$n(t)$是单位功率谱密度的高斯白噪声。

易知第 k 个匹配滤波器的离散时间输出 $y_k(i)$可用基带形式表示成：

$$y_k(i)=A_k b_k(i)+\sum_{j=1,j\neq k}^{K} A_j b_j(i)\rho_{jk}+n_k$$

式中 ρ_{jk} 是第 j 个用户与第 k 个用户特征波形的互相关，n_k 为高斯随机过程，均值为 0，方差为 σ^2。

$$\rho_{jk}=\int_0^{\mathrm{T}} s_j(t)s_k(t)\mathrm{d}t$$

$$n_k=\sigma\int_0^{\mathrm{T}} n(t)s_k(t)\mathrm{d}t$$

若令 $s=[s_1,s_2\cdots,s_k]^{\mathrm{T}}$，$A=\mathrm{diag}[A_1,A_2\cdots,A_K]$，$y=[y_1,y_2\cdots,y_k]^{\mathrm{T}}$，$b=[b_1,b_2\cdots,b_k]^{\mathrm{T}}$，$n=[n_1,n_2\cdots,n_k]^{\mathrm{T}}$，并记归一化互相关矩阵 $R=E\{ss^{\mathrm{T}}\}=[\rho_{ik}]_{j,k=1}^{\mathrm{T}}$。其对角线元素 $\rho_{ii}=1$，则可以用向量表示为：

$$y=RAb+n$$

并且

$$E\{nn^{\mathrm{T}}\}=\sigma^2 R$$

若假设检验问题的统计量包含了原观测值与最佳决策有关的所有信息，则称之为充分统计量。已知 y 是 b 的充分统计量，多用户检测器可以说就是处理这些充分统计量的方法，以达到在某种代价函数最小化的意义下解调输出。

11.5.3 多用户检测的技术分类

从信息论角度来看，CDMA 系统是一个多输入多输出(MIMO)的系统，采用传统的单输入单输出(SISO)检测方式(如匹配滤波器)，不能充分利用用户间的边信息，由于将多址干扰认为是高斯白噪声，因此大大降低了系统容量。1986 年，Verdu 提出了多用户检测思想，认为多址干扰是具有一定结构的有效信息。由于理论上证明了采用最大似然序列检测(MLSD)可以逼近单用户接收性能，并有效克服远近效应，大大提高系统容量，因而开始了对多用户检测的广泛研究。

但是，MLSD 的结构是匹配滤波器组加上 Viterbi 算法，其复杂度 $O(2^k)$，k 为用户数，这在工程上基本无法实现。因此人们开始研究各种次优多用户检测，要求在保证一定性能的条件下能够将复杂度降低到工程可以接受的程度。主要的次优检测有线性检测、多级干扰抵消检测和非线性类概率检测。线性检测包括 MMSE 检测和解相关检测、非线性类概率检测包括序列检测、分组检测和基于神经网络的检测，虽然非线性类概率检测采用非线性方法逼近最大似然函数，性能比较好，但是由于其复杂度比较高，收敛速度慢而没有得到广泛的应用。多用户检测分为两大类：最佳检测和准最佳检测。最佳检测采用最大似然序列准则，利用匹配滤波器加 Viterbi 译码的异步 CDMA 最佳检测方法，找出一个接收信号序列，使得给定输出序列的似然函数最大。但由于最佳多用户检测运算复杂度随用户数指数增长(2^K)，为了便于实现，准最佳多用户检测成为一种理想选择。

准最佳多用户检测技术分为线性多用户检测和非线性多用户检测两类。线性多用户检测指对传统的检测器输出进行解相关或其他的线性变换便于接收判决，主要方法包含解相关和最小均方误差。非线性多用户检测又称为干扰消除多用户检测。分为串行干扰消除、并行干扰消除和判决反馈多用户检测三类，是利用已知信息对干扰进行估计，在原信号中减去估计干扰便于接收判决。其分类如图 11-14 所示。

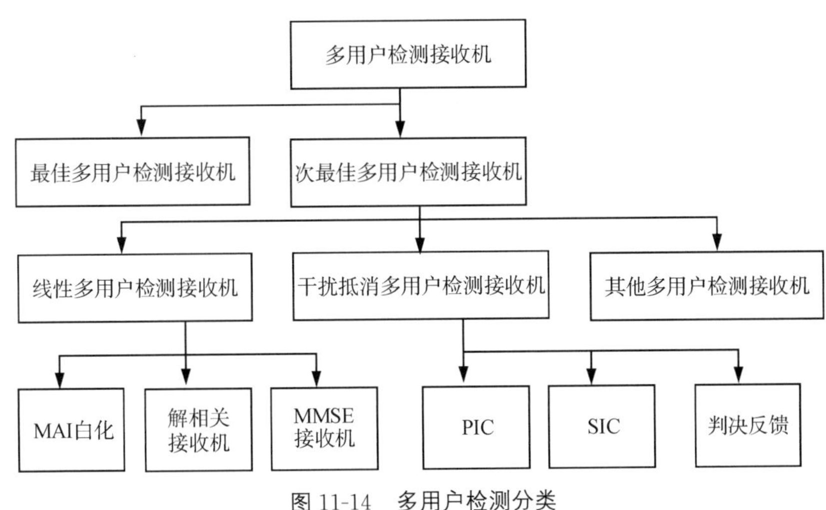

图 11-14　多用户检测分类

11.5.4　典型的多用户检测器

1. 解相关多用户检测器

K 个滤波器组输出的向量形式可以写作：

$$y=RAb+n$$

式中 n 为高斯随机向量，其均值为零，协方差矩阵为 $\sigma^2 R$。

假定互相关矩阵 R 可逆(这等价于假定用户的特征波形独立)，则在无噪声的情况下，有：

$$R^{-1}y=R^{-1}RAb=Ab$$

检测器由 $\hat{b}_k=\text{sgn}[(R^{-1}y)_k]$直接构成：

$$\hat{b}_k=\text{sgn}[(Ab)_k]=b_k$$

可见，若各用户的特征波形线性独立，则检测器可以对每一个用户实现完全的解调。在存在噪声 n 的情况下，则得：

$$R^{-1}y=Ab+R^{-1}n$$

由于没有来自其他用户的干扰，故检测器 $\hat{b}_k=\text{sgn}[(R^{-1}y)_k]$与所有$\{b_i,i\neq k\}$独立，唯一的干扰为背景噪声。由于其他用户的干扰被置零，所以解相关器也称置零检测器。同步信道的相关器如图 11-15 所示。

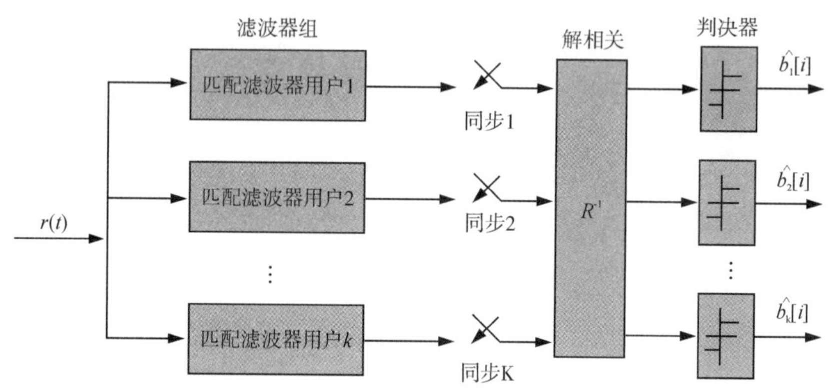

图 11-15　同步信道的解相关检测器

然而，当用户 k 的信号与其他用户的信号不线性独立（即它位于其他用户信号张成的子空间内）时，矩阵 R 将是奇异的，一次检测器 $\hat{b}=R^{-1}y$ 不存在。此时，需要使用 Moore－Renrose 广义矩阵 R^{+}代替逆矩阵 R^{-1}，即检测器由构成，图 11-15 中的逆矩阵 R^{-1} 需要替换成 Moore－Penrose 广义逆矩阵。

$$\hat{b}=R^{+}y$$

关于解相关检测器的性能，以下为证明。

命题 1：若用户 k 线性独立，即它不属于其他用户信号张成的子空间。则解相关检测器的渐进有效性满足：

$$\eta_k(R^{+})=\frac{1}{R_{kk}^{+}}$$

即对于独立的用户，解相关检测器的渐进有效性与其他用户的能量无关，并且与选择的 Moore－Penrose 逆矩阵的形式无关。

命题 2：解相关检测器的抗远近能力与最佳多用户检测器的抗远近能力相等。命题 2 表明，解相关检测器的抗远近能力不仅是非零的，而且是最佳的。

下面给出其中线性准最佳多用户检测的一个例子：

例　解相关算法

信号的矩阵表达式：$y=RCx+z$

这里 $y=[y_1,y_2,\cdots,y_K]^{\mathrm{T}}$，$R$ 和 C 是 $K\times K$ 矩阵；

R 的各组成部分由 $s_k(t)$ 的互相关系数得到：$R_{k,j}=\int_0^{\mathrm{T}} s_k(t)s_j(t)\mathrm{d}t$

C 是对角矩阵，其对角线元素 C_k,k 由第 k 个用户的信道增益 c_k 确定；

z 是有色高斯噪声向量。

解　解相关算法：两边乘以 R 的逆阵就能解出 x。

$$y=R^{-1}y=Cx+R^{-1}z\Rightarrow y_k=c_kx_k+z\Rightarrow\hat{x}_k=\mathrm{sgn}(y_k)$$

其中对于两个用户来说，$\begin{matrix} y_1=c_1x_1+rc_2x_2+z_1 \\ y_2=c_2x_2+rc_1x_1+z_2 \end{matrix}$，$\begin{bmatrix} y_1 \\ y_2 \end{bmatrix}=\begin{bmatrix} 1 & r \\ r & 1 \end{bmatrix}\begin{bmatrix} c_1 & 0 \\ 0 & c_1 \end{bmatrix}\begin{bmatrix} x_1 \\ x_2 \end{bmatrix}+\begin{bmatrix} z_1 \\ z_2 \end{bmatrix}$

优点：不需要知道用户的功率大小。

缺点：噪声增大。

$$N_0(R^{-1})_{k,k}(\text{两用户}：N_0/(1-r^2))$$

2. 线性 MMSE 多用户检测器

从不同用户扩频波形的线性相关产生多址干扰这一角度出发，讨论了解相关检测方法。我们先变换一个角度来看线性多用户检测，即把线性多用户检测视为一个线性估计问题。从线性估计问题出发，我们可以把线性多用户检测问题叙述为：寻找到第 k 个用户的线性变换 m_k，将估计值：

$$\hat{b}=\mathrm{sgn}(m_k^{\mathrm{T}}y)$$

作为第 k 个用户发送字符的估计值，式中 y 为接收信号向量，定义为：

$$y=RAb+n$$

最小均方误差(MMSE)线性多用户检测器的设计目标就是使第 k 个用户发送信号 b_k 与其估计值之间的误差的均方差达到最小。即是说，选择长度为 T 的波形 c_1 满足：

$$c_1=\underset{c_k}{\mathrm{argmin}}E\{(b_k-(c_k,y))^2\}$$

输出的决策统计量为 $\hat{b}=\mathrm{sgn}(\langle c_k,y\rangle)$。

若令 $b=[b_1,\cdots,b_k]^{\mathrm{T}}$，并令 $K\times K$ 矩阵 $M=[m_1,\cdots,m_k]$表示 K 个用户的线性检测

器，则 MMSE 线性检测器的问题也等价为：MMSE 准则下求最佳矩阵 M，使均方差定义的代价函数最小化。

$$J(M)=E\{\|b-M_y\|^2\}$$

计算误差向量的协方差矩阵，得：

$$\begin{aligned}\mathrm{cov}(b-My)&=E\{(b-My)(b-My)^{\mathrm{T}}\}\\&=E\{bb^{\mathrm{T}}\}-E\{by^{\mathrm{T}}\}M^{\mathrm{T}}-ME\{yb^{\mathrm{T}}\}+ME\{yy^{\mathrm{T}}\}M^{\mathrm{T}}\end{aligned}$$

注意到噪声和字符数据不相干，易得：

$$E\{bb^{\mathrm{T}}\}=I$$

$$E\{by^{\mathrm{T}}\}=E\{bb^{\mathrm{T}}AR\}=AR$$

$$E\{yb^{\mathrm{T}}\}=E\{RAbb^{\mathrm{T}}\}=RA$$

$$E\{yy^{\mathrm{T}}\}=E\{RAbb^{\mathrm{T}}AR\}+E\{nn^{\mathrm{T}}\}=RA^2R+\sigma^2R$$

利用了 $E\{b_k^2\}=1$ 的假设。

可将误差向量的协方差矩阵表示为：

$$\mathrm{cov}(b-My)=I+M(RA^2R+\sigma^2)M^{\mathrm{T}}-ARM^{\mathrm{T}}-MRA$$

由于

$$\min\{\|x\|^2\}=\min\{tr(xx^{\mathrm{T}})\}$$

故有

$$\min J(M)=\min\{tr[\mathrm{cov}(b-My)]\}$$

令$\dfrac{\mathrm{d}}{\mathrm{d}M}tr[\mathrm{cov}(b-My)]=0$，可得：

$$M_{\mathrm{MMSE}}(RA^2R+\sigma^2R)=AR$$

假设矩阵 R 非奇异，简化为：

$$M_{\mathrm{MMSE}}(RA^2+\sigma^2I)=A$$

令 $G=RA^2=ARA$，得到 $MMSE$ 估计器为：

$$M_{\mathrm{MMSE}}=A(G+\sigma^2I)^{-1}$$

MMSE 检测器为：

$$\hat{b}_k=\mathrm{sgn}[(M_{\mathrm{MMSE}}y)_k]=\mathrm{sgn}(A_k([G+\sigma^2I]^{-1}y)_k)=\mathrm{sgn}(([G+\sigma^2]^{-1}y)_k)$$

图 11-16 所示为同步信道的 MMSE 线性检测器的方框图。

事实上，MMSE 检测器也可写作另外一种形式。可得到 MMSE 估计器的第二种表达形式：

$$M_{\mathrm{MMSE}}=A^{-1}(R+\sigma^2A^{-2})^{-1}$$

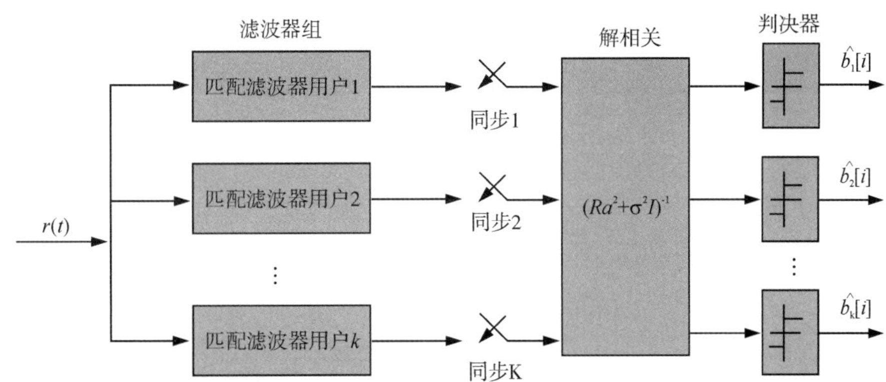

图 11-16　同步信道的 MMSE 线性检测器

MMSE 检测器的第二种形式为：

$$\hat{b}_k=\operatorname{sgn}[(M_{\mathrm{MMSE}}y)_k]=\operatorname{sgn}(\frac{1}{A_k}([R+\sigma^2A^{-2}]^{-1}y)_k)=\operatorname{sgn}(([R+\sigma^2A^{-2}]^{-1}y)_k)$$

MMSE 多用户检测器的第一种形式便于自适应实现，第二种形式则方便与解相关检测器进行比较。显而易见，若所有赋值 A_k 固定，并且令 $\sigma\to0$，则有：

$$(R+\sigma^2A^{-2})^{-1}\to R^{-1}$$

即，此时 MMSE 检测器收敛为解相关器。

在推导 MMSE 问题的解的过程中，并没有假定加性噪声是高斯白噪声，也没有使用发射字符为二进制数值的事实，只要以下两个条件：(a)不同用户的发射字符是不相关的；(b)$E\{b_k^2\}=1$。假设(b)其实不算一种限制条件，因为我们可以把 $E\{b_k^2\}$ 的非 1 因子归并到 A_k 中。MMSE 问题也可以用另一种数学公式描述，即定义代价函数为：

$$J(M)=E\{\|Ab-My\|^2\}$$

同步信道的 MMSE 检测器很容易推广到非同步的情况：非同步 MMSE 检测器是一个 K 输入和 K 输出的线性时不变滤波器，其传递函数矩阵为：

$$M(z)=(R^{\mathrm{T}}[1]_z+R[0]+\sigma^2A^{-2}+R[1]z^{-1})^{-1}$$

直接得到非同步信道的 MMSE 线性检测器。

(1)最佳接收机

考虑图 11-17 同步 CDMA 的最佳多用户检测接收机结构，对于第 k 个用户的一个信息序列(长为 N)：$x_k=[x_k(0),x_k(1),\cdots L\cdots,x_k(N-1)]^{\mathrm{T}}$。

考虑任一个符号区间(如：第一个区间内，$0\leqslant t\leqslant T$)符号的接收过程：

$$u_k(t)=x_k(0)\cdot c_k(0)\cdot s_k(t)\quad 0\leqslant t\leqslant T$$

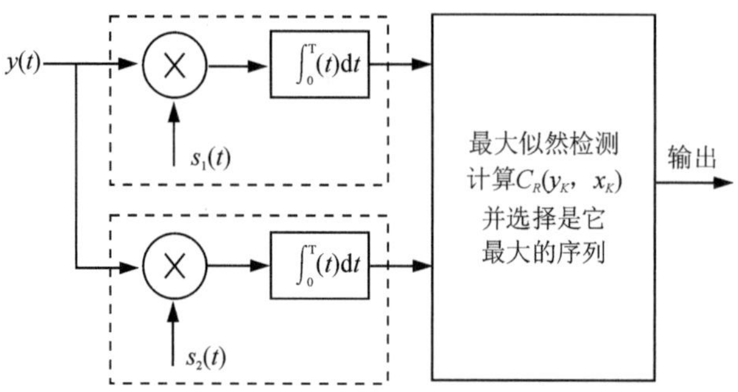

图 11-17　同步 CDMA 的最佳多用户检测接收机结构

$$y(t)=\sum_{k=1}^{K}u_k(t)+z(t)$$

最佳的最大似然函数接收机计算下面的对数似然函数：

$$\ln\left\{p\left[y(t)\left|\sum_{k=1}^{K}u_k(t)\right.\right]\right\}\rightarrow\Lambda(x)=-\int_0^T\left[y(t)-\sum_{k=1}^{K}u_k(t)\right]^2\mathrm{d}t$$

并选择信息序列$\{x_k(0),1\leqslant k\leqslant K\}$是使 $\Lambda(x)$最大。其中：

$$\Lambda(x)=-\left\{\int_0^T y^2(t)-2\sum_{k=1}^{K}x_k(0)c_k(0)\int_0^T y(t)s_k(t)\right.$$
$$\left.+\sum_{j=1}^{K}\sum_{k=1}^{K}x_j(0)x_k(0)c_j(0)c_k(0)\int_0^T s_k(t)s_j(t)\right\}$$

令 $y_k=\int_0^T y(t)s_k(t)\mathrm{d}t,R_{jk}(0)=\int_0^T s_k(t)s_j(t)\mathrm{d}t$

因上式右边第一项对所有可能的序列都是一样的，所以使 $\Lambda(x)$最大就变成使下式最大：

$$C_R(y_k,x_k)=2\sum_{k=1}^{K}x_k(0)c_k(0)y_k-\sum_{j=1}^{K}\sum_{k=1}^{K}x_j(0)x_k(0)c_j(0)c_k(0)R_{jk}(0)$$

设：$y_K=[y_1\quad y_2\quad \mathrm{L}\quad y_K]^{\mathrm{T}},x_K=[x_1(0)\quad x_2(0)\quad \mathrm{L}\quad x_K(0)]^{\mathrm{T}}$

有 $C_R(y_K,x_K)=2y^{\mathrm{T}}Cx_K-x_KCRCx_K$

即得 $\hat{x}_K=\arg\{\max\limits_{x_k\in(-1,+1)^K}[2y^{\mathrm{T}}Cx_K-x_K^{\mathrm{T}}CRCx_K]\}$

其中 C 是 $K\times K$ 的信道矩阵，因此，对于同步 CDMA 系统，需要在 $2K$ 个可能的比特组合中寻找使上式最大的序列。

(2)多级检测算法

如图 11-18 所示，由第一级(匹配滤波)得到的判决是：$x_k'(1)=\mathrm{sgn}[y_k],k=1,2$

第 n 级：第 n 级将利用第 $n-1$ 级的判决结果来消除多址干扰：

$$x_k'(n)=\arg\{\max_{\substack{x_k\{-1,+1\}\\ x_l=x_l(n-1),l\neq k}}[2y^{\mathrm{T}}Cx_k-x_k^{\mathrm{T}}CRCx_k]\}$$

如果只有两级，则第二级的判决为：

$$x_1'(2)=\mathrm{sgn}[y_1-rc_2x_2'(1)]$$

$$x_2'(2)=\mathrm{sgn}[y_2-rc_1x_1'(1)]$$

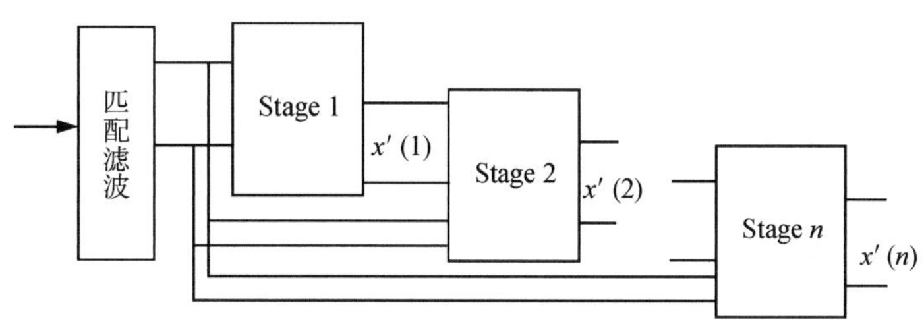

图 11-18　多级检测算法框图

其判决的性能取决于两路信号的相对信号强度。

(3)判决反馈检测(Decision Feedback Detection:DFD)算法

判决反馈检测(DFD)算法包括两个矩阵变换：前向滤波器和反馈滤波器。$R=F^{\mathrm{T}}F$，白化滤波器$\{(F^{\mathrm{T}})^{-1}\}$产生一个下三角的 MAI 矩阵。此算法性能类似于解相关算法。信号最强的用户没有多址干扰或多址干扰很小，可以先解调。判决反馈检测(DFD)算法的结构如图 11-19 所示。

$$\left.\begin{aligned}y&=RCx+z\\ y&=FCx+z_w\end{aligned}\right\}\Rightarrow\hat{x}_k=\mathrm{sgn}\left[C_c^*(\tilde{y}_k-\sum_{i=1}^{k-1}f_{ki}C_i\hat{x}_i)\right],k=2,\cdots,K$$

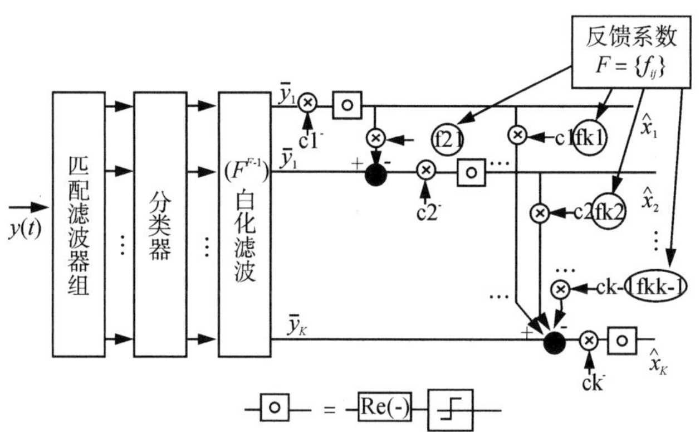

图 11-19　同步解相关判决反馈检测器

图 11-20 描述了在有效带宽异步 4 用户系统中 DFD 的性能，其中用户的特征波形从长度 7 的 Gold 序列推导得出。并且比较了传统的检测器，解相关检测器，判决反馈检测

器，多级检测器，最弱信号用户错误概率随信噪比的变化。从图中可以看出对于 2 级 *DF*（第一级为传统方式）检测器是干扰受限的，并且不论远地点还是近地点，判决反馈和 2 级 *DF*（第一级为解相关）检测器的错误概率都较低。

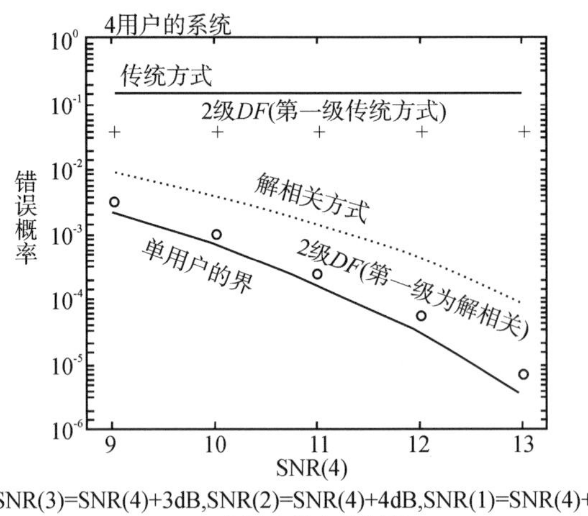

图 11-20　在 4 用户系统中错误概率随信噪比的变化

（4）并行干扰消除算法

并行干扰消除算法的检测器第一级如图 11-21 所示，其中假设采用硬判决。初始的比特估计 $\hat{x}_i(1)$，从匹配滤波器中得出，被称为 0 级检测器。这些比特再经过振幅估计和扩展，产生每一个用户接收信号的时延估计 $\hat{x}_K(t-T_b)$。部分求和就是合并每一路输出中除一路输入信号的所有信号，产生每一个用户的完整的 MAI 估计。然后经过第二组匹配滤波器产生新的、更好的的数据估计。

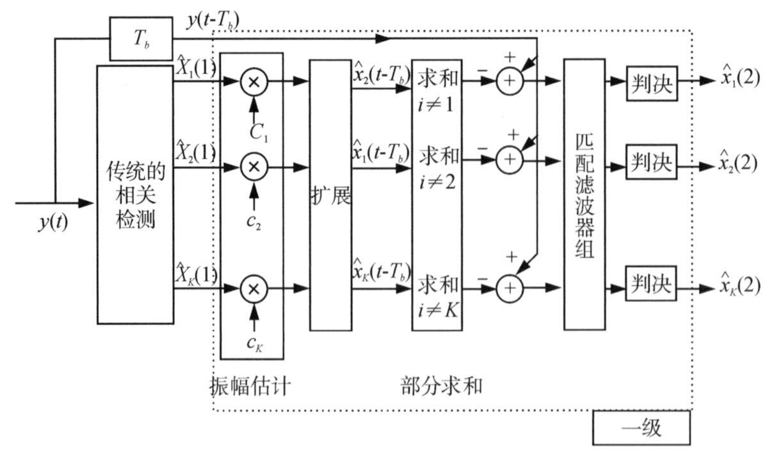

图 11-21　并行干扰消除算法检测器(一级)框图

(5)MUD 的性能

当所有的用户接收的信号等强度(理想功率控制),并行干扰抵消的性能优于串行干扰抵消,如图 11-22 所示。但当接收的信号强度不同时(在实际中很重要),串行干扰抵消的性能优于并行干扰抵消,如图 11-23 所示。并从两幅图中可以看出,串行干扰抵消和并行干扰抵消优于传统的检测器。

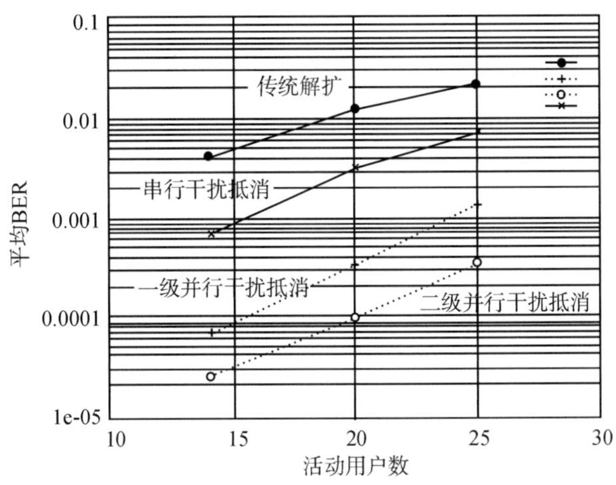

图 11-22　在理想功控下平均 BER 随活动用户的变化

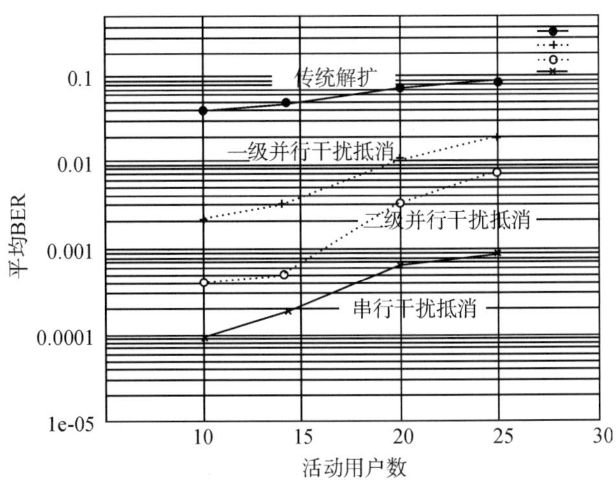

图 11-23　在瑞利衰落下平均 BER 随活动用户的变化

MUD 在实际应用中存在下列问题:(1)处理的复杂性;(2)处理时延;(3)灵敏度和鲁棒性。

此外 MUD 的也存在下列局限:(1)蜂窝系统容量的扩展性不大,但是却很重要(2.8x 上行带宽 upper bound);(2)仅仅是上行链路的容量增加不一定能带来同等的系统总体容量的增加；(3)使用 MUD 的开销必须尽可能的小，因此就存在开销和性能之间的权衡问题。

(6)减轻 MAI 的影响

编码波形设计——这一方法的目的是使得设计出来的扩频码具有好的互相关特性。理想的情况下，如果码字都是正交的，则有$\rho_{i,j}=0$，这时系统不受 MAI 的影响。

但是，由于实际中大部分信道都有某种程度的不同步性，因此想要设计出通过所有可能的延迟都能保持正交性的码字是不可能的。所以我们寻找近似(准)正交的码字来代替，也就是说，这种码字有尽可能小的互相关系数。

功率控制——使用功率控制能保证所有用户的信号都以近似相等的功率(幅度)到达接收端，因此每个用户和其余用户相比都是平等的。

例如：在 IS－95 标准中，移动台用两种方法调整它们的功率。一种方法是移动台根据它们从基站接收到的信号的功率大小成反比例地调整它们的传输功率(开环功率控制)。另一种方法是基站根据从移动台接收到的信号功率大小，发送功率控制指令到移动台(闭环功率控制)。

FEC 编码——设计更加有效的前向纠错编码(FEC)可以使在更低的信号干扰比的情况下达到可以接受的误码率。

扇形/自适应天线——使用定向天线，这种天线能够将很窄的接收角度范围对准接收方向。因此，有用信号和一些 MAI 被放大(通过天线增益)，同时来自旁瓣方向的干扰信号被削弱。如图 11-24 所示。

天线的方向可以固定或者动态的调整。后一种情况中，利用自适应信号处理调整天线的主瓣方向和需要接收的用户方向一致。

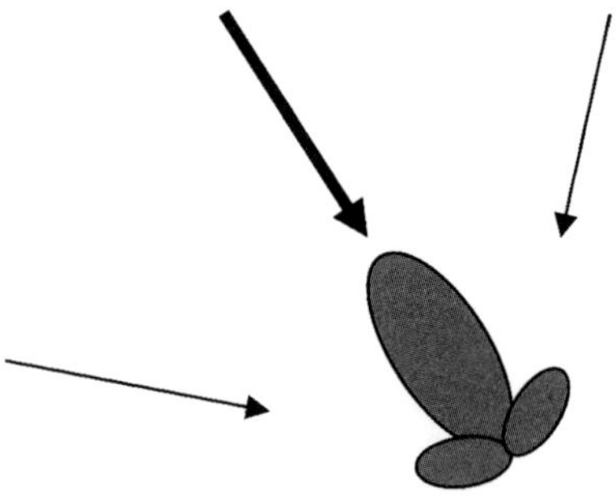

图 11-24 自适应天线

(7)支持向量机多用户检测

根据结构风险最小化原理，Vapnik 提出了一种名为支持向量机的分类新方法，它是一种有监督的分类方法。不失一般性，下面就二分问题讨论支持向量分类方法，因为任何一个复杂的分类问题都可以简化为若干个二分问题的组合。在二分问题中，我们的目标是根据可以利用的数据(常称学习例子、学习样本)，寻找一个函数，将这些已知数据分成两类，为此，需要设计一个分类器，并要求对数据(测试样本)也能正确分类，即分类器具有很好的推广能力。

考虑下面的二分问题：已知训练向量：

$$(y_1, x_1), \cdots, (y_l, x_l), x_i \in R^n, y_i \in \{-1, +1\}, i \in \{1, \cdots, l\}$$

用一超平面：

$$\sum_i w_i x_i + b = 0 \text{ 或 } w^{\mathrm{T}} x + b = 0$$

将 $y_1, \cdots y_L$ 分为两类。显然，不同的超平面会得到不同的分类。自然地，我们希望训练向量能够被超平面最佳分离。所谓最佳分离，定性的讲，就是能够把两类最大程度地分开，而不是刚好(或勉强)分开；定量地讲，即是指推广能力最强，即训练向量与超平面之间的距离为最大。在分类问题中，我们常把某一类向量距超平面的最小距离称作(该类的)变矩。因此，我们希望最佳分类器具有最大的变距。

考虑图 11-25 所示的例子，这里有很多种线性分类器都能够将这些数据分离成两类。但是只有一种分离超平面(图中为粗的直线)使边距最大。容易看出，其他三种线性分类器都是恰好把两类分开，它们的边距都很小。这意味着这三个分类器的推广能力比较差，因为两类中的数据若有扰动，则有些受扰动的数据点很容易被这三个分类器错误地分到另外一类去。

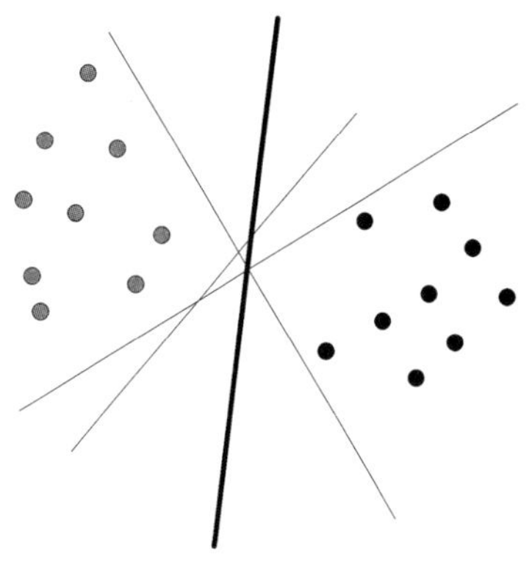

图 11-25　几种线性分类器

不是一般性，下面考虑典范超平面，即超平面参数 w 和 b 满足约束条件：对某个向量 x_i

$$\min | x_i^{\mathrm{T}} w + b | = 1$$

这一关于分类器参数的约束条件对于简化二分问题的公式是非常有用的。

一个典范形式的分离器超平面必然满足下面的约束关系：

$$y_i (w^{\mathrm{T}} x_i + b) \geqslant 1, \quad i = 1, \cdots, L$$

在 n 维空间 R^n 中，超平面外的点 x 到超平面(w, b)的距离有：

$$d(w, b, x) = \frac{| w^{\mathrm{T}} x + b |}{\| w \|}$$

度量，此时，超平面的边距为：

$$\begin{aligned}
\rho(w, b) &= \min_{\{x_i : y_i = +1\}} d(w, b; x_i) + \min_{\{x_j : y_j = -1\}} d(w, b; x_j) \\
&= \min_{\{x_i : y_i = +1\}} \frac{| w^{\mathrm{T}} x_i + b |}{\| w \|} + \min_{\{x_j : y_j = -1\}} \frac{| w^{\mathrm{T}} x_j + b |}{\| w \|} \\
&= \frac{1}{\| w \|} \left(\min_{\{x_i : y_i = +1\}} | w^{\mathrm{T}} x_i + b | + \min_{\{x_j : y_j = -1\}} | w^{\mathrm{T}} x_j + b | \right) \\
&= \frac{2}{\| w \|}
\end{aligned}$$

最佳超平面(w,b)由边矩$\rho(w,b)$最大的参数w和b确定。使边矩最大也就是使$\phi(\omega)=\frac{1}{2}\|\omega\|^2$达到最小。因此，我们可以用文字来叙述典范超平面定义的涵义：权向量ω的范数应该等于数据集合中最近的点到超平面的距离的倒数。显然，范数最小的权向量ω确定出超平面即是最佳分离超平面。

记$\mu=[\mu_1,\cdots,\mu_L]$，并定义目标函数：

$$L(\omega,b,\mu)=\frac{1}{2}\|\omega\|^2-\sum_{i=1}^{l}\mu_i[(\omega^{\mathrm{T}}x_i+b)y_i-1]$$

式中$\mu\geqslant0(i=1,\cdots,L)$为 Lagrange 乘子。Largrange 乘子法就是使目标函数相对于ω,b最小化，并相对于$\mu_i\geqslant0$最大。根据经典的 Largrange 乘子法的对偶性，Largrange 乘子法的原问题可以转换为对偶问题求解，而对偶问题更容易求解。具体而言，若将ω和b视为 Largrange 乘子，μ视作一代求的最大化变量，则等价写作下面的对偶问题：

$$\max_{\mu}J(\mu)=\max_{\mu}[\min_{\omega,b}L(\omega,b,\mu)]$$

由于目标函数L相对于ω和b的最小化变量由：

$$\frac{\partial L}{\partial b}=0\Rightarrow\sum_{i=l}^{L}\mu_i y_i=0$$

$$\frac{\partial L}{\partial\omega}=0\Rightarrow\omega=\sum_{i=l}^{L}\mu_i x_i y_i$$

给出，故对偶的最大化问题又可写作：

$$\max_{\mu_1,\cdots,\mu_L}J(\mu_1,\cdots,\mu_L)=\max_{\mu_1,\cdots,\mu_L}\left[\frac{1}{2}\sum_{i=l}^{L}\sum_{j=l}^{L}\mu_i\mu_j y_i y_j(\omega_i^{\mathrm{T}}x_j)+\sum_{i=l}^{L}\mu_i\right]$$

即寻找服从约束条件：

$$\sum_{i=1}^{L}\mu_i y_i=0,0\leqslant\mu_i\leqslant C_i,i=1,\cdots,L$$

$$[\mu_1,\cdots,\mu_L]=\arg\min_{\mu}\left[\frac{1}{2}\sum_{i=l}^{L}\sum_{j=l}^{L}\mu_i\mu_j y_i y_j(\omega_i^{\mathrm{T}})+\sum_{i=l}^{L}\mu_i\right]$$

求解具有约束条件的优化问题，得到对偶问题的 Langrange 乘子：

$$\omega=\sum_{i=1}^{L}\mu_i x_i y_i$$

$$b=-\frac{1}{2}\omega^{\mathrm{T}}(x_r+x_s)$$

他们给出最佳分离超平面，上式中，x_r和x_s是每一类的支持向量，并满足：

$$\mu_r>0,y_r=1\text{ 和 }\mu_s>0,y_s=-1$$

支持向量机具有下列有用性质：(1)构造支持向量机的优化问题具有唯一的解；(2)构造支持向量机的学习过程是相当快的；(3)在构造判决规则的同时，可以得到支持向量机的集合；(4)只需改变核函数，即可得到新的判决函数集合。

分类器即多用户检测器由下式给出：

$$f(x)=\mathrm{sgn}(\omega^{\mathrm{T}}x+b)$$

思考题

1. TDMA，FDMA，CDMA 之间有什么不同？

2. CDD 最基本的要求是什么？比较 CDD、TDD 和 FDD。

3. 什么样的智能码设计方法可以大幅度的增加 CDMA 系统的容量？

4. 什么是软容量？

5. 扩频通信和跳频通信的区别？

习题

1. 多用户检测的基本原理是什么？最大程度能增加多少系统容量？

2. 并行干扰抵消和串行干扰抵消之间的区别是什么？

3. 试给出 $r=5$ 的两个不同的 m 序列产生器，并求出它们的互相关函数。

4. 如何计算单小区和多小区情况下的 DS CDMA 系统中每小区的用户容量？如果将扩频增益 G 从 100 增加到 1000，用户容量可以增加多少倍？频谱效率可以增加多少倍？为什么？

第 12 章　B5G 异构数字蜂窝通信系统

12.1　1G—5G 蜂窝通信系统演进

1. 第一代移动通信系统(1G)

第 1 代移动通信系统(1G)是模拟式通信系统,是基于模拟信号技术的,模拟式是代表在无线传输采用模拟式的 FM 调制,将介于 300Hz 到 3400Hz 的语音转换到高频的载波频率 MHz 上。与我们现在使用的数字移动通信技术大不相同。在 1G 时代,最核心的多址接入技术就是频分多址接入(FDMA)。FDMA 的工作原理是将整个通信频带分割成多个较小的频带或通道,每一个通道对应一个特定的频率。这样,多个用户可以在不同的频率通道上同时进行通信,每个用户都有一个独立的频率资源,从而实现多用户接入。

由于是基于模拟技术,1G 移动通信系统主要支持语音通信,而不支持数据通信。这意味着用户不能发送短消息、上网或使用其他数据服务。因此,1G 系统更像是一个无线的模拟电话系统。首先,由于使用模拟技术,它的通信质量受到各种因素的影响,如电磁干扰、多径效应等。此外,模拟系统的安全性也相对较低,容易受到窃听和干扰。再者,1G 系统的频率资源利用效率较低,只能支持有限的用户接入。

1G 系统在上世纪 70 和 80 年代仍然得到了广泛的应用和普及。其中,美国的 AMPS(Advanced Mobile Phone System)和欧洲的 NMT(Nordic Mobile Telephone)是最知名的 1G 系统标准。它们在当时为用户提供了前所未有的移动通信体验,为后来的 2G、3G、4G 甚至 5G 技术的发展奠定了基础。第一代移动通信系统(1G)是移动通信历史上的一个里程碑,为后续的数字移动通信技术打下了基础。

2. 第二代移动通信系统(2G)

第二代移动通信系统(2G)为移动通信领域带来了数字化的革命。与 1G 系统的模拟信号不同,2G 系统使用数字信号,大大提高了语音质量,降低了干扰,并增强了安全性。在 2G 时代,两种主要的多址接入技术分别是时分多址接入(TDMA)和码分多址接入(CDMA)。

TDMA(时分多址接入):TDMA 将每个通信频道分为若干时间片,每个用户在一个固定的时间片内进行通信。这意味着在一个频道上,多个用户可以按时间先后进行通信。这种方式大大提高了频率资源的使用效率。GSM(全球移动通信系统)是最广泛使用 TDMA 技术的 2G 标准。

CDMA(码分多址接入):不同于 TDMA,CDMA 使用一种特殊的编码技术,允许多个用户在同一时间和同一频率上进行通信。每个用户都有一个唯一的编码,这使得接收端可以从混合信号中分辨出特定用户的通信内容。IS－95 是最早采用 CDMA 技术的 2G 标准。

除了上述的多址接入技术,2G 系统还带来了许多其他关键技术和创新:数字语音编解码:数字化的语音传输需要对语音信号进行编解码。2G 系统引入了高效的编解码技术,如 GSM 的 EFR(增强型全速率)编解码器,提供了更好的语音质量和更低的误码率。短消息服务(SMS):2G 时代引入了短消息服务,用户可以发送和接收文本消息,这成为了移动通信的一个非常受欢迎的功能。

初步的数据通信:虽然 2G 主要为语音通信设计,但它也提供了基本的数据通信服务,如 GSM 的 GPRS(通用分组无线服务)和 EDGE(增强型数据速率为 GSM 进化),提供了较低速的移动互联网访问。2G 技术不仅提供了更好的语音质量,还为用户提供了前所未有的移动数据服务。这些技术和服务都为后续的 3G 和 4G 技术奠定了基础。

总体而言,第二代移动通信系统在技术和商业上都取得了巨大的成功。它不仅为用户提供了高质量的语音通信服务,还开启了移动数据通信的新纪元。

3. 第三代移动通信系统(3G)

随着技术的进步和用户需求的增长,第三代移动通信系统(3G)应运而生,旨在提供更高的数据传输速率和更多的多媒体服务。与 2G 相比,3G 的最大特点是能够支持宽带互联网接入,从而为用户提供各种新的应用和服务。

国际电信联盟(ITU)发布了官方第 3 代移动通信(3G)标准 IMT－2000(国际移动通信 2000 标准)。3G 存在四种标准式,分别是 CDMA2000,WCDMA,TD－SCDMA,WiMAX。3G 服务能够同时传送声音及数据信息,速率一般在几百 kbps 以上。3G 是指将无线通信与国际互联网等多媒体通信结合的新一代移动通信系统，在3G的众多标准之中，CDMA这个字眼曝光率最高，CDMA(码分多址)是第三代移动通信系统的技术基础。

在多址接入技术方面主要为W－CDMA和CDMA2000，W－CDMA(宽带码分多址接入)：W－CDMA是3GPP(第三代合作伙伴计划)制定的UMTS(通用移动通信系统)的核心技术。它使用了更宽的频带(5MHz)来提供更高的数据传输速率。W－CDMA可以支持多种数据速率，从数百Kbps到数Mbps，从而适应各种应用的需求。CDMA2000：这是另一个3G标准，由3GPP2制定。它是基于2G的IS－95标准发展而来的。与W－CDMA相比，CDMA2000采用了多个1.25MHz的频带来实现高速数据传输。CDMA2000包括几个版本，如1xRTT、1xEV－DO等，提供不同的数据速率。

3G技术的引入还带来了以下关键技术和特点：高速数据传输：3G系统设计为支持高速数据通信，从而使得视频通话、流媒体和高速互联网接入成为可能。多媒体服务：由于高速数据能力，3G支持多种多媒体服务，如视频通话、流媒体音乐和视频等。全球漫游能力：3G系统的设计考虑了全球互通和漫游能力，使得用户可以在不同的国家和地区使用自己的手机。增强的安全性：3G引入了更为先进的安全技术，包括加密、身份验证等，以保障用户的通信安全。

尽管3G技术在推出时备受期待，但其初期部署和普及过程中也面临了一些挑战，如频谱分配、设备成本等。但随着技术的成熟和经济规模的实现，3G逐渐成为全球范围内的主流移动通信技术。总的来说，第三代移动通信系统在移动通信领域开创了新纪元，为用户提供了高速的数据通信和多种多媒体服务。它不仅满足了用户的基本通信需求，还为移动互联网、社交媒体和其他应用提供了强大的支持。

4. 第四代移动通信系统(4G)

4G包括TD－LTE和FDD－LTE两种制式，是集3G与WLAN于一体，并能够快速传输数据、高质量、音频、视频和图像。4G能够以100Mbps以上的速度下载，并能够满足几乎所有用户对于无线服务的要求。

4G移动系统网络结构：物理网络层、中间环境层、应用网络层，物理网络层提供接入和路由选择功能，它们由无线和核心网的结合完成。中间环境层的功能有QoS映射、地址变换和完全性管理等。物理网络层与中间环境层及其应用环境之间的接口是开放的，它使发展和提供新的应用及服务变得更为容易，提供无缝高数据率的无线服务，并运行于多个频带。

4G作为3G的下一代通信网络，实际上，4G在开始阶段也是由众多自主技术提供商和电信运营商合力推出的，技术和效果也参差不齐。后来，ITU(国际电信联盟)重新定义了4G的标准——符合100Mbps/s传输数据的速度。达到这个标准的通信技术，理论上都可以称之为4G。

第四代移动通信系统的关键技术包含信道传输；抗干扰性强的高速接入技术、调制和信息传输技术；高性能、小型化和低成本的自适应阵列智能天线；大容量、低成本的无线接口和光接口；系统管理资源；软件无线电、网络结构协议等。

5. 5G引领物联网规模商用，5G开启万物互联之门

1G主要解决语音通信的问题，2G可支持窄带的分组数据通信，最高理论速率为236kbps，3G在2G的基础上，发展了诸如图像、音乐、视频流的高带宽多媒体通信，4G是专为移动互联网而设计的通信技术从网速、容量、稳定性上都有极大的提升，那么，5G将为我们带来什么？

4.5G是4G的全方位平滑演进，可以在现有4G上通过软件升级或增加一定硬件来实现，4.5G定位于未来五年出现的新终端、新业务、新体验，是5G的先行者，可提供XGbps大容量、10ms低时延和＞300亿连接数。基于SOMA、256QAM、Massive MIMO等关键技术提供xGbps高容量；基于Cloud EPC及Shorter TTI特性缩短时延到10ms；通过LTE－M提供小带宽满足物联网300亿＋接入用户数：(1)通过引入新的无线传输技术将资源利用率在4G的基础上提高10倍以上；(2)通过引入新的体系结构(如超密集小区结构等)和更加深度的智能化能力将整个系统的吞吐率提高25倍左右；(3)进一步挖掘新的频率资源(如高频段、毫米波与可见光等)，使未来无线移动通信的频率资源扩展4倍左右。

5G不仅仅是一次技术升级，它将为我们搭建一个广阔的技术平台，催生无数新应用、新产业。5G将成为全联接世界和未来信息社会的重要基础设施和关键使能者。5G通过系列关键新技术可提供10Gbps超大容量、端到端1ms超低时延、1000亿海量连接。

革命性技术：全双工技术、Massive MIMO多天线(＞128×128)、高阶频段（30G－100GHz)提供高达10Gbps容量。采用0.1ms TTI将时延降低到1ms，可变带宽子载波支持连接数1000亿以上，应对未来10年ICT行业巨大变化，实现万物互联。

4G与5G的应用场景如图12-1所示，4G主要包含人与人互联、高清视频、简单物联网、车联网；4.5G主要包含物联网、4K超高清视频、物联网、车联网；5G万物互联包含全息视频、虚拟现实、自动驾驶、物联网、车联网、智能家居、穿戴式设备等应用。

5G网络的关键技术包含有毫米波、小基站、空分复用、波束成形、智能天线、大规模MIMO、云RAM、空中接口&SDN、异构网络HetNets、D2D&M2M。

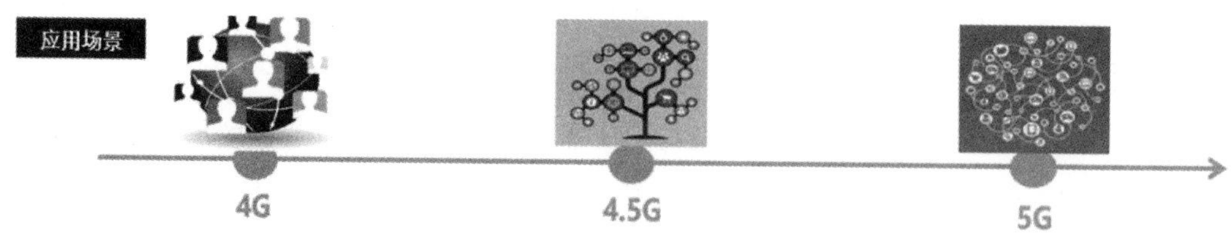

图 12-1　4G、4.5G 和 5G 的应用场景图

12.2　5G 数字通信系统

5G 是面向 2020 年以后移动通信需求而发展的新一代移动通信系统。根据移动通信的发展规律，5G 将具有超高的频谱利用率和能效，在传输速率和资源利用率等方面较 4G 移动通信提高一个量级或更高，其无线覆盖性能、传输时延、系统安全和用户体验也将得到显著的提高。5G 移动通信将与其他无线移动通信技术密切结合，构成新一代无所不在的移动信息网络，满足未来 10 年移动互联网流量增加 1000 倍的发展需求。5G 移动通信系统的应用领域也将进一步扩展，对海量传感设备及机器与机器（M2M）通信的支撑能力将成为系统设计的重要指标之一。未来 5G 系统还须具备充分的灵活性，具有网络自感知、自调整等智能化能力，以应对未来移动信息社会难以预计的快速变化。

随着数据流量的不断增长和智能终端的普及，第四代移动通信网络(4G)在容量、速度、频谱等方面都无法满足需求。因此，第五代移动通信网络(5G)应运而生。根据行业和学术界的不同研究计划，5G 系统的 8 个主要要求：1)实际网络中 1－10GBps 的数据速率：这几乎是传统 LTE 网络的理论峰值数据速率 150Mbps 的 10 倍；2)1ms 往返行程延迟：从 4G 的 10ms 往返时间减少近 10 倍；3)单位面积中的高带宽：需要在特定区域中使具有更高带宽的大量连接的设备具有更长的持续时间；4)大量的连接设备：为了实现物联网的愿景，新兴的 5G 网络需要提供连接到成千上万的设备；5)99.999%的感知可用性：5G 设想网络应该实际上总是可用的；6)几乎 100%的覆盖“随时随地”连接：5G 无线网络需要确保完全覆盖，而不管用户的位置；7)能源使用量减少近 90%：标准机构已经考虑了绿色技术的发展。这对于高数据速率和 5G 无线的大规模连接将更加重要；8)高电池寿命：器件的功耗降低对新兴的 5G 网络十分重要。5G 无线网络的架构原理如图 12-2 所示。

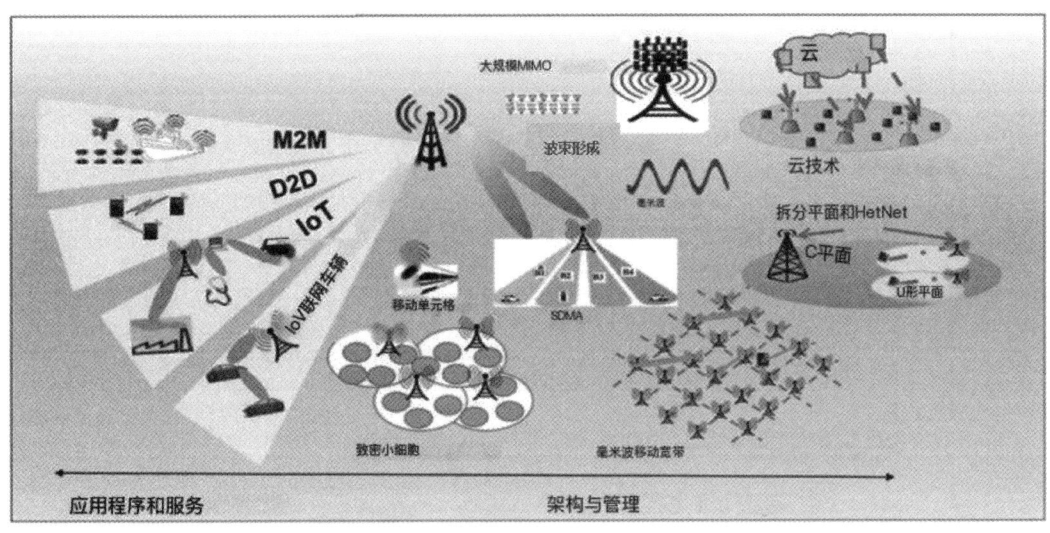

图 12-2　5G 无线网络原理图

1. 毫米波

随着 LTE 频带的扩展，5G 将毫米波频带考虑其中，新兴的毫米波频率提出了许多移动无线通信的新挑战，不同频率特点如表 12-1 所示，4G/5G 频带扩展如图 12-3 所示。主要的挑战是任何标准信道模型的不可用性。对信道行为的技术理解提出了新的架构技术，不同的多址和空中接口的新方法。此外，毫米波频率的生物安全性也在审查。还分析了安全问题的毫米波的非电离和热特性。

表 12-1　频率的选择

名称	符号	频率	波段	波长	主要用途
甚低频	VLF	3—30KHz	超长波	1000km—100km	海岸潜艇通信；远距离通信；超远距离导航
低频	LF	30—300KHz	长波	10km—1km	越洋通信；中距离通信，地下岩层通信；远距离导航
中频	MF	0.3—3MHz	中波	1km—100m	船用通信；业余无线电通信，移动通信，中距离导航
高频	HF	3—30MHz	短波	100m—10m	远距离短波通信；国际定点通信；移动通信
甚高频	VHF	30—300MHz	米波	10m—1m	电离层散射；流星余迹通信；人造电离层通信；对空间飞行体通信；移动通信

续表

名称	符号	频率	波段	波长	主要用途
超高频	UHF	0.3—3GHz	分米波	1m—0.1m	小容量微波中继通信;对流层散射通信;中容量微波通信;移动通信
特高频	SHF	3—30GHz	厘米波	10cm—1cm	大容量微波中继通信,大容量微波中继通信,数字通信,卫星通信,际海事卫星通信
极高频	EHF	30—300GHz	毫米波	10mm—1mm	大气层通信;波导通信

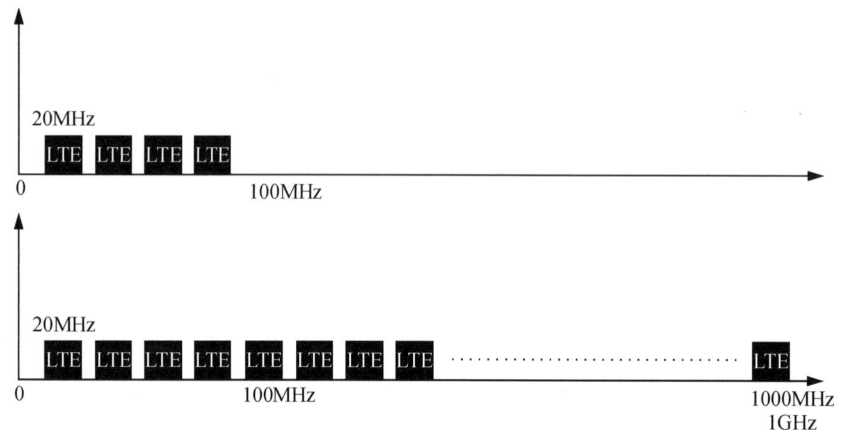

图 12-3　频带的扩展

自由空间损耗公式:LS:32.45＋20×log(f)Mhz＋20×log(d)Km

(1)传播损耗:其中主要考虑毫米波的传输损耗,d 表示发射机—接收机距离,f 是载波频率。在较高频率下损耗突出如图 12-4 所示。然而,只有在特定频率的路径损耗插入两个各向同性天线。较短的波长使得在较小的区域中较小天线的密集封装,从而对未来 5G 网络的各向同性天线的使用提出挑战。与自由空间损失相关的研究工作表明,对于相同的天线孔径面积,与其较长的对应物相比,较短的波长不应该遭受任何主要的缺点。此外,毫米波链路具有非常窄的波束。例如,70 GHz 链路比 18 GHz 链路窄四倍。此外,最近的研究还表明,窄波束定向传输减少了干扰,提高了蜂窝应用的空间复用能力。然而,毫米波束性能取决于许多其他因素,如节点之间的距离、无线电链路余量和多径分集。

(2)穿透和可视通信:对于有效的系统设计,迫切需要理解在不同环境中的毫米波传播。为了理解室内和室外环境中的传播特性,就必须确定传播信号在一般结构、树叶和人类周围的传播行为。理解在不同环境下的毫米波的衍射,穿透,散射和反射,为 5G 网络部署奠定了基础。

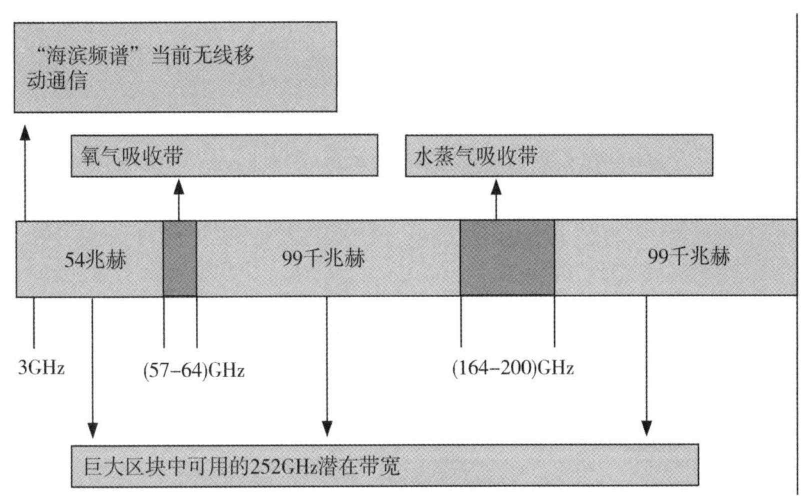

图 12-4　不同频带的衰减

研究团队对信号中断调查和建筑材料反射系数比较，如彩色玻璃，透明玻璃，干墙，门，立方体和金属电梯，普通室外建筑材料对毫米波具有高穿透阻力。此外，室内环境结构，如干墙，白板，杂波和网眼玻璃也被发现影响衰减，多径分量和自由空间路径损耗。室内信道脉冲响应证实，人体对毫米波传播造成了相当大的阻碍。人们的运动产生阴影效应，这可以通过更大的天线波束宽度和角度多样性的引入来减轻。从可用的传播结果，户外毫米波信号大多被确定为室外，很少的信号穿透室内通过玻璃门。室内一室外隔离强调了不同节点对不同覆盖位置的需要。然而，隔离的特性有助于在预期区域中配置能量。

此外，室内和室外交通的分离减轻了与无线电资源分配和发射功率消耗相关的开销。开销通过灵活的聚类，有效的用户选择和自适应反馈压缩进一步显着降低。小型蜂窝结构已经在密集的城市地区部署。因此，在小型小区环境中应用视距传播有望成为毫米波通信的前景。确保 LTE 需要大规模的天线部署，没有任何预定的模式。网络特定的随机部署预计将因情况而异。随机、密集和现场特定可视(LOS)通信的示例图如图 12-5 所示。与 LOS 通信相关的挑战自动需要调查非视线(NLOS)传播和所需的基本支持。

(3)多径和 NLOS：在无线通信中，多径天线中信号接收的影响多于一个路径。通过选择延迟扩展作为验证参数，很好地描述了通道的多径特性。功率延迟特性(PDP)的均方根(RMS)有助于探测毫米波通信中的多径效应，了解多径可能使 NLOS 问题减轻。LOS 链路在动态室外环境中不一定可行。因此，探索部分阻塞 LOS 和 NLOS 链路的可能性是很重要的。测量了平均雨衰，雨中短期信号电平，植被衰减，玻璃和宽带功率延迟分

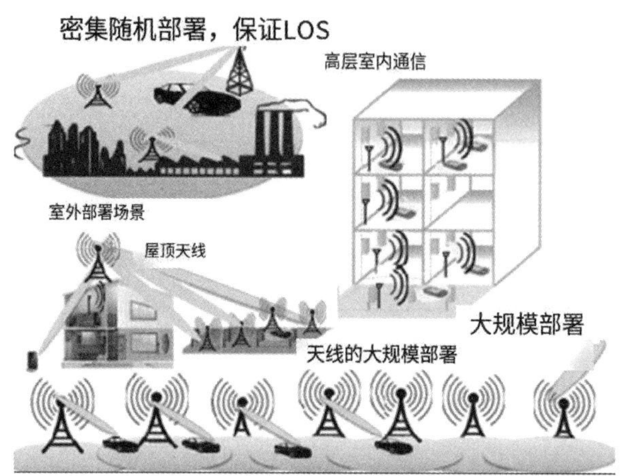

图 12-5　随机,密集和现场特定 LOS 通信的示例图

布。与干燥的天气条件相比,在雨中检测到更多的多径分量。在不同的指向角下的许多多径分量可以用于链路改进。不同表面的反射系数表明阴影区域有合理的信号电平的可能性。还观察到较宽的波束宽度天线给出接收信号的准确估计。另一方面,较小的波束宽度天线具有空间方向性的优点。波束拓宽技术的适当组合探讨了在小区域中变化特性的优点。

此外,天线角度的最佳组合也使系统具有高信噪比和低均方根延迟扩展。在 NLOS 路径中的通信需要均衡器,这引入了高延迟,增加的功耗和低数据速率的新挑战。多径统计的知识有助于设计均衡器和选择调制技术。现有和当前信道统计的适当组合有助于解决大多数 NLOS 传播挑战。在延迟域信道模型,可采用任意放置散射反射信号的点对点扩展。

2. 小基站的提出

毫米波虽然具有很大的带宽,但是却不能穿透建筑等介质(频率越高,就越贴近直线传播),甚至会被植物跟雨水吸收,传播过程中衰减很明显,为了解决这个问题,可以采用微型基站的方法。

目前,信号传输时通过一个大型高功率基站进行传输,为了不被介质影响,所以通过大功率传输覆盖更多的设备。如果是毫米波的话,只要与基站之间有介质阻挡,就接收不到信号,解决方法就是用上千个低功耗小型基站,进行收发信号来代替现在的大型基站。这种技术特别适用于城市,当你被障碍物挡住了信号的时候,手机会自动切换到另一个小基站来保证稳定的连接。但是,如果让运营商在城市中,布置那么庞大数量的小基站,成本过高,可以采用毫米波的移动化,也就是客户端在移动的时候依旧能提供服务,需要波束搜索和波束追踪算法等。

3. 小基站

随着在传统无线频谱中亚毫秒等待时间和带宽限制的要求，准备打破以基站(BS)为中心网络范式。图 12-6 描绘了从基站中心到设备中心网络的变化。

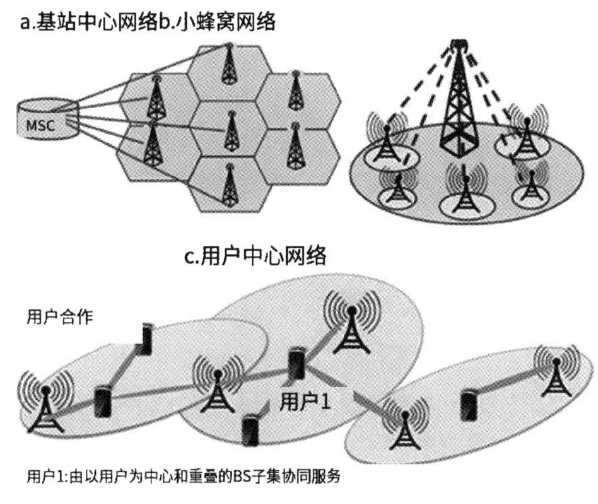

图 12-6　从 BS 中心到设备中心网络的移动图

5G 网络建议使用更高的频率进行通信。在室外环境中，毫米波信号的传播和穿透是相当有限的。因此，节点布局不能遵循传统的蜂窝设计或其他任何定义模式。5G 无线电网络设计的可以根据场地特定节点布局。例如，超密集部署在需要高数据速率的地区是必要的，例如地铁站，商场和办公室。

5G 蜂窝技术需要与大量用户，各种设备和多样化的服务一起工作。因此，主要关注的是 5G BS 与传统蜂窝网络的集成，如毫米波 BS 网格系统，毫米波与 4G 系统和毫米波独立系统集成。大波束成形增益扩展了覆盖范围，同时减少了干扰并提高了小区边缘的链路质量。这个特性使得毫米波 BS 网格可以提供低延迟和成本效益的解决方案。图 12-7 左图为毫米波(5G)和传统 4G 网络的混合系统。它提出了一个双模式调制解调器，使用户能够在两个网络之间切换更好的体验。毫米波频谱也可以仅用于数据通信，而控制和系统信息可以通过使用传统的 4G 网络传输。另一方面，在图 12-7 右图中，独立的 5G 系统仅在毫米波上工作。这样的系统设想对回程和无线接入链路使用相同的毫米波频谱。

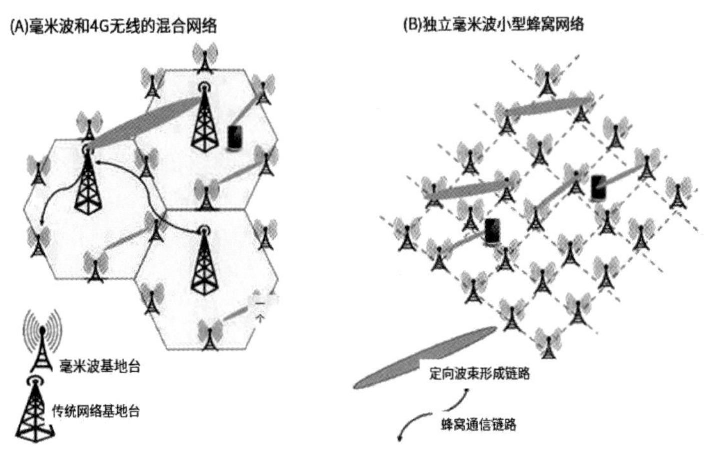

图 12-7　毫米波(5G)和传统 4G 网络的混合系统(左)和独立毫米波小型蜂窝网络图(右)

4. 小天线

毫米波传播的小无线电波长需要小的天线尺寸，这使得能够使用大量较小的天线。使用阵列天线控制信号的相位和幅度有助于增强所需方向的电磁波，同时在所有其他方向消除。这需要引入定向空气界面。图 12-8 所示空中接口从单向传输到定向传输的这种改变。可以通过使用自适应波束成形技术来保证高定向辐射模式，从而引入空分多址(SDMA)。有效的 SDMA 改进了在发射机和接收机的波束成形天线的频率复用。

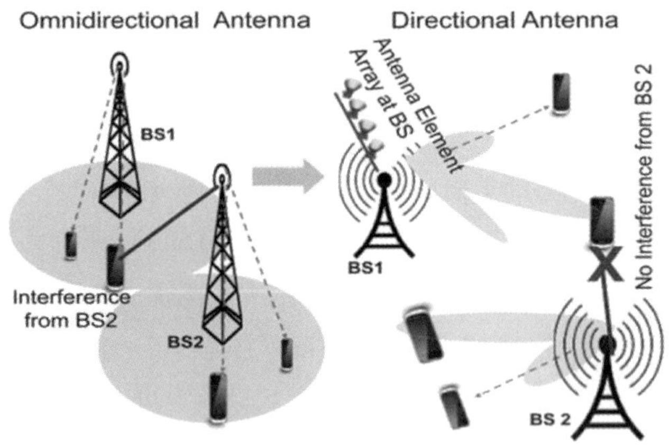

图 12-8　全方向天线、天线元素阵列、方向型的天线图

频谱复用技术：有三种经典的频谱复用方法：即时分复用(典型应用：中国移动 2G)、频分复用(典型应用：中国联通 3G)和码分复用(典型应用：中国联通 3G)。

可以用一个例子来说明时分复用、频分复用和码分复用的区别。在一个屋子里有许多人要彼此进行通话，为了避免相互干扰，可以采用以下方法：(1) 讲话的人按照顺序轮流进行发言(时分复用)；(2) 讲话的人可以同时发言，但每个人说话的音调不同(频分复用)；(3)讲话的人采用不同的语言进行交流，只有懂同一种语言的人才能够相互理解(码分复用)。

当然，这三种方法相互结合，比如不同的人可以按照顺序用不同的语言交流(即中国移动 3G 的 TD－SCDMA)。然而，这三种经典的复用方式都无法充分利用频谱资源，它们要么无法多用户同时间通讯(TDMA)，要么无法使用全部频谱资源(FDMA)，要么需要多比特码元才能传递 1 比特数据(CDMA)。

那么，有没有一种方法可以克服以上多路方式的缺点，让多个用户同时使用全部频谱通讯呢？让我们先来思考一下，如果在一个房间里大家同时用同一种音调同一种语言说话会发生什么？

很显然，在这种情况下会发生互相干扰。这是因为信号会向着四面八方传播，所以一个人会听到多个人说话的声音从而无法有效通讯。但是，如果我们让每个说话的人都用传声筒，让声音只在特定方向传播，这样便不会互相干扰了。

在无线通讯中，也可以设法使电磁波按特定方向传播，从而在不同空间方向的用户可以同时使用全部频谱资源不间断地进行通讯，也即空分复用(space－division multiple access，SDMA)。

SDMA 还有另一重好处，即可以减少信号能量的浪费：当无线信号在空间中向全方向辐射时，只有一小部分信号能量被接收机收到成为有用信号。大部分信号并没有被相应的接收机收到，而是辐射到了其他的接收机成为了干扰信号如图 12-9 所示。

空分复用技术是唯一能够实现频谱效率数倍提升的技术。因为它可以使系统在同一时间、同一频段、同一宏观物理空间上进行多路通信而且互不干扰，让有限的频谱资源得到最大化的利用。

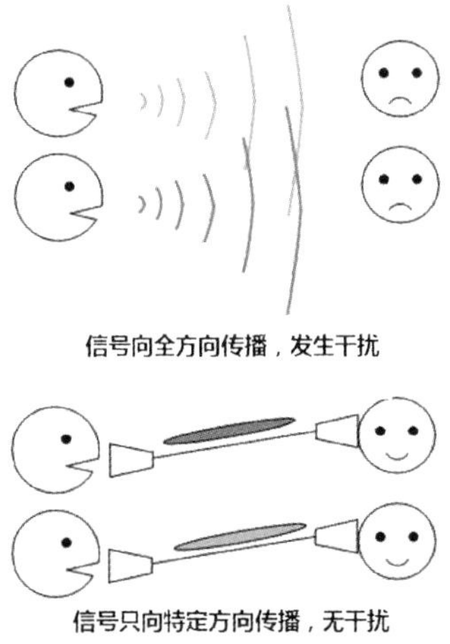

图 12-9　信号传播图

5. 波束成型

波束形成原理：阵列输出选取一个适当的加权向量以补偿各个阵元的传播时延，从而使得在某一个期望方向上阵列输出可以同向叠加，进而使得阵列在该方向上产生一个主瓣波束，并在可以某个方向上对干扰进行一定程度的抑制。自适应波束形成是在某种最优准则下通过自适应算法来实现权重集合寻优，自适应波束形成能适应各种环境的变化，实时的将权重集合调整到最佳位置附近。

“波束”这个词看上去有些陌生，但是“光束”大家一定都很熟悉。当一束光的方向都相同时，就成了光束，类似手电筒发出的光。反之，如果光向四面八方辐射(如电灯泡发出的光)，则不能形成光束。和光束一样，当所有波的传播方向都一致时，即形成了波束。

光束实现很简单，只要用不透明的材料把其他方向的光遮住即可。这是因为可见光近似沿直线传播，衍射能力很弱。然而，在无线通讯系统中，信号以衍射能力很强的电磁波的形式存在，所以无法使用生成光束的方法来实现波束成型，而必须使用其他方法。

无线通讯电磁波的信号能量在发射机由天线辐射进入空气，并在接收端由天线接收。因此，电磁波的辐射方向由天线的特性决定。天线的方向特性可以由辐射方向图(即天线发射的信号在空间不同方向的幅度)来描述。

普通的天线的辐射方向图方向性很弱(即每个方向的辐射强度都差不多，类似电灯泡)，而最基本的形成波束的方法则是使用辐射方向性很强的天线(即瞄准一个方向辐射，类似手电筒)。

然而，此类天线往往体积较大，很难安装到移动终端上(想象一下手机上安了一个锅盖天线会是什么样子)。另外，波束成形需要可以随着接收端和发射端之间的相对位置而改变波束的方向。传统使用单一天线形成波束的方法需要转动天线才能改变波束的方向，而这在手机上显然不可能。因此，实用的波束成形方案使用的是智能天线阵列。

常规天线：就像一个灯泡，向各个方向释放能量，这将导致射频能量和干扰的浪费如图 12-10 所示。

智能天线(波束成形)：像火炬灯一样，将雷达光束聚焦在所需的方向上，从而产生更强的信号和更少的射频能量浪费如图 12-10 所示。

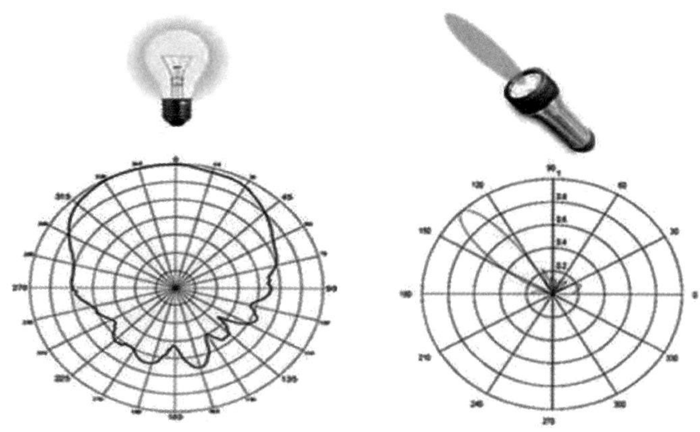

图 12-10　常规天线(左)与智能天线(右)

人们研究智能天线的最初动机是，在频谱资源日益拥挤的情况下考虑如何将自适应波束形成应用于蜂窝小区的基站(BS)，以便能更有效地增加系统容量和提高频谱利用率。智能天线的基本思想是：天线以多个高增益窄波束动态地跟踪多个期望用户，接收模式下，来自窄波带外的信号被抑制，发射模式下，能使期望用户接收的信号功率最大，同时使窄波束照射范围以外的非期望用户受到的干扰最小。智能天线利用用户空间位置的不同来区分不同用户如图 12-11 所示。

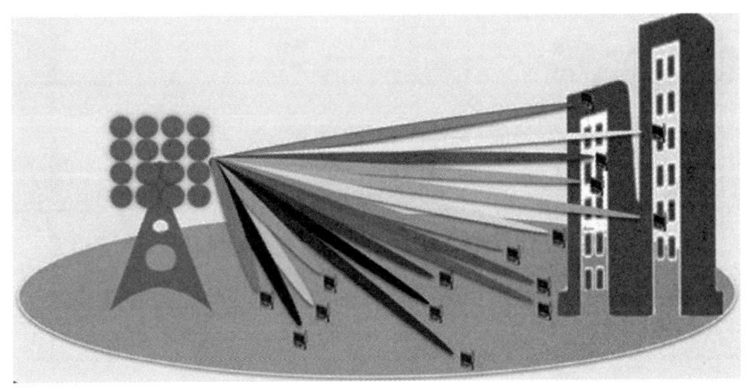

图 12-11　智能天线动态跟踪多用户

垂直平面子阵列通过改变与子阵列单元相关联的权重来在水平面中操纵波束。子阵列配置对于波束控制至关重要。图 12-12 展示了布置天线子阵列的三种不同的可能性：(i)圆形，(ii)平面和(iii)分割。圆形子阵列有更好的覆盖，使其更适合无线通信。虽然平面配置具有更好的方向性，曲率允许更宽的光束转向，但限制了扫描角范围。除了圆形或平面，简单的分段配置也可以仔细设计，以实现所需的方向性和扫描范围的水平。通常，喇叭天线具有比所有其他天线更高的增益，角天线阵列提供 BS 所需的高功率输出。空

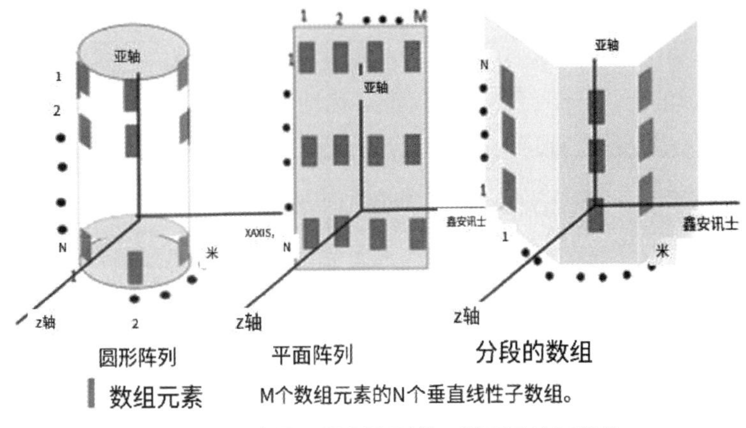

图 12-12　布置天线子阵列的三种不同的可能性

间、大小和功率是移动设备处的约束。因此，更简单的贴片天线适用于设备。

智能天线阵列原理并不复杂。当由两个波源产生的两列波互相干涉时，有的方向两列波互相增强，而有的方向两列波正好抵消。

波束成形中，有许多个波源（即天线阵列），通过仔细控制波源发射的波之间的相对延时和幅度可以做到将电磁波辐射的能量都集中在一个方向上（即接收机所在的位置），而在其他地方电磁波辐射能量很小（即减少了对其他接收机的干扰）如图 12-13 所示。

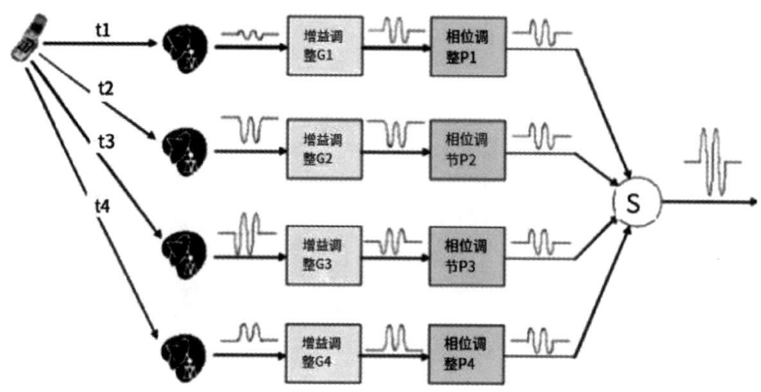

图 12-13　天线阵列通过相对延时和幅度集中能量

此外，天线辐射的方向可以通过改变波源之间的相对延时和幅度来实现，容易跟踪发射端和接收端之间相对位置的改变。

若要发挥所有天线的潜力，基站端需要精确的信道信息，直观理解即需事先知道不同目标客户的位置。如何将与用户间的这一信道信息精准地告诉每一根天线是一件很棘手的事情。传统通信系统通过手机监测基站发送的导频（导频，即基站和手机端共同知晓的一段序列）估计其信道并反馈给基站的做法在大规模天线中并不可行，因为基站天线数量众多，手机在向基站反馈时所需消耗的上行链路资源过于庞大。目前，最可行的方案是基于时分双工（TDD）的上行和下行链路的信道对称性，即通过手机向基站发送导频，在基站端监测上行链路，基于信道对称性，推断基站到手机端的下行链路信息。

其次，为了获得上行链路信息，手机终端需向基站发送导频，可是导频数量总是有限的，这样不可避免地需要在不同小区复用，从而会导致导频干扰。理论推导表明，导频干扰是限制大规模天线应用的较大屏障。

另外，很多大规模天线波束成形的算法基于矩阵求逆运算，其复杂度随天线数量和其同时服务的用户数量上升而快速增加，导致硬件不能实时完成波束成形算法。快速矩阵求逆算法是攻克这一难题的一条途径。

目前波束成形已经被使用在带有多天线的 WiFi 路由器中。然而，手机上不可能像路由器一样安装 WiFi 频段的多根天线，因为天线尺寸太大了。天线的尺寸是由电磁波信号的波长决定的如图 12-14 所示，WiFi 和当前手机频段的电磁波波长可达十几厘米，因此很难将如此大的天线集成在手机上。为了解决这个问题，我们可以把波束成形和毫米波技术结合在一起。

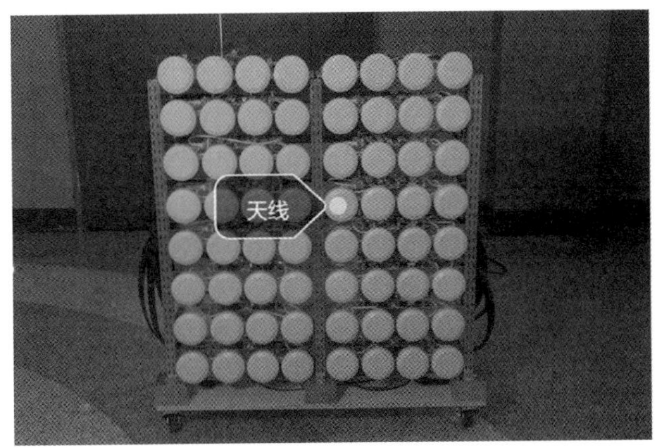

图 12-14　天线图

毫米波波段的波长大约是 WiFi 和手机频段波长的十分之一左右如图 12-15 所示，因此可以把多个毫米波天线集成到手机上，实现毫米波频段的波束成形。波束成形和毫米波技术可谓是天作之合，使用毫米波可以给信号传输带来更大的带宽，波束成形则能解决频谱利用问题。

图 12-15　波束成形和毫米波技术结合后的天线尺寸

5G 网络的成功部署取决于有效的天线阵列设计，利用了空中接口变化的优点，使用多波束智能天线阵列系统来实现 SDMA 能力。智能天线有助于干扰减轻，保持最佳的覆盖区域的同时传输移动设备和 BS 的功率降低。此外，对于相同的物理孔径尺寸，更多的能量可以通过使用窄波束在较高频率传输。智能天线实现使得相同的信道可以被不同的波束使用。这减少了无线通信的主要问题之一：同信道干扰。

在单天线对单天线的传输系统中，由于环境的复杂性，电磁波在空气中经过多条路径传播后在接收点可能相位相反，互相削弱，此时信道很有可能陷于很强的衰落，影响用户接收到的信号质量。而当基站天线数量增多时，相对于用户的几百根天线就拥有了几百个信道，他们相互独立，同时陷入衰落的概率便大大减小，这对于通信系统而言变得简单而易于处理。

大规模天线有哪些好处？第一，当然是大幅度提高网络容量。第二，因为有一堆天线同时发力，由波束成形形成的信号叠加增益将使得每根天线只需以小功率发射信号，从而避免使用昂贵的大动态范围功率放大器，减少了硬件成本。第三，大数定律造就的平坦衰落信道使得低延时通信成为可能。传统通信系统为了对抗信道的深度衰落，需要使用信道编码和交织器，将由深度衰落引起的连续突发错误分散到各个不同的时间段上（交织器的目的即将不同时间段的信号揉杂，从而分散某一短时间内的连续错误），而这种揉杂过程导致接收机需完整接受所有数据才能获得信息，造成时延。在大规模天线下，得益于大数定理而产生的衰落消失，信道变得良好，对抗深度衰弱的过程可以大大简化，因此时延也可以大幅降低。

大规模天线阵列正是基于多用户波束成形的原理如图 12-16 所示，在基站端布置几百根天线，对几十个目标接收机调制各自的波束，通过空间信号隔离，在同一频率资源上同时传输几十条信号。这种对空间资源的充分挖掘，可以有效利用宝贵而稀缺的频带资源，并且成几十倍地提升网络容量。

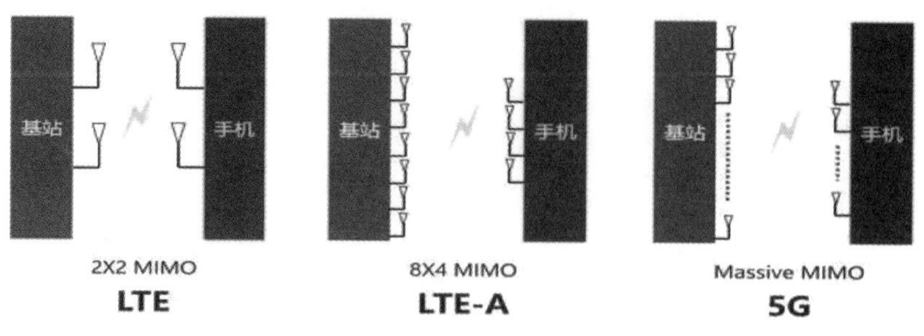

图 12-16　不同规模天线阵列对比图

通过使用简单的线性信号处理技术，大规模 MIMO 为 BS 提供了大量的天线。图 12-17 表示出了大量的 MIMO 使能的 BS。天线网格能够引导水平和垂直波束。大规模 MI-

MO 显著提高了频谱和能量效率。单个天线被定位以实现传输中的方向性。波前的相干叠加是大规模 MIMO 技术的基本原理。在大规模 MIMO 启用的 BS 的空间复用容量增加几个量级。

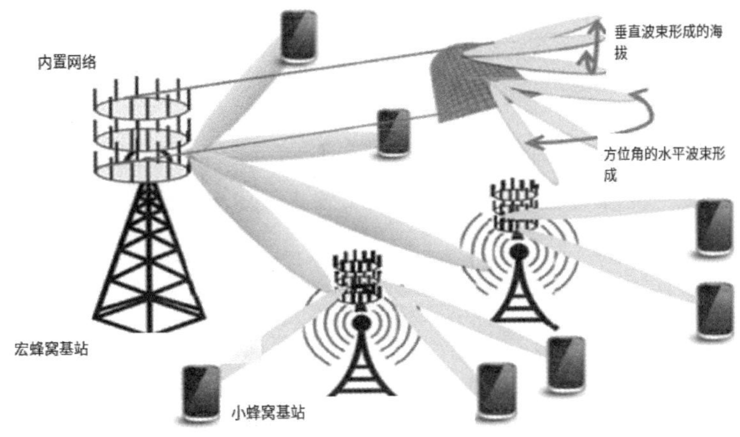

图 12-17　大量的 MIMO 使能的 BS

5G 架构和空中接口的变化强调微小区和增加的天线数量。在如此密集的 5G 部署中，许多服务器和路由器的配置和维护是一个复杂的挑战。软件设计网络(SDN)为这一复杂挑战提供了一个简化的解决方案。SDN 考虑控制平面和数据平面之间的分割，从而在 5G 网络中引入快速和灵活性。图 12-18 描绘了用户和控制信号的分离。因此，用户平面容量的增加变得独立于控制平面资源。这使得 5G 网络在所需位置具有高数据，而不易导致控制平面开销。SDN 通过使用软件组件来解耦数据和控制平面。这些软件组件负责管理控制平面，从而减少硬件限制。两个平面之间的交互通过使用开放接口实现，如

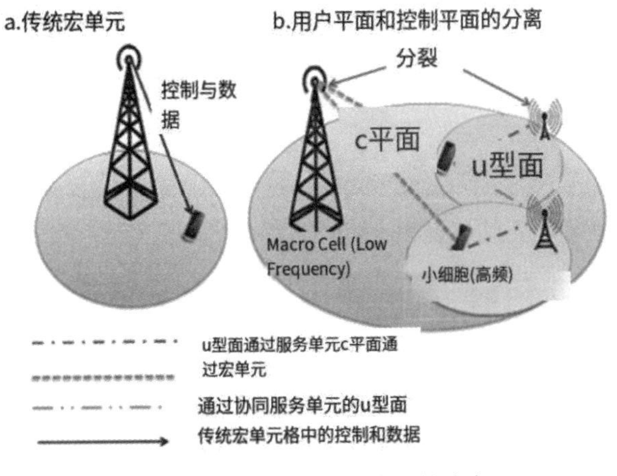

图 12-18　用户和控制信号的分离

OpenFlow，也便于在不同配置之间切换。

6. SDN 的产生

传统网络的运作模式是静态的，网络中的设备是决定性的因素，控制单位和转发单位紧密耦合。网络设备的连接产生了不同的拓扑结构，不同厂商的交换机模型也各不相同，导致目前的网络非常复杂。网络设备所依赖的协议由于历史原因，存在多样化、不统一、静态控制和缺少共性的问题，这进一步加大了网络的复杂性。在网络中增删一台中心设备是非常复杂的，往往需要多台交换机、路由器、Web 认证门户等。这些因素都导致传统的通信网络适合于一种静态的、不需要管理者太多干预的状态。大数据应用依赖于两点，即海量数据处理和预先定义好的计算模式，分布式的数据中心和集中式的控制中心，必然导致大量的数据批量传输及相关的聚合划分操作，这对网络的性能提出了非常高的要求，为了更好的利用网络资源，大数据应用需要按需调动网络资源。

归结以上问题，实际上是网络缺乏统一的“大脑”。一直以来，网络的工作方式是：网络节点之间通过各种交互机制，独立的学习整个网络拓扑，自行决定与其他节点的交互方式；当流量过来时，根据节点间交互做出的决策，独立的转发相应报文；当网络中节点发生变化时，其他节点感知变化重新计算路径如图 12-19 所示。网络设备的这种分散决策的特点，在此前很长一段时间内满足了互联互通的需要，但由于这种分散决策机制缺少全局掌控，在需要流量精细化控制管理的今天，表现出越来越多的问题。在此背景之下，SDN 应

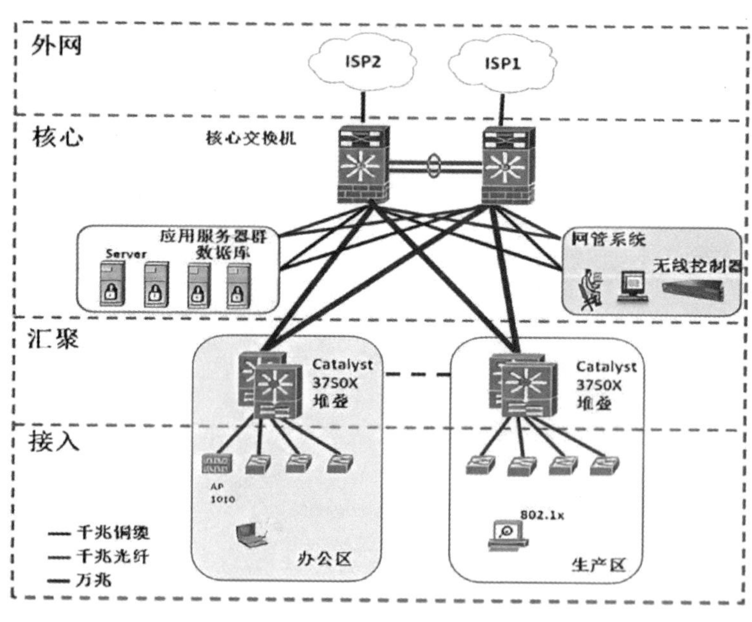

图 12-19　传统的网络的运作模式

运而生。

SDN 可以跨越 OSI 层来重新建模网络以实现完全自动化管理。冗余接口由控制器减少，控制器将策略分配给路由器用于监控功能。应用于无线接入网络（RAN）的 SDN 本身表现为 SON（Self－Organized Networks）解决方案。SON 算法通过控制平面协调在粗粒度上优化 RAN，同时保持精细的粒度数据平面不受影响。虽然 SON 提供高增益，但是数据平面的改进需要多个 BS 的协作来进行数据传输。协调多点（CoMP）传输有助于以非常精细的时间尺度进行协作数据传输。Cloud RAN 还通过分散数据平面提供了一个可行的解决方案。数据和控制信号可以通过不同的节点，不同的频谱甚至不同的技术路由，以管理网络密度和多样性。

SON 是在 LTE 网络的标准化阶段由移动运营商主导提出的概念，其主要思路是实现无线网络的一些自主功能（自配置、自优化、自愈三大功能），减少人工参与，降低运营成本。

CoMP：该技术的核心思想是通过不同地理位置的多个传输点之间的合作来避免相邻基站之间的干扰或将干扰转换为对用户有用的信号，以合作的方式实现用户性能的改善。

7. 无线接入网（RAN）

如今，移动运营商正面临着激烈的竞争环境，用于建设、运营、升级无线接入网的支出不断增加，而收入却未必以同样的速度增加。移动互联网业务的流量迅速上升，由于竞争的缘故，单用户的每用户平均收入值却增长缓慢，甚至在慢慢减少，这些因素严重地削弱了移动运营商的盈利能力。为了保持持续盈利和长期增长，移动运营商必须寻找低成本地为用户提供无线业务的方法。

无线接入网（RAN）是移动运营商赖以生存的重要资产，通过无线接入网可以向用户提供 7×24 小时不间断、高质量的数据服务如图 12-20 所示。传统的无线接入网具有以下特点：第一，每个基站连接若干固定数量的扇区天线，并覆盖小片区域，每个基站只能处理本小区收发信号；第二，系统的容量是干扰受限，各个基站独立工作已经很难增加频谱效率；第三，基站通常都是基于专有平台开发的“垂直解决方案”。这些特点带来了以下挑战：数量巨大的基站意味着高额的建设投资、站址配套、站址租赁以及维护费用，建设更多的基站意味着更多的资本开支和运营开支。此外，现有基站的实际利用率还是很低，网络的平均负载一般来说大大低于忙时负载，而不同的基站之间不能共享处理能力，也很难提高频谱效率。最后，专有的平台意味着移动运营商需要维护多个不兼容的平台，在扩容或者升级时也需要更高的成本。

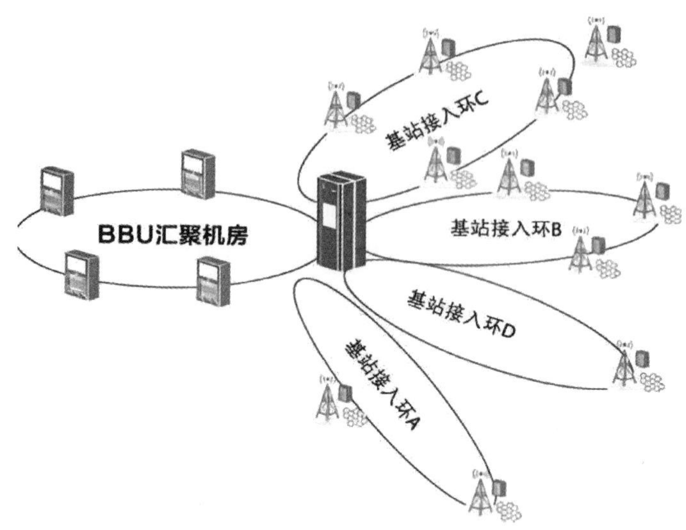

图 12-20　无线接入网(RAN)

8. 云 RAN

在传统的蜂窝网络中,互联网协议,多协议功能和以太网一直延伸到远程蜂窝站点。图 12-21 给出典型的 C－RAN 架构,其中来自许多远程站点的基带单元(BBU)集中在虚拟 BBU 池。这导致统计复用增益,能量效率操作和资源节约。虚拟 BBU 池进一步促进可扩展性,成本降低,不同服务的集成和减少现场试验的时间消耗。远程射频头(RRH)包括变压器组件,放大器和双工器,可实现数字处理,模数转换,功率放大和滤波。RRH 通过高于 1Gbps 的单模数据速率连接到 BBU 池。这种简化的 BS 架构为密集的 5G 部署铺

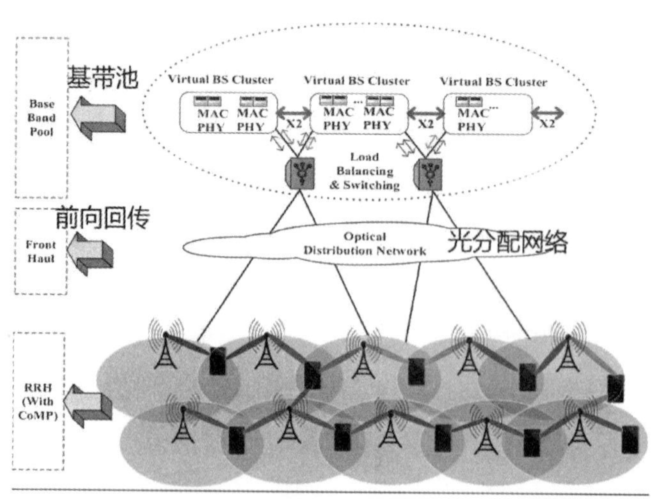

图 12-21　典型的 C－RAN 架构

平了道路，使其价格适中，灵活和高效。强大的云计算能力可以轻松处理所有复杂的控制过程。

C－RAN 中的 C 既可以指“集中式”无线接入网络(RAN)，也可以指“云”无线接入网。这两个概念是相关的，都与蜂窝基站网络设备的新架构有关。

C－RAN 依然是一个相当新的趋势，但是世界各地的其他网络运营商正在积极地部署集中式 RAN 网络，以希望在市场成熟时能够更多地承担业务。

在传统的分布式蜂窝网络，RAN 被认为的蜂窝基站网络的一部分，其设备在蜂窝基站塔的顶端和塔下。其主要的组件是基带单元(BBU)，这是一个无线电设备，每小时处理数十亿比特的信息，并将最终用户连接到核心网络。

C－RAN 提供了一种崭新而高效的替代方案。通过利用光纤用于前传的巨大的信号承载能力，运营商们能够将多个 BBU 集中到一个地点，它可以在一个蜂窝基站，也可以在一个集中式的 BBU 池。将多个 BBU 集中起来精简了每个蜂窝基站所需的设备数量，并且能够提供更低延迟等其他各种优势。

虽然 C－RAN 的最终归宿是云 RAN，那时网络的一些功能开始在“云端”虚拟化。一旦 BBU 集中化以后，商用的现成服务器就能够完成大部分的日常处理。这意味着 BBU 可以重新设计和进行缩减以专门进行复杂或专有的处理。借助云 RAN 处理的集中式基站简化了网络的管理，并且使资源池和无线资源得以协调。

9. 异构网络

在众多的技术方案中，超密集无线异构网络被公认为是解决上述挑战最富有前景的网络技术之一，具体而言，超密集无线异构网络融合多种无线接入技术(如 5G、4G、Wi－Fi 等)，由覆盖不同范围、承担不同功能的大/小基站在空间中以极度密集部署的方式组合而成的一种全新的网络形态。在超密集无线异构网络中，如图 12-22 所示，多种无线接入技术共存，大/小基站多层覆盖，既有负责基础覆盖的在传统蜂窝网络中所使用的宏基站，也有承担热点覆盖的低功率小基站，如 micro、pico、femto 等。为了解决 1000 倍容量挑战，为用户提供极致化的业务体验，未来实际部署的超密集无线异构网络会远远超出现网的布设密度和规模。据预测，在未来无线网络中，在宏基站的覆盖区域中，各种无线传输技术的各类低功率节点的部署密度将达到现有站点部署密度的 10 倍以上，站点之间的距离将降至 10 m 甚至更小，支持高达 25000 个用户/km^2，甚至将来激活用户数和站点数的比例达到 1∶1，即每个激活的用户都将有一个服务节点。

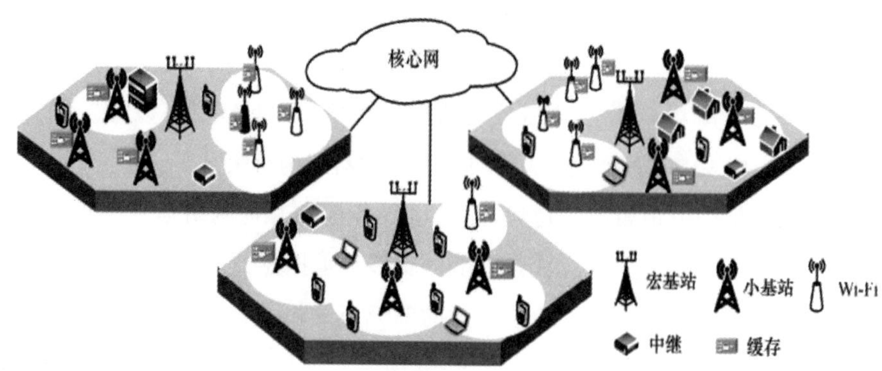

图 12-22　超密集无线异构网络示意图

10. D2D

D2D 通信技术是指两个对等的用户节点之间直接进行通信的一种通信方式如图 12-23 所示。在由 D2D 通信用户组成的分布式网络中，每个用户节点都能发送和接收信号，并具有自动路由(转发消息)的功能。网络的参与者共享它们所拥有的一部分硬件资源，包括信息处理、存储以及网络连接能力等。这些共享资源向网络提供服务和资源，能被其他用户直接访问而不需要经过中间实体。在 D2D 通信网络中，用户节点同时扮演服务器和客户端的角色，用户能够意识到彼此的存在，自组织地构成一个虚拟或者实际的群体。

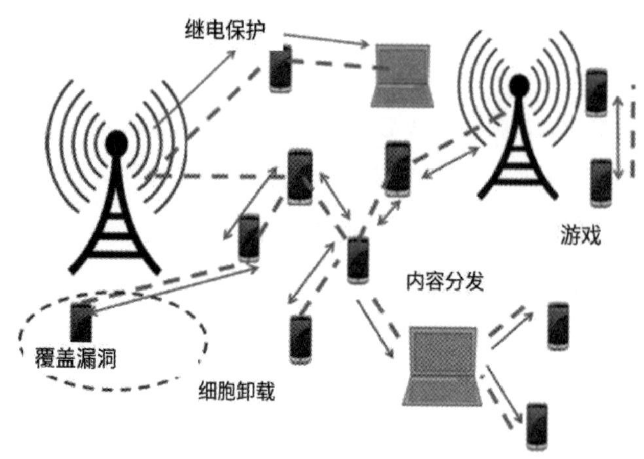

图 12-23　D2D 通信网络

11. M2M

M2M 是指多种不同类型的通信技术有机的结合在一起：机器之间通信；机器控制通信；人机交互通信；移动互联通信。

M2M 让机器设备，应用处理过程与后台信息系统共享信息，并与操作者共享信息。

它提供了设备实时地在系统之间、远程设备之间、或和个人之间建立无线连接，传输数据的手段。

M2M 技术综合了数据采集、GPS，远程监控、电信、信息技术，是计算机、网络、设备、传感器、人类等的生态系统，能够使业务流程自动化，集成 IT 系统和非 IT 设备的实时状态，并创造增值服务。这一平台可在安全监测、自动抄表、机械服务和维修业务、自动售货机、公共交通系统、车队管理、工业流程自动化、电动机械、城市信息化等环境中运行并提供广泛的应用和解决方案如图 12-24 所示。

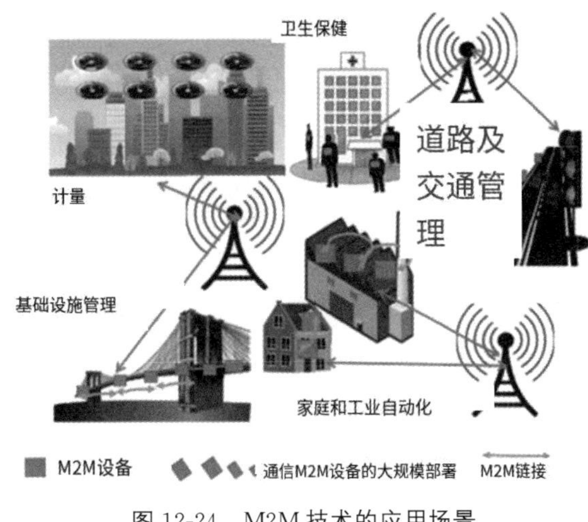

图 12-24　M2M 技术的应用场景

12. 物联网

如图 12-25 所示，物联网设想数百万个同时连接，涉及各种设备，连接的家庭，智能电网和智能交通系统。这个愿景最终只有随着高带宽 5G 无线网络的出现才能实现。物联网使许多智能对象和应用程序的互联网连接和数据互操作性成为可能。IoT 的六个独特挑战包括：①自动传感器配置，②上下文检测，③采集，建模和推理，④在“传感即服务”模型中选择传感器，⑤安全 － 隐私 － 信任，⑥上下文共享。物联网的实施是复杂的，因为它包括在各种粒度和抽象级别的大规模，分布式，自主和异构组件之间的合作。云的概念，提供大存储，计算和网络功能，可以与各种支持物联网的设备集成。

除了上述应用，金融业随着企业和客户的增加，需要强大的计算和数据处理。基于 5G 的未来移动网络具有巨大的潜力转变不同的金融服务，如银行支付、个人金融管理、社会支付、点对点交易和本地商业。

传感、通信和控制提高了电网的效率和可靠性，从而使电网现代化为智能电网(SG)。SG 使用无线网络进行能量数据收集、电力监测、保护和需求/响应管理。智能信息和智能

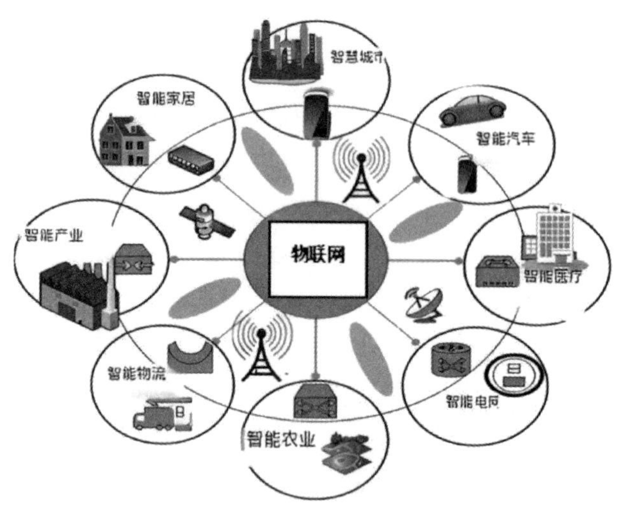

图 12-25　物联网的应用

通信子系统是智能电网的一部分。智能电网无缝链接物理组件和代表大规模网络物理系统的无线通信。无线技术已经被用于有效的实时需求响应(DR)管理。预计提出的 5G 的高带宽和低延迟将解决与 SG 需求响应相关的许多挑战。

同样，以自动化、嵌入式系统、娱乐、电器、效率和安全为根基的智能家居是一个积极的技术研究领域。智能城市，可持续发展的基本要素正处于增长势头。物联网、M2M、云计算、与 5G 集成的主要概念在这些领域逐渐应用。

而当网络发生拥塞的时候，所有的数据流都有可能被丢弃；为满足用户对不同应用不同服务质量的要求，就需要网络能根据用户的要求分配和调度资源，对不同的数据流提供不同的服务质量：对实时性强且重要的数据报文优先处理；对于实时性不强的普通数据报文，提供较低的处理优先级，网络拥塞时甚至丢弃。服务质量 QoS 应运而生，支持 QoS 功能的设备，能够提供传输品质服务；针对某种类别的数据流，可以为它赋予某个级别的传输优先级，来标识它的相对重要性，并使用设备所提供的各种优先级转发策略、拥塞避免等机制为这些数据流提供特殊的传输服务。配置了 QoS 的网络环境，增加了网络性能的可预知性，并能够有效地分配网络带宽，更加合理地利用网络资源。

传统的 QoS 模型和参数可能不足以解决新兴 5G 应用和服务带来的新挑战。调查新的 QoS 度量和延迟边界模型将加强 5G 移动无线网络。研究人员通过精确的传播分析和合适的对策技术来提出 QoS 感知多媒体调度方案，以满足毫米波框架中的 QoS 要求。研究人员提出一个基于客户端的 QoS 监控架构，以克服服务器端 QoS 监控的障碍。诸如带宽、错误率、信号强度等度量与传统 RTT 延迟一起使用以确定所提供的 QoS。

体验质量(Quality of Experience,QoE)是指用户对设备、网络和系统、应用或业务的质量和性能的主观感受。QoE 指的是用户感受到的完成整个过程的难易程度。

5G 时代的性能指标高度集中于 QoE。订阅以及基于广告的商业模式和内容交付的增长正在推动互联网上视频传输的几乎指数增长。互联网上的视频预计在观众数量方面超过电视。然而,互联网视频生态系统缺乏正规的质量测量技术。传统的 QoS 度量,包括丢包、丢失率、网络延迟、PSNR 和往返时间,现在被认为对视频移动互联网无效。另一方面,QoE 强调用户的感知满意度。对于整体用户体验,QoS 的技术条件仍然至关重要,但不够充分。下图 12-26 给出了 QoS 和 QoE 之间的关系。更高的 QoS 不一定意味着更高的 QoE。产品的交互性、产品的感觉、服务目的的能力和融入整个环境是定义 QoE 特征的一些主要经验。

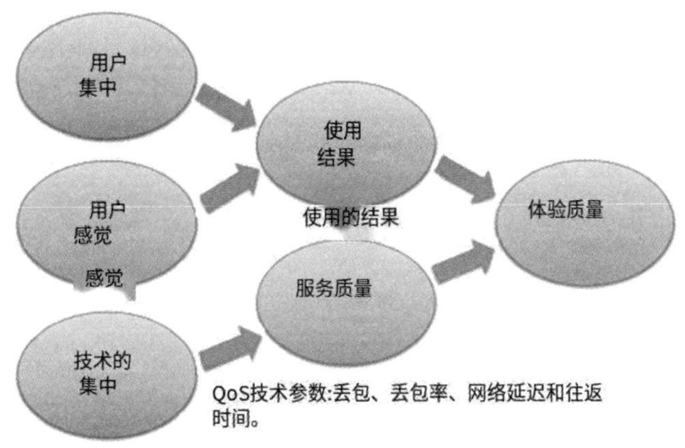

图 12-26　QoS 和 QoE 之间的关系

通信行业正在经历前所未有的增长,无数的智能设备和不断增长的宽带需求。这使得无线网络对 QoS、QoE、能量效率和容量要求的压力越来越大。因此,网络参数的自组织和自优化被确定为 5G 无线演进的关键因素。SON 通过自配置,自优化和自愈,为无线网络提供自主功能。这通过减少人为干预来改善用户体验和网络自动化。配置在任何网络节点的部署、扩展、升级、更改和故障期间都是至关重要的。自身配置取代了传统的手动配置过程。网络使用定期驱动测试和日志报告分析进行优化。然而,未来密集网络需要持续自我优化以控制干扰和提高容量。自愈包括远程检测,诊断和恢复操作,以减轻由任何故障引起的网络损伤。

13. 可持续 5G

基站在无线网络中消耗大部分能量。目前提出了在蜂窝网络中使用休眠模式技术的能量有效基站的综合评估。虽然,以前关于能源效率的大部分工作都与传统无线网络有关，但类似的概念也需要扩展到5G网络。由于5G尚未部署，因此可以将可持续性纳入规则。

通过分析评估网络能耗，提出基于流量变化的BS部署方案。对于涉及许多小区的多样且动态的5G无线系统，有效的拓扑管理变得至关重要。集中式方案需要由中央控制器收集整个网络的信息。随机部署的最小能量可以通过分布式协议实现，具有动态的，可重新配置的链路。目前还提出了一种基于自适应传输的拓扑管理方案。所提出的演进型基站是自驱动的，并且基于本地业务变化进行决策，而无需任何负载信息交换。这种自组织系统观察到良好的QoS和大量的功率节省。云启用的小型蜂窝提出了一种新的云感知功率控制算法。硬件消耗的能量占总能耗的较大部分。

下图12-27示出了Docomo Eco塔——太阳能供电的BS。混合系统利用在BS，特别是在偏远地区结合可再生能源的优势。我们认为，可再生能源的能源收集对5G网络中的绿色革命有很大的作用，因此，有组织的调查将大大节省能源。

图12-27　Docomo Eco塔——太阳能供电的BS

未来5G推出的成功不仅取决于复杂的架构，而且还取决于网络以可扩展和高效的方式执行复杂操作的能力，可以进行基于网络操作的能量需求的可持续性分析和基于传统网络中天线辐射的能量进行分析。创新的协议、服务和控制，以减少和监控第三方能量浪费提高网络效率。绿色能力，如空闲逻辑、性能扩展和智能睡眠是能源感知设备平台发展的关键因素。通过最小化消耗率，可以显著减少用于分组传输的能量。能量消耗取决于诸如传输功率、传输时间、信道条件、编码和调制等因素。在分析未来5G网络中的性能与效率权衡时，还应考虑其他因素，如错误检测概率，噪声，干扰，工作点和频谱效率。目前提出了一种通过新型带宽分配算法降低能耗的方案。我们给出了称为消耗因子(CF)的品质因数,用于评估通信链路的功率效率。它被定义为数据速率与功耗的最大比率。在毫米波信道中,如果信号没有严重衰减,CF 可以为更高的带宽提供更好的结果。将智能路由和广播算法并入定向天线模型应该降低新兴 5G 网络中的成本和冗余。使用可控切换波束天线的各种链路成本算法的分析显示性能没有下降,这提供了对智能天线的算法设计的思路。用于定向天线的新型广播算法导致更低的成本,冗余和能量消耗。在常规环境中应用于定向天线的概念也可以扩展到 5G。

直到最近,在某些类型的机房或机柜中,BBU 几乎总是位于塔底附近的现场。网络运营商不得不租用空间,为每个 BBU 连接电源并冷却内部设备。加起来,无线网络的总体拥有成本中大约三分之二是基站供电和冷却等运营成本。

除了节约硬件成本,C－RAN 模式能够在电力、冷却和场地租赁费用方面显著节约成本。亚洲是 C－RAN 最先进行商用部署的地区,运营商们已经看到运营支出下降了 30%至 50%。

5G 问题与挑战:

超高数据速率、极低的延迟、任何时间的覆盖、巨大的节能－5G 做出的承诺大多与它们各自的挑战相关联。我们提到 5G 无线下面提出的关键研究问题:

(1)毫米波频谱的介绍:5G 引入毫米波频谱(3－300GHz)。与当前的“海滨光谱”相比,毫米波的传播特性对于无线通信损耗大。然而,凭借巨大的带宽来满足容量需求,它提供了一个非常引人注目的长期解决方案。因此,第一个挑战是分析毫米波,如大气吸收、衍射、传播、多普勒、散射、折射、反射、多径和衰减背后的物理学。

(2)现有或经典频道模型的不可用性:5G 毫米波移动通信的发展需要对无线电信道的基本理解。研究人员正在研究室外,室内和固定毫米波通信的信道模型。仍然需要深入研究室外环境中的毫米波信道,以感知路径损耗、角扩展、延迟扩展,NLOS 波束成形和阻塞问题的影响。对信道模型的深入分析为空中接口和多址接入的新方法奠定了基础。

(3)场地特定传播:毫米波传播严重依赖于环境条件,接收机和发射机位置。因此,场地特定单元设计可能是 5G 部署的关键特征。由于这个问题在传统蜂窝系统中较少研究,仍需要进一步研究。

(4)天线阵列设计:毫米波频率较小的波长,允许在相对小的物理表面上将数百个天线元件放置在阵列中。大型天线阵列能够引导光束能量并且相干地收集它。因此,正在进行的研究的焦点之一是定向窄波束通信。它改变了“蜂窝”概念的整个概念。对于 BS 和移动设备的架构设计,用于获得期望的方向性存在大量的研究挑战。

(5)波束成形和波束训练:通过控制波束成形权重形成定向波束,这取决于波束成形架构。设计实时基带调制解调器,毫米波射频电路和相关软件以促进波束成形技术是值得关注的研究领域。需要适当的波束选择以确保所选波束的正确对准。设计和分析波束成形(BF)训练协议的性能能力将是有趣的。此外,隐藏终端问题和邻居位置检测问题是定向传输固有的,需要一并考虑解决

(6)大规模 MIMO:另一个严重的挑战是实现大规模 MIMO 的难点。它需要一个完全不同的 BS 结构与无数的微小的天线,由低功率放大器驱动。为 5G 实现采用有效的大规模 MIMO 算法可能代表未来通信的重大飞跃。在理论研究、模拟和试验台实验中的进一步研究是至关重要的。

(7)新颖复用:期望的空间波束图案可以容易地保证空分多址(SDMA)。SDMA 的优点,如减少干扰和多路径干扰减轻对于小型小区部署和 NLOS 至关重要。不仅在 SDMA 中,而且在 SCMA,IDMA,FBMC 和 GFDM 中的进一步研究对于在未来的 5G 网络中实现低延迟和高性能是必要的。

(8)非正交性:异质连接,密度和新型应用(M2M、IoT、IoV、FinTech、健康监测、智能电网等)将使同步和正交性的刚性范例成为未来移动场景的巨大挑战。非正交和异步域的研究工作将有助于实现 5G 网络的低延迟要求。

(9)网络密度:小蜂窝(异构)架构是 5G 的下划线特征。因此,BS 密度预期非常高。了解快速干扰协调和消除、SDN、认知无线电网络和自组织网络(SON)实现密集的网络管理。虽然这些是 5G 通信的有前途的技术,但是它们针对 5G 场景的部署还有待探索。

(11)C-RAN 和 H-CRAN:C-RAN 为密集的 5G 部署提供了具有成本效益和能量效率的解决方案。解释 C-RAN 对 5G 的贡献的工作非常少。此外,许多研究人员正在致力于异构网络和 C-RAN 的组合,称为 H-RAN。设计包含 C-RAN 和 H-CRAN 的优点的 5G 网络更具挑战性。

(12)低延迟和 QoE:1ms 的往返延迟被识别为 5G 的要求。然而,很少有工作来解释实现这一严格要求的方法。低延迟对于实现高 QoE 也至关重要。QoE 的研究由于其主观性质而呈现出一些研究挑战。

(13)能源效率:成本和能源消耗是 5G 的主要考虑因素。代替高 BS 密度和增加的带宽,需要考虑功率和通信开销。尽管在能源效率方面进行了各种各样的工作,但仍然提供了巨大的扩展空间,特别是对于新颖的 6G 概念。C-RAN 和能量效率技术可以帮助提高性能。能源认知现实 6G 模型的研究有望在节能方面取得成功。结合绿色 BS,由可再生能源供电应该是有益的。但这涉及进一步的新的研究挑战。

(14)6G 应用:6G 承诺了大量的新智能应用,拥有万物智联的最终愿景,包含数十亿的连接智能设备。这导致了连接和配置的独特挑战,而以前的移动网络主要考虑每个应用程序单独,未来智能的移动网络和网络的智能化是 6G 应用所墒的重要功能。

思考题

1. 移动通信的特点是什么?
2. 高速移动通信的特点是什么?
3. 什么是边缘智能?
4. 智能数字通信有什么特点?
5. 计算与通信融合有哪些优缺点?
6. 智能数字通信网络有什么特点?

习题

1. 1G、2G、3G、4G、5G 技术有什么特点?
2. 1G、2G、3G、4G、5G 技术的关键技术是什么?
3. B5G 和 6G 的最有潜力的核心技术有哪些?
4. 什么是异构蜂窝网络?
5. 什么是超密集蜂窝网络?

参考文献

［1］ 陈爱军. 深入浅出—通信原理［M］. 北京：清华大学出版社，2016.

［2］ ［美］John G. Proakis，Masoud Salehi. 数字通信(第五版)［M］. 张力军，译. 北京：电子工业出版社，2018.

［3］ 杨学志. 通信之道——从微积分到 5G［M］. 北京：中国工信出版集团，2016.

［4］ ［加拿大］Simon Haykin. 数字通信系统［M］. 刘郁林，译. 北京：电子工业出版社，2020.

［5］ ［美］Robert W. Heath Jr. 无线数字通信：信号处理的视角［M］. 郭宇春，张立军，李磊，译. 北京：机械工业出版社，2019.

［6］ 吴伯凡. 人类的历史就是一部通信的历史［J］.

［7］ 樊昌信，曹丽娜. 通信原理(第 7 版)［M］. 北京：国防工业出版社，2012.

［8］ 孙锦华，何恒. 现代调制解调技术［M］. 西安：西安电子科技大学出版社，2014.

［9］ ［美］ Cover，［美］Thomas. 信息论基础［M］. 阮吉寿，张华，译. 北京：机械工业出版社，2008.

［10］ 王勇. 信息论与编码［M］. 北京：清华大学出版社，2022.

［11］ 汪学刚，张明友. 现代信号理论［M］. 北京：电子工业出版社，2005.

［12］ 储钟圻. 数字通信导论［M］. 北京：机械工业出版社，2002. 1-39.

［13］ 刘颖，王春悦，赵蓉. 数字通信原理与技术［M］. 北京：北京邮电大学出版社，1999. 1-80.

［14］ 王兴亮，达新宇，林家薇等. 数字通信原理与技术［M］. 西安：西安电子科技大学出版社，2002.

［15］ 吴诗其，朱立东. 通信系统概论［M］. 北京：清华大学出版社，2005.

［16］ Leon W. Couch，II. 数字与模拟通信系统［M］. 北京：电子工业出版社，2002.

［17］ 李宗豪. 基本通信原理[M]. 北京：北京邮电大学出版社，2006. 160-164.

［18］ 窦中兆，雷湘. CDMA 无线通信原理[M]. 北京：清华大学出版社，2004.

［19］ 魏楚千. 码分多址移动通信系统[M]. 北京：国防工业大学出版社，2008.

［20］ 周伯扬，耿淑芳. CDMA 网络技术[M]. 北京：国防工业大学出版社，2006.

［21］ 郑杰，郭子正，朱海荣，等. 一种在线学习的并行边缘计算方法[P]. 中国，2021 年 7 月 29 日，受理号：202110864671. 2.

［22］ 郑杰，刘艺，郑勇，等. 一种超密异构网络中联合上下行的边缘计算迁移方法[P]. 中国，授权日期：2021. 11. 02，授权，ZL201811511596. 6.

［23］ 郑杰，许鹏飞，汪霖等. 一种联合不对称接入和无线携能通信的干扰协调方法[P]. 中国，2018 年 12 月 11 日，受理号：201811510449. 7.

［24］ 郑杰，高岭，王海等. 一种异构网络增强型小区间干扰协调能效优化方法[P]. 中国，2017 年 9 月 7 日，受理号：2017061901235160.

［25］ 郑杰，高岭，朱冬霄等. 一种时域干扰协调下最大最小公平的分布式能效优化方法[P]. 中国，2017 年 9 月 7 日，受理号：201710800499. 8.

［26］ 刘勤，郑杰，黄鹏宇等. 基于增强型小区间干扰协调联合上下行负载分配方法[P]. 中国，申请号：20141021870. 9.

［27］ 刘勤，郑杰，李建东等. 异构无线网络并行多接入系统中联合资源分配快速算法[P]. 陕西：CN102196579A，2011-09-21。

［28］ 刘勤，郑杰，陈紫晨等. 一种异构协作网络中动态的多接入业务分流方法[P]. 陕西省：CN103002465B，2015-04-08.

［29］ 郑杰，胡心悦，梁雨昕等. 一种基于智能边缘缓存的部分机会性干扰对齐方法[P]. 陕西省：CN111556511A，2020-08-18.

［30］ Popa L，Kumar G，Chowdhury M，et al. FairCloud：Sharing the network in cloud computing[C]//Proceedings of the ACM SIGCOMM 2012 conference on Applications，technologies，architectures，and protocols for computer communication. 2012：187-198.

［31］ Popa L，Yalagandula P，Banerjee S，et al. Elasticswitch：Practical work—conserving bandwidth guarantees for cloud computing[C]//Proceedings of the ACM SIGCOMM 2013 conference on SIGCOMM. 2013：351-362.

［32］ Hu S，Bai W，Chen K，et al. Providing bandwidth guarantees，work conservation and low latency simultaneously in the cloud[J]. IEEE Transactions on Cloud Computing，2018，9(2)：763-776.

［33］ Liu F，Guo J，Huang X，et al. eBA：Efficient bandwidth guarantee under traffic variability in datacenters［J］. IEEE/ACM Transactions on Networking，2016，25(1)：506-519..

［34］ Guan W，Wen X，Wang L，et al. A service—oriented deployment policy of end—to—end network slicing based on complex network theory［J］. IEEE access，2018，6：19691-19701.

［35］ Isolani P H，Cardona N，Donato C，et al. Airtime—based resource allocation modeling for network slicing in IEEE 802. 11 RANs［J］. IEEE Communications Letters，2020，24(5)：1077-1080.

［36］ Chien H T，Lin Y D，Lai C L，et al. End—to—end slicing as a service with computing and communication resource allocation for multi—tenant 5G systems［J］. IEEE Wireless Communications，2019，26(5)：104-112.

［37］ Kohno R，Meidan R，Milstein L B. Spread spectrum access methods for wireless communications［J］. IEEE Communications magazine，1995，33(1)：58-67.

［38］ Dahlman E，Gudmundson B，Nilsson M，et al. UMTS/IMT—2000 based on wideband CDMA［J］. IEEE Communications magazine，1998，36(9)：70-80.

［39］ Mark J W，Zhu S. Power control and rate allocation in multirate wideband CDMA systems［C］//2000 IEEE Wireless Communications and Networking Conference. Conference Record (Cat. No. 00TH8540). IEEE，2000，1：168-172.

［40］ Moshavi S. Multi—user detection for DS—CDMA communications［J］. IEEE communications magazine，1996，34(10)：124-136.

［41］ Duel—Hallen A，Holtzman J，Zvonar Z. Multiuser detection for CDMA systems［J］. IEEE personal communications，1995，2(2)：46-58. 1995.

［42］ Lee W C Y. The most spectrum—efficient duplexing system：CDD［J］. IEEE Communications Magazine，2002，40(3)：163-166.

［43］ Honkasalo H，Pehkonen K，NieMi M T，et al. WCDMA and WLAN for 3G and beyond［J］. IEEE Wireless Communications，2002，9(2)：14-18.

［44］ Higuchi K，Fujiwara A，Sawahashi M. Multipath interference canceller for high—speed packet transmission with adaptive modulation and coding scheme in W—CDMA forward link［J］. IEEE Journal on Selected Areas in Communications，2002，20(2)：

419-432.

[45] Zheng J, Zhang H, Kang J, et al. Covert Federated Learning via Intelligent Reflecting Surfaces[J]. IEEE Transactions on Communications, 2023.

[46] Zheng J, Gao L, Zhang H, et al. eICIC configuration of downlink and uplink decoupling with SWIPT in 5G dense IoT hetnets[J]. IEEE Transactions on Wireless Communications, 2021, 20(12): 8274-8287.

[47] Zheng J, Gao L, Wang H, et al. Smart edge caching—aided partial opportunistic interference alignment in HetNets[J]. Mobile Networks and Applications, 2020, 25: 1842-1850.

[48] Zheng J, Gao L, Zhang H, et al. Joint energy management and interference coordination with max—min fairness in ultra—dense HetNets[J]. IEEE Access, 2018, 6: 32588-32600.

[49] Zheng J, Li J, Wang N, et al. Joint load balancing of downlink and uplink for eICIC in heterogeneous network[J]. IEEE Transactions on vehicular technology, 2016, 66(7): 6388-6398.

[50] Galloway B, Hancke G P. Introduction to industrial control networks[J]. IEEE Communications surveys & tutorials, 2012, 15(2): 860-880.

[51] Knightson K, Morita N, Towle T. NGN architecture: generic principles, functional architecture, and implementation[J]. IEEE Communications Magazine, 2005, 43(10): 49-56.

[52] Wu G, Mizuno M, Havinga P J M. MIRAI architecture for heterogeneous network[J]. IEEE Communications Magazine, 2002, 40(2): 126-134.

[53] Misra A, Roy A, Das S K. Information—theory based optimal location management schemes for integrated multi—system wireless networks[J]. IEEE/ACM Transactions on Networking, 2008, 16(3): 525-538.

[54] Li Z, He T. Webee: Physical—layer cross—technology communication via emulation[C]//Proceedings of the 23rd Annual International Conference on Mobile Computing and Networking. 2017: 2-14.

[55] Guohuan L, Hao Z, Wei Z. Research on designing method of CAN bus and Modbus protocol conversion interface[C]//2009 International Conference on Future BioMedical Information Engineering (FBIE). IEEE, 2009: 180-182.

[56] Peng D, Zhang H, Li H, et al. Development of the communication protocol conversion equipment based on embedded multi－MCU and Mu－C/OS－II[C]//2010 International Conference on Measuring Technology and Mechatronics Automation. IEEE, 2010, 2: 15-18.

[57] Guohuan L, Haiting C, Shujie L. Research and implementation of ARM－based fieldbus protocol conversion method[C]//2010 International Conference on Computer and Communication Technologies in Agriculture Engineering. IEEE, 2010, 3: 260-262.

[58] Pei－xian C, Yi－ling M, Gui－ping Z, et al. The design of multi－interface protocol adaptive conversion distribution network communication device based on wireless communication technology[C]//2017 IEEE Conference on Energy Internet and Energy System Integration (EI2). IEEE, 2017: 1-4.

[59] Trivedi D, Khade A, Jain K, et al. Spi to i2c protocol conversion using verilog [C]//2018 Fourth International Conference on Computing Communication Control and Automation (ICCUBEA). IEEE, 2018: 1-4.

[60] Popa L, Kumar G, Chowdhury M, et al. FairCloud: Sharing the Network in Cloud Computing[J]. Computer Communication Review: A Quarterly Publication of the Special Interest Group on Data Communication, 2012, 42(4).

[61] Mortazavi S H, Salehe M, Gomes C S, et al. Cloudpath: A multi－tier cloud computing framework[C]//Proceedings of the Second ACM/IEEE Symposium on Edge Computing. 2017: 1-13.

[62] Cheng B, Solmaz G, Cirillo F, et al. FogFlow: Easy programming of IoT services over cloud and edges for smart cities[J]. IEEE Internet of Things journal, 2017, 5 (2): 696-707.

[63] Hong K, Lillethun D, Ramachandran U, et al. Mobile fog: A programming model for large－scale applications on the internet of things[C]//Proceedings of the second ACM SIGCOMM workshop on Mobile cloud computing. 2013: 15-20.

[64] Sajjad H P, Danniswara K, Al－Shishtawy A, et al. Spanedge: Towards unifying stream processing over central and near－the－edge data centers[C]//2016 IEEE/ACM Symposium on Edge Computing (SEC). IEEE, 2016: 168-178.

[65] Yi S, Hao Z, Zhang Q, et al. Lavea: Latency－aware video analytics on edge

computing platform[C]//Proceedings of the Second ACM/IEEE Symposium on Edge Computing. 2017: 1-13.

[66] Teerapittayanon S, McDanel B, Kung H T. Distributed deep neural networks over the cloud, the edge and end devices[C]//2017 IEEE 37th international conference on distributed computing systems (ICDCS). IEEE, 2017: 328-339.

[67] Chaufournier L, Sharma P, Le F, et al. Fast transparent virtual machine migration in distributed edge clouds[C]//Proceedings of the Second ACM/IEEE Symposium on Edge Computing. 2017: 1-13.

[68] Zamani A R, Zou M, Diaz—Montes J, et al. Deadline constrained video analysis via in—transit computational environments[J]. IEEE Transactions on Services Computing, 2017, 13(1): 59-72.

[69] Bahreini T, Grosu D. Efficient placement of multi—component applications in edge computing systems[C]//Proceedings of the Second ACM/IEEE Symposium on Edge Computing. 2017: 1-11.

[70] Zhang W, Wen Y, Guan K, et al. Energy—optimal mobile cloud computing under stochastic wireless channel[J]. IEEE Transactions on Wireless Communications, 2013, 12(9): 4569-4581.

[71] You C, Huang K, Chae H. Energy efficient mobile cloud computing powered by wireless energy transfer[J]. IEEE Journal on Selected Areas in Communications, 2016, 34(5): 1757-1771.

[72] Wang Y, Sheng M, Wang X, et al. Mobile—edge computing: Partial computation offloading using dynamic voltage scaling[J]. IEEE Transactions on Communications, 2016, 64(10): 4268-4282.

[73] Kao Y H, Krishnamachari B, Ra M R, et al. Hermes: Latency optimal task assignment for resource—constrained mobile computing[J]. IEEE Transactions on Mobile Computing, 2017, 16(11): 3056-3069.

[74] Liu J, Mao Y, Zhang J, et al. Delay—optimal computation task scheduling for mobile—edge computing systems[C]//2016 IEEE international symposium on information theory (ISIT). IEEE, 2016: 1451-1455.

[75] Mahmoodi E S, Subbalakshmi P K, Sagar V. Cloud Offloading for Multi—Radio Enabled Mobile Devices. [J]. CoRR, 2015, abs/1511. 03698.

[76] You C,Huang K,Chae H. Energy efficient mobile cloud computing powered by wireless energy transfer[J]. IEEE Journal on Selected Areas in Communications, 2016,34(5): 1757-1771.

[77] Shan F,Luo J,Wu W,et al. Discrete rate scheduling for packets with individual deadlines in energy harvesting systems[J]. IEEE Journal on Selected Areas in Communications,2015,33(3): 438-451.

[78] Shan F,Luo J,Shen X. Optimal energy efficient packet scheduling with arbitrary individual deadline guarantee[J]. Computer Networks,2014,75: 351-366.

[79] You C,Huang K,Chae H,et al. Energy—efficient resource allocation for mobile—edge computation offloading[J]. IEEE Transactions on Wireless Communications, 2016,16(3): 1397-1411.

[80] Barbarossa S,Sardellitti S,Di Lorenzo P. Joint allocation of computation and communication resources in multiuser mobile cloud computing[C]//2013 IEEE 14th workshop on signal processing advances in wireless communications (SPAWC). IEEE, 2013: 26-30.

[81] Mao Y,Zhang J,Song S H,et al. Power—delay tradeoff in multi—user mobile—edge computing systems[C]//2016 IEEE global communications conference (GLOBECOM). IEEE,2016: 1-6.

[82] Chen X. Decentralized computation offloading game for mobile cloud computing[J]. IEEE Transactions on Parallel and Distributed Systems,2014,26(4): 974-983.

[83] Chen M H,Dong M,Liang B. Joint offloading decision and resource allocation for mobile cloud with computing access point[C]//2016 IEEE International Conference on Acoustics,Speech and Signal Processing (ICASSP). IEEE,2016: 3516-3520.

[84] Song X,Huang Y,Zhou Q,et al. Content centric peer data sharing in pervasive edge computing environments[C]//2017 IEEE 37th International Conference on Distributed Computing Systems (ICDCS). IEEE,2017: 287-297.

[85] Huang Y,Song X,Ye F,et al. Fair caching algorithms for peer data sharing in pervasive edge computing environments[C]//2017 IEEE 37th International Conference on Distributed Computing Systems (ICDCS). IEEE,2017: 605-614.

[86] Choi K W,Cho Y S,Lee J W,et al. Optimal load balancing scheduler for MPTCP— based bandwidth aggregation in heterogeneous wireless environments[J].

Computer Communications,2017,112: 116-130.

[87] Raiciu C,Paasch C,Barre S,et al. How hard can it be? designing and implementing a deployable multipath {TCP}[C]//9th USENIX symposium on networked systems design and implementation (NSDI 12). 2012: 399-412.

[88] Scharf M,Banniza T R. MCTCP: A multipath transport shim layer[C]//2011 IEEE Global Telecommunications Conference—GLOBECOM 2011. IEEE,2011: 1-5.

[89] Becke M,Adhari H,Rathgeb E P,et al. Comparison of Multipath TCP and CMT—SCTP based on Intercontinental Measurements[C]//2013 IEEE Global Communications Conference (GLOBECOM). IEEE,2013: 1360-1366.

[90] Kuhn N,Lochin E,Mifdaoui A,et al. DAPS: Intelligent delay—aware packet scheduling for multipath transport[C]. international conference on communications, 2014: 1222-1227.

[91] Yang F,Amer P,Ekiz N. A scheduler for multipath TCP[C]//2013 22nd International Conference on Computer Communication and Networks (ICCCN). IEEE, 2013: 1-7.

[92] Oliveira T,Mahadevan S,Agrawal D P. Handling network uncertainty in heterogeneous wireless networks[C]//2011 Proceedings IEEE INFOCOM. IEEE, 2011: 2390-2398.

[93] Koudouridis G P,Yaver A,Khattak M U. Performance evaluation of multi—radio transmission diversity for TCP flows[C]//VTC Spring 2009—IEEE 69th Vehicular Technology Conference. IEEE,2009: 1-5.

[94] Sharma V,Kar K,Ramakrishnan K K,et al. A transport protocol to exploit multipath diversity in wireless networks[J]. IEEE/ACM Transactions on Networking, 2012,20(4): 1024-1039.

[95] Yaver A,Koudouridis G P. Performance evaluation of multi—radio transmission diversity: QoS support for delay sensitive services[C]//VTC Spring 2009—IEEE 69th Vehicular Technology Conference. IEEE,2009: 1-5.

[96] Cai K,Lui J C S. An Online Learning Multi—path Selection Framework for Multi—path Transmission Protocols[C]//2019 53rd Annual Conference on Information Sciences and Systems (CISS). IEEE,2019: 1-2.